Handbuch des Umweltschutzes und der Umweltschutztechnik

Springer
*Berlin
Heidelberg
New York
Barcelona
Budapest
Hong Kong
London
Mailand
Paris
Santa Clara
Singapur
Tokio*

Heinz Brauer (Hrsg.)

Handbuch des Umweltschutzes und der Umweltschutztechnik

Band 3:
Additiver Umweltschutz:
Behandlung von Abluft und Abgasen

Mit 374 Abbildungen und 47 Tabellen

Springer

Professor Dr. h. c. mult. Dr.-Ing. Heinz Brauer
Technische Universität Berlin
Institut für Verfahrenstechnik
Straße des 17. Juni 135
10623 Berlin

ISBN 3-540-58060-3 Springer-Verlag Berlin Heidelberg New York

Die Deutsche Bibliothek – CIP-Einheitsaufnahme

Handbuch des Umweltschutzes und der Umweltschutztechnik /
Heinz Brauer (Hrsg.). – Berlin ; Heidelberg ; New York : Springer.
ISBN 3-540-58064-6
NE: Brauer, Heinz [Hrsg.]

Bd. 3. Additiver Umweltschutz – Behandlung von Abluft und Abgasen. – 1996
ISBN 3-540-58060-3

Dieses Werk ist urheberrechtlich geschützt. Die dadurch begründeten Rechte, insbesondere die der Übersetzung, des Nachdrucks, des Vortrags, der Entnahme von Abbildungen und Tabellen, der Funksendung, der Mikroverfilmung oder der Vervielfältigung auf anderen Wegen und der Speicherung in Datenverarbeitungsanlagen, bleiben, auch bei nur auszugsweiser Verwertung, vorbehalten. Eine Vervielfältigung dieses Werkes oder von Teilen dieses Werkes ist auch im Einzelfall nur in den Grenzen der gesetzlichen Bestimmungen des Urheberrechtsgesetzes der Bundesrepublik Deutschland vom 9. September 1965 in der jeweils geltenden Fassung zulässig. Sie ist grundsätzlich vergütungspflichtig. Zuwiderhandlungen unterliegen den Strafbestimmungen des Urheberrechtsgesetzes.

© Springer-Verlag Berlin Heidelberg 1996
Printed in Germany

Die Wiedergabe von Gebrauchsnamen, Handelsnamen, Warenbezeichnungen usw. in diesem Buch berechtigt auch ohne besondere Kennzeichnung nicht zu der Annahme, daß solche Namen im Sinne der Warenzeichen- und Markenschutz-Gesetzgebung als frei zu betrachten wären und daher von jedermann benutzt werden dürften.

Für die Richtigkeit und Unbedenklichkeit der Angaben über den Umgang mit Chemikalien in Versuchsbeschreibungen und Synthesevorschriften übernimmt der Verlag keine Haftung. Derartige Informationen sind den Laboratoriumsvorschriften und den Hinweisen der Chemikalien- und Laborgerätehersteller und -Vertreiber zu entnehmen.

Produktion: PRODUserv Springer Produktions-Gesellschaft, Berlin
Herstellung: Christiane Messerschmidt, Leipzig
Satz: Fotosatz-Service Köhler OHG, Würzburg
Einbandgestaltung: MetaDesign GmbH, Berlin
SPIN 10108965   02/3020 – 5 4 3 2 1 0 – Gedruckt auf säurefreiem Papier

Autorenverzeichnis

Professor Dr. Götz-Gerald Börger
Fa. Bayer AG, Abt. ZF-TPT 1/Geb. E 41, 51368 Leverkusen-Bayerwerk

Professor Dr.-Ing. Matthias Bohnet
Technische Universität Braunschweig, Institut für Verfahrens- und Kerntechnik,
Langer Kamp 7, 38106 Braunschweig

Professor Dr. h. c. mult. Dr.-Ing. Heinz Brauer
Technische Universität Berlin, Institut für Verfahrenstechnik,
Straße des 17. Juni 135, 10623 Berlin

Dr.-Ing. Klaus Fischer
Reinluft Umwelttechnik Ingenieurgesellschaft mbH, Klopstockstraße 32,
70193 Stuttgart

Dipl.-Ing. Gerd Hägele
Universität Stuttgart, Institut für Mechanische Verfahrenstechnik,
Böblinger Straße 72, 70199 Stuttgart

Dipl.-Ing. Norbert Jaeger
Ciba, Toms River Site, P. O. Box 771, Rt. 37 West, Toms River, NJ 08754, USA

Dr.-Ing. Helmut Krill
Lurgi Energie und Umwelt GmbH, Lurgiallee 5, 60295 Frankfurt

Professor Dr.-Ing. E. h. Dr.-Ing. Kurt Leschonski
Technische Universität Clausthal, Institut für Mechanische Verfahrenstechnik und
Umweltverfahrenstechnik, Leibnizstraße 19, 38678 Clausthal-Zellerfeld

Professor Dr.-Ing. Friedrich Löffler
Universität Karlsruhe, Institut für Mechanische Verfahrenstechnik und Mechanik,
Kaiserstraße 12, Geb. 30.70, 76128 Karlsruhe

Professor Dr.-Ing. Harald Menig
Stettiner Straße 97, 61449 Steinbach

Dr.-Ing. Gernot Mayer-Schwinning
Lurgi AG, Lurgiallee 5, 60295 Frankfurt

Professor Dr.-Ing. Edgar Muschelknautz
Universität Stuttgart, Institut für Mechanische Verfahrenstechnik,
Böblinger Straße 72, 70199 Stuttgart

Dr. rer. nat. Ulrich Muschelknautz
Universität Stuttgart, Institut für Mechanische Verfahrenstechnik,
Böblinger Straße 72, 70199 Stuttgart

Dr.-Ing. Franjo Sabo
Reinluft Umwelttechnik Ingenieurgesellschaft mbH, Klopstockstraße 32,
70193 Stuttgart

Dipl.-Ing. Ulrich Schelbert
Degussa, Zweigniederlassung Wolfgang, Industrie- und Feinchemikalien, IC-FE-A,
Postfach 1345, 63403 Hanau

Dr.-Ing. Eberhard Schmidt
Universität Karlsruhe, Institut für Mechanische Verfahrenstechnik und Mechanik,
Kaiserstraße 12, Geb. 30.70, 76128 Karlsruhe

Dr.-Ing. Torsten Schmidt
Engelhard Process Chemicals GmbH, Postfach 220, 30002 Hannover

Dipl.-Ing. Christel Weber-Ruhl
Degussa, Zweigniederlassung Wolfgang, Industrie- und Feinchemikalien, IC-FE-A,
Postfach 1345, 63403 Hanau

Vorwort

Das letzte Jahrhundert des 2. Jahrtausends der christlichen Zeitrechnung geht zur Neige. Das 1. Jahrhundert des 3. Jahrtausends kündigt sich an. Alle Anzeichen deuten darauf hin, daß sich nicht nur die Jahrhundert- und Jahrtausendzahl ändert, sondern die Menschheit in eine neue Ära geistiger Weltorientierung eintaucht. Die Welt der abgegrenzten Regionen tritt in den Hintergrund menschlichen Tuns und Denkens. Der Mensch ist auf dem Weg, beides universal zu orientieren und zu verantworten.

In der 1. Periode der Menschheitsgeschichte begab sich der Mensch freiwillig, Schutz und Hilfe erflehend, in das System der Theozentrie. Die Götter leiteten und bestimmten des Menschen Tun und Denken. In den verschiedenen Regionen der Welt bildeten sich die großen Religionen aus. Die Theozentrie, häufig zur Theokratie ausgestaltet, etablierte sich mit fester, alle Aspekte menschlichen Daseins bestimmender Herrschaft.

Mit der Renaissance beginnend schuf sich der christliche europäische Mensch ein neues Weltbild. Die 2. Periode der Menschheitsgeschichte nahm ihren Lauf. Mutig, aber mit einem kräftigen Schuß Überheblichkeit, setzte der Mensch dem theozentrischen sein neues, sein anthropozentrisches Weltbild entgegen. Er fand in der Bibel nicht nur die Berechtigung für sein Denken und Handeln, sondern direkt den Auftrag, sich die Welt untertan zu machen, die Welt zu beherrschen. Er setzte sich auf den Weltenthron, beherrschte und gestaltete die Welt allein nach seinen Bedürfnissen mit einer ihm unbegrenzt erscheinenden Herrschermacht.

Aber als die Theozentrie überwunden wurde erkannte der Mensch im ausgehenden Jahrhundert, daß er den Thron in der von ihm geschaffenen anthropozentrischen Welt, die zur egozentrischen entartet war, aufgeben mußte. Die Welt der Anthropozentrie hat sich in rasch steigendem Maß zur anthropophoben Welt gewandelt.

Der Mensch beginnt zu begreifen, daß er nicht Beherrscher allen Lebens dieser Erde, sondern daß er in dieser Welt Partner in der Gemeinschaft aller Lebewesen ist, und nur in dieser Form am Leben teilhaben kann. Er ist, dank seiner geistigen Kräfte, seiner Kreativität, dazu berufen, in Verantwortung für alles Leben zu handeln und zu gestalten. Das anthropozentrische wird vom physiozentrischen Weltbild überwunden.

In dieser neuen Periode der Menschheitsgeschichte wird der Mensch zum Träger des holophysischen Mandats. In der Verantwortung für alles Leben muß er die Natur mit ihrer immanenten Dynamik und somit die Welt, in die er hineingeboren ist, gestalterisch erhalten.

Nur gestaltend kann der Mensch in dieser dynamischen Welt ein Gleichgewicht allen Lebens suchen und versuchen, es zu erhalten. In diesem Sinne ist Gestaltung der Welt zugleich Schutz der Umwelt, denn diese ist die Welt des Menschen, in der er lebt und wirkt. Der Homo faber besinnt sich dabei auf seine Verpflichtungen als Homo morales.

Die auf 5 Bände angelegte Buchreihe soll hauptsächlich Ingenieuren und Naturwissenschaftlern deutlich machen, welche technischen Möglichkeiten sie bei der Gestaltung unserer dynamischen Welt, auch zu deren Schutz, zur Verfügung haben, um Fehler zu korrigieren, die der handelnde Mensch niemals ausschließen kann. Die Buchreihe ist wie folgt gegliedert:

1. Emissionen und ihre Wirkungen
2. Produktions- und Produktintegrierter Umweltschutz
3. Additiver Umweltschutz: Behandlung von Abluft und Abgasen
4. Additiver Umweltschutz: Behandlung von Abwässern
5. Sanierender Umweltschutz

Der den Emissionen in Luft, Wasser und Boden sowie deren Wirkungen gewidmete 1. Band schließt die medizinischen Probleme praktisch aus. In vorbereitenden Diskussionen stellte sich immer deutlicher heraus, daß diese Probleme weit gründlicher behandelt werden müssen, als in diesem Band mit seiner Zielsetzung möglich gewesen wäre.

Von besonders großer Bedeutung ist der 2. Band, in dem der Produktions- und Produktintegrierte Umweltschutz behandelt werden. Der Produktionsintegrierte Umweltschutz zielt darauf hin, nur die Stoffe nach Quantität und Qualität in den Produktionsprozeß einzuleiten, die für das gewünschte Zielprodukt direkt erforderlich sind. Jedes Zuviel an eingeleiteten Stoffen muß im Prozeßablauf zwangsläufig, in unveränderter sowie durch unerwünschte oder unkontrollierbare Begleitprozesse während der Stoff- und Energieumwandlungen, zur Produktion von Schadstoffen führen. Diese werden am Ende des Prozesses teilweise emittiert oder erfordern zusätzliche Auf- und Verarbeitungsprozesse. Aber auch dann, wenn dem Prozeß nur die für das Zielprodukt erforderlichen Rohstoffe zugeführt werden, können durch Unvollkommenheiten einer chemischen und einer physikalischen Stoffumwandlung unverwünschte Neben- oder Begleitprodukte, somit auch Schadstoffe, produziert werden.

Das Ziel des Produktionsintegrierten Umweltschutzes ist die größtmögliche Vermeidung einer Einleitung und Produktion von Schadstoffen. Die damit verbundenen Probleme sind in starkem Maße von den sehr unterschiedlichen Produktionsprozessen abhängig. Es war daher auch nicht zu umgehen, daß diesem Band eine gewisse Heterogenität eigen ist. Mit fortschreitender wissenschaftlicher Durchdringung der Produktionsprozesse wird diese Heterogenität jedoch überwunden werden. Gleichzeitig wird aber auch, durch Einschluß der Produkte in alle Überlegungen, der Weg zur Kreislaufwirtschaft beschritten.

Der 3. und der 4. Band beinhalten den additiven Umweltschutz, die Reinhaltung von Luft und Wasser. Bei allen Erfolgen, die der Produktionsintegrierte Umweltschutz erreicht hat und weiter anstrebt, werden wir niemals ohne additive Maßnahmen auskommen. Jedoch werden die herkömmlichen Verfahren zu einer Spurstofftechnologie weiterentwickelt werden müssen.

Der 5. und letzte Band ist dem sanierenden Umweltschutz gewidmet. Auch dieses Gebiet ist noch stark in der Entwicklung begriffen. Seine gegenwärtige Bedeutung ist jedoch außerordentlich groß und könnte sogar noch zunehmen.

In der vorliegenden Form legt die Buchreihe nicht nur Zeugnis dafür ab, welche Schäden der Mensch durch seine Tätigkeit der Umwelt zugefügt hat, sondern, und dieses ist für alle im Umweltschutz tätigen und verantwortlichen Ingenieure und Chemiker mindestens ebenso wichtig, daß er die erkannten Schäden wieder beseitigen und durch vorausschauende Planung zukünftig vermeiden kann. Er darf aus dieser Buchreihe die Hoffnung schöpfen, neu aufkommende Probleme erfolgreich bearbeiten zu können. Er darf auf seine Fähigkeiten und Kreativität als Triebkräfte für die Gestaltung unserer Zeit vertrauen.

Für jeden Band haben sich zur Bearbeitung der Probleme zahlreiche technisch und wissenschaftlich hervorragend ausgewiesene Fachkollegen zur Verfügung gestellt. Ihnen allen ist der Herausgeber zu großem Dank verpflichtet. Es ist ihr Verdienst, wenn die Buchreihe „Umweltschutz" den angestrebten Erfolg erzielt. Die Buchreihe hätte aber auch nicht realisiert werden können ohne das große Engagement des Springer-Verlages.

Frau Dr. Hertel hat mit großem Einsatz, mit viel Verständnis und Geduld die Arbeit an diesem Projekt gefördert. Ihr gebührt ganz besonderer Dank.

Die Buchreihe ist all den Menschen gewidmet, die sich gestaltend dem Schutz der Umwelt verpflichtet sehen. Die Kritik der Gestalter und Schützer unserer Umwelt, einer Welt, in der wir in voller Verantwortung für alles Leben zu handeln verpflichtet sind, ist willkommen.

Naturam protegere necesse est

H. Brauer　　　　　　　　　　　　　　　　　　　　　　　　Berlin 1995

Vorwort zu Band 3:
Additiver Umweltschutz: Behandlung von Abluft und Abgasen

Die Behandlung von Abluft und Abgasen wird als wichtiger Zweig des additiven Umweltschutzes verstanden. Die in den Produktionsanlagen mit Schadstoffen befrachteten Ströme von Abluft und Abgasen werden vor ihrer Emission in die Atmosphäre in Reinigungsanlagen, den zur Produktionsanlage addierten Anlagen, so weit wie möglich von den Schadstoffen befreit. Einrichtungen zum additiven Umweltschutz werden zur Beseitigung aller im Bereich des produktions- oder prozeßtechnischen Umweltschutzes auftretenden Mängel, seien sie vermeidbar oder auch unvermeidbar, zwingend benötigt.

Da es keinen idealen Produktionsprozeß gibt, der frei von jeglicher Schadstoffproduktion sein kann, wird man auch niemals auf Einrichtungen zum additiven Umweltschutz verzichten können. Die an diese Einrichtungen gestellten Forderungen zur Verbesserung der Reinigungseffektivität führen zwangsläufig zur Entwicklung einer Spurstofftechnologie, die es gestattet, nur noch in Spuren vorhandene Schadstoffe vom Trägermedium zuverlässig zu trennen.

Die in Abluft und Abgasen enthaltenen Schadstoffe treten in Form fester und flüssiger Partikeln, also Staub und Tröpfchen, sowie in Form von Gasen auf. Dieser 3. Band ist daher den wichtigsten technischen Verfahren zur Abscheidung von Stäuben und Tröpfchen sowie den physikalischen, chemischen und biologischen Verfahren zur Abscheidung gasförmiger Schadstoffe gewidmet.

H. Brauer   Berlin 1995

Inhaltsverzeichnis zu Band 3: Additiver Umweltschutz: Behandlung von Abluft und Abgasen

1	Emissionsanaylse technischer Anlagen: H. Brauer	1
1.1	Einleitung	1
1.2	Emissionsarten	2
1.3	Emissionsquellen	4
1.4	Struktur und Funktionen von Stoff- und Energiewandlungsanlagen	12
1.4.1	Schematisierte Struktur von Produktionsanlagen	12
1.4.2	Eingangsstufe	13
1.4.3	Stoff- und Energiewandlungsstufen	14
1.4.4	Produktstufe	16
1.4.5	Reinigungsstufe	16
1.4.6	Emissionsstufe	19
1.4.7	Schlußfolgerungen aus der Funktionsanalyse der Stufen einer Produktionsanlage	20
1.5	Weg der Schadstoffe und der Trägermedien durch die Produktionsanlage	21
1.6	Technische Maßnahmen zur Minderung von Emissionen	22
1.6.1	Prozeßtechnische Maßnahmen zur Emissionsminderung	23
1.6.1.1	Eingangsstufe	23
1.6.1.2	Stoff- und Energiewandlungsstufen	23
1.6.1.3	Produktstufe	24
1.6.1.4	Reinigungsstufe	25
1.6.1.5	Emissionsstufe	25
1.6.2	Geräte- und anlagentechnische Maßnahmen zur Emissionsminderung	26
1.6.2.1	Die emissionsdichte Anlage als Ziel	26
1.6.2.2	Einschränkung der Schadstoffproduktion	27
1.6.3	Zusammenfassung der prozeß- sowie geräte- und anlagentechnischen Maßnahmen	28
1.7	Graphische Darstellung der Emissionen	29
	Literatur	29

Verfahren zur Minderung staubförmiger Schadstoffemissionen

2	Physikalische Grundlagen der Partikelabscheidung aus Gasen: K. Leschonski.	33
2.1	Einführung	33
2.2	Aufgabenstellung und Kennzeichnung der Partikelabscheidung.	34
2.3	Prinzipielle Möglichkeiten zur Partikelabscheidung aus Gasen	37
2.4	Die Vorausberechnung von Bahnkurven	38
2.4.1	Einführung.	38
2.4.2	Die Differentialgleichung zur Beschreibung der Bewegung einer Kugel in einer ebenen Strömung	39
2.4.3	Die Bewegungsgleichung im Bereich der Gültigkeit des Stokesschen Widerstandsgesetzes	42
2.5	Trenngrenzen und Trennkurven einiger wichtiger Abscheidemechanismen	43
2.5.1	Die Querstromabscheidung in einer ebenen, geraden Kanalströmung	44
2.5.2	Die Querstromabscheidung im gekrümmten Kanal	47
2.5.3	Die Querstrom- bzw. Trägheitsabscheidung an frei beweglichen Kugeln (Tropfen) oder feststehenden Zylindern (Fasern)	48
2.6	Trennkurven	50
	Symbolverzeichnis	55
	Literatur	57
3	Zyklonabscheider: M. Bohnet	58
3.1	Einleitung	58
3.2	Theorie des Abscheidevorgangs	60
3.2.1	Grenzpartikelgröße	60
3.2.2	Umfangsgeschwindigkeit	64
3.2.3	Fraktionsabscheidegrad	67
3.2.4	Gesamtabscheidegrad	70
3.3	Druckverlust	71
3.4	Optimalzyklone	74
3.5	Heißgaszyklone	78
3.6	Sonderbauarten	82
	Symbolverzeichnis	86
	Literatur	88
4	Elektroabscheider: G. Mayer-Schwinning	89
4.1	Einführung	89
4.1.1	Allgemeines	89
4.1.2	Historischer Hintergrund	90
4.2	Wirkungsweise von Elektroabscheidern	92
4.2.1	Aufbau und Abscheideprinzip	92

4.2.2	Elektrofilterauslegung	94
4.2.3	Aufladung und Abscheidung von Partikeln	95
4.2.4	Staubwiderstand	97
4.3	Ausführungsformen von Elektroabscheidern	99
4.3.1	Trocken arbeitende Elektroabscheider	99
4.3.1.1	Bauarten	99
4.3.1.2	Das Sprühsystem	100
4.3.1.3	Das Niederschlagselektrodensystem	104
4.3.1.4	Gassenabstand	106
4.3.2	Naßelektroabscheider	110
4.3.2.1	Horizontal-Naßelektroabscheider	110
4.3.2.2	Röhren-Elektroabscheider	111
4.3.3	Strömungsverteilung im Elektrofilter	113
4.4	Spannungsversorgung, Hochspannungssteuerung und Prozeßleittechnik	114
4.5	Anwendungen	119
4.5.1	Kraftwerke	119
4.5.1.1	Steinkohlegefeuerte Kraftwerke	122
4.5.1.2	Braunkohlegefeuerte Kraftwerke	123
4.5.1.3	Elektroabscheider hinter ZWS-Verbrennungsanlagen	123
4.5.1.4	Entstaubung ölgefeuerter Kessel	124
4.5.1.5	Entstaubung nach trockener und halbtrockener Schadgasreinigung	125
4.5.2	Entstaubung im Eisenhüttenbereich	127
4.5.2.1	Sinteranlagen	127
4.5.2.2	Hochofen-Gichtgasreinigung	128
4.5.2.3	Konverteranlagen	131
4.5.3	Nichteisen-Metallhütten	132
4.5.4	Glaswannen	134
4.5.5	Zementwerke	135
4.5.6	Elektroabscheider in der thermischen Abfallbehandlung	137
4.6	Rauchgaskonditionierung	140
4.7	Staubabscheidung unter extremen Temperatur- und Druckbedingungen	144
	Symbolverzeichnis	146
	Literatur	147
5	Filternde Abscheider: E. Schmidt, F. Löffler	149
5.1	Einleitung	149
5.1.1	Allgemeine Merkmale	149
5.1.2	Bereiche und Grenzen der Anwendung	150
5.2	Funktionsweise und Betriebsverhalten	151
5.2.1	Partikelabscheidung	151
5.2.1.1	Vorbemerkung	151
5.2.1.2	Abscheidung am Filtermedium	151
5.2.1.3	Abscheidung am Filterkuchen	156

5.2.2	Druckverlust	161
5.2.3	Regenerierung	163
5.2.3.1	Regenerierung flexibler Filtermedien	163
5.2.3.2	Regenerierung starrer Filtermedien	167
5.2.3.3	Regenerierung von Schüttschichten	167
5.3	Filtermedien	168
5.3.1	Gewebe, Vliese und Filze	168
5.3.2	Sinterschichten	173
5.3.3	Faser- und Kornkeramiken	173
5.3.4	Schüttungen	174
5.4	Bauformen und Betriebsweise	174
5.4.1	Schlauchfilter	174
5.4.2	Taschenfilter	180
5.4.3	Sinterlamellenfilter	182
5.4.4	Patronenfilter	182
5.4.5	Kassettenfilter	184
5.4.6	Schüttschichtfilter	185
5.4.7	Heißgasfilter	188
5.5	Auslegung und Dimensionierung	189
5.5.1	Vorbemerkung und allgemeine Kriterien	189
5.5.2	Empirische Näherungsgleichungen	190
5.5.3	Modellansätze	191
5.5.4	Methode der Tabellen und Kennwerte	194
5.5.5	Laborversuche und Pilotfilteranlagen	195
5.6	Problemfälle und Lösungsvorschläge	196
5.6.1	Einführung	196
5.6.2	Filteranströmgeschwindigkeit	197
5.6.3	Regenerierungshäufigkeit	198
5.6.4	Zyklisches Precoatieren	199
5.6.5	Rohgaskonditionierung	199
	Symbolverzeichnis	201
	Literatur	202
6	**Naßabscheider:** E. Muschelknautz, G. Hägele, U. Muschelknautz	203
6.1	Die fünf Wäschergruppen	203
6.2	Optimaldiagramm	207
6.3	Verteilungsgesetze von Stäuben und Tropfen	211
6.4	Tropfengrößenverteilungen	212
6.5	Abscheidung von Staubteilchen an Einzeltropfen	215
6.6	Die Reinigungskenngröße m und der Druckverlust der Tropfen	217
6.7	Berechnung eines Wäschers	220
6.8	Andere Wäscher	223
6.9	Praktische Gesichtspunkte	226
	Symbolverzeichnis	227
	Literatur	228

7	Neue Geräte und Verfahren zur Staubabscheidung: H. Brauer	230
7.1	Aufgabenstellung	230
7.2	Staubabscheidung in einer Kombination von Faserfilter und Elektrofilter	232
7.2.1	Einleitung	232
7.2.2	Beschreibung des Filtermediums	233
7.2.2.1	Allgemeine Anforderungen	233
7.2.2.2	Eigenschaften des Filtermediums	234
7.2.3	Eigenschaften des verwendeten Staubes	237
7.2.4	Definition von Gesamt- und Fraktionsabscheidegrad	240
7.2.5	Beschreibung der Entstaubungsanlage und der Meßeinrichtungen	242
7.2.5.1	Aufbau der Entstaubungsanlage	242
7.2.5.2	Der Abscheider	244
7.2.5.3	Die Staubdosierung	246
7.2.5.4	Der Partikelanalysator HC-15	247
7.2.6	Diskussion der Untersuchungsergebnisse	249
7.2.6.1	Der Fraktionsabscheidegrad	250
7.2.6.2	Der Druckverlust	257
7.3	Naßentstaubung in einer Zerstäubungsmaschine	265
7.3.1	Einleitung	265
7.3.2	Aufbau und Wirkungsweise der Zerstäubungsmaschine	266
7.3.3	Berechnung der Tropfenbahnen im Schaufelrad	268
7.3.4	Beschreibung der Naßentstaubungsanlage	273
7.3.4.1	Weg der Luft durch die Anlage	276
7.3.4.2	Weg des Wassers durch die Anlage	277
7.3.5	Diskussion der Untersuchungsergebnisse	278
7.3.5.1	Der Fraktionsabscheidegrad	278
7.3.5.2	Der Grenzkorndurchmesser	281
7.3.5.3	Der Leistungsbedarf der Entstaubungsmaschine	282
7.3.5.4	Der spezifische Energieaufwand	286
7.3.5.5	Abscheideleistung bei Rückführung des Wassers	288
7.3.6	Zusammenfassung	290
	Literatur	291

Verfahren zur Minderung gasförmiger Schadstoffemissionen

8	Abscheidung gasförmiger Stoffe durch Absorption, Kondensation, Membran-Permeation und Trockensorption: G.-G. Börger	295
8.1	Grundlagen: Aufnahme von Gasen in eine flüssige oder feste Phase ggf. zugleich mit chemischer Umwandlung	295

8.1.1	Begriffsdefinitionen	295
8.1.2	Dampfdruck und Temperatur	296
8.1.3	Ideale Lösungen (Raoultsches Gesetz)	298
8.1.4	Reale Lösungen, Beschreibung von Flüssig-Gas-Gleichgewichten	298
8.1.5	Bestimmung der Anzahl erforderlicher Stoffübergangs-Einheiten	299
8.1.6	Bestimmung der Höhe der Stoffübergangs-Einheiten	305
8.1.7	Druckverlust in Kolonnen	317
8.2	Absorbentien	318
8.2.1	Absorbentien für physikalische Absorption	318
8.2.2	Absorbentien für Chemi- und Elektro-Chemisorption	320
8.2.3	Weiterverwendung, Aufarbeitung oder Entsorgung von Absorbaten	323
8.3	Absorber und Absorptionsverfahren	327
8.3.1	Wirkungsweisen von Absorbern	327
8.3.2	Bauformen von Absorbern	328
8.3.3	Absorptions-Verfahren für die Abgasreinigung	334
8.4	Kondensation	341
8.4.1	Teilkondensation von Dämpfen aus Abluft	341
8.4.2	Zusammenwirken von Kondensation und Absorption	342
8.4.3	Kondensations-Verfahren für die Abgasreinigung	344
8.5	Membranpermeation	347
8.5.1	Diffusion, Adsorption, Absorption und Quellung in Membranen	347
8.5.2	Membran-Aufbau, Membran-Werkstoffe und Membran-Module	350
8.5.3	Membran-Verfahren für die Abgasreinigung	352
8.6	Trockensorption	355
8.6.1	Diffusion, Adsorption, Absorption und Reaktion	355
8.6.2	Trockensorptions-Verfahren	357
	Symbolverzeichnis	357
	Literatur	359
9	Abgasbehandlung in Stoffaustauschmaschinen: H. Brauer	362
9.1	Einleitung	362
9.2	Einige wissenschaftliche Grundlagen	363
9.2.1	Der Stoffstrom durch die Phasengrenzfläche	363
9.2.2	Die Phasengrenzfläche	364
9.2.3	Der Stofftransportkoeffizient	364
9.2.3.1	Definition des Stofftransportkoeffizienten	364
9.2.3.2	Stofftransportwiderstand in der Partikel	365
9.2.3.3	Stofftransportwiderstand in dem umgebenden Fluid	368
9.2.4	Schlußfolgerungen aus den theoretischen Untersuchungen	370

9.3	Stoffaustauschmaschine mit periodisch wiederholter Tropfenbildung	370
9.3.1	Aufbau und Wirkungsweise der Maschine	370
9.3.2	Beschreibung des Absorptionsprozesses bei Gleichstrom von Gas und Flüssigkeit	372
9.3.3	Diskussion einiger Ergebnisse für die Absorption in der Stoffaustauschmaschine	374
9.3.3.1	Versuchsbedingungen	374
9.3.3.2	Einfluß der Volumenströme von Gas und Flüssigkeit	376
9.3.3.3	Einfluß der SO_2-Konzentration des Gases	378
9.3.3.4	Einfluß der Drehzahl und der Strömungsrichtung des Gases	379
9.3.4	Vergleich der Leistung der Zerstäubungsmaschine mit der anderer Absorptionsgeräte	381
9.3.5	Stoffaustauschmaschine mit periodisch wiederholter Blasenbildung	384
9.3.5.1	Aufbau und Wirkungsweise der Maschine	384
9.3.5.2	Energieübertragung in einer Stufe	388
9.3.5.3	Gasgehalt einer Stufe	392
9.3.5.4	Stoffaustausch in den drei Stufen der Maschine	393
9.3.5.5	Vergleich des Stofftransportes in verschiedenen Geräten	397
	Literatur	399
10	Abscheidung gasförmiger Schadstoffe durch Adsorption und Adsorptionskatalyse: H. Menig, H. Krill	400
10.1	Einleitung	400
10.2	Geschichtlicher Rückblick	400
10.3	Grundlagen der Adsorption und Adsorptionskatalyse	402
10.3.1	Wesen und Grundbegriffe	402
10.3.2	Adsorptive Trenneffekte	404
10.3.3	Adsorptionskapazität	405
10.3.4	Kinetik der Adsorption	408
10.3.5	Adsorptionswärme	410
10.3.6	Regenerierung beladener Adsorbentien	411
10.3.6.1	Regenerierung mit Desorption in die Gasphase	411
10.3.6.2	Regenerierung mit Desorption in die flüssige Phase	413
10.3.6.3	Regenerierung mit reaktivierender Desorption	415
10.4	Technische Adsorbentien	415
10.4.1	Charakterisierung nach Rohstoff und Herstellung	415
10.4.1.1	Kohlenstoffadsorbentien	415
10.4.1.2	Oxidische Adsorbentien	416
10.4.1.3	Polymeradsorbentien	420
10.4.1.4	Imprägnierte Adsorbentien	420
10.4.2	Technisch bedeutsame Eigenschaften der Adsorbentien	421

10.4.2.1	Spezifische innere Oberfläche	421
10.4.2.2	Porenvolumen und Porenradienverteilung	422
10.4.2.3	Adsorptions-Charakteristik	425
10.4.2.4	Katalytische Eigenschaften	427
10.4.2.5	Korngrößenverteilung	427
10.4.2.6	Dichte und Porosität	428
10.4.2.7	Mechanische und chemische Beständigkeit	429
10.4.3	Auswahlkriterien für Adsorbentien zur Abscheidung gasförmiger Schadstoffe	429
10.5	Bewertung der zu adsorbierenden gasförmigen Stoffe	430
10.6	Adsorberbauarten	431
10.6.1	Festbettadsorber	431
10.6.2	Bewegtbettadsorber	433
10.6.3	Rotoradsorber	433
10.6.4	Flugstromadsorber	434
10.7	Anwendungsgebiete	434
10.7.1	Lösemittelabscheidung mit und ohne Rückgewinnung	435
10.7.2	Lösemittelverarbeitende Industrien	435
10.7.2.1	Festbettverfahren mit Wasserdampfdesorption	436
10.7.2.2	Festbettverfahren mit Heißgasdesorption	441
10.7.2.3	Bewegtbettverfahren mit Heißgas- oder Wasserdampfdesorption	443
10.7.2.4	Adsorber mit rotierenden Einbauten und Heißgasdesorption	449
10.7.3	Abluftreinigung bei Tankanlagen und Umfüllstationen	450
10.7.4	Reinigung von Viskose-Abluft	454
10.7.5	Entschwefelung von Claus-Abgasen	456
10.7.6	Minderung von SO_2-Emissionen	457
10.7.7	Emissionsminderung bei Geruchs- und Giftstoffen	461
10.7.8	Abscheidung von Quecksilber	463
10.7.9	Abscheidung von Dioxinen	464
10.7.10	Abscheidung von Phenol und Formaldehyd	465
10.7.11	Minderung von NO_x-Emissionen	467
10.7.12	Abscheidung radioaktiver Gase	469
	Literatur	471
11	**Abbau von Dioxinen und Furanen in Abgasen mit Wasserstoffperoxid:** C. Weber-Ruhl, U. Schelbert	473
11.1	Einleitung	473
11.1.1	Die Gruppe der Dioxine	474
11.1.2	Dioxin-Quellen	475
11.2	Generelle Emissionsminderungsmaßnahmen	475
11.2.1	Einsatzstoffbezogene Primärmaßnahmen	475

11.2.2	Prozeßtechnische Primärmaßnahmen	476
11.2.3	Dioxinminderung im Abgasweg	476
11.2.4	Anwendung von Abgasreinigungsverfahren	477
11.3	H_2O_2-Oxidationsverfahren	478
11.3.1	Eigenschaften und Anwendung von Wasserstoffperoxid im Umweltschutz	478
11.3.2	Versuche an einer Müllverbrennungsanlage	480
11.3.2.1	Versuchsbeschreibung	480
11.3.2.2	Versuchsergebnisse	482
11.3.3	Versuche an einer Metallschrott-Recycling-Anlage	484
11.3.3.1	Versuchsbeschreibung	484
11.3.3.2	Versuchsergebnisse	485
11.3.4	DeDIOX®-Anlagenkonzept	486
11.3.4.1	Allgemeines	486
11.3.4.2	Lagerung und Dosierung von Wasserstoffperoxid	489
11.3.5	Wasserstoffperoxid-Vormischung	489
11.3.6	Dedioxinierung	490
11.3.7	Wirtschaftlichkeitsbetrachtung	490
11.3.8	Schlußbemerkung	492
12	**Abscheidung gasförmiger Schadstoffe durch katalytische Reaktionen:** T. Schmidt	493
12.1	Grundlagen des Katalysatoreinsatzes zur Luftreinhaltung	493
12.1.1	Administrative Randbedingungen und deren technische sowie wirtschaftliche Konsequenzen	493
12.1.2	Reaktionstechnische Grundlagen	497
12.1.2.1	Katalytische Reaktionen	497
12.1.2.2	Teilschritte heterogen katalysierter Reaktionen	499
12.1.2.3	Transportvorgänge	501
12.1.2.4	Prozeßberechnung	503
12.1.3	Katalysatoren für die Abgasreinigung und deren Handhabung	510
12.1.3.1	Anforderungen an Abgasreinigungskatalysatoren	510
12.1.3.2	Einteilung technischer Abgasreinigungskatalysatoren	512
12.1.3.3	Beeinflussung der Katalysatorstandzeit	516
12.1.4	Anlagenkonzepte	524
12.1.4.1	Grundfließbild katalytischer Abgasreinigungsverfahren	524
12.1.4.2	Reaktortypen	525
12.1.4.3	Wärmeübertragung	527
12.1.4.4	Verfahrenskombinationen	528
12.2.	Katalytische Oxidationsverfahren	529
12.2.1	Nichtselektive Verfahren	529
12.2.1.1	Reaktionsmechanismen der katalytischen Totaloxidation und Katalysatorbeispiele	529

12.2.1.2	Katalytische Totaloxidation organischer Lösemittel	531
12.2.1.3	Katalytische Totaloxidation zur Reinhaltung von Abgasen partieller Oxidationsverfahren	543
12.2.1.4	Katalytische Totaloxidation zur Reinigung von Raffinerieabgasen	549
12.2.1.5	Anwendung von Edelmetallkatalysatoren zur Reinigung von Dieselmotorabgasen	550
12.2.2	Selektive Oxidationsverfahren	552
12.2.2.1	Anwendung von Platinkatalysatoren zur NH_3-Oxidation	552
12.2.2.2	Anwendung von Al_2O_3-Katalysatoren zur selektiven Oxidation von Schwefelverbindungen bei der Reinigung von Claus-Anlagen-Abgasen	556
12.3	Katalytische Reduktionsverfahren	560
12.3.1	Nichtselektive Stickoxid-Reduktion	560
12.3.1.1	Reaktionsverlauf an Platinkatalysatoren	560
12.3.1.2	Anwendung von Platinkatalysatoren zur Abgasreinigung bei der Salpetersäureherstellung	560
12.3.2	Selektive Stickoxidreduktion	561
12.3.2.1	Reaktionsverlauf an Vanadiumoxid-Katalysatoren	561
12.3.2.2	Anwendung zur Rauchgasreinigung	564
12.3.2.3	Anwendung bei Stationärmotoren	568
12.4	Katalytische Zersetzungsreaktionen	571
12.4.1	Auftreten von Ozon als Emission	571
12.4.2	Reaktionen	571
12.4.2.1	Oxidationsreaktionen	571
12.4.2.2	Katalytische Zersetzung	572
12.5	Simultanverfahren	572
12.5.1	Abgasreinigung für Otto-Motoren mit dem Dreiwegesystem	572
12.5.1.1	Reaktionsverlauf und Katalysatoren	572
12.5.1.2	Verfahrensbeschreibung	575
12.5.2	Simultane Abscheidung von Schwefeldioxid und Stickoxiden an Aktivkokskatalysatoren	577
12.5.2.1	Reaktionsverlauf und Katalysatorbeschreibung	577
12.5.2.2	Verfahrensbeschreibung der Anwendung zur Rauchgasreinigung	578
12.6	Adsorptionskatalyse	579
12.6.1	Chemisorption von Schwefeltrioxid	579
12.6.1.1	Reaktionsverlauf und Katalysatoren	579
12.6.1.2	Verfahrensbeschreibung zur Rauchgasreinigung	580
12.6.2	Physikalische Adsorption von Elementarschwefel	581
12.6.2.1	Reaktionsführung beim Claus-Verfahren	581
12.6.2.2	Reaktionsführung beim Sulfreen-Verfahren	582
12.6.2.3	Umwandlung von COS und CS_2: Hydrosulfreen-Verfahren	584

12.6.2.4	Erhöhung der Umsatzgrade durch katalytische Direktoxidation: CarbosulfreenVerfahren	586
12.7	Beschreibung des Katalysatorrecycling am Beispiel von Autoabgaskatalysatoren	586
12.7.1	Zielsetzung	586
12.7.2	Konzept und Prozeßschritte des Autoabgaskatalysator-Recycling	588
12.7.3	Ausblick und Bedeutung des Recyclingprinzips	589
	Symbolverzeichnis	590
	Abkürzungen und Indices	591
	Literatur	592
13	**Abscheidung gasförmiger Schadstoffe durch biologische Reaktionen: K. Fischer, F. Sabo**	**595**
13.1	Einleitung	595
13.2	Verfahrenstechnische Grundlagen	596
13.2.1	Allgemeines	596
13.2.2	Großräumige Transportprozesse	597
13.2.3	Schadstoffaufnahme durch Sorption	597
13.2.3.1	Übersicht	597
13.2.3.2	Adsorption	597
13.2.3.3	Absorption	598
13.2.4	Grundlagen des Stoffübergangs	599
13.2.5	Modell für den Stofftransport	600
13.2.6	Kinetik enzymkatalysierter Reaktionen	602
13.3	Mikrobiologische Grundlagen	605
13.3.1	Einleitung	605
13.3.2	Abbauverhalten von Abluftinhaltsstoffen	606
13.3.3	Beteiligte Mikroorganismen	607
13.3.4	Beeinflussende Faktoren	608
13.4	Grundlagen der Olfaktometrie	614
13.5	Biowäscher	616
13.5.1	Allgemeines	616
13.5.2	Verfahrensbeschreibung	620
13.5.3	Auslegung	622
13.5.4	Bauformen	623
13.5.5	Anwendungsbeispiel	624
13.6	Biofilter	625
13.6.1	Strömungsprozesse	626
13.6.2	Filtermaterial	631
13.6.3	Filterfeuchte	632
13.6.4	Aufbau und Verfahrensvarianten	633
13.6.5	Dimensionierung	637
13.7	Neue Verfahren	638
13.7.1	Bereich Biofilter	638
13.7.2	Bereich Biowäscher	640
13.7.3	Biomembranverfahren	641

13.8	Möglichkeiten und Grenzen der Anwendung biologischer Verfahren	641
	Literatur	642

Verfahren zur Minderung von Schadstoffemissionen als Folge von Explosionen

14	Explosionen und Emissionen: N. Jaeger	649
14.1	Einleitung	649
14.2	Sicherheitstechnische Kenngrößen	650
14.2.1	Prüfpflicht	650
14.2.2	Abgelagerter Staub	650
14.2.2.1	Brennverhalten	650
14.2.2.2	Relative Selbstentzündungstemperatur	651
14.2.2.3	Selbstentzündungstemperatur (Warmlagerversuche im Drahtkorb)	651
14.2.2.4	Relative Zersetzungstemperatur	651
14.2.2.5	Spontane Zersetzungsfähigkeit	652
14.2.2.6	Schlagempfindlichkeit	652
14.2.3	Aufgewirbelter Staub	653
14.2.3.1	Maximaler Explosionsüberdruck P_{max} und maximaler zeitlicher Druckanstieg $(dP/dt)_{max}$, Explosionsgrenzen EG	653
14.2.3.2	Sauerstoffgrenzkonzentration SGK	654
14.2.3.3	Mindestzündenergie MZE	654
14.2.3.4	Mindestzündtemperatur MZT	655
14.2.3.5	Hybride Gemische	655
14.3	Explosionsschutz	656
14.3.1	Vorbeugender Explosionsschutz	656
14.3.1.1	Vermeiden von explosionsfähigen Brennstoff/Luft-Gemischen	657
14.3.1.2	Vermeiden von Explosionen durch Inertisierung	658
14.3.1.3	Vermeiden von wirksamen Zündquellen	658
14.3.1.4	Konsequenzen für die Praxis	660
14.3.1.5	Elektrostatische Zündquellen	661
14.3.2	Konstruktiver Explosionsschutz	662
14.3.2.1	Explosionsfeste Bauweise	662
14.3.2.2	Explosionsentlastung	663
14.3.2.3	Explosionsunterdrückung	664
14.3.3	Explosionsentkopplung	665
	Abkürzungen	669
	Literatur	669
Sachverzeichnis		671

Inhaltsverzeichnis der Bände 1, 2, 4 und 5

Band 1: Emissionen und ihre Wirkungen

1. Einführung in den Umweltschutz.
   H. Brauer, G. Bayerl, A. Andersen
2. Umweltmedium Luft. E. Lahmann
3. Umweltmedium Wasser. H. Dieter
4. Emissionen und Wirkungen von Schadstoffen im Boden. B.-M. Wilke
5. Akustische Emissionen. M. Heckl, Ch. Maschke, M. Möser
6. Radioaktivität und Strahlenschutz. G. Bartsch
7. Elektromagnetische Felder und nichtionisierende Strahlen. E. David
8. Mikrobielle Kontamination und ihre zerstörende Wirkung auf Werkstoffe. E. Heitz, W. Sand
9. Wirkung von Umweltbelastungen auf psychische Funktionen. M. Bullinger, M. Meis

Band 2: Produktions- und produktintegrieter Umweltschutz

1. Stoffbilanzen als Grundlage für die technische, ökonomische und ökologische Beurteilung von Produktionsprozessen und Produkten. P. Eyerer, M. Schuckert, I. Pfleiderer, A. Bohnacker, J. Kreißig, M. Harsch, K. Saur
2. Produktionsintegrierter Umweltschutz bei der Aufbereitung und Aufarbeitung von Rohstoffen. E. Gock, J. Kähler, V. Vogt

3 Produktionsintegrierter Umweltschutz in Kohlekraftwerken. K.-E. Wirth

4 Produktionsintegrierter Umweltschutz bei Industrieofenprozessen unter besonderer Berücksichtigung der Stahlindustrie. R. Jeschar, G. Dombrowski, G. Hoffmann

5 Produktionsintegrierter Umweltschutz in der chemischen Industrie. M. Zlokarnitz

6 Produktionsintegrierter Umweltschutz in der Textilveredelungsindustrie. H. Schönberger

7 Produkt- und produktionsintegrierter Umweltschutz bei Lacken und Farben. F. A. Müller

8 Produktionsintegrierter Umweltschutz in der Zuckerindustrie J.-J. Jördening

9 Industrielle Einsatzmöglichkeiten gentechnisch erzeugter Enzyme. J. Degett, O. Terney

10 Integrierter Umweltschutz bei der Agrarproduktion. W. Bartel

11 Produktions- und produktintegrierter Umweltschutz in der Fertigungsindustrie. R. Steinhilper, A. Schneider

12 Produktionsintegrierter Umweltschutz in der Automobilindustrie. H. J. Haepp, W. Pollmann

13 Produktionsintegrierter Umweltschutz in der Kunststoffindustrie. P. Eyerer, B. Bader, H. Beddies, A. Bohnacker, U. Delpy, J. Hesselbach, A. Hoffmann, R. Märtins, U. Meyer, P. Pöllet, J. Schäfer, K. Wagner, M. Zürn

14 Produktions- und produktintegrierter Umweltschutz in der elektrotechnischen Industrie. A. Grabsch, H.-R. Deppe, P. Keller, G. Roos

15 Umweltgerechte Verpackungssysteme. R. Jansen, P. Külpmann

16 Aufbereitung und Verwendung von Baureststoffen und Müllverbrennungsaschen. K. Gellenbeck, D. Regener, B. Gallenkemper

17 Verwertung von Steinkohlen- und Braunkohlenaschen. G. Walter, B. Gallenkemper

18 Kreislaufwirtschaft und nachhaltige Entwicklung. F. Moser

Band 4: Additiver Umweltschutz: Behandlung von Abwässern

1 Abwasservermeidung. O. Sterger, H. Lühr
2 Abwasserreinigung bis zur Rezyklierfähigkeit. H. Brauer
3 Aufbau und Wirkungsweise kommunaler und industrieller Kläranlagen. W. Hegemann
4 Abscheidung von Feststoffen aus Abwässern. W. Hegemann
5 Mikrobielle Grundlagen zur biologischen Abwasserbehandlung. G. Schön
6 Aerobe Verfahren zur biologischen Abwasserreinigung. W. Hegemann
7 Anaerobe Verfahren zur biologischen Abwasserreinigung. W. Hegemann
8 Biologische Behandlung von Abwässern mit schwerabbaubaren Inhaltsstoffen. D. C. Hempel, R. Krull
9 Hochleistungsverfahren und Bioreaktoren für die biologische Behandlung hochbelasteter industrieller Abwässer. A. Vogelpohl
10 Aerobe und anaerobe biologische Behandlung von Abwässern im Hubstrahl-Bioreaktor. H. Brauer
11 Kombination biologischer und physikochemischer Verfahren zur Elimination organischer Schadstoffe. W. Dorau
12 Thermische Verfahren zur Abwasserbehandlung. R. Marr
13 Mechanische Verfahren zur Abwasserbehandlung. M. H. Pahl, A. Fritz
14 Chemische Verfahren zur Abwasserbehandlung. K. Kemmer
15 Einsatz der Mikrofiltration zur Entfernung von Krankheitserregern und Phosphor aus Abwasser. W. Dorau
16 Aufarbeitungsverfahren für Rückstände aus Abwasserbehandlungsanlagen. J. Schaffer

Band 5: Sanierender Umweltschutz

1 Sanierung von Böden. N. Jentzsch
2 Gestaltung von Bergbaufolgelandschaften in Braunkohletagebauen – Technische und verfahrenstechnische Probleme. H. Rauhut, C. Drebenstedt
3 Sanierung der Gewässer. H. Klapper et al.
4 Sanierung der Lufthülle der Erde. K.E. Lorber, G. Baumbach
5 Sanierung von Bauwerken. S. Fitz

1 Emissionsanalyse technischer Anlagen

H. Brauer

1.1
Einleitung

Die Emissionsanalyse dient dem Ziel, alle in einer technischen Anlage entstehenden und von dieser in die Umgebung abgegebenen Emissionen zu ermitteln, um geeignete Maßnahmen zu ihrer Einschränkung, oder noch besser, zu ihrer Vermeidung treffen zu können. Vom Ort ihrer Entstehung bis zum Übertritt in die Umgebung sollen die Emissionen verfolgt werden. Zwangsläufig verbunden ist mit dieser Analyse ein Aufschluß über die Entstehung der Emissionen, ihr Transport durch die Anlage und ihre mögliche Wandlung auf diesem Wege bis zur Abgabe an die Umwelt. Unter Emissionen versteht man im engeren Sinne Schadstoffe oder Energie, die bei Übertritt in die Umwelt Schäden verursachen. Schadstoffe und thermische Energie werden praktisch aber vornehmlich von einem Trägermedium in die Umwelt transportiert. Aus diesem Grunde muß bei Emissionen das Trägermedium mitbeachtet werden.

Die Verantwortung für die von Emissionen hervorgerufenen Schäden an der Umwelt liegt bei Ingenieuren und Chemikern. Denn sie sind es, die die technischen Anlagen konzipieren, realisieren und betreiben, in denen die den Schaden verursachenden Emissionen produziert oder freigesetzt werden. Abgekürzt: Wer produziert, der muß die Verantwortung tragen. Ingenieure und Chemiker müssen sich bei all ihrem Tun und Handeln von dem Grundsatz leiten lassen, die Funktionsfähigkeit der Umwelt zum Wohle des Menschen und allen Lebens zu erhalten und zu stärken, und alles zu unterlassen, was diese Funktionsfähigkeit beeinträchtigen kann. Das dagegen verwendete Argument, daß Umweltschutz bezahlbar bleiben muß, vereinfacht das Problem in unzulässiger Weise. Denn was wir heute nicht mit Geld bereit sind zu bezahlen, das bezahlen wir in Zukunft mit unserer Gesundheit oder sogar mit unserem Leben. Die Auflösung dieses Gordischen Knotens werden kreative Ingenieure und Chemiker schaffen, denen von einer innovationsbereiten Industrie die notwendigen Aufgaben gestellt werden.

Die von technischen Anlagen ausgehenden Emissionen sind grundsätzlich anthropogener Natur. Es ist der Mensch, der technische Prozesse und Anlagen so gestaltet, daß Emissionen entstehen oder vermieden werden. Wer Emissionen produziert, muß, sei es innerbetrieblich oder außerbetrieblich, die Verantwortung für alle Folgen übernehmen. Dieses wird ihm um so besser gelingen, je erfolgreicher er alle sich ihm bietenden Möglichkeiten zur Minderung oder Vermeidung von Emissionen zu integrieren vermag. Hierzu bietet sich ihm die Emissionsanalyse als hilfreiches Instrument an.

1.2 Emissionsarten

Die von technischen Anlagen ausgehenden Emissionen sind folgende:
- Stoffliche Emissionen,
  Massenschadstoffe (Stäube, SO_2, NO_x, CO_2 etc.)
  Spurenschadstoffe (Feinstäube, Dioxine, Furane, FCKW etc.)
- thermische Emissionen,
- akustische Emissionen,
- radioaktive Emissionen,
- elektromagnetische Emissionen und
- optische Emissionen.

Grundsätzlich sind alle Emissionen für die belebte und unbelebte Natur von Bedeutung, da sie lokal oder auch global den Zustand der Umwelt verändern und beeinträchtigen können. Der Schutz der Umwelt, insbesondere der Schutz des Menschen, der Flora und der Fauna, sowie der Schutz der von Menschen errichteten Bauwerke und anderer Sachgüter erfordert weitestgehende Eindämmung aller Emissionen. Letztlich sind Emissionen nur in jenem Rahmen zu akzeptieren, in dem sie den Zustand der Umwelt nicht spürbar verändern. Eine vollkommen emissionsfreie anthropogene Tätigkeit ist indes weder möglich noch vorstellbar. Sie muß zudem auch in Zusammenhang mit den kontinuierlichen und eruptiven Emissionen der natürlichen Umwelt gesehen werden.

Die wichtigsten stofflichen Emissionen sind Stäube, gasförmige und flüssige Schadstoffe sowie feste Abfälle. Die aus technischen Anlagen stammenden stofflichen Emissionen rufen in der Öffentlichkeit die größte Aufmerksamkeit hervor. Sie verlassen weitgehend kontinuierlich die Anlagen mit deutlichen lokalen und weiträumigen bis globalen Wirkungen.

Die thermischen Emissionen stammen im wesentlichen aus Verbrennungsprozessen, bei denen die in den Brennstoffen chemisch gebundene Energie mit hohem Wirkungsgrad in thermische umgewandelt wird. Erst die weitergehende Umwandlung der thermischen in mechanische und elektrische Energie mit dem thermodynamisch begründeten niedrigen Wirkungsgrad hat die großen thermischen Emissionen in Luft und Wasser zur Folge. Die Bearbeitung der hiermit verbundenen Probleme setzte frühzeitig ein und zeigte auch Erfolge. Unter dem Eindruck der später einsetzenden Gesetzgebung zum Umweltschutz und der allgemein geforderten effizienteren Rohstoffnutzung

1.2 Emissionsarten

haben diese Bemühungen zusätzliche Impulse erhalten. Es werden Wege beschritten, die eine deutlich verbesserte Nutzung der thermischen Energie erkennen lassen. Die Öffentlichkeit nimmt an diesen Bemühungen und Erfolgen nur verhältnismäßig wenig Anteil.

Die von technischen Anlagen ausgehenden akustischen Emissionen sind von stark begrenzter lokaler Bedeutung. Sie sind vornehmlich ein innerbetriebliches Problem, dessen technische Lösung erhebliche Schwierigkeiten bereitet. Für die Umweltproblematik ist insbesondere der vom Verkehr, Straßen- und Luftverkehr ausgehende Lärm von viel größerer Bedeutung. Zudem ist bei akustischen Emissionen zu beachten, daß ihre Wirkungen auch ein psychologisches Problem darstellen, da Lärm stets das vom Mitmenschen verursachte Geräusch ist.

Radioaktive Emissionen von technischen Anlagen rufen in der Öffentlichkeit die größte Aufmerksamkeit hervor. Sensibilisiert durch den katastrophalen Störfall im Kernkraftwerk Tschernobyl reagiert die Öffentlichkeit bereits bei jedem Verdacht auf eine auch nur theoretische Möglichkeit der radioaktiven Emission in höchst empfindlicher Weise. Jeder tatsächliche Unfall kann, wie bittere Erfahrung gelehrt hat, zerstörerische Folgen für die Umwelt in größtem Ausmaße haben.

Erst in jüngster Zeit wird über die Wirkung elektromagnetischer Emissionen, auch Elektrosmog genannt, in der Öffentlichkeit diskutiert. Diese Emissionen sind die elektrischen und magnetischen Felder, die sich um jeden elektrische Spannung führenden Leiter ausbilden. Elektrische Felder entstehen um einen Leiter bereits dann, wenn kein Strom fließt, wenn die elektrische Energie also nur bereitgehalten wird. Im Gegensatz dazu bilden sich magnetische Felder nur um stromdurchflossene Leiter aus. Die elektrischen Felder werden durch Vegetation und Häuser geschwächt, während magnetische Felder davon unbeeinflußt bleiben. Den elektromagnetischen Feldern ist der Mensch nicht nur in Fabrikanlagen und in der Nähe von Überlandleitungen, sondern auch im Haushalt ständig ausgesetzt. Ihre Wirkung ist offensichtlich wissenschaftlich noch unsicher.

Den optischen Emissionen, die insbesondere von Bauwerken ausgehen, werden in Zusammenhang mit dem Umweltschutz, insbesondere mit dem Schutz des Menschen, nicht die erwünschte Aufmerksamkeit geschenkt. Unbezweifelt bleiben jedoch die psychischen Wirkungen. Wer hat noch nicht ein Gefühl der Freude oder der Abneigung und des Unwohlseins beim Anblick von Bauwerken der verschiedensten Art empfunden? Architektur und Stadtplanung ist hier eine für das Wohl des Menschen bedeutsame Aufgabe gestellt.

Die Emissionsanalyse technischer Anlagen muß sich grundsätzlich allen genannten Emissionen zuwenden. Dieses ist schon allein deshalb notwendig, weil Emissionen immer in kombinierter Form auftreten. Andererseits ist die Methode der Analyse, ausgenommen bei optischen Emissionen, sehr gleichartig. Auf Grund der Zielsetzung dieses Buches ist es daher gerechtfertigt, die Analyse vornehmlich auf in die Luft gerichtete Emissionen, und dabei auf stoffliche Emissionen zu richten. Für die in Wasser und Boden gerichteten Emissionen gelten jedoch prinzipiell die gleichen Richtlinien. Die weiteren Ausführungen stützen sich auf eine frühere Untersuchung des Autors [1].

1.3
Emissionsquellen

Unter Emissionsquelle versteht man die örtlich fixierbare technische Einrichtung, von der die Emissionen in die Umwelt übertreten. Diese Emissionen bestehen aus den Schadstoffen und den Trägermedien. Rein technisch gesehen ist der Volumenstrom der Schadstoffe zumeist winzig klein im Vergleich zu dem Volumenstrom der Trägermedien. Aus diesem Grunde ist bezüglich den technischen Einrichtungen für Emissionsquellen den Trägerstoffen, und nicht nur den Schadstoffen, Aufmerksamkeit zu schenken. Die wichtigsten Quellen für in die Luft gerichtete Emissionen sind gemäß ihrer geometrischen Struktur folgende:

- Punktquellen,
- Linienquellen,

Abb. 1.1. Fotografie eines 360 m hohen Schornsteins der Firma Karrena als Beispiel für eine Punktquelle.

- Flächenquellen und
- Raumquellen.

Alle technischen Emissionsquellen lassen sich von ihrer Umgebung eindeutig abgrenzen. Am einfachsten ist das im Falle einer Punktquelle, wobei es sich beispielhaft, gemäß Abb. 1.1, um einen hohen Schornstein handeln kann. Der Charakter der Einzelquelle wird kaum verändert, wenn mehrere hohe Schornsteine, wie in Abb. 1.2 gezeigt, dicht nebeneinander angeordnet sind. Die geometrische Größe der Emissionsquelle und ihre Höhe über der Umgebung sind eindeutig festgelegt. Darüber hinaus sind die emittierten Schadstoffe nach Menge und Zusammensetzung recht genau bekannt.

Im Gegensatz dazu lassen sich die anderen Quellen als Gruppenquellen darstellen, deren Einzelquellen häufig gar nicht oder nur schwer zu erfassen sind.

Typische Linienquellen sind beispielsweise offene Abwasserkanäle oder stark mit Schadstoffen belastete Flüsse. In diesen Fälle ist die Quelle hin-

Abb. 1.2. Fotografie von mehreren in Reihe angeordneten Schornsteinen

sichtlich ihrer geometrischen Größe und Höhe über der Umgebung klar definiert. Aber auch die in die Luft übertretende Schadstoffmenge läßt sich verhältnismäßig sicher feststellen.

Andere typische Linienquellen sind Verkehrswege, insbesondere solche, die stark frequentiert sind. In diesen Fällen setzt sich jeweils eine Linienquelle aus einer Vielzahl von mobilen Einzelquellen zusammen. Abbildung 1.3 zeigt ein Beispiel von einem stark befahrenen Verkehrswegenetz. Der Liniencharakter dieser Quellen ist um so ausgeprägter, je dichter die Fahrzeugfolge ist. Auch in diesem Falle der Linienquelle sind die geometrische Form und Höhe über der Umgebung eindeutig gegeben; Menge und Art der emittierten Schadstoffe lassen sich unter Berücksichtigung tageszeitlicher Schwankungen in der Fahrzeugfrequenz in befriedigender Weise abschätzen.

Bei Flächenquellen gibt es ebenfalls zwei unterschiedliche Typen. Im ersten und einfachsten Falle möge es sich beispielsweise um ein noch offenes Becken oder um einen sogenannten Schönungsteich von Abwasser-Kläranlagen handeln. Abbildung 1.4 zeigt das Photo von einer offenen Kläranlage. Für diese Beispiele sind die geometrische Größe und die Höhe der Emissionsquelle eindeutig festgelegt. Ferner lassen sich die emittierten Schadstoffe nach Menge und Art verhältnismäßig sicher bestimmen.

Eine ganz anders geartete Struktur der Flächenquelle ergibt sich für die Emissionen aus den Schornsteinen privater Haushalte in dichtbesiedelten

Abb. 1.3. Fotografische Nachtaufnahme von einem stark frequentierten Straßennetz bei Mannheim als Beispiel für eine Linienquelle

Abb. 1.4. Fotografie von einer offenen Kläranlage als Beispiel für eine Flächenquelle

Gebieten. Abbildung 1.5 zeigt ein solches Beispiel. Der geringe Abstand zwischen den einzelnen Emissionsquellen und die große Ähnlichkeit in Menge und Art der Emissionen rechtfertigt die Annahme von einer Flächenquelle.

Grundsätzlich ließe sich auch jeder größere Industriekomplex, der eine große Zahl von Einzelquellen aufweist, als Flächenquelle betrachten. Dieses ist im allgemeinen aber nicht sinnvoll, da die Emissionen der Einzelquellen nach Menge und Art zu große Unterschiede aufweisen.

Die Raumquellen treten besonders in kompakt gebauten industriellen Anlagen auf, die vornehmlich in der chemischen und verwandten Industrie anzutreffen sind. Abbildung 1.6 zeigt als Beispiel den Blick auf einen Chemiekomplex. Unter einer Raumquelle versteht man im allgemeinen die in einem klar begrenzbaren Raum vorhandene große Zahl von Einzelquellen, deren Emissionen innerhalb dieses Raumes ihre Identität verlieren. Diese im Raum verteilte große Zahl von Einzelquellen wird insbesondere von Flanschen und Ventilen gebildet. Jede dieser Einzelquellen weist im allgemeinen nur eine sehr geringe Emissionsrate auf. Die hohe Emissionsrate der Raumquelle ist durch

Abb. 1.5. Fotografische Aufnahme vom Dächermeer als weiteres Beispiel für eine Flächenquelle

Abb. 1.6. Fotografische Aufnahme von einer Chemieanlage als Beispiel für eine Raumquelle

die große Zahl der Einzelquellen bedingt, die in die Tausende gehen kann. Die von Raumquellen ausgehenden Emissionen werden häufig auch diffuse Emissionen genannt.

Punkt-, Linien-, Flächen- und Raumquellen lassen sich durch folgende Größen beschreiben:
- Geometrische Größe der Emissionsfläche, mit der die Quelle mit der umgebenden Atmosphäre in Verbindung steht; hierdurch ist die Austrittsgeschwindigkeit festgelegt.
- Die Emissionshöhe der Quelle über der Umgebung.
- Der Volumenstrom der Emission (Emissionsstrom), der sich aus dem Volumenstrom des Trägerstoffes und dem Volumenstrom des Schadstoffes zusammensetzt; letzterer läßt sich auch als Konzentration angeben.
- Zahl und Art der Trägerstoffe und der Schadstoffe.

Punktquellen zeichnen sich im allgemeinen durch eine kleine Emissionsfläche und eine große Emissionshöhe aus. Typisches Beispiel ist der hohe Schornstein. Typisch ist hierfür aber auch der hohe Emissionsstrom. Aus diesem Grunde ist, auch wenn die Schadstoffkonzentration gering ist, der Schadstoffemissionsstrom ebenfalls sehr groß. Ferner darf man davon ausgehen, daß die emittierten Schadstoffe weitgehend bekannt sind.

Linien- und Flächenquellen zeichnen sich im Vergleich zu Punktquellen durch zumeist große Emissionsflächen und durch sehr geringe Emissionshöhen aus. Bei im allgemeinen geringer Emissionsgeschwindigkeit kann der Emissionsvolumenstrom wegen der großen Emissionsfläche doch sehr groß sein. Dieses ist besonders bedenklich für den Schadstoffemissionsstrom. Typisches Beispiel für die Linienquelle sind die Verkehrswege, deren hoher Schadstoffemissionsstrom die Luft in den Städten in entscheidendem Maße belastet. Als Flächenquelle sei auf offene Klärwerke verwiesen. Obgleich in diesem Falle der Schadstoffemissionsstrom nur sehr gering ist, ruft er auf Grund seiner Geruchsintensität eine höchst unangenehme Belästigung hervor.

Bei Raumquellen ist die Emissionshöhe sehr gering. Die Emissionsfläche ist in diesem Falle insbesondere dann, wenn es sich um komplette oder Teile von Freiluftanlagen handelt, nur sehr schwer anzugeben. Die gleiche Unsicherheit besteht dann auch bei Angaben über den Emissionsstrom und die Art der emittierten Schadstoffe. Die Ursache für die Unsicherheit liegt in der sehr großen Zahl der Einzelquellen in dem abgegrenzten Raum. Aus Raumquellen treten häufig geruchsintensive Schadstoffe aus.

Erheblich einfacher liegen die Verhältnisse bei vollständig umbauten Anlagen. In diesem Falle können die Emissionen durch Absaugung gesammelt, bei Bedarf einer Behandlungsanlage zugeführt und anschließend über eine Punktquelle in die Umgebung abgegeben werden. Bei umbauten Raumquellen muß jedoch besonders sorgfältig auf die Einhaltung der Vorschriften zum Arbeitsschutz geachtet werden.

Angaben über geringe Schadstoffkonzentrationen im Emissionsstrom dürfen keinesfalls dazu verleiten, die von den emittierten Schadstoffen ausgehenden Gefahren gering zu schätzen. Umfangreiche Erfahrungen der letzten Jahrzehnte haben gezeigt, daß Gesundheit und Wohlbefinden von Menschen erheblich eingeschränkt werden können, wenn die Einwirkung der Schadstoffe über längere Zeit anhält, die Schadstoffe im Körper nicht schnell genug abgebaut oder vom Körper ausgeschieden werden, so daß sich durch lokale Akkumulation eine zu hohe Schadstoffkonzentration aufbauen kann. Durch Akkumulation bedingte Schäden werden aber nicht nur bei Menschen, sondern in beachtlichem Maße auch bei Fauna, Flora und Sachgütern festgestellt. Die Akkumulation der Schadstoffe im Akzeptor läßt also auch jene Schadstoffe, die im Emissionsstrom nur in geringster Konzentration vorhanden sind, zu einer großen Gefahrenquelle werden. Die Bedeutung der Emissionen aus Raumquellen, die in direkter Verbindung zur freien Atmosphäre stehen und somit, entsprechend der Wetterlage, durchlüftet werden, wird häufig nicht richtig eingeschätzt, da auf Grund der Durchlüftung und der damit verbundenen Verdünnung angenommen wird, daß eine Schaden abwendende Herabsetzung der Schadstoffkonzentration stattfindet. Die Verdünnung der Schadstoffkonzentration durch Verstärkung des Trägerstromes ist zum Schutz der Umwelt kein vertretbares Verfahren. Der durch Akkumulation hervorgerufene Schaden bleibt zu oft unbeachtet.

Die Bedeutung technischer Emissionsquellen wird durch einen Vergleich mit natürlichen Emissionsquellen in unzulässiger Weise relativiert. Abbildung 1.7 zeigt in graphischer Form, wie sich die Emissionen einiger Massenschadstoffe bei globaler Betrachtung auf natürliche und anthropogene Quellen verteilen. Hiernach scheinen die Emissionen aus technischen Quellen nur eine untergeordnete bis vernachlässigbare Rolle zu spielen. Daß diese Interpretation falsch ist, beweisen die großen Umweltschäden, die insbesondere innerhalb anthropogener Tätigkeitsfelder und in deren näheren Umgebung

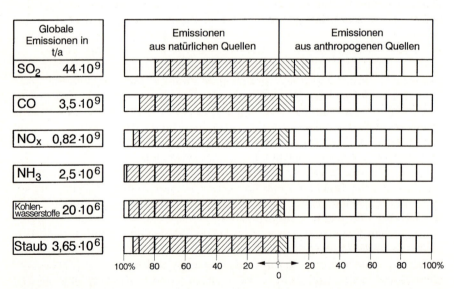

Abb. 1.7. Verteilung der globalen Emissionen einiger Massenschadstoffe auf natürliche und anthropogene Quellen

durch die genannten Massenschadstoffe festzustellen sind. Deutlich wird diese Argumentation auch durch folgende Gleichung gemacht:

$$\dot{M}_{ES} = \dot{m}_{ES} A_E. \tag{1.1}$$

Diese Gleichung besagt, daß der Emissionsstrom des Schadstoffes $\dot{M}_{ES}$ in kg/s gleich dem Produkt aus der Emissionsstromdichte $\dot{m}_{ES}$ in kg/(m²s) und der Emissionsfläche A_E in m² ist. Bei natürlichen Quellen ist im allgemeinen, sieht man von Vulkanen ab, die Emissionsstromdichte $\dot{m}_{ES}$ sehr klein, die Emissionsfläche A_E dagegen außerordentlich groß. Umgekehrt ist bei anthropogenen Quellen die Emissionsstromdichte des Schadstoffes sehr groß und die Emissionsfläche sehr klein. Es ist die große Emissionsstromdichte $\dot{m}_{ES}$ der Quellen, die im Umkreis anthropogener Tätigkeiten die großen bis zerstörerischen Wirkungen verursachen. Bei globaler Betrachtung sind diese Wirkungen von scheinbar lokaler Natur. Tatsächlich wird der Wirkungsbereich der anthropogenen Quellen durch Transferprozesse in Verbindung mit der Verweildauer der Schadstoffe in der Atmosphäre erheblich ausgeweitet.

Eine weitere Vertiefung erfährt die Überlegung zum Schadstoffemissionsstrom noch durch folgende Gleichung:

$$\dot{M}_{ES} = \dot{V}_E c_{ES}. \tag{1.2}$$

Hiernach ist der Massenstrom $\dot{M}_{ES}$ der Schadstoffemission gleich dem Produkt aus dem Volumenstrom $\dot{V}_E$ in m³/s der gesamten Emission und der Massenkonzentration c_{ES} in kg/m³ der darin enthaltenen Schadstoffe. Die Massenkonzentration der Schadstoffe in Emissionsströmen technischer Anlagen ist auf Grund der zu beachtenden Vorschriften in den meisten Fällen außerordentlich gering. Die große Schadstoffemission ergibt sich durch den Volumenstrom $\dot{V}_E$ der gesamten Emission, der sich aus der Summe der Volumenströme für das Trägermedium ($\dot{V}_{ET}$) und dem Schadstoff ($\dot{V}_{ES}$) zusammensetzt:

$$\dot{V}_E = \dot{V}_{ET} + \dot{V}_{ES}. \tag{1.3}$$

Der Volumenstrom $\dot{V}_{ES}$ der Schadstoffemission ist in vielen Fällen vernachlässigbar klein im Vergleich zu $\dot{V}_{ET}$.

Der Emissionsvolumenstrom, der von technischen Anlagen in die Atmosphäre übertritt, kann einige Hunderttausende oder Millionen m³/h betragen. Daher ist eine sehr geringe Schadstoffkonzentration sehr gut mit einem sehr großen Schadstoffemissionsstrom vereinbar.

Für die Wirkung eines emittierten Schadstoffes ist auf Grund der Akkumulationsmöglichkeiten der Akzeptoren der Schadstoffemissionsstrom $\dot{M}_{ES}$ von entscheidender Bedeutung. Die Schadstoffkonzentration c_{ES} büßt gleichzeitig etwas von ihrer Bedeutung ein.

Die Aussage von Paracelsus, wonach es die Dosis (Konzentration) ist, die einen Stoff zum Gift (Schadstoff) macht, ist allein auf dem Akzeptor anzuwenden, nicht aber auf die Emissionsquelle. Die technische Aufgabe besteht also primär in der nachhaltigen Verminderung oder der Vermeidung von Schadstoffemissionen. Die hierfür verfügbaren technischen Möglichkeiten werden im folgenden eingehend behandelt.

1.4
Struktur und Funktionen von Stoff- und Energiewandlungsanlagen

1.4.1
Schematisierte Struktur von Produktionsanlagen

Alle in die Umwelt emittierten Schadstoffe sind das Ergebnis gewollter oder ungewollter Stoff- und Energiewandlungsprozesse. Die wichtigsten Maßnahmen zur Reinhaltung der Luft sind daher die Vermeidung der Produktion von Schadstoffen sowie die Trennung der unvermeidbarer Weise produzierten Schadstoffe von den Trägermedien in nachgeschalteten Reinigungsstufen, bevor die Trägermedien in die umgebende Atmosphäre emittiert oder in speziellen Fällen rezykliert werden.

Die von technischen Produktionsanlagen ausgehenden Emissionen lassen sich in diffuse und kontrollierte oder gerichtete Emissionen unterteilen. Im Gegensatz zu den kontrollierten Emissionen von speziell vorgesehenen Emissionsstufen sind die diffusen Emissionen aus den zuvor beschriebenen Raumquellen nur schwer zu kontrollieren.

Die im einzelnen zu treffenden Maßnahmen zur Vermeidung oder Herabsetzung von Emissionen sollen im folgenden am Beispiel einer Produktionsanlage erläutert werden.

In stark schematisierter Form bestehen Stoff- und Energiewandlungsanlagen gemäß Abb. 1.8 aus wenigstens fünf Stufen.

1. *Eingangsstufe,* in die alle für den Produktionsprozeß erforderlichen Rohmaterialien zusammen mit praktisch immer vorhandenen, prozeßtechnisch aber nicht notwendigen und somit unerwünschten Begleitstoffen, sowie die für den Prozeß notwendigen Hilfsstoffe, beispielsweise Luft und Wasser, eingeleitet werden.
2. *Stoff- und Energiewandlungsstufen,* in denen die für die gewünschten Zielprodukte erforderlichen Wandlungsprozesse stattfinden, wobei gleichzeitig aber auch eine Reihe von unerwünschten, zum Teil unvermeidbaren Begleitprodukten entstehen, von denen einige als Schadstoffe zu klassifizieren sind.
3. *Produktstufe,* in welcher die gewünschten Produkte aus dem Wandlungsprozeß ausgeschleust und von den unerwünschten Begleitstoffen so weit wie möglich getrennt werden. Dabei auftretende Wertstoffe werden, so weit wie möglich, in den Wandlungsprozeß zurückgeführt, also rezykliert, oder auch einem weiteren Prozeß zugeführt.
4. *Reinigungsstufe,* in welcher die von Trägermedien, vornehmlich Luft und Wasser, aufgenommenen Stoffe, die sowohl Ziel- als auch Begleitprodukte sein können und bei Übertritt in die Umwelt Schäden verursachen können, abgeschieden und somit zurückgehalten werden. Wenn die Trägermedien rezykliert werden, ist im allgemeinen eine zusätzliche Reinigung erforderlich.

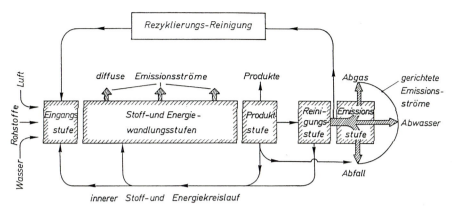

Abb. 1.8. Schematische Darstellung einer industriellen Produktionsanlage mit Hinweisen zu Schadstoffen und Trägermedien

5. *Emissionsstufe,* von der die Trägermedien mit allen nicht abgeschiedenen Stoffen, sowie die festen Abfälle an die Umgebung abgegeben werden.

Nach diesem Überblick über die Struktur von Produktionsanlagen werden die einzelnen Stufen und ihre Funktionen im Hinblick auf Emissionen näher beschrieben.

1.4.2
Eingangsstufe

Die Probleme der Luftreinhaltung beginnen in der Eingangsstufe. Die im Verlauf des Stoff- und Energiewandlungsprozesses anfallenden Schadstoffe sind durch die eingesetzten Roh- und Hilfsstoffe bereits weitgehend festgelegt. Als besonders markantes Beispiel für den Einfluß der Rohstoffe auf die Schadstoffemissionen sei auf die Verwendung von Erdöl und Erdgas in Kraftwerken und in der chemischen Industrie verwiesen, wodurch die Emission von Stäuben drastisch gesenkt wurde. Der Forderung nach einer weitergehenden Aufbereitung der Rohstoffe unter dem Gesichtspunkt verminderter Schadstoffproduktion und Schadstoffemission muß weiterhin steigende Aufmerksamkeit geschenkt werden. Desgleichen muß bei gegebenem Zielprodukt und Wandlungsprozeß die Substitution der Rohstoffe im Auge behalten werden.

Darüber hinaus ist in der Eingangsstufe aber auch auf Hilfsstoffe ganz allgemein, speziell auf Luft und Wasser, zu achten. Es muß ernsthaft die Funktion dieser Stoffe und deren Menge für den nachfolgenden Prozeß geprüft werden. Luft und Wasser übernehmen in zu vielen Fällen die Funktion der Trägermedien für die produzierten Schadstoffe. Die mit dem Transferprozeß verbundene disperse Verteilung der Schadstoffe in den Trägermedien muß in nachgeschalteten Reinigungsanlagen mit erheblichem technischen Aufwand wieder rückgängig gemacht werden. Die Größe dieser Anlagen und die Kosten für ihren Betrieb hängen nicht nur von der Menge der abzuscheidenden Schadstoffe ab, sondern in starkem Maße von der Menge der Trägermedien. Die Kosten für den Umweltschutz hängen nicht nur von der Art und der Menge der eingeleiteten und produzierten Schadstoffe, sondern auch von der Art und der Menge der eingeleiteten und produzierten Trägermedien ab.

Ferner ist zu beachten, daß die Trägermedien selber in den Stoffwandlungsstufen zu Schadstoffen umgewandelt werden. Als Beispiel sei allein auf die Produktion von Stickoxiden aus dem Luftstickstoff verwiesen.

Die allgemeine Forderung zielt also dahin, die eingesetzten Rohstoffe so weit wie möglich von unerwünschten Begleitstoffen zu befreien und die Einleitung der Hilfsstoffe auf das unabweisbare Maß zu begrenzen. Der richtigen Auswahl und der weitergehenden Aufbereitung der Rohstoffe kommt eine nach wie vor steigende Bedeutung zu. Die „Aufbereitungstechnik" bedarf einer verstärkten Integration in die „Verfahrenstechnik".

1.4.3
Stoff- und Energiewandlungsstufen

Stoff- und Energiewandlungsstufen bilden das Kernstück vieler technischer Produktionsanlagen. Diesen Stufen werden von der Eingangsstufe die aufbereiteten Rohstoffe und die Hilfsstoffe nach Art und Menge gemäß dem gewünschten Produkt und gemäß dem festgelegten Wandlungsprozeß zugeführt.

Bei oberflächlicher Betrachtungsweise läßt sich aus den Rohstoffen R_1 und R_2 das Produkt P erzeugen. Die Bruttoreaktionsgleichung ließe sich für diesen hypothetischen Prozeß wie folgt schreiben:

$$R_1 + R_2 \rightarrow P \tag{1.4}$$

Selbst dann, wenn die Rohstoffe R_1 und R_2 absolut reiner Form und in den richtigen Verhältnissen vorliegen, wird in einer technischen Anlage nicht nur das Produkt P als Ergebnis anfallen. Praktisch alle Reaktionen durchlaufen eine mehr oder weniger lange Kette von Reaktionsstufen, wobei auf jeder Stufe ein Zwischenprodukt ZP entsteht, dessen weitere Wandlung unvollständig verlaufen kann. Die moderne Reaktionstechnik bemüht sich mit stetig wachsendem Erfolg, solche Reaktionsbedingungen zu schaffen, daß die Reaktionskette möglichst in der gewünschten Form durchlaufen wird. Trotzdem verbleibt ein mehr oder weniger großer Rest aus reaktionstechnischen Unvollkommenheiten, die zu verbleibenden Zwischenprodukten führen. Darüber hinaus tragen aber auch thermodynamische und chemische Gleichgewichtsbedingungen dazu bei, daß das Zielprodukt von Zwischenprodukten begleitet wird. Aus diesem Grunde muß die Bruttoreaktionsgleichung in der folgenden Weise ergänzt werden:

$$R_1 + R_2 \rightarrow P + \Sigma\, ZP \tag{1.5}$$

Da die für das Zielprodukt erforderlichen Ausgangsstoffe R_1 und R_2 immer mit unerwünschten Begleitstoffen, sogenannten Verunreinigungen V verbunden sind, ergeben sich auch hieraus bei idealen Reaktionsbedingungen die Produkte PV und wegen der unvollkommenen Reaktionsbedingungen zusätzlich

1.4 Struktur und Funktionen von Stoff- und Energiewandlungsanlagen

die unvermeidbaren Zwischenprodukte ZPV. Damit erhält die Reaktionsgleichung die Form:

$$R_1 + R_2 + \Sigma V = P + \Sigma ZP + \Sigma PV + \Sigma ZPV \qquad (1.6)$$

Die bislang erwähnten Unvollkommenheiten in der chemischen Stoffwandlung werden allein auf reaktionskinetische Unvollkommenheiten und auf unvermeidbare Verunreinigung der Einsatzstoffe zurückgeführt. Von gleich großer Bedeutung für unvollkommene Reaktionsabläufe sind aber auch verfahrenstechnische Parameter. Dieses sind lokale Geschwindigkeit in durchströmten Reaktoren, Druck, Temperatur und Konzentration der Einsatzstoffe. Da in keinem technischen Reaktor eine vollkommene Durchmischung aller an der Wandlung beteiligten Stoffe möglich ist, sind die Reaktionsbedingungen in jedem Volumenelement des Reaktors andere. Das Ergebnis ist eine weiter erhöhte Zahl der Zwischenprodukte ZP und ZPV.

Jeder chemische Wandlungsprozeß muß daher, um ein möglichst reines Produkt P zu erhalten, durch einen sehr aufwendigen Aufarbeitungsprozeß ergänzt werden. Dabei wird gleichzeitig aber auch angestrebt, so viele Zwischenprodukte wie möglich in technisch weiterverwertbarer Form zu gewinnen. Der verbleibende Rest muß wegen unerwünschter Wirkungen bei Übertritt in die Umwelt als Schadstoffe klassifiziert und daher zusätzlich behandelt werden.

Aber nicht nur chemische Stoffwandlungen sind zwangsweise mit der Produktion von Schadstoffen verbunden. Das gleiche trifft auch für physikalische und biologische Prozesse zur Stoffwandlung zu. Nach dem derzeitigen Stand der Technik muß man davon ausgehen, daß durch biologische Prozesse eher noch mehr Schadstoffe produziert werden als durch chemische Prozesse. Die erfolgreichste Methode zur Minderung von Schadstoffemissionen besteht nach diesen Ausführungen in der nachhaltigen Minderung der Schadstoffproduktion durch Verbesserung der Stoffwandlungsprozesse.

In den Stoff- und Energiewandlungsstufen werden die Schadstoffe nicht nur produziert, sondern, was für die später folgende Reinigungsstufe von ausschlaggebender Bedeutung ist, in Trägermedien, wie Luft und Wasser, transferiert und zumeist dispers verteilt. Es ist dieser Transferprozeß, der den späteren Aufwand in der Reinigungsstufe verursacht. Dieser Aufwand ließe sich nachhaltig einschränken, wenn man den Transfer der Schadstoffe in die Trägermedien verhindern oder einschränken könnte, und soweit das nur begrenzt möglich ist, den Volumenstrom der Trägermedien so weit wie möglich verringern. Ist die Schadstoffproduktion auf ein Minimum herabgesetzt, dann wird die Schadstoffkonzentration im Trägerstoff um so höher, je geringer dessen Volumenstrom ist. Dieses bietet die besten Voraussetzungen für die spätere Reinigung der Trägermedien.

Wie bereits angedeutet, werden in vielen technischen Prozessen die Trägermedien über die Eingangsstufe in die Stoffwandlungsstufen eingeleitet. Bei anderen technischen Prozessen, worauf hier aufmerksam gemacht werden soll, werden Trägermedien parallel zu den Schadstoffen produziert. Der Einschränkung der Produktion von Trägermedien kommt also ebenfalls eine große Bedeutung zu.

1.4.4
Produktstufe

In der Produktstufe werden die Zielprodukte und andere Wertstoffe von den ebenfalls produzierten, aber nicht verwertbaren Zwischen- oder Nebenprodukten getrennt und aus dem Produktionsprozeß ausgeschleust. Dieses bedeutet zugleich auch eine erste Reinigung der Trägermedien. Vielfach werden zur Durchführung der Produkt- und Wertstoffabtrennung zusätzliche Trägermedien benötigt.

In vielen technischen Produktionsprozessen ist der geräte- und anlagentechnische Aufwand zur Abtrennung der Zielprodukte und anderer Wertstoffe erheblich größer als für die eigentlichen Stoff- und Energiewandlungsstufen. Je unvollkommener die Vorgänge in diesen Stufen sind, desto größer ist der Aufwand in der Produkttrennstufe und der anschließend folgenden Reinigungsstufe für die Trägermedien.

Wie bereits in Abb. 1.8 angedeutet, können in der Produkttrennstufe Stoffe ebenso wie Energie anfallen, die in den Prozeß wieder zurückgeführt werden. Dieses ist die prozeßinterne Rezyklierung.

Die nicht abgetrennten Stoffe werden von den Trägermedien in die Reinigungsstufe transportiert. Diese Stoffe sind keineswegs nur die unerwünschten und teilweise unvermeidbaren Nebenprodukte. Sie enthalten, wegen Unvollkommenheiten der Trennprozesse, immer auch Anteile der Zielprodukte und anderer Wertstoffe.

1.4.5
Reinigungsstufe

In der Reinigungsstufe sollen die inerten Trägermedien vor ihrer Emission in die Umwelt oder ihrer Rezyklierung in den Produktionsprozeß gereinigt werden. Alle für die Umwelt und für den Produktionsprozeß schädlichen Stoffe sollen so weit wie möglich aus den Trägermedien entfernt werden.

Der Produktionsprozeß stellt im allgemeinen wesentlich höhere Anforderungen an die Reinheit der Trägermedien als die Umwelt. Diese unglückliche Diskrepanz ist folgendermaßen zu erklären. Die prozeß- und anlagentechnisch orientierten Anforderungen an die Reinheit der Trägermedien sind physikalisch, chemisch und biologisch eindeutig begründet und werden danach festgelegt. In anderen Worten: Die prozeß- und anlagentechnische Wirkungsforschung ist sehr weit fortgeschritten. Die zum Schutz der Umwelt erforderliche Wirkungsforschung vermag in vielen Fällen keine vergleichbar sicheren Aussagen zu machen. Die Politik mußte daher einschreiten und sich des Schutzes der Umwelt annehmen. Die politisch entschiedenen Anforderungen an die Reinheit emittierter Trägermedien werden von Einflüssen, die abseits wissenschaftlicher Erkenntnisse liegen, in starkem Maße mitbestimmt. Die Anforderungen an die Umwelt sind daher den Anforderungen der Produktionsprozesse nachgeordnet. Der technische Aufwand für die Emission

1.4 Struktur und Funktionen von Stoff- und Energiewandlungsanlagen

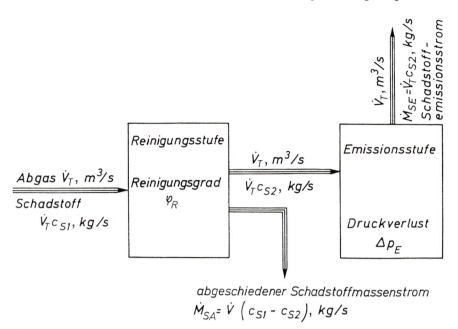

Abb. 1.9. Bewegung der Ströme für Schadstoffe und Trägermedium durch die Reinigungsstufe und die Emissionsstufe

schadstoffbeladener Trägermedien in die Umwelt ist daher auch wesentlich geringer als für die Rezyklierung der Trägermedien in den Prozeß.

Die Leistung einer Reinigungsstufe soll an Hand von Abb. 1.9 erläutert werden. In die Reinigungsstufe tritt das gasförmige Medium (Dimension: m³/s) ein, das mit dem Schadstoffmassenstrom $\dot{V}_T c_{S1}$ beladen ist. Hierin bedeutet c_{S1} in kg/m³ die Schadstoffmasse je Volumeneinheit des Trägermediums, also die Schadstoffkonzentration des Trägermediums bei Eintritt in die Reinigungsanlage. Bei Verlassen dieser Anlage ist die Schadstoffkonzentration auf c_{S2} und der Schadstoffmassenstrom auf $\dot{V}_T c_{S2}$ abgesunken, wobei angenommen wird, daß der Volumenstrom $\dot{V}_T$ des Trägermediums beim Durchströmen der Reinigungsanlage keine Änderung erfährt. Da im allgemeinen nicht nur ein einzelner Schadstoff, sondern ein Gemisch aus n Schadstoffen auftritt, ist die Schadstoffkonzentration im ein- und austretenden Trägermedium als Summe für alle Komponenten zu bilden:

$$C_{S1} = \sum_{i=1}^{n} (c_{S1})_i , \qquad (1.7)$$

$$C_{S2} = \sum_{i=1}^{n} (c_{S2})_i . \qquad (1.8)$$

Die Änderung der Schadstoffkonzentration des Trägermediums auf seinem Wege durch die Reinigungsstufe ist $c_{S1}-c_{S2}$. Bezieht man diese Differenz auf den Eintrittswert c_{S1}, so erhält man den mit φ_R bezeichneten Reinigungsgrad, der auch Abscheidegrad genannt wird:

$$\varphi_R \equiv \frac{c_{S1} - c_{S2}}{c_{S1}} = 1 - \frac{c_{S2}}{c_{S1}}, \qquad (1.9)$$

bzw.:

$$\varphi_R = 1 - \sum_{i=1}^{n} (c_{S2}/c_{S1})_i. \qquad (1.10)$$

Bildet man den Reinigungsgrad $\varphi_{R,i}$ bezüglich der Schadstoffkomponente i, so erhält man:

$$\varphi_{R,i} \equiv \frac{c_{S1,i} - c_{S2,i}}{c_{S1,i}}. \qquad (1.11)$$

Damit läßt sich der Gesamtreinigungsgrad φ_R auch in der folgenden Form schreiben:

$$\varphi_R = 1 - \sum_{i=1}^{n} (1 - \varphi_{R,i}). \qquad (1.12)$$

Der Reinigungsgrad kennzeichnet die in der Reinigungsstufe erzielte Konzentrationsänderung des Schadstoffes im Trägerfluid. Es hängt von dem verwendeten Gerätetyp, dem abzutrennenden Schadstoff und seiner Konzentration c_{S1}, dem Volumenstrom $\dot{V}_T$ des Trägermediums sowie den Stoffeigenschaften von Trägerfluid und Schadstoffen ab. Der Reinigungsgrad ist somit keine Gerätekonstante. Die in der Reinigungsstufe erzielte Reinigungsleistung wird durch den abgeschiedenen Schadstoffmassenstrom $\dot{M}_{SR}$ beschrieben, der durch die folgende Gleichung gegeben ist:

$$\dot{M}_{SR} = \dot{V}_T (c_{S1} - c_{S2}) = \dot{V}_T c_{S1} \varphi_R. \qquad (1.13)$$

Unter Berücksichtigung von n Schadstoffkomponenten erhält man diese Gleichung in der Schreibweise:

$$\dot{M}_{SR} = \dot{V}_T \sum_{i=1}^{n} (c_{S1} - c_{S2})_i, \qquad (1.14)$$

$$\dot{M}_{SR} = \dot{V}_T \sum_{i=1}^{n} \left[c_{S1,i} \, \varphi_{R,i} \right]. \qquad (1.15)$$

Über den in der Reinigungsstufe abgeschiedenen Schadstoffmassenstrom muß in geeigneter Weise verfügt werden. Dabei muß geprüft werden, ob sich durch Aufbereitung Wertstoffe gewinnen lassen, die in den Prozeß rezykliert oder auch für Produkte weiterverarbeitet werden können. Eine Deponierung sollte stets die letzte aller Lösungsmöglichkeiten sein.

Wie bereits erwähnt, bietet sich bei vielen Produktionsanlagen die grundsätzliche Möglichkeit, die Trägermedien zu rezyklieren. Dazu bedarf es jedoch aus prozeßtechnischen Gründen einer zusätzlichen Reinigung der Trägermedien, die erheblich über den in den konventionellen Anlagen erzielten Reinigungserfolg hinausgehen, da diese nur zur Erfüllung der Umweltauflagen ausgelegt sind. Diese Anlagen können nur zur Grobreinigung verwendet werden. Die prozeßtechnischen Anforderungen zwingen zur Feinreinigung in nachgeschalteten Anlagen der Rezyklierungsreinigung.

Im allgemeinen wird die Rezyklierung von Abluft und Abgasen nur selten in Betracht gezogen und realisiert. Hierfür werden insbesondere die folgenden Gründe angegeben:

1. Es gibt technische Prozesse, die eine Rezyklierung der Trägermedien nicht zulassen. Beispielsweise wird in Feuerungsanlagen der mit Luft zugeführte Sauerstoff weitgehend verbraucht. Gleichzeitig werden bei diesen Prozessen ungewöhnlich große Mengen an Schadstoffen produziert. Aber unabhängig von einer umfassenden Abgasreinigung, die neben der Abtrennung der Schwefel- und Stickstoffoxide auch noch das Kohlendioxid einschließt, wäre eine Rezyklierung der gereinigten Abgase wegen des fehlenden Sauerstoffes sinnlos. In diesem Fall wären grundlegend neue Prozesse, also Basisinnovationen, zu fordern.
2. Es werden zu hohe Betriebskosten geltend gemacht. Diese Kosten müßten aber grundsätzlich mit jenen verglichen werden, die außerbetrieblich zum Schutz und zur Sanierung geschädigter Umwelt aufgewendet werden müssen.
3. Die Anforderungen an die Reinheit von Prozeßluft sind weit höher als die durch Gesetze und Verwaltungsvorschriften festgelegten Anforderungen an die „Umweltluft". Es ist also nicht erforderlich, die Abluft bis auf „Prozeßreinheit" zu behandeln.

1.4.6
Emissionsstufe

Die Emissionsstufe dient dem Zweck, das Trägermedium mit dem darin enthaltenen Rest von Schadstoffen in die Umwelt zu emittieren. Da die Betrachtungen auf die Reinhaltung der Luft beschränkt sind, besteht die Emissionsstufe in den meisten Fällen aus einem mehr oder weniger hohen Schornstein. Dieser dient nicht zur Minderung von Emissionen, sondern allein zur Verteilung der Emissionen in einem möglichst großen Volumen der Atmosphäre, damit eine Verdünnung der Schadstoffkonzentration im Trägermedium erreicht wird. Der den Schornstein verlassende Emissionsmassenstrom $\dot{M}_E$ setzt sich additiv aus den Emissionsmassenströmen für das Trägermedium $\dot{M}_{ET}$ und für den Schadstoff $\dot{M}_{ES}$ zusammen:

$$\dot{M}_E = \dot{M}_{ET} + \dot{M}_{ES} = \dot{V}_{ET}\rho + \dot{V}_{ET}c_{S2} \qquad (1.16)$$

Mit ρ wird die Dichte des Trägermediums bezeichnet. Ferner wurde angenommen, daß der die Reinigungsanlage verlassende Volumenstrom des Trägermediums $\dot{V}_T$ gleich dem die Emissionsstufe verlassenden Volumenstrom

$\dot V_{ET}$ ist. Das entsprechende gilt für die Schadstoffkonzentration c_{S2}. In vielen Fällen ist $\dot M_{ES}$ vernachlässigbar klein im Vergleich zu $\dot M_{ET}$. Selbst dann, wenn $\dot M_{ES} = 0$ ist, wird man auf eine hohe Emissionsquelle nicht verzichten können. Die Abmessungen, Querschnittsfläche und Höhe werden im wesentlichen durch das Trägermedium bestimmt.

Für den Umweltschutz ist der Schadstoffemissionsstrom $\dot M_{ES}$ von ausschlaggebender Bedeutung. Nach Gl. (1.16) folgt hierfür unter Beachtung von Gl. (1.9) die Beziehung:

$$\dot M_{ES} = \dot V_T c_{S2} = \dot V_T c_{S1}(1 - \varphi_R) \,. \tag{1.17}$$

Der Schadstoffemissionsstrom $\dot M_{ES}$, der allein für die Umweltbelastung von Bedeutung ist, hängt von drei Größen ab:

1. Volumenstrom $\dot V_T$ des Trägermediums,
2. Schadstoffkonzentration c_{S1} im Trägermedium bei dessen Eintritt in die Reinigungsanlage und
3. Reinigungsgrad φ_R.

Der Volumenstrom $\dot V_T$ gibt Hinweise auf die in die Produktionsanlage eingeleitete und in den Wandlungsstufen produzierte Menge an Trägerstoffen. Die Konzentration c_{S1} gibt Aufschluß über die in die Produktionsanlage eingeleitete und in den Wandlungsstufen produzierte Menge der Schadstoffe. Es ist insbesondere diese Schadstoffkonzentration, die Rückschlüsse auf die Qualität der Aufbereitungsprozesse für die Rohstoffe und die Qualität der nachfolgenden Wandlungsprozesse zu ziehen erlaubt. Damit ist dem praktisch tätigen Ingenieur ein anschauliches Instrument zur Kontrolle seiner Arbeit in Zusammenhang mit dem Umweltschutz in die Hand gegeben.

Die an dritter Stelle genannte Größe, der Reinigungsgrad φ_R, gibt allein Aufschluß über die Effizienz der Reinigungsanlage. Er sagt nichts aus über die Qualität des gesamten Produktionsprozesses, und er sagt nur sehr wenig über die Umweltbelastung durch die Produktionsanlage aus.

Die Umweltbelastung wird durch den Schadstoffmassenstrom $\dot M_{ES}$ und die Wirkung der Schadstoffe beschrieben.

1.4.7
Schlußfolgerungen aus der Funktionsanalyse der Stufen einer Produktionsanlage

Aus der vorangegangenen Funktionsanalyse ist eine Reihe von Schlußfolgerungen zu ziehen, von denen die wichtigsten zusammengefaßt werden sollen.

- Schadstoffe und deren Ausgangsstoffe werden wegen mangelhafter Aufbereitung der Rohstoffe in die Produktionsanlage eingeleitet.
- Schadstoffe werden in den Produktionsanlagen aus den eingeleiteten Rohstoffen und wegen mangelhafter technischer Beherrschung der Stoffwandlungstechnik produziert.

- Trägermedien für die Schadstoffe werden in den Prozeß eingeleitet und in ihm produziert.
- Schadstoff und Trägermedium sind für die Probleme der Emissionsminderung von gleichrangiger Bedeutung. Das ist insbesondere schon deshalb der Fall, weil die Schadstoffe erst im Prozeßablauf in die Trägermedien transferiert werden.
- Die Maßnahmen zum Umweltschutz setzen für den Betrieb bei der Gestaltung der Eingangsstufe ein und enden mit der Emissionsstufe.
- Die Minderung der Emission von Schadstoffen und Trägermedien muß in jeder einzelnen Stufe realisiert werden.
- Die Integration aller technischen Maßnahmen zum Schutz der Umwelt bietet die beste Möglichkeit zu ihrer wirtschaftlichen Akzeptanz.

1.5 Weg der Schadstoffe und der Trägermedien durch die Produktionsanlage

Verfolgt man den Weg der Schadstoffe und der Trägermedien durch eine Produktionsanlage, so erhält man Aufschluß über die folgenden Probleme:

- Ursachen und Ort der Einleitung und der Entstehung von Schadstoffen und Trägermedien.
- Schäden in den Anlagen, die durch die Schadstoffe verursacht werden.
- Ursachen für Schwierigkeiten, die bei der Abscheidung der Schadstoffe in den Reinigungsstufen auftreten.
- Mögliche Maßnahmen zur emissionsdichten Gestaltung von Apparaten, Maschinen und Anlagen.

Bei etwas vereinfachter Betrachtung läßt sich der Weg der Schadstoffe durch Stoff- und Energiewandlungsanlagen in folgende Schritte unterteilen:

1. Einleitung der Schadstoffe und ihrer Vorprodukte mit den Rohstoffen und den Hilfsstoffen.
2. Produktion der Schadstoffe in den Wandlungsstufen.
3. Transfer der Schadstoffe in die Trägermedien.
4. Transport der Schadstoffe von den Trägermedien durch die nachfolgenden Stufen der Produktionsanlage.
5. Trennung der Schadstoffe von den Trägermedien in der Reinigungsstufe.
6. Emission der nicht abgetrennten Schadstoffe mit den Trägermedien in die Umwelt.
7. Rezyklierung der Trägermedien mit den nicht abgetrennten Schadstoffen in die Produktionsanlage.
8. Aufarbeitung der abgetrennten Schadstoffe.
9. Deponierung des verbleibenden Restes der Schadstoffe.

Fast der gesamte Weg des Schadstoffes, von seiner Einleitung und Produktion bis zu seiner Wiederaufarbeitung oder Beseitigung, verläuft gemeinsam mit dem Weg des Trägermediums. In technischer Hinsicht hat das Trägermedium die gleiche Bedeutung wie der Schadstoff. So hängt beispielsweise die Größe eines Entstaubers, insbesondere seine Anströmfläche, in entscheidender Weise von dem Volumenstrom des Trägermediums ab. Der Druckverlust in den Reinigungsgeräten ist praktisch eine Funktion des Volumenstroms des Trägermediums. Es ist aus diesem Grunde zwingend erforderlich, nicht nur den Weg des Schadstoffes, sondern auch den Weg des Trägermediums zu verfolgen:

1. Einleitung des Trägermediums, unter der Bezeichnung Hilfsstoff, in die Produktionsanlage.
2. Produktion der Trägermedien in den Wandlungsstufen.
3. Beladung der Trägermedien mit Schadstoffen in den Wandlungsstufen.
4. Bewegung der mit Schadstoffen beladenen Trägermedien durch die nachfolgenden Stufen der Anlage.
5. Reinigung der Trägermedien von den aufgenommenen Schadstoffen in den Reinigungsstufen.
6. Rezyklierung der Trägermedien in die Produktionsanlage.
7. Emission der Trägermedien in die Umwelt.

Die Analyse der Wege von Schadstoffen und Trägermedien durch die Produktionsanlagen dient als weitere Grundlage für die Diskussion der technischen Maßnahmen zur Einschränkung von Emissionen in die Umwelt.

1.6 Technische Maßnahmen zur Minderung von Emissionen

Emittiert werden grundsätzlich Schadstoffe und Trägermedien. Technische Maßnahmen zur Minderung von Emissionen müssen daher beide Emissionsarten betreffen. Die Minderung der Emissionen von Trägermedien ist nicht nur aus betrieblichen Gründen von Bedeutung, sondern auch aus Gründen des Umweltschutzes. Von besonderer Wichtigkeit ist dabei, daß Trägermedien, die bislang als unbedenklich galten, wie beispielsweise Kohlendioxid, durch die weitergehende Analyse der Umweltprobleme zu Schadstoffen deklariert werden.

Alle Überlegungen zur Minderung von Emissionen müssen von der Erkenntnis ausgehen, daß Schadstoffe und ihre Vorprodukte sowie Trägermedien in die Produktionsanlage eingeleitet und in ihr produziert werden.

Die Erörterungen in den vorangegangenen Abschnitten haben deutlich werden lassen, daß zur Minderung von Emissionen sowohl prozeßtechnische als auch geräte- und anlagentechnische Maßnahmen getroffen werden können und müssen. Auf diese Gesichtspunkte soll im folgenden eingegangen werden.

1.6.1
Prozeßtechnische Maßnahmen zur Emissionsminderung

Die prozeßtechnischen Maßnahmen zur Minderung der Emission von Schadstoffen und Trägermedien werden unter Beachtung ihrer erläuterten Wege durch die Anlage für jede Stufe getrennt behandelt.

1.6.1.1
Eingangsstufe

Zusammen mit den für das Zielprodukt erforderlichen Rohstoffen werden bereits zahlreiche Schadstoffe oder ihre Vorprodukte in die Eingangsstufe eingeleitet. Die Schadstoffeinleitung ebenso wie die Einleitung der zur Schadstoffproduktion geeigneten Vorprodukte muß durch verbesserte Aufbereitung der Rohstoffe eingeschränkt und, als Ziel dieser Maßnahme, vermieden werden. Der Aufbereitungstechnik für feste, flüssige und gasförmige Rohstoffe ist hier ein weites Feld für innovative Lösungen gestellt.

Die Verminderung eingeleiteter Hilfsstoffe, insbesondere von Luft und Wasser, erfordert von den planenden Ingenieuren und Chemikern ein grundlegendes Umdenken bezüglich der Entnahme dieser in der Umwelt in fast unbeschränkter Menge vorhandenen Stoffe, die noch dazu gar nichts oder nur sehr wenig kosten.

1.6.1.2
Stoff- und Energiewandlungsstufen

Wandlungsprozesse sind naturgesetzlich mit Unvollkommenheiten und mit Verlusten verbunden. Dieses darf aber nicht darüber hinwegtäuschen, daß die tatsächlich produzierten „Verluste" weit größer sind als die naturgesetzlich unvermeidbaren. Ferner ist zu beachten, daß es im Hinblick auf ein Zielprodukt stets mehrere Wandlungsprozesse mit sehr unterschiedlichen „Verlusten" gibt. Die Entwicklung verlustarmer Wandlungsprozesse ist also ein vordringliches Gebot des Umweltschutzes.

Die Schadstoffproduktion ist in starkem Maße von der Reaktionskinetik und den verfahrenstechnischen Transportvorgängen, häufig auch Mikro- und Makrokinetik genannt, abhängig. zur Minderung der Schadstoffproduktion bietet sich insbesondere bei katalytischen Reaktionen die weitere Verbesserung der Katalysatoren an. Einen wesentlichen Beitrag muß aber auch die Verfahrenstechnik zur Einschränkung der Schadstoffproduktion leisten. Sie muß dafür sorgen, daß in absatzweise betriebenen Reaktoren durch bessere Vermischung aller Komponenten in jedem Volumenelement die gleichen Reaktionsbedingungen herrschen. In kontinuierlich durchströmten Reaktoren müssen die Geschwindigkeit des Fluids, die Temperatur und die Konzentration der an der Reaktion beteiligten Komponenten, über jeden Querschnitt möglichst konstant sein. Die verfahrenstechnischen Forderungen haben einen weitgehenden Einfluß auf die Form der Reaktoren, die grundsätzlich so einfach wie möglich sein soll. Nur unter diesen Bedingungen ist es möglich, in Reaktoren determinierte Prozeßabläufe zu erreichen.

Schadstoffe werden häufig erst nach ihrer Produktion in das Trägermedium transferiert. Dieser Transferprozeß führt zu einer starken Verdünnung der Schadstoffe, mit der Folge, daß ihre Abtrennung später einen erheblichen Aufwand erfordert, der mit zunehmender Verdünnung stark ansteigt. Dieser Aufwand ließe sich herabsetzen, wenn bei gleicher Schadstoffproduktion der Volumenstrom des Trägermediums verringert würde.

Das mit Schadstoffen beladene Trägermedium durchströmt im allgemeinen weitere Anlagenstufen. Dadurch können nicht nur die dort stattfindenden Wandlungsprozesse empfindlich gestört, sondern auch Apparate- und Maschinenelemente durch Korrosion und Erosion beschädigt oder sogar zerstört werden. Es muß in solchen Fällen daher geprüft werden, ob Schadstoffe nicht unmittelbar nach ihrer unvermeidbaren Produktion zwischen aufeinander folgenden Wandlungsstufen abgeschieden werden sollen. Dieses würde auch dazu beitragen, den Transportweg des Trägermediums mit den Schadstoffen zu verkürzen. Das wäre ein wichtiger Schritt auf dem Wege zum Ziel, die unvermeidbaren Schadstoffe am Produktionsort abzuscheiden.

Ist die Produktion von Schadstoffen nicht zu vermeiden, dann sollte ihr Produktionsprozeß so beeinflußt werden, daß die Schadstoffe leicht abgeschieden werden können. Hierzu bieten sich, zumindest in vielen Fällen, geeignete Möglichkeiten. Dabei ist zu beachten, daß ein hierdurch komplexer gewordener Wandlungsprozeß den nachfolgenden Abscheideprozeß entsprechend vereinfachen kann.

Die Bedeutung der Trägermedien in den Wandlungsstufen ist durch die Diskussion der Produktion, des Transfers und des Transports der Schadstoffe genügend deutlich geworden. Die Produktion von Trägermedien muß, wo immer und so weit wie möglich, eingeschränkt oder vermieden werden.

1.6.1.3
Produktstufe

In dieser Stufe werden das Zielprodukt und eventuell anfallende sonstige Wertstoffe aus dem Produktionsprozeß ausgeschleust. Dabei ist es grundsätzlich möglich, daß der Ausschleusungsprozeß unvollkommen abläuft und Produkte sowie andere Wertstoffe im Trägermedium verbleiben, somit also verlorengehen und das Trägermedium als Schadstoffe belasten.

Die Produktaufarbeitung erfolgt in vielen Fällen unter Verwendung von Zusatzstoffen, die zunächst als Trägermedien spezieller Art, schließlich aber die Palette der Schadstoffe bereichern.

Alle Schwierigkeiten bei der Gewinnung der Produkte sind auf Unvollkommenheit zurückzuführen. Auch wenn in diesen Stufen alle Möglichkeiten zur Einschränkung der Einleitung von Schadstoffen und deren Vorprodukten sowie zur Schadstoffproduktion in den Wandlungsstufen genutzt worden sind, wird die Produktabtrennung sicher unvollkommen bleiben. Diese Unvollkommenheiten lassen sich nur durch konsequente Weiterentwicklung der Aufarbeitungsprozesse Schritt für Schritt vermindern. Der Aufarbeitung und der Aufbereitung bietet sich noch ein großes Betätigungsfeld, das größerer Innovationen bedarf.

1.6.1.4
Reinigungsstufe

In der Reinigungsstufe sollen die inerten Trägermedien von allen Fremdstoffen, die zur Belastung der Umwelt führen können, befreit werden. Die Reinigungsstufe bietet im Hinblick auf den Umweltschutz die letzte Möglichkeit, Unvollkommenheiten im Produktionsprozeß auszugleichen.

Auch dann, wenn alle technischen Möglichkeiten zur Einschränkung der Einleitung und Produktion von Schadstoffen ausgeschöpft sind, selbst dann, wenn alle wirtschaftlichen Gesichtspunkte unbeachtet bleiben, wird es zu keinem schadstofffreien Trägermedium kommen, das ohne Reinigung in die Atmosphäre emittiert werden kann. Die Reinigungsstufe ist unverzichtbar. Sie ist die letzte Sicherheitsmaßnahme des Produktionsbetriebes zum Schutze der Umwelt, in die der Produktionsbetrieb unabweisbar integriert ist.

Die für die Luftreinhaltung entwickelte Technik hat einen hohen Stand erreicht. Die Abscheidung der Massenschadstoffe, abgesehen von dem zum Schadstoff erklärten Kohlendioxid, wird heute sicher erreicht. Die Kosten sind bei manchen Reinigungsverfahren sehr hoch. Es ist daher notwendig, auf der erreichten Grundlage weniger kostenintensive Reinigungsverfahren und Anlagen hoher Reinigungsleistung zu entwickeln.

Die Forderungen zur Reinhaltung der Luft zielen schon seit geraumer Zeit dahin, eine Technik zur sicheren Abscheidung auch solcher Stoffe zu entwickeln, die in geringsten Konzentrationen, also nur als Spuren in der Abluft oder in Abgasen vorhanden sind. Diese Spurstofftechnologie zu entwickeln, ist eine große Herausforderung für alle in der Luftreinhaltung arbeitenden Ingenieure. Die erfolgreiche Bewältigung der damit verbundenen Aufgaben erfordert die Nutzung aller verfügbaren geistigen Innovationskräfte.

Die für die Reinigungsstufe zu entwickelnde Spurstofftechnologie kommt selbstverständlich auch der zusätzlichen Nachreinigung in der Rezyklierungsstufe zugute. Damit wird eine Entwicklung eingeleitet, die dem Umweltschutz besonders entgegenkommt, da sie zur weitgehend emissionsfreien Anlage führt, obgleich die Produktion von Schadstoffen, trotz aller Bemühungen, nicht vollständig vermieden werden kann.

1.6.1.5
Emissionsstufe

Nach Verlassen der Reinigungsstufe gelangt das Trägermedium mit dem verbliebenen Rest an Schadstoffen in die Emissionsstufe. Diese dient primär dazu, die Schadstoffe durch Eintrag in die Atmosphäre so weiträumig zu verteilen und damit zu verdünnen, daß der Akzeptor sie schadlos aufnehmen und abbauen kann.

Der für die Emission erforderliche Aufwand ist um so geringer, je kleiner die Volumenströme für Schadstoff und Trägermedium sind. Auch für die Emissionsstufe darf die Bedeutung des Trägermediums nicht übersehen werden. Selbst dann, wenn die Schadstoffbelastung vernachlässigbar gering ist, kann der Aufwand für die Emission des Trägermediums sehr hoch sein. Dieses ist besonders dann der Fall, wenn thermische Emissionen zu berücksichtigen sind, was im allgemeinen der Fall ist.

1.6.2 Geräte- und anlagentechnische Maßnahmen zur Emissionsminderung

1.6.2.1 Die emissionsdichte Anlage als Ziel

Geräte- und anlagentechnische Maßnahmen können in entscheidender Weise dazu beitragen, die Emission von Schadstoffen und Trägermedien herabzusetzen. Im allgemeinen strebt man zur Kontrolle der Emissionen an, diese nur von klar definierten Quellen, also Punktquellen, in die Umgebung übertreten zu lassen. Jede Anlage ist gleichzeitig aber auch eine Raumquelle, zu der eine mehr oder weniger große Zahl von Einzelquellen zusammengefaßt werden, deren Eigenschaften wie Quellstärke und Emissionsart meistens nur unsicher definiert sind. Folglich ist auch die Beschreibung der Raumquelle als zusammengefaßte Einheit unsicher. Auf derartige Raumquellen soll zunächst eingegangen werden.

Eine Produktionsanlage, die charakteristisch für die chemische Industrie ist, besteht aus Apparaten, Maschinen und Rohrleitungen als Verbindungs-, Zuführungs- und Abführungselementen. Die Verbindung zwischen den einzelnen Rohrleitungsabschnitten, sowie zwischen den Rohrleitungen und den Apparaten und Maschinen, erfolgt vornehmlich durch Flansche. In den Rohrleitungen sind zur Steuerung des Durchflusses Ventile und Meßgeräte eingebaut.

Alle Flansche, Ventile und ähnliche Bauelemente sind potentielle Leckstellen, da ihre absolute Abdichtung nicht möglich ist. Man findet also in diesem Falle eine sehr große Zahl potentieller Einzelquellen vor, die in manchen Anlagen in die Zehntausende gehen kann. Die Gesamtemission von Raumquellen läßt sich nur durch Bekämpfung der Emission aus jeder der vielen Einzelquellen mindern. Das ist durch Verbesserung und festgelegte periodische Kontrolle der Dichtungselemente nur bis zu einem gewissen Grade möglich. Emissionen können nur durch Verringerung der Zahl der Flansche und Ventile eingeschränkt werden. Die Forderung nach einer emissionsdichten Anlage ist von sehr theoretischer Natur, da ein vollständiger Verzicht auf Flansche und Ventile praktisch nicht möglich ist. Trotzdem sollten geräte- und anlagenbauende Ingenieure sich Emissionsdichtheit zum Ziel setzen.

In einem anderen Anlagentyp wird die Verbindung zwischen den Geräten nicht durch geschlossene Rohrleitungen hergestellt. Der Transport von Gütern erfolgt vielfach mittels offener Transportbänder, Schüttelrutschen und ähnlichen Fördermitteln. Diese zeichnen sich dadurch aus, daß beispielsweise der Wind feinkörnige Feststoffe als Staub forttragen kann. Offene Fördermittel und Übergabestellen sind potentielle Emissionsquellen, die nur durch Einkapseln beseitigt werden können. Die Anlage muß also emissionsdicht gemacht werden.

1.6.2.2
Einschränkung der Schadstoffproduktion

Die Minderung der Schadstoffproduktion ist der rationellste Weg zur Minderung der Schadstoffemission. Auch an dieser Aufgabe kann der Apparate- und Maschinenbauer mitwirken. Den ersten wichtigen Ansatzpunkt bieten die Apparate und Maschinen in den Stoff- und Energiewandlungsstufen.

Ein Apparat sollte so gestaltet werden, daß in jedem Element eines Querschnittes der gleiche und in jedem Element seines Volumens der Prozeß in vorherbestimmter also in determinierter Weise abläuft. Von den meisten Apparaten wird diese Forderung nicht erfüllt. Man gibt sich im allgemeinen damit zufrieden, bei gegebenen Eintrittsbedingungen durch experimentelle Untersuchungen das Ergebnis der Stoff- und Energiewandlungsprozesse festzustellen. Da die Wandlungsabläufe beim Durchtritt für die Reaktanten bei ihrer Bewegung durch die Volumenelemente des Apparates nicht bekannt sind, lassen sich zielgerichtete Prozeßverbesserungen nur in sehr begrenzter Weise durchführen. Je indeterminierter ein Wandlungsprozeß verläuft, desto geringer ist die Ausbeute an Zielprodukt, und konsequenterweise steigt damit die Produktion von Schadstoffen. Diese Mängel sind im allgemeinen um so größer, je großvolumiger die Apparate sind.

Der apparate- und verfahrenstechnische Maschinenbau ist also aufgerufen, die Apparate und Maschinen so zu gestalten, daß in jedem Volumenelement der Wandlungsprozeß in determinierter Weise abläuft. Diese Aufgabe läßt sich um so besser erfüllen, je einfacher die Form der Apparate und Maschinen ist. Eine „sophisticated" Formgestaltung muß vermieden werden. Die geistige Leistung dokumentiert sich durch die Einfachheit der Formgebung. Dem sophisticated design ist die rationale Konstruktion gegenüber zu stellen.

Was für die Apparate und Maschinen der Stoff- und Energiewandlungsstufen gilt, muß auch für die Geräte der Reinigungsstufen gelten. Die stetig steigenden Anforderungen an die Reinigungsleistungen werden sich nur durch erheblich verbesserte und durch neuartige Konstruktionen erfüllen lassen, die sich selbstverständlich auch auf neuartige Hochleistungs-Reinigungsprozesse stützen müssen.

1.6.3
Zusammenfassung der prozeß- sowie geräte- und anlagentechnischen Maßnahmen

Zur Minderung der Emission von Schadstoffen und Trägermedien sind die folgenden technischen Maßnahmen zu beachten:

- Entwicklung von Prozessen mit geringstmöglicher Produktion und Einleitung von Schadstoffen.
- Entwicklung von Prozessen, bei denen unvermeidbare Schadstoffe jedoch so produziert werden, daß sie leicht abscheidbar sind.
- Entwicklung von Prozessen mit geringstmöglicher Einleitung und Produktion von Trägermedien.
- Entwicklung von Prozessen mit geringstmöglichem Transfer der unvermeidbaren Schadstoffe in Trägermedien.
- Entwicklung von Apparaten und Maschinen für die Stoff- und Energiewandlung mit determiniertem Prozeßablauf in jedem Element eines Querschnittes und in jedem Volumenelement.
- Entwicklung von Reinigungsprozessen und Reinigungsgeräten mit höchstmöglicher Abscheideleistung, um auch den Anforderungen der Spurstoff-Abscheidung gerecht zu werden.
- Entwicklung von Reinigungssystemen, die möglichst nahe dem Ort der Schadstoffproduktion in die Produktionsanlage integriert werden können.
- Planung von Produktionsanlagen, die weitmöglichst frei von diffusen Emissionen sind und in dieser Hinsicht emissionsdicht sind. Unvermeidbare Emissionen sollten nur unter kontrollierbaren Bedingungen in die Umwelt übertreten.

1.7
Graphische Darstellung der Emissionen

Die Emissionsanalyse einer Produktionsanlage führt zur Identifizierung aller Emissionen:

- Ort der Emissionen,
- Art und Stärke der Emissionen.

Abbildung 1.10 zeigt das Ergebnis eines einfachen Beispiels für die Emissionsanalyse einer Anlage für die Produktion von Blähton. Es ist einem Bericht von Baum, Hager, Heiß und Kollerer [2] entnommen und geringfügig verändert worden. Drei Emissionsarten werden bei der Analyse berücksichtigt:

- Stoffliche Emissionen,
- thermische Emissionen und
- akustische Emissionen.

Für die stofflichen Emissionen wurde ferner eine Unterteilung nach Stoffarten sowie nach diffusen und gerichteten Emissionen vorgenommen. Es ist sehr

1.7 Graphische Darstellung der Emissionen

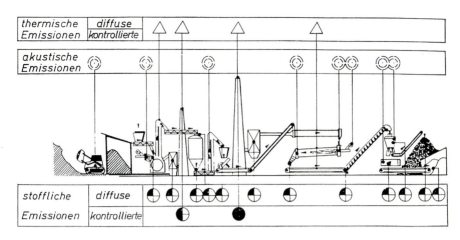

Abb. 1.10. Schematische Darstellung einer industriellen Produktionsanlage mit Angaben zu stofflichen, thermischen und akustischen Emissione

leicht möglich, noch weitere Aussagen insbesondere über die Stärke der Quellen, in ein solches Emissionsbild einzutragen.

Von insgesamt 14 Orten für stoffliche Emissionen gehören nur zwei zu den definierten Punktquellen, dagegen 12 zu den diffusen Quellen. Die diffusen Emissionen treten an den Naht- oder Übergangsstellen zwischen aufeinander folgenden Anlagenelementen auf. Da hier ein partikelförmiger Feststoff weitertransportiert wird, handelt es sich bei den diffusen Emissionen um Staub. Zur Vermeidung dieser Emissionen müssen die Übergangsstellen, ohne daß der Prozeß geändert wird, eingekapselt werden.

Große Bedeutung haben bei der untersuchten Anlage die akustischen Emissionen, die von Zerkleinerungs- und Transportmaschinen ausgehen. Die Minderung dieser Emissionen wird vornehmlich durch Einkapseln, also Schallisolierung erfolgen. Dabei kann die Minderung akustischer und stofflicher Emissionen gemeinsam vorgenommen werden. Im günstigen Falle lassen sich dabei gleichzeitig auch noch die thermischen Emissionen einschränken.

Literatur

1. Brauer H (1978) VDI-Berichte 294:9
2. Baum F, Hager F, Heiß A, Kellerer L, Emittanten von luftverunreinigenden Schadstoffen und Lärm-Anlagen zum Mahlen oder Blähen von Schiefer und Ton; Schriftenreihe Luftreinhaltung, Heft 5, Bayerisches Landesamt für Umweltschutz

Verfahren zur Minderung staubförmiger Schadstoffemissionen

2 Physikalische Grundlagen der Partikelabscheidung aus Gasen

K. Leschonski

2.1 Einführung

Unter Luftverunreinigungen versteht man Veränderungen der natürlichen Zusammensetzung der Luft durch molekulardisperse und grobdisperse Partikeln, insbesondere durch Rauch, Ruß, Staub, Gase, Aerosole, Dämpfe oder Geruchsstoffe. Grobdisperse, partikelförmige Verunreinigungen mit Partikelgrößen oberhalb von etwa 10^{-7} m bis $5 \cdot 10^{-7}$ m, d.h. 0,1 µm bis 0,5 µm, nennt man, wenn sie sich in Form einer Immission auf Gebäude, Pflanzen usw. niedergelassen haben, ohne Rücksicht auf ihre Herkunft und Zusammensetzung Staub. Man bezeichnet deshalb die Abscheidung grobdisperser Partikeln aus Gasen auch als Staubabscheidung.

In diesem Beitrag sollen einführend einige physikalische Grundlagen zur Abscheidung von grobdispersen Partikeln aus Gasen aufgezeigt werden. Die Partikeln können fest oder flüssig sein.

Das angestrebte Ziel der Partikelabscheidung ist die vollständige Trennung der dispersen flüssigen oder festen Phase vom Luft- oder Gasstrom. Für die Phasentrennung werden unterschiedliche physikalische Möglichkeiten in einer Vielzahl technischer Abscheider genutzt. Der einen Abscheider verlassende Gas- oder Luftstrom sollte möglichst wenig, im Idealfall keine Partikeln enthalten.

Die Abscheidung grobdisperser Partikeln aus Luft oder einem Prozeßgas läßt sich meist nicht in Form einer 100%igen Phasentrennung durchführen. Ein geringer Teil der dispersen Phase wird fast immer an die Umgebungsluft abgegeben. Da aber jede unvollkommene Abscheidung entweder ein Problem der Luftreinhaltung erzeugt oder bei der Erzeugung von Konsumgütern einen Wertstoffverlust bedeutet, versucht man heute in fast allen Anwendungsfällen die Staubabscheidung im Hinblick auf einen minimalen Schadstoffausstoß zu optimieren. Es werden deshalb schon seit Jahrzehnten große Anstrengungen unternommen, Abscheider mit hohen Gesamtabscheidegraden zu entwickeln. Eine zusammenfassende, ausführliche Darstellung des Staubabscheidens wurde 1988 von F. Löffler [1] gegeben.

2.2 Aufgabenstellung und Kennzeichnung der Partikelabscheidung

Im grobdispersen Bereich der Partikelabscheidung sind zu einer vollständigen Beschreibung des Abscheidevorganges neben den Staubkonzentrationen, d. h. den Massenanteilen der im Abscheider abgeschiedenen und der den Abscheider mit dem Abgas verlassenden, d. h. nicht abgeschiedenen Partikeln, die Partikelgrößenverteilungen der dispersen Produkte zu bestimmen. Einem Abscheider wird, wie in Abb. 2.1 dargestellt, das Aufgabegut mit dem Massenstrom, $\dot{m}_0$, und der Massen-Dichteverteilungskurve, $q_0(x)$, zugeführt. Im Abscheider wird das Grobgut mit dem Massenstrom, $\dot{m}_2$, und der Massen-Dichteverteilungskurve, $q_2(x)$, abgeschieden. Da die Abscheidung einzelner Größenklassen nicht in jedem Fall vollständig möglich ist, können geringe Anteile der im Aufgabegut vorhandenen feinen Partikeln einen Abscheider passieren. Sie werden in die Umgebungsluft emittiert. Dies geschieht mit dem Massenstrom, $\dot{m}_1$, und der Massen-Dichteverteilungskurve, $q_1(x)$. Die verwendeten Indizes kennzeichnen das Aufgabegut (0), das Feingut (1) und das Grobgut (2).

Man erkennt aus dieser Darstellung, daß für eine umfassende Kennzeichnung eines Abscheideprozesses die Messung von Feststoffmassenströmen bzw. Gutbeladungen oder Partikelkonzentrationen der unterschiedlichen Gasströme und Massen-Dichteverteilungskurven des Fein-, Grob- und Aufgabegutes erforderlich ist.

Diese Messungen müssen den sehr unterschiedlichen Betriebsbedingungen der verwendeten Abscheider angepaßt werden. Sie stellen die Meßtechnik, insbesondere wenn sie prozeßbegleitend erfolgen soll, auch heute noch vor große Probleme. Diese beginnen bei der Entnahme repräsentativer Proben, und sie enden bei der prozeßbegleitenden Messung der Partikelkonzentrationen bzw. der Dichteverteilungskurven der Produkte. Da sich die Feststoffkonzentrationen vor und hinter einem Abscheider deutlich voneinander unterscheiden, ist auch die Meßtechnik diesen sehr unterschiedlichen Randbedingungen anzupassen. Eine Aufgabe, die auch von erfahrenen und gut ausgestatteten Laboratorien nicht als Routineaufgabe bewältigt werden kann. Im allgemeinen verlangt jeder Anwendungsfall eine andere Meßtechnik [2].

Das Ergebnis derartiger Messungen ist in Abb. 2.2 anhand der Massen-Dichteverteilungskurven des Aufgabe- und des Grobgutes dargestellt [3, 4].

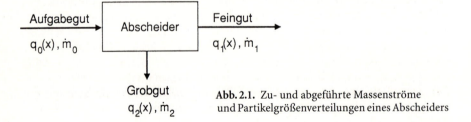

Abb. 2.1. Zu- und abgeführte Massenströme und Partikelgrößenverteilungen eines Abscheiders

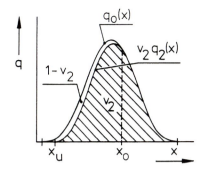

Abb. 2.2. Dichteverteilungskurven des Aufgabegutes, $q_0(x)$, und des Grobgutes, $v_2 q_2(x)$, eines Abscheidevorganges [3, 4]

Unterhalb der äußeren, die Partikelgrößenverteilung des Aufgabegutes darstellenden Dichteverteilung, $q_0(x)$, ist als Begrenzung der schraffierten Fläche, die Dichteverteilungskurve des Grobgutes, $v_2 q_2(x)$, angegeben. Während die schraffierte Fläche den Massenanteil, v_2, des abgeschiedenen Staubes angibt, stellt die nicht schraffierte Fläche zwischen $q_0(x)$ und $v_2 q_2(x)$ den an die Umgebungsluft abgegebenen Staubanteil dar. Die Minimierung dieser Fläche, $v_1 = 1 - v_2$, gegebenenfalls ihre Reduzierung auf angenähert Null, ist das angestrebte Ziel hochwertiger Abscheider. Bei der Darstellung der Dichteverteilungskurven nach Abb. 2.2 wurden folgende Massenbilanzen berücksichtigt. Für alle Partikeln zwischen x_{min} und x_{max} gilt:

$$v_1 + v_2 = 1 \tag{2.1}$$

mit:

$$v_1 = \frac{\dot{m}_1}{\dot{m}_0} \quad \text{bzw.} \quad v_2 = \frac{\dot{m}_2}{\dot{m}_0} \tag{2.2}$$

Für Partikeln einer bestimmten Größe, x, lautet die Massenbilanz der Massen-Dichteverteilungskurven:

$$q_0(x) = v_1 q_2(x) + v_2 q_2(x) \tag{2.3}$$

Für die quantitative Beurteilung einer Abscheidung berechnet man aus den in Abb. 2.2 dargestellten Dichteverteilungskurven die sogenannte Trennkurve, T(x), auch Fraktionsabscheidegradkurve, Fraktionsentstaubungsgradkurve, Abscheidegradkurve usw. genannt (Abb. 2.3). Jeder Punkt dieser Kurve gibt an, welcher Mengenanteil einer bestimmten Partikelgröße bei der Abscheidung ins Grobgut gelangte, d.h. abgeschieden wurde. Der Trenn- oder Abscheidegrad, T, läßt sich gemäß Gl. (2.4) aus dem Verhältnis der Ordinatenwerte der Dichteverteilungskurven des Grob- und Aufgabegutes ermitteln:

$$T(x) = \frac{v_2 q_2(x)}{q_0(x)} \tag{2.4}$$

Der Medianwert, x_{50}, ist die sogenannte Trenngrenze oder Trennpartikelgröße. Die in Abb. 2.2 dargestellte, schraffierte Fläche bezeichnet man als Gesamt-

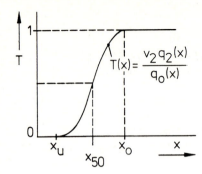

Abb. 2.3. Trennkurve, T(x), oder Fraktionsabscheidegradkurve [3, 4]

abscheidegrad, $T_0 = v_2$. Er läßt sich einerseits bei einer ausgeführten Trennung aus dem Verhältnis der Massenströme des Grob- und des Aufgabegutes (Gl. (2.2)) bzw. der entsprechenden Partikelkonzentrationen berechnen. Bei bekannter Trennkurve eines Abscheiders läßt sich der Gesamtabscheidegrad, T_0, anhand von Gl. (2.5) berechnen:

$$T_0 = \int_{x_{min}}^{x_{max}} T(x) \, q_0(x) \, dx \qquad (2.5)$$

Gleichung (2.5) wird bei der Projektierung von Abscheidern benötigt, wenn für die noch nicht vorhandene Anlage der Gesamtabscheidegrad, d.h. die zu erwartende Emission, vorausberechnet werden muß.

Die Vorausberechnung des Gesamtabscheidegrades erfordert nach Gl. (2.5) die Kenntnis der Trennkurve, T(x), des verwendeten Abscheiders und der Massen-Dichteverteilungskurve des Aufgabegutes, $q_0(x)$.

Leider ist im allgemeinen die Trennkurve eines bestimmten Abscheiders nicht invariabel sondern von den gewählten Betriebsbedingungen abhängig. Darüber hinaus kann auch die Massen-Dichteverteilungskurve des Aufgabegutes erheblichen Schwankungen unterliegen. Unterschiede zwischen der in der Projektierungsphase angenommenen und später im Prozeß auftretenden Trennkurve bzw. der Partikelgrößenverteilung des Abscheider-Aufgabegutes führen deshalb unter Umständen zu erheblichen Unsicherheiten im vorausberechneten Gesamtabscheidegrad.

Während die einem Abscheider zugeführten Gutbeladungen bzw. Partikelkonzentrationen sehr unterschiedliche Werte von bis zu einigen $100 \, g/m^3$ annehmen können, sind die Feingutkonzentrationen in der Abluft bei inerten Stäuben durch die TA-Luft z.B. auf $50 \, mg/m^3$ festgelegt. Bei hohen Aufgabegutkonzentrationen sind deshalb zur Einhaltung der TA-Luft vielfach Gesamtabscheidegrade von mehr als 99,9% erforderlich, die oftmals nur durch Parallel- bzw. Hintereinanderschaltungen von Abscheidern erreichbar sind.

2.3 Prinzipielle Möglichkeiten zur Partikelabscheidung aus Gasen

Alle Abscheider verwenden prinzipiell dasselbe Abscheideprinzip, das *Querstromprinzip*, zur Trennung der dispersen von der gasförmigen Phase. Dazu werden die in einem Luft- oder Gasstrom dispergierten feinen Partikeln *quer zur Hauptströmungsrichtung des Gases* in Richtung auf die die Strömung begrenzenden Wände bewegt. Die Partikelbewegung zur Abscheidefläche erfolgt aufgrund von Kräften, die im wesentlichen quer zu den Stromlinien wirken. Dies sind beispielsweise

- die Schwerkraft,
- die Zentrifugalkraft,
- die elektrische Kraft und
- die Diffusion.

Sobald die Partikeln den Rand der Strömung erreicht haben, kommen sie mit festen Oberflächen, z.B. in Form von Wänden, in Kontakt, an denen sie, sofern ausreichend hohe Haftkräfte auftreten, hängen bleiben. Flüssige und feste Partikeln lassen sich auf diese Weise von der Gasströmung trennen und an den Wänden abscheiden.

Die die Strömung begrenzenden und zur Abscheidung der Partikeln dienenden Wandflächen können *glatte* oder *poröse Flächen* sein, die vom Gas angeströmt bzw. um- oder durchströmt werden.

Poröse Wände weisen vielfach eine Gitter- oder Wabenstruktur auf, deren Öffnungen kleiner oder größer als die Partikeln sind. So weist beispielsweise ein Filtertuch eine Gitterstruktur mit Siebwirkung auf. Die porösen, für das Gas durchlässigen Wände können aber auch aus einer offenen, sehr lockeren Faserstruktur bestehen.

Im Fall der sogenannten Naßabscheidung besteht die die Partikeln einfangende Oberfläche aus einer Flüssigkeit. Um eine möglichst große Abscheidefläche anzubieten, wird die Flüssigkeit in ein feines *Tropfen*kollektiv zerstäubt. Dieses bewegt sich relativ zum Partikelkollektiv durch die Strömung. Dabei fangen die einzelnen Tropfen Feststoffpartikeln ein und speichern diese. Man erhält zwei Endprodukte, das gereinigte Gas und nach Tropfenabscheidung und Koaleszenz eine mit Partikeln angereicherte Flüssigkeit, die in einem nachgeschalteten Reinigungsprozeß wieder von den Partikeln getrennt werden muß.

Die an den unterschiedlichen Abscheideflächen haftenden Partikeln verbleiben entweder permanent auf diesen, sie werden dort gespeichert, oder aber sie bilden z.B. bei der Abscheidung fester Partikeln auf den glatten oder porösen Wänden eine Staubschicht, die nach Erreichen einer bestimmten Dicke intermittierend abgeführt, d.h. abgereinigt wird.

Für die Abscheidung flüssiger oder fester Partikeln aus einer Gas- oder Luftströmung stehen unter der Wirkung der Schwerkraft, der Zentrifugalkraft und der elektrischen Kraft vor allem die nachfolgend aufgeführten *Abscheidemechanismen* zur Verfügung. Man unterscheidet zwischen:

- der Querstromtrennung in einer geraden oder umgelenkten Kanalströmung,
- der Querstromtrennung an frei beweglichen Kugeln (Tropfen) und feststehenden Zylindern (Fasern),
- der Gegenstromtrennung im Fliehkraftfeld und
- der Trennung an einer für das Gas durchlässigen porösen Wand durch Filtration.

Einige der wichtigsten physikalischen Grundlagen der genannten Abscheidemechanismen sollen im folgenden diskutiert werden. Die Ausführungen konzentrieren sich auf eine Einführung in die Vorausberechnung von Bahnkurven sowie der Trenngrenzen und der Trennkurven einiger typischer Abscheiderarten.

2.4
Die Vorausberechnung von Bahnkurven

2.4.1
Einführung

Eine Abschätzung der Möglichkeiten zur Abscheidung kleiner flüssiger oder fester Partikeln in Gasströmungen besteht in der Berechnung von Partikelbahnkurven aus der Differentialgleichung der Partikelbewegung. Die aus dem Kräftegleichgewicht abgeleitete Differentialgleichung läßt sich vollständig aufstellen, wenn alle an der Partikel angreifenden Kräfte, das Widerstandsgesetz der Partikelumströmung und das tatsächlich vorhandene örtliche Strömungsprofil bekannt sind. Im allgemeinen kann man die auf diese Weise berechneten Bahnkurven für eine überschlägige Dimensionierung von Querstrom-Trenngeräten und Trägheitsabscheidern verwenden.

Das in der realen Anwendung auftretende Bewegungsverhalten entzieht sich im allgemeinen einer exakten Vorausberechnung, da es z. B. von der vorhandenen Aerosol-Feststoffkonzentration, der Partikelgrößenverteilung des abzuscheidenden Feststoffes, den tatsächlichen Strömungsverhältnissen im Abscheideraum und anderen physikalischen Randbedingungen bestimmt wird. Die in realen Systemen auftretenden Impulsaustauschvorgänge lassen sich zwar prinzipiell durch ein System gekoppelter Differentialgleichungen beschreiben, die Kenntnisse über einige wichtige Anpassungsgrößen sind jedoch bislang noch zu lückenhaft, um beliebige Systeme quantitativ beschreiben zu können. Man ist deshalb in der endgültigen Beurteilung von Abscheidern nach wie vor auf Experimente angewiesen.

H. Rumpf und K. Leschonski [5] haben 1967 am Beispiel der Vorausberechnung von Windsichtern folgende, meist vernachlässigte Einflüsse auf die determinierte Partikelbewegung genannt. Vernachlässigt werden beispielsweise:

a) die Strömungsturbulenz,
b) der Verlauf der Grenzschichtströmung und ihr Einfluß auf die Hauptströmung,
c) die Wechselwirkungen zwischen den Partikeln, bedingt durch gegenseitigen Partikelstoß und die wechselseitige Strömungsbeeinflussung,
d) die Wechselwirkungen zwischen Partikeln und Wand durch Stoß, Reibung und Haftung,
e) die Wechselwirkungen zwischen Partikeln und Strömung in der Grenzschicht und in der Hauptströmung sowie
f) Schwankungen in der Luft- und Feststoff-Zuführung und in der Feststoff-Entfernung aus dem Abscheider.

Die unter e) genannten Wechselwirkungen zwischen den Feststoffpartikeln und der Strömung in der Grenzschicht und der Hauptströmung beeinflussen z. B. den mittleren Strömungsverlauf durch Impulsaustausch zwischen den Phasen, die zu Instabilitäten in der Strömung und zu unkontrollierten Entmischungs- und Verdrängungserscheinungen bei den Feststoffpartikeln führen können.

Aber auch das üblicherweise für die Bahnkurvenberechnung verwendete Widerstandsgesetz für Einzelkugeln läßt sich im Grunde genommen nur bedingt für die Bahnkurvenberechnung verwenden.

Es ist deshalb erstaunlich, daß unter den üblicherweise angenommenen, stark vereinfachenden Annahmen bei der Berechnung von Bahnkurven die überschlägige Auslegung von Strömungs-Trenngeräten, wie Windsichter und Abscheider, oder die Abschätzung des Einflusses der Hauptparameter auf den Verlauf der Bahnkurven und damit der Trennkurven gelingt.

2.4.2
Die Differentialgleichung zur Beschreibung der Bewegung einer Kugel in einer ebenen Strömung

Als Beispiel für die Aufstellung einer Bewegungsgleichung soll nachfolgend die Differentialgleichung zur Beschreibung der Bewegung einer Kugel in einer ebenen gasförmigen Strömung abgeleitet werden. Eine ausführlichere Darstellung, die auch die Aufstellung von Bewegungsgleichungen in rotationssymmetrischen Strömungen umfaßt, gibt H. Brauer [6]. Für die Partikelbewegung in Luft kann der statische Auftrieb vernachlässigt werden. Die an einer systematischen Partikelbewegung beteiligten Kräfte sind deshalb:

a) die Schwerkraft:

$$\vec{F}_g = m_p \vec{g} = \frac{\pi x^3}{6} = \rho_p \vec{g} \qquad (2.6)$$

b) die Widerstandskraft:

$$\vec{F}_d = c_d(Re)\frac{\pi x^2}{4}\frac{\rho_a}{2}|\vec{v}_{rel}|\vec{v}_{rel} \quad \text{und} \tag{2.7}$$

c) die Trägheitskraft:

$$\vec{F}_i = -m_p\frac{d\vec{v}_p}{dt} = -\frac{\pi x^3}{6}\rho_p\frac{d\vec{v}_p}{dt} \tag{2.8}$$

Die Vektorgleichung der Partikelbewegung lautet:

$$\vec{F}_g + \vec{F}_d + \vec{F}_i = 0 \tag{2.9}$$

Führt man die Gln. (2.6) bis (2.8) in Gl. (2.9) ein, so erhält man die Vektordifferentialgleichung der Partikelbewegung, d.h. die gesuchte Bewegungsgleichung:

$$-\frac{d\vec{v}_p}{dt} + c_d(Re)\frac{3}{4x}\frac{\rho_a}{\rho_p}|\vec{v}_{rel}|\vec{v}_{rel} + \vec{g} = 0 \tag{2.10}$$

In Abb. 2.4 ist die Position einer Partikel durch den Punkt $P_0(\xi_0, \eta_0)$ dargestellt. ξ_0 und η_0 können entweder als die kartesischen Koordinaten der Partikelposition zur Zeit, t_0, oder als die in ξ- und η-Richtung zurückgelegten Wege, ξ_0 und η_0, interpretiert werden. i und j sind die Einheitsvektoren in ξ- und η-Richtung. Das Vektordreieck wird von:

der Partikelgeschwindigkeit: $\vec{v}_p$
der Fluidgeschwindigkeit: $\vec{v}$
und der Relativgeschwindigkeit: $\vec{v}_{rel}$

gebildet und durch Gl. (2.11) beschrieben:

$$\vec{v}_p = \vec{v} - \vec{v}_{rel} \tag{2.11}$$

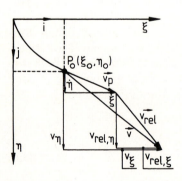

Abb. 2.4. Vektordiagramm der Geschwindigkeiten

2.4 Die Vorausberechnung von Bahnkurven

Unter der Annahme, daß die η-Richtung mit der Richtung des Schwerkraftvektors übereinstimmt, lassen sich die Komponenten von:

$$\vec{g}, \vec{v}, \vec{v}_p \text{ und } \vec{v}_{rel}$$

in ξ- und η-Richtung wie folgt darstellen:

	$\vec{g}$	$\vec{v}_{rel}$	$\vec{v}$	$\vec{v}_p$
ξ-Richtung	0	$\vec{v}_{rel,\xi}$	$\vec{v}_\xi$	$\dot{\xi}$
η-Richtung	g	$\vec{v}_{rel,\eta}$	$\vec{v}_\eta$	$\dot{\eta}$

Man erhält damit aus der Vektor-Bewegungsgleichung (Gl. (2.10)) die Komponentengleichungen in ξ- und η-Richtung:

$$-\frac{d\dot{\xi}}{dt} + \frac{3}{4x}\frac{\rho_a}{\rho_p} c_d(Re) v_{rel} v_{rel,\xi} = 0 \qquad (2.12)$$

$$-\frac{d\dot{\eta}}{dt} + \frac{3}{4x}\frac{\rho_a}{\rho_p} c_d(Re) v_{rel} v_{rel,\eta} + g = 0 \qquad (2.13)$$

mit der *Reynolds*-Zahl:

$$Re = \frac{\vec{v}_{rel} \, x \, \rho_a}{\eta} = \frac{\vec{v}_{rel} x}{\upsilon} \qquad (2.14)$$

Die Komponentengleichungen für die Geschwindigkeiten lauten:

$$\vec{v}_{rel,\xi} = v_\xi - \dot{\xi} \qquad (2.15)$$

und:

$$\vec{v}_{rel,\eta} = v_\eta - \dot{\eta} \qquad (2.16)$$

sowie:

$$v_{rel}^2 = (v_\xi - \dot{\xi})^2 + (v_\eta - \dot{\eta})^2 \qquad (2.17)$$

Die Gln. (2.12) und (2.13) stellen zwei gekoppelte Differentialgleichungen 1. Ordnung dar, deren Lösung erst aufgrund weiterer Annahmen möglich ist. Diese Annahmen betreffen:

das Strömungsfeld: $\vec{v} = f(\xi, \eta, t)$
den Widerstandsbeiwert: $c_d(Re)$
und die Randbedingungen für die Integration.

Die Lösung der Bewegungsgleichung führt auf die Partikelgeschwindigkeiten:

$$\dot{\xi} \text{ und } \dot{\eta}$$

und deren Abhängigkeit von der Zeit, t. Dabei sind die Geschwindigkeitskomponenten wie folgt definiert:

42 2 Physikalische Grundlagen der Partikelabscheidung aus Gasen

	$\vec{v}_p$	$\vec{v}_{rel}$	
ξ-Richtung	$\dot{\xi} = \dfrac{d\xi}{dt}$	$v_{rel,\xi} = \dfrac{d\xi_{rel}}{dt}$	(2.18)
η-Richtung	$\dot{\eta} = \dfrac{d\eta}{dt}$	$v_{rel,\eta} = \dfrac{d\eta_{rel}}{dt}$	(2.19)

Die Bahnkurve erhält man aus den Gln. (2.20) und (2.21):

$$d\xi = v_\xi dt - d\xi_{rel} \tag{2.20}$$

$$d\eta = v_\eta dt - d\eta_{rel} \tag{2.21}$$

nach Integration unter den Abscheidevorgang charakterisieren und vorgegebenen Randbedingungen.

Damit ist der prinzipielle Rechengang zur Berechnung von Bahnkurven beschrieben. Die Lösung der Bewegungsgleichung hängt in hohem Maße von den Möglichkeiten zur analytischen Beschreibung des Strömungsfeldes und des Verlaufs des Widerstandskoeffizienten in Abhängigkeit von der *Reynolds*-Zahl ab. In den meisten praktischen Anwendungsfällen lassen sich die aufgestellten Bewegungsgleichungen nur numerisch, z. B. nach dem *Runge-Kutta-Nyström*-Verfahren [7] lösen.

2.4.3
Die Bewegungsgleichung im Bereich der Gültigkeit des *Stokes*schen Widerstandsgesetzes

Bei Annahme kugelförmiger Partikeln und laminarer Partikelumströmung lautet das *Stokes*sche Widerstandsgesetz:

$$c_d = \frac{24}{Re} = \frac{24\upsilon}{v_{rel} x} \qquad Re < 1 \tag{2.22}$$

Daraus erhält man:

$$c_d \, v_{rel} = \frac{24\upsilon}{x} = \frac{4x\rho_p g}{3\rho_a w_g} \tag{2.23}$$

Setzt man Gl. (2.23) in die Gln. (2.12) und (2.13) ein, so erhält man mit Einführung von:

$$w_g = \frac{\rho_p g x^2}{18\eta} \qquad Re < 1 \tag{2.24}$$

die gesuchten Bewegungsgleichungen in ξ- und η-Richtung:

$$\frac{d\xi}{v_{rel\xi}} = \frac{g}{w_g} \, dt \qquad Re < 1 \tag{2.25}$$

$$\frac{d\dot\eta}{w_g + v_{rel\eta}} = \frac{g}{w_g}\, dt \qquad Re<1 \qquad (2.26)$$

Führt man die Gln. (2.18) und (2.19) in die Gln. (2.25) und (2.26) ein, so erhält man die Komponenten-Differentialgleichungen für die Berechnung der Bahnkurve:

$$d\xi_{rel} = v_\xi dt - d\xi = \frac{w_g}{g}\, d\dot\xi \qquad Re<1 \qquad (2.27)$$

$$d\eta_{rel} = v_\eta dt - d\eta = -w_g dt + \frac{w_g}{g}\, d\dot\eta \qquad Re<1 \qquad (2.28)$$

Für die Berechnung der Bahnkurven muß das Geschwindigkeitsfeld der Strömung in die obigen Gleichungen eingeführt werden. Im einfachsten Fall nimmt man eine konstante Strömungsgeschwindigkeit an. Darüber hinaus müssen die Randbedingungen für die Integration der Bewegungsgleichungen eingeführt werden. Das Strömungsfeld und die Randbedingungen für die Integration hängen von dem gewählten Abscheidemechanismus ab.

2.5 Trenngrenzen und Trennkurven einiger wichtiger Abscheidemechanismen

Durch die Berechnung von Bahnkurven läßt sich das Bewegungsverhalten der Partikeln in der Trennzone eines Abscheiders angenähert vorhersagen. Darüber hinaus ist es jedoch möglich, die Trenngrenzen der durch die in Abschn. 2.2 genannten Kräfte bewirkten Querstromabscheidungen in geraden und gekrümmten Kanälen bzw. bei umströmten Tropfen und Fasern aufgrund von einfachen Kräftegleichgewichten vorauszuberechnen. Diese Berechnungen erfassen im allgemeinen nur einen besonders interessanten Teil der Partikelbewegung, nämlich die Bewegung der Trennpartikelgröße.

2.5.1 Die Querstromabscheidung in einer ebenen, geraden Kanalströmung

In Abb. 2.5 ist das Prinzip der Querstromabscheidung in einem ebenen, geraden Kanal dargestellt. Die Trennzone eines derartigen Abscheiders besteht z.B. aus einem Rohr mit quadratischem oder rechteckigem Querschnitt. Nimmt man der Einfachheit halber Gleichverteilung und Konstanz der Strömungsgeschwindigkeit über dem Eintrittsquerschnitt des Kanals an, so erhält man, wie dargestellt, bei laminarer Partikelumströmung geradlinige Bahnkurven, deren Steigung durch die Partikel-Wanderungsgeschwindigkeit, w, senkrecht zur

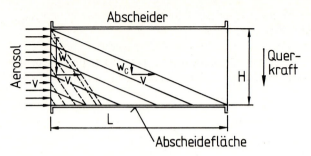

Abb. 2.5. Prinzip der Querstromabscheidung im geraden Strömungskanal

Strömungsgeschwindigkeit, v, bestimmt wird. Die Bahnkurven lassen sich aus den Gln. (2.27) und (2.28) unter den genannten Randbedingungen berechnen. Der Boden des Kanals, der beispielsweise in Form einer glatten Wand ausgebildet ist, dient als Abscheidefläche.

Die sich in Querstromabscheidern nach Abb. 2.5 quer zur Strömung einstellende Wanderungsgeschwindigkeit, w, läßt sich in Abhängigkeit von

Tabelle 2.1. Wanderungsgeschwindigkeiten in Querstromabscheidern

Querkraft:	Wanderungsgeschwindigkeit:		
Schwerkraft:	$w_g = \dfrac{\rho_p g x_w^2}{18\eta} Cu$	$Re < 1$	(2.29)
	$Cu = Cunningham$ Korrektur:		
	$Cu = \dfrac{w}{w_g} = 1 + 2\dfrac{\bar{\lambda}}{x}\left(1{,}257 + 0{,}4 \exp\left(-\dfrac{0{,}55x}{\bar{\lambda}}\right)\right)$		(2.30)
	$\bar{\lambda} = \dfrac{kT}{4\pi \sqrt{2} R^2 p}$		(2.31)
Zentrifugalkraft:	$w_a = w_g \dfrac{a}{g} = w_g \dfrac{v_\varphi^2}{rg}$		(2.32)
elektrische Kraft:	$w_e = \dfrac{qE_0}{3\pi\eta x} Cu$		(2.33)
	$q = $ elektrische Ladung:		
	$q = n_p e = \pi\varepsilon_0 E_1 x^2 \dfrac{t}{t+\tau}\left(z^2 + \dfrac{p}{z}\right)$		(2.34)
	mit: $\quad z = 1 + \dfrac{2\bar{\lambda}}{x}$		(2.35)
	und: $\quad p_0 = 1 + \dfrac{2(\kappa_p - 1)}{(\kappa_p + 2)}$		(2.36)

2.5 Trenngrenzen und Trennkurven einiger wichtiger Abscheidemechanismen

den herrschenden Querkräften, angenähert z. B. durch die in Tabelle 2.1 angegebenen Gleichungen, vorausberechnen.

Beispielsweise sedimentieren die abzuscheidenden Partikeln in einem Schwerkraft-Abscheider unter der Wirkung der *Schwerkraft* mit ihrer stationären Sinkgeschwindigkeit, w_g, (Gl. (2.29)) in der sich nach rechts fortbewegenden Strömung.

Bei laminarer Partikelumströmung mit *Reynolds*-Zahlen, Re < 1, ist die Wanderungsgeschwindigkeit dem Quadrat des Sinkgeschwindigkeits-Äquivalentdurchmessers, x_w, proportional. Cu, ist die sogenannte *Cunningham*-Korrektur [8] (Gl. (2.30)), die bei kleinen Partikeln um und unter etwa 1 μm die Sinkgeschwindigkeit durch Schlupf zwischen den Partikeln und den Gasmolekülen erhöht. Sie sollte deshalb bei der Bewegung kleiner Partikeln in Gasen immer berücksichtigt werden.

Die mittlere freie Weglänge, $\bar{\lambda}$, ist nach Gl. (2.31) berechenbar. Dabei ist $k = 1{,}3804 \cdot 10^{-23}$ Nm/K die *Boltzmann*-Konstante, T die absolute Temperatur, R der Molekülradius und p der Umgebungsdruck. Die mittlere freie Weglänge beträgt z. B. für Luft von 20 °C und $1 \cdot 10^5$ Pa etwa 0,1 μm.

Schwerkraftabscheider sind in Form von Absetzkammern (Abb. 2.5) nur für relativ grobe Partikeln, etwa oberhalb 100 μm, einsetzbar.

Verwendet man die *Fliehkraft* als Querkraft, so lassen sich je nach der gewählten Beschleunigung, a, gegenüber der Schwerkraft um das Beschleunigungsverhältnis, a/g, höhere Sinkgeschwindigkeiten, w_a, erzielen (Gl. (2.32)).

Bei der Gegenstrom-Fliehkrafttrennung [5, 6], die z. B. im Zyklonabscheider verwirklicht ist, verläuft die Gasströmung auf spiraligen Bahnen vom Außenumfang des Strömungsraumes her zu dessen Zentrum. Die Strömung besitzt deshalb eine Umfangskomponente, v_φ, und eine radial nach innen gerichtete Geschwindigkeitskomponente, v_r. Die Trenngrenze oder Trennpartikelgröße bewegt sich im radialen Kräftegleichgewicht auf einem Kreis vom Radius, r. Sie läßt sich aus dem Gleichgewicht der in radialer Richtung an

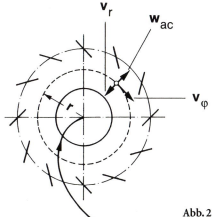

Abb. 2.6. Die Trenngrenze einer Spiralströmung

der Partikel angreifenden Kräfte berechnen. Die Rechnung ergibt, daß sich die Trennpartikelgröße nach Gl. (2.37) aus der Gleichheit der Sinkgeschwindigkeit der Trennpartikelgröße im Fliehkraftfeld, w_{ac}, und der radialen Geschwindigkeitskomponente der Strömung, v_r, bestimmen läßt:

$$w_{ac} = v_r = w_c \frac{a}{g} = w_c \frac{w_\phi^2}{r} \qquad (2.37)$$

Setzt man Gl. (2.29) in Gl. (2.37) ein, so läßt sich die Trennpartikelgröße, x_c, aus Gl. (2.38) berechnen:

$$x_c = \sqrt{\frac{18\eta}{\rho_p Cu}} \sqrt{\frac{v_r r}{v_\varphi}} \qquad Re < 1 \qquad (2.38)$$

Danach lassen sich kleine Trennpartikelgrößen nur in kleinen Apparaten, d.h. bei kleinen Radien, kleinen Radialgeschwindigkeiten und großen Umfangsgeschwindigkeiten erreichen. Wegen:

$$\dot{V} = v_r A = v_r 2\pi rh \qquad (2.39)$$

lassen sich größere Gasvolumenströme nur dann von kleinen Partikeln befreien, wenn entsprechend große, im Falle des Zyklonabscheiders zylindrische, Trennflächen, $A = 2\pi rh$, zur Verfügung gestellt werden.

Eine technisch, insbesondere für sehr kleine Partikeln und große Luftvolumenströme, interessante Querkraft ist die *elektrische Kraft*. Sie wird vor allem in elektrostatischen Abscheidern, den sogenannten Elektrofiltern, für die Abscheidung genutzt. Elektrische Kräfte treten jedoch auch bei allen anderen Abscheideprinzipien auf. Sie wirken über große Entfernungen auf die abzuscheidenden Partikeln.

Die Wanderungsgeschwindigkeit, w_e, (Gl. (2.33)), der Partikeln in einem elektrischen Feld der Stärke, E_0, hängt von der Partikelladung, q, der Partikelgröße, x, und der *Cunningham*-Korrektur, Cu, ab.

Die Partikelladung läßt sich für die überlagerte Feld- und Diffusionsaufladung in einem elektrischen Feld der Feldstärke E_1 nach *R. Cochet* [9] anhand der Gln. (2.34)–(2.36) berechnen. Dabei ist n_p die Zahl der Elementarladungen. Die Elementarladung ist: $e = 1{,}602 \cdot 10^{-19}$ As. Nach Gl. (2.34) ist die Partikelladung in erster Näherung der Partikeloberfläche, $S = \pi x^2$, proportional.

Neben einer möglichst gleichmäßigen Stromverteilung auf den Abscheideflächen, d.h. den Niederschlagselektroden der Elektrofilter, was durch eine geeignete Formgebung erreichbar ist, können besondere Probleme bei ausgeführten Elektrofiltern durch die abgeschiedene Staubschicht entstehen. Die lockere, auf den Abscheideflächen haftende Staubschicht besitzt Schichtdicken von 1–10 mm, und sie setzt dem zur metallischen Elektrode abfließenden Ionenstrom einen Widerstand entgegen. Bei einer Überschreitung bestimmter Schichtdicken von etwa 2–3 mm und oberhalb eines spezifischen Staubwiderstandes von etwa 10^{11} Ohmcm fließt die Ladung durch die Staubschicht nicht mehr ab, und es tritt das sogenannte Rücksprühen ein. Zu hohe spezifische Staubwiderstände lassen sich durch Konditionierungsmittel, wie Wasser, Dampf, Ammoniak oder Schwefeltrioxid verringern. G. *Mayer-Schwinnig* [10] berichtet z.B. von Reduzierungen des spez. Staubwiderstandes um bis zu zwei Zehnerpotenzen bei Verwendung von Schwefeltrioxid als Konditionierungsmittel.

2.5.2
Die Querstromabscheidung im gekrümmten Kanal

In Abb. 2.7 ist die Partikelbewegung in einem gekrümmten Kanal dargestellt. In einer um eine Kante umgelenkten Kanalströmung ist die äußere Fläche die Abscheidefläche. Die Umströmung der Kante wird durch den sogenannten *Coanda*-Effekt [5] begünstigt. Eine Partikel, die am Innenradius, R_i, zugeführt wurde, bewegt sich infolge von Zentrifugalkräften auf größere Radien in Richtung auf die Abscheidefläche zu. Nimmt man eine Potentialströmung für die Umströmung der abgerundeten Kante und eine laminare Partikelumströmung an, so läßt sich der radiale Weg, ΔR, den eine Partikel nach Transport im Kanal um den Winkel, φ, zurücklegt, aus Gl. (2.40) errechnen:

$$\Delta R = \frac{w_g v_0 \varphi Cu}{g} = \frac{\rho_p x^2 v_0 \varphi Cu}{18\eta} \tag{2.40}$$

Danach ist in erster Näherung das Produkt aus $x^2 v_0$ konstant zu halten, wenn eine bestimmte Radialbewegung, ΔR, erreicht werden soll.

Die Trennpartikelgröße berechnet man daraus zu:

$$x_c = \sqrt{\frac{18\eta}{\rho_p Cu}} \sqrt{\frac{\Delta R}{v_0 \varphi}} \tag{2.41}$$

Im Gegensatz zur Abscheidung in einem geraden Kanal ist eine Verkleinerung der Trenngrenze nur durch eine Erhöhung der Strömungsgeschwindigkeit, v_0,

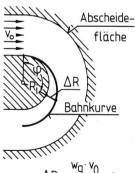

Abb. 2.7. Querstromabscheidung in einer umgelenkten Kanalströmung

zu erreichen. Eine Reduzierung der Trennkorngröße um den Faktor 10 erfordert eine Erhöhung der Gasgeschwindigkeit um den Faktor 100, was eine entsprechende Steigerung des Energieverbrauchs des Abscheiders zur Folge hat. Geometrie und Betriebsbedingungen sind deshalb immer so zu wählen, daß von vornherein bereits beim Bau die gewünschten Trenngrenzen anvisiert werden.

Umlenkgeometrien der in Abb. 2.7 dargestellten Art kommen in vielen Abscheidern bei der Umströmung von Kanten vor.

2.5.3
Die Querstrom- bzw. Trägheitsabscheidung an frei beweglichen Kugeln (Tropfen) oder feststehenden Zylindern (Fasern)

Eine Partikelabscheidung läßt sich auch bei der Umströmung von kugelförmigen oder zylindrischen Objekten erreichen [11, 12].

Sobald sich, wie in Abb. 2.8 dargestellt, die in der Gasströmung dispergierten Partikeln den kugel- oder zylinderförmigen Oberflächen nähern, gelangen sie in den Bereich von gekrümmten Stromlinien. Aufgrund ihrer Massenträgheit können die Staubpartikeln den gekrümmten Stromlinien nicht folgen. Sie treffen deshalb auf der Tropfen- oder Faseroberfläche auf und werden dort, sofern sie auf der Oberfläche haften bleiben, abgeschieden (α). Der Trenngrad, η, dieser Trägheitsabscheidung läßt sich bei Kenntnis des Strömungsprofils um das jeweilige Hindernis und bei Annahme eines bestimmten Widerstandsgesetzes aus den Partikelbahnkurven vorausberechnen.

Von F. Löffler und W. Muhr [13] mitgeteilte Ergebnisse derartiger Rechnungen sind für den Fall der Partikelabscheidung an Fasern in Abb. 2.9 dargestellt. Es ist der Trenngrad der Einzelfaser, η, in Abhängigkeit von der sogenannten *Stokes*-Zahl, St, dargestellt:

$$St = \frac{w_g Cuv}{gD} = \frac{\rho_p x^2 Cuv}{18\eta D} \qquad (2.42)$$

Die Kurven unterscheiden sich, weil bei der Berechnung der Bahnkurven unterschiedliche Strömungsprofile bei der Umströmung der zylindrischen Fasern angenommen wurden. Dies ist darauf zurückzuführen, daß für den Fall

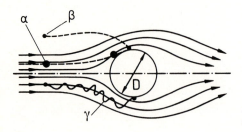

Abb. 2.8. Partikelabscheidung an Kugeln oder Zylindern

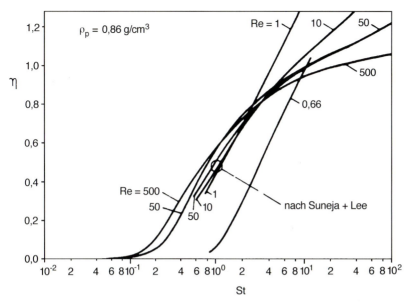

Abb. 2.9. Trennkurven der Trägheitsabscheidung an Fasern [13]

des umströmten Zylinders im technisch interessanten Bereich der *Reynolds*-Zahlen:

$$0,1 < Re < 100$$

keine geschlossenen Lösungen der *Navier-Stokes*-Gleichungen zur Verfügung stehen. Man ist deshalb auf numerische Lösungen angewiesen.

Unabhängig davon erkennt man jedoch aus den berechneten Kurven, daß sich hohe Trenngrade offenbar nur bei hohen *Stokes*-Zahlen erzielen lassen. Bei vorgegebener Größe, D, der Abscheidefläche (hier der Faserdurchmesser) ist für hohe Abscheidegrade das Produkt x^2v konstant zu halten. Man kann daraus folgern, daß es schwierig sein wird, extrem kleine Partikeln allein durch Trägheitsabscheidung aus einem Gasstrom zu entfernen.

Aus Gl. (2.42) läßt sich mit der für einen Trenngrad von 50% ablesbaren *Stokes*-Zahl, St_{50}, die zugehörige Trenngrenze berechnen. Man erhält:

$$x_c = \sqrt{\frac{18\eta}{\rho_p Cu}} \sqrt{\frac{DSt_{50}}{v}} \qquad (2.43)$$

Nur bei kleinen Faserdurchmessern lassen sich kleine Umströmungsgeschwindigkeiten verwirklichen. Letztere lassen sich nicht beliebig erhöhen, wenn man das Ablösen bereits abgeschiedener Partikeln verhindern will.

2.6 Trennkurven

Die Beurteilung der Qualität eines Abscheiders erfolgt anhand der bereits erläuterten Trennkurven.

Für einen Querstromabscheider mit ebener gerader Kanalströmung kann man eine Trennkurve anhand von Gl. (2.44) berechnen.

Nimmt man an, daß die abzuscheidenden Partikeln beim Eintritt in den Abscheider gleichmäßig über dem Kanalquerschnitt verteilt sind, so wird die Trenngrenze des in Abb. 2.5 dargestellten Querstromabscheiders durch diejenige Partikelgröße bestimmt, die, an der Oberkante des Kanals eintretend, gerade noch an der rechten unteren Kante abgeschieden wird. Die Steigung dieser Bahnkurve ist w_c/v. Man erkennt aus Abb. 2.5, daß alle Partikeln mit $w > w_c$ vollständig, alle Partikeln mit $w < w_c$ nur zum Teil abgeschieden werden.

Der einer bestimmten Wanderungsgeschwindigkeit zugeordnete, abgeschiedene Anteil läßt sich, wie in Abb. 2.10 dargestellt, aus der Trennkurve, T(w), (Gl. (2.44)) berechnen:

$$T(w) = \frac{H_1}{H} = \frac{Lw}{Hv} = \frac{Aw}{\dot{V}} \tag{2.44}$$

Die Trenngrenze derartiger Abscheider läßt sich danach zu kleineren Partikelgrößen verschieben, wenn man entweder:

- die Länge, L, des Abscheiders vergrößert oder
- die Kanalhöhe, H, und/oder
- die Strömungsgeschwindigkeit, v, verringert.

Dies ist gleichbedeutend mit einer Vergrößerung der Abscheidefläche, A, oder einer Verringerung des Gasvolumenstromes, $\dot{V}$ A/$\dot{V}$ wird die spezifische Niederschlags- oder spezifische Abscheidefläche genannt. Eine Verringerung der

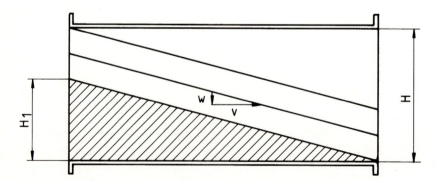

Abb. 2.10. Zur Berechnung der Trennkurve einer geraden Kanalströmung

Kanalhöhe führt bei konstantem Aerosol-Volumenstrom, $\dot{V}$, zu parallel geschalteten Kanälen, wie z. B. bei Elektrofiltern oder den Lamellenabscheidern, die zur Tropfenabscheidung benutzt werden. Eine Verringerung der Strömungsgeschwindigkeit läßt sich vielfach nur durch Erhöhung der Kanalanzahl, d. h. der Summe der Kanalquerschnitte, erzielen. Gleichung (2.44) zeigt aber auch, daß sich eine Verbesserung des Gesamtabscheidegrades bei einem bereits ausgeführten Abscheider durch eine Verlängerung des Abscheiders erreichen läßt.

Die bereits diskutierten und in der Bahnkurvenberechnung vernachlässigten Einflüsse können im Trennraum eines Abscheiders dazu führen, daß sich Partikeln gleicher Größe nicht etwa auf übereinstimmenden Bahnkurven bewegen, sondern, daß einer mittleren, immer noch determinierten Partikelbewegung, eine zufällige, d. h. stochastische Bewegungskomponente überlagert ist.

O. Molerus [14] hat z. B. für den Fall der Gegenstromtrennung im Schwere- und Zentrifugalfeld nachgewiesen, daß sich der stochastische Bewegungsanteil durch einen Diffusionsprozeß und der Bewegungsablauf im gesamten durch einen sogenannten *Markoff*-Prozeß beschreiben läßt. Seine Anwendung ist jedoch bislang auf wenige Spezialfälle beschränkt, in die Auslegung von Abscheidern hat diese Betrachtungsweise meines Wissens noch keinen Eingang gefunden.

Neben der überschlägigen Auslegung von Abscheidern aufgrund von determinierten Bahnkurven werden deshalb auch andere Dimensionierungsregeln verwendet. So läßt sich z. B. bei Vorliegen einer stark turbulenten Strömung oder einem überwiegend stochastischen Partikelverhalten folgende Dimensionierungsvorschrift ableiten:

Nimmt man, wie in Abb. 2.11 dargestellt, an, daß mit Ausnahme einer Schicht in der Nähe der Abscheidefläche, A, in der sich Partikeln der Größe, x, mit der Geschwindigkeit, w, zur Wand bewegen, im Abscheider vollkommene Durchmischung herrscht, so erhält man für den Verlauf der Feststoffkonzentration mit der Rohrlänge, C_L, und den Trenngrad, T, einen exponentiell abnehmenden Verlauf. Eine vollständige Abscheidung ist deshalb nicht möglich.

Man erhält die erstmals im Jahre 1922 von W. Deutsch [15] abgeleitete Beziehung:

$$T(w) = 1 - \frac{C_L}{C_0} = 1 - \exp\left(-\frac{Aw}{\dot{V}}\right) \qquad (2.45)$$

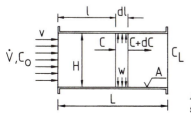

Abb. 2.11. Massenbilanz in der turbulenten Kanalströmung

Die Wanderungsgeschwindigkeit, w, kann man als eine Stoffaustauschgröße interpretieren, die den Stoffübergang zur Abscheidefläche beschreibt. Vielfach wird die Wanderungsgeschwindigkeit, w, z. B. bei Elektrofiltern, als Anpassungsgröße zwischen Theorie und Praxis verwendet und experimentell ermittelt [10].

In Abb. 2.12 sind die aus den Bahnkurven nach Abb. 2.5 und 2.10 und die bei turbulenter Strömung und überwiegend stochastischem Bewegungsverhalten berechneten Trennkurven einander gegenübergestellt. Man erkennt, daß die realistischere *Deutsch*-Gleichung bei sehr viel niedrigeren Trenngraden verläuft und sich exponentiell dem Trenngrad Eins nähert. Infolge der in Gl. (2.45) auftretenden Exponentialfunktion ist eine 100%ige Abscheidung nicht möglich.

Ähnliche Zusammenhänge lassen sich z.B. auch für die Abscheidung von Partikeln in einem Faserpaket, dem sogenannten Speicherfilter, und bei der Abscheidung an einem Tropfenkollektiv, in den sogenannten Naßwäschern, ableiten. So erhält man für den Trenngrad eines aus einem Faserpaket bestehenden Speicherfilters [1]:

$$T(x) = 1 - \exp(-f\eta(x)h(x)) \tag{2.46}$$

Dabei sind $\eta(x)$ der Abscheidegrad einer Einzelfaser und $h(x)$ die ebenfalls partikelgrößenabhängige Haftwahrscheinlichkeit, die angibt, welcher Prozentsatz der auf eine Faser auftreffenden Partikeln auf dieser haften bleibt. f ist bis auf einen Faktor das Verhältnis von Faserprojektionsfläche zu Filterfläche. Das Flächenverhältnis, f, nimmt für Hochleistungsfilter, die aus sehr dünnen Fasern hergestellt werden, Werte zwischen 100 und 300 an [1]. η und h können maximal Eins werden.

Bewegt man einen Tropfen der Größe, D, durch ein Aerosol, das Partikeln der Größe, x, enthält, so kann man das auf das Tropfenvolumen bezogene, von diesem gereinigte Gasvolumen, m, wie von W. Barth [12] erstmals 1959 vorgeschlagen, berechnen. Man benötigt dazu sowohl die die Relativbewegung des Tropfens kennzeichnende Tropfen-Bahnkurve als auch den Verlauf der Tropfen-Relativbewegung auf dem Weg zur Abscheidefläche. Kennt

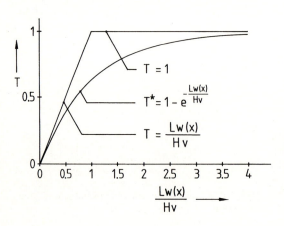

Abb. 2.12. Trennkurven bei laminarer und turbulenter Kanalströmung

man darüber hinaus die Trennkurven der Partikelabscheidung am Einzeltropfen, η, so läßt sich m(x, D) anhand von Gl. (2.47) berechnen:

$$m(x, D) = \frac{3}{2D} \int_0^{t^*} \eta(t) v_{rel}(t) dt \qquad (2.47)$$

m ist in Abhängigkeit vom Tropfendurchmesser, D, in Abb. 2.13 für einen von K. Leschonski und S. de Silva [16] beschriebenen Querstrom-Naßabscheider dargestellt.

Man erkennt an dieser Darstellung, daß es offenbar Optimalwerte der Tropfendurchmesser im Bereich des Kurvenmaximums gibt, was im Prinzip durch eine geeignete Auswahl der die Tropfen erzeugenden Düsen sichergestellt werden kann. Auch läßt sich eine Gleichung zur Vorausberechnung der Trennkurve angeben.

Für einen konstanten Tropfendurchmesser erhält man:

$$T(x) = 1 - \exp\left(-\frac{\dot{V}_{fl} m(x)}{\dot{V}_g}\right) \qquad (2.48)$$

Gleichung (2.48) zeigt, daß bei Naßabscheidern nur dann eine hohe Reinigungswirkung erzielt werden kann, wenn das Verhältnis von Flüssigkeits- zu Gasvolumenstrom ($\dot{V}_{fl}/\dot{V}_g$) möglichst groß gemacht wird.

Bei Querstrom-Naßabscheidern in der von K. Leschonski und S. de Silva [16] vorgeschlagenen sowie von G. Schuch und F. Löffler [17] untersuchten Bauart werden sehr gute Gesamtabscheidegrade bei Zahlenwerten für $\dot{V}_{fl}/\dot{V}_g$ von etwa 1 Liter Flüssigkeit zu 1 m³ Luft vorhergesagt und erreicht.

Wie gezeigt lassen sich in den geschilderten Fällen die Trennkurven theoretisch durch Exponentialkurven beschreiben, die keine vollständige Partikelabscheidung zulassen.

Alle bisher beschriebenen Trennkurven weisen bei kleinen Partikelgrößen niedrige Trenngrade auf. Da ausgeführte Abscheider aber auch extrem feine Partikeln abscheiden können, sind offenbar zusätzliche, die Ab-

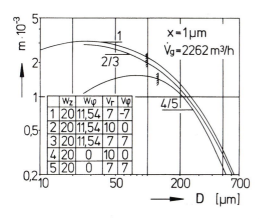

Abb. 2.13. Spezifisches gereinigtes Gasvolumen, m, in Abhängigkeit vom Tropfendurchmesser, D (w: Gasgeschwindigkeit, v: Tropfengeschwindigkeit)

scheidung feiner Partikeln unterstützende Effekte vorhanden, die bisher nur am Rande erwähnt wurden.

Es handelt sich dabei um die Wirkung der *Diffusion* und der *elektrischen Kräfte*. Neben F. Löffler [1] sowie W. Muhr und F. Löffler [18] haben K.W. Lee und B.Y.H. Liu [19] theoretisch und experimentell die Abscheidung von Partikeln an Fasern untersucht.

Abbildung 2.8 [6] veranschaulichte den Transport zur Faseroberfläche. Neben der determinierten Bewegung aufgrund von Trägheitskräften (α) erhält man eine zusätzlich determinierte Bewegung aufgrund von elektrischen Kräften (β) und eine stochastische Bewegung um eine mittlere Bahnkurve durch Diffusion (γ), die in der wandnahen Grenzschicht zur Abscheidung führt.

Die dadurch auftretende Verbesserung der Partikelabscheidung ist für den Fall der *Coulomb*-Wirkung, bei der Faser und Partikel elektrisch geladen sind, in Abb. 2.14 [18] dargestellt.

Der Ladungsparameter, N_{Qq}, in Abb. 2.14 ist nach W. Muhr und F. Löffler [18]:

$$N_{Qq} = \frac{Qq}{3\pi^2 \varepsilon_0 \mu x D v} \tag{2.49}$$

mit: Q der Faserladung/Längeneinheit
 q der Partikelladung und
 $\varepsilon_0 = 8{,}859 \cdot 10^{-12}$ As/Vm der Influenzkonstante.

Man erkennt, daß sich bei trockenen *Coulomb*-Kräften unterhalb einer *Stokes*-Zahl von etwa Eins eine erhebliche Verbesserung des Abscheidegrades erzielen läßt. Eine *Stokes*-Zahl kleiner als Eins entspricht bei einer Anströmgeschwin-

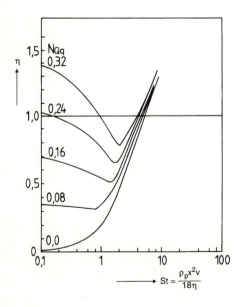

Abb. 2.14. Einfluß der *Coulomb*-Ladung auf die Trennkurven [18]

digkeit von etwa 25 cm/s mit üblichen Faserabmessungen Partikeldurchmessern von weniger als 3 µm. In diesem Bereich läßt sich demnach durch die Anwendung von *Coulomb*-Kräften die Abscheidung deutlich verbessern.

Symbolverzeichnis

a	Zentrifugalbeschleunigung
A	Abscheidefläche
c_d	Widerstandsbeiwert
C	Feststoffkonzentration
Cu	*Cunningham*-Korrektur
D	Faserdurchmesser, Tropfengröße
$e = 1{,}602 \cdot 10^{-19}$ As	Elementarladung
E_0	Feldstärke der Abscheidezone
E_1	Feldstärke der Aufladezone
$\varepsilon_0 = 8{,}859 \cdot 10^{-12}$ As/Vm	Influenzkonstante
f	Verhältnis Faserprojektionsfläche zu Filterfläche
F_d	Widerstandskraft
F_g	Schwerkraft
F_i	Trägheitskraft
g	Erdbeschleunigung
η	Ortskoordinate, zurückgelegter Weg in η-Richtung
η	Abscheidgrad einer Einzelfaser/Einzeltropfens
$\dot{\eta}$	Komponente der Partikelgeschwindigkeit, η-Richtung
η_{rel}	zurückgelegter relativer Weg, η-Richtung
h	Haftwahrscheinlichkeit
H	Abscheiderhöhe
i = 0	Index, Aufgabegut
i = 1	Index, Feingut
i = 2	Index, Grobgut
$k = 1{,}3804 \cdot 10^{-23}$ Nm/K	Boltzmann-Konstante
κ_p	Materialkonstante
λ	mittlere freie Wegelänge
L	Abscheiderlänge
m	auf Tropfenvolumen bezogenes gereinigtes Gasvolumen
$\dot{m}_i$	Massendurchsatz des i-ten Produktes
m_p	Partikelmasse
υ	kinematische Zähigkeit
n_p	Anzahl der Partikelladungen
p	Gasdruck
p_0	Variable
q	Partikelladung
$q_i(x)$	Massen-Dichteverteilungskurve des i-ten Produktes

Q	Faserladung/Längeneinheit
r	Radius
R	Molekülradius
Re	*Reynolds*-Zahl
ρ_a	Luftdichte
ρ_p	Partikeldichte
S	Partikeloberfläche
St	*Stokes*-Zahl
t	Zeit
T	Trenngrad, Abscheidegrad, Fraktionsentstaubungsgrad
T	absolute Temperatur
T(x)	Trennkurve, Fraktionsentstaubungsgradkurve
T_0	Gesamtabscheidegrad
τ	mittlere Aufladezeit
v	Gasgeschwindigkeit
v_η	Komponente der Gasgeschwindigkeit, η-Richtung
v_i	Massenanteil des i-ten Produktes
v_φ	Umfangsgeschwindigkeit der Gasströmung
v_p	Partikelgeschwindigkeit
v_r	Radialgeschwindigkeit der Gasströmung
v_{rel}	Relativgeschwindigkeit
$v_{rel,\eta}$	Komponente der Relativgeschwindigkeit, η-Richtung
$v_{rel,\xi}$	Komponente der Relativgeschwindigkeit, ξ-Richtung
v_ξ	Komponente der Gasgeschwindigkeit, ξ-Richtung
$\dot{V}$	Volumenstrom
$\dot{V}_{fl}$	Flüssigkeitsvolumenstrom
$\dot{V}_g$	Gasvolumenstrom
w	Partikel-Wanderungsgeschwindigkeit
w_a	Sinkgeschwindigkeit im Zentrifugalfeld
w_{ac}	Sinkgeschwindigkeit der Trenngrenze, Zentrifugalfeld
w_c	Sinkgeschwindigkeit der Trenngrenze, Schwerefeld
w_e	Wanderungsgeschwindigkeit im elektrischen Feld
w_g	stationäre Sinkgeschwindigkeit im Schwerefeld
ξ	Ortskoordinate, zurückgelegter Weg in ξ-Richtung
$\dot{\xi}$	Komponente der Partikelgeschwindigkeit, ξ-Richtung
ξ_{rel}	zurückgelegter relativer Weg, ξ-Richtung
x	Partikelgröße
x_{50}	Medianwert der Trennkurve, Trenngrenze
x_c	Trenngrenze, Trennpartikelgröße
z	Variable

Literatur

1. Löffler F (1988) Staubabscheiden. Thieme, Stuttgart, New York
2. Leschonski K (1994) Kursusmanuskript „Grundlagen und moderne Verfahren der Partikelmeßtechnik", Clausthal-Zellerfeld
3. Leschonski K (1972) „Kennzeichnung einer Trennung", in: Ullmanns Enzyklopaedie der technischen Chemie, 4. Aufl. VCH, Weinheim, S. 35
4. DIN 66142 Darstellung und Kennzeichnung von Trennungen disperser Güter, Teil 1: Grundlagen (Juli 1981); Teil 2: Anwendung bei analytischen Trennungen (Juli 1981); Teil 3: Auswahl und Ermittlung von Kennwerten bei betrieblichen Trennungen (September 1982)
5. Rumpf H, Leschonski K (1967) Chem.-Ing.-Tech. 39:1231
6. Brauer H (1971) Grundlagen der Ein- und Mehrphasenströmungen. Sauerländer, Aarau, Frankfurt am Main
7. Mühle J (1969) Partikelbewegung in Strömungen mit rotationssymmetrischer Geschwindigkeitsverteilung. Dissertation, TU Berlin
8. Cunningham E (1909/10) On the Velocity of Steady Fall of Spherical Particles Through Fluid Medium. Proc. Roy. Soc. Ser. A 83:357
9. Cochet R (1960) Lois De Charge Des Fines Particules (Submicroniques), Etudes Theoriques – Controles Recents Spectre De Particules La Physique Des Forces Electrostatiques Et Leurs Applications, Grenoble
10. Mayer-Schwinning G (1985) Chem.-Ing.-Tech. 57:493
11. Löffler F (1976) Chem. Rundschau 29:9
12. Barth W (1959) Staub 19:175
13. Löffler F, Muhr W (1972) Chem.-Ing.-Tech. 44:510
14. Molerus O (1967) Chem.-Ing.-Tech. 39:792
15. Deutsch W (1922) Ann. Phys. 68:335
16. Leschonski K, de Silva S (1978) Chem.-Ing.-Tech. 50:556
17. Schuch G, Löffler F (1978) Verfahrenstechnik 12:302
18. Muhr W, Löffler F (1976) Maschinenmarkt 82:669
19. Lee KW, Liu BYH (1980) Aerosol Sci. Technol. 15:147

3 Zyklonabscheider

M. Bohnet

3.1
Einleitung

Im Jahre 1886 meldete der Amerikaner O.M. Morse von der Knickerbocker Company ein Patent für einen Staubsammler an und bekam die Patentschrift des ersten Zyklonabscheiders. Obwohl Zyklonabscheider schon seit mehr als hundert Jahren technisch eingesetzt werden, gelang es bis heute nicht, die Strömungsvorgänge in diesen Apparaten vollständig zu berechnen. An der Entwicklung des Zyklonabscheiders beteiligten sich viele Strömungsforscher. Nur wenigen ist sicherlich bekannt, daß auch L. Prandtl, der mit seinen Überlegungen zur Grenzschichttheorie die moderne Strömungsmechanik begründete, sich mit Zyklonabscheidern befaßt hat. So meldete die Firma MAN in Nürnberg 1901 einen Zyklonabscheider zum Patent an, dessen Erfinder L. Prandtl ist. Mit der 1956 veröffentlichten Arbeit zur Berechnung und Auslegung von Zyklonabscheidern gelang W. Barth in Karlsruhe der entscheidende Schritt auf dem Weg zum Verständnis der aerodynamischen Vorgänge in einem Zyklonabscheider, die das Abscheideverhalten maßgeblich bestimmen. Danach haben sich vor allem H. Rumpf, E. Muschelknautz, H. Brauer, F. Löffler und M. Bohnet mit ihren Mitarbeitern um die Weiterentwicklung der Zyklontheorie bemüht.

Abbildung 3.1 zeigt den grundsätzlichen Aufbau von Zyklonabscheidern. Das zu trennende Gas/Feststoff-Gemisch wird einem zylindrischen Behälter mit meist konischem Unterteil tangential oder axial zugeführt. Der Drall wird dabei entweder durch den tangentialen Eintritt des Gases erzeugt oder durch am Umfang des Zyklongehäuses angebrachte Leitschaufeln. Durch die sich im Abscheideraum ausbildende Rotationsströmung wirken auf die Feststoffpartikel Fliehkräfte, die den Feststoff nach außen schleudern. Von der Wand des Zyklonabscheiders rutscht dieser Feststoff nach unten in einen Feststoffsammelbehälter. Das im Abscheiderinnenraum rotierende Gas wird nach oben durch ein zylindrisches oder konisches Tauchrohr abgeführt. Die Formen der Zyklonabscheider können von denjenigen in Abb. 3.1 abweichen.

3.1 Einleitung 59

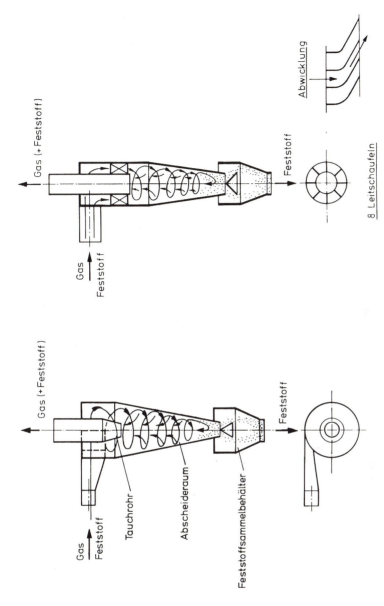

Abb. 3.1. Zyklonabscheider mit tangentialer (links) bzw. axialer Drallerzeugung (rechts)

3.2
Theorie des Abscheidevorgangs

Der Zyklon dient zur Abtrennung von Feststoffpartikeln aus Gasströmen. Für den Abscheidegrad ist der Feststoffmassenstrom maßgebend, der im Gasstrom verbleibt. Für den Gesamtabscheidegrad gilt entsprechend Abb. 3.2:

$$\eta_G = 1 - \frac{\dot{M}_{pi}}{\dot{M}_{pe}} \tag{3.1}$$

3.2.1
Grenzpartikelgröße

Um die komplizierten Strömungsverhältnisse in einem Zyklonabscheider der Berechnung zugänglich zu machen, wird zunächst von einer vereinfachten Modellvorstellung ausgegangen. Hierzu unterteilt man den Zyklon nach einem Vorschlag von W. Barth [1] in zwei Bereiche. Der erste Bereich erfaßt die Strömungsverhältnisse vom Eintrittsquerschnitt e–e bis zu einer Zylinderfläche i–i, die gebildet wird aus dem Umfang des Tauchrohres und der Höhe h (vergl. Abb. 3.3). Der zweite Bereich berücksichtigt die Strömungsverhältnisse nach der Durchströmung der Zylinderfläche bis zum Ende des Tauchrohres am Austrittsquerschnitt o–o. Würde im Zyklon Potentialströmung herrschen, so müßte die Umfangsgeschwindigkeit vom Außenradius r_a zum Tauchrohrradius r_i, nach der Beziehung $u \cdot r = const.$ ansteigen. In Wirklichkeit ergibt sich jedoch ein Verlauf, der in Abb. 3.4 durch die Kurve b beschrieben wird. Man sieht, daß die höchste Umfangsgeschwindigkeit offensichtlich in der Nähe des Tauchrohrradius r_i auftritt. Partikeln, die sich in der Rotationsströmung eines Zyklons befinden, unterliegen also im Zyklon örtlich einer unterschiedlichen

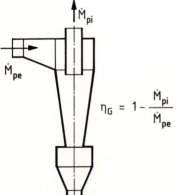

Abb. 3.2. Feststoffmassenströme im Roh- und Reingas

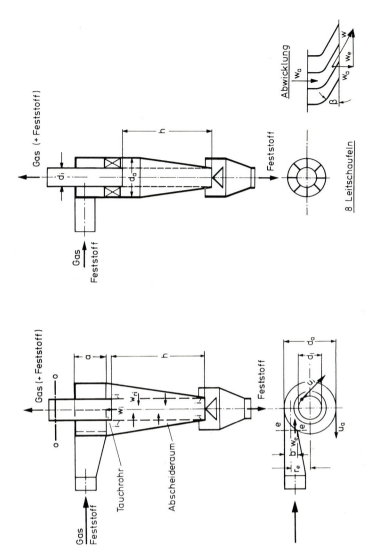

Abb. 3.3. Zyklonabscheider mit tangentialer (links) bzw. axialer Drallerzeugung (rechts)

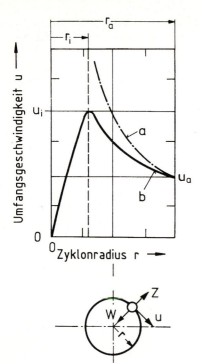

Abb. 3.4. Verlauf der Umfangsgeschwindigkeit im Zyklonabscheider. *a* Theorie: $u \cdot r = $ const., *b* tatsächlicher Verlauf

Zentrifugalbeschleunigung und damit auch einer unterschiedlichen Zentrifugalkraft. Für die an einer Partikel wirkende Zentrifugalkraft gilt:

$$Z = \frac{\pi}{6} d_P^3 (\rho_P - \rho) \frac{u^2}{r} \tag{3.2}$$

(Diese Schreibweise berücksichtigt eine durch den radialen Druckgradienten verursachte Druckkraft, die entgegengesetzt gerichtet ist und damit die Wirkung der Zentrifugalkraft vermindert.)
Die Zentrifugalkraft versucht, die Partikeln nach außen in Richtung Zyklonwand zu bewegen. Da das Gas jedoch durch das Tauchrohr und damit durch die Zylinderfläche i–i abströmen muß, bewirkt die Gasströmung auf die Partikeln einen der Zentrifugalkraft entgegengesetzten Strömungswiderstand:

$$W = c_w \frac{\pi}{4} d_P^2 \frac{\rho}{2} w_r^2 \tag{3.3}$$

Da die Abscheideleistung des Zyklonabscheiders von der Zentrifugalbeschleunigung abhängt, ist der Ort mit der größten Zentrifugalbeschleunigung für die weiteren Betrachtungen wichtig. Nach Abb. 3.4 stellt sich die höchste Umfangsgeschwindigkeit in erster Näherung auf dem Tauchrohrradius ein. Dort ist die Zentrifugalbeschleunigung u_i^2/r_i. Die mittlere Radialgeschwindigkeit, mit der das Gas durch die Zylinderfläche i–i dem Tauchrohr zuströmt, ist gleich der relativen Anströmgeschwindigkeit der Partikeln und läßt sich wie folgt berechnen:

$$w_{ri} = \frac{\dot{M}}{\rho} \frac{1}{2\pi r_i h} \tag{3.4}$$

Für die Abscheidung entscheidend ist also die Partikelgröße, für die auf dem Tauchrohrradius die Zentrifugalkraft und der durch die Radialgeschwindigkeit verursachte Strömungswiderstand im Gleichgewicht stehen. Alle Partikeln mit einem Durchmesser, der größer als dieser sogenannte Grenzpartikeldurchmesser d_p^* ist, werden nach außen transportiert und abgeschieden. Alle Partikeln mit einem Durchmesser, der kleiner als dieser Grenzpartikeldurchmesser ist, werden mit der Gasströmung durch das Tauchrohr ausgetragen. Aus dem Kräftegleichgewicht Z = W folgt für die Grenzpartikelgröße:

$$d_p^* = \frac{3}{4} c_w \left(\frac{\rho}{\rho_p - \rho}\right) \left(\frac{w_{ri}}{u_i}\right)^2 r_i \tag{3.5}$$

In der technischen Praxis macht meistens nur die Abscheidung kleiner Partikeln Schwierigkeiten. Ihr Strömungswiderstand wird durch das Widerstandsgesetz von Stokes beschrieben, mit dem Widerstandskoeffizienten

$$c_w = \frac{24}{Re_p} = 24 \frac{\eta}{w_{ri} d_p \rho} \tag{3.6}$$

Setzt man diesen Wert in Gl. (3.5) ein, so erhält man:

$$d_p^* = \sqrt{\frac{18\eta}{(\rho_p - \rho)} \frac{w_{ri}}{u_i^2} r_i} = \sqrt{\frac{9\eta}{(\rho_p - \rho)\rho} \frac{\dot{M}}{\pi h\, u_i^2}} \tag{3.7}$$

$$= 3 \left(\frac{u_i}{w_i}\right)^{-1} \left(\frac{\eta}{\rho_p - \rho}\right)^{1/2} \left(\frac{h}{r_i}\right)^{-1/2} \left(\frac{r_i}{w_i}\right)^{1/2}$$

Für die praktische Berechnung ist es häufig vorteilhafter, statt des Partikeldurchmessers, die Partikelsinkgeschwindigkeit als charakteristische Größe einzuführen, weil diese maßgeblich die Bewegung der Partikeln in einem Strömungsfeld beeinflußt. Im Gültigkeitsbereich des Widerstandsgesetzes von Stokes erhält man für den Zusammenhang zwischen Grenzsinkgeschwindigkeit w_s^* und Grenzpartikelgröße d_p^*:

$$d_p^* = \sqrt{\frac{18\,\eta\, w_s^*}{(\rho_p - \rho) g}} \tag{3.8}$$

Damit ergibt sich die Grenzsinkgeschwindigkeit aus Gl. (3.7) zu:

$$w_s^* = \frac{\dot{M}}{\rho} \frac{g}{2\pi h\, u_i^2} = \left(\frac{u_i}{w_i}\right)^{-2} \left(\frac{h}{r_i}\right)^{-1} \left(\frac{r_i g}{2 w_i}\right) \tag{3.9}$$

3.2.2
Umfangsgeschwindigkeit

Um die Grenzsinkgeschwindigkeit w_s^* berechnen zu können, muß man die Umfangsgeschwindigkeit u_i kennen. Zur Berechnung der Umfangsgeschwindigkeit geht man nach einem Vorschlag von W. Barth [1] so vor, daß man annimmt, daß die gesamten Reibungsverluste im Zyklonabscheider auf einer reibenden Fläche entstehen, die einer Zylinderfläche mit dem mittleren Radius $r_i\sqrt{r_a/r_i}$ und der Höhe h proportional ist. Diese Modellvorstellung geht also davon aus, daß das Gas bis zu dieser gedachten Zylinderfläche verlustfrei strömt, dort durch Reibung einen Geschwindigkeitsverlust Δu erleidet und danach verlustfrei weiterströmt. Das Impulsmoment am Eintritt in den Zyklon unterscheidet sich also vom Impulsmoment auf dem Tauchrohrradius. Die Änderung des Impulsmoments wird durch die Reibung, d.h. das Reibungsmoment verursacht. Aus dem Momentengleichgewicht erhält man dann eine Beziehung zur Berechnung von u_i:

$$\frac{u_i}{w_i} = \frac{r_i r_e \pi}{F_e \alpha + h r_e \pi \lambda} = \frac{1}{\dfrac{F_e}{F_i}\dfrac{\alpha}{r_e/r_i} + \lambda \dfrac{h}{r_i}} \qquad (3.10)$$

Eine etwas bessere Beschreibung der Umfangsgeschwindigkeit erhält man, wenn für die Berechnung der Reibungsverluste die gesamte innere Wandfläche des Zyklons zugrunde gelegt wird. (A_R = Zylinder, Konus, Deckel, Tauchrohraußenseite). Nach E. Muschelknautz und M. Trefz [2] gilt:

$$u_i = \frac{u_a(r_a/r_i)}{1 + \dfrac{\lambda}{2}\dfrac{A_R}{\dot{V}}u_a\left(\dfrac{r_a}{r_i}\right)^{1/2}} \qquad (3.11)$$

mit

$$u_a = \frac{w_e}{\alpha}\frac{r_e}{r_a} \qquad (3.12)$$

Da die Reibungsverluste an den Zyklonwänden sehr stark von der Feststoffbeladung des Gases beeinflußt werden, muß diese bei der Berechnung berücksichtigt werden. Die Auswirkungen der Feststoffbeladung auf die Umfangsgeschwindigkeit im Zyklon zeigt Abb. 3.5, in der mit u_{i0} die Umfangsgeschwindigkeit bei feststofffreier Gasströmung bezeichnet ist.

Unbekannt sind in den Beziehungen Gl. (3.10), (3.11) und (3.12) zunächst noch der Korrekturfaktor α zur Berücksichtigung der Einschnürung des Gases im Eintritt des Zyklons und der Reibungskoeffizient λ, der in Abschn. 3.3, „Druckverlust" näher behandelt wird.

Bei Kenntnis der Umfangsgeschwindigkeit u_i auf dem Tauchrohrradius r_i läßt sich die Sinkgeschwindigkeit w_s^*, die zur Grenzpartikelgröße d_p^* gehört, berechnen. Damit ließe sich eine Aussage über das Abscheideverhalten von Zyklonen machen, wenn der gesamte Verlauf der Fraktionsabscheidegradkurve, die durch diesen Punkt geht, bekannt wäre. Die Fraktionsab-

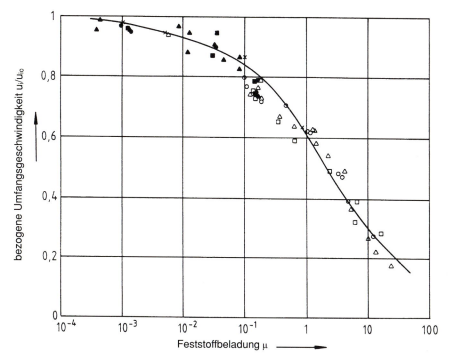

Abb. 3.5. Abnahme der Umfangsgeschwindigkeit in Abhängigkeit von der Feststoffbeladung

scheidegradkurve sagt aus, welcher Anteil einer bestimmten Partikelgrößenfraktion vom Zyklonabscheider abgeschieden wird. Nach der Theorie des Zyklonabscheiders wird dabei angenommen, daß zwischen der Zentrifugalkraft, die die Partikeln nach außen zur Zyklonwand hinbewegt, und dem Widerstand, der auf die Partikeln durch die Gasströmung wirkt, und diese zum Tauchrohr zu fördern sucht, für die Grenzpartikelgröße auf dem Tauchrohrradius Gleichgewicht besteht. Alle Partikeln, die kleiner sind als die Grenzpartikel mit dem Durchmesser d_P^* werden danach nicht abgeschieden, während alle Partikeln mit einem Durchmesser größer d_P^* hingegen vollständig abgeschieden werden. Abbildung 3.6 zeigt den Verlauf der so definierten theoretischen Fraktionsabscheidegradkurve. Der tatsächliche Verlauf, wie er sich aufgrund von Messungen ergibt, weicht vom theoretischen Verlauf erheblich ab. Dies bedeutet, daß diese sehr einfache Berechnung der Grenzpartikelgröße d_P^* wohl einen ersten Hinweis auf das Abscheidevermögen von Zyklonen gibt, aber keinesfalls die Berechnung des Abscheidegrades ermöglicht. Hier zu ist die Kenntnis der vollständigen Fraktionsabscheidegradkurve erforderlich.

Zur Berechnung der Umfangsgeschwindigkeit u_i auf dem Tauchrohrradius r_i muß der Korrekturfaktor α für die Einschnürung bei tangentialer Drallerzeugung bekannt sein. Diese Einschnürung hat zur Folge, daß die tatsächliche Eintrittsgeschwindigkeit des Gases beim Schlitzeinlauf größer ist

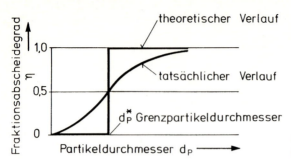

Abb. 3.6. Fraktionsabscheidegradkurve

als diejenige, die sich aus dem Eintrittsquerschnitt F_e berechnet. Beim Spiraleinlauf ist $\alpha \approx 1$, beim Schlitzeinlauf hängt die Einschnürung und damit der Korrekturfaktor wesentlich von der Schlitzbreite b ab. Der Eintrittsradius der Strömung berechnet sich für diesen Fall zu:

$$r_e = r_a - b/2 \tag{3.13}$$

Neuere Untersuchungen von E. Muschelknautz und W. Rentschler [3], die in Abb. 3.7 wiedergegeben sind, haben gezeigt, daß der Einschnürungskoeffizient α auch von der Feststoffbeladung μ_e des eintretenden Gasstromes abhängt und insbesondere bei höheren Beladungen berücksichtigt werden muß:

$$\alpha = \frac{1 - \sqrt{1 + 4\left[\left(\frac{\beta}{2}\right)^2 - \frac{\beta}{2}\right]\sqrt{1 - \frac{1-\beta^2}{1+\mu_e}(2\beta - \beta^2)}}}{\beta} \tag{3.14}$$

mit $\beta = b/r_a$.

Beim Axialzyklon wird der Drall nicht durch einen tangentialen Eintritt der Strömung erzeugt, sondern durch am Umfang des Zyklongehäuses angebrachte Leitschaufeln (vergl. Abb. 3.3). Die für die Trennung wichtige Umfangsgeschwindigkeit w_e hängt von der Axialgeschwindigkeit w_a und dem Schaufelwinkel ε ab:

$$w_e = \frac{w_a}{\tan\varepsilon} = \frac{\dot{M}}{\rho \frac{\pi}{4}(d_a^2 - d_i^2)\tan\varepsilon} \tag{3.15}$$

Für die in Abb. 3.3 angegebene Leitschaufelanordnung ist dann für r_e bzw. F_e in Gl. (3.10) zu setzen:

$$r_e = \sqrt{\frac{1}{8}(d_a^2 - d_L^2)} \tag{3.16}$$

und

$$F_e = \frac{\pi}{4}(d_a^2 - d_L^2)\tan\varepsilon \tag{3.17}$$

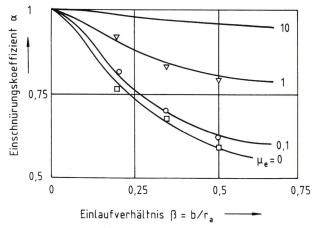

Abb. 3.7. Einschnürungskoeffizient in Abhängigkeit vom Einlaufverhältnis und der Feststoffbeladung für Schlitzeinlauf

Hierin ist d_L der Durchmesser des Leitschaufelträgers, der üblicherweise größer ist als der Tauchrohraußendurchmesser, um ausreichend hohe Axialgeschwindigkeiten erzielen zu können. Für gerade Schaufeln kann $\alpha = 0{,}85$ und für verwundene Schaufeln $\alpha = 0{,}9 - 0{,}95$ gesetzt werden. Im übrigen erfolgt die Berechnung der Umfangsgeschwindigkeit des Axialzyklons wie beim Tangentialzyklon.

3.2.3
Fraktionsabscheidegrad

Die bisherigen Überlegungen haben einen Weg aufgezeigt, auf dem man sich sehr schnell eine erste Information über das Abscheideverhalten von Zyklonabscheidern beschaffen kann. Für eine genaue Berechnung der Abscheideleistung von Zyklonen reichen diese Informationen jedoch nicht aus. Hierzu ist die Kenntnis der Fraktionsabscheidegradkurve eine unabdingbare Voraussetzung. Mothes und Löffler [4] haben versucht, aufbauend auf einem Vorschlag von P.W. Dietz, die Partikelkonzentrationsverteilung im Abscheideraum eines Zyklons zu berechnen. Dafür haben sie den Abscheideraum in verschiedene Abscheidezonen eingeteilt, in denen selbst eine vollständige Vermischung der Partikeln angenommen wird. Betrachtet wird dabei jeweils die Änderung der Partikelmassenströme über die Grenzen der Abscheidezonen hinweg. Die Berechnung von Fraktionsabscheidegradkurven nach dem Modell von Mothes und Löffler gibt gute Ergebnisse für Zyklonabscheider, die unter Normalbedingungen betrieben werden. Aus neueren Arbeiten von Muschelknautz und Mitarbeitern ist jedoch bekannt, daß für eine genaue Analyse des Abscheideverhaltens die Grenzschichtströmung im Zyklon berücksichtigt werden muß. Das Vorgehen bei der Berechnung der Fraktionsabscheidegradkurve unter

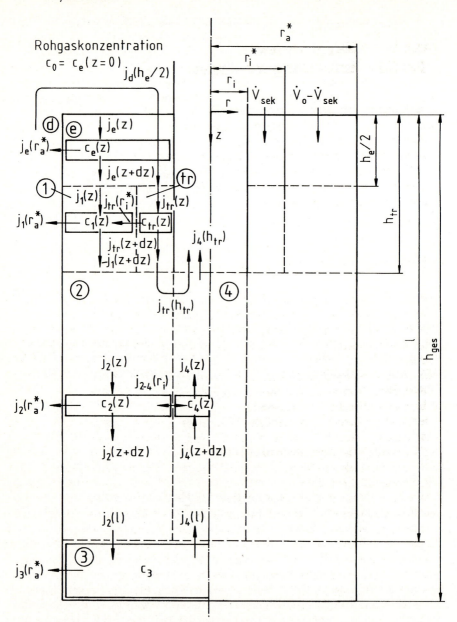

Abb. 3.8. Abscheidebereiche eines Zyklonabscheiders

Berücksichtigung der Grenzschichtströmung und der Wiederaufwirbelung bereits abgeschiedener Partikeln in der Nähe des Feststoffaustrages soll deshalb an dem neuen Berechnungsverfahren von T. Lorenz [5] erläutert werden. Abbildung 3.8 zeigt die Aufteilung des Zyklonabscheiders in verschiedene Abscheidebereiche, wie sie von Lorenz vorgenommen wurde. Die Gas/Feststoffströmung, die in den Zyklon eintritt, wird zunächst aufgeteilt in den

- Eintrittsbereich e
- den Deckelströmungsbereich d
- den Tauchrohraußenbereich tr

Diese Aufteilung berücksichtigt den Feststoffmassenstrom, der aufgrund des starken Druckgefälles von außen nach innen über den Deckel des Zyklons und die Außenwand des Tauchrohres mit der Grenzschichtströmung direkt in das Tauchrohr transportiert wird.

- Einrittsbereich 1: Partikelaustausch mit der an der Tauchrohraußenseite strömenden Grenzschicht.
- Abwärtsströmungsbereich 2
- Austragsbereich 3: Berücksichtigt eine mögliche Aufwirbelung von Partikeln in der Nähe der Austrittsöffnung.
- Aufwärtsströmungsbereich 4

Die Berechnung der Fraktionsabscheidegradkurve erfolgt nun dadurch, daß für jede Partikelgröße in jedem Zyklonquerschnitt eine Bilanz der Partikelmassenströme aufgestellt wird. Alle Partikeln einer bestimmten Partikelgröße, die aufgrund dieser Berechnung den Tauchrohreintrittsquerschnitt erreichen, werden nicht abgeschieden. Vergleicht man die Anzahl der Partikeln einer Partikelgröße im Eintritt des Zyklons mit der Anzahl, die den Zyklon durch das Tauchrohr verläßt, so erhält man einen Punkt der Fraktionsabscheidegradkurve. Wiederholt man diese Rechnung für alle Partikelgrößen, so ergibt sich der gesamte Verlauf der Fraktionsabscheidegradkurve. Der vollständige Satz der für die Berechnung erforderlichen Gleichungen ist in der Arbeit von Lorenz enthalten. Abbildung 3.9 zeigt beispielhaft gemessene und berechnete Fraktionsabscheidegradkurven für eine bestimmte Zyklongeometrie in Abhängigkeit von der Gastemperatur. Die Übereinstimmung ist sehr gut. Die Güte des Berechnungsverfahrens wurde an Messungen mit Zyklonen unterschiedlicher Geometrie und bei Betriebsbedingungen, die in einem weiten Bereich variiert wurden, bestätigt.

Für eine erste Beurteilung der Abscheideleistung eines Zyklons gibt die Grenzpartikelgröße einen guten Anhaltspunkt. Berechnet man diese für einen Zyklon mit der Geometrie I (vergl. Tabelle 3.1 bzw. Abb. 3.15 in Abschn. 3.5) und einen Volumenstrom von 80 m³/h, so erhält man folgende Werte:

- Barth: $d_p^* = 1{,}06\ \mu m$
- Muschelknautz: $d_p^* = 1{,}23\ \mu m$
- Lorenz: $d_p^* = 1{,}22\ \mu m$

Die einfache Berechnung nach Barth ergibt dabei einen zu kleinen Grenzpartikeldurchmesser. Es sei noch einmal darauf hingewiesen, daß die vollständige

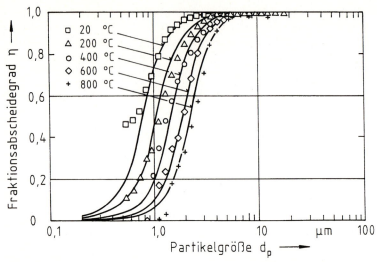

Abb. 3.9. Gemessener und berechneter Fraktionsabscheidegrad in Abhängigkeit von der Temperatur, Geometrie II (vgl. Tabelle 3.1, Abschn. 3.5), $\dot{V} = 80$ m³/h

Berechnung der Fraktionsabscheidegradkurve nur mit dem Modell von Lorenz möglich ist.

3.2.4
Gesamtabscheidegrad

Ist die Fraktionsabscheidegradkurve bekannt, so kann der Gesamtabscheidegrad des Zyklons über den eintretenden Feststoffmassenstrom und die Eintrittspartikelgrößenverteilung berechnet werden. Dabei ist jedoch zu beachten, daß die berechneten Fraktionsabscheidegradkurven nur die aerodynamische Abscheidung im Zykloninneren beschreibt. Bei höheren Beladungen kann das Gas im Eintritt des Zyklons, bedingt durch die auftretenden Fliehkräfte, nicht mehr den gesamten Feststoff in Schwebe halten. Ein Teil des Feststoffs wird unmittelbar im Eintritt unfraktioniert an die Zyklonwand geschleudert und ist damit abgeschieden. Die Grenzbeladung, bei deren Überschreitung die sogenannte Vorabscheidung einsetzt, hängt von der Partikelgröße des abzuscheidenden Feststoffs, von der Grenzpartikelgröße des Zyklons und von der Feststoffbeladung im Eintritt ab. Die Grenzbeladung läßt sich nach [2] wie folgt abschätzen:

$$\mu_G = 0{,}025 \left(\frac{d_p^*}{d_{p50}}\right)(10\mu_e)^{0{,}15} \text{ für } \mu_e < 0{,}1 \qquad (3.18)$$

und

$$\mu_G = 0{,}025 \left(\frac{d_p^*}{d_{p50}}\right)(10\mu_e)^{0{,}4} \text{ für } \mu_e < 0{,}1 \tag{3.19}$$

Bei der Berechnung des Gesamtabscheidegrades geht man also so vor, daß man zunächst die Grenzbeladung berechnet. Ist diese größer als die Eintrittsbeladung, so wird die aerodynamische Abscheidung nur noch für einen Anteil $\mu = \mu_e - \mu_G$ durchgeführt.

3.3 Druckverlust

Für die Berechnung des Druckverlustes eines Zyklonabscheiders unterteilt man diesen zweckmäßigerweise in zwei Anteile:
- Einlaufverluste und Strömungsverluste im Abscheideraum – insbesondere durch Wandreibung –, die zwischen dem Eintritt der Strömung in den Zyklonabscheider in der Ebene e–e und der gedachten Zylinderfläche i–i auftreten,
- Strömungsverluste beim Ausströmen des Gases durch das Tauchrohr.

$$\Delta p = \Delta p_e + \Delta p_i \tag{3.20}$$

Der Hauptdruckverlust entsteht im zweiten Bereich, in dem das Gas auf sehr hohe Axialgeschwindigkeiten beschleunigt werden muß. Bezieht man den Druckverlust auf die Tauchrohrströmung so erhält man:

$$\Delta p = \xi_i \frac{\rho}{2} w_i^2 \tag{3.21}$$

Der Druckverlust hängt von der Geometrie des Zyklons, dem Gasdurchsatz und insbesondere von den Reibungsverhältnissen ab. Für den Druckverlustkoeffizienten ξ_i gilt:

$$\xi_i = \xi_{ie} + \xi_{ii} \tag{3.22}$$

mit

$$\xi_i = \frac{r_i}{r_a}\left[\frac{1}{\left(1 - \frac{u_i}{w_i}\frac{h}{r_i}\lambda\right)^2} - 1\right]\left(\frac{u_i}{w_i}\right)^2 \tag{3.23}$$

und

$$\xi_{ii} = 2 + 3\left(\frac{u_i}{w_i}\right)^{4/3} + \left(\frac{u_i}{w_i}\right)^2 \tag{3.24}$$

Muschelknautz und Trefz [2] erhalten für die Reibungsverluste im Zyklon unter Berücksichtigung der gesamten reibenden Fläche den Druckverlustkoeffizienten zu:

3 Zyklonabscheider

$$\xi_{ie} = \lambda \frac{A_R}{\dot{V}} \frac{(u_a u_i)^{3/2}}{w_i^2} \tag{3.25}$$

In neueren Messungen hat T. Lorenz [5] den Reibungsdruckverlust für sehr unterschiedliche Betriebsbedingungen und Zyklongeometrien bestimmt. Die Meßergebnisse werden durch die Beziehung

$$\lambda = 0{,}005 + \frac{143{,}7}{Re} \tag{3.26}$$

mit

$$Re = \frac{w_e r_e \rho}{\alpha \cdot \eta} \tag{3.27}$$

sehr gut beschrieben. Abbildung 3.10 zeigt den Vergleich experimentell bestimmter Druckverlustkoeffizienten ξ_i in Abhängigkeit von der Reynoldszahl

$$Re_i = \frac{w_i d_i \rho}{\eta} \tag{3.28}$$

mit berechneten Werten. Die Übereinstimmung ist sehr gut.

Der Reibungskoeffizient λ beschreibt die Reibungsverhältnisse jedoch nur für geringe Feststoffbeladungen richtig. Für höhere Beladungen ist in den Berechnungsgleichungen für den Reibungskoeffizienten der Wert λ_s einzusetzen, für den gilt:

$$\lambda_s = \lambda \left(1 + 2\sqrt{\mu_e}\right) \tag{3.29}$$

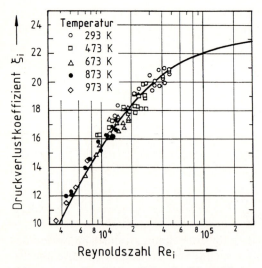

Abb. 3.10. Druckverlustkoeffizient in Abhängigkeit von der Reynoldszahl

Die Berechnung des Druckverlustes für die drei Modelle mit der Zyklongeometrie I (vergl. Tabelle 3.1 bzw. Abb. 3.15) und einem Volumenstrom von 80 m³/h ergibt folgende Werte:

- Barth: $\Delta p = 2300$ Pa
- Muschelknautz: $\Delta p = 1890$ Pa
- Lorenz: $\Delta p = 1500$ Pa

Der deutlich zu hoch berechnete Druckverlust nach Barth steht im Einklang mit der zu klein berechneten Grenzpartikelgröße. Ursache für die Ungenauigkeit der Berechnung ist die Umfangsgeschwindigkeit im Zyklon, die nach Barth zu groß ermittelt wird. Das Modell von Lorenz gibt die Meßwerte der Abb. 3.16 sehr gut wieder.

Um den Druckverlust von Zyklonabscheidern zu verringern, bieten sich vor allem Maßnahmen an, die dazu dienen, die hohe kinetische Energie der Tauchrohrströmung in Druckenergie umzusetzen. Hierbei muß beachtet werden, daß der sehr starken Drallströmung im Tauchrohr eine hohe Axialgeschwindigkeit überlagert ist. Eine erste, aber sehr wirksame Maßnahme ist der Einsatz konischer Tauchrohre, um die Axialgeschwindigkeit zu verringern. Zur Rückgewinnung eines Teils der Drallenergie bieten sich Austrittsspiralen an. Auch der Einbau von Leitschaufeln im Tauchrohr kann unter gewissen Voraussetzungen zu einem merklichen Druckrückgewinn führen. Einen Vergleich der Wirksamkeit verschiedener Konstruktionen zeigt Abb. 3.11. Die angegebenen Zahlenwerte beziehen sich jeweils auf den Druckverlustkoeffizienten des zylindrischen Tauchrohres. Bei allen Maßnahmen zur Umwandlung von kinetischer Energie in Druckenergie ist jedoch zu beachten, daß vor allem bei sehr feinen Stäuben die Gefahr des Zusetzens enger Tauchrohrquerschnitte durch Staubansätze besteht.

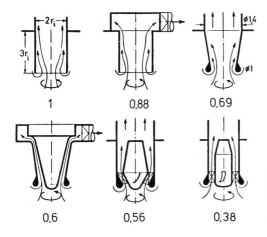

Abb. 3.11. Verhältnis der Druckverlustkoeffizienten verschiedener Tauchrohrkonstruktionen und -einbauten (Zahlenwerte bezogen auf das zylindrische Tauchrohr)

3.4 Optimalzyklone

Die wichtigste Größe für die Auslegung von Zyklonabscheidern ist die Fraktionsabscheidegradkurve. Diese läßt sich durch die Grenzpartikelgröße d_p^* bzw. die Grenzsinkgeschwindigkeit w_s^* charakterisieren. Da die Grenzsinkgeschwindigkeit w_s^* umgekehrt proportional dem Quadrat der Umfangsgeschwindigkeit u_i ist, läßt sich also theoretisch für einen vorgegebenen Gasdurchsatz die Grenzsinkgeschwindigkeit beliebig verkleinern, wenn nur die Eintrittsgeschwindigkeit in den Zyklon und damit die Umfanggeschwindigkeit gesteigert wird. Mit zunehmender Gasgeschwindigkeit steigt jedoch der Druckverlust an. Dieser bestimmt aber ganz wesentlich die Betriebskosten. Eine optimale Auslegung von Zyklonabscheidern verlangt also, daß bei der Auslegung nicht nur die Grenzpartikelgröße bzw. die Grenzsinkgeschwindigkeit, sondern auch der Druckverlust beachtet wird. Über die Vorgabe der Grenzpartikelgröße ist zudem in vielen Fällen die Baugröße des Zyklonabscheiders festgelegt, die die Investitionskosten ganz wesentlich bestimmt. Zyklone lassen sich je nach Aufgabenstellung über den Flächenbedarf oder das Bauvolumen optimieren. Bei einer Optimierung nach dem Bauvolumen bezieht man den Gasdurchsatz auf eine geeignete charakteristische Zyklonabmessung. Für diese wird gewählt:

$$r_a^* = (r_a^2 h)^{1/3} \tag{3.30}$$

womit sich als Vergleichsgeschwindigkeit ergibt:

$$w_a^* = \frac{\dot{V}}{\pi r_a^{*2}} \tag{3.31}$$

Für den auf die Vergleichsgeschwindigkeit bezogenen Druckverlustkoeffizienten gilt dann:

$$\xi^* = \frac{\Delta p}{\frac{\rho}{2} w_p^{*2}} = \xi_i \left[\left(\frac{r_a}{r_i}\right)^2 \left(\frac{h}{r_i}\right) \right]^{4/3} \tag{3.32}$$

Die Grenzsinkgeschwindigkeit w_s^* und die Abmessungen des Zyklons werden in der Abscheidekennzahl B^* zusammengefaßt.

$$B^* = \frac{w_s^* w_a^*}{2 r_a^* g} = \frac{1}{4} \left[\frac{r_a}{r_i} \frac{h}{r_i} \frac{u_i}{w_i} \right]^{-2} \tag{3.33}$$

Aufgabe der Optimierungsrechnung ist es, für ein vorgegebenes B^*, den Zyklon mit dem geringsten Druckverlust zu finden. Für die mathematische Optimierung werden zunächst folgende dimensionslose Größen eingeführt:

$R = r_a/r_i$;
$H = h/r_i$;
$F = F_e/F_i$;

$U = u_i/w_i$;
$\xi^* = \xi_i[R^2H]^{4/3}$ und
$B^* = [2RHU]^{-2}$. (3.34)

Verknüpft man die Abscheidekennzahl B^* über das Geschwindigkeitsverhältnis U mit dem Druckverlustkoeffizienten ξ^*, so erhält man eine Gleichung von der Form:

$$\xi^* = f(B^*, R, H, \lambda) \qquad (3.35)$$

Diese Verknüpfung hat den großen Vorteil, daß das Optimierungsproblem zunächst unabhängig vom Flächenverhältnis F, dem Seitenverhältnis des Einlaufs b/a, dem Radienverhältnis r_e/r_i und dem Einschnürungskoeffizienten α ist. Die Berechnung zeigt, daß es für eine vorgegebene Abscheidekennzahl B^* zu jedem Wert von H nur ein Radienverhältnis R gibt, bei dem der Druckverlustkoeffizient ξ^* ein Minimum hat. Verbindet man, wie in Abb. 3.12 gezeigt, diese Minima, so findet man über die gestrichelt eingezeichnete Kurve, die Paarung von R und H, die für eine vorgegebene Abscheidekennzahl B^* den kleinsten Wert des Druckverlustkoeffizienten ξ^* ergibt.

Bei der Anwendung der Ergebnisse der Optimierungsrechnung ist zu beachten, daß das kleinste physikalisch sinnvolle Radienverhältnis mit

$$R_{min} = \frac{\lambda}{2}(B^*)^{-1/2} \qquad (3.36)$$

festliegt, weil hierfür der Druckverlustkoeffizient $\xi^* \to \infty$ geht.

Die von M. Bohnet [6] durchgeführte numerische Berechnung des Druckverlustkoeffizienten ξ^* für vorgegebene Radienverhältnisse R mit dem jeweils optimalen Verhältnis von H und des günstigsten Wertes von B^* ergab,

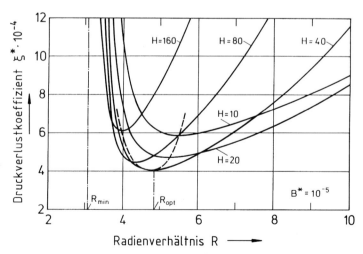

Abb. 3.12. Druckverlustkoeffizient in Abhängigkeit vom Radienverhältnis für einen konstanten Wert der Abscheidekennzahl

daß optimale Verhältnisse immer dann vorliegen, wenn U = 1 ist. Dieses Ergebnis wird durch Messungen bestätigt.

Ist der Gasdurchsatz $\dot{M}$, die gewünschte Grenzpartikelgröße d_p^* und der maximal zulässige Druckverlust Δp gegeben, so läßt sich ein Zusammenhang zwischen den Betriebsdaten und den Zyklonkenngrößen B^* und ξ^* anschreiben. Für den Druckverlust gilt dann mit Gl. (3.34):

$$\Delta p = \xi_i \frac{\rho}{2} w_i^2 = \xi^* [R^{8/3} H^{4/3}]^{-1} \frac{\rho}{2} w_i^2 \tag{3.37}$$

Daraus ergibt sich die Tauchrohrgeschwindigkeit zu:

$$w_i = \left[\frac{2 R^{8/3} H^{4/3} \Delta p}{\rho \xi^*} \right]^{1/2} \tag{3.38}$$

Aus den Gln. (3.31) und (3.33) folgt unter Beachtung der Kontinuitätsbedingung:

$$\dot{M} = w_i \pi r_i^2 \rho \tag{3.39}$$

$$B^* = \frac{w_s^* w_i^{3/2} \pi^{1/2} \rho^{1/2}}{2g \dot{M}^{1/2} R^2 H} \tag{3.40}$$

Setzt man in Gl. (3.40) die Tauchrohrgeschwindigkeit nach Gl. (3.38) ein, so findet man:

$$B^* \xi^{*3/4} = \frac{2^{3/4} \pi^{1/2} w_s^{*4} \Delta p^{3/4}}{2g \dot{M}^{1/2} \rho^{1/4}} = 1{,}49 \left[\frac{w_s^* \Delta p^3}{g^4 \rho \dot{M}^2} \right]^{1/4} \tag{3.41}$$

Auf der rechten Seite der Gl. (3.41) stehen nur Größen, die durch die Aufgabenstellung gegeben sind. Diesen Wert bezeichnet man als Zyklonkennzahl [6]:

$$Z^* = B^* \xi^{*3/4} \tag{3.42}$$

Die weitere Auswertung der Ergebnisse der numerischen Berechnung zeigt, daß zu jedem Radienverhältnis R ein ganz bestimmter Wert von $\lambda \cdot H$ gehört, wenn die Optimalbedingungen erfüllt sind. Dieser Wert wurde in das Optimaldiagramm der Abb. 3.13 eingetragen. Zur einfacheren Handhabung ist dieser für Optimalzyklone gültige Zusammenhang im Auslegungsdiagramm 3.14 dargestellt (Kurve a). Darüber hinaus zeigen die Rechenergebnisse, daß für das optimale Wertepaar R, $\lambda \cdot H$ der Wert Z^*/λ eine Konstante ist. Diesen Zusammenhang zeigt Kurve b der Abb. 3.14.

Als erster Schritt der Optimalauslegung wird für die gewünschten Betriebsdaten zunächst die Zyklonkennzahl Z^* berechnet und für einen vorgegebenen Reibungskoeffizienten λ über Z^*/λ aus Abb. 3.14 R und H bestimmt.

Die Tatsache, daß bei allen Optimalzyklonen das Verhältnis von Umfangs- zur Tauchrohrgeschwindigkeit U = 1 ist, erfordert Beachtung. Da das Geschwindigkeitsverhältnis wie Gl. (3.10) deutlich macht, wesentlich von der Geometrie des Einlaufs bestimmt wird, folgt als Auslegungsbedingung:

$$F\alpha \left(\frac{r_i}{r_e} \right) + \lambda H = 1 \tag{3.43}$$

3.4 Optimalzyklone 77

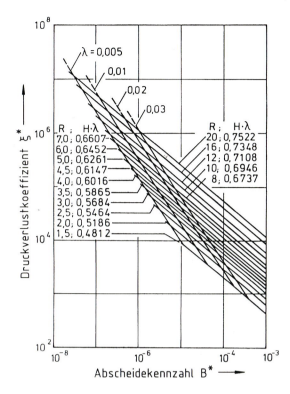

Abb. 3.13. Optimaldiagramm

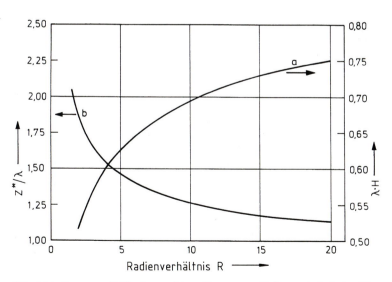

Abb. 3.14. Bezogene Zyklonkennzahl und bezogenes Höhenverhältnis in Abhängigkeit vom Radienverhältnis für Optimalzyklone

78 3 Zyklonabscheider

Unter Beachtung von $r_e = r_a - b/2$ wird:

$$F\alpha \left(1 - \frac{b}{2r_a}\right)^{-1} = (1 - \lambda H) R \qquad (3.44)$$

Wählt man nun einen Wert für b/r_a, so kann aus Abb. 3.7 oder Gl. (3.14) der Einschnürungskoeffizient α bestimmt werden. Für optimale Werte von R und H ergibt sich dann das Flächenverhältnis F. Damit läßt sich das Breiten/Höhenverhältnis des Einlaufquerschnittes berechnen.

$$\frac{b}{a} = R^2 \frac{1}{\pi F} \left(\frac{b}{r_a}\right)^2 \qquad (3.45)$$

Damit sind alle bezogenen Abmessungen des Optimalzyklons bekannt. Die wirklichen Abmessungen des Zyklons lassen sich dann über die Bestimmung von B^* und ξ^*, sowie die Tauchrohrgeschwindigkeit berechnen.

3.5
Heißgaszyklone

Für eine zuverlässige Berechnung von Zyklonen, die bei hohen Gastemperaturen betrieben werden, ist zu beachten, daß die Viskosität des Gases mit der Temperatur erheblich ansteigt. Die Zunahme der Viskosität beeinflußt dabei insbesondere:

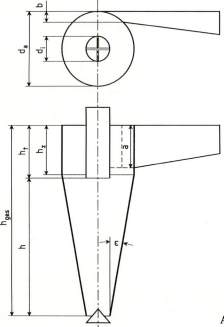

Abb. 3.15. Versuchszyklon

Tabelle 3.1. Zyklonabmessungen

Geometrie			I	II	III
Zyklondurchmesser	d_a	mm	←	150	→
Tauchrohrdurchmesser	d_i	mm	50	35	35
Zyklonhöhe	h_{ges}	mm	←	387	→
Abscheidehöhe	h	mm	←	283	→
Schlitzeinlauf: Breite	b	mm	20	20	15
Höhe	a	mm	80	80	60
Zylindrische Höhe	h_z	mm	←	104	→
Tauchrohreintauchtiefe	h_t	mm	←	110	→
Konusneigungswinkel	ε	°	←	10	→

- Die Wandreibung und damit die Umfangsgeschwindigkeit
- Die Grenzschichtströmung
- Die Turbulenz der Gasströmung

Alle diese Einflüsse lassen sich mit dem Modell von T. Lorenz [5] sehr gut beschreiben. Dies gilt sowohl für den Fraktionsabscheidegrad als auch für den Druckverlust. Mit dem in Abb. 3.15 dargestellten Zyklon, der die in Tabelle 3.1 angegebenen Abmessungen hatte, wurde mit zwei Streulicht-Partikelzählgeräten im Eintritt und im Tauchrohr des Zyklons der Fraktionsabscheidegrad in Abhängigkeit von Gasdurchsatz und Gastemperatur gemessen. Der Zyklondruckverlust wird als Differenz der Gesamtdrücke im Eintritt und im Tauchrohr angegeben. Abbildung 3.16 zeigt gemessene Druckverluste im Vergleich zu berechneten Werten. Die Übereinstimmung ist im gesamten Temperaturbereich ausgezeichnet. Für drei Zyklone unterschiedlicher Geometrie, die mit

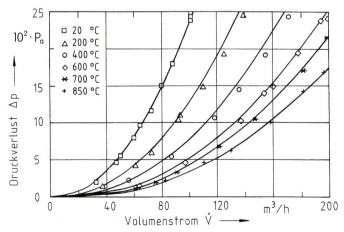

Abb. 3.16. Gemessener und berechneter Zyklondruckverlust in Abhängigkeit von Volumenstrom und Temperatur, Geometrie I (vgl. Tabelle 3.1)

unterschiedlicher Gasbelastung betrieben wurden, sind in den Abb. 3.17–3.19 gemessene und berechnete Fraktionsabscheidegrade verglichen. Auch dieser Vergleich zeigt die Brauchbarkeit des Berechnungsmodells. Die drastische Zunahme der Grenzpartikelgröße d_p^*, die definitionsgemäß beim Fraktionsabscheidegrad $\eta = 0,5$ liegt, mit der Gastemperatur ist aus Abb. 3.20 zu entnehmen, in der ebenfalls gemessene und berechnete Werte für drei verschiedene Zyklongeometrien verglichen wurden.

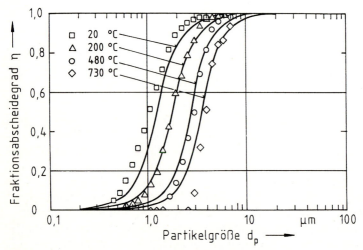

Abb. 3.17. Gemessener und berechneter Fraktionsabscheidegrad in Abhängigkeit von der Temperatur, Geometrie I (vgl. Tabelle 3.1), $\dot{V} = 80$ m³/h

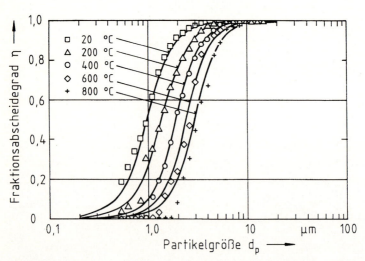

Abb. 3.18. Gemessener und berechneter Fraktionsabscheidegrad in Abhängigkeit von der Temperatur, Geometrie II (vgl. Tabelle 3.1), $\dot{V} = 60$ m³/h

3.5 Heißgaszyklone   81

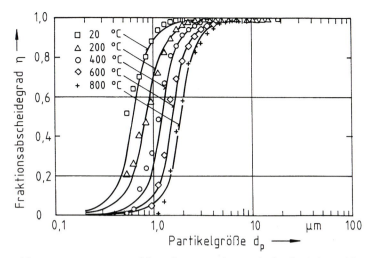

Abb. 3.19. Gemessener und berechneter Fraktionsabscheidegrad in Abhängigkeit von der Temperatur, Geometrie III (vgl. Tabelle 3. 1), $\dot{V} = 80\ m^3/h$

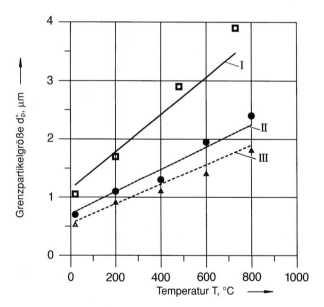

Abb. 3.20. Gemessene und berechnete Grenzpartikelgrößen in Abhängigkeit von der Temperatur für verschiedene Zyklongeometrien (vgl. Tabelle 3.1), $\dot{V} = 80\ m^3/h$

3.6
Sonderbauarten

Für die Abscheidung sehr feiner Partikeln aus großen Gasströmen kommt häufig nur der Einsatz von Multizyklonen in Frage. Hierbei wird eine größere Anzahl von Zyklonen parallel geschaltet. Vorteil dieser Bauweise ist, daß jeder Zyklon jetzt nur seinen Anteil am Gasvolumenstrom reinigen muß, wodurch die Zyklonabmessungen geringer werden. Die verbesserte Abscheidung ergibt sich dann aus der Tatsache, daß die größte Zentrifugalbeschleunigung im Zyklon u_i^2/r_i ist und damit bei gleicher Umfangsgeschwindigkeit durch die Verringerung des Tauchrohrdurchmessers eine höhere Zentrifugalbeschleunigung und damit eine bessere Abscheidung erreicht werden kann. Da die Umfangsgeschwindigkeit gleichgehalten wird, ändert sich der Druckverlust der Multizyklonanlage gegenüber einem Einzelzyklon praktisch nicht. Nachteilig bei dieser Schaltungsvariante ist, daß das Gas sehr gleichmäßig auf die verschiedenen Zyklone verteilt werden muß, um eine gute Gesamtabscheidung zu bewirken.

Neben Zyklonabscheidern mit konventioneller Bauform müssen häufig Apparate eingesetzt werden, die von dieser Bauform abweichen. So wird aus Platzgründen manchmal das Tauchrohr im konischen Unterteil untergebracht, wie dies Abb. 3.21 zeigt. Auch Sonderformen bei Ausmauerung entsprechend Abb. 3.22 werden vielfach eingesetzt. Bei solchen Sonderformen ist jedoch zu berücksichtigen, daß die Abscheideleistung meistens geringer als bei konventioneller Bauweise ist.

Bei der konstruktiven Ausbildung von Zyklonabscheidern ist darauf zu achten, daß ein Eintreten von Gas durch den Feststoffaustrag unbedingt

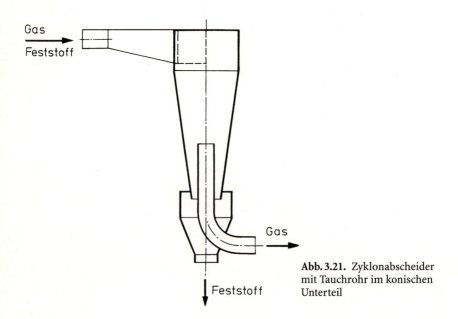

Abb. 3.21. Zyklonabscheider mit Tauchrohr im konischen Unterteil

vermieden wird. Da Zyklone häufig bei Unterdruck betrieben werden, ist hier besonders sorgfältig zu verfahren. Vor allem beim Einsatz von Zellenrädern ist ein Gasabschluß nicht immer gewährleistet (vergl. Abb. 3.23). Durch den Gaseintritt an dieser Stelle wird bereits abgeschiedener Feststoff in den Kern der Wirbelströmung gefördert und durch das Tauchrohr ausgetragen. Der Abscheidegrad kann sich dadurch drastisch verschlechtern.

Auch ein Durchlaufen der Wirbelströmung bis auf die Oberfläche des bereits abgeschiedenen Feststoffs ist unbedingt zu vermeiden, weil in diesem Fall im Wirbelkern Feststoff aus dem Sammelbehälter abgesaugt und anschließend durch das Tauchrohr ausgetragen wird. Die Anordnung eines Abdeckkegels kann dieses Problem lösen. Es muß jedoch beachtet werden, daß die Austrittsöffnung für den Feststoff ausreichend groß bemessen wird.

Für das Abtrennen von Feststoffen aus Gasen haben sich Zyklone mit konischem Unterteil weitgehend durchgesetzt. Bei stark schleißenden Feststoffen kann es zweckmäßig sein, das konische Unterteil nicht zu stark einzuziehen, sondern durch ein zylindrisches Abschlußstück größeren Durchmessers zu ersetzen. Abbildung 3.24 zeigt einen derart geänderten Zyklon. Der Verschleiß wird, wie das Bild verdeutlicht, durch die rotierende Feststoffsträhne verursacht. Durch die an der Strähne angreifende Zentrifugalkraft wird das durch die Schwerkraft verursachte Abrutschen des Feststoffs verlangsamt oder gar verhindert. Werden die parallel zur konischen Zyklonwand gerichteten Komponenten von Zentrifugal- und Schwerkraft gleich groß, ro-

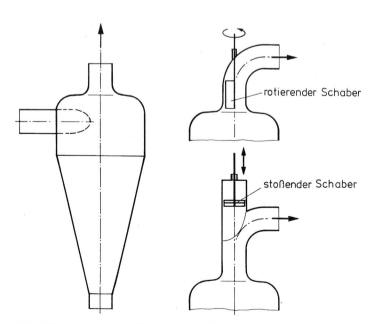

Abb. 3.22. Ausgemauerter Zyklonabscheider

84   3 Zyklonabscheider

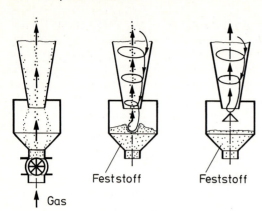

Abb. 3.23. Maßnahmen zur Verhinderung des Mitreißens bereits abgeschiedenen Feststoffs

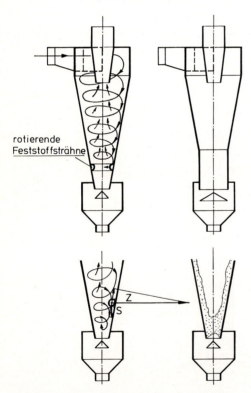

Abb. 3.24. Zyklonabscheider für stark schleißenden, bzw. schlecht fließenden Feststoff. S = Schwerkraft, Z = Zentrifugalkraft

tiert die Strähne längere Zeit am gleichen Ort. Erst wenn die Strähne durch weitere Feststoffzufuhr dicker geworden ist, wird der Feststoff meistens sehr plötzlich ausgetragen. Auch wenn der Feststoff schlechte Rieseleigenschaften hat und die Gefahr des Verstopfens der Austragsöffnung besteht, bringt eine Vergrößerung des Austragsquerschnitts Vorteile.

Bei der Fertigung von Zyklonen mit tangentialem Einlauf ist dafür Sorge zu tragen, daß der Einlauf auch wirklich tangential erfolgt (vergl. Abb. 3.25). Fertigungstechnische Fehler bewirken neben einer Verschlechterung der Abscheideleistung bevorzugt auch Verschleiß. Vor allem bei grobkörnigen Feststoffen besteht die Gefahr, daß Spritzkorn direkt in das Tauchrohr gelangt. Besonders kritisch sind hier schlecht verschliffene Schweißnähte.

Damit sich im Zyklonabscheider eine ungestörte Wirbelströmung ausbilden kann, ist darauf zu achten, daß das Tauchrohr bei tangentialem Einlauf auf keinen Fall von der Eintrittsströmung getroffen wird.

Zyklonabscheider eignen sich grundsätzlich auch für die Abscheidung von Flüssigkeitstropfen aus Gasen. Für die Tropfenabscheidung werden dabei fast ausschließlich Axialzyklone eingesetzt, weil hier durch die gleichmäßige Flüssigkeitsverteilung auf dem Umfang des Zyklons die Bildung dicker Strähnen und damit ein Wiederaufwirbeln bereits abgeschiedener Flüssigkeit weitgehend vermieden wird. Darüber hinaus haben Axialzyklone dann Vorteile, wenn die Abscheidung bei hohen Drücken erfolgen muß. In diesem Fall kann der Zyklon, wie Abb. 3.26 zeigt, in einen Druckbehälter eingebracht werden und braucht selbst nicht druckfest ausgelegt zu werden.

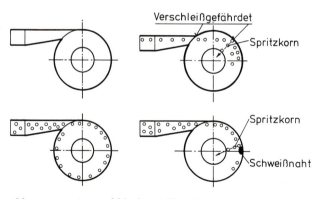

Abb. 3.25. Fertigungsfehler bei Zyklonabscheidern

3 Zyklonabscheider

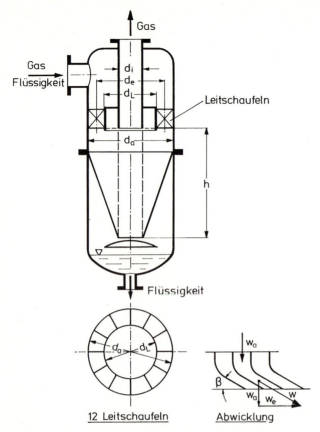

Abb. 3.26. Axialzyklon zur Tropfenabscheidung aus Gasen

Symbolverzeichnis

a	Einlaufhöhe Zyklon, m
b	Einlaufbreite Zyklon, m
c_w	Widerstandskoeffizient
d_a	Außendurchmesser Zyklon, m
d_e	Eintrittsdurchmesser Zyklon, m
d_i	Tauchrohrdurchmesser Zyklon, m
d_L	Durchmesser Leitschaufelträger, m
d_p	Partikeldurchmesser, m
d_{p50}	Medianwert der Aufgabegutverteilung, m
d_p^*	Grenzpartikeldurchmesser, m
h	Höhe Abscheideraum, m

Symbolverzeichnis

h_{ges}	Gesamthöhe Zyklon, m
Δp	Gesamtdruckverlust, Pa
Δp_e	Druckverlust Abscheideraum, Pa
Δp_i	Druckverlust Tauchrohr, Pa
r_a	Außenradius Zyklon, m
r_a^*	Bezugsradius, m
r_e	Eintrittsradius, m
r_i	Tauchrohrradius, m
u	Umfangsgeschwindigkeit, m/s
u_a	Umfangsgeschwindigkeit auf r_a, m/s
u_i	Umfangsgeschwindigkeit auf r_i, m/s
u_{i0}	Umfangsgeschwindigkeit auf r_i bei feststofffreier Gasströmung, m/s
w_a	Axialgeschwindigkeit, m/s
w_a^*	Vergleichsgeschwindigkeit, m/s
w_e	Eintrittsgeschwindigkeit, m/s
w_i	Tauchrohrgeschwindigkeit, m/s
w_r	Radialgeschwindigkeit, m/s
w_{ri}	Radialgeschwindigkeit auf ri, m/s
w_s^*	Grenzsinkgeschwindigkeit, m/s
A_R	Reibungsfläche Zyklon, m^2
B^*	Abscheidekennzahl
$F = F_e/F_i$	Flächenverhältnis
F_e	Querschnittsfläche Einlauf, m^2
F_i	Querschnittsfläche Tauchrohr, m^2
$H = h/r_i$	dimensionslose Höhe
$\dot{M}$	Gasmassenstrom, kg/s
$\dot{M}_{pe}$	Partikelmassenstrom im Einlauf, kg/s
$\dot{M}_{pi}$	Partikelmassenstrom im Tauchrohr, kg/s
$R = r_a/r_i$	Radienverhältnis
Re	Reynoldszahl
Re_i	Reynoldszahl auf r_i
Re_p	Reynoldszahl der Partikel
R_{min}	minimales Radienverhältnis
$U = u_i/w_i$	dimensionslose Geschwindigkeit
$\dot{V}$	Volumenstrom, m^3/s
W	Widerstandskraft, N
Z	Zentrifugalkraft, N
Z^*	Zyklonkennzahl
α	Einschnürungskoeffizient
$\beta = b/r_a$	
ε	Konusneigungswinkel, °
η	Fraktionsabscheidegrad
η	dynamische Viskosität, Pa s
η_G	Gesamtabscheidegrad
λ	Wandreibungskoeffizient reines Gas
λ_s	Wandreibungskoeffizient mit Feststoff
μ_e	Eintrittsbeladung

μ_G Grenzbeladung
ξ_i Druckverlustkoeffizient
ξ_{ie} Druckverlustkoeffizient Abscheideraum
ξ_{ii} Druckverlustkoeffizient Tauchrohr
ξ^* Druckverlustkoeffizient
ρ Dichte, kg/m^3
ρ_p Partikeldichte, kg/m^3

Literatur

1. Barth W (1956) Brennst.-Wärme-Kraft (8) 4:1
2. Muschelknautz E, Trefz M (1991) Druckverlust und Abscheidegrad von Zyklonen, VDI-Verlag, Düsseldorf, Lj1 (VDI-Wärmeatlas, 6. Auflage)
3. Rentschler W (1991) Abscheidung und Druckverlust des Gaszyklons in Abhängigkeit von der Staubbeladung, VDI-Fortschr.-Ber., Reihe 3, Nr. 242, Düsseldorf
4. Mothes H, Löffler F (1984) Chem. Eng. Process. (18) S. 323
5. Lorenz T (1994) Heißgasentstaubung mit Zyklonen, VDI-Fortschr.-Ber., Reihe 3, Nr. 366, Düsseldorf
6. Bohnet M (1984) Chem.-Ing.-Tech. (56) 5:416

4 Elektroabscheider

G. Mayer-Schwinning

4.1 Einführung

4.1.1 Allgemeines

Elektrische Abscheider – auch Elektroabscheider oder Elektrofilter genannt – gehören seit Jahrzehnten zu den wichtigsten Apparaten zur Abscheidung von Feststoff- und Flüssigkeitsteilchen aus strömenden Gasen. Sie werden bevorzugt zur Reinigung großer Gasvolumenströme eingesetzt und zeichnen sich durch einen hohen Trenneffekt, auch im Bereich sehr kleiner Teilchenabmessungen und durch einen im Vergleich zu anderen Abscheidearten geringen Energiebedarf aus. Elektroabscheider sind Diffusionsabscheider, d.h. auch submikrone Partikeln werden aufgeladen und abgeschieden.

Man unterscheidet trocken und naß arbeitende Elektrofilter; bei trockener Arbeitsweise werden solide Partikeln, bei nasser Arbeitsweise können sowohl solide als auch fluide Teilchen abgeschieden werden.

Wichtige Anwendungsgebiete und Industriebereiche für Elektrofilter sind: Kraftwerke, Stahlwerke, Müllverbrennungsanlage, Glaswannen, Zementwerke, nichteisenmetallurgische Gebiete (Kupfer, Zink, Aluminium) und die chemische Industrie.

Die zur Abscheidung gelangenden Teilchen können entsprechend oben genannten Einsatzgebieten sein: Flugaschen, sorptiv wirkende Komponenten wie Calciumträger, Herdofenkoks usw., Wassertröpfchen, Teernebel, teigige und klebende Partikeln, die mit Hilfe eines Flüssigkeitsfilms von den Niederschlagselektroden abgewaschen werden können.

Elektrofilter arbeiten bei industriellen Anwendungen üblicherweise in einem Temperaturbereich von 80 bis 450 °C und in einem Druckbereich von –100 und +100 mbar. Bei speziellen Anwendungen, wie z.B. kombinierten Kraftwerksprozessen, kann die Partikelabscheidung auch bei hohen Temperaturen (bis 800 °C) stattfinden, allerdings erfordert diese Betriebsweise Drücke von über 6 bar.

4.1.2
Historischer Hintergrund

Die Geschichte der elektrostatischen Abscheidung beginnt vermutlich damit, daß der Leipziger Magister und Mathematiker Hohlfeld 1824 beobachtete, daß sich durch elektrische Entladungsvorgänge, wie zum Beispiel nach einem Blitzeinschlag, ein Reinigungseffekt in der Umgebung einstellte.

In Laborversuchen konnte bestätigt werden, daß sich Nebeltröpfchen aufladen und abscheiden ließen. Untersuchungen dieser Art wurden später auch von Sir Oliver Lodge durchgeführt und veröffentlicht, doch blieb der industrielle Erfolg seinerzeit wegen des Fehlens einer geeigneten Hochspannungsquelle aus.

Erst Dr. F. G. Cottrell, Professor der physikalischen Chemie USA (Studium in Leipzig), gelang es 1908 mit Hilfe eines mechanischen Hochspannungs-Wechselstromgleichrichters, der genügend Spannung und Strom für Aufladung und Abscheidung der Teilchen lieferte, die Technik industriell nutzbar zu machen. Zwischen 1908 und 1913 lieferten Erwin Möller in Deutschland und Walter A. Schmid in den USA wichtige Beiträge zur Einführung der Sprühelektrode als glatten runden Draht, womit das bislang fehlende Bauteil zu einem im Prinzip bis heute genutzten Elektroabscheider entwickelt war. Cottrell überließ die Rechte zur Verwertung seiner Erfindung für die westlichen Staaten der USA der Firma Western Precipitation, Los Angeles, in den östlichen Staaten der USA der Research Corp., New York, in England der Fa. Lodge Cottrell und in Deutschland der Metallurgischen Gesellschaft (ab 1919 LURGI). Von 1910 bis 1913 wurden in den USA die ersten drei mehr oder minder funktionierenden Elektrofilteranlagen gebaut, die Blei- und Zinkoxidstäube und Stäube aus Zementwerken abscheiden sollten.

Etwa ab 1912 wurden in Europa die ersten Filteranlagen von der Metallurgischen Gesellschaft geplant und ausgeliefert. Es handelte sich um die Abscheidung von Blei- und Hüttenrauchen (in Hoboken, mit einem ungeeigneten Funkeninduktor), es folgten 10 Anlagen zur Staubabscheidung aus Röstgasen, dann Anlagen zur Teernebel- und Schwefelsäurenebelabscheidung. Es folgten Anlagen zur Brüdenentstaubung, Hochofengichtgasentstaubung, erst danach die Kraftwerksentstaubung. Abbildung 4.1 zeigt eine elektrische Gasreinigung für Heißofengas.

Bei den ersten Anwendungen für Elektrofilter handelt es sich keinesfalls um leichte Entstaubungsaufgaben. So betrug die Abgastemperatur im Röstgasbetrieb ca. 500 °C. Sie durfte zur Verhinderung von Schwefelsäurekondensation auf der Hochspannungsisolation nicht unter 250 °C fallen. Bei Bewältigung dieser Aufgabe wurde nach aufwendigen Untersuchungen der Quarzisolator entwickelt, der noch Jahrzehnte eingesetzt wurde.

Die Hochspannungsversorgung und Gleichrichtung wurde ebenfalls ständig weiterentwickelt, so daß robuste, leistungsstarke mechanische Gleichrichter in Zusammenarbeit mit Prof. Koch von der Fa. Koch & Sterzel, Dresden, angeboten werden konnten.

Die gelegentlich auftretende Abkürzung EGR steht für „Elektrische Gasreinigung". Dieser Begriff stammt aus dem Jahr 1916 und wurde als

Abb. 4.1. Elektrische Gasreinigung für Heißofengas

Warenschutzzeichen eingetragen und von der Metallurgischen Gesellschaft verwendet.

1922 leitete Walther Deutsch (Lurgi) die nach ihm benannte Auslegungsformel zur Elektrofilterauslegung ab. Walther Deutsch – ein genialer Elektro-Physiker – trug in über 20jähriger Tätigkeit, in der er etwa 25 Patente anmeldete und etwa ebenso viele Veröffentlichungen schrieb, wesentlich auf dem Weg des Elektrofilters zu einem modernen Staubabscheider bei. In diesen frühen Jahren der Filtergeschichte ging es einerseits um die Wiedergewinnung wertvoller Rohstoffe, wie Zink, Zinn und Kupfer, andererseits gaben Umweltschäden auch damals schon zur Sorge Anlaß. Stellvertretend für die Diskussion aus dieser Zeit stehen zwei Zitate von W. Deutsch aus dem Jahr 1925.

„Der jährlich in der Welt im Rauch enthaltene Wert von reinem Blei ergibt sich schätzungsweise zu 90 Mio. Goldmark, für Kupfer etwa 12 Mio. Goldmark, bezogen auf den Wert von 1925" und „Es ist eine erschreckend große Staubmenge, die sich in Industriegegenden jährlich auf die Umgebung niedersenkt, die Lungen der Menschen und Tiere, die Organismen der Pflanzen vergiftet, ganze Landschaften verödet und unseren Begriff von der Arbeitsfreude mit einem trüben Nebenempfinden begleitet."

4.2
Wirkungsweise von Elektroabscheidern

4.2.1
Aufbau und Abscheideprinzip

Die prinzipielle Funktionsweise des Elektroabscheiders ist in Abb. 4.2 dargestellt. Er besteht aus parallel angeordneten Niederschlagselektroden, die gemeinsam mit dem Gehäuse geerdet sind. Sie bilden Gassen, durch die das zu reinigende Gas strömt. In der Mitte zwischen den Gassen befinden sich Sprühelektroden. Diese sind elektrisch isoliert aufgehängt und werden mit gleichgerichteter negativer Hochspannung versorgt, die meist zwischen 30 000 und 100 000 Volt liegt. Der Abstand zwischen den Gassen beträgt 200 bis 450 mm.

Die im Gas suspendierten Staubteilchen oder Nebeltröpfchen werden elektrisch negativ aufgeladen und unter dem Einfluß eines starken elek-

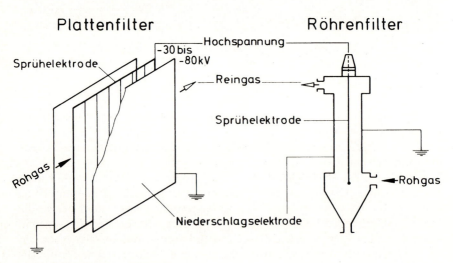

Abb. 4.2. Platten-Röhrenelektrofilter

trischen Feldes zu den Niederschlagselektroden transportiert und dort abgeschieden (Abb. 4.3). Die Abscheidung aus dem trockenen Gas führt zu Staubbelägen, die in bestimmten Zeitabständen durch Abklopfen mittels Hammerschlag von den Niederschlagselektroden entfernt werden müssen.

Die Anordnung der Niederschlagselektroden bei horizontaler Durchströmung ist typisch für Trockenelektrofilter, wobei das Gehäuse meist kastenförmig ausgeführt ist. Bei Naßelektrofiltern wird hingegen meist die vertikale Durchströmung bevorzugt, wobei die Niederschlagselektroden die Form von zylindrischen Rohren, Waben oder Gassen mit quadratischem Querschnitt aufweisen. Der abgeschiedene Nebel bildet einen nach unten ablaufenden Flüssigkeitsfilm, so daß eine zusätzliche Abreinigung in der Regel entfällt. Wird gleichzeitig Staub abgeschieden, ist mitunter eine periodisch stattfindende Zusatzspülung der Niederschlagselektroden erforderlich.

Das Funktionieren des Elektrofilters ist wesentlich abhängig von einer Kette hintereinander, teilweise auch parallel verlaufender Wirkmechanismen. Versagt ein Glied der Kette, ist eine optimale Funktionsweise nicht gewährleistet. Stark vereinfacht läßt sich der Abscheidemechanismus gemäß Abb. 4.4 darlegen. Die in Klammern gesetzten Begriffe sind möglicherweise auftretende Störmechanismen, die den Trennvorgang behindern können. Sie werden in nachfolgenden Abschnitten erläutert.

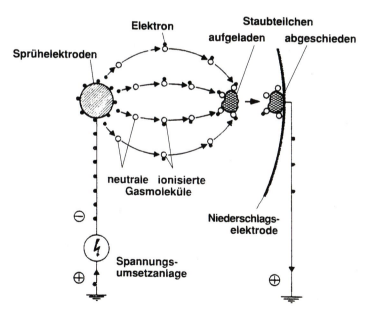

Abb. 4.3. Auflade- und Abscheidemechanismus von Teilchen im elektrischen Feld

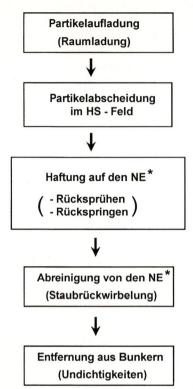

Abb. 4.4. Aufladen und Abscheiden von Partikeln im Elektrofilter

* NE Niederschlagselektroden

4.2.2 Elektrofilterauslegung

Grundlage der verfahrenstechnischen Auslegung eines Elektrofilters ist die Formel nach Deutsch [1][1]:

$$\eta_{ges} = \frac{C_{roh} - C_{rein}}{C_{roh}} = 1 - e^{-w\frac{A}{\dot{V}}} \tag{4.1}$$

Der Gesamtabscheidegrad η_{ges} ist durch die vom jeweiligen Prozeß stammende Teilchenbeladung des Rohgases C_{roh} und durch die zulässige Teilchenbeladung des Reingases C_{rein} vorgegeben; ebenso ist der zu reinigende Gasvolumenstrom $\dot{V}$ bekannt. Bei Kenntnis der Wanderungsgeschwindigkeit w läßt sich nun die erforderliche Größe der Niederschlagsfläche A berechnen.

Nach Festlegen des Gassenabstandes und der Strömungsgeschwindigkeit, die je nach Anwendungsfall im Bereich von 1 bis 4 m/s liegt, ergeben sich hieraus Querschnitt und Länge des Elektrofilters.

---

[1] Eine Zusammenstellung der Formelzeichen befindet sich am Ende des Kapitels.

Die Deutsch-Formel basiert auf einer einfachen Modellvorstellung. Einflußgrößen, die explizit nicht erfaßt sind, fließen in die Wanderungsgeschwindigkeit w ein, der für die Filterauslegung zentrale Bedeutung zukommt. Die Deutsch-Formel läßt sich aus einer einfachen Massenbilanzbetrachtung des in ein differentielles Abscheideelement ein- und austretenden und verbleibenden Staubes herleiten. Die Integration über die Länge des Abscheiders führt zu Gl. (4.1). Der Faktor $A/\dot{V}$ wird auch als spezifische Niederschlagsfläche (f-Wert) bezeichnet und in den Dimensionen s/m angegeben, während der w-Wert im praktischen Gebrauch in den Einheiten cm/s angegeben ist. Verschiedene Autoren verwenden auch modifizierte Formeln, um empirisch gefundene Zusammenhänge in durch Messung erfaßten Bereichen quantitativ richtig wiederzugeben [z.B. 1–4].

Die Wanderungsgeschwindigkeit w, häufig auch effektive Wanderungsgeschwindigkeit genannt, nimmt in technischen Anlagen Werte zwischen 2 und 30 cm/s an. Sie stellt eine verfahrenstechnische Kennzahl dar, deren Bedeutung vergleichbar ist mit der der Wärmedurchgangszahl oder der Reaktionsgeschwindigkeitskonstanten bei Auslegung von Wärmeaustauschern oder chemischen Reaktoren.

Der effektive w-Wert ist als integraler Mittelwert örtlicher Wanderungsgeschwindigkeiten w_x aufzufassen. Diese sind eine Funktion vieler Einflußgrößen, wie z.B. Kornverteilung und Stoffeigenschaften der abzuscheidenden Teilchen, Temperatur, Druck und Zusammensetzung des Gases, erreichbare Feldstärke, Sprühstromstärke und -verteilung, Gasverteilung auf die einzelnen Gassen und Bypass-Strömungen. Eine wesentliche Rolle spielen auch Strömungs- und Stofftransportparameter, die ihrerseits über die Gasgeschwindigkeit, den Gassenabstand, die Feldhöhe und die Feldlänge beeinflußt werden. Des weiteren gehen Fertigungs- und Montagetoleranzen, die Form und Anordnung der Sprüh- und Niederschlagselektroden und andere anlagenspezifische Größen ein. Die Wanderungsgeschwindigkeit w stellt demnach eine komplexe Größe dar. Zur Auslegung werden nur solche Werte herangezogen, die durch Messungen an technischen Anlagen, welche unter gleichen oder ähnlichen Bedingungen arbeiten, gewonnen wurden.

Theoretische Berechnungen und Versuche im Labor- und Technikumsmaßstab dienen dem Verständnis der sich im Elektroabscheider abspielenden Vorgänge und geben wichtige Hinweise zur Optimierung des Trennprozesses. Die Erfahrung zeigt jedoch, daß in Kleinapparaten ermittelte w-Werte in großtechnischen Anlagen nicht zu realisieren sind.

4.2.3
Aufladung und Abscheidung von Partikeln

Teilchen, die abgeschieden werden sollen, müssen zuvor im elektrischen Feld aufgeladen werden. Die Aufladung erfolgt bei Partikeldurchmesser >1 µm unter der Einwirkung des elektrischen Feldes (Stoßaufladung). Mit kleiner werdender Partikelabmessung gewinnt die thermische Bewegung der Ionen immer mehr an Bedeutung, so daß zunehmend Diffusionsgesetze den Aufladevorgang bestimmen [5].

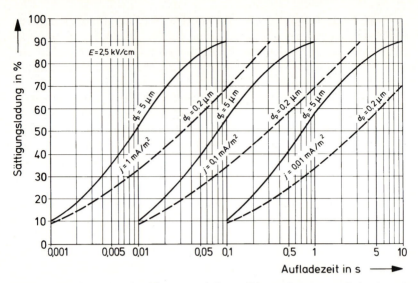

Abb. 4.5. Teilchenladung leitfähiger Partikeln in Abhängigkeit von Aufladezeit und Stromdichte

Ohne näher auf die verschiedenen Auflademechanismen einzugehen, sei in Abb. 4.5 die Auswertung von Gleichungen nach [4] wiedergegeben, die die Partikelaufladung als Funktion der Zeit zeigt. Für $d_p = 5\,\mu m$ wurden als „Sättigungsladung" 90% der Maximalladung, für $d_p = 0,2\,\mu m$ der 400fache Wert der Ladezeitkonstanten eingesetzt. Bei üblichen Stromdichten von 0,1 bis 1 mA/m² ist dann die Aufladezeit im Vergleich zur Verweilzeit des Gases im Elektrofilter von etwa 10 bis 20 s vernachlässigbar klein. Sie spielt demnach keine entscheidende Rolle beim Abscheidevorgang. Dies ändert sich, wenn Störungen durch zu hohe negative Raumladungen des Rohgases oder durch einen zu hohen elektrischen Staubwiderstand beim Trockenelektrofilter den Ionenstrom stark vermindern. So ist Abb. 4.5 zu entnehmen, daß bei einer Stromdichte von nur 0,01 mA/m² die Aufladezeit in die Größenordnung der Verweilzeit des Gases im Elektrofilter kommt. Entsprechend schlecht ist der zu erwartende Abscheidegrad.

Die Elektrofiltertheorie gestattet die Berechnung der Wanderungsgeschwindigkeit der Partikeln unter idealisierten Verhältnissen (u.a. ruhendes Gas, keine Beeinflussung der Partikeln untereinander). Aus dem Kräftegleichgewicht von Coulomb-Kraft und der um den Cunningham-Faktor erweiterten Stokesschen Widerstandskraft ergibt sich die theoretische Wanderungsgeschwindigkeit der Partikeln zu:

$$W_{th} = \frac{Q_{(t)} E_p Cu}{3 \pi \eta d_p} \quad \text{für Re} < 0,25 \qquad (4.2)$$

Modifiziert man diesen Zusammenhang gemäß der vom Partikeldurchmesser abhängigen unterschiedlichen Lade- und Verschiebemechanismen, so erhält man, von der Sättigungsladung der Partikeln ausgehend, für Durchmesser >1 µm (Cu = 1):

$$W_{th} \sim \frac{\varepsilon_r}{(\varepsilon_r + 2)} \frac{E\, E_p\, d_p}{\eta} \tag{4.3}$$

Hieraus ist eine quadratische Abhängigkeit von der Feldstärke und eine lineare Abhängigkeit von der Teilchengröße erkennbar. Man wird daher bestrebt sein, die Betriebsspannung so hoch wie möglich einzustellen, d.h. die Hochspannungsaggregate an der Überschlagsgrenze zu betreiben. Größere Gaszähigkeiten sowie kleinere Dielektrizitätskonstanten wirken sich vermindernd auf die Wanderungsgeschwindigkeit aus.

Bei Teilchendurchmesser <0,2 µm, d.h. im Bereich der Diffusionsaufladung, ergibt sich folgender Zusammenhang:

$$W_{th} \sim \frac{E_p T C u}{\eta} \tag{4.4}$$

Bemerkenswert ist, daß sich nun die Abhängigkeit von der Teilchengröße infolge der Cunningham-Korrektur [5]

$$Cu = 1 + \frac{2\lambda_M}{d_p}(1{,}257 + 0{,}4 e^{-1{,}1 d_p / 2\lambda_M}) \tag{4.5}$$

umkehrt, d.h., daß bei gegebenen Werten von E_p, T und λ die Wanderungsgeschwindigkeit w_{th} mit kleiner werdendem Teilchendurchmesser d_p größer wird.

Daraus resultiert ein Minimum der theoretischen Wanderungsgeschwindigkeit zwischen Partikeldurchmessern von 0,2 und 1 µm, eine Ergebnis, das auch schon experimentell nachgewiesen werden konnte.

4.2.4
Staubwiderstand

Die elektrischen Kräfte führen zum Abtrennen der Partikeln aus dem Gasraum und bei Flüssigteilchen zu einem an den Niederschlagselektroden ablaufenden Film. Bei trocken arbeitenden Entstaubern bildet sich dagegen ein Staubpelz aus, der im elektrischen Sinne als Isolator zu betrachten ist. In dessen Hohlräumen und Zwickeln kommt es zur Kondensation von Schwefelsäure und Wasser weit oberhalb des eigentlichen Kondensationspunktes (Kapillarkondensation), aber auch zur Adsorption von Gaskomponenten, wie z.B. NH_3 und SO_3.

Abbildung 4.6 zeigt den typischen Verlauf des Staubwiderstandes als Funktion von Gastemperatur und Wassertaupunkt. Im linken Kurvenast fällt der Staubwiderstand mit sinkender Temperatur und höherem Wassertaupunkt (Oberflächenleitfähigkeit). Ladungsträger sind Ionen. Der Ladungstransport findet infolge elektrolytischer Vorgänge im Kondensatfilm auf den Stauboberflächen statt. Bei Temperaturen oberhalb 200 bis 300 °C zeigt der Staub das normale Verhalten eines Halbleiters, wonach der Staubwiderstand mit steigender Temperatur fällt (Volumenleitfähigkeit). Die Ladungen bewe-

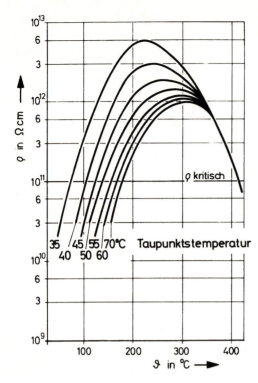

Abb. 4.6. Der elektrische Staubwiderstand als Funktion von Temperatur und Wassertaupunkt

gen sich im Inneren der Partikeln. Ladungsträger sind Elektronen, es kann jedoch auch bei bestimmten Materialien eine Ladungsübertragung durch Ionen erfolgen [6, 7, 8].

Zwischen zu hohen spezifischen Staubwiderständen, die oberhalb von ca. $10^{11}\,\Omega$ cm Rücksprühen auslösen können und zu niedrigen Staubwiderständen ($<10^5\,\Omega$ cm), die infolge geringer elektrischer Haftkräfte eine Wiederaufwirbelung des abgeschiedenen Staubes begünstigen, ergibt sich ein idealer Arbeitsbereich für Elektrofilter.

Rücksprühen wird ausgelöst, wenn infolge eines zu hohen Staubwiderstandes die Staubschicht elektrisch durchbricht. In der Staubschicht entstehen Windkanäle, aus denen positive Ionen austreten. Es bildet sich ein bläuliches Glimmen auf der Staubschicht, das ein Plasma darstellt und aus negativen und positiven Ionen besteht. Negativ geladene Staubpartikeln werden, wenn sie in dieses Plasma gelangen, elektrisch neutralisiert und nicht mehr zu den Niederschlagselektroden gefördert. Diese Erscheinung geht mit einem hohen Stromfluß einher, der keinen Beitrag zur Partikelabscheidung leistet.

Zur Verminderung zu hoher Staubwiderstände sind verschiedene Lösungen bekannt. Eine vor allem in den USA auf dem Kraftwerkssektor angewandte Möglichkeit besteht darin, das Elektrofilter vor dem Luftvorwärmer anzuordnen. Bei Rauchgastemperaturen von 350 bis 350 °C lassen sich beachtliche w-Wert-Verbesserungen erzielen, die jedoch infolge der bis zu 60%

höheren Gasvolumenströme wieder kompensiert werden und zu etwa gleichen Filterbaugrößen wie bei konventioneller Anordnung hinter dem Luftvorwärmer führen. Des weiteren ergibt sich bei verringerten Überschlagsspannungen, aber höheren Abscheideströmen, ein höherer Energieverbrauch.

Bei heißen Gasen, bei denen eine Wärmerückgewinnung unwirtschaftlich ist, bietet sich die Lösung an, durch Wassereindüsung die Gastemperaturen abzusenken und gleichzeitig den Wassertaupunkt anzuheben. Hiervon wird in der Zement- und Stahlindustrie Gebrauch gemacht.

Eine Möglichkeit, den Staubwiderstand ohne Veränderung der Gastemperatur abzusenken besteht in der Zumischung chemischer Konditionierungsmittel wie Ammoniak, Triethylamin, Schwefelsäure bzw. Schwefeltrioxid, die eine Verbesserung der Oberflächenleitfähigkeit und des Agglomerationsverhaltens der Partikeln bewirken (s. Abschn. 4.6). Wegen seiner Wirtschaftlichkeit sowie seiner starken und reproduzierbaren Wirksamkeit hat im wesentlichen das Schwefeltrioxid technische Bedeutung erlangt.

4.3 Ausführungsformen von Elektroabscheidern

4.3.1 Trocken arbeitende Elektroabscheider

4.3.1.1 Bauarten

Elektroabscheider werden meist als Platten-, aber auch als Segment-, Waben- oder Röhrenfilter gebaut. Alle Bauarten können für trockene und für nasse, nebelführende Gase verwendet werden.

In horizontal durchströmten Filtern dienen als Niederschlagselektroden parallele senkrechte Platten (Abb. 4.7 und 4.8). Sie bilden Gassen, in deren Mitte die Sprühelektroden isoliert angeordnet sind. Die Platten erhalten durch Profilierung Fangräume, damit der abgeschiedene Staub nicht wieder aufgewirbelt und vom Gasstrom mitgerissen wird.

Die Filtergehäuse werden – abhängig vom Anwendungsfall und den Filterabmessungen – in unterschiedlichen Bauweisen ausgeführt, deren statische Berechnung vorwiegend mit eigens hierfür entwickelten Computerprogrammen durchgeführt wird.

Bei den in der Mehrzahl der Anwendungsfälle eingesetzten Plattenelektrofiltern werden Gehäuse in Rahmenkonstruktion oder Skelettbauweise ausgeführt. Gehäuse in Rahmenkonstruktion stellen eine bewährte, zuverlässige und wirtschaftliche Lösung für Elektrofilter bis ca. 30 m Breite dar. Die Sprüh- und Niederschlagselektroden werden an kastenförmigen Dachträgern abgetragen und die Lasten über senkrechte Stiele von den Dachträgerenden auf die Filterunterstützung übertragen. Die Filterdecke und die Seiten-

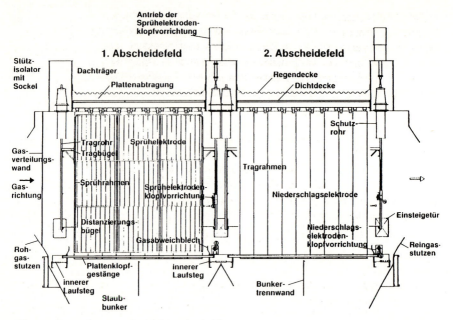

Abb. 4.7. Hauptelemente des Elektroabscheiders

wände werden nur zur Aufnahme der Windkräfte und des Filterinnendruckes bemessen (Abb. 4.9).

Sehr große Filtergehäuse mit mehr als 30 m Breite werden in Skelettbauweise errichtet. Die Lasten der Innenausrüstung werden dabei durch mehrere Stützen direkt in die Fundamente geleitet. Hierdurch wird die freie Spannweite der Abtragung verringert und die Durchbiegung bei Belastung und Temperaturbeanspruchung auf geringe Werte begrenzt. Mit diesem statischen Konzept, bei dem das Filtergehäuse aus einzelnen baugleichen Modulen aufgebaut wird, lassen sich beliebige Gehäusebreiten und -längen kostengünstig verwirklichen.

Eine wesentliche Voraussetzung zur Erzielung hoher Abscheidegrade ist eine gleichmäßige Gasverteilung über Filterlänge und -querschnitt. Im Filtereintrittsdiffusor und gelegentlich im Austrittsbereich sind daher Gasverteilungswände vorzusehen.

4.3.1.2
Das Sprühsystem

Sprühelektroden haben die Aufgabe, Strom und Spannung in den einzelnen elektrischen Feldern optimal zuzuführen. Wegen der unterschiedlichen elektrischen Eigenschaften der Stäube gibt es verschiedene Ausführungen von Sprühelektroden: Bänder mit glatten Kanten werden verwendet, wenn Stäube

4.3 Ausführungsformen von Elektroabscheidern 101

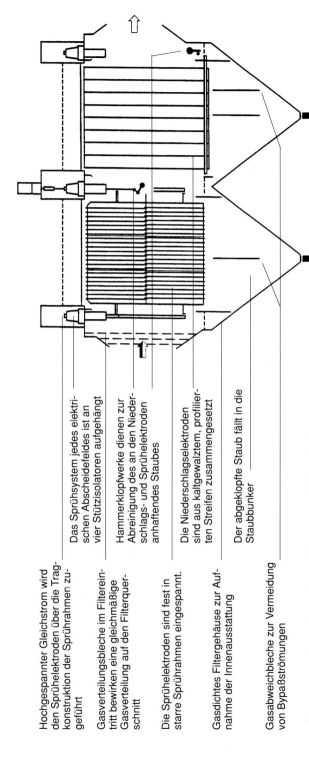

Hochgespannter Gleichstrom wird den Sprühelektroden über die Tragkonstruktion der Sprührahmen zugeführt

Gasverteilungsbleche im Filtereintritt bewirken eine gleichmäßige Gasverteilung auf den Filterquerschnitt

Die Sprühelektroden sind fest in starre Sprührahmen eingespannt.

Gasdichtes Filtergehäuse zur Aufnahme der Innenausstattung

Gasabweichbleche zur Vermeidung von Bypaßströmungen

Das Sprühsystem jedes elektrischen Abscheidefeldes ist an vier Stützisolatoren aufgehängt

Hammerklopfwerke dienen zur Abreinigung des an den Niederschlags- und Sprühelektroden anhaftendes Staubes

Die Niederschlagselektroden sind aus kaltgewalztem, profilierten Streifen zusammengesetzt

Der abgeklopfte Staub fällt in die Staubbunker

Abb. 4.8. Anordnung der Funktionselemente im Elektroabscheider

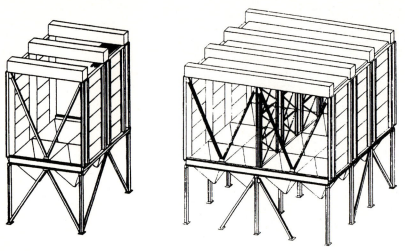

Abb. 4.9. Gehäuse in Rahmenbauweise

mit geringem elektrischen Staubwiderstand abzuscheiden sind oder die Staubraumladung niedrig ist. Zur Abscheidung hochohmiger Stäube und bei hoher Staubraumladung werden Dorn-Elektroden eingesetzt. Diese Elektroden bestehen aus Stahlbändern mit aufgeschweißten Spitzen, deren Längen vom Gassenabstand und den Staubbedingungen abhängen (Abb. 4.10 und 4.11).

Konstruktiv gesehen, können Sprühelektroden in 3 Systemen ausgeführt werden:
- gewichtsbelastete hängende Drähte, eine ältere, in den USA noch gelegentlich vorkommende Variante;
- sogenannte Mastelektroden, es handelt sich meist um lange Rund- oder Rechteckprofile, die mit Dornen versehen sind und frei hängen. Der Vorteil besteht in einer platzsparenden Bauweise und einer verminderten Möglichkeit des Bruchs der Sprühelektroden; – in starren Sprührahmen aus geschweißten Rohren, in denen Sprühelektroden fest eingespannt sind (Abb. 4.12).

Mit letztgenannter Bauweise wird unerwünschten Elektrodenschwingungen vorgebeugt, die infolge des elektrischen Feldes und der Gasströmung auftreten können. Dieses sog. europäische Design wird vorwiegend und insbesondere bei großen Filteranlagen verwendet. Die Sprührahmen eines jeden Abscheidefeldes werden in einer Haltevorrichtung zusammengefaßt und über vier Stützisolatoren, die sich im Deckenbereich des Filtergehäuses befinden, abgetragen.

Zur Vermeidung von Taupunktsunterschreitungen an den Isolatoren beim Anfahren im kalten Zustand, die zu elektrischen Überschlägen und Isolatorbrüchen führen können, ist jeder Isolator elektrisch zu beheizen und zu spülen. Ein besonderes Know-how besteht bei der Formgebung und dem Material der Isolatoren, da diese oft hohen Temperaturen, in jedem Fall jedoch mechanischen und elektrischen Beanspruchungen ausgesetzt sind.

4.3 Ausführungsformen von Elektroabscheidern   103

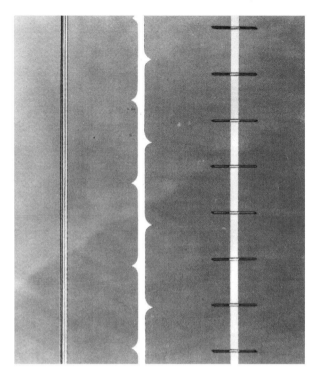

Abb. 4.10. Sprühelektroden

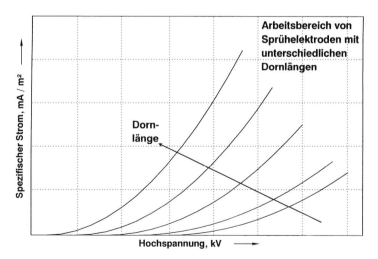

Abb. 4.11. Arbeitsbereiche unterschiedlicher Sprühelektroden

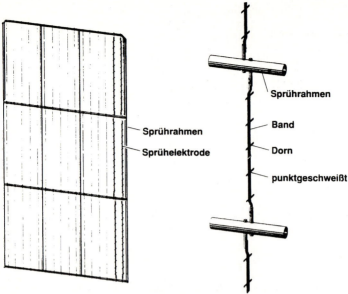

Abb. 4.12. Sprührahmen und Sprühelektroden

Das Sprühsystem muß in gewissen Zeitabständen von anhaftendem Staub gereinigt werden. Dies geschieht durch Fallhämmer, die gegen Ambosse schlagen, welche mit den Sprührahmen fest verbunden sind. Die Fallhämmer, die auf einer gemeinsamen Hammerwelle befestigt sind, werden von einem außerhalb des Gasraumes angeordneten Antrieb betätigt.

4.3.1.3
Das Niederschlagselektrodensystem

Niederschlagselektroden werden seit über 20 Jahren aus kaltgewalzten Blechprofilen hergestellt.
Sie werden an der Gehäusedecke befestigt und unten durch sogenannte Klopfstangen zusammengehalten. Da das Niederschlagselektrodensystem direkt mit dem Filtergehäuse fest verbunden ist, stellt es gleichzeitig die Erdung dar.
Abscheideleistung und mechanische Eigenschaften der Elektroden hängen in hohem Maße von der gewählten Profilform ab. Abbildung 4.13 zeigt Profile mit unterschiedlich gestalteten Niederschlagselektroden.
Voraussetzung für eine hohe Überschlagsspannung ist eine gleichmäßige Stromdichteverteilung über die Elektrodenfläche. Diesem Zusammenhang muß die Formgebung der Elektroden Rechnung tragen. Stellen bevorzugter elektrischer Überschläge, wie scharfe und hervorstehende Kanten, müssen vermieden werden. In Abb. 4.14 wurde die Stromdichteverteilung über verschiedene Formen von Niederschlagselektroden dargestellt.

4.3 Ausführungsformen von Elektroabscheidern

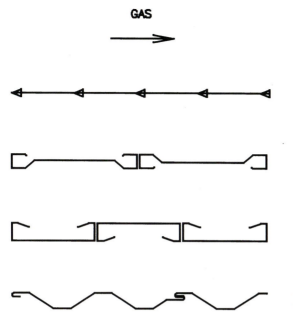

Abb. 4.13. Niederschlagselektroden

Die ungünstigste Verteilung stellt die gerade unprofilierte Platte dar. Ein Röhrenfilter ist dagegen von der Geometrie her begünstigt, weil die Feldlinien radial nach außen gehen und zu einer gleichförmigen Stromverteilung an den Niederschlagselementen führen. Durch Ausbildung strömungsarmer Räume wird die Wiederaufwirbelung des abgeschiedenen Staubes beim Klopfschlag vermieden. Gute Schwingungseigenschaften zur leichten Ablösung des Staubes von der Elektrodenoberfläche, ausreichende Steifigkeit, auch bei großen Feldhöhen, wirtschaftliche und problemlose Herstellung sind weitere Anforderungen, die von einer neuzeitlichen Niederschlagselektrode erfüllt werden müssen.

Das Klopfen der Niederschlagselektroden findet für jedes Feld getrennt statt, mit je einem Hammer pro Plattenreihe. Die in dem staubhaltigen Gas drehenden Teile sind verschleißarm und leicht auswechselbar ausgeführt.

Um die in die Klopfstangen eingeleitete Energie verlustlos übertragen zu können, sind die Gestänge kraftschlüssig fest mit den Platten verbunden (Abb. 4.15).

Die beim Klopfschlag auftretenden Querbeschleunigungen, deren Höhe für die Abreinigung des abgeschiedenen Staubes maßgebend ist, sind bei Neuentwicklung von Niederschlagselektroden stets gründlich zu untersuchen. Es erweist sich als sinnvoll, eine vollständige Wand bis zur maximalen Bauhöhe hinsichtlich der Mindestbeschleunigungen und der mechanischen Beanspruchung aus dem Klopfschlag genauestens zu testen. Es sollte sichergestellt sein, daß die Querbeschleunigung an keiner Stelle der Niederschlagselektroden Werte unter ca. 80 g annimmt (Abb. 4.16).

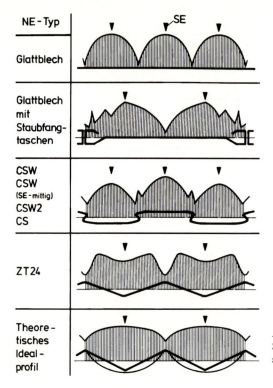

Abb. 4.14.
Stromdichteverteilung/Niederschlagselektroden

4.3.1.4
Gassenabstand

Die allgemein übliche Interpretation der Deutsch-Formel, d.h. ein für viele Parameter konstanter w-Wert (obwohl Deutsch durchaus die Abhängigkeit von Partikeldurchmesser und Feldstärke erkannte), führte in der Vergangenheit zu relativ kleinen Gassenabständen.

Dieser lag bei Elektrofiltern früher bei 200 mm und wurde zu Beginn der 70er Jahre auf 250–300 mm erweitert. Heutzutage ist ein Gassenabstand von 400 mm üblich. Sicher vermittelte auch die Deutsch-Formel den Eindruck, daß ein geringer Gassenabstand für den gesamten Abscheidegrad eines Filters vorteilhaft ist, da sich hiermit hohe spezifische Abscheideflächen verwirklichen lassen. Untersuchungen der jüngeren Zeit zeigten jedoch, daß dieser Schluß nicht zutrifft. Ein Beispiel soll dies verdeutlichen. Würde man bei gleichbleibenden Apparateabmessungen den Gassenabstand durch Entfernung jeder 2. Niederschlagselektrode und des dazugehörigen Sprührahmens verdoppeln, so müßte sich wegen Halbierung der Niederschlagsfläche der Abscheidegrad vermindern. Dies ist aber tatsächlich nicht der Fall. Bei Einstellung gleicher elektrischer Werte, wie Feldstärke und Stromdichte, bleibt der Abscheidegrad konstant. Dies bedeutet, daß sich der w-Wert im vorgenannten

4.3 Ausführungsformen von Elektroabscheidern 107

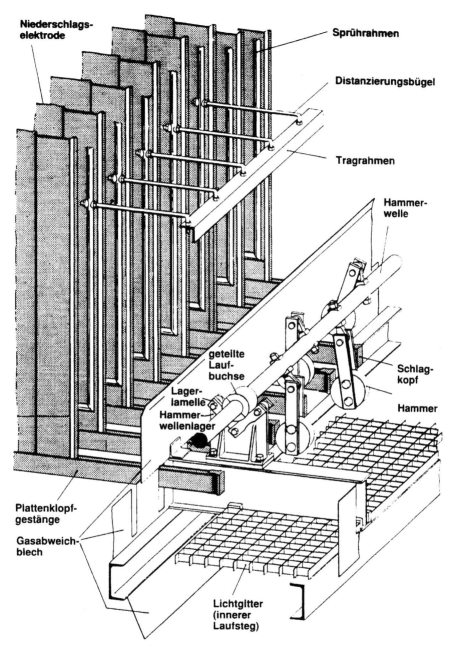

Abb. 4.15. Klopfvorrichtung für Niederschlagselektroden

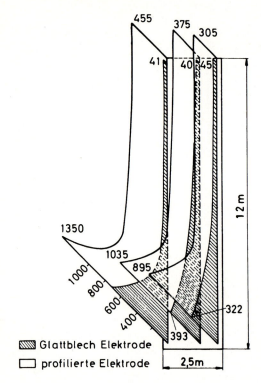

Abb. 4.16. Beschleunigungswerte – Niederschlagselektroden

Beispiel verdoppeln muß. Abbildung 4.17 stellt Ergebnisse dar, die von Güpner mit Hilfe von Versuchsfiltern erzielt wurden. Der proportionale Anstieg des w-Wertes mit dem Gassenabstand ist ersichtlich [9–19].

Eine Vielzahl von theoretischen und praktischen Untersuchungen der letzten Jahre belegt jedoch, daß mit großen Gassenabständen auch w-Wert-Anhebungen verbunden sind, die mindestens proportional mit dem Gassenabstand ansteigen. In mehreren Fällen lassen sich auch überproportionale Steigerungen feststellen, insbesondere dann, wenn das Sprüh- und Niederschlagselektrodensystem speziell auf den erweiterten Gassenabstand abgestimmt wurde (Abb. 4.18). Obwohl von verschiedenen Seiten intensiv an der Aufklärung des Phänomens des w-Wert-Anstieges bei größerem Gassenabstand gearbeitet wird, bestehen in der Theorie noch beträchtliche Lücken.

Es gibt jedoch eine Reihe von Erkenntnissen und Überlegungen, die zur Erklärung herangezogen werden können:

So läßt sich rechnerisch und meßtechnisch nachweisen, daß mit größerem Gassenabstand ein Anstieg der Feldstärken nahe den Niederschlagselektroden einhergeht. Hinzu kommt, daß bei gleicher Montagetoleranz der Platten Ungenauigkeiten in der Distanzierung der Platten weniger ins Gewicht fallen, so daß die anlegbare Spannung und damit die mittlere Feldstärke angehoben werden können. Weitere Überlegungen sind, daß bei Er-

4.3 Ausführungsformen von Elektroabscheidern 109

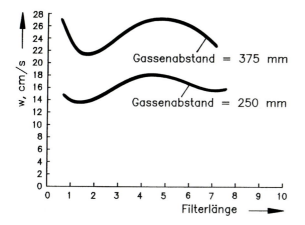

Abb. 4.17. w-Wert-Erhöhung bei verändertem Gassenabstand (1-10 Anzahl der Bunker)

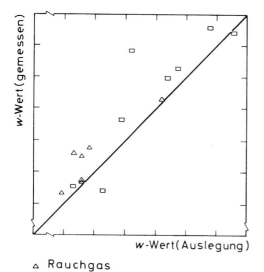

Abb. 4.18. w-Wert-Erhöhung in verschiedenen Anwendungsfällen

△ Rauchgas
□ Zement

weiterung des Plattenabstandes wegen der Verminderung von installierter Niederschlagsfläche alle die Abscheidung behindernden Einflüsse im Grenzschichtbereich der Platten verringert werden. Einflüsse dieser Art sind: Rückspruheffekte, Rückspringen bereits abgeschiedener Teilchen und Staubaufwirbelung durch Ionenwind.

Aus wirtschaftlicher Sicht bietet die Anwendung des großen Gassenabstandes die Möglichkeit, über geringere Material-, Fertigungs- und Montagekosten die Anlagenkosten zu senken. Eine Verteuerung ergibt sich lediglich bei den Spannungsumsetzanlagen, da diese für höhere Gleichspannungen auszulegen sind. Insgesamt erhält man jedoch eine deutliche Verringerung der

Investitionskosten, insbesondere für große Fiteranlagen. Die Vergrößerung des Gassenabstandes stellt damit eine wesentliche Optimierungsmaßnahme dar, dem Trend der sich erheblich verteuernden Filteranlagen infolge schärferer Umweltschutzgesetze entgegenzuwirken.

4.3.2
Naßelektroabscheider

Ein Hauptanwendungsgebiet des Naßelektrofilters ist die Entfernung von Säure-Nebeln aus Reaktions- und Abgasen verschiedener Prozesse der chemischen Industrie. Reaktionsgase können Röst- oder Spaltgase zur Schwefelsäure-Herstellung oder Chlor aus der Chloralkali-Elektrolyse sein. Säurenebelhaltige Abgase entstehen beispielsweise bei der Calcinierung von Titandioxid sowie hinter Kontaktapparaten zur Schwefelsäure-Erzeugung oder hinter HCl-Absorbern.

Der besondere Vorteil von Naßelektrofiltern ist, daß niedrigste Reingaspartikelbeladungen erreichbar sind, da Störgrößen, die beim Trockenelektrofilter vorhanden sein können, wie z.B. Rücksprühen oder Klopfverluste, nicht auftreten. Des weiteren lassen sich flüssige, teigige und klebende Partikeln abscheiden.

Nachteilig in vielen Fällen ist, daß das anfallende Produkt als Schlamm in einer Lösung auftritt. Durch häufig aufwendige Nachbehandlung des Abwassers ist das abgeschiedene Produkt wieder zu separieren. Abgase müssen kalt und wasserdampfgesättigt in die Atmosphäre abgeleitet werden. Der Auftrieb ist gering, oft bilden sich lange Wasserdampffahnen, die sich nur zögernd auflösen. Wiederaufheizung ist eine Abhilfe, aber teuer. Man unterscheidet zwischen Horizontal-Naßelektrofilter und Röhren-Elektrofilter.

4.3.2.1
Horizontal-Naßelektroabscheider

Prinzip und Aufbau entsprechen im wesentlichen – mit Ausnahme der Klopfeinrichtungen – demjenigen der Trockenelektroabscheider (Abb. 4.19).

Da ihr Einsatzgebiet auf die Reinigung feuchter, gesättigter Gase beschränkt ist, werden zur Abreinigung der Sprüh-/Niederschlagssysteme keine mechanischen Klopfwerke benötigt. Auf den Niederschlagselektroden bildet sich unter Einwirkung des elektrischen Feldes ein Flüssigkeitsfilm, der ununterbrochen abläuft. Vorhandene Staubteilchen werden hierdurch als Suspension ausgetragen. Falls erforderlich kann zur Gassättigung ein zusätzliches System von kontinuierlich arbeitenden Nebeldüsen vorgesehen werden. Dieses ist insbesondere bei höherem Feststoffgehalt von Vorteil. Schlammablagerungen auf den Niederschlagselektroden sind dadurch zu vermeiden. Durch die zusätzlichen Nebeldüsen wird der Flüssigkeitsfilm auf dem Elektrodensystem verstärkt und seine Feststoffkonzentration herabgesetzt. Die Filter werden in vorgegebenen Intervallen durch Spüldüsen abgereinigt. Die erreichbaren Reingasstaubgehalte liegen bei 1 mg/m^3.

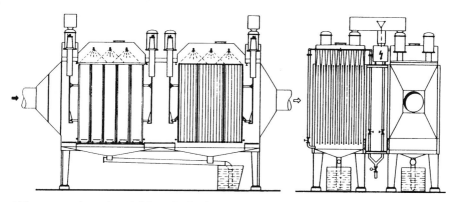

Abb. 4.19. Horizontal-Naßelektroabscheider

4.3.2.2
Röhren-Elektroabscheider

Sie bestehen aus parallelen senkrechten Rohren mit kreis- oder wabenförmigem Querschnitt, in deren Mitte die Sprühelektroden isoliert aufgehängt sind. Die Rohre sind geerdet und bilden die Niederschlagselektroden. Naßarbeitende Elektrofilter werden vorzugsweise in korrosionsfester Bauart ausgeführt (Abb. 4.20). Prinzipiell gelten dafür die Ausführungen wie zu „Horizontal-Naßelektrofiltern".
Sie finden Verwendung auf folgenden Arbeitsgebieten:

- Reinigung SO_2-haltiger Gase, z.B. für die Produktion von Schwefelsäure,
- Reinigung von Abgasen aus der Calcinierung von TiO_2,
- Reinigung von Abgasen aus der Verbrennung von Chemie-Rückständen (Sondermüll-Verbrennungsanlagen) und
- Reinigung von Abgasen aus verschiedenen chemischen Prozessen.

Als Niederschlagselektroden werden PVC-Rohre oder PVC-Sechskant-Eckwaben verwendet. Die Rohre sind in einem oberen Rohrboden eingehängt und abgedichtet. Die unteren Rohrenden sind durch einen Rost distanziert. Bei der Ausführung mit Sechskant-Eckwaben sind diese Rücken an Rücken zu einem festen Bündel zusammenlaminiert, das in das Filtergehäuse eingesetzt wird.

Der Stromtransport findet im Flüssigkeitsfilm auf der besonders präparierten Oberfläche des elektrisch nicht leitenden Kunststoffes statt. Die Niederschlagselektroden sind damit lediglich Träger des leitenden Flüssigkeitsfilmes. Die Ableitung des elektrischen Stromes vom Flüssigkeitsfilm auf den Niederschlagsrohren erfolgt von deren oberen und unteren Ende. Diese Ableitung (Erdung) muß elektrisch gut leitend ausgeführt sein.

Die Sprühelektroden können aus einfachem Runddraht bestehen, der mittels Gewicht straff gespannt wird. Weitere Ausführungen sind Stern-

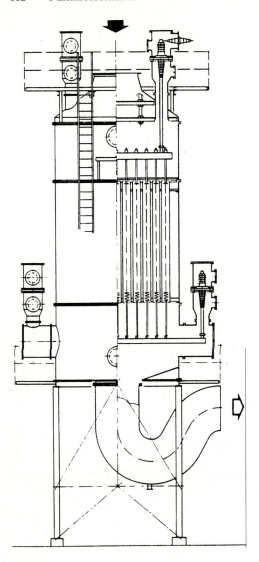

Abb. 4.20. Kunststoff-Röhrenfilter

und Dornelektroden aus Blei mit tragender Stahlseele. Sie werden mittels eines oberen Führungsrahmens abgetragen und in der Rohrachse fixiert. Der untere Führungsrahmen gewährt ihre untere Distanzierung in der Rohrachse. Die Führungsrahmen werden jeweils durch zwei seitlich angeordnete, luftgespülte Isolatoren abgetragen und fixiert.

Die Gehäuse können Stahl-gummiert, Stahl-homogen-verbleit und in PVC-GFK oder auch Stahl-Kunststoff-beschichtet für jeden beliebigen Unterdruck ausgeführt werden. Die Gasrichtung wird im allgemeinen von oben nach unten gewählt werden.

4.3.3
Strömungsverteilung im Elektrofilter

Eine wesentliche Voraussetzung zur Erzielung hoher Abscheidegrade ist die gleichmäßige Verteilung des zu reinigenden Gases auf den gesamten Querschnitt des Elektrofilters. Erreicht wird dies durch entsprechende Gestaltung des Filtereintrittsstutzens und den Einbau von Gasleit- und Gasverteilungselementen. Filterhersteller sollten aufgrund von Untersuchungen aus zwei- und dreidimensionalen Modellen im Strömungslabor sowie an Betriebsanlagen über ausreichende Erfahrung verfügen (Abb. 4.21). Besonders strenge Anforderungen an die Strömungsverteilung im Elektrofilter sind in der amerikanischen Richtlinie des ICAC EP-7 dargelegt [20].

Eine gleichmäßige Strömungsverteilung gewährleistet hohe w-Werte und damit den geringsten Materialaufwand bei niedrigem Druckverlust.

Abhängig von der Anströmrichtung des Rohgases und dem Öffnungsverhältnis zwischen Rohrgaskanal und Filterquerschnitt werden bis zu 3 Gasverteilungswände hintereinander in die Filterstutzen eingebaut. Bei besonderen Anforderungen kann auch eine Gasverteilungswand am Filterausgang installiert werden. Verwendet werden Lochbleche mit runden oder quadratischen Öffnungen sowie X-Richtbleche und Klappenbleche. Klappenbleche gestatten eine rechtwinklige Umlenkung des Gases unmittelbar vor Eintritt in das Elektrofilter, was zu einer Einsparung an Baulänge führt (Abb. 4.22).

Abb. 4.21. Elektrofiltersystem als Strömungsmodell

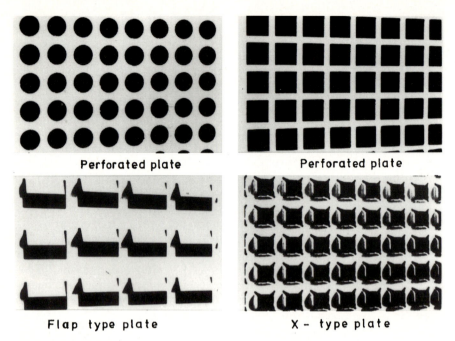

Abb. 4.22. Gasverteilungswände zum Einbau in den Eintriffsdiffusor

Entsprechend dem Erfahrungsstand des Filterherstellers müssen Modelluntersuchungen nur dann durchgeführt werden, wenn außergewöhnliche Anströmverhältnisse vorliegen. Die günstigste Gasführung und die Anordnung der Gasverteilungsorgane wird in Untersuchungen an maßstabsgetreuen Modellen ermittelt, wobei ein Modellmaßstab von 1:8 bis 1:12 realisiert werden sollte.

4.4
Spannungsversorgung, Hochspannungssteuerung und Prozeßleittechnik

Im elektrischen Feld der Abscheidezonen liegen Spannungen zwischen 40000 und 100000 Volt an, es fließen Ströme zwischen 0,1 und 1 mA/m^2 Niederschlagsfläche. Die Grundelemente zur Versorgung eines Elektrofilters mit Hochspannung sind:

- Hochspannungs-Transformator
- Gleichrichter
- Hochspannungssteuerung

4.4 Spannungsversorgung, Filtersteuerung und Prozeßleittechnik

- Isolatoren und Hochspannungsführung in das Gehäuse
- Abtrageisolatoren für das Sprühsystem

Bei konventioneller Technik besteht eine Einphasen-Gleichrichtung (Abb. 4.23), d.h. der Strom und auch die Spannung bestehen aus Halbwellen mit einer Frequenz von 100 Hz. Um die höchstmögliche Abscheideleistung zu erreichen, müssen die Betriebsspannungen der einzelnen Felder eines Elektrofilters so knapp wie möglich unter der Überschlagsgrenze gehalten werden. Ein Maß für die aktuelle Überschlagsgrenze ist nur der Überschlag selbst. Deshalb erfordert eine optimale Filterleistung ein kontinuierliches Abtasten der Überschlagsgrenze und eine schnelle und feinfühlige Regelung der Spannung (Abb. 4.24).

Etwa bis Mitte der 80er Jahre wurden die Hochspannungssteuerungen mit analoger Technik ausgeführt. Auf Durchbrüche in der Gasstrecke konnte nur mit den einmal eingestellten Maßnahmen regiert werden. Mit Hilfe digitaler Technik kann man dagegen Durchschläge empfindlicher registrieren und bei Verwendung von Lernprogrammen individuell darauf reagieren. Dadurch werden auch schwankende Betriebsbedingungen erheblich besser erfaßt und ein Optimum an Spannungs-/Zeit-Fläche erzielt, was mit einer Erhöhung der Abscheideleistung einhergeht [21–23].

Strom-/Spannungs-Charakteristiken geben einen wichtigen Hinweis auf die Abscheideverhältnisse im elektrischen Feld. Liegt Rücksprühen infolge hochohmigen Staubes vor, kann dies zu einem sehr hohen, die Abscheidung behindernden Strom führen, die Strom-/Spannungs-Charakteristik wird sehr steil. Moderne Steuerungen sind in der Lage, dies zu erkennen und die für den jeweiligen Fall besten elektrischen Werte einzustellen. Der Abreinigungsvorgang des auf den Platten abgeschiedenen Staubes wird bei konven-

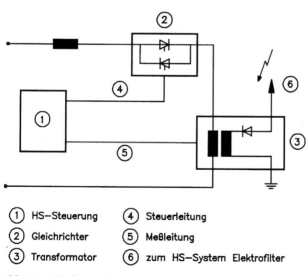

① HS–Steuerung   ④ Steuerleitung
② Gleichrichter   ⑤ Meßleitung
③ Transformator   ⑥ zum HS–System Elektrofilter

Abb. 4.23. Einphasen-Spannungsumsetzanlage

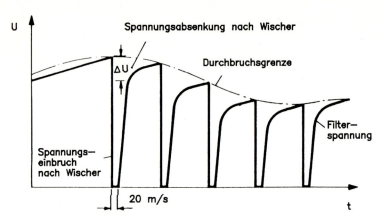

Abb. 4.24. Hochspannungssteuerung

tioneller Technik dadurch erschwert, daß die elektrischen Haftkräfte, die den Staub an die Niederschlagselektrode drücken, sehr hoch sind. Hier kann oft eine Verbesserung der Emissionswerte erzielt werden, wenn während der Zeitspanne des Klopfschlages die Hochspannung kurzfristig abgesenkt wird. Da Haftkräfte nur noch im geringen Umfang vorhanden sind, ist der Staubabwurf wesentlich intensiver, die Platten werden gründlicher gereinigt, Rücksprüheffekte können unterdrückt werden.

Die Abscheideverhältnisse der gesamten Filteranlage lassen sich optimieren, indem man den einzelnen Steuerungen einen zentralen Prozeßrechner überlagert. Abbildung 4.25 zeigt die Gesamtanordnung von Einzelsteuerungen und Prozeßrechner. Der Prozeßrechner nimmt neben der Prozeßführung, die Steuerung und Überwachung aller Einzelkomponenten der Filter, der Datenarchivierung und -sichtbarmachung u.a. folgende Aufgaben wahr:

- Koordination der Plattenklopfungen der einzelnen Zonen und Optimierung des Klopfkontaktes.
- Energieminimierung durch gezielte Energieabsenkungen in denjenigen Feldern, in denen sie am wirkungsvollsten ist.
- Reduzierung des Energieverbrauches im Teillastbereich durch Regelung über die Extinktion.

Mit den genannten Maßnahmen lassen sich oft 30 bis 70% an Energie ohne Einbußen beim Abscheidegrad einsparen, in Einzelfällen sind noch bessere Werte erzielbar.

Kommt man zurück zur Hochspannungssteuerung der einzelnen Felder, so ist festzustellen, daß die Technik des Einsatzes von Spannungsimpulsen – statt einer relativ glatten Gleichspannung – wesentlich weiterentwickelt wurde. Man will mit dieser Technik schlecht arbeitende Elektrofilter, insbesondere solche, bei denen infolge hochohmiger Stäube ein hoher, die Abscheidung behindernder Rücksprühstrom entsteht, verbessern.

4.4 Spannungsversorgung, Filtersteuerung und Prozeßleittechnik 117

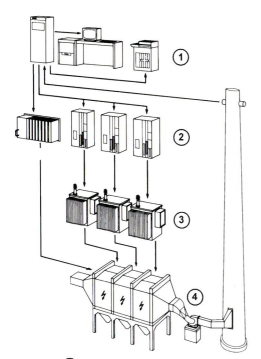

① Prozeßrechner mit Peripherie
② Mikrocomputer Steuerungen
③ Spannungsumsetzanlagen
④ Elektrofilter

Abb. 4.25. Filteroptimierung mit Prozeßrechner und Hochspannungssteuerungen

Üblicherweise wird die Spannung eines Elektrofilters bei Erreichen der Überschlagsgrenze durch einen elektrischen Durchschlag der Gasstrecke zwischen Sprüh- und Niederschlagselektrode begrenzt. Es ist aus der Hochspannungstechnik bekannt, daß diese, durch die Überschlagsgrenze festgelegte Höchstspannung zum einen von der Polarität der Spannung abhängt, zum anderen ganz entscheidend von der Form der angelegten Spannung bestimmt wird. Letztere Erscheinung beruht u. a. auf der sogenannten Verzugszeit für die Ausbildung eines elektrischen Durchschlages. Wenn es gelingt, die Spannung an den Elektroden des Elektrofilters kurzfristig zu steigern und wieder zu reduzieren, ohne einen Überschlag zu erhalten, werden kurzzeitig eine höhere Feldstärke und damit auch stärkere Coulombkräfte erzielt. Gleichzeitig wird eine hohe Konzentration an Ladungsträgern im elektrischen Feld erzeugt, so daß sich die Partikelaufladezeit verkürzt.

Wie vieles auf dem Elektrofiltergebiet, ist auch der Einsatz von gepulsten Spannungen nicht neu, jedoch scheiterte eine Einführung an den nicht vorhandenen technischen Möglichkeiten. Erst die moderne Leistungselektronik in Form von Thyristoren und Dioden schuf hierzu die Voraussetzungen. Es werden, bezogen auf ihre Zeitdauer, drei Arten der Impulsspannung unterschieden, wobei die Anforderungen an die Hochspannungsanlagen in nachfolgend aufgeführter Reihenfolge steigen.

- Millisekunden (ms)-Pulse   Pulsdauer 10– 50 ms,
- Mikrosekunden (µs)-Pulse   Pulsdauer 100–300 µs,
- Nanosekunden (ns)-Pulse   Pulsdauer <50 µs.

Technische und wirtschaftliche Bedeutung hat dabei die Millisekunden-Puls-Technik erlangt. Millisekunden-Pulse sind relativ einfach herstellbar, indem man die bei Spannungsumsetzanlagen üblichen Thyristorsteller dergestalt ansteuert, daß primärseitig Halbwellen ausgeblendet werden. Durch Veränderung des Verhältnisses Pausenzeit zur Stromdurchgangszeit kann damit zum einen der Energieeintrag ins Elektrofilter gesteuert werden, zum anderen besteht die prinzipielle Möglichkeit, durch höhere Spitzenspannungswerte die Abscheidung zu verbessern.

Abbildung 4.26 zeigt in der oberen Bildhälfte die konventionelle Spannungs- und Stromform im Elektrofilter. Aufgrund der Einphasen-Gleichrichtung besteht der gleichgerichtete Strom aus Halbwellen mit einer Frequenz von 100 Hz. Die untere Bildhälfte stellt die Spannungs- und Stromform bei Millisekundenimpulsen dar. In diesem Beispiel wurden vier Halbwellen lang die Thyristoren von der Steuerung nicht gezündet und damit für 40 ms die Energieversorgung des Elektrofilters unterbrochen. Anschließend folgte wieder für zwei Halbwellen die Zündung der Thyristoren, womit dem Filter Strom und Spannung zugeführt wurden. Mit Hilfe der Pulstechnik lassen sich in verschiedenen Anwendungsgebieten wie Kraftwerken, Sinter- und Zementanla-

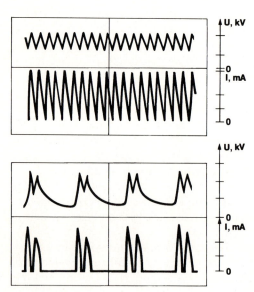

Abb. 4.26. Konventionelle – gepulste Spannung

gen die Emissionswerte deutlich senken. Gleichzeitig und zwar in Abhängigkeit von den gepulsten Feldern kann der Bedarf an elektrischer Abscheideenergie deutlich gesenkt werden (bis zu 90%).

Es gibt auch eine Vielzahl von Fällen, in denen die Emissionswerte auf gleichem Niveau verharren, die elektrische Abscheideenergie sich jedoch deutlich senken läßt.

4.5 Anwendungen

Elektroabscheider werden in vielen Industriezweigen eingesetzt. Tabelle 4.1 gibt einen Überblick über Hauptanwendungen, verbunden mit einigen konstruktiven und verfahrenstechnischen Daten. Die angegebenen Reingasstaubbeladungen stellen den gegenwärtigen Stand der Filterdimensionierung dar unter Beachtung der Vorschriften der TA Luft für Abgase bzw. der speziellen Erfordernisse für Nutz- und Prozeßgase zum Schutze nachgeschalteter Anlagenteile.

4.5.1 Kraftwerke

Die größten Filter werden im Kraftwerksbereich und in der Eisen- und Stahlindustrie eingesetzt. Die folgenden Daten einer der größten gebauten Filtereinheiten machen den heutigen Leistungsstand deutlich:

In einem steinkohlegefeuerten Kraftwerk von 750 MW installierter elektrischer Leistung wird durch zwei parallel geschaltete Filter ein Rauchgasvolumenstrom von insgesamt 2 500 000 m^3/h[1] entstaubt. Die Feldhöhe der Filter beträgt 14 m, die Filterbreite 37 m. Bei einem Gesamtabscheidegrad von über 99% werden ca. 25 t Flugasche/h abgeschieden. Der Gesamtdruckverlust des Filters liegt bei 3 mbar. Der Energieverbrauch für die elektrischen Felder, Isolatorenbeheizung und die Hilfsantriebe beträgt 0,52 $kWh/1000m^3$ zu entstaubendes Gas.

Wichtig für den Betrieb und die Auslegung von Filteranlagen in Kraftwerken ist der vorgeschaltete Verbrennungsprozeß, der eingesetzte Brennstoff und die Position der Filter in der gesamten Gasreinigungskette. Folgende Grobeinteilung läßt sich für Elektrofilter hinter:

- Steinkohlefeuerung (Trockenentaschung, Schmelzkammer-Kessel),
- Braunkohlefeuerung,
- zirkulierenden Wirbelschichten und
- Ölfeuerung, Öl-/Wasseremulsionen

vornehmen.

---

[1] Alle Angaben in Normzustand: 1013,25 mbar, 273,16 K.

4 Elektroabscheider

Tabelle 4.1. Verfahrens- und Betriebsdaten von Elektrofiltern in verschiedenen Anwendungsgebieten

Entstaubungsgebiete	Gasführung	Abreinigung	Niederschlagselektroden	Gehäusekonstruktion
Kraftwerksbereich				
Steinkohle	H	T	P	K
Braunkohle	H	T	P	K
Müllverbrennungsanlagen	H	T	P	K
Zementindustrie Elektrofilter hinter:				
Lepolofen	H	T	P	K
Wärmetauscherofen	H	T	P	K
Langer Drehrohrofen	H	T	P	K
Zementmühlenfilter	H	T	P	K
Eisenhüttenbereich Sinteranlagen				
Raumentstaubungen	H	T	P	K
Sinterbandentstaubung	H	T	P	K
Direktreduktionsanlagen (SL/RN)	H	T	P	K
Stahlwerksbereich				
SM-Ofenentstaubung	H	T	P	K
Konvertergasentstauung	H	T	P	R
Hallenluftentstaubung	H	T	P	K
Nichteisenmetallurgie Metalloxidrückgewinnung (Zink, Blei)	H	T	P	K
Heißgasfilter für SO$_2$-haltige Gase	H	T	P	K
Chem. Industrie Schwefelsäureanlagen				
Röhren-Wabenfilter (Kunststoff)	V	N	R/W	R
Plattenfilter (Blei)	V	N	P	K
Gasentleerung				
Kokereigas	V	N	S	R
Elektrodenbrennöfen	V	N	P	K

Zeichenerklärung:
V Vertikal
H Horizontal
N Flüssigablauf
T Trockenabreinigung

R Rohr
P Platten
W Waben
S Segmentgassen
K Kastenbauweise

VK Verdampfungskühler
WE Wassereindüsung
*   Verbundbetrieb

Tabelle 4.1 Fortsetzung

Verdampfungs-kühler	Gastem-peratur °C	τ_{H_2O} °C	$\dot{V}_n$ m³/h	$C_{roh,n}$ g/m³	$C_{rein,n}$ mg/m³	η_{ges} %
	120–150	35–40	2 500 000	10–15	100	>99
	140–180	60–65	3 000 000	10–20	75	>99
	250–280	bis 50	150 000	5–10	50–100	98–99
	120	60	150 000	2–5	75	>98
VK	150–180	60	250 000	50–1000*	75	>99,5
	350–400	30	350 000	60	75	>99,5
WE	80–100	45–50	75 000	bis 500	75	>99,5
WE	60–100	15	800 000	15	75	>99
(WE)	120–180	40–45	1 000 000	0,5–2	100–150	>90
VK	200	75	100 000	10–20	50–100	>99
VK	250	60	100 000	5–15	50–100	>99
VK	180	75	120 000	50–100	50–100	>99
(WE)	60–80	bis 20	1 500 000	1–5	50	>90
VK	100–200 350	70	50 000	100	20	>99
	300–400	45	70 000	10–50	100	>99
	40	30–50	50 000	1–5	5–20	>99,5
	40	30–50	50 000	1–5	5–20	>99,5
	20–25	20–25	80 000	20	20	99,9
VK	45–80	25–30	60 000	3	50	>96

In Verbindung mit trockenen bzw. halbtrockenen Schadgasreinigungsprozessen sind Elektrofilter hinter zirkulierenden Wirbelschichten und hinter der Sprühadsorption zu betrachten.

Zur Auslegung der Filteranlagen für die genannten Betriebsfälle ist ein umfangreiches, spezielles Know-how erforderlich. Generell sind ausschlaggebend:

Zusammensetzung des Brennstoffes, hauptsächlich ihr Asche- und Schwefelgehalt, Feuerungsart, Temperatur des Rauchgases, Staubgehalt und -zusammensetzung, Staubkörnung, der elektrische Widerstand des Staubes u.v.a.m. Im folgenden sollen lediglich die wichtigsten Aspekte der Flugascheabscheidung beleuchtet werden.

4.5.1.1
Steinkohlegefeuerte Kraftwerke

Während früher Elektroabscheider im Kraftwerksbereich für Reingaswerte von mehreren 100 mg/m^3 ausgelegt wurden, müssen heutzutage aufgrund strengerer Gesetze Werte < 50 mg/m^3 eingehalten werden. Es nehmen sogar die Fälle zu, in denen Reingaswerte < 10–20 mg/m^3 garantiert werden müssen.

Dies hat zur Folge, daß die Elektrofilterdimensionen ständig steigen. Während früher f-Werte zwischen 40–60 s/m üblich waren, werden bei den zuvor genannten niedrigen Emissionen f-Werte von 100 s/m und darüber realisiert [24].

Von großer Bedeutung für die Filterdimensionierung ist das der Auslegung zugrunde liegende Kohleband. Kann dies weitestgehend auf eine Kohlesorte bzw. -mischung eingeschränkt werden, so ist die in Frage kommende Filtergröße – bei Kenntnis der Abscheidecharakteristik der Flugaschen – in engen Bandbreiten zu berechnen. Ungenauer wird dies, wenn das Kohleband nicht klar definiert werden kann oder wie gelegentlich auch gefordert wird, alle Kohlesorten der Welt zum Einsatz gelangen. Der Sicherheitszuschlag zur Filtergröße kann zu einer beträchtlichen Verteuerung der Filteranlage führen. Weitere Einflußfaktoren sind:

Schwefelgehalt der Kohle. Der Schwefelgehalt der Kohle spielt eine wesentliche Rolle bei der Filterauslegung. Bei Schwefelgehalten über 0,5 % in der Kohle bestehen meist keine abscheidetechnischen Probleme, bei Werten die darunter liegen, z.B. < 0,3 % wie bei einigen ausländischen Kohlen der Fall, muß von extrem ungünstigen Entstaubungsbedingungen ausgegangen werden. In Abhängigkeit von der Feuerungsart werden kleine Mengen von Schwefel in SO$_3$ umgesetzt. Wünschenswert sind Konzentrationen zwischen 10 und 20 ppm. Durch die Kondensation von Schwefelsäure auf den Flugaschepartikeln sinkt der elektrische Staubwiderstand. Mit Hilfe von SO$_3$-Konditionsierungsanlagen können mangelnde SO$_3$-Konzentrationen im Abgas ausgeglichen werden.

Flugaschezusammensetzung. Hohe Anteile, insbesondere an Al$_2$O$_3$ und SiO$_2$ bewirken für die Abscheidung von Flugaschen ungünstige Staubwiderstände

($>10^{13}$ Ω cm), Na$_2$O in der Flugasche ist erwünscht und führt zu geringeren Staubwiderständen.

Unverbranntes. Geringe Anteile von unverbranntem Kohlenstoff in der Flugasche begünstigen den Abscheidevorgang, bei Anteilen von über 20 % findet eine Verschlechterung statt, da Kokspartikeln leitfähig sind und ihre Ladung auf den Niederschlagselektroden leicht abgeben und aus dem Filter getragen werden.

Rauchgastemperatur. Die Rauchgastemperaturen hinter Luftvorwärmern liegen zumeist in der Bandbreite zwischen 120 und 190 °C. Bei niedrigen Abgastemperaturen lassen sich insbesondere hochohmige Stäube besser abscheiden.

In den USA wurden zeitweise sogenannte Heißgasfilter eingesetzt. Sie wurden vor den Luftvorwärmern installiert und mit einer Temperatur von ca. 350 °C betrieben. Durch diese Maßnahme sollten die mit schwefelarmen Kohlen einhergehenden hohen Staubwiderstände gesenkt werden. Die Erfahrung zeigt jedoch, daß Rücksprüherscheinungen nicht immer vermieden werden und damit die w-Werte nicht wie gewünscht erhöht werden konnten. Nachteilig sind außerdem die um ca. 50 % höhere Gasmenge, die größeren Kanal- und Filterquerschnitte in Verbindung mit zusätzlichen Material- und Isolationsaufwendungen, so daß der Weg nicht weiter beschritten wurde und meist Rückrüstungen erfolgten.

4.5.1.2
Braunkohlegefeuerte Kraftwerke

Die Abscheidung von Flugaschen aus Braunkohlefeuerungen gestaltet sich im allgemeinen wesentlich günstiger als bei Steinkohlefeuerungen. Die erreichbaren w-Werte liegen damit deutlich über denen von Steinkohlefeuerungen. Für den Abscheidevorgang vorteilhaft ist der höhere Wassertaupunkt und der damit verbundene niedrigere Staubwiderstand ($<10^{12}$ Ω cm). Bei der Auslegung von Filteranlagen sollte jedoch beachtet werden, daß insbesondere im europäischen Ausland Braunkohlen existieren, deren Flugaschen sich abscheidetechnisch ähnlich schwer wie Steinkohleflugaschen verhalten. Indizien hierfür sind z.B. geringer Gehalt an verbrennbarem Schwefel, hoher Ca-Anteil in der Asche und geringer Wassergehalt.

4.5.1.3
Elektroabscheider hinter ZWS-Verbrennungsanlagen

In der jüngsten Vergangenheit wurde in zahlreichen Fällen für kleinere und mittlere Kraftwerke das Prinzip der zirkulierenden Wirbelschicht eingesetzt. Bei diesem Verfahren werden gemahlene Kohle und Kalkstein in den Reaktor eingebracht. Die Verbrennung der Kohle findet bei etwa 850 °C statt, das calcinierte Kalksteinmehl reagiert mit dem vorhandenen SO$_2$ weitestgehend zu Calciumsulfat. Nach Abtrennung der Flugasche und der Reaktionsprodukte unter Einsatz von Zyklonen aus dem Abgas und der Rauchgaskühlung werden die Reststäube in Elektrofiltern bei höheren Temperaturen vor Luvo (300–350 °C) oder nach Luvo bei niedrigeren Temperaturen aus dem Abgasstrom entfernt. Charakteristisch für die Staubabscheidung ist die relativ hohe Rohgasstaubbeladung (50–100 g/m^3), eine Staubkörnung, die nicht so fein wie bei kohlestaubgefeuerten Kesseln ist, und der hohe Anteil von Kalkträgern an der Flugasche. Durch diesen Umstand treten Betrachtungen bezüglich der Flugaschezusammensetzung und der daraus abgeleiteten Abscheidbarkeit von Flugaschen, wie sie bei steinkohlegefeuerten Kesseln angestellt werden, in den Hintergrund [29].

4.5.1.4
Entstaubung ölgefeuerter Kessel

Bei ölgefeuerten Kesseln ist der Staubwiderstand infolge des großen Anteils an elektrisch leitenden Koks- und Rußteilchen und des hohen Gehaltes an Schwefeltrioxid bzw. Schwefelsäure im Rauchgas sehr niedrig. Er liegt mit Werten um 10^8 Ω · cm bereits unterhalb des optimalen Abscheidebereiches. Dabei geben die Staubpartikeln ihre Ladung sehr schnell an die Niederschlagselektroden ab und können vom Gasstrom leicht wieder mitgerissen werden, weil nur geringe elektrische Haftkräfte vorhanden sind.

Diesen Bedingungen muß durch entsprechend profilierte Niederschlagsplatten sowie durch Sprühelektroden mit nicht zu steiler Strom-Spannungs-Charakteristik und einem angepaßten Klopfrhythmus Rechnung getragen werden. Die Rohgasstaubbeladungen von ölgefeuerten Kesseln sind im Vergleich zu kohlegefeuerten Kesseln sehr niedrig, oft kleiner 100 mg/m^3.

Häufig verlangte Reingasstaubbeladungen liegen zwischen 10 und 20 mg/m^3, so daß die Entstaubungsgrade mit 80–90 % niedriger als bei kohlegefeuerten Kraftwerken sind und sich damit auch geringere Filtergrößen ergeben.

Werden noch niedrigere Werte gefordert, ist es sinnvoll, beim Klopfen des letzten Feldes eine mechanische oder fluiddynamische Gassenabsperrung vorzunehmen. In Fällen, in denen mehrere parallele Filter existieren, kann auch während des Abreinigungsvorgangs das Gebläse einer Filtereinheit abgesperrt werden.

Wegen des oft großen Anteils von Vanadiumpentoxid in der Flugasche und der aufgrund der katalytischen Wirkung verbundenen Reaktion des SO_2 zu SO_3 stellen sich dann sehr hohe Schwefelsäuretaupunkte ein. Zur Minderung der korrosiven Wirkung wird daher gelegentlich Ammoniak in den Rohgaskanal eingedüst. NH_3 und SO_3 bilden partikulär vorliegende Ammoniumsulfate mit sehr geringen Teilchendurchmessern, die im Elektrofilter abgeschieden werden müssen. Eine Ammoniakkonditionierung wirkt sich – was die Staubabreinigung anlangt – positiv aus, da sie deutlich zu einer verbesserten Agglomeration der Staubpartikeln untereinander und damit zu einer verminderten Redispersion des Staubes in den Gasraum beiträgt.

4.5.1.5
Entstaubung nach trockener und halbtrockener Schadgasreinigung

Mit Hilfe der zirkulierenden Wirbelschicht und der Sprühabsorption können große Frachten an SO_2 aus den Rauchgasen entfernt werden (Abb. 4.27).

Bei Anwendung der ZWS-Technik zur Schadgasreinigung wird das Rohgas über einen mit Venturi-Düsen ausgestatteten Düsenrost von unten in den Venturi-Reaktor geleitet. Im Venturi-Reaktor findet eine intensive Vermischung des Rauchgases mit dem feinkörnigen Reaktionsmittel, Kalk bzw. meist Kalkhydrat, statt. Das SO_2 und SO_3 und andere im Rauchgas enthaltene Schadgase wie HCl und HF reagieren mit dem Kalkhydrat im wesentlichen unter Bildung von $CaSO_3 \cdot 1/2H_2O$, $CaSO_4 \cdot 1/2H_2O$ und $CaCO_3$ sowie $CaCl_2$ und CaF_2. Das Reaktionsprodukt wird am Reaktorkopf kontinuierlich mit dem Abgas ausgetragen und in einem nachgeschalteten Elektrofilter abgeschieden. Die typischen Verfahrensmerkmale der zirkulierenden Wirbelschicht sind:

- intensiver Stoffübergang von Schadgas zu Feststoff,
- gleichmäßige Gas-Feststoff-Verteilung über die gesamte Reaktorhöhe und über den Querschnitt,
- lange Feststoffverweilzeiten, daher hoher Kalkausnutzungsgrad (geringe Stöchiometrie),
- einfacher Anlagenaufbau ohne komplizierte bewegte Teile.

Beim Sprühabsorptionsverfahren wird das Absorptionsmittel auf eine mit hoher Drehzahl rotierende Scheibe aufgegeben, unter Einfluß der Fliehkraft nach außen gefördert und am Außendurchmesser des Rotationskörpers infolge hoher Schwerkraft in feine Tropfen zerteilt (Abb. 4.28). Die sich radial und spiralförmig nach außen mit hoher Geschwindigkeit bewegenden Flüssigkeits-

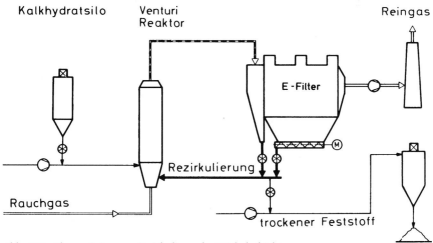

Abb. 4.27. Abgasreinigung mit zirkulierender Wirbelschicht

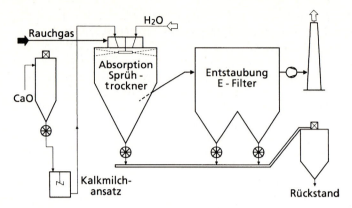

Abb. 4.28. Abgasreinigung mit Sprühabsorption

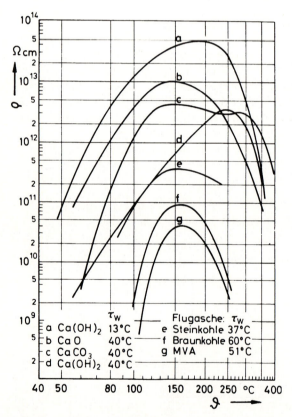

Abb. 4.29. Staubwiderstände von Kalkträgern und Flugaschen bei unterschiedlichen Temperaturen

nebel werden in intensiven Kontakt mit den Rauchgasen gebracht. Die Gasabsorption vollzieht sich zunächst mit hohen Reaktionsgeschwindigkeiten über die flüssige, später über die trockene Phase bei gleichzeitiger Abkühlung der Rauchgase infolge der Wasserverdampfung. Während ein Teil des getrockneten Rückstandes im Reaktorkonus ausgetragen wird, gelangt der Rest zur Abscheidung in das nachfolgende Elektrofilter. Bei beiden Verfahren gilt, daß die maximale Entschwefelungsleistung dann erreicht wird, wenn die Reaktionstemperatur so nahe wie möglich am Wassertaupunkt liegt.

Für das Elektrofilter bedeuten die niedrigen Rauchgastemperaturen (70–80 °C) und hohe Wassertaupunkte gute Abscheidebedingungen. Wegen des Vorhandenseins von $CaCl_2$ (0,5–2 %) ist allerdings die Gefahr von Korrosion stets vorhanden. Mit Hilfe legierter metallischer Werkstoffe und Kunststoffbeschichtungen an Gehäuse und Kanälen läßt sich die Korrosion weitgehend einschränken, jedoch nicht gänzlich vermeiden.

4.5.2
Entstaubung im Eisenhüttenbereich

Im folgenden wird auf die Entstaubungstechnik mittels Elektrofiltern eingegangen, die bei der Roheisen- und Stahlerzeugung und den entsprechenden Nebenanlagen zum Einsatz kommt. Wegen der Vielfältigkeit der betreffenden Verfahren werden im Rahmen dieser Ausführungen lediglich die wesentlichen Anwendungsfälle betrachtet.

4.5.2.1
Sinteranlagen

Bei *Eisenerzsinteranlagen* wurde früher die Abgasentstaubung mit Zyklon vorgenommen. Den heutigen Anforderungen genügen im wesentlichen Horizontaltrockenelektroabscheider in 3-feldriger Ausführung, die auf der Saugseite des Sinterabgasgebläses betrieben werden. Abbildung 4.30 zeigt die Anordnung von zwei parallelen Elektrofiltern zur Entstaubung des Abgases eines 400 m² großen Sinterbandes. Typische Betriebsdaten sind:

Abgasvolumenstrom $0,9 - 1,1 \cdot 10^6$ m³/h (i.N.)
Staub im Rohgas   800–1000 mg/m³ (i.N.)
Staub im Reingas   70–100 mg/m³ (i.N.)
                     i.N. = ((??))

Die in den meisten Fällen sehr hohen elektrischen Widerstände erschweren häufig die elektrische Staubabscheidung [4, 6]. Die Anhebung der Gasfeuchte durch Zugabe von Wasser zum Abgas oder auf das Sinterband kann die Entstaubung durch Senkung des elektrischen Staubwiderstandes verbessern.

Eine Reduzierung des Staubauswurfes auf 20–50 % der Ausgangswerte kann durch Konditionierung des Abgases mit SO_3 erfolgen. Hierzu wird SO_2, welches man z. B. durch Verbrennung von Schwefel erhält, zu SO_3 oxidiert

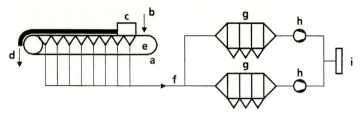

Abb. 4.30. Sinterabgasentstaubung; *a* Sintermaschine *b* Materialaufgabe *c* Zündofen *d* Sinter *e* Saugkästen *f* Sammelleitung *g* Elektroentstauber *h* Gebläse *k* Kamin

und dem Abgas vor den Elektrofiltern zugegeben. Es genügen im Abgas 10–30 ppm SO_3, um den elektrischen Staubwiderstand so zu senken, daß die genannte Verbesserung in der Abscheidung eintritt. Die erforderliche SO_3-Menge ist sehr gering. Zur Konditionierung des Abgases eines 400 m² Sinterbandes mit beispielsweise 20 ppm SO_3 genügen 33 kg/h Schwefel. Eine zusätzliche Emission an SO_3 entsteht nicht, da dieses durch Chemiesorption am Staub gebunden wird. Die Wirkung des Verfahrens hängt von dem Sinterbasengrad und der Rohmaterialzusammensetzung ab.

Einfache Einhausungen an Aufgabestellen, am Sinterabwurf, an Siebmaschinen und an zahlreichen Transportorganen können Staubaustritt in das Umfeld nicht wirkungsvoll verhindern. Sie werden daher als Saughauben ausgebildet und über ein weit verzweigtes Leitungssystem einem zentralen Entstauber, meist einem Elektrofilter, zugeführt. Die Anordnung einer solchen *Raumentstaubungsanlage* zeigt Abb. 4.31. Die staubbeladene Abluft des Sinterkühlers wird in vielen Fällen den Raumentstaubungsanlagen zugeführt, manchmal aber auch separaten Elektrofiltern.

4.5.2.2
Hochofen-Gichtgasreinigung

Im Bereich des Hochofens gehört die offene Gicht der Vergangenheit an. Schon seit langem ermöglichen Entstaubungsanlagen die Reinigung des Gichtgases auf Staubbeladungen kleiner als 10 mg/m³ (i. N.) und erlauben daher die Nutzung des Energieinhalts dieses Gases in Turbinen und zur Beheizung von Winderhitzern.

Hochofengichtgas ist mit 10–40 g/m³ (i. N.) Staub beladen, der Volumenstrom eines Hochofens, der z. B. 5000 t Rohstahl pro Tag erzeugt, beträgt ca. 420000 m³/h (i. N.). Abbildung 4.32 zeigt die Komponenten der Gichtgasreinigung eines Hochofens, der unter geringem Überdruck gefahren wird. Zunächst werden die gröberen Anteile des Staubes im Staubsack, d.h. einer Absetzkammer mit Strömungsumlenkung, und nachfolgend im Zyklon abgeschieden. Die weitere Gichtgasreinigung erfolgt in einem ein- oder mehrstufigen Wäscher [4] und einem Naßelektrofilter, welches neben der Feinreinigung auch die Tropfenabscheidung übernimmt.

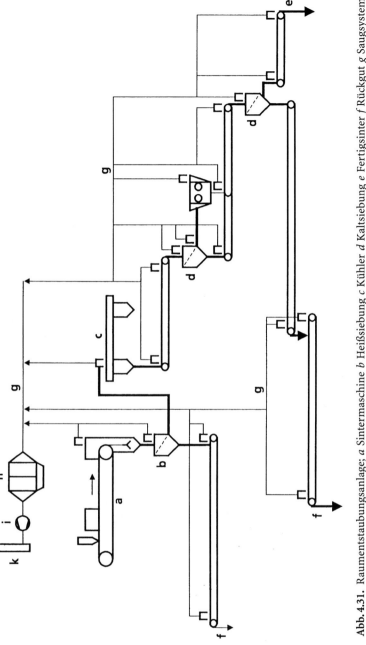

Abb. 4.31. Raumentstaubungsanlage; *a* Sintermaschine *b* Heißsiebung *c* Kühler *d* Kaltsiebung *e* Fertigsinter *f* Rückgut *g* Saugsystem *h* Elektrofilter *i* Gebläse *i* Kamin

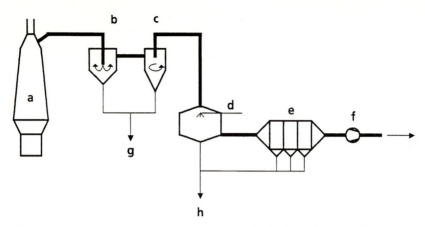

Abb. 4.32. Reinigung von Hochofengichtgas; *a* Hochofen *b* Staubsack *c* Zyklon *d* Wäscher *e* Naß-Elektrofilter *f* Gebläse *g* und *h* Staubaustrag

Eine weitere Variante der Gichtgasentstaubung ist die trockene Entstaubung in Elektrofiltern. Sie beinhaltet den Vorteil niedriger Druckverluste und damit weniger aufzuwendender Gasförderleistung sowie den Wegfall der Wasser- und Schlammaufbereitung. Die trockene Gichtgasreinigung stellt den jüngsten Stand der Entwicklungen dar.

Bei entsprechend großen Gichtgasvolumenströmen werden mehrere Reinigungsanlagen parallel angebracht. Gichtgase von Hochöfen, die unter höherem Druck betrieben werden, können bei Druckgefällen von etwa 0,5 bar in Hochleistungswäschern ohne Elektrofiltern auf die gewünschte Reinheit entstaubt werden.

Raumentstaubung

Zur Verbesserung der Arbeitsbedingungen im Bereich des Hochofenabstichs, werden seit einigen Jahren Gießhallenentstaubungen gebaut. Kennzeichen einer Gießhallenentstaubungsanlage sind die Kapselung von Fuchs, Roheisen- und Schlackenrinnen sowie deren Übergabestellen durch leicht entfernbare Hauben mit feuerfesten Auskleidungen. Die gekapselten Bereiche sind an Saugleitungen angeschlossen, die vorzugsweise unter der Gießbühne angebracht sind. Der Bereich des Stichlochs kann nicht gekapselt werden, da er für Bohr- und Stopfmaschine zugänglich bleiben muß. Hier werden die Rauche in der Regel mit nahe dem Stichloch angebrachten Saughauben erfaßt und dem Entstauber zugeführt. Abbildung 4.33 zeigt modellhaft die Anordnung von Haupt-, Schlacken- und Roheisenrinne auf einer Gießbühne sowie das Saugsystem als Fließschema.

Die Volumenströme, die beim Hochofenabstich erfaßt, entstaubt und gefördert werden müssen, liegen bei Werten um 500 000 – 800 000 m^3/h. Die Leistungsaufnahme einer Gießhallenentstaubungsanlage kann damit 1 MW erreichen.

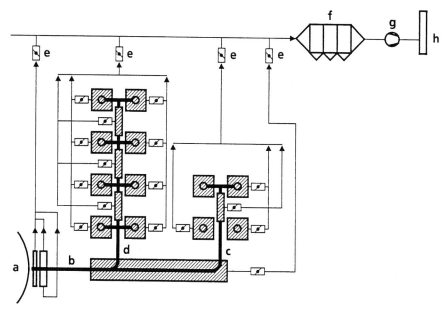

Abb. 4.33. Entstaubung einer Hochofen-Gießhalle; *a* Hochofen, Bereich des Abstichlochs *b* Hauptrinne mit Fuchs *c* Roheisenrinne mit Übergabestellen *d* Schlackenrinne mit Übergabestellen *e* Saugleitungen *f* Elektroentstauber *g* Gebläse *h* Kamin

4.5.2.3
Konverteranlagen

Bei der Konvertierung von Roheisen zu Stahl entstehen heizwertreiche, CO-haltige Abgase, die meist unverbrannt erfaßt, gereinigt und als ein wertvolles Nutzgas gewonnen werden.

Von den Firmen Lurgi und Thyssen wurde das „Stahlgasverfahren" entwickelt, bei dem das Trocken-Elektrofilter in Rundbauweise zur Abgasreinigung eingesetzt wird (Abb. 4.34). Mit diesem Elektrofiltertyp werden die für dieses Nutzgas notwendigen niedrigen Reingasstäube problemlos erreicht [26, 27]

Das geschilderte Konzept bietet entscheidende Vorteile gegenüber konventionellen Wäschersystemen:

- geringer Energiebedarf,
- trockene Staubabscheidung und
- niedrige Wartungskosten.

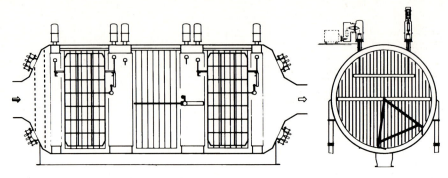

Abb. 4.34. Elektroentstauber in runder Bauweise

4.5.3 Nichteisen-Metallhütten

Für die große Zahl von Nichteisenmetallen und die verschiedenen Verfahren ihrer Verhüttung gibt es eine entsprechende Vielzahl von Varianten zur Reinigung der anfallenden Abgase. Meist ist der Staub ein wertvolles Zwischenprodukt.

Er besteht aus mitgerissenen Partikeln der Beschickung, oft auch aus sehr feinen Kondensaten verdampfter Metalle oder Metallverbindungen. Zur vorwiegend trockenen Gasreinigung werden meist Elektrofilter eingesetzt. Bei SO_2-haltigen Gasen, die zu Schwefelsäure weiterverarbeitet werden, folgt auf die Heißgasentstaubung eine Naßgasreinigung. Sie besteht aus Wäschern zur adiabatischen Kühlung der Gase, Gaskühlern bzw. Kühltürmen zur weiteren Gaskühlung sowie Naßelektrofiltern zur Entnebelung und Feinreinigung.

Für die Grobentstaubung werden bevorzugt Fliehkraftabscheider, für andere Anwendungsfälle auch Gewebefilter oder Wäscher eingesetzt.

Kupferhütten

In Kupferhütten bereiten Abgase mit geringem Gehalt an Schwefeloxiden Schwierigkeiten, da deren Weiterverarbeitung zu Schwefelsäure sehr aufwendig ist. Dies gilt besonders für die Abgase aus Flammöfen und Konvertern.

Beim Einsatz moderner Hochleistungsschmelzanlagen („flash smelting") fallen Abgase mit hohem SO_2-Gehalt an, die nach mehrstufiger Reinigung direkt zu Schwefelsäure weiterverarbeitet werden können.

In beiden Schmelzstufen werden für die Entstaubung Heißgaselektrofilter mit vorgeschalteter Gaskühlung (indirekt oder Verdampfungskühler) eingesetzt. Eine Alternative ist die Entstaubung in einem Radialstromwäscher.

Zinkhütten

Da man neuerdings zur Zinkgewinnung vorrangig elektrolytische Prozesse anwendet, fallen nur noch bei der Zinkblende-Röstung staubhaltige Abgase an.

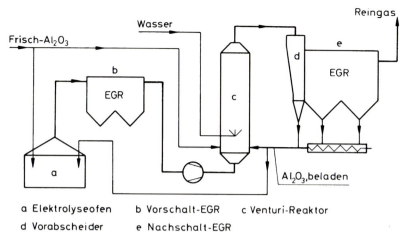

a Elektrolyseofen   b Vorschalt-EGR   c Venturi-Reaktor
d Vorabscheider   e Nachschalt-EGR

Abb. 4.35. Schadgasreinigung hinter Aluminium-Elektrolyseöfen

Diese Röstgase werden – wie in den Kupferhütten – durch mehrstufige Reinigungsverfahren zur Schwefelsäureerzeugung aufbereitet.

Bleihütten

Mußten bei der klassischen Bleiverhüttung die Umweltschäden mit erheblichem Aufwand vermieden werden, so stehen heute technisch ausgereifte Schmelzverfahren zur Verfügung, bei denen nur noch geringe Gasmengen mit sehr hohen Schwefeldioxid- und Staubgehalten anfallen.

Diese Gase werden ähnlich wie bei der Kupfer- und Zinkverhüttung gereinigt und anschließend zu Schwefelsäure umgesetzt.

Aluminiumhütten

In diesem Fall werden die aus mehreren hundert Elektrolyseöfen stammenden Abgase über entsprechend viele aufeinander abgestimmte Drosselstrecken dosiert abgesaugt, das gesamte Betriebsgas zusammengefaßt und einem Vorschalt-Elektrofilter zugeführt [22]. Dort wird der Feststoffstrom weitestgehend abgetrennt und einer Weiterbehandlung unterzogen (Abb. 4.35).

Das Kernstück der Gasreinigungsanlage bildet die Kombination von Reaktor mit einem Nachschalt-Elektrofilter. Der Reaktor wird nach dem Prinzip der zirkulierenden Wirbelschicht betrieben, wobei als Adsorbens ein Teilstrom des Frisch-Al_2O_3 dem Reaktor zugegeben und hiermit die zirkulierende Wirbelschicht ausgebaut wird. Durch intensiven Gas/Feststoff-Kontakt wird das für den Elektrolyseprozeß notwendige und für die Umwelt schädliche Fluor in Form von gasförmigen Fluor-Verbindungen am Frischoxid adsorbiert und kann den Elektrolysezellen wieder zugeführt werden. Die auf diese Weise zur Abreinigung in das Elektrofilter gelangenden Gasvolumenströme können mit 300000 bis 600000 m³/h je Einheit beachtlich groß sein. Mit einer zusätzlichen Wassereindüsung in den Reaktor lassen sich optimale Abscheideverhältnisse im Elektrofilter einstellen, was wiederum zu wirtschaftlichen Baugrößen der Filter führt. Auf der Filter-Reingasseite stellen sich bei mehreren in Betrieb befindlichen Anlagen Fluor-Werte < 1 mg/m^3 und Staubbeladungen < 30 mg/m^3 ein.

Titandioxid-Produktion

Bei der Herstellung von TiO_2 mittels Aufschluß durch Schwefelsäure entstehen bei der nachfolgenden Kalzinierung SO_3-haltige Abgase. Durch eine Gaswäsche wird das SO_3 zu Schwefelsäure kondensiert. Die so entstandenen äußerst feinen Nebel werden in einem nachfolgenden Naßelektrofilter abgeschieden.

Schwefelsäuregewinnung

Neben den zuvor beschriebenen gereinigten Röstgasen sulfidischer Nichteisenmetallerze wird auch das SO_2-Gas aus der Pyritröstung zur Schwefelsäurerehestellung verwandt.

Alle Röstgase müssen vor der Schwefelsäurekatalyse feingereinigt werden. Die Stäube werden durch ein Heißelektrofilter mit vorgeschaltetem Zyklon schon bei ca. 350 °C ausgeschieden. Kontaktgifte, wie Arsentrioxid, werden in einer anschließenden Waschanlage niedergeschlagen, in welcher auch Schwefeltrioxidspuren zu Schwefelsäurenebel kondensieren, die wiederum in einem darauffolgenden Naßelektrofilter aus dem Gas entfernt werden. Halogenwasserstoffe werden in einer Waschanlage absorbiert.

4.5.4 Glaswannen

Die Abgase aus Glaswannen enthalten feinste Aerosole, die sich durch Verdampfen in der Glasschmelze und anschließende Kondensation bilden. Sie enthalten je nach Anforderungen des Produktes oft nennenswerte Mengen an Schwermetallen wie z. B. Selen.

Seit Novellierung der TA-Luft müssen aus den Abgasen der Glasschmelzöfen neben der Aerosolentfernung auch SO_2, HCl und HF abgeschieden werden. Die folgende Verfahrensroute hat sich in der Praxis als besonders zweckmäßig erwiesen (Abb. 4.36).

Zunächst wird in einem Kontaktturm auf trockensortivem Wege bei Temperaturen von 350–450 °C SO_2, HCl und HF dem Abgas durch Kalk- oder Soda-Zugabe entzogen. Es folgt auf gleichem Temperaturniveau die Staubabscheidung im Elektrofilter und anschließend die Entstickung im Katalysator. Aufgrund der Möglichkeit, bei hohen Temperaturen Staub abzuscheiden, kann eine Wiederaufheizung des Gases – wie sie in anderen Prozessen vorgenommen werden muß – entfallen. Für die Entstickung kommt das SCR-Verfahren mit NH_3-Zugabe zum Einsatz. Vereinzelt wird zur Schadgasreinigung hinter Glaswannen auch die Sprühabsorption mit Elektrofilter eingesetzt, die Rauchgastemperatur beträgt dann ca. 150 °C im Elektrofilter.

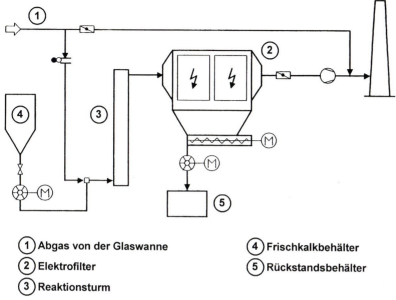

① Abgas von der Glaswanne
② Elektrofilter
③ Reaktionsturm
④ Frischkalkbehälter
⑤ Rückstandsbehälter

Abb. 4.36. Abgasreinigung – Glaswanne

4.5.5
Zementwerke

Zementwerke stellen ein weiteres wichtiges Anwendungsgebiet für Elektroabscheider dar. Hauptquellen der Staubemissionen sind hier die Mahltrocknungsanlagen, die Zementöfen mit den dazugehörenden Klinkerkühlern, die Zementmühle sowie Silos und Verladeeinrichtungen.

Für die Entstaubung des Ofenabgases und des Abgases aus der Mahltrocknung werden fast ausschließlich Elektrofilter verwendet, für die Entstaubung der Klinkerkühlerabluft haben sich Schüttschichtfilter besonders bewährt. In den letzten Jahren werden auch Elektrofilter und Gewebefilter mit indirekten Luftkühlern zur Entstaubung der Klinkerabluft eingesetzt.

Die Zementmühlen werden ebenfalls vorwiegend durch Elektrofilter, aber auch mit Gewebefiltern entstaubt, für die nicht prozeßbedingten Staubemissionsquellen werden Gewebefilter oder Fliehkraftabscheider eingesetzt.

Im Fall des Zementbrennprozesses sind die gasförmigen Schadstoffe absolut gesehen so gering, daß besondere Umweltschutzmaßnahmen in den meisten Fällen nicht erforderlich sind. Bei den ablaufenden chemischen Reaktionen werden im wesentlichen Stickstoff, Kohlendioxid, Sauerstoff und Wasserdampf frei sowie auch geringe Mengen an Schwefeldioxid und Stickstoffoxiden. Der Schwefel wird über die Sulfat- und Sulfideinschlüsse der Roh- und Brennstoffe – Kohle oder Schweröl – in den Prozeß eingeschleppt. Bei Temperaturen über 1000 °C entsteht Schwefeldioxid SO_2, das zum größten Teil chemisch an das Rohmaterial gebunden und in Form von Alkalisulfaten mit dem Klinker oder dem Staub aus dem Zementofen ausgeschleust wird.

Zur Produktion einer Tonne Fertigzement werden insgesamt 2,7 t Rohstoff, Klinker und Zuschlagstoffe verwendet, ferner Kohle für die Feuerung des Drehofens, staubfein vermahlen. Bis zu 10% hiervon werden in den Maschinen und Einrichtungen aufgewirbelt und abgesaugt. Bei der Erzeugung von 1 kg Zement fallen zwischen 6 und 12 m^3 Abgas bzw. Abluft an. Typische Staubgehalte der Anlagen:

- Rohmaterial-Mahltrockner   30–1200 g/m^3 Abluft,
- Drehofen mit Zyklonvorwärmer   40 g/m^3 Abgas,
- Klinkerkühler   10–20 g/m^3 Abluft,
- Zementmahlanlagen   30–400 g/m^3 Abluft.

Eine Entstaubung ist nicht nur aus Gründen der Luftreinhaltung, sondern auch aus wirtschaftlicher Sicht von Bedeutung. Der abgeschiedene Staub wird teilweise als schon aufbereitetes Rohmaterial wieder in die Produktion zurückgeführt.

Am weitesten verbreitet ist der trockene Prozeß der Zementherstellung. Die Hauptabgasmengen fallen im Zementofenfilter bei direkter Fahrweise bzw. in der gleichen Filteranlage bei Rohmaterialmahlbetrieb an. Die Abscheidebedingungen können dabei stark differieren.

Im Direktbetrieb wird das Zementofenabgas nach dem Wärmetauscherturm über einen Verdampfungskühler auf ca. 150 °C gekühlt, die Rohgasstaubbeladungen liegen zwischen 30 und 100 g/m^3. Bei der Fahrweise mit Rohmaterialmühle kann – in Abhängigkeit von dem Mühlentyp – die gesamte Rohmaterialmenge zum Filter geführt und dort abgeschieden werden. Die Rohgasstaubbeladungen können Werte bis zu 1500 g /m^3 annehmen. Die Abgastemperaturen liegen zwischen 80 und 120 °C. Den unterschiedlichen Betriebsbedingungen entsprechend müssen die Filter ausgelegt

Tabelle 4.2. Elektroabscheider in Zementwerken

	Rohgasstaub-beladung g/m^3	Gastemperatur °C	Wassertaupunkt °C	Staubwiderstand $\Omega \cdot$ cm
EGR				
im Direktbetrieb	30	150–180	58–63	$1 \cdot 10^{10} - 10^{12}$
im Verbundbetrieb	50–80[a]	80–120	45–60[b]	$5 \cdot 10^{8} - 10^{11}$
Bypassfilter mit VDK	50–100	140–150	55–60	$10^{9} - 10^{12}$
Bypassfilter ohne VDK	30–60	350–400	25–30	$10^{9} - 10^{13}$
Klinkerkühler	10–15	200–350	10–15	$10^{9} - 10^{13}$
Zementmühle	50–250	80–100	35–45	$10^{9} - 10^{11}$
Lepolofen	3–5	90–120	50–60[c]	$10^{8} - 10^{11}$
Heißgasfilter	15–30	350–400	35–50[c]	$10^{9} - 10^{12}$

[a] Abhängig vom Mühlentyp und ggf. vorhandener Vorentstaubung.
[b] Abhängig von Brennstoff und Rohmehlfeuchte.
[c] Abhängig vom Brennstoff.

werden, insbesondere beim Umschaltbetrieb von Direkt- auf Verbundfahrweise und umgekehrt, da innerhalb weniger Minuten sich Gastemperaturen, Staubbedingungen und Staubwiderstände stark ändern. Zweckmäßig ist der Gaseintritt von oben, da die Feststoffsträhnen bevorzugt in den Bunkerbereich gefördert werden und damit weniger die elektrischen Felder belasten.

In Ländern, in denen Wassermangel herrscht, entfällt gelegentlich der Verdampfungskühler, so daß das Elektrofilter im Direktbetrieb – also bei Temperaturen von ca. 350 °C – arbeitet (Heißgasfilter).

Für die häufigsten Anwendungsfälle von Elektrofiltern in Zementanlagen wurden die Betriebsbedingungen in Tabelle 4.2 zusammengestellt.

4.5.6
Elektroabscheider in der thermischen Abfallbehandlung

Elektrofilter wurden seit mehreren Jahrzehnten – etwa bis 1980 – als nahezu alleiniges Abscheideaggregat in Müll- und Sondermüllverbrennungsanlagen eingesetzt.

Im Vorgriff auf die Novellierung der TA-Luft von 1986 mußten mit Beginn der 80er Jahre Maßnahmen zur Abscheidung saurer Schadgase durchgeführt werden. Dies hatte zur Folge, daß entweder hinter oder vor dem bestehenden Elektrofilter eine Schadgasreinigungsstufe installiert werden mußte. Somit sind die wesentlichen Anwendungsfälle für das Elektrofilter bei Abfallverbrennungsanlagen:

– direkt hinter dem Wärmetauscher, wobei Temperaturen – je nach Verschmutzungsgrad der Wärmetauscherflächen – von 240–280 °C vorliegen. In einigen Fällen können Arbeitstemperaturen sogar bis 350 °C auftreten. In jüngster Zeit bemüht man sich, diese Temperatur auf Werte unter 200 °C zu senken, um der Dioxin/Furanbildung entgegenzuwirken. Die Rohgasstaubbeladungen schwanken zwischen 1 und 5 g/m^3.
– hinter einer Schadgasreinigungsstufe. Diese kann wie zumeist ausgeführt ein Sprühabsorber, aber auch eine zirkulierende Wirbelschicht oder ein Verdampfungskühler mit nachgeschalteter Adsorbensdosierung sein. Aufgrund der Wasserzugabe stellen sich vor dem Elektrofilter Temperaturen von 130–150 °C ein. Wegen der Adsorbensdosierung erhöhen sich die Rohgasstaubwerte in Abhängigkeit von der Staubbeladung um 2–5 g/m^3 und im Fall mit zirkulierender Wirbelschicht um mehrere 100 g/m^3. Zusammensetzungen von Rohgasstäuben aus Abfallverbrennungsanlagen sind Tabelle 4.3 zu entnehmen.

Dioxin/Furanbildung in Elektrofilteranlagen

Zunächst in Verbindung mit der Müllverbrennung und in jüngster Zeit auch in Verbindung mit anderen Verfahren – wie der Stahl- und Eisenerzeugung und der NE-Metallurgie – ist über die Bildung von Dioxinen/Furanen (D/F)

Tabelle 4.3. Chemische Zusammensetzung von Flugaschen aus der thermischen Abfallbehandlung

Chem. Analyse		MVA-Flugasche Reaktionsprod.	MVA-Flugasche (())	Klärschl. verbr. Flugasche
Ca(OH)$_2$	%	45	<0,5	5,0
CaCl$_2$	%	11,7	4,8 – 7,2	0,05
CaCO$_3$	%	8,0	2,1 – 3,1	2,25
CaSO$_4$	%	4,3	12,8 – 14	2,25
CaSO$_3$	%	2,3	<0,5	n.b.
CaO	%	2,8	7,3 – 8,3	6,4
SiO$_2$	%	6,7	26,8 – 38,2	54,2
Al$_2$O$_3$	%	3,3	13,1 – 13,5	11,9
Fe$_2$O$_3$	%	0,57	3,7 – 7,1	1,0
MgO	%	1,0	2,1 – 2,5	2,3
KCl	%	2,4	(3,8 – 4,3 K)	(0,62 K)
NaCl	%	2,2	(4,3 – 5,4 Na$_2$O)	(3,0 Na$_2$O)
Hg	g/t	11	14 – 17	
Cr	g/t	90	400 – 900	256
Mn	g/t	390	1000 – 1100	663
Ni	g/t	40	150 – 400	171
Zn	g/t	7500	17000 – 27000	4208
As	g/t	1,8	n.b.	10
Pb	g/t	2100	5000	635
Cd	g/t	90	n.b.	<20
Cu	g/t	190	1200	1103
RestC	%	0,24	0,85	0,93

ausführlich berichtet worden. Voraussetzung für die Bildung dieses Schadstoffes ist das Vorhandensein von:

- Kohlenstoffpartikeln,
- Chlor,
- katalytisch wirkende Materialien (z. B. Kupfer),
- Sauerstoff,
- ausreichender Verweilzeit.

In einem Temperaturbereich von ca. 200–450 °C kann unter den genannten Bedingungen eine Neubildung (DeNovo-Synthese) von Dioxinen und insbesondere Furanen stattfinden. Hiervon ist insbesondere das Elektrofilter betroffen, welches aufgrund seiner Möglichkeit, auch bei hohen Temperaturen Stäube wirkungsvoll abzuscheiden – wie eingangs erwähnt –, eingesetzt wurde.

In Tabelle 4.4 ist das Ergebnis einer Untersuchung an vier Elektrofiltern zusammengestellt. Spalte 2 und 3 enthält das Verhältnis der Summenwerte von Furanen und Dioxinen im Roh- und Reingas. Es ist zu sehen, daß Furane in über doppelt so hoher Menge wie Dioxine vorliegen, was mit dem wesentlich höheren Dampfdruck zu begründen ist. Im Reingas verschiebt sich dieses Verhältnis sogar noch zu höheren Werten.

Tabelle 4.4. Dioxin/Furan-Bildung im Elektroabscheider

Temperatur °C	Rohgas F/D (Summen)	Reingas F/D (Summen)	D und F (TE) Rein / D und F (TE) Roh
280	2,0–3,4	2,4–5,8	1,3–5,1
240	1,6–2,7	2,4–5,0	1,1–1,3
200	1,9	1,1	0,9
180	0,7	1,2	0,5

In Spalte 4 wurde das Verhältnis der Toxizitätsäquivalente TE (gem. 17. BImSchV) von Reingas- zu Rohgaswerten gebildet. Es ist zu sehen, daß bei Temperaturen über 200 °C die TE-Werte im Reingas deutlich ansteigen. Im Bereich unter 200 °C lassen sich dagegen die TE-Werte reduzieren, allerdings nicht in dem Umfang, in dem die Staubabscheidung stattfindet. Die D/F-Bildung ist jedoch nicht auf das Elektrofilter beschränkt. Wenn eingangs genannte Voraussetzungen vorliegen, findet auch eine D/F-Bildung in anderen Abscheidern statt.

Abbildung 4.37 zeigt das Ergebnis einer Untersuchung zur D/F-Bildung an verschiedenen Apparaten, die mit Flugaschen und Rauchgasen aus Müllverbrennungsanlagen beaufschlagt wurden. Was das Schlauchfilter betrifft, so sollte die Frage geklärt werden, inwieweit sich bei hohen Filtrationstemperaturen eine D/F-Neubildung nahezu vermeiden läßt. Dies ist bei Temperaturen oberhalb von 700 °C der Fall. Bei tieferen Temperaturen läuft den Gleichgewichtstemperaturen entsprechend die DeNovo-Synthese ab. Das Verhältnis TE (Reingas)/TE (Rohgas) stellt den Verstärkungsfaktor dar, mit dem sich D/F in jeweiligen Apparaten bilden. Im Fall der Heißgasfiltration wurden

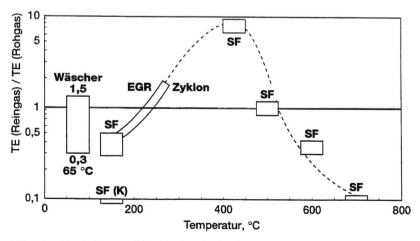

Abb. 4.37. Dioxin/Furan-Bildung in div. Abscheidern SF = Schlauchfilter

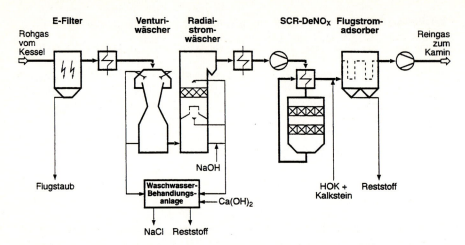

Abb. 4.38. Elektrofilter der Gasreinigungsstufe einer Müllverbrennungsanlage
HOK = Herdofenkoks, SCR-DeNO$_x$ = katalytische Entstickung

als Eingangswerte jedoch die am Kesselausgang der Betriebsanlage vorherrschenden D/F-Werte verwendet. Es ist also festzustellen, daß die D/F-Bildung keinesfalls eine Frage des Abscheiders, sondern der Modalitäten ist, die bei der Abscheidung vorliegen.

Untersuchungen über den Einfluß der Korona an den Sprühdrähten des Elektrofilters zeigen, daß hierdurch keine meßbaren Veränderungen auf die D/F-Bildung ausgeübt werden.

In jüngster Zeit werden zur Verbesserung der D/F-Abscheidung vor dem jeweiligen Abscheider – also dem Sprühabsorber, dem Kontaktturm oder in die Rohgaskanäle – Herdofenkoks oder Aktivkohle bei Temperaturen von 130–150 °C zur Kalkmilch oder in den Abgasstrom dosiert. Im Fall des Elektrofilters erreicht man mit dieser Fahrweise D/F-Abscheidegrade von 80–95 %. Abbildung 4.38 zeigt die Einbindung von Elektrofiltern in die Abgasreinigungskette von Müllverbrennungsanlagen.

4.6
Rauchgaskonditionierung

Betriebsverhalten und Abscheidewirkung von Trockenelektrofiltern werden in starkem Maße vom elektrischen Widerstand des Staubes beeinflußt. Hohe Staubwiderstände führen zu einem Rückgang der Filterleistung.

Der Staubwiderstand ist abhängig von der Gas- und Staubzusammensetzung und der Gastemperatur. Die Untersuchung des Temperatureinflusses führt zu charakteristischen Kurven mit ausgeprägten Maxima, die bei hochohmigen Stäuben den „kritischen Staubwiderstand" von 10^{11} Ω · cm erheblich überschreiten können. Zur Senkung des Staubwiderstandes werden Konditionierungsmittel eingesetzt. Verwendet werden:

- Wasser
  bewirkt eine Absenkung der Rauchgastemperatur und eine Erhöhung des Wassertaupunktes, beides hat eine Absenkung des spezifischen Staubwiderstandes zur Folge. Des weiteren steigt die Durchbruchsfestigkeit des Gases an, dadurch läßt sich die anlegbare Feldstärke erhöhen.
  Die Kombination von Verdampfungskühler und Elektrofilter wird in vielen Industriesparten z.B. in der Zementindustrie, in Stahlwerken und in Metallhütten, seit vielen Jahren erfolgreich eingesetzt und hat sich als zuverlässige und wirtschaftliche Lösung bei der Abscheidung hochohmiger Stäube erwiesen.
- Dampf
  Durch Anhebung des Wassertaupunktes wird der spezifische Staubwiderstand abgesenkt. Wegen der relativen hohen Dampfkosten kommt eine solche Lösung nur in Sonderfällen zu Anwendung (niedrige Abgasvolumina, Kurzzeitkonditionierung bei gelegentlichen Staubspitzen).
- Chemische Konditionierungsmittel
  Sie bewirken eine physikalische und/oder chemische Veränderung der Stauboberflächen der Partikeln. Bekannte Konditionierungsmittel sind: Schwefeltrioxid, Ammoniak, Triethylamine, Natriumcarbonat.

Konditionierung von Kraftwerksrauchgasen mit SO_3

SO_3 wird in Konzentrationen von 5–30 Vppm in die Rohgaskanäle vor den Elektrofiltern eingeblasen und nahezu vollständig an der Oberfläche der Staubpartikel absorbiert. Hierdurch kann der spezifische Staubwiderstand der Flugaschen gezielt in Bereiche gesenkt werden, die für den Elektrofilterbetrieb wesentlich günstiger sind [29].

Zur Ermittlung des Konditionierungseffektes bei Einsatz verschiedener Kohlen empfiehlt es sich transportable Versuchsanlagen einzusetzen. In diesen wird Flüssig-SO_2 verdampft und in einem Katalysator (V_2O_5) zu SO_3 umgesetzt (Abb. 4.39).

Bei stationären Einheiten wird unter Berücksichtigung des Sicherheitsaspektes und wegen der geringen Betriebsmittelkosten Flüssigschwefel als Ausgangspunkt verwendet. Dieser wird in einem Verbrennungsofen bei hohen Luftüberschuß zu SO_2 umgesetzt. In einem nachgeschalteten Katalysator erfolgt die Oxidation zu SO_3. Als Trägermedium wird Luft verwendet, die in der Anfahrphase zum Aufheizen und in der Abfahrphase zum Spülen der Anlage mittels Elektrolufterhitzer auf ca. 500 °C vorgewärmt wird.

Die Abb. 4.40 und 4.41 enthalten Meßergebnisse hinsichtlich des Staubwiderstandes, der Reingasstaubbeladung und der w-Werterhöhung als Funktion der SO_3-Zugabe. Es wurden in diesem Fall die Rauchgase eines Steinkohlekraftwerkes mit Schmelzkammerfeuerung konditioniert, wobei es sich bei der Flugasche vorwiegend um zu feinsten Partikeln kondensierte alkalireiche Mineraldämpfe handelte, die im ersten Feld der Elektrofilter zu einer starken Sprühstromunterdrückung infolge hoher Raumladungseffekte führ-

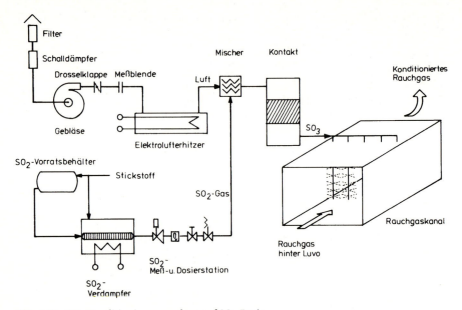

Abb. 4.39. SO_3-Konditionierungsanlage auf SO_2-Basis

ten. Der Staubwiderstand konnte um ca. eine Zehnerpotenz herabgesetzt werden, der w-Wert stieg um den Faktor 1,8 an, die Staubbeladung konnte auf 10 % des Wertes ohne Konditionierung gesenkt werden.

SO_3 führt zu keiner zusätzlichen Umweltbelastung, da es fast vollständig an den Stauboberflächen adsorbiert wird. Bei Ascherückführung in den Feuerraum ergibt sich ein minimaler, meßtechnisch kaum erfaßbarer Anstieg des SO_2, er entfällt bei Kesselbetrieb ohne Flugascherückführung.

Mit Hilfe der Konditionierungsmöglichkeit ergeben sich für die Elektroentstaubung folgende Vorteile:

a) weitgehende Unabhängigkeit vom Schwefelgehalt der Kohle,
b) kostengünstige Verbesserung der Abscheidegrade von Altanlagen und
c) bei der Auslegung von Neuanlagen müssen Elektrofilter nicht mehr nach der schlechtesten, sondern nach der am häufigsten eingesetzten Kohle ausgelegt werden.

Konditionierung mit Ammoniak

Auch die Konditionierung mittels Ammoniakeinblasung wird in einigen Fällen betriebsmäßig angewendet. Ihre Wirkung auf die Entstaubungsbedingungen ist jedoch sehr unterschiedlich und im Vergleich zu Schwefeltrioxid meistens gering. Versuche in einem Kraftwerk ergaben, daß für eine bestimmte Anlage bei der gleichen zugegebenen Menge das Ammoniak eine Erhöhung

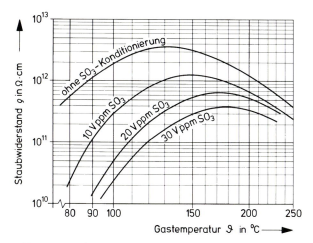

Abb. 4.40. Staubwiderstand als Funktion der SO$_3$-Konzentration und der Gastemperatur

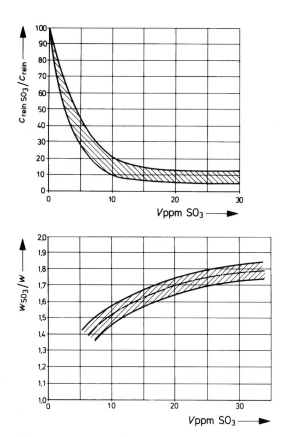

Abb. 4.41. w-Wert und Reingasstaubbeladung als Funktion der SO$_3$-Konzentration

der Wanderungsgeschwindigkeit um 30 %, das Schwefeltrioxid dagegen um mehr als 100 % bewirkte.

Worin die konditionierende Wirkung des Ammoniaks besteht, kann nicht zweifelsfrei nachgewiesen werden. Bei ölgefeuerten Kesseln wird NH_3 in den Rohgaskanal dosiert und bildet mit dem SO_3 submikrone Partikeln. Hierdurch ergeben sich eine Senkung des Säuretaupunktes aber auch eine Verbesserung der Agglomerationskräfte auf den Platten. Staubaustritte durch Klopfschläge lassen sich deutlich senken.

In anderen Abscheidesituationen, bei denen starkes Rücksprühen und damit ein hoher Stromfluß vorliegt, kann dieser durch die Bildung submikroner Teilchen in Verbindung mit erhöhten Raumladungseffekten unterdrückt und damit die Abscheidung verbessert werden.

4.7 Staubabscheidung unter extremen Temperatur- und Druckbedingungen

In jüngster Zeit gehen vom Energiesektor besondere Impulse zur Ausweitung der Anwendungsgrenzen des Elektrofilters bis zu Temperaturen von 1000 °C und Drücken bis zu 20 bis 40 bar aus.

So werden, hinsichtlich umweltfreundlicher und energiesparender Technologien, Anstrengungen zur Weiterentwicklung und zum Einsatz von Kohleveredlungsverfahren unternommen, wie z. B. der Druckvergasung im Festbettreaktor und der Kohleverbrennung in der aufgeladenen Wirbelschicht. Von diesen Verfahren erwartet man im Vergleich zur konventionellen Energieumsetzung geringere Emissionen an SO_2 und NO_x, höhere Wirkungsgrade infolge höherer Prozeßdrücke, kompakter gebaute Anlagen und niedrigere Investitionskosten.

Die thermische Energie der erzeugten Brenn- bzw. Rauchgase soll über Gasturbinen in Strom umgesetzt werden. Der Gasreinigung fällt dabei eine zentrale Bedeutung zu, da zum Schutze der Turbinen vor Staubansätzen, Erosion und Korrosionserscheinungen eine weitreichende Partikelabscheidung bis zu 1 bis 20 mg/m^3 (Normalzustand, trocken) erforderlich ist. Praktische Untersuchungen hinsichtlich des Trennverhaltens von Elektroabscheidern in den genannten Temperatur- und Druckbereichen liegen bislang nur vereinzelt vor.

Die Erzeugung einer stabilen Sprühkorona mit hinreichend großem Abstand zwischen Überschlags- und Koronaeinsatzspannung über den gesamten Temperaturbereich hinweg bei entsprechender Druckzuordnung und Elektrodenanordnung ist möglich (Abb. 4.42).

Druck und Temperaturen üben auf die Ionenmobilität und damit auf das Raumladungs- und Koronaverhalten entgegengesetzte Einflüsse aus. Erhöht man bei konstantem Druck die Gastemperatur, zeigen Koronaeinsatz- und Überschlagsspannung fallende Tendenz unter gleichzeitiger Verengung

4.7 Staubabscheidung unter extremen Temperatur- und Druckbedingungen

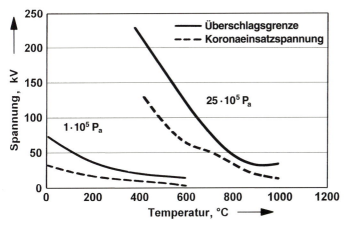

Abb. 4.42. Koronaeinsatz- und Überschlagsspannung als Funktion von Temperatur und Druck

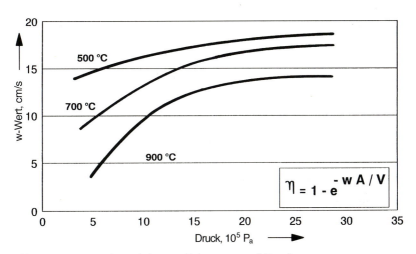

Abb. 4.43. w-Werte als Funktion von Temperatur und Druck

des Arbeitsbereiches bis zum Zusammenfall beider Werte. Durch eine Druckerhöhung lassen sich Überschlags- und Durchbruchspannung anheben.

Untersuchungen in Versuchs- und Pilotanlagen unter Staubbedingungen lieferten bereits erste Ergebnisse [30, 32]. Abbildung 4.43 zeigt w-Werte als Funktion von Druck und Temperatur. Man sieht, daß mit ansteigender Temperatur und konstantem Druck die w-Werte fallen. Dieser Effekt kann jedoch teilweise durch einen höheren Druck kompensiert werden.

In Abb. 4.44 ist die Prinzipskizze eines Elektrofilters, das bei hohen Drücken und Temperaturen arbeitet dargestellt. Es handelt sich um ein vertikales, von unten nach oben durchströmtes Filter in rundem Gehäuse.

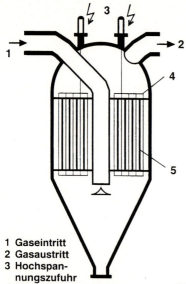

1 Gaseintritt
2 Gasaustritt
3 Hochspannungszufuhr
4 Hochspannungselektroden
5 Niederschlagselektroden

Abb. 4.44. Prinzipskizze eines Elektroabscheiders für hohe Temperaturen und Drücke

Neben der prinzipiellen Eignung eines Elektrofilters für extreme Bedingungen sind allerdings eine rapide Verschlechterung der Festigkeitswerte hochwarmfester und hochlegierter metallischer Werkstoffe etwa ab 800 °C im Problembereich nicht zu verkennen. So ist besonderes Augenmerk auf die isolierte Hochspannungsdurchführung und Abtragung der Sprührahmen, die Abreinigung der Sprühelektroden und der Staubaustragsorgane zu leben.

Symbolverzeichnis

Formelzeichen

A	Niederschlagsfläche
a	Gassenabstand
c	Konzentration einer Gaskomponente
C_{rein}	Reingasstaubbeladung
C_{roh}	Rohgasstaubbeladung
Cu	Cunningham-Faktor
d_p	Partikeldurchmesser
E	Aufladefeldstärke
E_p	Abscheidefeldstärke
M	turbulenter Mischungskoeffizient
$Q_{(t)}$	Partikelladung

Re	Reynold-Zahl
T	Temperatur, K
t	Zeitkoordinate
$\dot{V}$	Abgasvolumenstrom
w	effektive Wanderungsgeschwindigkeit
W_{th}	theoretische Wanderungsgeschwindigkeit
$\overline{W|l}^n$	mittlere Wanderungsgeschwindigkeit
X	Ortskoordinate in Gasrichtung
ε_r	relative Dielektrizitätskonstante
η	dynamische Zähigkeit des Gases
η_{ges}	Gesamtabscheidegrad
δ	Temperatur, °C
λ_M	mittlere freie Weglänge der Moleküle
ρ	spezifischer Widerstand

Indices

SO_3	Meßwerte mit SO_3-Konditionierung
n	Normzustand, trocken

Abkürzungen

EGR	elektrische Gasreinigung
HOK	Herdofenkoks
HS	Hochspannungssteuerung
NE	Niederschlagselektrode
SE	Sprühelektrode
SF	Schlauchfilter
VDK	Verdampfungskühler
ZWS	zirkulierende Wirbelschicht

Literatur

1. Deutsch W (1922) Ann. Phys. (Leipzig) 68:335
2. Frisch NW, Coy DW (1924) J. APCA 24:872
3. Cooperman P (1976) Non-Deutschian Phenomena in Electrostatic Precipitation, APCA 69th Annual Meeting, Portland/Oregon, Juni 1976
4. Matts S, Öhnfeld TP (1993/94) Gasreinigung in Elektrofiltern, Fläkt Review
5. White HJ (1993) Industrial Electrostatic Precipitation, Addison-Wesley Publ. Co., Reading
6. Bickelhaupt RE (1974) J APCA Nr. 4, 24:251
7. Bickelhaupt RE, Altman R (1984) J. APCA Nr. 8, 34:833
8. Güpner O, Problematik der Abgasentstaubung von Wärmetauscheröfen aus der Sicht des Elektrofilterbauers, Lurgi Werksveröffentlichung
9. Güpner O (1976) Dissertation, Universität Essen

10. Mayer-Schwinning G (1984) The Increased Passage Width – Development Steps and Results Achieved with Industrial Installations, Second International Conference on Electrostatic Precipitation, Kyoto/Japan
11. Mayer-Schwinning G (1985) Chem.-Ing. Techn. Nr. 6, 57:493
12. Masuda S (1979) Present status of wide-spacing type precipitator in Japan. EPA Symposium, Denver/Col., Juli 1979
13. Eschbach EJ, Stock DE (1979) Optimization of collection efficiency by varying plate spacing within an electrostatic precipitator. Second Symposium on the Transfer and Utilization of Particulate Technology, Juli 1979, S. 23
14. Heinrich RFG, DO, Brit. Patent 845331, 1.5.1958
15. Gross J (1979) Staub-Reinhalt. Luft Nr. 6, 39:197
16. Aureille R, Blanchot P (1971) Staub-Reinhalt. Luft Nr. 9, 31:371
17. Nibeleanu St (1979) Der Einfluß des Gassenabstandes auf den Entstaubungsgrad von Elektrofiltern bei Stäuben mit hohem Widerstand, Staub-Reinhalt. Luft Nr. 2, Bd. 39
18. Masuda S (1979) Present Status of Wide-Spacing Type Precipitator in Japan, EPA-Symposium, Denver/Col., Juli 1979
19. Mayer-Schwinning G (1986) Elektrofilter mit erweitertem Gassenabstand, Aufbereitungs-Technik 1:22
20. ICAC: Gas Flow Model Studies, Publication No. EP 7, Revision 4, 1981
21. Neulinger F, Riley JD (1985) Energy savings utilizing process computers of electrostatic precipitator control, APCA Intern. Conf. 1985 Pittsburg
22. Oglesby S (1990) Analysis of intermittent ESP Energization, Fourth International Conf. on Electrostatic Precipitation, Beijing/China
23. Masuda S (1984) Submicrosecond Pulse Energization for Retrofitting Applications, Second International Conf. on Electrostatic Precipitation Nov. 1984, Kyoto/Japan, S. 613
24. Braun W (1978) Stand der Rauchgasbehandlung, Technische Mitteilungen 3:123
25. Mayer-Schwinning G (1980) Treatment of Flue Gas and Residues from Municipal and Industrial Waste Incinerators, Fourth International Conf. on Electrostatic Precipitation, Sept. 1980, Beijing/China, S. 187
26. Steinbacher K (1978) Stahl Eisen 98:54
27. Rennhack R (1978) Stahl Eisen 98:59
28. Sauer H (1982) Betriebserfahrungen mit der Abgasreinigungsanlage nach dem System VAW/Lurgi, Erzmetall 35 Nr. 12
29. Mayer-Schwinning G, Riley JD, Conditioning of power station flue gases, EPA-EPRI, Fifth Symposium on the transfer and utilization of particulate Control Technology, Kansas City/Missouri
30. Mayer-Schwinning G, Weber E, Wiggers H (1990) HPMT-Separation of Fly Ashes by Means of Electrostatic Precipitators, Fourth International Conf. on Electrostatic Precipitation, Beijing/China
31. Weber E, Riepe T, Bau und Betrieb einer Pilotanlage zur Optimierung von Elektrofiltern, BMFT-Vorhaben 03E-1268-A9
32. Skroch R, Mayer-Schwinning G (1992) High-temperature High-pressure Gas Cleaning Technologies for Combined Power Cycles, EPRI Workshop, Paolo Alto, Cal.

5 Filternde Abscheider

E. Schmidt, F. Löffler

5.1 Einleitung

5.1.1 Allgemeine Merkmale

Zur Abtrennung von festen oder flüssigen Partikeln aus Gasen werden sehr häufig filternde Abscheider eingesetzt. Das Spektrum der Anwendungsmöglichkeiten ist so weit wie bei keinem anderen Trennverfahren. Entsprechend groß sind die technische Verbreitung und die wirtschaftliche Bedeutung dieser Abscheider [1, 2].

Aufgrund der Vielzahl der Anwendungen und der weiten Verbreitung ist eine systematische Einteilung der einzelnen Typen filternder Abscheider nicht einfach. Ein gemeinsames Merkmal aller filternden Abscheider ist das Vorhandensein eines Filtermediums, welches entweder aus diskreten, miteinander verbundenen Kollektoren (z.B. Fasern oder Körnern) oder einer kontinuierlichen Phase mit durchgehenden Hohlräumen (z.B. Lochfolie) aufgebaut ist. Das zu reinigende Gas wird durch dieses Medium geleitet, wobei es aufgrund mehrerer Mechanismen zu einer Abscheidung der zunächst gasgetragenen Partikeln am Medium kommen kann. Findet dieser Abscheideprozeß vorwiegend im Innern des Mediums statt, spricht man von Tiefen- oder Speicherfiltern. Bildet sich allerdings nach kurzer Zeit eine zusammenhängende Schicht abgeschiedener Partikeln an der Oberfläche des Mediums aus, welche dann als das eigentliche Filtermedium wirkt, handelt es sich um sog. Abreinigungs- oder Oberflächenfilter.

In die Gruppe der Tiefenfilter können die meist aus synthetischen Fasern aufgebauten Systeme zur Reinigung der Luft in Belüftungs- und Entlüftungsanlagen der Klimatechnik gezählt werden. Diese bei geringen Partikelkonzentrationen im Bereich von einigen mg/m^3 eingesetzten Medien werden nach der Sättigung der Faserschicht meist entsorgt. Bezüglich einer ausführlichen Beschreibung dieser Filter sei auf die Literatur verwiesen [3, 4]. Aus Körnern bestehende Schüttungen können ebenfalls als Tiefenfilter betrieben werden, wobei hier jedoch in der Regel eine Regenerierung des Filtermaterials vorgenommen werden kann. Festbett-, Wanderbett- und Fließbettschüttschichtfilter gehören zu dieser Gruppe. Einsatzfelder und Betriebsweise der zuletzt genannten Bautypen werden in den folgenden Abschnitten beschrieben.

Typische Vertreter aus der Gruppe der Oberflächenfilter sind Schlauch-, Taschen-, Patronen- und Kassettenfilter. Aber auch Schüttungen, Sinterkörper, Keramiken und Membranen können nach dem Prinzip der Oberflächenfiltration betrieben werden. Die ausführliche Darstellung all dieser, in der Industrie zur Entstaubung bei meist hohen Partikelkonzentrationen eingesetzten, regenerierbaren Filter ist Hauptgegenstand des vorliegenden Kapitels.

5.1.2
Bereiche und Grenzen der Anwendung

Filternde Abscheider werden in vielen Bereichen der Industrieentstaubung mit dem Ziel der Abgasreinigung (Emissionsminderung) aber auch der Produktrückgewinnung und Prozeßgasreinigung erfolgreich eingesetzt. Ihr Anteil am Entstaubungsmarkt liegt bei über 60% mit steigender Tendenz, was nicht zuletzt auch auf die mehrfache Absenkung der zulässigen Emissionsgrenzwerte durch den Gesetzgeber zurückzuführen ist. In vielen Fällen mußten und werden Gaszyklone und auch elektrische Abscheider aufgrund ungenügender Abscheideleistungen durch filternde Abscheider ersetzt werden. Hier werden neben den klassischen textilen Filtermedien, welche meist als Schläuche konfektioniert sind, in zunehmendem Maße auch körnige Schüttungen, gesinterte Granulate und Faser- bzw. Kornkeramiken verwendet.

Typische Einsatzbereiche sind seit langem zum Beispiel die Kalk-, Zement- und Kohleindustrie, Betriebe der Metallgewinnung, Blei- und Glaswannen und die Lebensmittelindustrie [5]. Durch die Wahl des Filtermediums, der Bauart und der Betriebsweise kann eine Anpassung der Filter an das jeweilige Abscheideproblem erfolgen (s. Abschn. 5.3 bis 5.6). Neuere Einsatzfelder sind die Entstaubung von Kesselfeuerungs- und Kraftwerksanlagen, auch zum Schutz nachgeschalteter Katalysatoren zur NO_x-Minderung oder Gasturbinen. Hier sind ebenfalls kombinierte Verfahren zur simultanen Abscheidung von partikelförmigen und gasförmigen Luftverunreinigungen am Filtermedium im dort gebildeten Staubkuchen, der im wesentlichen aus einem gezielt zudosierten Adsorptionsmittel bestehen kann, zu nennen [6, 7]. Allgemein kann eine Erweiterung des Anwendungsfeldes hin zu bisher als problematisch angesehenen Fällen festgestellt werden. Als solche sind u.a. die Reinigung heißer Gase (>300°C bis 1000°C) und die Abscheidung abrasiver, chemisch aggressiver, klebriger, sehr feiner (<1μm) oder pyrophorer Partikeln zu betrachten.

Die Grenzen eines möglichen Einsatzes filternder Abscheider sind in der Regel nicht durch unzureichende Abscheideleistungen gegeben. Auch bei sehr feinen Partikeln werden bei einem richtig ausgelegten Filter ohne nennenswerten Aufwand Partikelkonzentrationen kleiner als 10 mg/m^3 erreicht. Bei entsprechend hochwertigen Anlagen kann dieser Wert noch deutlich unterschritten werden. Die Grenzen filternder Abscheider liegen eher da, wo trotz geeigneter Anpassung der Filtermedien an den Staub und trotz optimierter Betriebsweise eine periodische Regenerierung des Filtermediums über einen längeren Zeitraum nicht in einem ausreichenden Umfang bei vertretbaren Betriebskosten erreicht werden kann. Solche Problemfälle und mögliche Lösungen werden insbesondere im Abschn. 5.6 diskutiert.

5.2 Funktionsweise und Betriebsverhalten

5.2.1 Partikelabscheidung

5.2.1.1 Vorbemerkung

Bei der Abscheidung von Partikeln mittels Oberflächenfiltern können generell zwei Filtrationsphasen unterschieden werden. Man spricht zum einen von der sog. Verstopfungsphase, bei der die meisten Partikeln im Innern des Filtermediums abgeschieden und dort eingelagert werden. Zum anderen kann es zur Phase des sog. Staub- oder Filterkuchenaufbaues kommen, bei der die Abscheidung an einer an der Oberfläche des Filtermediums aufgebauten Partikelschicht erfolgt. Die maßgeblichen physikalischen Vorgänge in beiden Phasen sind unterschiedlich und werden deshalb im folgenden separat dargestellt.

Schüttschichtfilter werden meist ausschließlich in der Verstopfungsphase, d. h. als Tiefenfilter betrieben (vgl. Abschn. 5.1.1). Die Abscheidung der Partikeln erfolgt an den einzelnen Körnern im Innern der Filterschicht. Wird die Schüttung nicht bewegt, kann es in einzelnen Fällen aber durchaus sinnvoll sein, auch in die Phase des Kuchenaufbaues, d.h. der Oberflächenfiltration zu kommen. Bei den nicht aus frei beweglichen Körnern, sondern beispielsweise aus feinen Fasern aufgebauten, textilen Filtermedien wird dagegen dieser Zustand der Oberflächenfiltration aus Gründen, die später noch näher diskutiert werden, immer angestrebt. Es wird sogar versucht, die Verstopfungsphase möglichst schnell zu durchlaufen, was durch spezielle Oberflächenbehandlungen der Filtermedien erreicht werden kann.

5.2.1.2 Abscheidung am Filtermedium

In einem neuen, unbestaubten Filtermedium gelangen die Partikeln während der sog. Verstopfungsphase ins Innere des Mediums und werden bevorzugt in den oberen Kollektorschichten festgehalten. Damit es zu einer Abscheidung kommt, müssen die Partikeln mit einem Kollektor in Kontakt treten, d. h. auf diesen auftreffen und dort haften bleiben. Der Transport der Partikeln zu einem

Kollektor, sei es ein Korn einer Schüttung oder eine Faser eines Vlieses oder Filzes, kann durch mehrere Mechanismen veranlaßt sein. Die Schwerkraft kann bei den hier in Betracht zu ziehenden Fällen aufgrund der Feinheit der Partikeln meist vernachlässigt werden. Dagegen spielen die Trägheit T der Partikeln, die durch die Brown'sche Molekularbewegung hervorgerufene regellose Partikelbewegung D (Diffusion) und die Elektrostatik E aufgrund geladener Partikeln und/oder Kollektoren wichtige Rollen. Desweiteren ist die räumliche Ausdehnung der Partikeln, der sog. Sperreffekt S, zu berücksichtigen. In Abb. 5.1 sind die vier maßgeblichen Kontaktmechanismen schematisch dargestellt.

Die Effektivität der angeführten Mechanismen hängt neben den Partikeleigenschaften wie Größe, Dichte und Ladung auch von der Geometrie der Kollektoren und deren Anordung zueinander und von Fluiddaten wie Geschwindigkeit, Dichte, Temperatur und Viskosität ab. Näheres hierzu findet man u. a. in [3]. Stark vereinfacht läßt sich sagen, daß für Partikeln mit einer Größe kleiner als 0,1 µm der Diffusionseffekt D, für Partikeln größer als 1 µm der Trägheitseffekt T und für Partikeln mittlerer Größe gegebenenfalls die Elektrostatik E bestimmend ist. Bei Gasgeschwindigkeiten von mehr als 0,5 m/s ist damit zu rechnen, daß ein nicht unbeträchtlicher Anteil der Partikeln größer als 1 µm nach dem Auftreffen wieder von dem Kollektor abprallt. In Abb. 5.2 sind zur Veranschaulichung der angeführten Effekte die experimentell ermittelten Trennkurven eines Schüttschichtfilters für unterschiedliche Filteranströmgeschwindigkeiten dargestellt. Die Trennkurve wird auch Fraktionsabscheidegrad genannt. Dieser gibt für jede Partikelgröße den Anteil der zugeführten Partikelmenge an, welcher im Filter abgetrennt und zurückgehalten wird.

Die Partikelabscheidung in Schüttschichtfiltern unterscheidet sich in einigen Punkten wesentlich von den anderen hier zu behandelnden Filterverfahren. Deshalb soll an dieser Stelle auf einige Besonderheiten noch näher eingegangen werden.

Das Abscheideverhalten von Schüttschichtfiltern wird im wesentlichen von folgenden Größen beeinflußt: Filteranströmgeschwindigkeit, Schüttguthöhe, Kollektordurchmesser, Rohgasbeladung, Partikelgrößenverteilung des abzuscheidenden Staubes, elektrische Ladungsverteilung auf den Partikeln

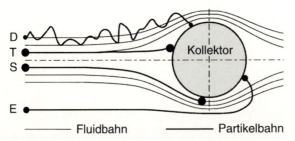

Abb. 5.1. Schematische Darstellung der vier wesentlichen Mechanismen, die zu einem Kontakt zwischen Partikeln und Kollektoren beitragen (Diffusion, Trägheit, Sperreffekt, Elektrostatik)

bzw. Kollektoren und Eigenschaften des Trägergases. Bei der Vielzahl der Einflußgrößen ist es bei dem derzeitigen Stand des Wissens schwierig, allgemeingültige Aussagen zu treffen. Trotzdem sollen im folgenden einige Hinweise gegeben werden.

Der Einfluß der Filteranströmgeschwindigkeit ist in Abb. 5.2 (für ungeladene Partikeln und Kollektoren) dargestellt. Die Partikelabscheidung nimmt mit zunehmender Gasgeschwindigkeit beim Übergang von der Diffusions- zur Trägheitsabscheidung zunächst ab und steigt nach Durchlaufen eines Minimums wieder an. Der Übergangsbereich zwischen Diffusions- und Trägheitsabscheidung ist durch ein ausgeprägtes Minimum gekennzeichnet. Das rechts davon liegende Maximum in den Trennkurven verschiebt sich mit zunehmender Fluidgeschwindigkeit zu kleineren Partikeln hin. Der hier beobachtete Effekt kann mit unzureichender Haftung an den Kollektoren bei zu großen kinetischen Energien der auftreffenden Partikeln erklärt werden.

Der Abscheidegrad von Schüttschichten nimmt allgemein mit der Höhe des Bettes und abnehmendem Kollektordurchmesser zu. Dies hat verschiedene Gründe. Einerseits nimmt bei konstanter Filterhöhe mit abnehmendem Korndurchmesser die Abscheidefläche im Filter zu. Andererseits liegen am kleineren Einzelkorn durch die stärkere Strömungsumlenkung günstigere Abscheidebedingungen vor. Bei Verwendung relativ kleiner Kollektoren und niedriger Filteranströmgeschwindigkeiten können auch im Feinstaubbereich ($x < 1\,\mu m$), dem im Zuge verschärfter Umweltschutzmaßnahmen mit Recht eine immer höhere Bedeutung zukommt, Partikeln zu einem hohen Prozentsatz abgeschieden werden. Sehr hohe Abscheidegrade werden vorzugsweise dann erreicht, wenn eine breite Kollektorgrößenverteilung vorliegt

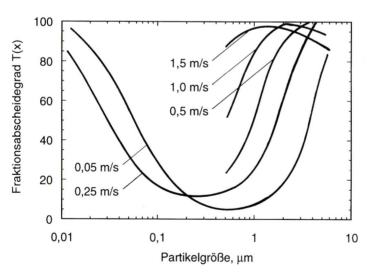

Abb. 5.2. Einfluß der Filteranströmgeschwindigkeit auf die Abscheidung von elektrisch ungeladenen Kochsalz- bzw. Quarzpartikeln an einer 20 mm dicken Schüttung aus Glaskugeln (Durchmesser 0,58 mm) [3]

und sich bereits auch im Anfangszustand Partikeln in den Hohlräumen zwischen den größeren Filterkörnern befinden.

Trenngradmessungen mit ge- und entladenen Stäuben zeigen, daß die Abscheidung durch die zusätzliche Wirkung elektrostatischer Effekte entscheidend verbessert werden kann. Dies macht sich besonders im Bereich des Abscheideminimums bemerkbar. Mit wachsender Partikelgröße wird dieser Unterschied immer geringer, da mit gleichzeitig zunehmender Trägheitswirkung der Einfluß der elektrostatischen Kräfte zurückgeht. Mit zunehmender Filteranströmgeschwindigkeit nimmt daher auch der Einfluß der elektrostatischen Partikelladung infolge wachsender Trägheitskräfte ab. Beispielsweise konnte bei einer Fluidgeschwindigkeit von 1 m/s kein Einfluß der Partikelladung auf den Trenngradverlauf festgestellt werden. Damit wird deutlich, daß vor allem bei kleinen Filteranströmgeschwindigkeiten eine Verbesserung der Partikelabscheidung im Übergangsbereich durch den Einfluß elektrischer Wechselwirkungen erzielt wird. Für den praktischen Anwendungsfall bedeutet dies, daß durch eine Aufladung der Partikeln vor dem Filter gerade im Feinstaubbereich das deutlich ausgeprägte Trenngradminimum auf einen wesentlich höheren Wert angehoben werden kann. Insbesondere in Wirbelschichten, wo aufgrund der Stöße zwischen den Kollektoren elektrostatische Ladungen erzeugt werden, kann dieser Effekt genutzt werden.

Generell kann davon ausgegangen werden, daß sich die Abscheidung mit der Bestaubungszeit und damit zunehmender Partikeleinlagerung im Filter zunächst verbessert. Im ersten recht kurzen Zeitintervall werden die Partikeln direkt an der Oberfläche der Kollektoren abgeschieden. Infolge der Partikelanlagerung bilden sich auf den Schüttgutkörnern mit der Zeit dünne Staubschichten, die zu einer Verbesserung der Haftbedingungen und somit zur Erhöhung des Abscheidegrades führen. Mit zunehmender Filtrationszeit erfolgt die Partikelanlagerung an bereits abgeschiedenen Staubteilchen. Häufig werden in dieser Phase des Filtrationsprozesses kettenähnliche Agglomerate, sogenannte Dendriten, beobachtet. Bei einer ruhenden Schüttung verstopfen mit weiter fortschreitender Filtration die Hohlräume zwischen den Körnern. Die Partikelabscheidung verlagert sich immer mehr an die Oberfläche der Schüttschicht. Es kann u. U. zur Bildung eines Staubkuchens kommen. Es muß jedoch bei einer zu starken Filterflächenbelastung der Schüttschicht bei weiterer Staubzufuhr mit einer Verschlechterung des Abscheidegrades gerechnet werden. Nach Überschreiten einer kritischen Beladung bzw. eines kritischen Druckverlustes bilden sich Strömungskanäle, durch welche Partikeln direkt zur Reingasseite gelangen können.

Bei Bestaubung eines Schüttschichtfilters mit nicht bewegten Kollektoren unter gleichbleibenden Versuchsbedingungen kommt es demnach mit der Zeit zunächst zu einer Verbesserung der Abscheidung. Nach einer gewissen Zeit kann jedoch eine schlagartige Umkehrung dieses Effektes auftreten. Abbildung 5.3 verdeutlicht diesen Sachverhalt anhand gemessener Trenngradkurven. Die Abscheidung verbessert sich zunächst infolge der eingelagerten Staubmenge, die allmählich die Hohlräume und Poren des Filters zusetzt. Parallel dazu steigt der Druckverlust an. Nach einer Bestaubungszeit von etwa 3 Stunden fällt der Trenngrad sehr schnell ab und liegt dann tiefer als zu

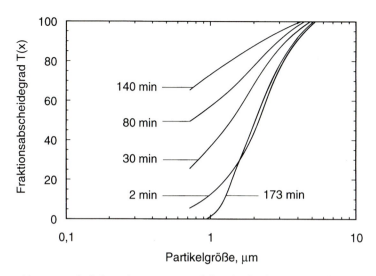

Abb. 5.3. Einfluß der Filtrationszeit auf die Abscheidung von Kalksteinpartikeln an einer 16 mm dicken Schüttung aus Kalksteinkörnern (Durchmesser 0,93 mm) bei einer Anströmgeschwindigkeit von 0,25 m/s und einer Rohgaspartikelkonzentration von 0,3 g/m³ [7]

Beginn der Bestaubung. Bei der relativ hohen Gasgeschwindigkeit, die im Bereich der Poren im Filter außerdem ein Vielfaches der hier angegebenen Anströmgeschwindigkeit beträgt, reichen die Haftkräfte der Partikeln untereinander nicht aus, um den hohen Widerstandskräften der Durchströmung in den Poren standzuhalten. Die Staubbrücken in den Filterhohlräumen brechen schließlich zusammen, so daß es regelrecht zum Durchblasen kommen kann. Durch Verwendung kleinerer Kollektoren und Reduzierung der Gasgeschwindigkeiten kann das Durchblasen vermieden werden. Hier gehen jedoch auch die Stoffeigenschaften von Staub und Kollektor ein. Ein klebriger Staub beispielsweise wird ein ganz anderes Betriebsverhalten zeigen als ein trockener rieselfähiger Staub.

Bei Schüttschichtfiltern mit einem wandernden Schüttgutbett oder einer Wirbelschicht liegen andere Verhältnisse vor. Durch die ständige Bewegung kann es hier nicht zur Bildung eines Staubkuchens kommen. Die Abscheidung findet vorwiegend direkt an den Schüttgutkollektoren statt. Aufgrund der Reibung zwischen den Körnern im Wanderbett bzw. aufgrund von Kollektorstößen in der Wirbelschicht werden bereits abgeschiedene Partikeln teilweise wieder abgelöst und gelangen ins Reingas. Dieser Effekt hängt im wesentlichen von der Wanderungsgeschwindigkeit des Bettes ab. Bei höherer Wanderungsgeschwindigkeit besteht in der Regel ein geringerer Abscheidegrad, was in technischen Anlagen zu Problemen führen kann. Über die Beschreibung dieses Wiedereintrittes bereits abgeschiedener Partikeln in den Gasstrom beim Wanderbett bzw. bei der Wirbelschicht liegen bis jetzt allerdings noch keine fundierten systematischen Untersuchungen vor.

Der Einfluß der Temperatur kann anhand der beiden wichtigsten Transportmechanismen Diffusion und Trägheit diskutiert werden. Der Auftreffgrad infolge Diffusion steigt linear mit der Temperatur an, und zwar umso stärker, je kleiner die betrachteten Partikeln sind. Dies ist eine Folge des ebenfalls mit steigender Temperatur wachsenden Partikeldiffusionskoeffizienten. Die Abscheidung feiner Partikeln wird demnach verbessert. Der Temperatureinfluß im Trägheitsbereich erfolgt im wesentlichen über die dynamische Viskosität μ des Gases ($\mu \sim T^{0,7}$). Mit zunehmender Viskosität wird die auf die Partikeln ausgeübte Strömungskraft größer, die Partikeln weichen von den Stromlinien in geringerem Umfange ab. Dadurch wird die Abscheidung größerer Partikeln verschlechtert. Insgesamt ist demnach mit einer Verschiebung der Trennkurve nach rechts, d. h. zu größeren Partikeln hin, zu rechnen.

Die bezüglich der Schüttschichtfilter getroffenen Aussagen zum Abscheideverhalten treffen prinzipiell auch auf die Partikelabscheidung an Faserschichtfiltern, Filterkerzen und den anderen schon erwähnten Filtertypen zu. Allerdings erreicht man hier meist sehr schnell den erwünschten Zustand der reinen Oberflächenfiltration. Die Beschreibung der Abscheidung direkt an den Kollektoren des jeweiligen Filtermediums ist demnach nur für das neue, unbestaubte Medium und die kurzen Phasen nach einer Regenerierung des Mediums von Bedeutung.

5.2.1.3
Abscheidung am Filterkuchen

Mit zunehmender Filtrationszeit ist ein Zuwachsen der Filteroberfläche zu beobachten, was schließlich zur vollständigen Bedeckung mit Teilchen führt. Infolge der Einlagerung der Staubpartikeln erfolgt eine Verbesserung der Partikelabscheidung. Gleichzeitig nimmt der Druckverlust zu. Trenngradmessungen an einem Filterstück aus Polyesternadelfilz haben gezeigt, daß mit zunehmender Staubeinlagerung über den gesamten Partikelgrößenbereich die Staubteilchen verbessert abgeschieden werden (s. Abb. 5.4). Bereits bei einer Staubanlagerung von 95 g/m² ist die Abscheidewahrscheinlichkeit für alle Partikeldurchmesser größer als 98 %.

Bei weiterer Staubzugabe verlagert sich die Partikelabscheidung an die Filteroberfläche. Es wird ein ein sog. Staubkuchen gebildet. Die Partikeln werden in dieser Filtrationsphase durch die geometrische Sperrwirkung des Staubkuchens abgeschieden. Für die weitere Partikelabscheidung sind daher die Eigenschaften des Staubkuchens bestimmend. Nach der Bildung einer ersten Staubschicht ist für die weitere Partikelabscheidung die Wechselwirkung zwischen den Partikeln entscheidend. Oberflächenstruktur und innerer Aufbau des Filtermediums haben hingegen vorwiegend Einfluß auf den Anteil an Staubeinlagerung im Innern sowie den Zeitpunkt des Kuchenaufbaues. Mögliche Auswirkungen auf die Struktur des Staubkuchens sind noch nicht hinreichend untersucht.

Das Abscheideverhalten von Oberflächenfiltern wird im wesentlichen von folgenden Größen beeinflußt: Filteranströmgeschwindigkeit, Parti-

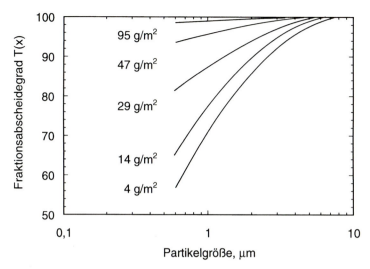

Abb. 5.4. Einfluß der abgeschiedenen Staubmasse pro Filterfläche auf die Partikelabscheidung an einem Filterschlauch bei einer Anströmgeschwindigkeit von 150 m/h und einer Rohgaspartikelkonzentration von 3 g/m³ [3]

keleigenschaften, Partikelgrößenverteilung des Staubes, Rohgaskonzentration, elektrische Wechselwirkungen, Eigenschaften des Trägergases, Betriebstemperatur, Filtermedium und Art der Regenerierung.

Für den Durchtritt von Partikeln an Oberflächenfiltern können im wesentlichen zwei Mechanismen verantwortlich gemacht werden. Zum einen gibt es den direkten Partikeldurchtritt durch den Staubkuchen und das Filtermedium. Dieser tritt vor allem zu Beginn der Filtration auf, insbesondere wenn es Fehlstellen im Filtermedium gibt und sich noch kein geschlossener Staubkuchen ausgebildet hat. Außerdem kann es bei grobporigen oder mit Strukturfehlern versehenen Filtermedien zur Ausbildung kleiner Löcher im Staubkuchen kommen. Dies tritt insbesondere bei gewebten Medien, bei großen Anströmgeschwindigkeiten (v > 120 m/h) und hohem Druckverlust (Δp > 1000 Pa) auf. Zum anderen gibt es das Durchsickern oder Durchwandern von bereits abgeschiedenen Partikeln durch das Filtermedium hindurch. Dieser Effekt spielt insbesondere bei einer Bewegung des Filtermediums, z.B. bei der Regenerierung, eine wichtige Rolle. Die Auswirkung auf die Partikelkonzentration im Reingas hängt dabei stark von dem im Filtermedium eingelagerten Staubanteil ab und wird somit auch von der Filteranströmgeschwindigkeit bestimmt. Das Phänomen des Durchsickerns tritt besonders bei der Druckstoßregenerierung auf.

Aufgrund der komplexen Vorgänge bei der Partikelabscheidung an Oberflächenfiltern ist es noch nicht gelungen, eine zufriedenstellende Beziehung zwischen relevanten Partikeleigenschaften und dem Abscheideverhalten herzustellen. Neben der Größe als primäres Partikelmerkmal beeinflussen Agglomerationsneigung, elektrische Aufladbarkeit und Polarität, chemische Reaktionsfähigkeit sowie die Wechselwirkung zwischen Partikeln und Filtermedium das Abscheideverhalten. Die bis dato bekannten Publikationen behandeln vorwiegend den Einfluß der Partikelgrößenverteilung. Die Autoren kommen übereinstimmend zu dem Ergebnis, daß mit abnehmender Partikelgröße des abzuscheidenden Staubes der Staubdurchtritt durch ein Filter zunimmt. Dies wird vorwiegend mit dem direkten Staubdurchtritt von kleineren Partikeln erklärt. Die Größenverteilung alleine ist allerdings kein ausreichendes Maß zur Beurteilung des Abscheideverhaltens. Untersuchungen an Schlauchfiltern mit einem Staub aus Acrylbutadienstyrol (Massenmedianwert $x_{50,3} \approx 12\,\mu m$) und einem Staub aus Aluminiumoxid-Partikeln ($x_{50,3} = 45\,\mu m$) ergaben ein stark unterschiedliches Abscheideverhalten. Während das agglomerierende Kunststoffpulver leicht abzuscheiden war, bildete der frei fließende Aluminiumoxid-Staub keinen Filterkuchen an der Oberfläche des Filtermediums. Trotz größerer Partikeln ergab sich mit wachsendem Druckverlust eine Zunahme des Staubdurchtrittes. Das adhäsive und kohäsive Verhalten eines Staubes ist daher als eine wichtige Partikeleigenschaft für die Auslegung von Filteranlagen zu werten. Quantitativ ist diese Partikeleigenschaft im Hinblick auf das Abscheideverhalten in Oberflächenfiltern jedoch noch nicht erfaßbar.

Der Einfluß der Filteranströmgeschwindigkeit auf den Abscheidegrad ist stark mit den Eigenschaften von Filtermedium und Staubpartikeln gekoppelt. Allgemein wird beobachtet, daß sich mit zunehmender Filteranströmgeschwindigkeit die Reingaskonzentration erhöht.

Aufgrund der Bildung eines Staubkuchens an der Filteroberfläche und der damit vorherrschenden Sperrwirkung wird in der Praxis beobachtet, daß der Abscheidegrad von Oberflächenfiltern nahezu unabhängig von der Partikelkonzentration im Rohgas ist. Ein Einfluß der Rohgaskonzentration besteht nur dann, wenn für den Staubdurchlaß der direkte Partikeldurchtritt maßgebend ist.

Elektrische Kräfte können erheblichen Einfluß auf die Partikelabscheidung haben. Darauf wurde bereits in Abschn. 5.2.1.2 hingewiesen. Auch bei der reinen Oberflächenfiltration können elektrische Wechselwirkungen das Betriebsverhalten verbessern, wobei dies sowohl die Partikelabscheidung als auch den Druckverlust betrifft. Es bestehen mehrere Möglichkeiten der technischen Realisierung [8]. Zum einen können die Partikeln elektrisch aufgeladen werden, zum anderen besteht die Möglichkeit einer Polarisation von Partikeln und Filtermedium durch extern angelegte elektrische Felder. Auch eine Kombination beider Varianten ist realisierbar. Allgemein ist festzustellen, daß der Partikeldurchtritt mittels elektrischer Beeinflussung reduziert werden kann (s. Abb. 5.5). Insbesondere wird die bei Geweben häufig beobachtete Partikelpenetration aufgrund kleinerer Löcher im Staubkuchen (pinholes) erheblich vermindert.

Der Einfluß der physikalischen und chemischen Ergenschaften und der Zusammensetzung des Trägergases auf das Abscheideverhalten ist bisher nur unzureichend untersucht worden. Selbst der Einfluß der rel. Feuchte ist bis heute noch nicht eindeutig geklärt. Einige experimentelle Ergebnisse deuten jedoch darauf hin, daß die Abscheidung bei höherer Feuchte verbessert wird. Als Ursache wird eine begünstigte Bildung von Agglomeraten im Rohgas bei

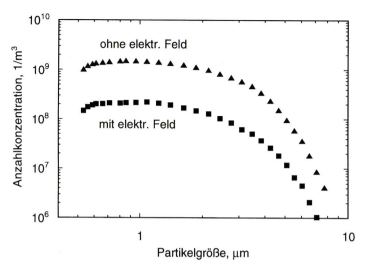

Abb. 5.5. Einfluß eines elektrischen Feldes am Filtermedium auf die Partikelanzahl pro m³ im Reingas für unterschiedliche Partikelgrößenintervalle

hohen rel. Feuchten vermutet, die sich auf die Struktur des Staubkuchens und somit auf das Betriebsverhalten eines Oberflächenfilters auswirken.

Mit zunehmender Bestaubung des Filters und bei Anwesenheit eines Filterkuchens, d.h. in der Filterkuchenaufbauphase, gewinnt die geometrische Ausdehnung der Partikeln zunehmend an Bedeutung und die Abscheidung erfolgt im wesentlichen aufgrund eines Sperreffektes im Filterkuchen. Es ist somit zu erwarten, daß der Temperatureinfluß auf die Partikelabscheidung mit zunehmender Staubbeladung des Filters abnimmt und bei reiner Kuchenfiltration keine Bedeutung mehr hat. Eine experimentelle Verifikation steht jedoch noch aus. Voraussetzung für die Nutzung dieses im Vergleich zur Tiefenfiltration neutralen Temperatureffektes ist allerdings, daß das verwendete Filtermedium bei den vorherrschenden Betriebsbedingungen auch dimensionsstabil bleibt.

Bei Oberflächenfiltern, die on-line, d.h. ohne Absperrung der Rohgaszufuhr, regeneriert werden, hängt die Reingaskonzentration stark von der Methode und Heftigkeit der Regenerierung und von dem Betriebszustand, insbesondere von der im Filtermedium eingelagerten Staubmasse, ab. Bei einem neuen, unbestaubten Filter ist zu Beginn der Filtration ein hoher Staubdurchtritt meßbar, solange sich noch kein Filterkuchen an der Oberfläche gebildet hat. Mit zunehmender Staubanlagerung nimmt die Partikelkonzentration im Reingas schnell ab, jedoch steigt der Druckverlust Δp gleichzeitig an. Nach Erreichen eines vorgegebenen Grenzwertes für Δp wird das Filtermedium regeneriert, was zu einem erheblichen Staubdurchtritt führen kann. Diese vielfach beobachtete Erhöhung der Partikelkonzentration im Reingas während des Regenerierungsvorganges ist typisch für Oberflächenfilter, insbesondere für Schlauchfilter mit Druckstoßregenerierung. Bei diesen Filtern wird zur Entfernung des Staubkuchens während der Filtration kurzzeitig (≈ 0,2 s) ein Luftstrahl mit hohem Druck in den Filterschlauch eingeleitet. Im Innern des Schlauches baut sich sehr schnell ein Überdruck auf, wodurch das Filtermedium nach außen beschleunigt wird. Am Ende des Regenerierungsvorganges sinkt der Überdruck schnell wieder ab, und der Filterschlauch schlägt auf den Stützkorb zurück. Infolge dieses Aufprallens können Partikeln, die sich im Innern oder direkt an der Oberfläche des Filtermediums befinden, zur Reingasseite befördert werden. Diese Staubdurchschläge können für die Reingaskonzentration hinter Schlauchfiltern bestimmend sein (s. Abb. 5.6).

Messungen bei Variation der Filteranströmgeschwindigkeit und des Speicherdruckes ergaben, daß mit zunehmender Geschwindigkeit und zunehmendem Tankdruck die Partikelkonzentration im Reingas innerhalb der ersten Sekunden nach einer Regenerierung zunimmt. Es ist zu vermuten, daß bei höheren Filteranströmgeschwindigkeiten das Filtermedium nach erfolgtem Druckstoß stärker auf den Stützkorb zurückschlägt. Die Partikelkonzentration im Reingas hinter Schlauchfiltern wird erheblich von der Regenerierung beeinflußt. Im praktischen Filterbetrieb kann dies bei hohen Filteranströmgeschwindigkeiten zu Problemen führen, da bei derartiger Betriebsweise nicht nur mit hohen Speicherdrücken, sondern auch in zeitlich kurzen Abständen regeneriert werden muß. Um zu hohe Reingaskonzentrationen zu vermeiden, kann versucht werden, mit einem zusätzlichen Speichertank den Druckabbau im Filterschlauch nach der Regenerierung zu verlangsamen. Es soll damit das heftige Aufschlagen des Filtermediums auf den Stützkorb vermieden werden. In Pilotversuchen konnte auf diesem Wege der Staubdurchschlag reduziert werden. Großtechnisch hat sich dieses Verfahren jedoch noch nicht durchgesetzt. Ähnliches gilt für Versuche, das Zurückschlagen des Filtermediums mittels eines über den Stützkorb straff gespannten, grobmaschigen Netzes aus PTFE-Fasern zu dämpfen.

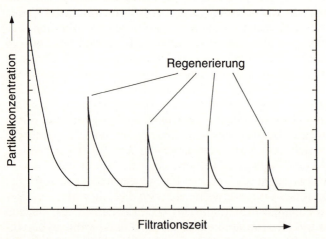

Abb. 5.6. Schematischer Verlauf der Partikelkonzentration im Reingas bei einem on-line regenerierten Oberflächenfilter

5.2.2
Druckverlust

Der Druckverlust ist bei Oberflächenfiltern in der Praxis häufig von größerer Bedeutung als der Abscheidegrad. Bei ungenügender Regenerierung des Filtermediums steigt der Druckverlust des Mediums infolge zunehmender Partikeleinlagerung ständig an, was zu Betriebsstörungen führt. Eine zuverlässige Vorausberechnung der einzustellenden Betriebsbedingungen zur Erzielung einer günstigen Druckverlustentwicklung ist in der Regel nicht möglich. Die Dimensionierung erfolgt vorwiegend aufgrund Erfahrung, empirisch ermittelter Daten und Testversuchen (s. Abschn. 5.5).

Die zeitliche Entwicklung des Druckverlustes an einem Oberflächenfilter bei konstanter Anströmgeschwindigkeit ist schematisch in Abb. 5.7 gezeigt. Infolge Staubeinlagerung und Bildung eines Staubkuchens nimmt der Druckverlust mit der Zeit bzw. der abgeschiedenen Partikelmenge zu. Während der sog. Verstopfungsphase steigt er zunächst nichtlinear an. Während bei homogenen, offenporigen Nadelfilzen die Krümmung der Kurve positiv ist, tritt bei Geweben mit relativ geringer Porenflächendichte zunächst eine negative Krümmung auf. Bei konstant gehaltener Filteranströmgeschwindigkeit geht die Druckverlust-Zeit-Kurve in einen linearen Anstieg über. Ist der Staubkuchen von nur geringer Festigkeit, können allerdings ab ca. 500 Pa Druckverlust-Sprünge im Kurvenverlauf aufgrund lokaler Kuchenkompressionen auftreten. Nach Erreichen eines vorgegebenen Druckverlustes Δp_{max} wird regeneriert, d.h. der Staubkuchen vom Filtermedium mehr oder weniger vollständig abgelöst. Der Druckverlust fällt auf einen kleineren Wert zurück, erreicht jedoch meist nicht den Ausgangswert des neuen Filtermediums, da in der Regel Partikeln im Medium verbleiben. Dieser Reststaub kann für die Partikelabscheidung günstig sein, falls er ein weiteres Eindringen von Partikeln in folgenden Filtrationszyklen verhindert. Bei den nächsten Filtrationsperioden steigt der Druckverlust fast schon zu Beginn linear an, was auf eine schnellere Bildung des Staubkuchens zurückzuführen ist. Die Anfangsphase, innerhalb welcher die Abscheidung noch im Inneren des Filtermediums erfolgt, wird im Vergleich zur gesamten Zyklusdauer immer kürzer. Der zeitliche Verlauf des Restdruckverlustes nach der Regenerierung zeigt an, ob die gewünschten stabilen Betriebsbedingungen erreicht werden oder ob das Filtermedium zunehmend verstopft.

Der Einfluß der Stoffeigenschaften von Staub und Filtermedium auf den Druckverlust kann quantitativ bisher nur ungenügend beschrieben werden. Trotzdem sind einige Tendenzen immer wieder festzustellen, auf welche im folgenden kurz eingegangen wird. Stäube mit kleinen Partikeln ($x < 15\,\mu m$) und breiten Korngrößenverteilungen (z.B. $0.5\,\mu m < x < 50\,\mu m$) bilden meist einen dichten Staubkuchen geringer Luftdurchlässigkeit. Bei Staubfraktionen mit einer engen Korngrößenverteilung entstehen vergleichsweise Staubkuchen mit höherer Porosität und geringerem Druckverlust.

Bezüglich des Einflusses der rel. Luftfeuchte ist bekannt, daß mit zunehmender Feuchte der Druckverlust abnimmt. Dies wird zum einen darauf zurückgeführt, daß der Staub bereits vor der Abscheidung zunehmend agglo-

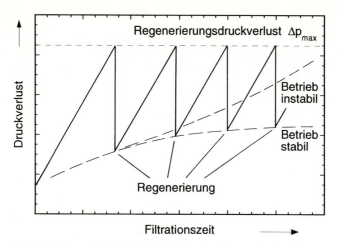

Abb. 5.7. Schematischer Verlauf des Druckverlustes eines on-line regenerierten Oberflächenfilters bei konstanter Anströmgeschwindigkeit (Filterflächenbelastung)

meriert und somit einen Staubkuchen mit höherer Porosität bildet. Zum anderen bilden sich stabilere Staubkuchenstrukturen aus, welche durch den zunehmenden Druckverlust in nur geringerem Maße komprimiert werden. Die Kuchen bleiben poröser, entsprechend geringer ist deren Durchströmungswiderstand. Diesem Vorteil während der Filtration steht jedoch entgegen, daß infolge der höheren rel. Feuchte die Haltkräfte zwischen Staubkuchen und Filtermedium erhöht werden, was sich nachteilig auf die Reinigung des Filtermediums, d. h. auf den Restdruckverlust Δp_R, auswirken kann. Der Vorschlag, Wasser zur Reduzierung des Druckverlustes in das Rohgas einzudüsen, ist daher kritisch zu beurteilen.

Auf die Bemühungen, das Betriebsverhalten von Oberflächenfiltern durch elektrische Effekte zu verbessern, wurde bereits in Abschn. 5.2.1 hingewiesen. Neben der Partikelabscheidung soll vor allem der Druckverlust beeinflußt werden. Die bisherigen Ergebnisse haben gezeigt, daß durch elektrostatische Aufladung bzw. Polarisation von Partikeln sowohl der Durchströmungswiderstand des Filtermediums nach der Regenerierung als auch der durch den Staubkuchen hervorgerufene Druckverlust unter bestimmten Bedingungen erniedrigt werden kann [8]. Als Begründung wird angegeben, daß die Partikeln kaum noch in das Filtermedium eindringen, sondern fast vollständig an der Oberfläche abgeschieden werden. Außerdem wird durch die Polarisation von Staubpartikeln und Filtermedium ein Staubkuchen inhomogener Struktur gebildet, was zu einer Druckverlustreduzierung führen kann. Häufig ergibt sich jedoch auch eine Reduzierung des Druckverlustanstieges aufgrund einer Vorabscheidung geladener Partikeln an Wandungen auf dem Weg zum Filtermedium. Anleitungen zur wirkungsvollen Reduzierung des Druckverlustes können mangels eindeutiger Erklärungen der Effekte jedoch noch nicht gegeben werden.

Hohe Temperaturen können infolge veränderter Haftbedingungen und plastischen Verhaltens der Materialien die Struktur und Festigkeit von abgeschiedenen Staubschichten und dadurch den Druckverlust beeinflussen. Dies bedeutet, daß neben dem Einfluß über die Abhängigkeit der dynamischen Viskosität des Gases von der Temperatur durch schon geringfügige Änderungen der Struktur oder Porosität des Filterkuchens gravierende Änderungen des Druckverlustes bewirkt werden können. Diese Thematik ist Gegenstand aktueller Forschungsarbeiten.

Der Druckverlust eines Schüttschichtfilters wird im wesentlichen durch die folgenden Einflußgrößen bestimmt: Höhe der Schüttung, Größe der Filterelemente (Kollektoren), Filteranströmgeschwindigkeit, Menge der abgeschiedenen Partikeln und deren Größenverteilung. Es ist allgemein festzustellen, daß bei Festbetten der Druckverlust ab einer kritischen Beladung stark ansteigt. Dieser kritische Wert hängt von der Speicherfähigkeit des Filters ab und wird unter anderem von der Höhe der Schüttung und der Größe der verwendeten Kollektoren bestimmt. Ein Filter mit einer größeren Schütthöhe und gröberen Filtermittelkörnern wird erst bei einer höheren Staubbeladung zum Verstopfen neigen. Generell läßt sich sagen, daß der Druckverlust mit der Höhe der Schüttung zunimmt, jedoch mit wachsendem Durchmesser der Filterelemente abnimmt. Eine weitere wichtige Einflußgröße ist die Größenverteilung der abzuscheidenden Staubpartikeln. Feinerer Staub neigt aufgrund der höheren Haftkräfte eher zur Brückenbildung zwischen den einzelnen Filtermittelkörnern. Dies führt zu einem höheren Verstopfungsgrad der Filterhohlräume und damit zu einem steilen Druckverlustanstieg. Weiterhin wird deutlich, daß der Anfangsdruckverlust mit wachsendem Durchmesser der Filterelemente abnimmt. Als weitere Einflußgröße auf den Druckverlust ist noch die Filteranströmgeschwindigkeit (Flächenbelastung) zu betrachten. Mit wachsender Belastung nimmt der Anfangsdruckverlust zu. Jedoch ist der Anstieg des Durchströmungswiderstandes bei kleinerer Anströmgeschwindigkeit wesentlich steiler, was auf eine stärkere Verstopfung der Filterhohlräume infolge kleinerer Strömungskräfte zurückgeführt werden kann, wodurch die Belegung des Filters wesentlich dichter wird.

5.2.3
Regenerierung

5.2.3.1
Regenerierung flexibler Filtermedien

Ziel ist eine Entfernung von auf dem Filtermedium abgeschiedenen Partikeln, um den durch diese hervorgerufenen Druckverlust zu verringern. Dieser Regenerierung oder auch Abreinigung genannte Vorgang wird zyklisch wiederholt. Allerdings sollte immer bedacht werden, daß der aus den Partikeln aufgebaute Staubkuchen das eigentliche hochwirksame Filtermedium darstellt. Zu häufiges und zu heftiges Regenerieren kann zu einem größeren Verschleiß des Filtermediums, zu einer verstärkten irreversiblen Einlagerung von Partikeln in das Filtermedium und damit zu einer unerwünschten Vergrößerung des Restwiderstandes, zu einer Erhöhung der Partikelemission und zu einer Vergrößerung der Betriebskosten führen. Es ist deshalb so selten wie nötig und so sanft wie möglich zu regenerieren.

Es sind im wesentlichen drei Mechanismen, die zu einer Ablösung des Staubkuchens vom Filtermedium beitragen können (vgl. Abb. 5.8):

- Ablösung der Partikelschicht mittels Strömungskräften, hervorgerufen durch eine Gasströmung durch das Filtermedium in Richtung des Staubkuchens (Rückblasen),
- Ablösung der Partikelschicht mittels Trägheitskräften, hervorgerufen durch eine plötzliche Beschleunigung und anschließende heftige Verzögerung des Filtermediums,
- Ablösung der Partikelschicht mittels Scherkräften innerhalb der Staubschicht und zwischen Staubschicht und Filtermedium, hervorgerufen durch eine Verformung des Filtermediums.

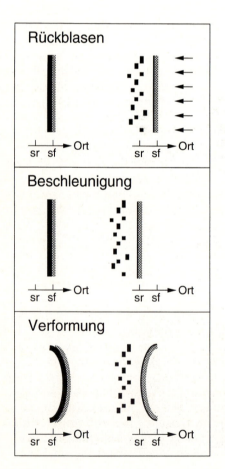

Abb. 5.8. Darstellung der drei wesentlichen Mechanismen bei der Regenerierung flexibler Filtermedien; sr und sf markieren die Position (s) des Filtermediums während der Regenerierung (r) resp. der Filtration (f)

5.2 Funktionsweise und Betriebsverhalten 165

Es gibt verschiedene Methoden, die oben angegebenen Mechanismen mehr oder weniger zur Wirkung zu bringen. Zur Gruppe der pneumatischen Verfahren zählen die Regenerierung durch Rückspülen kompletter Filtereinheiten, durch lokales Rückspülen mittels verfahrbarer Spülluftdüsen und durch Einleitung eines Druckluftstoßes auf der Reingasseite des Filtermediums. Insbesondere bei der zuletzt genannten Methode können alle drei angeführten Mechanismen zur Regenerierung beitragen. Zur Gruppe der mechanischen Verfahren zählen die verschiedenen technischen Realisierungen, mit denen die Filtermedien gerüttelt oder Vibrationen erzeugt werden. Falls nicht zusätzlich ein Rückblasen realisiert wird, wirken bei den mechanischen Verfahren nur Trägheits- und Scherkräfte auf die Partikelschicht.

Bei hochgradig verstopften Medien, hervorgerufen durch eine fehlerhafte Auslegung der Anlage oder durch eine Betriebsstörung (z.B. ungewollte Taupunktsunterschreitung), kann eine Regenerierung durch Waschen erforderlich werden. Häufig werden solch beladene Medien aber auch ausgetauscht.

Die Qualität der Regenerierung (Regenerierungsgrad), ausgedrückt als das Verhältnis von abgeworfener Partikelmasse und zuvor auf dem Medium anfiltrierter Partikelmasse, hängt neben der Methode und der Intensität der Regenerierung sehr stark von den Eigenschaften des Filtermediums und des Staubkuchens ab. Ein bezüglich der Regenerierung ideales Filtermedium verhindert jegliches Eindringen von Partikeln, d.h. die Partikeln werden ausschließlich an der Oberfläche abgeschieden. Desweiteren sind die Haftkräfte zwischen der untersten Partikelschicht und dem Filtermedium so gering, daß sich der Staubkuchen sehr leicht vom Filtermedium ablöst. Moderne Hochleistungsfiltermedien erfüllen diesen Anspruch der idealen Oberflächenfiltration in einem hohen Maße.

Bezüglich der Eigenschaften des Staubkuchens, welche durch die Partikeleigenschaften und die Struktur der Partikelschicht bestimmt werden, ist die Formulierung idealer Verhältnisse schwieriger. Zum einen sollen die Partikeln schlecht am Filtermedium haften. Andererseits soll die Haftung unter den Partikeln so groß sein, daß beim Rückspülen nicht sofort Risse entstehen, durch welche die Spülluft wirkungslos entweicht. Für den Transport in den Staubsammelbehälter ist es ebenfalls vorteilhafter, wenn der Staubkuchen sich nicht in Form einzelner Partikeln, sondern in Form größerer Agglomerate ablöst. Eine gezielte Beeinflussung der Eigenschaften des Staubkuchens wäre wünschenswert. Zur Zeit mangelt es jedoch noch weitgehend sowohl an Grundlagenwissen als auch an empirisch erprobten technischen Realisierungen.

In den folgenden zwei Abbildungen sollen die Abhängigkeit des Regenerierungsgrades von den Regenerierungsbedingungen und den Staubkuchen- bzw. Filtermedieneigenschaften anhand von an ebenen Filterronden (Durchmesser: 14 cm) gewonnenen Ergebnissen exemplarisch verdeutlicht werden [9]. Abbildung 5.9 zeigt die Resultate von Regenerierungen, eingeleitet ausschließlich durch eine Durchströmung des Mediums samt Staubkuchen entgegen der ursprünglichen Filtrationsrichtung. Es wird deutlich, daß die Regenerierung eines flexiblen beschichteten Filtermediums (PTFE-Membran)

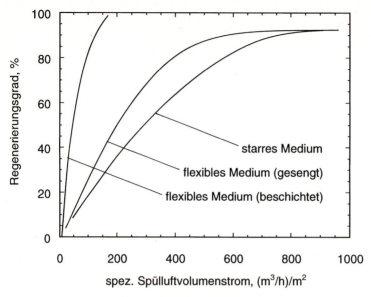

Abb. 5.9. Regenerierungsverhalten unterschiedlicher textiler Filtermedien bei einer Beanspruchung ausschließlich durch Spülluft [9]

am besten gelingt. In diesem Beispiel genügt ein spez. Spülluftvolumenstrom von ca. 200 (m³/h)/m², um eine nahezu 100%ige Staubkuchenablösung zu erreichen. Das starre Filtermedium benötigt die größten Spülluftvolumenströme, um einen vorgegebenen, mittleren Regenerierungsgrad zu erzielen. Bei beiden nicht beschichteten Medien bleiben zudem ca. 10% der Staubkuchenmasse irreversibel an- bzw. eingelagert.

In diesem Zusammenhang ist auch zu beachten, daß die Flexibilität eines Filtemediums sowohl durch Alterung als auch durch Einlagerung von Partikeln mit der Zeit abnehmen kann. Hierdurch kann sich die Regenerierung verschlechtern, wodurch die irreversible Einlagerung von Partikeln weiter vergrößert wird. Ein Medium in einem solchen Zustand kann innerhalb kürzester Zeit „dicht laufen".

Regenerierungen, eingeleitet ausschließlich durch eine plötzliche Verzögerung des Filtermediums, können ebenfalls sehr erfolgreich sein, wie man Abb. 5.10 entnehmen kann. Parameter der Kurven ist die auf die Filterfläche bezogene Masse der Staubkuchen. Man erkennt, daß dickere Kuchen leichter zu regenerieren sind als dünne. In realen Filteranlagen mit mechanischer Regenerierung werden Beschleunigungen bis zum Achtfachen der Erdbeschleunigung und in druckstoßregenerierten Filtern bis zum 300fachen der Erdbeschleunigung erzielt. Trägheitskräfte können demnach zumindest für Teilbereiche der Medien eine wirkungsvolle Ablösung der Staubkuchen veranlassen.

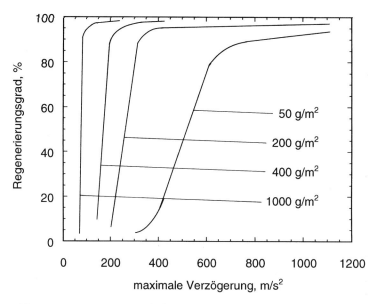

Abb. 5.10. Regenerierungsverhalten eines textilen Filtermediums bei einer Beanspruchung ausschließlich durch Trägheitskräfte bei Variation der Staubkuchenflächenmasse [9]

5.2.3.2
Regenerierung starrer Filtermedien

Bei starren Filtermedien ist eine Regenerierung durch Verformung des Filtermediums in der Regel nicht möglich. Ebenso gestatten die Randbedingungen (z.B. Art der Einspannung und Abdichtung) meist keine ruckartigen Bewegungen des Mediums, so daß auch keine Trägheitskräfte zur Entfernung des Staubkuchens beitragen können. Starre Filtermedien können demzufolge nahezu ausschließlich nur durch Strömungskräfte regeneriert werden. Dies stellt prinzipiell kein Problem dar, wenn ausreichend große Druckdifferenzen bzw. Spülluftvolumenströme zwischen Rein- und Rohgasseite während des Regenerierungsvorganges erzeugt werden können (vgl. Abb. 5.9). Eine Unterstützung der Regenerierung durch Verwendung entsprechend oberflächenbehandelter Filtermedien ist in jedem Falle sinnvoll.

5.2.3.3
Regenerierung von Schüttschichten

Die Regenerierung von aus frei beweglichem, körnigem Material bestehenden Filterschüttungen unterscheidet sich prinzipiell von den bisher besprochenen Methoden. Unabhängig davon, ob eine Schüttschicht als Tiefen- oder Oberflächenfilter betrieben wird, kann die Regenerierung durch eine erzwungene Relativbewegung zwischen den Körnern eingeleitet werden. Hierdurch werden die Kontakte zwischen den Körnern der Schüttung und den einzelnen abgeschiedenen Partikeln mehr oder weniger aufgebrochen. Die feinen, teilweise agglomerierten Partikeln können dann z.B. durch Sieben oder Ausblasen von der gesamten Filterschüttung abgetrennt werden. Diese Regenerierung kann periodisch im Filterapparat bei unterbrochener Rohgaszufuhr oder bei wandernden Schüttungen kontinuierlich extern in speziellen Anlagenteilen durchgeführt werden. Neben dieser mechanischen Regenerierung ist z.B. bei extrem klebrigen Stäuben ein Waschen der Filterkörner ebenfalls möglich. Voraussetzung ist hierbei, daß eine entsprechende Waschwassernachbehandlung technisch und wirtschaftlich realisierbar ist.

Eine andere interessante Möglichkeit besteht darin, das Filtermaterial so zu wählen, daß es zusammen mit den abgeschiedenen Partikeln weiter verwendet werden kann. Als Beispiel sei die Abscheidung von als Dünger verwertbarem Ammoniumnitrat und Ammoniumsulfat an als Bodenverbesserer einsetzbarem Gesteinsmehl genannt. In einer solchen Anlage entfällt die Regenerierung vollständig.

5.3
Filtermedien

5.3.1
Gewebe, Vliese und Filze

Das Betriebsverhalten eines Oberflächenfilters wird entscheidend von den Eigenschaften und damit der Wahl eines geeigneten Filtermediums bestimmt. Der wertmäßige Anteil des Mediums an den Investitionskosten einer Filteranlage beträgt durchschnittlich zwischen 10% und 15%. Ein detaillierter Überblick über die Herstellung und die Einsatzbereiche der verschiedenen Filtermedien wird in [1,10] gegeben.

Als Filtermedium werden in Oberflächenfiltern häufig flexible Flächengebilde eingesetzt. Während früher meist Gewebe zu finden waren, werden heutzutage häufiger verfestigte Vliese (sog. Filze, Vliesstoffe) verwendet. Diese Materialien bestehen aus Naturfasern oder industriell hergestellten Fasern, die zunächst als Endlosfaden (Filament) oder als Faserstücke begrenzter Länge (Stapelfasern) vorliegen. Neben Glas und Metall werden hauptsächlich Kunststoffe zur Herstellung von Fasern eingesetzt. Wolle und Baumwolle werden nur noch selten verwendet. Eine Auswahl wichtiger Fasermaterialien wird zusammen mit deren physikalischen und chemischen Eigenschaften in Tabelle 5.1 gegeben.

Gewebe werden heute vorwiegend bei mechanisch regenerierten Filtern bzw. bei Filtern mit Rückspülung eingesetzt. Ein solches Gewebe besteht aus rechtwinklig verkreuzten Fäden (Kette und Schuß), die entweder

Tabelle 5.1. Auswahl typischer Fasermaterialien und einiger charakteristischer Eigenschaften

Fasermaterial	Reißfestigkeit	spez. elektr. Widerstand $\Omega\,\text{cm}$	Säurebeständigkeit	Laugenbeständigkeit
Baumwolle	gut	$\approx 5 \cdot 10^6$	schlecht	befriedigend
Wolle	schlecht	$\approx 5 \cdot 10^8$	befriedigend	schlecht
Polypropylen	sehr gut	$\approx 10^{17}$	sehr gut	sehr gut
Polyacrylnitril	gut	$\approx 5 \cdot 10^8$	gut	befriedigend
Polyester	sehr gut	$\approx 10^8$	gut	befriedigend
Polyamid	gut	$\approx 10^{10}$	schlecht	gut
Polyaramid	sehr gut	$\approx 10^{12}$	gut	sehr gut
PTFE	gut	$\approx 10^{18}$	sehr gut	sehr gut

aus zusammengebündelten Endlosfasern bestehen (Multifilament) oder aus Stapelfasern gedreht und gesponnen worden sind (Spinnfasergarn). Die Qualität eines Filtergewebes hängt von der Fadenstärke, der Faserart, der Bindungsart zwischen Kette und Schuß und der Fadenzahl pro Längeneinheit ab. Die zur Partikelabscheidung eingesetzten Gewebe besitzen üblicherweise eine Flächenmasse von $200\,\text{g/m}^2$ bis $450\,\text{g/m}^2$ und eine Luftdurchlässigkeit von $100\,\text{l/(dm}^2\cdot\text{min)}$ bis $300\,\text{l/(dm}^2\cdot\text{min)}$ gemessen bei einem Druckverlust von 196 Pa (20 mm WS). Die Partikelabscheidung an Geweben wird in der Anfangsphase von der Größe der Poren zwischen Kette und Schuß bestimmt. Mit Geweben können bei entsprechend hoher Fadendichte pro Flächeneinheit gute Abscheidegrade erzielt werden. Dies bedingt allerdings niedrige Filteranströmgeschwindigkeiten bzw. Filterflächenbelastungen, die bei den heute überwiegend aus Glasfasern aufgebauten Geweben zwischen $35\,(\text{m}^3/\text{h})/\text{m}^2$ und $60\,(\text{m}^3/\text{h})/\text{m}^2$ liegen. Filtergewebe werden in den USA und Australien häufig in sog. Schlauchhäusern mit Rüttelregenerierung oder mit Niederdruckrückspülung eingesetzt, insbesondere Glasgewebe für die Entstaubung von Kraftwerksanlagen bei Dauertemperaturen bis 220 °C.

Filtermedien in Form von mechanisch verfestigten Vliesen werden derzeit in Oberflächenfiltern am häufigsten verwendet. Die größte Bedeutung besitzen sog. Nadelfilze, die durch Vernadeln von Vliesen hergestellt werden. Eine große Anzahl von Nadeln wird bei der Herstellung in das zu verfestigende Filtermedium mehrfach eingestochen und wieder herausgezogen, wobei die eingebrachten Fasern miteinander verschlungen werden. Zur Verbesserung der Festigkeit besitzen Nadelfilze meistens ein Stützgewebe, welches beidseitig mit Fasern vernadelt ist. Dabei kann der Faseraufbau auf beiden Seiten des Stützgewebes durchaus unterschiedlich sein. In Abb. 5.11 ist eine rasterelektronenmikroskopische Aufnahme eines Schnittes durch einen Nadelfilz dargestellt.

Neben solchen Medien werden auch einige ohne Stützgewebe hergestellt. Ein hoher Verfestigungsgrad wird bei derartigen Filtermedien u.a. durch einen Hochtemperatur-Fixierprozeß erreicht, bei dem die Fasern aufgrund der thermischen Einwirkung stark schrumpfen. Als Fasermaterial werden dafür z.B. aromatische Polyamide eingesetzt, die einen hohen Schrump-

Abb. 5.11. Rasterelektronenmikroskopische Aufnahme eines Schnittes durch einen unvollständig regenerierten, mit Partikeln bestaubten, im Betrieb von oben nach unten durchströmten Nadelfilz (1 cm ≡ 100 μm)

fungsgrad aufweisen. Nadelfilze besitzen gegenüber Geweben den Vorteil, daß trotz einer höheren Porosität ($\varepsilon \approx 75\%$ bis 90%) schon in der Anfangsphase hohe Partikelabscheidegrade erzielt werden. Die Luftdurchlässigkeit ist bei Nadelfilzen höher als bei Geweben, wodurch auch größere Filteranströmgeschwindigkeiten zugelassen werden können. Sie liegen bei üblichen Anwendungsfällen im Bereich von $100 \, (m^3/h)/m^2$ bis $200 \, (m^3/h)/m^2$.

Zur Kennzeichnung der Eigenschaften verschiedener Filtermedien ist es üblich, Qualitätsmerkmale anzugeben, die allerdings vorwiegend aus der Textiltechnik stammen. Es existieren z.B. genormte textiltechnische Kenngrößen zur Charakterisierung des thermischen, chemischen und mechanischen Verhaltens eines Filtermediums. Über das zu erwartende Betriebsverhalten, insbesondere über das Abscheideverhalten und den Druckverlust im stabilen Betriebszustand werden jedoch keine Angaben gemacht.

Zur Verbesserung des Betriebsverhaltens von Oberflächenfiltern wird häufig die Struktur der Filtermedien in nachgeschalteten Prozessen verändert. Es gibt verschiedene Hersteller, die das Filtermedium rohgasseitig stark verdichten, um ein Eindringen der Partikeln zu verhindern. In einem anderen Verfahren beispielsweise wird ein PTFE-Laminat auf der Rohgasseite angebracht. Diese Schicht, die bezüglich ihrer Wirkungsweise mit einer Membrane vergleichbar ist, verhindert weitgehend ein Eindringen von Partikeln in das Innere. Durch die relativ glatte Oberfläche wird auch die Entfernung des Staubkuchens begünstigt. Zur Verbesserung der Eigenschaften von Geweben ist es üblich, deren Oberfläche aufzurauhen, um die Partikelabscheidung in der Anfangsphase zu verbessern und die Bildung eines Staubkuchens zu fördern. Bei Nadelfilzen dagegen wird üblicherweise die Oberfläche durch Sengen oder Kalandern geglättet. Damit soll das Regenerierungsverhalten verbessert werden. Beim Sengen werden die von der Oberfläche abstehenden Fasern abgeflammt; beim Kalandern wird das Filtermedium mit hohem Druck zwischen zwei aufheizbaren Walzen stark gepreßt.

Darüberhinaus müssen Nadelfilze aus synthetischen Fasern thermofixiert, d.h. über die vorgesehene Betriebstemperatur erhitzt werden, um ein späteres Schrumpfen zu vermeiden. Für eine höhere Beständigkeit werden die Filtermedien auch noch häufig mit zusätzlichen Substanzen behandelt, um die Fasern vor chemischen Angriffen zu schützen. Zum Beispiel werden Fasern aus Glas oder Polyamid mit PTFE- oder Siliconemulsionen überzogen.

Da filternde Abscheider zunehmend auch bei höheren Gastemperaturen eingesetzt werden, spielt die Temperaturbeständigkeit eine entscheidende Rolle. In Tabelle 5.2 sind Temperaturobergrenzen für Filtermaterialien angegeben, die üblicherweise bei Temperaturen kleiner als $300\,°C$ eingesetzt werden. Prinzipiell kann allerdings nicht davon ausgegangen werden, daß Filtermedien aus den genannten Fasern im gesamten angegebenen Temperaturbereich eingesetzt werden können, auch wenn sie thermisch beständig sind. Dies ist nur teilweise darauf zurückzuführen, daß Bindemittel bei der Herstellung verwendet werden. Hauptsächlich müssen die verwendeten Medien im angestrebten Temperaturbereich beständig gegenüber chemischen Angriffen, beispielsweise durch saure Gase oder Hydrolyse, sein

Tabelle 5.2. Auswahl typischer Filtermedien und deren Temperaturbeständigkeit

Mediumart	Material	Handelsname (Beispiele)	max. Dauertemperatur, °C
Nadelfilz	Polypropylen	Meraklon, Hostalen	90
Nadelfilz	Polyamid	Perlon, Nylon	100
Nadelfilz	Polyacrylnitril	Dralon T, Orlon	125
Nadelfilz	Polyester	Diolen, Trevira	135
Nadelfilz	Polyaramid	Nomex	180
Nadelfilz	Polyphenylensulfid	Ryton, Tedur	180
Nadelfilz	Polyimid	P84	200
Gewebe, Filz	Glas		250
Nadelfilz	PTFE	Teflon, Rastex	260
Filz	Inconel 601		600
Filz	V$_2$A		600
Faserkeramik	Tonerdesilicat	KE85	920
Kornkeramik	SiC		1000

und eine ausreichende mechanische Festigkeit aufweisen, um bei der Regenerierung auftretenden Kräften und Spannungen mit zufriedenstellenden Standzeiten zu widerstehen.

Das derzeit am häufigsten verarbeitete Fasermaterial für nicht zu hohe Temperaturen ist Polyester. Es kann bis zu Temperaturen (kurzzeitig) von 105 °C eingesetzt werden und weist eine hohe mechanische Festigkeit auf. Für den Temperaturbereich von 150 °C bis 300 °C werden aromatisches Polyamid, Glas und Polytetrafluorethylen (PTFE), das sich insbesondere durch seine Resistenz gegen chemische Angriffe auszeichnet, verwendet. Glasfasern werden nicht nur in Form von Geweben, sondern auch als Nadelfilze immer häufiger eingesetzt. Die Glasfaser-Nadelfilze bestehen aus einem Glasfaser-Stützgewebe, auf das einseitig Lagen von Glasfaserfilz aufgenadelt sind. Das für diesen Temperaturbereich ebenfalls einsetzbare Fasermaterial Polyphenylensulfid ist ein neues synthetisches Material, welches eine hohe Beständigkeit gegen Säuren und Alkalien aufweist.

Für Temperaturen oberhalb 300 °C können Gewebe, Vliese oder Filze aus metallischen, keramischen (Tonerdesilicaten) und mineralischen Materialien, Quarz, Glas oder Graphit, eingesetzt werden. Metallische Medien werden hauptsächlich aus Cr-Ni-Mo-Legierungen oder Inconel in der Form von Vliesen, Nadelfilzen und Geweben hergestellt. Oberhalb ca. 600 °C versproden jedoch auch hochlegierte Metallfasern infolge von Rekristallisationsvorgängen und haben nicht mehr die notwendige Festigkeit für den Einsatz als Filtermaterial. Ein häufig eingesetztes Metallfaserfilter besteht aus einem Faservlies mit Stützgewebe. Metallfasern sind inzwischen bis zu einer Dicke von ca. 2 µm verfügbar. Stützgewebe und Vlies werden entweder durch Nadeln oder Sintern miteinander verbunden. Mineral- und Quarzglasfiltermedien sind bislang im wesentlichen als Gewebe auf dem Markt. Zwar werden bereits Nadelfilze aus amorphen Quarzfasern hergestellt, jedoch liegen erst wenige Informationen über ihren Einsatz vor.

Prinzipiell darf bei der Beurteilung der Beständigkeit von Faserprodukten nicht von den Eigenschaften des massiven Ausgangswerkstoffes ausgegangen werden. Aufgrund ihrer großen spezifischen Oberfläche und feinen Struktur sind die Medien gegen korrosive und abrasive Angriffe weniger widerstandsfähig und haben eine geringere Festigkeit als die Ausgangsmaterialien.

5.3.2
Sinterschichten

Seit einigen Jahren findet man auf dem Markt zunehmend starre Filtermedien, die aus in einem Sinterprozeß agglomerierten Kunststoffkörnern bestehen. Durch eine spezielle Formgebung beim Sintern (Lamellen) kann die freie Anströmfläche gegenüber ebenen Materialien deutlich vergrößert werden. Die selbsttragenden Materialien werden häufig beschichtet, z.B. mit einem feinen Pulver aus PTFE, um das Eindringen von Partikeln in den Grundkörper zu verhindern. Die Regenerierung verstopfter Filtermedien aus gesinterten Körnern ist schwierig; oft ist Waschen die einzige Lösung. Die Einsatztemperaturen dieser aus Kunststoff aufgebauten Medien liegen gewöhnlich unter 100 °C. Für spezielle Anwendungen bei höheren Temperaturen sind Sinterkörper aus Metallpulvern verfügbar.

5.3.3
Faser- und Kornkeramiken

Für den Temperaturbereich oberhalb 600 °C werden im wesentlichen drei Arten von Filtermedien angeboten: Gewebe, Vliese und Nadelfilze aus keramischen Fasern oder Quarzglasfasern, Kornkeramiken aus Tonerdesilicaten oder Siliciumcarbid (SiC) mit und ohne Faserbeschichtung und Faserformteile aus feinen keramischen Fasern, die im Anschwemmverfahren hergestellt und mit einem keramischen Binder fixiert sind (vgl. Tabelle 5.2).

Kornkeramiken werden hauptsächlich in der Form von starren Filterkerzen gefertigt. Typische Porositäten liegen im Bereich von 30% bis 40%. Vorteilhaft ist ihre mechanische Stabilität und die Resistenz gegenüber chemischen, thermischen und abrasiven Einflüssen, insbesondere bei der Verwendung von Siliciumcarbid (SiC). Schwierigkeiten können infolge des hohen Gewichtes die Aufhängungen bereiten, außerdem die Abdichtung zwischen Roh- und Reingasseite. Bei unbeschichteten Keramiken können außerdem Probleme dadurch auftreten, daß Partikeln sich im Inneren des Mediums einlagern und nicht mehr entfernt werden können. Durch Aufbringen einer sehr feinporigen, dünnen Deckschicht, beispielsweise aus keramischen Fasern, kann versucht werden, diesem Verstopfungsvorgang entgegenzuwirken.

Faserformteile sind ebenso wie Kornkeramiken starre, im Regelfall zylindrische Gebilde und selbsttragend. Die Schichtdicken liegen in beiden Fällen bei 1 cm bis 2 cm. Die relativ kurzen Fasern sind mit einem keramischen

Binder fixiert. Das Gewicht einer Faserkeramik ist im Vergleich zu einer Kornkeramik gering, die Porosität beträgt ca. 85 % bis 90 %.

5.3.4
Schüttungen

Als Filtermedium in Schüttschichtfiltern werden zum Beispiel Quarz, Kalkstein, Sand, Kies, Koks und Splitt eingesetzt. Möchte man neben partikelförmigen Verunreinigungen auch Gase abscheiden, muß man auf entsprechende Adsorptions- und Reaktionseigenschaften des Filtermaterials, wie spez. Oberfläche und Porenstruktur, geachtet werden. Häufig kommt auch ein Zwischen- oder Endprodukt des jeweiligen vorangeschalteten Prozesses zum Einsatz. In diesem Fall kann man sich häufig die Regenerierung ersparen, da das beladene Filtermaterial in den Prozeß zurückgeführt werden kann.

Typische Korngrößen liegen im Bereich von 0,3 mm bis 5 mm. Die Schichten in Festbettfiltern sind meist einige cm dick. Die maximale Temperaturbeständigkeit liegt je nach Filtermaterial und Gaszusammensetzung bei über 1000 °C.

5.4
Bauformen und Betriebsweise

5.4.1
Schlauchfilter

Schlauchfilter sind die derzeit gebräuchlichsten Oberflächenfilter. Die zylindrischen, einseitig offenen Filterelemente werden während der Filtration je nach Regenerierungsmethode entweder von außen nach innen oder in umgekehrter Richtung durchströmt. Zur Entfernung der abgeschiedenen Staubpartikeln werden in Oberflächenfiltern die Filterelemente periodisch regeneriert. Prinzipiell unterscheidet man zwischen Regenerierungsverfahren, bei denen die zu reinigende Filterkammer von der Rohgaszufuhr abgesperrt wird („off-line"-Verfahren) und solchen, bei denen die Regenerierung während der laufenden Filtration erfolgt („on-line"-Verfahren). Daneben wird bei Filteranlagen zwischen Saugschlauchfiltern und Druckschlauchfiltern unterschieden. Bei Saugschlauchfiltern befindet sich das Gebläse reingasseitig hinter der Filteranlage, bei Druckschlauchfiltern rohgasseitig vor der Anlage.

Die klassische Bauform stellen die Schlauchfilteranlagen in Mehrkammerbauweise dar; jede der Kammern kann separat mit dem zu reinigenden Rohgas beaufschlagt werden (s. Abb. 5.12). Die Zahl der Schläuche pro Kammer reicht dabei von einigen wenigen bis über 100. Das Rohgas wird bei dieser Bauform von unten in das Innere der Filterschläuche geführt, wodurch die Abscheidung der Staubpartikeln auf der Innenseite erfolgt. Für die Rege-

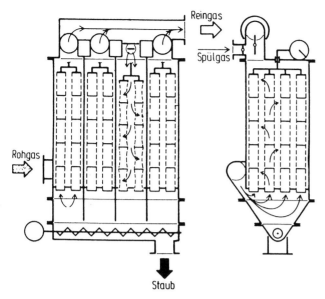

Abb. 5.12. Mehrkammerschlauchfilteranlage (4 Kammern à 8 Schläuche) mit rückspülunterstützter Rüttelregenerierung [3]

nerierung wird jeweils eine Kammer mittels einer Klappe von der Rohgaszufuhr abgesperrt und der angelagerte Staubkuchen durch Rütteln oder Vibrieren von den Schläuchen entfernt. Die Ablösung des Staubes wird häufig durch einen Spülluftstrom entgegen der Filtrationsrichtung unterstützt. Der entfernte Staub fällt in den sich unterhalb der Schläuche befindenden Staubsammelraum und wird z.B. über eine Schnecke aus dem Filtergehäuse ausgetragen. Nach dem beschriebenen Prinzip arbeiten im wesentlichen alle mechanisch gereinigten Filter.

Die verschiedenen Filter mit Rüttelregenerierung unterscheiden sich vorwiegend in der Regenerierungsmechanik. Ein derzeit noch gebräuchliches Verfahren stellt die Klopfregenerierung dar, bei der durch Klopfen des Hängerahmens, an dem die Filterschläuche befestigt sind, der Staub entfernt wird. Dieses Verfahren besitzt den Nachteil, daß beim Abklopfvorgang das Filtermedium geknickt wird und somit starkem Verschleiß unterliegt. Bei Filtermedien, die eine schonende Behandlung erfordern (hauptsächlich Glasgewebe), werden deshalb vorzugsweise Vibratoren eingesetzt, die überwiegend eine horizontale Rüttelbewegung ausführen.

Große Verbreitung haben in den letzten Jahren Filter mit Rückspülung gefunden, wobei zwischen Niederdruck- und Hochdruckrückspülung unterschieden wird. Filter mit Niederdruckrückspülung werden gleichfalls in Mehrkammerbauweise ausgeführt. Die Schläuche werden während der Filtration ebenfalls von innen nach außen durchströmt. Während der Regenerierung wird mit Hilfe eines Spülgebläses Luft in umgekehrter Richtung durch die

Schläuche gesaugt. Der durch das Gebläse erzeugte Überdruck liegt meist unter 10^4 Pa. Durch die aufgezwungene Umkehrung der Druckverhältnisse kollabieren die Schläuche teilweise, und der innen anfiltrierte Staubkuchen wird abgelöst. Zur Vermeidung eines vollständigen Kollabierens sind in den Schläuchen Stützringe angebracht. Die Niederdruckrückspülung stellt eine sehr schonende Regenerierung dar.

Mehrkammerfilter mit Rüttelregenerierung und/oder mit Niederdruckrückspülung sind meist in rechteckiger Bauform als Schlauchhäuser (sog. bag houses) bekannt. Typische Schlauchabmessungen sind 300 mm Durchmesser bei einer Länge von 10 m. Die Filterfläche pro Schlauch beträgt somit ca. 10 m². Die Schlauchhäuser werden vorwiegend zur Reinigung großer Luftmengen (> 10^5 m³/h) bei Temperaturen bis zu 250 °C eingesetzt. Durch die Verwendung von Glasfasergeweben mit entsprechender Oberflächenbehandlung konnten Filter mit Niederdruckrückspülung in Bereiche vordringen, z. B. Kraftwerksentstaubung, in denen noch vorwiegend elektrische Abscheider zu finden sind. Diese Tendenz wird u. a. durch die jüngste Entwicklung unterstützt, die Staubabscheidung in Oberflächenfiltern mit einer sog. trockenen Rauchgasreinigung zu koppeln. Bei diesen Verfahren sollen Gase (vorwiegend SO_2) durch Ad- bzw. Absorption in der abgeschiedenen Staubschicht aus dem Rauchgas entfernt werden.

Schlauchfilter mit Druckstoßregenerierung (Hochdruckrückspülung) haben durch die Entwicklung des Nadelfilzes allgemein in den letzten Jahren in Europa eine starke Verbreitung gefunden. Auch in den USA und in Australien hat sich aus Kostengründen die Druckstoßregenerierung bei Neuanlagen durchgesetzt. Das Gas durchströmt bei dieser Filterbauart grundsätzlich die Schläuche von außen nach innen. Die Filterschläuche sind deshalb über Stützkörbe gezogen (s. Abb. 5.13).

Zur Regenerierung wird kurzzeitig mit hohem Druck ein Spülgasstrom von oben in den Schlauch eingeleitet. Sowohl durch die so erzwungene Umkehrung der Strömungsrichtung als auch durch die Beschleunigung und anschließende Verzögerung des Filtermediums wird anhaftender Staub entfernt. Die Verformung des Schlauches kann dabei ebenfalls eine wichtige Rolle spielen (s. Abb. 5.14). Je nach Regenerierungssystem werden die Schläuche entweder einzeln oder in Reihen regeneriert, wobei ein Abschalten der Rohgaszufuhr nicht erforderlich ist. Der gesamte Regenerierungsvorgang dauert ca. 100 ms bis 300 ms. Es stehen deshalb für die Filtration immer nahezu 100 % der Filterfläche zur Verfügung. Eine Mehrkammerbauweise ist bezüglich der Regenerierung daher nicht notwendig.

Der für die Regenerierung benötigte Druckluftstoß wird bei diesen Filtern meist dadurch erzeugt, daß kurzzeitig ein mit Schallgeschwindigkeit aus einer Düse austretender Treibstrahl Sekundärluft aus der Umgebung ansaugt und dadurch ca. das Fünffache der Primärluft in den Filterschlauch fördert. Der mit hohem Druck in den Schlauch eintretende Luftstrahl bewirkt ein schnelles Aufblähen des Filterschlauches und eine Umkehr der Strömungsrichtung, wodurch der anhaftende Staub abgelöst wird. Gemeinsames Merkmal dieser Regenerierungssysteme sind ein Drucktank, die Druckluftzufuhr vom Druckluftspeicher zu den Düsen (Blasrohr) sowie der Einsatz pneumati-

5.4 Bauformen und Betriebsweise 177

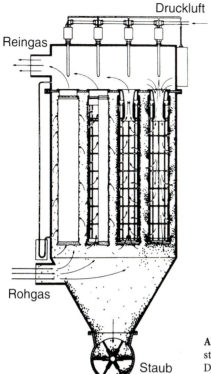

Abb. 5.13. Schlauchfilteranlagen mit Druckstoßregenerierung (teilweise ohne Schlauch zur Darstellung von Stützkorb und Strahlinjektor) [3]

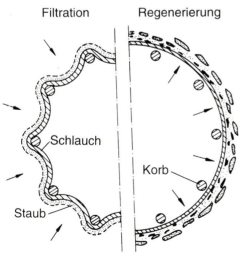

Abb. 5.14. Schnitte durch einen bestaubten Filterschlauch samt Stützkorb während der Filtrations- bzw. der Regenerierungsphase

scher Ventile. Die wesentlichen Unterschiede der verschiedenen Systeme liegen in den Durchmessern von Blasrohr und Düse, in dem Abstand zwischen Düse und Schlaucheintritt sowie in der Gestaltung des Strahlinjektors am oberen Schlauchende. Aufgrund der sich stark unterscheidenden Regenerierungsgeometrien variiert der Druck im Speicherbehälter je nach System zwischen $0,5 \cdot 10^5$ Pa und $7 \cdot 10^5$ Pa.

Zum Ansaugen eines möglichst großen Sekundärvolumenstromes werden von einigen Herstellern sog. Venturirohre eingesetzt. Der eintretende Spülluftstrom wird dadurch beschleunigt und gelangt mit hoher Geschwindigkeit, jedoch niedriger als die Schallgeschwindigkeit, in den Filterschlauch. Die verschiedenen Venturirohre unterscheiden sich in Länge und Durchmesser und sind meist empirisch an die geometrischen Verhältnisse des Regenerierungssystems angepaßt worden. Daneben gibt es Regenerierungssysteme, bei denen auf den Einbau eines Strahlinjektors verzichtet wird. Messungen und Rechnungen zum Druckaufbau in den Schläuchen während der Regenerierung haben gezeigt, daß insbesondere bei langen Schläuchen (> 4 m) handelsübliche Injektoren ein Strömungshindernis darstellen können. Das schnelle Füllen der großen Schlauchvolumina wird unterbunden und dadurch die staubablösende Wirkung vermindert.

In Abschn. 5.2.3.1 wurde schon angesprochen, daß zur Erzielung einer ausreichenden Regenerierung entweder eine kritische negative Beschleunigung (Verzögerung) oder ein kritischer Spülluftvolumenstrom zumindest kurzzeitig überschritten werden muß. Als Maß für letzteren kann auch der maximale Überdruck während des zeitlichen Verlaufes einer Regenerierungsphase herangezogen werden. Messungen der interessierenden Größen an realen Filterschläuchen während einer Druckstoßregenerierung zeigen, daß lokal entlang der Schläuche große Unterschiede sowohl bei der maximalen Verzögerung (s. Abb. 5.15) als auch des maximalen Überdruckes im Inneren der Schläuche (s. Abb. 5.16) vorhanden sind [9,11]. Den beispielhaften aber charakteristischen Darstellungen kann man außerdem entnehmen, daß eine Regenerierung ausschließlich durch Trägheitskräfte bei üblichen Bedingungen nur im oberen Schlauchteil im Bereich der Einleitung des Druckluftstoßes möglich ist. Zieht man den maximalen Überdruck als Maß für die zu erreichende Qualität einer Regenerierung heran, kommt man außerdem zu dem Ergebnis, daß der Staubkuchenabwurf im mittleren Schlauchbereich am schwierigsten zu bewerkstelligen ist. In dem in Abb. 5.16 gezeigten Beispiel ist bei dem durch die mittlere Kurve dargestellten Fall nur für das obere und das untere Schlauchende eine ausreichende Regenerierung zu erwarten. Dies wurde durch Messungen der lokalen Staubflächenmassen an 2,4 m langen Schläuchen vor und nach Einleitung eines Druckluftstoßes experimentell verifiziert. Eine zufriedenstellende Regenerierung eines Filterschlauches kann nur dann erreicht werden, wenn der kritische maximale Überdruck oder die kritische Verzögerung an jeder Stelle des Schlauches überschritten wird.

Zur Entstaubung kleinerer Luftmengen werden häufig Rundfilter eingesetzt, in denen die Schläuche einzeln oder in Reihen mittels Druckstoß regeneriert werden. Die Abmessungen der Schläuche liegen im Bereich von 100 mm bis 200 mm Durchmesser bei Längen von 1,25 m bis 3 m. Durch Va-

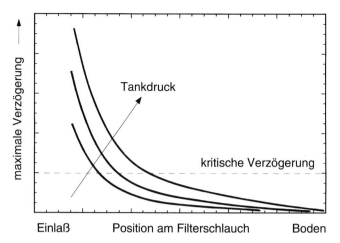

Abb. 5.15. Qualitative Darstellung der maximalen Verzögerungen unterschiedlicher Schlauchbereiche während einer Druckstoßregenerierung (Regenerierung erfolgt für Werte größer als der kritische Wert)

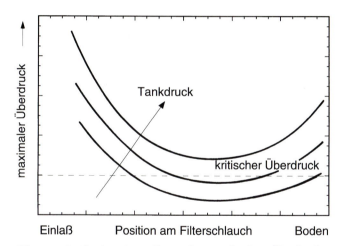

Abb. 5.16. Qualitative Darstellung des maximalen Überdruckes an unterschiedlichen Schlauchbereichen während einer Druckstoßregenerierung (Regenerierung erfolgt für Werte größer als der kritische Wert)

riation von Schlauchanzahl und -länge werden Filterflächen zwischen 2,5 m² und 400 m² erreicht.

Zur Entstaubung größerer Luftmengen werden bevorzugt Reihenfilter verwendet. Die Schläuche besitzen ähnliche Durchmesser, sind jedoch oft zwischen 2,5 m und 5 m lang, in Sonderfällen sogar noch länger. Prinzipiell ist eine Unterteilung der Schlauchfilter mit Druckstoßregenerierung in mehrere abschaltbare Kammern nicht notwendig. Eine Kammerbauweise bietet jedoch den Vorteil, daß bei Betriebsstörungen eine einzelne Kammer außer Betrieb gesetzt und gewartet werden kann, ohne die gesamte Filteranlage abzuschalten. Außerdem kann bei derartiger Bauweise eine Anlage noch nachträglich durch zusätzliche Kammern erweitert werden.

Bei einigen feinen, nicht zur Agglomeration neigenden Stäuben hat sich eine Regenerierung während der laufenden Filtration („on-line") als problematisch erwiesen. Dabei sedimentiert der abgelöste Staub oftmals nicht in den Staubsammelbehälter, sondern lagert sich sofort an die benachbarten Schläuche oder nach Ende des Druckluftstoßes an den eben regenerierten Schlauch an. In diesen Fällen ist eine Regenerierung bei abgeschalteter Rohgaszufuhr („off-line"), ähnlich wie sie bei Mehrkammerfiltern mit Niederdruckrückspülung durchgeführt wird, meist günstiger.

5.4.2
Taschenfilter

Im Vergleich zu Schlauchfiltern sind Taschenfilter (Flächenfilter) weniger verbreitet. Sie werden bevorzugt zur Entstaubung kleinerer Gasmengen eingesetzt. Das Filtermedium besitzt die Form einer rechteckigen, flachen Tasche und ist über einen flächenförmigen Stützrahmen gespannt (s. Abb. 5.17). Die

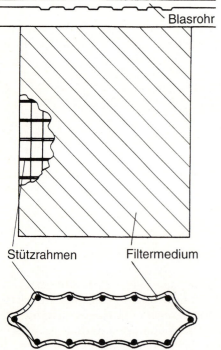

Abb. 5.17. Schematische Darstellung einer unbestaubten Filtertasche incl. Stützrahmen in Filtrationsstellung

Filtertaschen werden in der Regel von außen nach innen durchströmt. Die Abscheidung findet somit auf der Außenseite statt.

Bei Taschenfiltern sind die Filterelemente meist hochkant mit seitlichem Reingasaustritt angeordnet. Gegenüber den Schlauchfiltern besitzen sie den Vorteil eines geringeren Platzbedarfes bezogen auf die Filterfläche. Demgegenüber haben jedoch Taschenfilterelemente bedingt durch ihre Form eine größere bzw. längere Dichtfläche an der Kopfplatte zwischen Roh- und Reingasraum, was bei größeren Filterelementen zu Problemen führen kann. Außerdem bedarf der Ein- und Ausbau der Rahmen erheblich Platz, was bei zu großen Einheiten als entscheidender Nachteil gegenüber Schlauchfiltern angesehen wird. Es haben sich deshalb vorzugsweise kleinere Bauformen durchgesetzt, bei denen die Filterelemente leicht handhabbar sind. Die Filtertaschen, die üblicherweise Filterflächen von 0,6 m² bis 1,5 m² besitzen, werden in kleineren Einheiten, sog. Zellen zusammengefaßt. Mehrere Zellen bilden eine Filterkammer, die zu einer Filteranlage zusammengebaut werden können (s. Abb. 5.18).

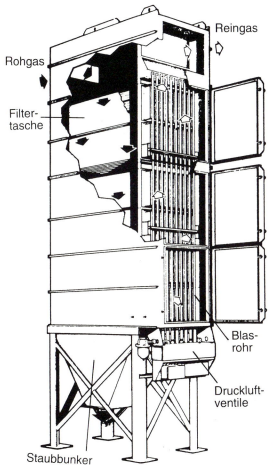

Abb. 5.18. Taschenfilteranlage mit Druckstoßregenerierung (3 Zellen à 10 Taschen übereinander angeordnet) [3]

Die Regenerierungsverfahren für Taschenfilter entsprechen prinzipiell denen für Schlauchfilter. Es gibt Bauformen, bei denen die Regenerierung der Taschen durch Rüttler oder Vibratoren erfolgt, wobei ähnlich wie bei Schlauchfiltern in Mehrkammerbauweise die Rohgaszufuhr unterbrochen und ein Spülgasstrom entgegen der Strömungsrichtung durch die Taschen geleitet wird. Eine größere Verbreitung haben jedoch die Regenerierungsverfahren mit Rückspülung bzw. mit Druckstoß gefunden. Bei der Rückspülung ist es üblich, mit Hilfe einer wandernden Spülluftdüse stoßweise Luft in die Filtertaschen einzublasen und dadurch den anhaftenden Staub zu entfernen. Bei der Druckstoßregenerierung wird wie bei Schlauchfiltern über mehrere Düsen ein Luftstrom mit hohem Druck eingeleitet. Die gleichmäßige Ausbreitung der Druckwelle zur möglichst vollständigen Regenerierung der Filtertaschen stellt dabei ein Problem dar.

Eine große Verbreitung haben Taschenfilter in Form sog. kompakter, filternder Abscheider mit Filterflächen bis zu 50 m² gefunden. Sie werden als Entlüftungsfilter von Silos oder anderen Speicherbehältern, zur Entstaubung von Abluftströmen hinter Maschinen oder als Entstauber von Werkhallen eingesetzt. Einige Bauformen bieten sogar den Vorteil, daß sie nachträglich in Bunker oder Silos eingebaut werden können.

5.4.3
Sinterlamellenfilter

Eine den Taschenfiltern ähnliche Bauform stellen die sog. Sinterlamellenfilter dar. Es handelt sich dabei um ein steifes Filterelement mit thermoplastischen Kunststoffen als Ausgangsmaterial, welches nach der Formgebung gesintert wird. Die Elemente sind selbsttragend, auf einen Stützrahmen kann verzichtet werden. Durch die lamellenartige Gestaltung der Oberflächen wird die volumenbezogene Filterfläche gegenüber den Taschen nochmals deutlich vergrößert (s. Abb. 5.19). Der Aufbau des Filtergehäuses, das Regenerierungsverfahren und die Einsatzgebiete entsprechen prinzipiell denen für Taschenfilter.

5.4.4
Patronenfilter

Eine ebenfalls neuere Entwicklung stellt der Einsatz von Filterpatronen in Oberflächenfiltern dar. In den Filterpatronen ist das Filtermedium sternförmig gefaltet, wodurch die Filterelemente trotz geringer äußerer Abmessungen eine große Filterfläche besitzen. Typische Filterflächen betragen ca. 5 m² bis 20 m² bei einer Höhe von 606 mm. Die Filterpatronen besitzen auf der Innenseite ein Stützelement und können auf der Außenseite in bestimmten Abständen entlang der Höhe durch Bänder zusammengehalten werden, was bei der Regenerierung mittels Druckstoß wichtig ist. Als Filtermedium werden meist

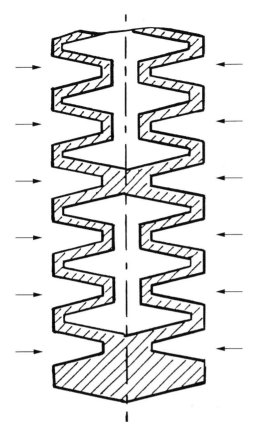

Abb. 5.19. Schnitt durch ein Teilstück eines angeströmten, unbestaubten Sinterlamellenfilterelementes

plissierte Papier-, Polyester- oder Polypropylenvliese eingesetzt. Aufgrund der geringen Bauhöhe der Filterpatronen ist es möglich, kleine Filtereinheiten mit großer Filterfläche zusammenzustellen (s. Abb. 5.20). Die Patronenfilter werden deshalb bevorzugt als sog. Kompaktfilter eingesetzt. Zur Reinigung größerer Luftmengen werden Patronenfilter auch in Mehrkammerbauweise ausgeführt.

Während der Filtration werden die Filterpatronen prinzipiell von außen nach innen durchströmt. Auf der Außenseite wird ein Staubkuchen aufgebaut, der u. U. zum Verstopfen der Falten führen kann. Die Regenerierung der Patronen erfolgt ebenfalls nach den bereits erwähnten Regenerierungsverfahren, wobei vorzugsweise die Druckstoßregenerierung und die Niederdruckrückspülung Verwendung finden. Die Regenerierung mittels eines rotierenden Düsenflügels, der periodisch einzelne Bereiche der Filterpatrone überstreicht, ist ebenfalls möglich.

Patronenfilter haben sich vorzugsweise für die Reinigung kleiner Gasmengen bewährt. Sie können bis jetzt nur bei leicht zu regenerierenden Staub-Filtermedium-Kombinationen eingesetzt werden, bei denen ein Verstopfen der Falten nicht erfolgt und nur wenig Staub im Medium eingelagert wird.

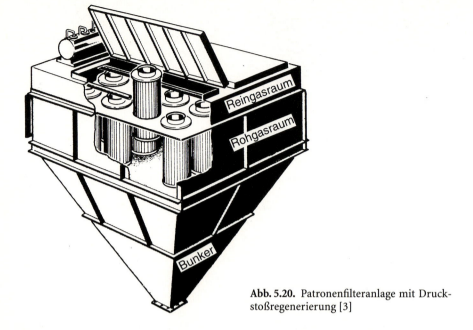

Abb. 5.20. Patronenfilteranlage mit Druckstoßregenerierung [3]

5.4.5
Kassettenfilter

Ursprünglich wurden Schwebstoffilterkassetten als nicht regenerierbare Speicherfilter konzipiert. Neuerdings sollen sie jedoch auch zur Entstaubung von Gasen mit sehr hohen Rohgasstaubbeladungen eingesetzt werden, wo sie als Oberflächenfilter betrieben werden müsssen.
     Beim typischen Aufbau einer Schwebstoffilterkassette wird das Filtermedium in „zick-zack"-Form in einen Metall- oder Kunststoffrahmen eingelegt (s. Abb. 5.21). Um ein Zusammenfallen des Filtermediums zu verhindern, werden von Roh- und Reingasseite jeweils Abstandshalter eingesetzt. Dieses System variiert von Hersteller zu Hersteller. Durch die Abstandshalter entstehen im Filter Strömungskanäle zwischen Halter und Filtermedium. Am besten geeignet sind Kassetten, in denen die Kanäle regelmäßig angeordnet und nicht zu klein sind. Zu kleine Kanäle behindern beim Regenerieren den Staubaustrag. Sind die Kanäle unregelmäßig angeordnet, läßt sich das Regenerierungssystem nicht optimal auf die Kassetten einstellen.
     Die Regenerierung erfolgt im Prinzip wie bei Filterschläuchen. Auf der Reingasseite wird entlang der Kassette ein Düsenrohr z.B. pneumatisch bewegt, durch das die Spülluft in die Kanäle ausströmt. Der Filterkuchen wird durch die Spülluft vom Filtermedium abgeblasen und entgegen der Filtrationsrichtung aus den Kanälen ausgetragen.

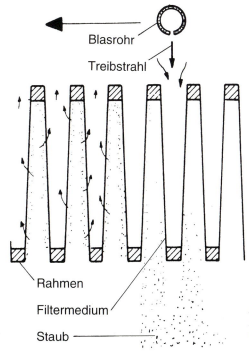

Abb. 5.21. Schematische Darstellung des Aufbaues eines on-line regenerierten Kassettenfilterelementes

Durchschnittlich haben die Filterkassetten eine effektive Filterfläche von ca. 16 m². Durch eine modulartige Zusammenschaltung kann eine Anpassung an größere Gasvolumenströme erfolgen.

5.4.6 Schüttschichtfilter

Prinzipiell kann die Abscheidung von Partikeln an Schüttgutkörnern in einer ruhenden Schüttschicht (Festbett), in einer bewegten Schüttschicht (Wanderbett) oder in einer von der Gasströmung getragenen Schicht (Wirbelschicht) erfolgen. Entsprechend kann zwischen drei verschiedenen Schüttschichtfiltersystemen unterschieden werden.

Der Aufbau eines Schüttschichtfilters mit ruhender Schüttung ist schematisch in Abb. 5.22 dargestellt. Der mit Staubpartikeln beladene Gasstrom gelangt über den Rohgaseintritt in den Abscheider und wird anschließend durch die in Siebkästen gelagerte Schüttschicht geleitet. Beim Durchtritt durch die poröse Schüttschicht erfolgt die Abscheidung der Partikeln. Je nach Staubkonzentration und Porosität der Schüttung findet die Abscheidung im Inneren oder an der Oberfläche statt. Bei sehr hohen Rohgaskonzentrationen kann es sogar zur Bildung eines sog. Staubkuchens kommen. Das gereinigte Gas verläßt den Abscheider über den Reingaskanal. Die mit einem Siebboden versehenen Filterkästen sind in mehreren Reihen nebeneinander oder bei mehrstufigen Anlagen auch übereinander angeordnet und bilden zusammen eine Filterkammer. Häufig werden mehrere Filterkammern parallel geschaltet und gemeinsam als eine Filteranlage betrieben. Hierdurch ist eine Anpassung an die zu reinigenden Gasvolumina leicht möglich. Dieser Aufbau in Mehrkammerbauweise entspricht dem von Schlauch- bzw. Taschenfilteranlagen.

Aufgrund der Einlagerung von abgeschiedenen Partikeln in der Schüttschicht steigt der Druckverlust während der Filtrationsphase an. Nach Erreichen eines zulässigen, maximalen Druckverlustes müssen die Schüttschichten gereinigt werden. Dieser Vorgang wiederholt sich in gewissen Zeitabständen. Früher war es zur Regenerierung der Schüttschicht notwendig, den Filtrationsbetrieb zu unterbrechen und die Schüttung stets aus dem Filter zu entfernen. Auch heute ist es bei vielen Schüttschichtfiltern erforderlich, die zu reinigende Filterkammer vom Rohgasstrom abzusperren. Die Reinigung der Filterschicht erfolgt jedoch vorwiegend innerhalb der Filterkammern mit Hilfe rückströmender Spülluft. Der Regenerierungsvorgang wird meist durch ein mechanisches Auflockern der Schüttschicht (z.B. durch umlaufende Rechen oder Rütteln der Filterkästen) unterstützt. Bei diesen Bauformen müssen zur Aufrechterhaltung eines kontinuierlichen Filtrationsbetriebes mehrere parallel geschaltete Filterkammern vorhanden sein, die der Reihe nach regeneriert werden.

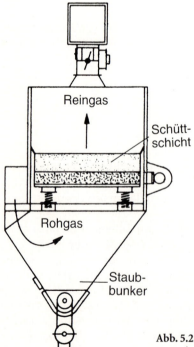

Abb. 5.22. Schematische Darstellung eines Schüttschichtfilters mit (während der Filtration) ruhender Schüttung [3]

Neben diesen absatzweise betriebenen Bauformen gibt es auch kontinuierlich arbeitende Schüttschichtfilter, bei denen die Filtermittelschicht stetig durch die Filtrationskammer wandert (s. Abb. 5.23). Während des laufenden Betriebes werden über einen Vorratsbehälter ständig neue Schüttschichtkörner zugegeben. Das verbrauchte Material wird am unteren Ende des Abscheiders ausgetragen. Die Regenerierung der Schüttschicht erfolgt außerhalb des Apparates. Eine Mehrkammerbauweise aus Gründen der Regenerierung ist bei dieser Bauform nicht erforderlich.

Prinzipiell ist die Abscheidung von Partikeln auch in einer von der Gasströmung getragenen Kornschicht (Wirbelschicht) möglich. Industriell hat sich dieses Verfahren noch nicht durchgesetzt.

In neuerer Zeit werden Schüttschichtfilter auch zur Abscheidung gasförmiger Verunreinigungen wie SO_2, SO_3, HCl oder HF durch im Filter ablaufende Gas-Feststoff-Reaktionen eingesetzt. In diesem Fall können u.a. Kalksteinkörner als Filtermedium und Sorptionsmittel verwendet werden. Ein Beispiel ist die Reinigung HF-haltiger Abluft, wie sie in der keramischen Industrie anfällt. Das verunreinigte Gas wird durch Adsorption bzw. Chemisorption von den unerwünschten HF-Bestandteilen gereinigt. Dabei können z.B. bei Rohgasbeladungen von über 400 mg/m³ Fluor Reingaswerte von unter 5 mg/m³ erzielt werden.

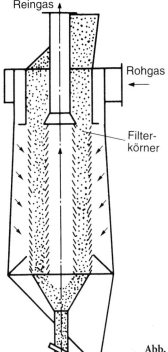

Abb. 5.23. Schematische Darstellung eines Schüttschichtfilters mit von oben nach unten wandernder Schüttung [3]

5.4.7
Heißgasfilter

Bei der Heißgasentstaubung ist mit Problemen zu rechnen, die im konventionellen Temperaturbereich nicht auftreten. Wesentlich ist, daß sich die physikalischen und chemischen Eigenschaften des Gases und der Stäube mit steigender Temperatur ändern. Dies muß bei der Auslegung des Abscheiders, der Wahl des Filtermediums und des Regenerierungsprinzips berücksichtigt werden. Im einzelnen sind folgende Punkte zu beachten: Das Volumen der Gase nimmt mit steigender Temperatur zu, d.h. es ist bei sonst gleichen Bedingungen eine größere Filterfläche erforderlich. Aufgrund der Zunahme der Gasviskosität mit der Temperatur wird eine höhere Ventilatorleistung benötigt. Zahlreiche Elemente und Verbindungen haben im Temperaturbereich oberhalb 200 °C oder gar 500 °C einen nicht mehr zu vernachlässigenden Dampfdruck, so daß sie in hohen Konzentrationen im Abgas vorliegen können. Diese Verbindungen können das Filtermedium gasförmig passieren und in nachfolgenden Anlagenteilen auskondensieren oder in die Umwelt gelangen. Solche Abgase müssen entweder bei niedrigeren Temperaturen gereinigt werden oder bedürfen einer nachgeschalteten Abscheiderstufe. Die chemische Reaktionsfähigkeit der Gase und Stäube nimmt zu; es können Verbindungen entstehen, bspw. durch Katalyse, die bei tieferen Temperaturen nicht vorhanden sind. Desweiteren vergrößert sich die Korrosionsgefahr an Anlagenteilen, insbesondere bei Anwesenheit von Schwefel oder Chlor. Ab Temperaturen von 600 °C bis 700 °C erhöht sich die Plastizität vieler Partikeln (z.B. Flugasche). Diese haften dann sehr stark aneinander und an den Einzelkollektoren, wodurch das Filtermedium verkleben kann.

Die Anforderungen an Heißgasentstaubungsverfahren sind demnach groß; hohe Temperaturen beeinflussen fast alle Bereiche der Filteranlage. Zunächst ist bei der Materialwahl für das Filtermedium und die Anlagenkomponenten zu beachten, daß diese den erhöhten Beanspruchungen genügen. Hierzu müssen die Zusammensetzung und chemischen Eigenschaften des Gases und der Partikeln bekannt sein. Bezüglich der Regenerierung müssen bei hohen Temperaturen zwei wesentliche Punkte berücksichtigt werden: Zum einen können hohe Temperaturen die Haftung der Partikeln untereinander und am Filter durch Änderung des plastischen Verhaltens und durch Sintereffekte vergrößern. Dies hat zur Folge, daß für die Entfernung des Staubkuchens größere Trennkräfte notwendig sind. Zum anderen sind Heißgasfiltermedien meist starre oder zumindest vergleichsweise unflexible Gebilde, die bei der Regenerierung keine Formänderung erfahren. Bei der Regenerierung von Heißgasmedien kann demnach von den bisher besprochenen Regenerierungsmechanismen lediglich das Rückblasen sinnvoll eingesetzt werden. Das heißt, es muß an jeder Stelle des Filters auf der Reingasseite kurzzeitig ein Überdruck erzeugt werden, so daß es zu einer Rückströmung kommt, die zur Ablösung des Filterkuchens führt. Um ungünstige Betriebszustände zu vermeiden, kann es ratsam sein, niedrige Filterflächenbelastungen und lange Filtrationszyklen einzustellen. Ebenso sollte eine off-line Regenerierung durch Rückblasen und Kammerbauweise des Filters in Betracht gezogen werden, was allerdings die Anlagenkosten stark vergrößert.

Zur Zeit erscheinen die aus keramischen Materialien aufgebauten, mittels Druckstoß regenerierbaren Kerzenfilter als die zukunftsträchtigste Bauart. Die meisten Labor- und Pilotanlagen sind mit diesem Typ ausgerüstet. Ob andere keramische Bauformen, z.B. monolithische Wabenkörper, an Bedeutung gewinnen, muß die Zukunft zeigen.

Schüttschichtfilter sind prinzipiell ebenfalls zur Heißgasreinigung geeignet, werden zur Zeit jedoch kaum eingesetzt. Als Filtermedien kommen wie bereits erwähnt Quarz, Sand, Kalkstein und keramische Materialien auf Aluminiumoxid- oder Siliciumcarbid-Basis in Betracht. Diese Kollektoren sind bis 1000 °C oder sogar noch darüber hinaus thermisch stabil. An die verwendeten Werkstoffe werden unter diesen Bedingungen höchste Anforderungen bezüglich Temperaturbeständigkeit und Korrosionsfestigkeit gestellt. Bisher liegen allerdings noch sehr wenige Betriebserfahrungen mit solchen Heißgasfiltern vor. Daneben mangelt es an systematischen Grundlagenuntersuchungen zur Abscheidung und vor allem auch zur Regenerierung der Filtermedien bei hohen Temperaturen und Drücken.

Ist die Zielsetzung nicht die Gasreinigung, sondern die Abscheidung und möglichst quantitative Rückgewinnung eines gasgetragenen Produktes, sind auch im Sinne einer hohen Produktreinheit beschichtete, abriebfeste Keramiken Schüttungen vorzuziehen.

5.5
Auslegung und Dimensionierung

5.5.1
Vorbemerkung und allgemeine Kriterien

Die Abtrennung von Partikeln aus Gasen mit dem Ziel, eine bestimmte Partikelkonzentration im Reingas zu unterschreiten, ist die häufigste Aufgabe filternder Abscheider. Aufgrund des weiten Spektrums an Bauformen sind Auswahl und Auslegung nicht einfach; oft existieren mehrere Lösungsmöglichkeiten für dieselbe Problemstellung gleichwertig nebeneinander. Trotzdem gibt es einige allgemeingültige Kriterien, bei deren Beachtung die Zahl der Varianten eingeschränkt werden kann. Die Auswahl der Bauform wird z.B. entscheidend durch die Größe des zu behandelnden Gasvolumenstromes und den zur Verfügung stehenden Platz bestimmt. Bei der Wahl des Filtermediums ist dessen Beständigkeit gegenüber den herrschenden Temperaturen und vorhandenen Gas- und Partikelkomponenten zu beachten. Auch sollten Überlegungen zur Entsorgung des Filtermaterials nach Ablauf dessen Standzeit angestellt werden.

Nach einer evtl. später zu revidierenden Entscheidung für eine spezielle Bauart incl. Filtermedium ist die Hauptfrage, wie groß die zu installierende Filterfläche sein muß, um die geforderte Abscheideleistung bei stabilen Betriebsbedingungen über einen längeren Zeitraum (z.B. zwei Jahre) zu erbringen. Spätestens an dieser Stelle ist man auf an bestehenden Anlagen gewonnene Erfahrungen, d.h. empirisch erworbenes Wissen angewiesen. Es existieren zwar Näherungsgleichungen zur Beschreibung des Betriebsverhaltens von Filteranlagen, Modellansätze zur Förderung des Verständnisses für die Wirkung einzelner Betriebsparameter auf das Verhalten der Filteranlage und Tabellen-Kennwerte-Systeme zur Abschätzung der einzustellenden Filterflächenbelastung. Eine zuverlässige Aussage über die zu erwartende Reingaskonzentration, die zeitliche Entwicklung des Druckverlustes und die zu erwartende Standzeit ist allerdings nicht zu erhalten. Bis heute steht die Empirie bei der Dimensionierung im Vordergrund. Experimentell ermittelte Daten an Labor- und Pilotfilteranlagen können dabei eine wertvolle Hilfe darstellen.

5.5.2
Empirische Näherungsgleichungen

Zur quantitativen Beschreibung der verbesserten Partikelabscheidung infolge Staubeinlagerung und Staubkuchenbildung werden in der Literatur von verschiedenen Autoren empirische Gleichungen angegeben, die den durchtretenden Staubanteil (Durchlaßgrad) in Abhängigkeit von der bereits abgeschiedenen Staubmasse beschreiben. Die angegebenen Beziehungen ähneln meist dem in Gl. (5.1) angegebenen exponentiellen Zusammenhang:

$$P = \exp[-a_1 \cdot W^{a_2}]. \qquad (5.1)$$

Hierin sind P = Durchlaßgrad, W = Masse des abgeschiedenen Staubes pro Flächeneinheit, a_i = empirische Konstanten.

Die durch Anpassung an Meßwerte zu bestimmenden Konstanten besitzen dabei nur für diese speziellen Versuchsbedingungen bzw. Filtersysteme ihre Gültigkeit. Eine Übertragung auf andere Filteranlagen oder gar andere Kombinationen von Filtermedium und Gas-Feststoff-Strömungen ist nicht möglich.

Zur Berechnung des Druckverlustes einer Filteranlage existieren ebenfalls einige Gleichungen, die durch Regressionsanalyse an Meßwerte angepaßt wurden. Ein Beispiel für eine druckstoßregenerierte Schlauchfilteranlage ist durch Gl. (5.2) gegeben:

$$\frac{\Delta p}{Pa} = a_1 \cdot \left(\frac{\Delta W}{g/m^2}\right)^{a_2} \cdot \left(\frac{p_T}{bar}\right)^{a_3} \cdot \left(\frac{v}{m/h}\right)^{a_4}. \qquad (5.2)$$

Hierin bedeuten Δp = Druckverlust, ΔW = Flächenmasse des anfiltrierten Staubes während einer Filtrationsperiode, p_T = Druck im Druckluftspeicher, v = Filteranströmgeschwindigkeit, a_i = Regressionskoeffizienten.

Die empirisch gefundenen Näherungsgleichungen für den Druckverlust besitzen ebenfalls den Nachteil, daß sie nur für die untersuchten Filtersysteme bzw. Kombinationen von Filtermedium und Staub Gültigkeit besitzen. Für die Übertragung auf andere Anlagen müssen jeweils die Regressionskoeffizienten in Testversuchen neu bestimmt werden. Darüberhinaus ist es fraglich, ob alle relevanten Einflußgrößen berücksichtigt sind. Es ist daher generell mit Schwierigkeiten bei der Anwendung auf andere Filteranlagen, Staubarten oder Parameterbereiche zu rechnen.

5.5.3 Modellansätze

Bei den derzeit bestehenden Ansätzen zur Berechnung des Abscheidegrades von Schüttschichtfiltern wird allgemein von einer unbeladenen Schüttung ausgegangen. Als Modell wird die Umströmung des einzelnen Kollektorkornes betrachtet. Dies stellt bei den Schüttschichtfiltern eine besonders starke Vereinfachung dar, da hier geringe Porositäten ($\varepsilon \approx 40\,\%$) schon zu Beginn der Filtration vorliegen. Dennoch bieten die derzeit bestehenden Theorien einen wichtigen Einblick in die physikalischen Grundvorgänge und geben Hinweise auf die relevanten Einflußgrößen.

Bei den existierenden Filtertheorien wird im allgemeinen von der Kugel als Abscheidekörper ausgegangen. Man nimmt an, daß die Schüttschicht aus Kugeln gleicher Größe besteht und homogen ausgebaut ist. Die Abscheidung läßt sich in zwei Abschnitte unterteilen, und zwar in den Transport der Partikeln zur Oberfläche des Schüttgutkornes (vgl. Abschn. 5.2.1.2) und in die Haftung der Partikeln an der Kollektoroberfläche. Entsprechend setzt sich der Abscheidegrad des Einzelkornes φ aus dem Auftreffgrad und dem Haftanteil zusammen.

Zur Berechnung des Abscheidegrades einer gesamten Schüttung wird der partikelgrößenabhängige Trenngrad (Fraktionsabscheidegrad) betrachtet. Ausgehend von einer Mengenbilanz an einer dünnen Schicht von Kollektoren erhält man durch Integration den Fraktionsabscheidegrad einer Schüttung, gegeben durch Gl. (5.3):

$$T(x) = 1 - \frac{c_f(x)}{c_e(x)} = 1 - \exp\left[-1{,}5 \cdot \frac{1-\varepsilon}{\varepsilon} \cdot \frac{H}{d_K} \cdot \varphi(x)\right]. \tag{5.3}$$

Hierin sind $T(x)$ = Fraktionsabscheidegrad, $c_e(x)$ = Konzentration der Partikeln mit der Größe x vor dem Filter (Rohgas), $c_f(x)$ = Konzentration der Partikeln mit der Größe x nach dem Filter (Reingas), ε = Porosität der Schüttung, H = Höhe der gesamten Schüttung, d_K = Durchmesser des Schüttgutkornes, $\varphi(x)$ = Abscheidegrad des Einzelkornes.

Bei Kenntnis der Partikelgrößenverteilung im Rohgas kann mit Hilfe des Fraktionsabscheidegrades der Gesamtabscheidegrad der Schüttung nach Gl. (5.4) berechnet werden:

$$E = 1 - P = \int_{x_{min}}^{x_{max}} T(x) \cdot q_e(x) \cdot dx. \tag{5.4}$$

Hierin sind E = Gesamtabscheidegrad, P = Gesamtdurchlaßgrad, $q_e(x)$ = Verteilungsdichte der Partikelgrößen x im Rohgas.

Aus Gl. (5.3) geht hervor, daß der Abscheidegrad in einer Schüttung mit zunehmender Höhe sowie mit abnehmender Porosität bzw. Korngröße des Schüttgutmaterials größer wird. Dies kann experimentell bestätigt werden. Eine wichtige Voraussetzung für die Berechnung des Abscheidegrades ist jedoch die Kenntnis des Einzelkornabscheidegrades $\varphi(x)$. Für die Berechnung von $\varphi(x)$ ist es notwendig, das Strömungsfeld um ein Schüttgutkorn zu kennen [7]. Dies bereitet derzeit noch allgemein große Schwierigkeiten. Es wird häufig von Strömungsfeldern ausgegangen, welche die realen Verhältnisse in Schüttungen nicht richtig wiedergeben. Eine Vorausberechnung von T(x) mit Gl. (5.3) ist nur bedingt möglich. Die besten Übereinstimmungen zwischen Theorie und Experiment konnten bis jetzt bei der Partikelabscheidung in Wirbelschichten erreicht werden.

Bei der Berechnung des Druckverlustes von Schüttungen wird ebenfalls meist von unbestaubten Packungen ausgegangen. Diese Berechnungsansätze beschreiben den Anfangszustand einer Schüttung und sind deshalb für die praktische Auslegung von Schüttschichtfiltern nur einschränkend geeignet. Zur Berechnung des Druckverlustes bei der Durchströmung von Packungen gibt es eine Reihe ähnlicher Ansätze, die von dem Gesetz für die laminare Rohrströmung von Hagen-Poisseuille ausgehen. Von zahlreichen Autoren wird für die Berechnung von Druckverlusten in Schüttungen Gl. (5.5) herangezogen. Je nach Rauhigkeit der Körner erhält man unterschiedliche Wertepaare für die Regressionskoeffizienten, z.B. 150 und 1,75 bzw. 180 und 4 [7]:

$$\Delta p = a_1 \cdot \frac{(1-\varepsilon)^2}{\varepsilon^3} \cdot \frac{\mu \cdot v}{d_K^2} \cdot H + a_2 \cdot \frac{1-\varepsilon}{\varepsilon^3} \cdot \frac{\rho_f \cdot v^2}{d_K} \cdot H. \tag{5.5}$$

Hierin sind Δp = Druckverlust, ε = Porosität der Schüttung, μ = dyn. Viskosität des Gases, v = Filteranströmgeschwindigkeit, d_K = Durchmesser des Schüttgutkornes, H = Höhe der gesamten Schüttung, ρ_f = Dichte des Gases, a_i = Regressionskoeffizienten.

Modellansätze zur Beschreibung des Druckverlustes von Oberflächenfiltern beinhalten ebenfalls empirisch zu bestimmende Konstanten. Trotzdem können daraus wichtige Hinweise auf Einflußgrößen und die grundsätzlichen Zusammenhänge erhalten werden.

Bei dem im folgenden beschriebenen Modellansatz wird die Änderung des Druckverlustes während einer Filtrationsperiode betrachtet. Es wird davon ausgegangen, daß sich der Gesamtdruckverlust aus dem Druckverlust des mit Staubpartikeln versetzten Filtermediums und dem Druckverlust des Staubkuchens additiv zusammensetzt. Da die Durchströmung bei kleinen Reynoldszahlen (Re < 1) erfolgt, kann für die Berechnung das Durchströmungsgesetz von Darcy verwendet werden. Es gilt:

$$\Delta p = \frac{1}{B_1} \cdot \mu \cdot L_1 \cdot v + \frac{1}{B_2} \cdot \mu \cdot L_2 \cdot v. \tag{5.6}$$

Hierin bedeuten Δp = Druckverlust, B_1 = Permeabilität des Filtermediums mit eingelagerten Partikeln, B_2 = Permeabilität des Staubkuchens, μ = dyn. Visko-

sität des Gases, L_1 = Dicke des Filtermediums, L_2 = Dicke des Staubkuchens, v = Filteranströmgeschwindigkeit.
Die Dicke des Staubkuchens kann unter der Annahme, daß der gesamte abgeschiedene Staub an der Oberfläche angelagert ist, aus einer Massenbilanz ermittelt werden:

$$L_2 = \frac{W}{\rho_p \cdot (1-\varepsilon)} = \frac{c_e \cdot v \cdot t \cdot E}{\rho_p \cdot (1-\varepsilon)}. \tag{5.7}$$

Hierin sind W = Flächenmasse des Staubkuchens, ρ_p = Feststoffdichte der Staubpartikeln, ε = Porosität des Staubkuchens, c_e = Staubkonzentration im Rohgas, t = Filtrationszeit, E = Gesamtabscheidegrad.

Durch Einsetzen und Zusammenfassen von Konstanten erhält man schließlich die sog. Filtergleichung (5.8), die als Grundlage für die Auslegung von Filteranlagen benutzt werden kann:

$$\Delta p(t) = K_1 \cdot \mu \cdot v + K_2 \cdot \mu \cdot W(t) \cdot v. \tag{5.8}$$

Es bedeuten K_1 = Restwiderstand des Filtermediums mit den eingelagerten Staubpartikeln nach der Regenerierung, K_2 = spez. Widerstand des Filterkuchens.

Diese Gleichung beschreibt den Druckverlust in Abhängigkeit von der abgeschiedenen Staubflächenmasse und der Filteranströmgeschwindigkeit. Man erkennt aus (5.7) und (5.8), daß unter der Annahme K_2 = const. der Druckverlust mit der Filteranströmgeschwindigkeit für größere Zeiten quadratisch zunimmt. Bei konstanter Rohgaskonzentration c und konstanter Filteranströmgeschwindigkeit steigt der Druckverlust linear mit der Filtrationszeit an.

Die Filterwiderstände K_1 und K_2 sind keine Konstanten, sondern hängen ihrerseits von verschiedenen Einflußgrößen ab. Der Restwiderstand K_1 ist eine Funktion von Struktur und Dicke des Filtermediums, dem eingelagerten Staub und damit von Filteranströmgeschwindigkeit und Regenerierungsintensität. Der spez. Kuchenwiderstand K_2 wird von der Partikelgrößenverteilung des Staubes und den Eigenschaften des Staubkuchens, der seinerseits von den Filtrationsbedingungen beeinflußt wird, bestimmt. In der Literatur [2, 11] sind Ansätze zur Berechnung von K_1 und K_2 veröffentlicht, die ihrerseits zum Teil auf Modellvorstellungen beruhen oder empirische Approximationsfunktionen darstellen. Die Problematik bei der Anwendung der publizierten Berechnungsansätze besteht darin, daß die Gleichungen entweder Parameter (z. B. die Porosität des Staubkuchens) beinhalten, die nicht bekannt sind, oder nur für bestimmte Randbedingungen gelten. Insbesondere für die Berechnung des Restwiderstandes K_1 gibt es bisher kaum Modellvorstellungen, da K_1 von der Wechselbeziehung zwischen der Haftkraft des Staubkuchens bzw. der Partikeln und der Regenerierungsbedingung abhängt. Die Widerstandswerte K_1 und K_2 müssen daher meistens in Versuchen bestimmt werden.

Der dargestellte Modellansatz (5.8) beschreibt die zeitliche Änderung des Druckverlustes an einem Filterelement. Dieser Ansatz gilt analog für eine gesamte Filterkammer, wenn sich die darin, parallel betriebenen Filterelemente bezüglich Druckverlust und Filteranströmgeschwindigkeit im gleichen Betriebszustand befinden. Bei Filteranlagen, die aus mehreren Kammern bestehen, erfolgt die Regenerierung der einzelnen Kammern nacheinander, so daß in einer Anlage parallel verschiedene Betriebszustände existieren. Für die Berechnung ist in diesem Falle die Kenntnis einer mittleren Filteranströmgeschwindigkeit notwendig [3].

5.5.4
Methode der Tabellen und Kennwerte

Ziel bei der Auslegung von Oberflächenfiltern ist vorrangig die Bestimmung der benötigten Filterfläche. Eine wichtige Größe ist dabei die zu wählende mittlere Filteranströmgeschwindigkeit bzw. die spezifische Filterflächenbelastung, die den Quotienten aus Volumenstrom bei Betriebsbedingungen und installierter Filterfläche darstellt. Bei Kenntnis des zu reinigenden Gasvolumenstromes kann damit die Filterfläche errechnet werden.

Aufgrund mangelnder Berechnungsmöglichkeiten allgemeingültiger Art kann in der Praxis ein Koeffizientensystem als Hilfsmittel zur Auslegung von Filteranlagen verwendet werden [3]. Es wird dabei von einem Grundwert, der eine fiktive spez. Filterflächenbelastung für den Standardfall darstellt, ausgegangen und durch Multiplikation mit empirisch gefundenen Korrekturfaktoren der Auslegungswert berechnet. Die Korrekturfaktoren berücksichtigen je nach Anwendungsfall die wichtigsten Einflußgrößen und beruhen ausschließlich auf Erfahrungswerten von bereits bestehenden Anlagen. Für die Auslegung wird üblicherweise Gl. (5.9) verwendet:

$$v = v_o \cdot c_1 \cdot c_2 \cdot \ldots c_n. \tag{5.9}$$

Darin sind v = effektive Filterflächenbelastung (Auslegungswert), v_o = Grundwert, c_i = Korrekturfaktoren.

Der Grundwert stellt eine Ausgangsgröße dar, die vorwiegend von der Staubart und der Regenerierungsart abhängt. Bisher sind nur wenige Tabellen über spez. Filterflächenbelastungen für verschiedene Staubarten veröffentlicht worden. Die meisten Hersteller besitzen eigene, umfangreiche Datenbanken, auf die bei der Auslegung zurückgegriffen wird. Bei einer Übertragung auf andere Regenerierungssysteme müssen diese Grundwerte mit entsprechenden Kennwerten multipliziert werden. Mit Hilfe der Korrekturfaktoren wird der Grundwert an den jeweiligen Anwendungsfall angepaßt. Die Korrekturfaktoren beziehen sich immer auf eine bestimmte Grundwerttabelle und sind deshalb nicht übertragbar.

Die Koeffizienten berücksichtigen z. B. die Art der Regenerierung (Druckstoß, Rütteln, ...), die Form der Filterelemente (Schlauch, Tasche, ...), die Staubeigenschaften (Größenverteilung, Schüttdichte, ...) und die Betriebsbedingungen (Konzentration, Temperatur, ...). Ein besonderes Problem stellt dabei die quantitative Erfassung des Agglomerationsverhaltens dar, welches für das Abscheide- und Regenerierungsverhalten bestimmend sein kann. Eine korrekte Quantifizierung ist jedoch allgemein auch bei den anderen Einflußgrößen sehr schwierig und wird von den jeweiligen Erfahrungen des Filterherstellers oder Betreibers stark beeinflußt.

Ein solches Koeffizientensystem bietet aber den Vorteil einer zumindest teilweise systematischen Vorgehensweise und einer Trennung der Einflußgrößen. Die damit berechneten spez. Filterflächenbelastungen können jedoch nur als Richtwerte für die Auslegung gewertet werden. Eine Aussage über Abscheidegrad und Druckverlust im stationären Betriebszustand kann damit nicht gegeben werden. Bei den tabellierten Werten für die Korrekturfaktoren wird davon ausgegangen, daß sich im stationären Betriebszustand ein Druckverlust zwischen 600 und 2500 Pa einstellt. Dies sind für Filteranlagen übliche Werte. Da auch mit dem Koeffizientensystem nicht alle Einflußgrößen immer quantitativ ausreichend erfaßt werden, eignet sich diese Auslegungsmethode vorwiegend für ähnliche Stäube des gleichen Produktes bei verschiedenen Betriebsbedingungen.

5.5.5
Laborversuche und Pilotfilteranlagen

Versuche an Labor- und Pilotfilteranlagen können wertvolle Hinweise bei der Auslegung von filternden Abscheidern liefern. Voraussetzung ist allerdings, daß in den wesentlichen Punkten ähnliche Verhältnisse wie an der auszulegenden oder auch zu überarbeitenden Großanlage herrschen. Während bei der Auswahl des Filtermediums dies kein größeres Problem darstellt, kann die richtige Einstellung und auch meßtechnische Erfassung der Regenerierungsbedingungen etwas mehr Aufwand erfordern. Die größte Schwierigkeit besteht allerdings in der Bereitstellung einer Gas-Partikel-Strömung, die als repräsentativ für die Großanlage angesehen werden kann. Neben Konzentration, Feuchte, Gaszusammensetzung und Temperatur sind insbesondere die Größenverteilung der Partikeln und deren Dispersitätszustand von entscheidender Bedeutung für das sich einstellende Betriebsverhalten. Kann diesbezüglich keine Aussage infolge mangelnder Informationen über den zu erwartenden Zustand an der Großanlage oder unzureichender Meßtechnik an den Labor- und Pilotfilteranlagen getroffen werden, ist eine erfolgreiche Übertragung der Ergebnisse in der Regel nicht möglich.

In Abb. 5.24 ist eine Laborfilteranlage schematisch dargestellt, wie sie zu vergleichenden Untersuchungen von unterschiedlichen Filtermedien zur Oberflächenfiltration bei genau definierten Randbedingungen eingesetzt werden kann. Durch die hier gewählte Anordnung der querstromartigen Anströmung des ebenen Filterelementes (Durchmesser 14 cm) können die an realen Filterschläuchen herrschenden Verhältnisse sehr gut simuliert werden. Entsprechen die Regenerierungsbedingungen ebenfalls den an Schläuchen erreichbaren Werten, kann die Regenerierung der Medien und die damit verknüpfte Standzeit z.B. als Funktion der Filterflächenbelastung für die bei den Versuchen herrschenden Randbedingungen untersucht werden. Doch nur falls diese Bedingungen repräsentativ für die Großanlage sind, ist eine Übertragung auf dieselbe zu empfehlen.

Neben solchen Laborfilteranlagen werden auch evtl. transportable Pilotfilteranlagen zur Durchführung von Auslegungsexperimenten herange-

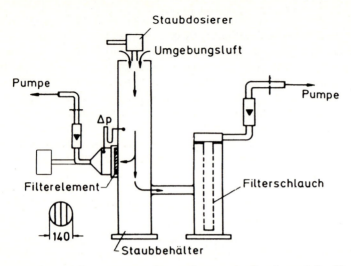

Abb. 5.24. Aufbau einer von oben nach unten durchströmten Laborfilteranlage, bei der ein Teil des partikelbeladenen Rohgases seitlich durch das zu untersuchende Filterelement abgesaugt wird [9]

zogen. Solche Anlagen besitzen in der Regel einige wenige Filterelemente (in Form von Ronden, Schläuchen, Taschen, ...). Auch hier gelten analog die Bedingungen, die oben für eine sinnvolle Übertragung von Versuchsergebnissen aufgestellt worden sind.

5.6
Problemfälle und Lösungsvorschläge

5.6.1
Einführung

In diesem Abschnitt werden an Fällen aus der Praxis einige Problembereiche bei der Abscheidung von Partikeln aus Gasen mit Filtern nochmals diskutiert. Im einzelnen werden mögliche Auswirkungen einer Herabsetzung der Filteranströmgeschwindigkeit, einer Reduktion der Regenerierungshäufigkeit, eines zyklischen Aufbringens einer partikelförmigen Schutzschicht auf die Filtermedien nach jeder Regenerierung und einer permanenten Dosierung eines inerten Zuschlagsstoffes in das Rohgas angesprochen. Aufgrund der Bedeutung, die Schlauchfilteranlagen besitzen, erfolgte eine Beschränkung auf diesen Typus filternder Abscheider. Allerdings ist eine sinngemäße Übertragung auf verwandte Bauarten in der Regel leicht möglich.

5.6.2
Filteranströmgeschwindigkeit

Hinsichtlich der Anströmgeschwindigkeit von Oberflächenfiltern lagen übliche Werte lange Zeit im Bereich von etwa 40 (m^3/h)/m^2 bis 100 (m^3/h)/m^2. In den letzten Jahren wurde die obere Grenze immer höher getrieben, und es gibt heute Anbieter, die auch Belastungen größer als 300 (m^3/h)/m^2 nicht schrecken. Auf diesem Weg können zwar die Investitionskosten verringert werden, die Frage nach den Gesamtkosten (Betriebskosten und Filtermedienersatz wegen Verstopfens) bleibt dabei jedoch offen. Es hat sich in der Praxis immer wieder gezeigt, daß bei Filterflächenbelastungen oberhalb von 100(m^3/h)/m^2 immer Vorsicht geboten ist; es ist besonders zu prüfen, ob sich der abzuscheidende Staub hinsichtlich Abscheidung und Regenerierung für höhere Werte eignet.

Als Beispiel sei ein Anwendungsfall mit sehr feinen Partikeln angeführt, d.h. mit wesentlichen Anteilen unter 1 µm. Das Großfilter für 650 000 m^3/h war für eine Belastung von 106 (m^3/h)/m^2 ausgelegt und verhielt sich instabil; es war nach ralativ kurzer Zeit nicht mehr zu regenerieren. Mit einer Pilotfilteranlage in einem By-pass konnte das Verhalten des Großfilters gut nachgebildet werden. Der gemessene ungünstige Verlauf des Restdruckverlustes bei 106 (m^3/h)/m^2 ist in Abb. 5.25 dargestellt. Nach Rücknahme der Belastung auf 65 (m^3/h)/m^2 zeigte das Pilotfilter dann erwartungsgemäß ein stabiles Verhalten.

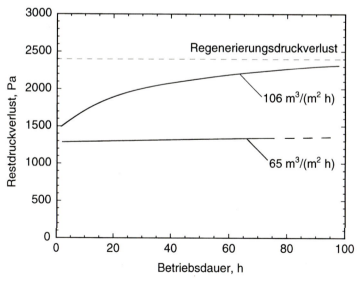

Abb. 5.25. Zeitlicher Verlauf des Druckverlustes nach Regenerierung (Restdruckverlust) einer Schlauchfilteranlage für zwei verschiedene mittlere Filteranströmgeschwindigkeiten

Eine Bestimmung der Größenverteilung der abzuscheidenden Partikeln ergab, daß der Staub deutlich feiner war, als man bei der Auslegung der Anlage vermutet hatte. Hierin liegt in diesem Fall die Ursache für das sich einstellende ungünstige Betriebsverhalten bei der größeren Anströmgeschwindigkeit. Als Fazit kann festgehalten werden, daß je größer die gewählte Filterflächenbelastung ist, desto intensiver die Eigenschaften von Staub und Filtermedium studiert und die möglichen Auswirkungen auf das zu erwartende Betriebsverhalten diskutiert werden müssen. Die Ersparnis bei der Anschaffung einer zu kleinen Filteranlage kann im nachhinein durch entstehende Mehrkosten um ein Vielfaches übertroffen werden.

5.6.3
Regenerierungshäufigkeit

Eine oft kontrovers diskutierte Frage ist, ob durch häufigeres Regenerieren der Druckverlust niedriger gehalten werden kann. Oft werden Filter ja zeitgesteuert, d.h. getaktet in gleichmäßigen Abständen regeneriert. An einer Druckstoßpilotfilteranlage, die mit $180\,(m^3/h)/m^2$ bei einer Partikelkonzentration von $5\,g/m^3$ bewußt hoch belastet wurde, konnte das in Abb. 5.26 dargestellte Verhalten beobachtet werden. Beim Regenerieren in Abständen von 1 min verstopfte das Filter immer stärker, und es war kein stabiler Betrieb zu erreichen. Bei einer druckverlustgesteuerten Betriebsweise mit einer Regenerierungsdruckgrenze von 1500 Pa (Enddruckverlust) wurde dagegen nach ca. 30 Stunden ein stabiler Zustand erreicht. Die seltenere Regenerierung (Zy-

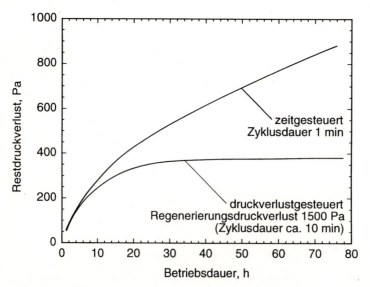

Abb. 5.26. Zeitlicher Verlauf des Druckverlustes nach Regenerierung (Restdruckverlust) einer Schlauchfilteranlage für zwei verschiedene Regenerierungssteuerungen [9]

klusdauer ≈ 10 min) drückte sich wie erwartet auch in niedrigeren Emissionswerten aus. Nach einer Einfahrzeit von 10 h schwankten die Partikelkonzentrationen im Reingas im Falle der zeitgesteuerten Regenerierung zwischen 1 mg/m^3 und 2 mg/m^3. Im vorzuziehenden Falle der Steuerung über den Druckverlust lagen die Werte im Bereich von 0,1 mg/m^3 bis 0,3 mg/m^3. Bei einer hier nicht dargestellten Fahrweise mit 2500 Pa Enddruckverlust wurden die Reingaswerte nochmals um die Hälfte reduziert.

Durch diese Messungen wird eindrucksvoll bestätigt, daß sich seltenes Regenerieren in der Regel äußerst positiv auf das Betriebsverhalten, insbesondere auf die Standzeit der Filtermedien und die Emissionswerte, auswirkt. Insbesondere bei schwankender Partikelkonzentration im Rohgas ist unbedingt eine druckverlustgesteuerte Regenerierung zu empfehlen, sofern andere Gründe wie z.B. ungünstige Alterungsprozesse der Staubkuchen auf den Filtermedien nicht dagegen sprechen.

5.6.4
Zyklisches Precoatieren

Hier soll nochmals auf die Problematik der Abscheidung sehr feiner Stäube eingegangen werden. Die Schwierigkeit lag bei diesem Beispiel darin, daß einerseits ca. 60% bis 70% aller Partikeln massenmäßig unter 1 μm lagen und andererseits die Staubkonzentration im Rohgas ständig kleiner als 1 g/m^3 war. Dadurch kam es nur zu einer ungenügenden Ausbildung eines für gute Abscheidung und Regenerierung notwendigen Staubkuchens.

Es wurde deshalb versucht, den fehlenden Filterkuchen durch Aufbringen einer Precoatschicht aus einem geeigneten Kalksteinmehl zu ersetzen, was auch gut gelang. Abbildung 5.27 zeigt, daß ohne Precoatschicht der Restdruckverlust nach dem Regenerieren sehr stark anstieg und die Reingaskonzentration bei 2 mg/m^3 bis 3 mg/m^3 lag. Mit Precoatschicht ergab sich ein stabiler Betriebszustand auf einem wesentlich geringeren Druckverlustniveau und der Emissionswert betrug im Mittel nur noch 0,3 mg/m^3. Letzteres ist neben der direkten Wirkung der Schutzschicht im wesentlichen auf das seltenere Regenerieren zurückzuführen. Die Zeiten bis zum Erreichen des Enddruckverlustes lagen ohne Precoating bei 20 min, mit Precoating bei 50 min.

Dieses Beispiel verdeutlicht nochmals eindrucksvoll, daß die schnelle Ausbildung eines leicht vom Filtermedium abzulösenden Filterkuchens eine Voraussetzung für ein zufriedenstellendes Betriebsverhalten von Oberflächenfiltern darstellt.

5.6.5
Rohgaskonditionierung

Zur Abscheidung feiner und gleichzeitig klebriger Partikeln kann neben dem Precoatieren u.U. ein permanentes Dosieren eines inerten Zuschlagsstoffes notwendig sein. Während ersteres einen Schutz des Filtermediums vor dem

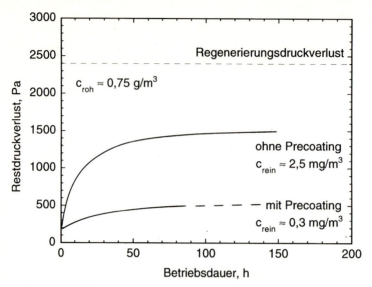

Abb. 5.27. Zeitlicher Verlauf des Druckverlustes nach Regenerierung (Restdruckverlust) einer Schlauchfilteranlage mit bzw. ohne zyklisches Aufbringen einer Schutzschicht (Precoating)

Eindringen von Partikeln darstellt und eine gute Regenerierung garantieren soll, sorgt letzteres für die Ausbildung eines lockeren, porösen, mit geringem Druckverlust zu durchströmenden Staubkuchens.

Als Beispiel sei hier die Abscheidung von Ammoniumnitrat- und Ammoniumsulfatpartikeln mittels einer druckstoßregenerierbaren Schlauchfilteranlage (64 Schläuche à 5 m Länge) genannt, welche durch eine Gasphasenreaktion in einem Reaktor zur Entstickung und Entschwefelung von Rauchgasen entstanden sind (Elektronenstrahlverfahren). Diese äußerst klebrigen, submikronen Partikeln bildeten auch auf einer Precoatschicht nach relativ kurzer Zeit einen derart dichten Filterkuchen aus, so daß der Druckverlust schlagartig anstieg und ein sofortiges Regenerieren notwendig wurde. Durch permanentes Dosieren eines Zuschlagsstoffes (hier: Gesteinsmehl) in das Rohgas vor dem Abscheider konnte erreicht werden, daß die Druckverlustanstiegsgeschwindigkeit, d.h. der zeitliche Gradient des Druckverlustes, deutlich verringert wurde. In Abb. 5.28 sind Ergebnisse dieser Untersuchungen dargestellt. Es existierte demnach in diesem Fall ein Optimum bei einem zudosierten Massenstrom an Zuschlagsstoff, welcher in der Größenordnung des anfallenden Partikelmassenstromes lag.

Dieses Beispiel zeigt, daß durch eine gezielte Beeinflussung der Zusammensetzung des Rohgases das Betriebsverhalten einer Filteranlage deutlich verbessert werden kann; hier wurde sogar erst die Verwendung einer bestimmten Bauform (Schlauchfilter), die bereits installiert war, ermöglicht. Hätte man bei der Auslegung der Anlage bessere Kenntnisse bezüglich der Partikeleigenschaften besessen, wäre die Entscheidung vermutlich zugunsten

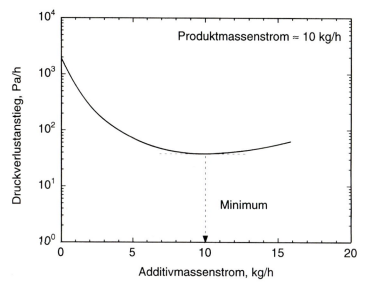

Abb. 5.28. Zeitliche Druckverluständerung einer Schlauchfilteranlage als Funktion des zudosierten Massenstromes an inertem Zuschlagsstoff

eines Schüttschichtfilters gefallen, da hier die Verstopfungsgefahr deutlich geringer ist.

Neben dem permanenten Zudosieren eines festen Zuschlagsstoffes werden zur Zeit noch weitere Verfahren zur Rohgaskonditionierung untersucht [12]. Als Beispiel seien die gezielte Dosierung von Gasen wie Wasserdampf, SO_3 und NH_3 genannt, aber auch die elektrisch oder akustisch induzierte Agglomeration von Partikeln vor dem Abscheider. Zukünftig wird durch solche zusätzlichen verfahrenstechnischen Schritte eine noch weitere Ausweitung des Einsatzfeldes von filternden Abscheidern auch auf bisher als kritisch oder unlösbar angesehene Anwendungsfälle erfolgen.

Symbolverzeichnis

a_i empirische Konstanten, Regressionskoeffizienten
B_1 Permeabilität des Filtermediums mit eingelagerten Partikeln
B_2 Permeabilität des Staubkuchens
c_e Staubkonzentration im Rohgas
$c_e(x)$ Konzentration der Partikeln mit der Größe x vor dem Filter (Rohgas)
$c_f(x)$ Konzentration der Partikeln mit der Größe x nach dem Filter (Reingas)
c_i Korrekturfaktoren
d_K Durchmesser des Schüttgutkornes
E Gesamtabscheidegrad
H Höhe der gesamten Schüttung

K_1 Restwiderstand des Filtermediums mit den eingelagerten Staubpartikeln nach der Regenerierung
K_2 spez. Widerstand des Filterkuchens
L_1 Dicke des Filtermediums
L_2 Dicke des Staubkuchens
P Gesamtdurchlaßgrad
p_T Druck im Druckluftspeicher
Δp Druckverlust
$q_e(x)$ Verteilungsdichte der Partikelgrößen x im Rohgas
t Filtrationszeit
T absolute Temperatur
T(x) Fraktionsabscheidegrad
v Filteranströmgeschwindigkeit, Filterflächenbelastung
v_o Grundwert der Filterflächenbelastung
W Masse des abgeschiedenen Staubes pro Flächeneinheit (Flächenmasse)
ΔW Flächenmasse des anfiltrierten Staubes während einer Filtrationsperiode
x Partikelgröße
ε Porosität der Schüttung o. des Staubkuchens
μ dyn. Viskosität des Gases
ρ_f Dichte des Gases
ρ_P Feststoffdichte der Staubpartikeln
$\varphi(x)$ Abscheidegrad des Einzelkornes

Literatur

1. Löffler F, Dietrich H, Flatt W (1991) Staubabscheidung mit Schlauchfiltern und Taschenfiltern. Vieweg, Braunschweig
2. Donovan RP (1985) Fabric filtration for combustion sources. Dekker, New York Basel
3. Löffler F (1988) Staubabscheiden. Thieme, Stuttgart New York
4. Brown RC (1993) Air filtration. Pergamon, Oxford New York Seoul Tokyo
5. Baum F (1988) Luftreinhaltung in der Praxis. Oldenbourg, München Wien
6. Gäng P (1990) Die kombinierte Abscheidung von Stäuben und Gasen mit Abreinigungsfiltern bei hohen Temperaturen. Dissertation, Universität Karlsruhe
7. Peukert W (1990) Die kombinierte Abscheidung von Partikeln und Gasen in Schüttschichtfiltern. Dissertation, Universität Karlsruhe
8. Schmidt E (1991) Elektrische Beeinflussung der Partikelabscheidung in Oberflächenfiltern. Dissertation, Universität Karlsruhe
9. Sievert J (1988) Physikalische Vorgänge bei der Regenerierung des Filtermediums in Schlauchfiltern mit Druckstoßabreinigung. VDI, Düsseldorf
10. Lünenschloß J, Albrecht W (eds) (1982) Vliesstoffe. Thieme, Stuttgart New York
11. Klingel R (1982) Untersuchung der Partikelabscheidung aus Gasen an einem Schlauchfilter mit Druckstoßabreinigung. VDI, Düsseldorf
12. Schmidt E, Pilz T (1995) Staub – Reinhalt. Luft 55 (1995) 1, 31–35 und 55 (1995) 2, 65–70

6 Naßabscheider

E. Muschelknautz, G. Hägele, U. Muschelknautz

Mit Naßabscheidern entfernt man kleine und feinste Staubteilchen von ca. 0,1 bis 10 µm Größe aus Prozeß- und Abgasen bei Konzentrationen von etwa 10 bis 1000 mg/m³. Man spricht auch von Wäschern, wenn zugleich gasförmige Verunreinigungen mit ausgewaschen werden.

6.1
Die fünf Wäschergruppen

Nach zwei großen Untersuchungen [1, 2] mit über 20 industriell genutzten Apparaten teilt man die Naßabscheider oder Wäscher in fünf Gruppen ein (Abb. 6.1). Zu jedem Wäschertyp sind charakteristische Werte für die Gasgeschwindigkeit v, den Druckverlust Δp, den spezifischen Wasserbedarf μ_w, den Tropfendurchmesser d_T, die Reinigungskenngröße m und den Grenzkorndurchmesser d_s^* angegeben. Im unteren Teil des Bildes sind typische Kurven für den Fraktionsabscheidegrad η_F abhängig von der Staubkorngröße d_s zusammengestellt

Die schon seit rund 100 Jahren bekannten Venturiwäscher erzielen Grenzkorngrößen d_s^* von 0,03 bis 0,1 µm. Partikel mit der Grenzkorngröße d_s^* werden gerade noch zu 50% abgeschieden. Beim 2,5- bis 3fachen Wert ist normalerweise vollkommene Abscheidung gegeben, wie die Fraktionsabscheidegradkurven im unteren Teil der Abbildung zeigen. Am anderen Ende der Skala liegen die Waschtürme mit rund 10facher Grenzkorngröße der Venturiwäscher.

Mit dem Stand der Technik um 1970 hatte sich nach M. Wicke [1] gezeigt, daß die Venturiwäscher bei allen Grenzkorngrößen d_s^* den günstigsten spezifischen Energieverbrauch E_{spez} haben; dieses ist der Energieaufwand für 1000 m³ zu reinigender Abluft. Andere Wäscher lagen bis zum 2,5fachen darüber. Dies ist in Abb. 6.2 dargestellt. 10 Jahre später fand K. Holzer [2] bei einer noch umfangreicheren Gesamtuntersuchung fast die gleichen Ergebnisse. Erst 1986 zeigte H. Haller [4], daß der Venturiwäscher nochmals deutlich verbessert werden kann.

204 6 Naßabscheider

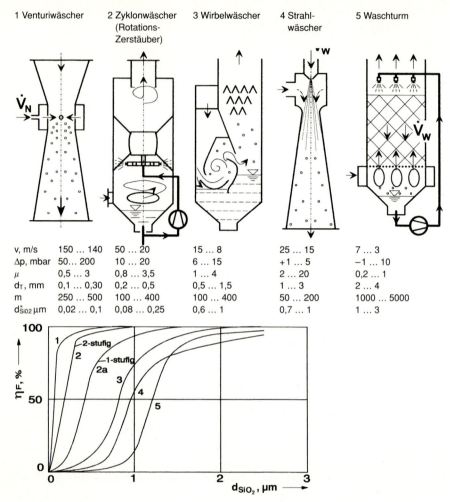

Abb. 6.1. Wäscherbauarten, Fraktionsabscheidegradkurven, Abscheideleistung und Energieaufwand, Anhaltszahlen

Auch die Rotationswäscher kann man nach T. Schulz [5] auf das gleiche tiefere Niveau bringen, an welches sich allerdings ganz am rechten Rand der Abbildung der Drallbodenwäscher von X. Fan [12] anschließt.

Zum Betrieb der Wäscher muß die mechanische Leistung N, auch Strömungsleistung genannt, aufgebracht werden:

$$N = \frac{\dot{V}_L \Delta p}{\eta_{Gebl/P}} \qquad (6.1)$$

Hierin sind $\dot{V}_L$ der mit Staub beladene Volumenstrom des Gases und Δp der bei der Durchströmung des Wäschers auftretende Druckverlust. Zusätzlich muß

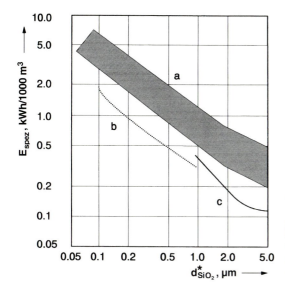

Abb. 6.2. Energieaufwand und Abscheideleistung von Wäschern; $\rho_{SiO_2} = 2{,}7$ g/cm³. *a* 27 Wäscher aller Typen nach [1] und [2] *b* Venturiwäscher und 4stufiger Rotationswäscher nach [4] und [5] *c* Drallbodenwäscher nach [12]

die zur Förderung des Wassers erforderliche Pumpenleistung berücksichtigt werden, die sich durch sinngemäße Anwendung von Gl. (6.1) ergibt. Bei der Berechnung von Gebläse- und Pumpenleistung muß der jeweilige Wirkungsgrad η_{Gebl} bzw. η_P für das Gebläse bzw. die Pumpe beachtet werden.

Beim *Venturiwäscher* erfolgt die Tropfenbildung durch die Strömung mit sehr hohen Geschwindigkeiten in der Kehle (bis 150 m/s). Dabei entstehen bei hohem Energieverbrauch der Strömung die feinsten Tropfen mit einem Durchmesser von $d_T = 50$ bis 150 μm.

Beim *Rotationswäscher* geschieht die Tropfenbildung mit mechanischer Energie durch Fliehkraft an der Zerstäuberscheibe. Aus dünnen Filmen an den Austrittsschlitzen der Scheibe entstehen Tropfen von 70 bis 200 μm. Die Durchströmung des Gases verläuft außerhalb der Zerstäuberscheibe als Ringströmung mit größerem Totwasserkern im Zentrum. Das Gehäuse hat Zyklonform und scheidet die beim Aufprallen an der Wand entstehenden feinen Tropfen wie jeder Zyklon ab, während die große Masse der Waschflüssigkeit sofort als Film an der Wand abläuft. Manche Wäscher dieser Gruppe sind liegend angeordnet.

Beim *Wirbelwäscher* taucht ein längerer, liegender Zylinder mit zwei parallel zur Achse verlaufenden Schlitzen so in die Waschflüssigkeit ein, daß am seitlichen Schlitz im wesentlichen das Gas in den liegenden Wirbel eintritt und diesen aufrechterhält, während die Waschflüssigkeit aus dem unter Wasser angebrachten zweiten Schlitz eingesaugt und durch die schnelle Gasströmung in Tropfen zerteilt wird. Diese werden in der liegenden Röhre des eigentlichen Waschraums sofort wieder an der Wand abgeschieden. Ein mmdicker, langsam umlaufender Wandfilm wird im seitlichen Eintrittsstrahl der Gasströmung immer wieder versprüht. Das Gas tritt nach oben aus der Gaswalze aus, zusammen mit einem dichten Tropfenschwarm. Dieser wird an der ersten Umlenkung zum größten Teil abgeschieden, zu einem kleineren Teil bei der nächsten Umlenkung am Spiegel der Waschflüssigkeit im Gehäuse. Mitgerissene feine Tröpfchen werden schließlich an den Tropfenabscheiderprofilen kurz vor dem Gasauslaß zurückgehalten.

Der *Strahlwäscher* arbeitet wie eine Wasserstrahlpumpe. Mit Überdruck von einigen bar wird das Waschwasser in Tropfen von 1 bis 3 mm Größe eingedüst und reißt das zu reinigende Gas mit. Die Tropfen sind schneller als die Gasströmung. Die Antriebsenergie für das Wasser stammt von einer starken, außerhalb angeordneten Pumpe. Der Strahlwäscher erzeugt im längeren Diffusor unterhalb der Kehle bei der Verzögerung der Strömung mit den Tropfen, ähnlich wie die Wasserstrahlpumpe, einen leichten Druckanstieg der Gasströmung.

Der *Waschturm* ist entweder eine berieselte Füllkörperschicht oder eine mit Düsen ausgestattete leere Kolonne, durch die das zu reinigende Gas im allgemeinen im Gegenstrom geführt wird. Der Druckverlust ist relativ gering.

Der *Rotationswäscher* ist im oberen Teil des kreisrunden Gehäuses gleichzeitig ein sehr guter Zyklonabscheider. Er scheidet an der Wand mehr als 97 % der aufprallenden Tropfen ab, mit Grenztropfengrößen von ca. 5 bis 15 µm, den Rest am Tauchrohr, das von oben hereinragt.

Der *Venturiwäscher* hat in der Regel einen sehr guten stehenden Zyklon-Tropfenabscheider nachgeschaltet. Im 90°-Krümmer vor dem Zyklon werden schon über 95 % der Tropfen an die Wand getrieben, der größere Rest im Zyklon sofort an der Wand abgefangen, wobei ein dicker Film aus dem Krümmer problemlos an der Wand des Zyklons abläuft, solange die Umfangsgeschwindigkeit der Zyklonströmung < 50 m/s bleibt, was fast immer gewährleistet ist.

Die in den Abb. 6.1 und 6.2 angegebene Grenzkorngröße wurde mit Quarzstaub (SiO_2) ermittelt, dessen Dichte ρ_{SiO_2} = 2,7 g/cm³ ist. Aus diesem Grunde wird diese Grenzkorngröße mit $d^*_{SiO_2}$ bezeichnet. Für andere Stäube mit der Dichte ρ_s läßt sich die Grenzkorngröße d^*_s mittels folgender Gleichung berechnen:

$$d^*_s = d^*_{SiO_2} \sqrt{\rho_{SiO_2}/\rho} \qquad (6.2)$$

Diese Gleichung stützt sich auf die Annahme, daß die Feldkraft und die Stokes'sche Widerstandskraft die für den Abscheidevorgang maßgebenden Kräfte sind. Somit sind d^*_s und $d^*_{SiO_2}$ die Stokes-Durchmesser von Staubpartikeln mit gleicher Sinkgeschwindigkeit im gleichen Feld.

Ein für den Betrieb von Naßabscheidern wichtiger Parameter ist die von Barth [3] eingeführte Reinigungskenngröße m, die wie folgt definiert ist:

$$m = \frac{\dot{V}_L}{\dot{V}_{Fl}}. \qquad (6.3)$$

Hierin sind $\dot{V}_L$ der Luftvolumenstrom und $\dot{V}_{Fl}$ der Volumenstrom der Flüssigkeit, der erforderlich ist, um bei der Grenzkorngröße d^*_s einen Fraktionsabscheidegrad von η_F = 50 % zu erreichen. Die Reinigungskenngröße hängt unter anderem von dem Tropfendurchmesser d_T und der Relativgeschwindigkeit w der Luft ab.

6.2
Optimaldiagramm

Nach Abb. 6.2 folgt mit dem Stand der Technik um 1980, daß die jeweils besten Wäscher der untersten Linie des ganzen Bereichs einen spezifischen Energieverbrauch von

$$E_{spez} \,[kWh/1000\,m^3\,Luft] = \frac{0{,}50}{d^{*0{,}75}} \tag{6.4}$$

haben, wenn die Grenzkorngröße d^*_{SiO2} von Quarzstaub in µm eingesetzt wird.

Der jeweils niedrigste Wert wurde immer von Venturiwäschern erzielt (Abb. 6.3). Diese lösen die gestellte Aufgabe im Hinblick auf die Grenzkorngröße d^*_s mit dem niedrigsten Energieverbrauch. Die Schwachstelle der Venturiwäscher ist ihre Kehle, wo nach Abb. 6.4 das Waschwasser rechtwinklig zur Wand und zur Strömung aus 12 bis 24 feinen Düsen, deren Durchmes-

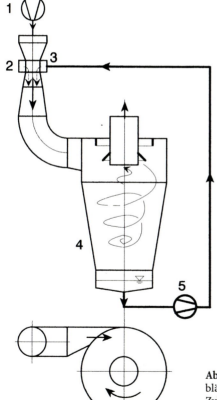

Abb. 6.3. Schema eines Venturiwäschers mit Gebläse 1, Venturidüse 2 mit Wassereinspritzung 3, Zyklonentropfenabscheider 4 sowie Umwälzpumpe 5 für das Waschwasser

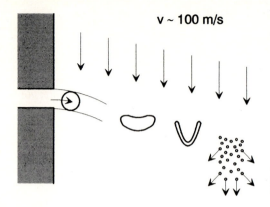

Abb. 6.4. Tropfenbildung in der Einspritzebene des klassischen Venturiwäschers

ser von ca. 2 bis 5 mm reicht, bei Geschwindigkeiten der Wasserstrahlen von 5 bis 10 m/s eingespritzt wird. Die eingespritzten Strahlen zerfallen nach wenigen Millimetern Lauflänge in die gewünschten Tropfen. Weil man aber nicht beliebig viele Bohrungen anbringen kann, entstehen zwischen den einzelnen Bohrungen infolge ihrer größeren Abstände Zwickel, in denen zunächst keine Tropfen sind (Abb. 6.5). Würde man mehr Bohrungen anbringen, würden deren Durchmesser kleiner und die Reichweite der Strahlen und Tropfen geringer. Das Zentrum des Querschnitts wäre nicht mehr mit Tropfen ausgefüllt. Nach der Lauflänge l der Strömung von

$$l \approx 1{,}5 \, D_{Kehle} \tag{6.5}$$

ist die gleichmäßige Verteilung der Tropfen im Querschnitt gegeben. An dieser Stelle ist aber die Relativgeschwindigkeit zwischen Gas und Tropfen:

$$w = v_L - c_T \tag{6.6}$$

bei größerer Geschwindigkeit c_T der Tropfen schon deutlich kleiner geworden. Man kann also infolge der zuerst leeren Zwickel die maximal mögliche Reinigungsleistung nicht mehr erreichen.

H. Haller [4] hat später die zuerst leeren Zwickel mit angepaßten kleinen Verdrängungskörpern ausgefüllt und mit dieser Maßnahme die ursprüngliche Optimalkurve von Abb. 6.2 auf die Hälfte abgesenkt.

Die nächstbesten Wäscher im Optimaldiagramm waren mit rund 20 % Abstand über den Werten der Venturiwäscher die *Rotationswäscher*. Nach Abb. 6.1 und Abb. 6.6 rotiert in einem zylindrischen, stehenden oder liegenden Gehäuse eine Scheibe mit Umfangsgeschwindigkeiten von u = 40 bis 60 m/s. Die Scheibe hat außen 24 bis 36 hohe, schmale Schlitze, aus denen an der hinteren, hohen Kante dünne Wasserfilme austreten. Ihre Geschwindigkeiten sind nahezu gleichgroß wie die Umfangsgeschwindigkeit der Scheibe. Das Waschwasser wird im Zentrum der Scheibe ohne Druck eingeführt. Das zu reinigende Gas wird in das Gehäuse tangential in Richtung der drehenden Scheibe eingeleitet. An der Zerstäuberscheibe wird die Waschflüssigkeit fast augenblicklich zerstäubt. Die leeren Zwickel sind jetzt in unmittelbarer Nähe

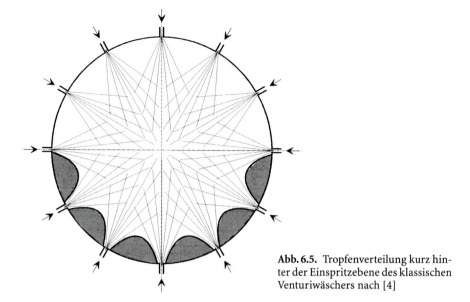

Abb. 6.5. Tropfenverteilung kurz hinter der Einspritzebene des klassischen Venturiwäschers nach [4]

der Scheibe vorhanden. Tropfen von 50 bis 150 µm sind möglich. Die drehende Gasströmung hat aber einen größeren Totwasserkern von mindestens einem Drittel bis fast zur Hälfte des Gehäuses. Dort ist kein eigentlicher Durchfluß des Gases vorhanden, sondern nur das leer drehende Totwasser. Deshalb schaden die zunächst leeren Zwickel der Abscheidung nicht. Außerhalb des Totwasserkerns ist der Querschnitt gleichmäßig mit Tropfen gefüllt. Somit ist die maximale Reinigungsleistung nahezu sofort möglich.

Rotationswäscher sind dadurch begrenzt, daß die entstandenen Wassertropfen nicht beliebig weit quer durch die Strömung fliegen können. Heute sind die größten Durchmesser der Gehäuse bei etwa 2,5 bis 3 m. Dann sind die Tropfen schon vor der Wand durch den Luftwiderstand so langsam geworden, daß sie in die axiale Strömung einbiegen und die Wand gar nicht mehr erreichen. Daher liegt die Schwachstelle bezüglich der Reinigungsleistung an der Wand.

Normalerweise treffen die Tropfen mit einer Geschwindigkeit von etwa 5 bis 7 m/s auf die Wand. Die Wasserbeladung liegt bei:

$$\mu_{Fl} = 2\ldots 4 \, \frac{kg/s_{Fl}}{kg/s_L}.$$

Scheiben bis 600 mm Durchmesser können Gehäuse bis 3 m Durchmesser nahezu gleichmäßig mit Tropfen versorgen. An der Wand erfolgt schon eine fast vollständige Abscheidung der Tropfen. Nur der Sprühschleier der aufschlagenden mittleren und größeren Tropfen wird von der Gasströmung weitergetragen und im oberen Teil des Wäschers wie in einer Zyklonströmung praktisch vollständig abgeschieden. Dieser Zyklonteil hat ein Tauchrohr. Vorgeschaltet sind Abschälkragen und Abspritzkragen.

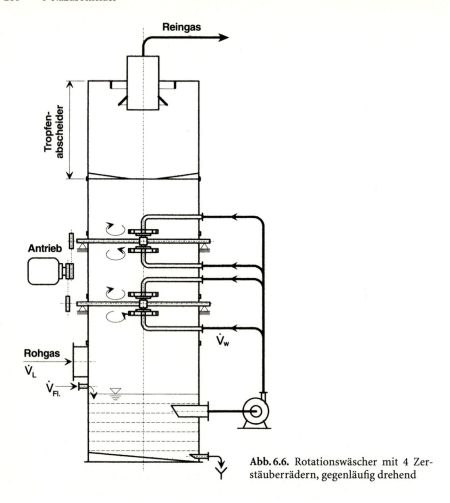

Abb. 6.6. Rotationswäscher mit 4 Zerstäuberrädern, gegenläufig drehend

Die Abscheideleistung der Rotationswäscher kann durch zwei gleichsinnig rotierende Sprühscheiben, die mit kurzem Abstand angeordnet sind, noch gesteigert, aber nicht auf das Doppelte erhöht werden.

T. Schultz [5] verbesserte den Rotationswäscher bis zur Linie des verbesserten Venturiwäschers von H. Haller durch die Anordnung von vier übereinander jeweils gegensinnig umlaufenden Rotoren. Durch die gegensinnige Rotation entstehen immer wieder neue und hohe Relativgeschwindigkeiten zwischen Tropfen und Gasströmung. Nach T. Schultz erhält man die erzielte mittlere Tropfengröße aus der Zahlenwertgleichung:

$$d_{T50} = \frac{8{,}2 \cdot 10^{-3}}{u_Z^{1{,}09}} [\dot{V}_{Fl}/L_b]^{0{,}12}. \tag{6.7}$$

Danach hängt die Tropfengröße in erster Linie von der Umfangsgeschwindigkeit der Zerstäuberscheibe u_Z ab und in weit geringerem Maß vom Durchsatz

$\dot{V}_{Fl}$ des Waschwassers, der auf die Gesamtlänge L_b der benetzten Abbruchkanten der Scheibe bezogen ist.

6.3 Verteilungsgesetze von Stäuben und Tropfen

Man kennzeichnet die Verteilungsgesetze gemeinsam mit den Parametern der Rosin-Rammler-Sperling-Verteilungen im RRS-Netz nach Abb. 6.7 [6] mit dem Durchmesser d' des Rückstandes:

$$R = \frac{1}{e} = 0{,}36,$$

sowie mit der Steigung n der nahezu geraden Linie:

$$R = \exp - \left(\frac{d}{d'}\right)^n. \tag{6.8}$$

Man wird noch genauer, wenn man die immer vorhandenen kleinsten sowie größten Durchmesser d_{min} und d_{max} einsetzt, die man entweder gemessen hat oder möglichst genau schätzen soll. Dann erweitert sich die einfache RRS-Beziehung nach [7], [8] und [9] um d_{min} zu:

$$R = \exp\left[-(d-d_{min})/(d'-d_{min})^n\right] \text{ für } d \leq d' \tag{6.9}$$

sowie um d_{max}:

$$R = \exp\left[-(d_{max}-d')/(d_{max}-d)^{0{,}1}(d/d')^n\right] \text{ für } d \geq d'. \tag{6.10}$$

Mit Anwendung dieser erweiterten RRS-Beziehung ist die Präzision der Auslegung von Zyklonabscheidern, pneumatischen Förderanlagen sowie von Sprühdosen und auch von Wäschern erheblich verbessert worden.

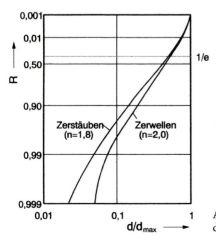

Abb. 6.7. Rückstandskurven von Tropfen durch die Hohlkegeldüse nach [10]

Man kann d' bei R = 1/e = 0,36 sowie der ebenfalls erforderlichen Tropfen- oder Korndurchmesser d_{50} bei R = 0,5 ineinander umrechnen gemäß:

$$\frac{d_{50}}{d'} = 0{,}7^{\frac{1}{n}}. \tag{6.11}$$

6.4 Tropfengrößenverteilungen

H.D. Dahl [10] hat die Tropfengrößenverteilungen von Hohlkegelsprühdüsen mit reinem Wasser, Flüssigkeiten höherer Viskosität sowie mit Suspensionen von Kalkteilchen in Wasser näher untersucht. Erfolgt das Zerteilen durch Zerwellen, erhält man nach Abb. 6.7 steilere Verteilungskurven mit dem Steigungsparameter n = 2,0. Geschieht die Tropfenbildung durch innere Turbulenz der Flüssigkeit, spricht man im eigentlichen Sinne von Zerstäuben und findet den Steigungsparameter n = 1,8. Beim Zerstäuben ist:

$$d_{min} \approx 0{,}02\, d_{max},$$

beim Zerwellen:

$$d_{min} \approx 0{,}05\, d_{max}.$$

In Wäschern ist fast immer Zerstäuben infolge innerer Turbulenz der Flüssigkeit gegeben, zusammen mit aerodynamischer Zerteilung infolge des Staudrucks der Anströmung. Den ersten Vorgang erfaßt man mit der kritischen Weber-Zahl:

$$We = \frac{\rho_L w^2 d_{max}}{\sigma}, \tag{6.12}$$

sowie der Ohnesorge-Zahl:

$$Oh = \frac{\eta_L}{\sqrt{\rho_L \sigma d_{max}}}. \tag{6.13}$$

Dabei ist in Gl. (6.12) mit w die Gesamtgeschwindigkeit des Flüssigkeitsfilms gemeint. Die Ohnesorge-Zahl enthält neben d_{max} nur die Stoffwerte der Flüssigkeit.

In der Regel erfolgt der Tropfenzerfall bei Gleichgewicht des Staudrucks q der Anströmung von Tropfen oder Flüssigkeitsstrahlen:

$$q = \frac{\rho_L}{2}(v-c)^2, \tag{6.14}$$

mit dem Kapillardruck q_σ der Tropfen infolge ihrer Oberflächenspannung σ der Flüssigkeit:

$$q_\sigma = \frac{4\sigma}{d}. \tag{6.15}$$

Bei Venturiwäschern kann der Staudruck q der Anströmung beträchtlich größer werden als der der maximalen Geschwindigkeit v in der Kehle, wenn das Waschwasser in Gegenrichtung zur Strömung eingespritzt wird. Da die Tropfenbildung als dynamischer Vorgang Zeit benötigt, wird der maximal mögliche Tropfen etwas größer. Man rechnet in der Regel mit:

$$d_{max} = \frac{(10\ldots 12)\,\sigma}{\rho_L\,w^2}. \tag{6.16}$$

Bei Wäschern definiert Gl. (6.16) die maximale Tropfengröße. Mit d_{max} sowie n = 1,8 beim Tropfenzerfall durch innere Turbulenz berechnet man die nächstwichtigen Tropfendurchmesser d' sowie d_{50} nach Gl. (6.11).

Der minimale Tropfendurchmesser ist beim Zerstäuben:

$$d_{min} = 0{,}02\,d_{max}.$$

Abbildung 6.8 vermittelt eine Vorstellung von den in einem Venturiwäscher vorkommenden Tropfen zusammen mit ihren Geschwindigkeiten. Abbildung 6.9 zeigt die lokale Geschwindigkeit der kleinen, mittleren und großen Tropfen. Die Rechnung nimmt an, daß bei den zahlreichen Überholvorgängen 90% der möglichen Stöße zum Einfang der kleineren, schnelleren Tropfen durch die größeren Tropfen führen. Die Verhältnisse gelten für den Venturiwäscher mit 240 mm Durchmesser in der Kehle und 380 mm Durchmesser am Ende des Diffusors. Die kleinen Tropfen sind bis zum Ende des Diffusors zu rund 90% von den größeren eingefangen.

Tabelle 6.1 enthält die wichtigsten Daten einer Modellrechnung [20]. Mit der Summation über die drei Tropfenklassen erhält man die für die Staubabscheidung wichtigste Größe $\Sigma\,m_i\,\mu_i = 826$ (Mittelwert).

Rechnet man mit der mittleren Tropfengröße $d_{T50} = 84\,\mu m$ und der gesamten Wasserbeladung $\mu = 1{,}25$, so erzielt man $m\mu_{ges} = 1044$, somit die glei-

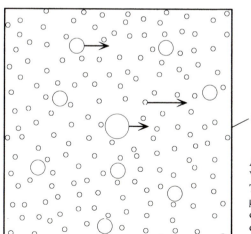

Abb. 6.8. Tropfenschwarm in einem Venturiwäscher, dargestellt für drei Tropfenklassen im Würfel a = 1240 μm, $d_1 = 24\,\mu m$, $c_1 = 80$ m/s, $d_{min} = 3\,\mu$, $d_2 = 84\,\mu m$, $c_2 = 68$ m/s, $d' = 80\,\mu m$, $d_3 = 131\,\mu m$, $c_3 = 50$ m/s, $d_{max} = 150$ μm, n = 1, $\mu = \dot{M}_T/\dot{M}_L = 1{,}25$

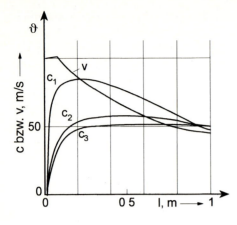

Abb. 6.9. Geschwindigkeiten der Luft v und von drei Tropfenklassen c in einem Venturiwäscher nach dem Beispiel in Tabelle 6.1 und Abb. 6.8

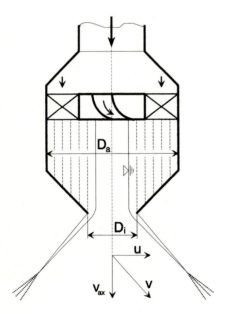

Abb. 6.10. Hohlkegeldüse nach [10]

che Größenordnung. Genauere Rechnungen mit drei oder mehr Tropfenklassen sollten in Zukunft ausgeführt werden, weil die differenzierten Rechnungen geringere Abscheidung voraussagen als die einfache Rechnung mit nur einer Tropfenklasse.

Abbildung 6.10 zeigt eine Hohlkegeldüse mit Zerstäubung aus dem dünnen Film des Hohlkegels. Solche Düsen sind heute in den Waschtürmen der Kraftwerke zum Auswaschen von SO_2 aus dem Rauchgas eingesetzt. Dabei sind bei kleinen Relativgeschwindigkeiten (v–c) nur die Weber- und Ohnesorge-Zahl nach den Gln. (6.12) und (6.13) entscheidend.

Tabelle 6.1. Daten zu Abb. 6.8 und Abb. 6.9 für die Modellrechnung mit drei Tropfenklassen.
$\Delta p = 5300$ Pa bis zur Wassereinspritzung,
$\Delta p = 2700$ Pa ab Wassereinspritzung bis zum Ende,
$\Delta p_{ges} = 8000$ Pa, $d_s^* = 0{,}09$ µm.

Klasse i	$d_{i,a}$, µm	$d_{i,e}$, µm	$\mu_{i,a}$	$\mu_{i,e}$	$m_i \mu_i$
1	24	24	0,31	0,10	170
2	84	90	0,63	0,81	531
3	131	138	0,31	0,34	125
					$\Sigma\, m_i \mu_i =$ 826
	$d_{T50} = 84$ µm		$\mu_{ges} = 1{,}25$		$m\,\mu_{ges} = 1044$

6.5 Abscheidung von Staubteilchen an Einzeltropfen

Die Tropfen in den Wäschern haben nahezu ideale Kugelform. Die Umströmung von Kugeln hängt wesentlich ab von der Reynolds-Zahl, definiert durch:

$$\mathrm{Re} = \frac{(v - c)\, d_T}{\eta_L} \rho_L. \tag{6.17}$$

Abbildung 6.11 zeigt die verschiedenen Strömungsformen, oben bei Re = 1000 und unten bei Re = 1. Bei sehr großen Re-Zahlen dominieren die Massenträgheitskräfte der Strömung, nämlich der Staudruck vorne und entsprechender Unterdruck hinten. Bei sehr kleinen Re-Zahlen dominieren die Reibungskräfte, welche zusammen mit Druckkräften den Strömungswiderstand verursachen. Im Bereich großer Reynolds-Zahlen betragen die Grenzschichtdicken am Äquator nur wenige Prozent des Kugeldurchmessers, die Strömung löst dort unter starker Wirbelbildung von der Oberfläche der Kugel ab. Bei kleinen Re-Zahlen beträgt die Grenzschichtdicke am Äquator rund 25% des Kugeldurchmessers; die Strömung löst nicht ab und schließt sich hinter der Kugel wieder mit Ausbildung einer Nachlaufdelle. In diesem Fall erscheint die Kugel für die Anströmung dicker, wenn man etwa die halbe Grenzschichtdicke zum Kugeldurchmesser dazuzählt.

Wenn in der ankommenden Gasströmung Staubteilchen mitgeführt werden, haben diese eine wesentlich größere Masse als das Gas und versuchen möglichst lange mit der vorhergehenden Richtung weiterzufliegen. Vor der Kugel folgt die Strömung zunehmend der Kugelform, wobei die Staubteilchen aus der Stromlinie getragen werden. Im unteren Teil der Abb. 6.11 erkennt man die typische Bahn eines Staubteilchens vor der Kugel, dargestellt durch eine gepunktete Linie. Der Durchmesser e umschließt die Stromröhre der

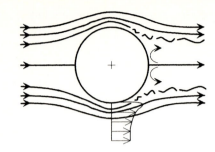

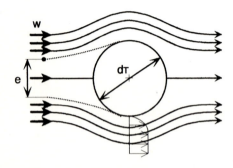

Abb. 6.11. Umströmung von Tropfen, oben Re = 10³, unten Re = 1

Staubpartikel, die kurz vor dem Äquator gerade noch den Wassertropfen streifen und damit abgeschieden werden. Das Verhältnis:

$$\varepsilon^2 = (e/d_T)^2,$$

wird als relativer Einfangquerschnitt bezeichnet. Je nach den Werten der an der Abszisse aufgetragenen Barth-Zahl:

$$Ba = \frac{(v - c)\, w_S}{d_T\, g}, \tag{6.18}$$

und der Re-Zahl der Anströmung des Tropfens kann der relative Einfangquerschnitt zwischen etwa 0,05 und 0,95 variieren, real aber nur zwischen 0,10 und 0,40. Bei sehr großer Sinkgeschwindigkeit w_S der Staubteilchen im Schwerefeld g strebt ε^2 nach 1, im entgegengesetzten Fall nach 0. Es ist sehr wichtig, den Einfluß der freien Weglänge l_M der Gasmoleküle in der Strömung auf die Sinkgeschwindigkeit der Staubpartikel entsprechend der Beziehung:

$$w_S = w_{S0}\,(1 + 2{,}53\, l_M/d_S), \tag{6.19}$$

zu berücksichtigen. Je größer l_M im Verhältnis zur Partikelgröße des Staubs wird, desto größer wird die Sinkgeschwindigkeit der Staubteilchen. Die freie Weglänge von Luftmolekülen ist:

$$l\,[\mu m] = 1{,}23 \cdot 10^{-3}\, \frac{T\,[K]}{p\,[Pa]},$$

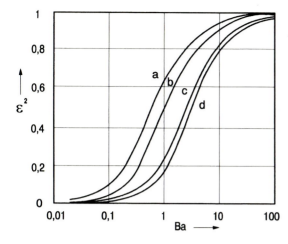

Abb. 6.12. Zusammenhang des relativen Einfangquerschnitts ε^2 mit der Barth- und der Reynold-Zahl. **a** Re > 125 **b** Re = 60 **c** Re = 40 **d** Re < 1

und die von Wasserdampfmolekülen:

$$l\,[\mu m] = 2{,}78 \cdot 10^{-3}\,\frac{T\,[K]}{p\,[Pa]},$$

Die Abscheidung sehr kleiner Staubteilchen wird also infolge der freien Weglänge wieder etwas günstiger.

Nach G. Schuch [11] gilt für den relativen Einfangquerschnitt

$$\varepsilon^2 = (Ba/(Ba + B_1))^{B_2}. \tag{6.20}$$

Gleichzeitig gelten die von T. Schultz nach Schuch berechneten Parameter B_1 und B_2 entsprechend der Tabelle 5.41 in [5]. Abbildung 6.12 zeigt den relativen Einfangquerschnitt in Abhängigkeit von der Barth- und von der Reynold-Zahl.

6.6
Die Reinigungskenngröße m und der Druckverlust der Tropfen

W. Barth [3] hat bei der Berechnung der Reinigungsleistung von Wassertropfen, die quer zur Strömung in Rohre eingespritzt werden, die Reinigungskenngröße m definiert:

$$m = \frac{3}{2 d_T} \int_{t_1}^{t_2} \varepsilon^2 (v - c)\,dt. \tag{6.21}$$

Sie ist nach Gl. (6.3) das Verhältnis des in der Zeit von t_1 bis t_2 gereinigten Luftvolumenstroms $\dot{V}_L$ zu dem erforderlichen Volumenstrom $\dot{V}_{Fl}$ des Wassers für einheitlich große Staubteilchen d_S. Außer dem Tropfendurchmesser d_T ändert sich die Relativgeschwindigkeit $w = v - c$ laufend. Der relative Einfangquerschnitt ε^2 hängt selbst wieder von Ba und Re nach der Gl. (6.20), somit von w ab. Genauere Berechnungen von m für eine Korngröße sind nur numerisch möglich, weil zuerst die Tropfengeschwindigkeit c längs des Weges l berechnet werden muß. Dabei ändert sich die Reynolds-Zahl der Tropfenströmung genau genommen zwischen 0 und fast 1000, im wesentlichen zwischen ca. 50 und 500. In diesem Bereich berechnet man nach [9] wie bei Staub-Luftströmungen in erster Näherung zweckmäßig den Luftwiderstand von Tropfenwolken zuerst mit der Sinkgeschwindigkeit w_{S0} der Einzelkugel:

$$w_{S0} = \left(\frac{4/3 \, (\Delta\rho_{T,L} \, g) \, d_T^{1+k}}{K \, \eta_L^k \, \rho_L^{1-k}} \right)^{\frac{1}{2-k}}, \qquad (6.22)$$

mit dem Luftwiderstandsbeiwert c_{w0} von Kugeln bei gleicher Sinkgeschwindigkeit:

$$c_{w0} = \frac{K}{Re_T^k}. \qquad (6.23)$$

Der genannte Re-Zahl-Bereich ist der Übergangsbereich mit etwa gleichgroßem Einfluß von Massenträgheits- und Reibungskräften bei der Hochzahl k = 0,5, sowie der Konstanten K = 12. Daraus folgt für einzelne Tropfen:

$$w_{S0} = \frac{(\Delta\rho_{T,L} \, g)^{2/3} \, d_T}{4,3 \, (\eta_L \rho_L)^{1/3}}, \qquad (6.24)$$

und für den Tropfenschwarm einer Wolke mit der Beladung $\mu = \dot{M}_{Fl}/\dot{M}_L$ die Sinkgeschwindigkeit:

$$w_S = w_{S0}[1 + (0{,}25 + k)\mu^{1/4}]. \qquad (6.25)$$

mit k = 0,50 im eingeschränkten Re-Zahl-Bereich.

Bei Vernachlässigung von Schwerkraft, Wandreibung, Stößen von Tropfen an die Wand sowie mit anderen Tropfen berechnet man schließlich die Geschwindigkeit der Tropfen numerisch mit der Beziehung:

$$c \frac{dc}{dl} = g \frac{(v-c)^{1,5}}{w_S^{1,5}} \, \text{sgn}\,(v-c). \qquad (6.26)$$

Abbildung 6.13 zeigt einen so berechneten Verlauf der Tropfengeschwindigkeit c(l) bei gegebener Gasgeschwindigkeit v(l) für den Venturiwäscher von Abb. 6.3. Die Berechnungen für Abb. 6.13 wurden mit der genaueren Näherung:

$$c_w \, (Re) = \frac{21}{Re} + \frac{6}{\sqrt{Re}} + 0{,}28, \qquad (6.27)$$

durchgeführt.

Ebenso wurde die Reinigungskenngröße m nach Gl. (6.21) numerisch für die Grenzkorngröße $d_S^* = 0{,}05$ μm des Wäschers berechnet und als Kurve über der Länge l aufgetragen.

6.6 Die Reinigungskenngröße m und der Druckverlust der Tropfen

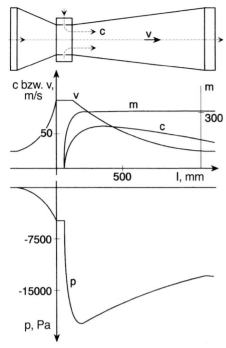

Abb. 6.13. Verlauf der Geschwindigkeiten der Tropfen c und des Gases v, des Drucks p und der Reinigungsgröße m im klassischen Venturiwäscher nach Abb. 6.3

Den Druckverlauf p(l) berechnet man ebenfalls numerisch mit der Änderung des statischen Drucks der Strömung [7]:

$$dp = dp_L + dp_T, \tag{6.28}$$

$$dp = -\rho_L v_L dv_L - \mu \rho_L v_L dc_T \quad \text{wenn } dp_L < 0, \tag{6.29}$$

$$dp = -\eta_{Diff} \rho_L v_L dv_L - \rho_L v_L dc_T \quad \text{wenn } dp_L > 0. \tag{6.30}$$

Man sieht in Abb. 6.13, daß wegen der Erhöhung der Geschwindigkeit in der Kehle der statische Druck erheblich abfällt. Er könnte, bei langsamer Verzögerung der schnellen Strömung, in einem mit 7 bis 8° erweiterten Diffusor wieder bis auf rd. 80% des ursprünglichen Wertes steigen. Der Impulsaustausch der schnelleren Kernströmung mit der erheblich langsameren und dicker werdenden Wandgrenzschicht der Strömung verursacht den hohen Verlust. Die Wandreibung ist nur der Anlaß, die dicker werdende Wandgrenzschicht für den Druckanstieg die eigentliche Ursache.

Ab der Eintrittsstelle des Wassers in die Kehle fällt der Druck zusätzlich stark ab, weil der Strömungswiderstand der Tropfenwolke:

$$W_T = M_T g \left(\frac{v-c}{w_S}\right)^{2-k}, \tag{6.31}$$

bei der größten Relativgeschwindigkeit w = v − c an der Eintrittsstelle am größten ist und deshalb dort auch den größten zusätzlichen Druckverlust:

$$\Delta p_T = \frac{W_T}{A_{Ström}}, \qquad (6.32)$$

verursacht. Solange der statische Druck p der Strömung weiterhin fällt, wird in Gl. (6.30) mit $\eta_{Diff} = 1$ für die Druckänderung der Trägerströmung gerechnet. Sobald der statische Druck der Strömung mit $dp_L > 0$ wieder steigt, muß in Gl. (6.30) ein Wirkungsgrad $\eta_{Diff} \approx 0{,}8$ der verzögerten Strömung eingesetzt werden. Praktisch beginnt man bei ansteigendem Druck p mit $\eta_{Diff} = 0{,}9$ und reduziert nachher auf 0,8 und am Ende auf 0,7.

6.7
Berechnung eines Wäschers

Für Venturiwäscher nach Abb. 6.1 bzw. Abb. 6.3 kann man nach eigenen Erfahrungen die optimale Auslegung mit Rechenprogrammen in kurzer Zeit in erster Näherung finden, was in Abb. 6.13 und für einen Venturiwäscher mit Hohlkegeldüse in Abb. 6.14 gezeigt ist. Abbildung 6.15 zeigt, wie die Zerstäubung im engsten Querschnitt eines Venturiwäschers [19] aus einer Hohlkegeldüse gegen die ankommende Strömung erfolgt. Diese Bauweise hat den großen Vorteil, daß die Tropfengröße und die Verteilung der Tropfen über den Querschnitt mit der Hohlkegeldüse beeinflußt und gesteuert werden kann. Auch erreicht man so wegen der größeren Relativgeschwindigkeit w = v − c das gleiche tiefe Energieverbrauchsniveau wie bei b) sowie c) in Abb. 6.2, ohne den dort erforderlichen höheren technischen Aufwand.

Die Korngrößenverteilung des abzuscheidenden Staubs R(d) muß entsprechend Abb. 6.16 mit d′, n, d_{min} und d_{max} bekannt sein, die Staubgehalte vor und nach dem Wäscher S_1 sowie S_2 (mg/m³) ebenfalls. Damit ist der Gesamtabscheidegrad:

$$\eta_G = 1 - \frac{S_2}{S_1}, \qquad (6.33)$$

festgelegt, z.B. 1 − 2,5/50 = 0,95. Jetzt berechnet man mit Gl. (6.19) die Korngröße des Staubs, zu der dieser Rückstand R = 0,95 gehört. Dies ist mit wenigen Rechenschritten leicht möglich bei 2 bis 3 % Unsicherheit. Nach Abb. 6.17 trifft man die Verhältnisse bezüglich der Emissionen auf 4 bis 5 % richtig, wenn man mit dieser Korngröße als der Grenzkorngröße des Wäschers 50 % Abscheidung berechnet, mit dem Fraktionsabscheidegrad:

$$\eta_F = 1 - \exp\left(-\mu \cdot m \frac{\rho_L}{\rho_S}\right). \qquad (6.34)$$

Dies ist der Fall, wenn der Wert der Exponentialfunktion 0,5 ist. Dazu nimmt man nach der Tabelle der Anhaltszahlen in Abb. 6.1 mittlere Werte der Was-

6.7 Berechnung eines Wäschers 221

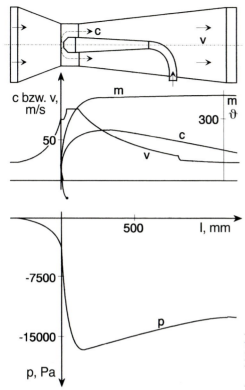

Abb. 6.14. Verlauf der Geschwindigkeiten der Tropfen c und des Gases v, des Drucks p und der Reinigungsgröße m im Venturiwäscher mit Hohlkegeldüse nach Abb. 6.15

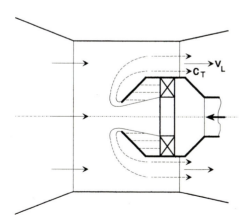

Abb. 6.15. Wassereinspritzung aus Hohlkegeldüse im Venturiwäscher

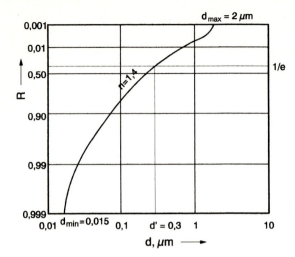

Abb. 6.16. Rückstandskurve eines Feinststaubes

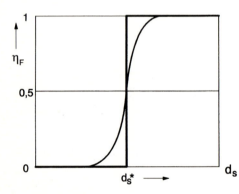

Abb. 6.17. Fraktionsabscheidegradkurve eines Wäschers mit Stufensprung

serbeladung μ sowie der Reinigungskenngröße m und wählt eine geeignete Geschwindigkeit in der Kehle und den weiteren Geschwindigkeitsverlauf v(l) z. B. nach Abb. 6.13 oder Abb. 6.14. Man rechnet mit einem Computer und stellt vor allem fest, ob man die für das gewünschte Grenzkorn d_S^* erforderliche Reinigungskenngröße m erreicht, bei der nach Gl. (6.34) $\eta_F \sim 0{,}50$ erzielt wird. Wird dieser Abscheidegrad überschritten, kann man die Wasserbeladung μ und auch die Geschwindigkeiten der Gasströmung v zurücknehmen, im anderen Fall erhöhen.

Schließlich zeigt die Kontrolle mit dem Energieverbrauch:

$$N = \frac{\Delta p \, \dot{V}}{\eta_{Gebl/P}}, \qquad (6.35)$$

ob man im Optimaldiagramm in der Nähe der unteren Grenzkurven liegt. Hier muß d_S^* bei anderer Dichte als ρ_{SiO_2} vorher nach Gl. (6.2) auf die richtige Staubdichte umgerechnet werden. Für die Wirkungsgrade von Gebläsen und Pumpen, einschließlich ihrer Antriebe, setzt man nach Erfahrung 0,7 ein.

Die Auslegung von Rotationswäschern kann man in ähnlicher Weise nach den von T. Schultz [5] angegebenen Strategien angehen. Jetzt hat man zusätzlich noch die Wahl zwischen Kreuzstrom von Wassertropfen und Gasströmung oder Gegenstrom und bei sehr hoher Wasserbeladung in nur einer Stufe auch Gleichstrom.

6.8
Andere Wäscher

Abbildung 6.18 zeigt einen Strahlwäscher wie nach 4) von Abb. 6.1 für rund 100000 m³/h Abgas einer großen Anlage der Petrochemie. Im Versuch verwendete man eine Sprüdüse in einem kleinen Rohr, in der Großanlage 80 parallel angeordnete Einzeldüsen gleicher Abmessungen. Die Naßreinigung entsprach in der Großanlage fast genau den Ergebnissen der kleinen Versuchsanlage, die Abscheidung der Tropfen war aber ganz unbefriedigend, weil die mittleren und großen Tropfen von rund 1 mm Durchmesser eine dichte Sprühwolke aus Tröpfchen < 10 µm und rund 5 % der gesamten Tropfenmasse beim Aufprall auf die Flüssigkeit im Sumpf sekundär erzeugen. Dieser Sprühschleier wurde von den einfachen Lamellentropfenabscheidern nur zu rund 2/3 abgeschieden. Schnelle Abhilfe war erforderlich. Mit den im Bild gezeigten radialen Leitapparaten am Ausgang des liegenden Behälters konnte man mit rund

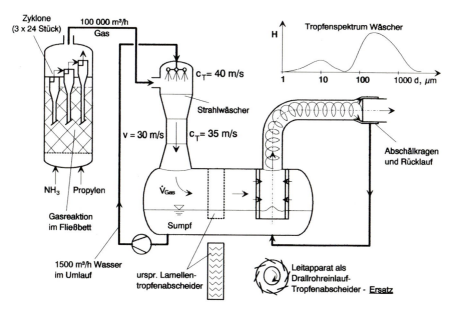

Abb. 6.18. Strahlwäscher zur schnellen Kühlung von Reaktionsgas und Feinststaubabscheidung

20 m/s Umfangsgeschwindigkeit in der folgenden Rohrleitung fast vollkommene Abscheidung erzielen, obwohl unmittelbar hinter dem Behälter die Drallströmung im folgenden 90°-Krümmer zum Teil erheblich gestört war. In der folgenden geraden Rohrleitung von 20 m Länge und 2 m Durchmesser war mehr als genug Reserve für die Abscheidung gegeben. Die Grenztropfengröße dieser Drallabscheidung wurde nachträglich mit 5 µm berechnet, bei nur 50 mbar zusätzlichem Druckverlust.

Der in Abb. 6.19 dargestellte Wäscher wird in der VR China vielfach benutzt. Ein radiales, engstehendes Schaufelgitter ist so durchströmt, daß die Flüssigkeit als Blasensäule über dem Gitter steht, ca. 3 bis 6 % nach oben aufgewirbelte Tropfen an einem ähnlichen Gitter wieder abgeschieden werden

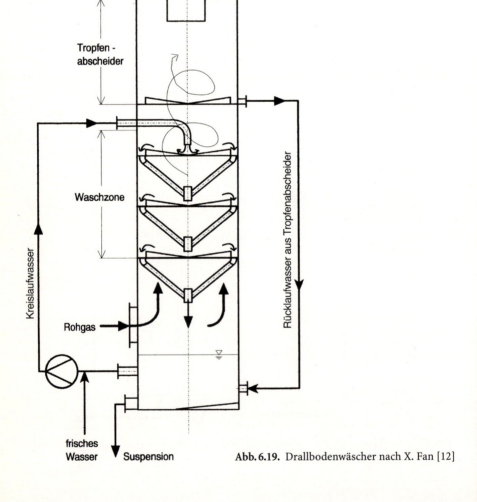

Abb. 6.19. Drallbodenwäscher nach X. Fan [12]

und durch ein zentrales Rohr wieder auf das untere Gitter zurücklaufen [12]. Gemessen an seiner Grenzkorngröße $d_S^* \approx 1...2\,\mu m$ hat dieser Drallbodenwäscher einen sehr geringen Energieverbrauch. Die zuerst nach oben mitgerissenen Tropfen liegen zwischen 0,5 und 1 mm. Die schließlich aus der letzten, als Zyklon arbeitenden Stufe emittierten Tröpfchen sind kleiner als 20...30 µm.

Abbildung 6.20 zeigt einen Waschturm, in dem hinter Kohlekraftwerken das bei der Verbrennung entstehende SO_2 mit Kalkmilchtropfen ausgewaschen wird, wobei im Sumpf eingeblasene Luft den Kalk zu Gips oxidiert.

In leeren Waschtürmen bis 20 m Durchmesser und 60 m Höhe sind oben viele Hohlkegelsprühdüsen angeordnet. Die mittleren Tropfengrößen betragen ähnlich wie bei Regen etwa 0,5 bis 3 mm. Solange ihre Sinkgeschwindigkeit:

$$w_{S,T} = \sqrt{\frac{1{,}33 g\, \rho_T\, d_T}{c_{W,T}\, \rho_L}}, \qquad (6.36)$$

mit dem Luftwiderstandsbeiwert $c_{W,T} \approx 0{,}8$ von leicht abgeplatteten Tropfen größer als die im Turm meist gegebene Steiggeschwindigkeit des Rauchgases $v_L \approx 5...6\,m/s$ ist, regnen sie nach unten in den Sumpf. Feinere Tropfen sowie kleine Mengen von Feinsprüh werden nach oben ausgetragen und in Lamellentropfenabscheidern mit meist zwei Lagen bei ca. 15 mm Abstand der Lamellen (Abb. 6.18) fast vollständig abgeschieden.

Bei Feststoffkonzentrationen der Kalkmilch von 4 bis 6% bilden sich an allen Flächen der Lamellenpakete Wandansätze aus Kalkpartikeln. Man muß diese Ansätze von Zeit zu Zeit mit kurzen Stößen aus Hochdrucksprühdüsen von unten und oben mit reinem Wasser wieder säubern.

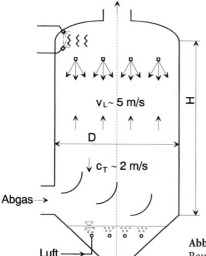

Abb. 6.20. Waschturm zum Auswaschen von SO_2 aus Rauchgasen

Nach [9] berechnet man die Grenztropfengröße von Lamellen-Tropfenabscheidern:

$$d^* = \sqrt{\frac{18\,\eta_L\,w_S^*}{\rho_L\,z}}, \tag{6.37}$$

Dabei ist w_S^* die Sinkgeschwindigkeit der Tropfen in der Kurve. Man schätzt sie ab mit dem Gasdurchsatz jeder Gasse $V_{L,G}$ und der Sedimentationsfläche an der kurvenäußeren Seite der Gasse A_{Sed}:

$$w_S^* = \frac{\dot{V}_{L,G}}{A_{Sed}}, \tag{6.38}$$

Die wirksame Zentrifugalbeschleunigung z in der Kurve, ist mit v_0 als mittlerer Durchflußgeschwindigkeit des Paketes, gegeben durch:

$$z = \frac{u^2}{r} \approx \frac{(1{,}5\,v_0)^2}{1{,}5\,s} = \frac{v_0^2}{s}. \tag{6.39}$$

Man ermittelt mit $v_0 \approx 5$ m/s in solch einfachen Lamellenpaketen Grenztropfengrößen von:

$$d^* = 5\ldots 7\ \mu m,$$

bei Druckverlusten je Paket von:

$$\Delta p \approx 50\ \text{Pa}.$$

6.9
Praktische Gesichtspunkte

Die meisten Wäscher betreibt man mit Waschwasser im Umlauf, der in der Regel bis zu Staubkonzentrationen von 50 bis 100 g Staub je l Wasser ohne Probleme möglich ist. Bei Venturiwäschern und den meisten übrigen Wäschern ist die Abluft nach dem Wäscher normalerweise mit Wasserdampf gesättigt. Je nach Temperatur am Ausgang des Wäschers und Luftfeuchte am Eingang muß die verdunstete Wassermenge ersetzt werden. Die maximale Staubkonzentration im Waschwasser bestimmt zusammen mit dem Staubanfall und der verdunsteten Wassermenge den dauernd nötigen Wasserzulauf in den Wäscher. Zyklontropfenabscheider sind deutlich größer als Lamellentropfenabscheider. Sie sollten am Deckel wie nach Abb. 6.3 Spritz- und Abschälkragen haben, weil Wandfilme in der Regel bei größerem Druckgefälle als:

$$\frac{\Delta p}{D_a/2} > 1000\ \text{Pa/m}, \tag{6.40}$$

am Deckel des Abscheideraums nach innen ins Zentrum fließen. Dabei ist Δp der Druckverlust des Zyklons, z.B. 500 bis 1000 Pa, und $D_a/2$ der Radius des Abscheideraums.

Zyklone haben vom Eintritt des Gases bis zum Zentrum mit Auslaß von Gas nach oben und Wasser nach unten überall benetzte und damit gereinigte Wände, brauchen im Normalfall also keine Reinigung der Wände mit Hochdrucksprühdüsen. Bei Lamellentropfenabscheidern muß das letzte Paket bei sehr hoher Abscheidung trocken sein. Waschwasser verschmutzt deshalb am Übergang zu den trockenen Flächen der letzten Lamellen in der Regel schon bei geringer Staubkonzentration mit Spritzern die letzten Flächen. Deshalb müssen Lamellenabscheider laufend mit Hochdrucksprühdüsen von unten und von oben in Abständen von 10 bis 30 Minuten einige Sekunden lang sauber gespritzt werden.

Symbolverzeichnis

Formelzeichen

A	m^2	Querschnittsfläche
B_1, B_2		Konstanten
c	m/s	Feststoff-/Tropfengeschwindigkeit
d	μm	Korn-/Tropfendurchmesser
d_{50}	μm	Korn-/Tropfendurchmesser bei 50% Rückstand
d'	μm	Korn-/Tropfendurchmesser bei $R = 1/e$
d^*	μm	Grenzkorngröße
D	mm	Durchmesser
e	mm	Durchmesser der Grenzstromröhre für auf den Tropfen auftreffende Staubteilchen
E_{spez}	kWh/1000 m^3 Luft	Spezifischer Energieverbrauch
g	m/s^2	Erdbeschleunigung
l	mm	Lauflänge der Strömung
L_b	mm	Länge der benetzten Abrißkanten am Zerstäuberrad des Rotationswäschers
$\dot{M}$	kg/s	Massendurchsatz
m		Reinigungskenngröße
M_T	kg	Masse eines Tropfens
n		Steigungsparameter für Rückstandskurven
N	kW	Leistung
Oh		Ohnesorge-Zahl
p	Pa	Statischer Druck
q	Pa	Staudruck
r	mm	Radius
R		Rückstand
Re		Reynoldszahl
s	mm	Lamellenabstand
u	m/s	Umfangsgeschwindigkeit
v	m/s	Gasgeschwindigkeit
V	m^3	Volumen

$\dot{V}$	m³/s	Volumenstrom
w	m/s	Relativgeschwindigkeit
w_S	m/s	Sinkgeschwindigkeit
W	N	Strömungswiderstand
We		Weber-Zahl

Griechische Symbole

ε^2		Relativer Einfangquerschnitt
Δp	N/m²	Druckabfall, Druckverlust
η	Pa s	Viskosität
η_{Diff}		Wirkungsfeld des Diffusors
η_F		Fraktionsabscheidegrad
η_G		Gesamtabscheidegrad
η_{Gebl}		Gebläse-Wirkungsgrad
η_p		Pumpen-Wirkungsgrad
μ		Beladung
ρ	kg/m³	Dichte
q_σ	N/m²	Innendruck durch Oberflächenspannung
σ	N/m	Oberflächenspannung
τ	N/m²	Schubspannung

Indices

a, e	Anfang/Ende der Waschstrecke
Fl	Flüssigkeit
L	Luft
max	maximal
min	minimal
rein	gereinigt
S	Feststoff
Ström	Strömung
T	Tropfen
Z	Zerstäuber

Literatur

1. Wicke M (1970) Fortschrittsberichte VDI, Reihe 3 Nr. 33
2. Holzer K (1979) Chem.-Ing.-Tech. 51:200
3. Barth W (1959) Staub 19:175
4. Haller H (1986) Dissertation, Universität Stuttgart
5. Schultz T (1993) Fortschrittsberichte VDI, Reihe 3 Nr. 310
6. Grassmann P (1983) Physikalische Grundlagen der Verfahrenstechnik. Sauerländer, Aarau Frankfurt Salzburg, S. 339
7. Muschelknautz E, Krambrock W, Schlag HP (1994) VDI-Wärmeatlas Lh3, 7. Aufl.

8. Muschelknautz E, Greif V, Trefz M (1994) VDI-Wärmeatlas Lja8, 7. Aufl.
9. Dahl HD, Muschelknautz E (1994) VDI-Wärmeatlas Lja8, 7. Aufl.
10. Dahl HD (1992) Fortschrittsberichte VDI, Reihe 3 Nr. 302
11. Schuch G (1978) Dissertation Universität Karlsruhe
12. Fan X, Schultz T, Muschelknautz E (1988) Chem. Eng. Technol. 11:73
13. Muschelknautz E, Haller H (1983) Techn. Mitteilungen Heft 8/9:435
14. Mehrhardt E, Brauer H (1983) Fortschrittsberichte VDI, Reihe 3 Nr. 52
15. Calvert S (1977) Chem.-Engeneering 29:54
16. Brauer H (1971) Grundlagen der Einphasen- und Mehrphasenströmungen. Sauerländer, Aarau Frankfurt Salzburg, S. 641
17. Löffler F (1988) Staubabscheiden. Georg Thieme Verlag, Stuttgart, S. 156
18. VDI-Handbuch 'Reinhaltung der Luft', Naßarbeitende Abscheider (1977), VDI 3679
19. Handte J & Co GmbH (1994) Prospekt Information 11, Tuttlingen
20. Muschelknautz U (1996) Chem.-Ing.-Tech. 68 (voraussichtlich Heft 8)

7 Neue Geräte und Verfahren zur Staubabscheidung

H. Brauer

7.1 Aufgabenstellung

Staub ist die gefährlichste, weil reaktionsfreudigste Form fester Stoffe. Sein Gefährdungspotential steigt mit abnehmender Partikelgröße, da er als Feinstaub in den gesamten Atmungsweg und somit bis in die Alveolen der Lunge eindringt. Staub beeinträchtigt die Gesundheit von Menschen und Tieren und schädigt Vegetationen und Bauwerke.

Von Staub spricht man, wenn feinkörnige feste Stoffe in der Luft dispergiert sind. Die Luft dient den feinkörnigen Feststoffen als Trägermedium, das den Transport zu den Rezeptoren ermöglicht und verbessert. Der Transport ist um so einfacher, je kleiner die Partikeln sind. Selbst geringste Luftbewegungen können den Feinststaub oder Schwebstaub forttragen. Diese Eigenschaft ist maßgebend für die heute bei der Staubabscheidung mittels technischer Geräte auftretenden Probleme.

Im allgemeinen darf man davon ausgehen, daß der in diesen Geräten nicht abgeschiedene Staub stets der feinkörnigere und somit auch der für alle Rezeptoren gefährlichere Anteil ist. Die technischen Maßnahmen zur Minderung der Staubemission nähern sich diesem Problem von der Seite der weniger gefährlichen Korngröße und bewegen sich durch Weiterentwicklung der Abscheidegrade in Richtung auf die kleinere Korngröße mit dem größeren Gefahrenpotential.

Um die schädigende Wirkung von Stäuben herabzusetzen, begrenzt man ihre emittierte Masse. Die je Zeiteinheit emittierte Staubmasse ist der Staubemissionsstrom $\dot{M}_{ES}$, der durch folgende Gleichung beschrieben werden kann:

$$\dot{M}_{ES} = c_{ES} \dot{V}_{ET} = c_S \dot{V}_T (1 - \varphi). \tag{7.1}$$

Hierin bedeuten c_{ES} die Staubkonzentration in kg Staub je m³ des Trägermediums, $\dot{V}_{ET}$ den Volumenstrom des emittierten Trägermediums in m³/s, c_S die Staubkonzentration im Trägermedium vor Eintritt in die Staubabscheideanlage, $\dot{V}_T$ den Volumenstrom des Trägermediums vor Eintritt in diese Anlage und φ den Abscheidegrad der Abscheideanlage. In vielen technischen Fällen darf $\dot{V}_T = \dot{V}_{ET}$ gesetzt werden.

Gemäß der Gl. (7.1) hängt der Schadstoffemissionsstrom $\dot{M}_{ES}$ von den drei Größen c_S, $\dot{V}_T$ und φ ab. Die Staubkonzentration c_S und der Volumenstrom $\dot{V}_T$ können durch prozeßintegrierte Maßnahmen vielfach in sehr wirkungsvoller Weise herabgesetzt werden. Die beiden Größen c_S und $\dot{V}_T$ lassen sich unmittelbar als Qualitätsgrößen für die Bewertung der umweltgerechten bzw. der ökologischen Gestaltung eines Produktionsprozesses ansehen.

Eine weitere Minderung des Staubemissionsstromes $\dot{M}_{ES}$ erfolgt durch die Verbesserung des Abscheidegrades φ der Entstaubungsanlage. Diese dem Produktionsprozeß nachgeschaltete Maßnahme ist die letztmögliche, um seine umwelttechnischen Mängel nicht zu einer Gefahr für die Umwelt werden zu lassen. Die nachgeschaltete Maßnahme wird auch als additive bezeichnet.

Das Hauptaugenmerk wird bei der Emissionsminderung heute auf die prozeßintegrierten Maßnahmen gelegt. Andererseits weiß man aber auch, daß die unerwünschte Produktion von Stäuben nie vollständig vermieden werden kann. Additive Einrichtungen zur Minderung von Staubemissionen werden unverzichtbar bleiben. Sie werden in Zukunft sogar eine noch größere Rolle spielen als bisher, und zwar in der Form von Spurstoffabscheidern. Stäube, insbesondere Feinstäube, die nur in geringster Konzentration im Trägermedium vorliegen, müssen mit höchster Effizienz abgeschieden werden. Diese Entwicklung ist dadurch bedingt daß die Wirkungsforschung erst nach Abscheidung der Massenschadstoffe das Gefahrenpotential der Spurstoffe eindeutiger zu identifizieren vermag.

Die Dringlichkeit dieser Entwicklung wird besonders deutlich, wenn man bedenkt, daß das Gefahrenpotential eines Staubes nicht primär durch seine Masse, sondern durch seine Oberfläche beschrieben wird. Während die Massenverteilung ihr Maximum im Bereich der groben Partikeln hat, liegt das Maximum der Oberflächenverteilung im Bereich der feinen Partikeln. Aus diesem Grunde sagt man, daß die Reaktionsfähigkeit einer Staubmasse mit abnehmendem Staubkorndurchmesser zunimmt.

Auf Grund dieser Situation ist die Entstaubungstechnik zu höchsten innovativen Leistungen herausgefordert. Zwei Wege lassen sich hierbei einschlagen:

1. Entwicklung von Verfahren zur Vergrößerung der Staubpartikeln vor Eintritt in die Abscheideanlage. Da die Abscheidung grober Partikeln technisch keine Schwierigkeiten bereitet, liegt die innovative Aufgabe bei der Entwicklung von Hochleistungsverfahren zur Kornvergrößerung.
2. Entwicklung von Hochleistungsverfahren zur Spurstoff-Abscheidung. Auf diesem Wege wird man die bekannten Verfahren zielgerichtet weiterentwickeln und neue Verfahren entwickeln müssen. Dabei sollte man sich bemühen, den weitgehend stochastischen Prozeß der Staubabscheidung zu einem determinierten Prozeß umzugestalten.

Im folgenden wird auf zwei neuartige Verfahren und Geräte zur Staubabscheidung eingegangen. Das erste Verfahren betrifft die Kombination des Faserfilters mit dem Elektrofilter. Das Ziel dieser Entwicklung ist insbesondere die drastische Erhöhung der Anströmgeschwindigkeit des Faserfilters, ohne seine Abscheideleistung zu beeinträchtigen und seinen Druckverlust zu erhöhen. Das zweite Verfahren betrifft die Naßabscheidung von Stäuben in einem Gebläse, das zu einer Zerstäubungsmaschine umgestaltet wurde.

7.2 Staubabscheidung in einer Kombination von Faserfilter und Elektrofilter

7.2.1 Einleitung

Berichtet wird über ein Verfahren, in dem die Staubabscheidung in einer verhältnismäßig lockeren Faserschicht erfolgt, die jedoch in einem elektrischen Feld angeordnet ist. Vorbereitet wurde diese Kombination durch die Entwicklung der Elektretfilter, in denen elektrisch aufgeladene Fasern die Abscheidung von insbesondere submikroskopischen Staubpartikeln verbessern [1-6]. Elektretfilter werden vornehmlich als Tiefenfilter für den einmaligen Gebrauch, also ohne Abreinigung, in der Klima- und Lüftungstechnik eingesetzt.

Faserfilter sind gemäß dem heutigen Stand der Technik die Geräte mit den günstigsten Abscheidebedingungen, insbesondere für sehr feinkörnige Stäube. Ihr Nachteil ist jedoch der sehr hohe Druckverlust. Um diesen herabzusetzen, senkt man die Anströmgeschwindigkeit auf etwa 1 bis 3 cm/s. Das hat zur Folge, daß eine sehr große Filterfläche und somit ein ungewöhnlich großes Bauvolumen für die Filteranlage erforderlich wird. Man hat also hohe Betriebskosten durch hohe Investitionskosten ersetzt.

Im Gegensatz zu den Faserfilteranlagen ist das Bauvolumen von Elektrofiltern verhältnismäßig gering, denn die Durchströmgeschwindigkeit beträgt im allgemeinen 1,5-2,5 m/s. Sie ist also etwa 100mal größer als die bei Faserfiltern. Die Abscheideleistung für feinste Partikeln ist beim Elektrofilter jedoch erheblich schlechter als beim Faserfilter. Es liegt daher nahe, diese beiden Filtertypen zu kombinieren.

Auf der Grundlage dieser Überlegungen wurde ein neuartiges Entstaubungssystem konzipiert und an einer halbtechnischen Anlage untersucht. Die Sammelelektrode ist ein Gitternetz, das in einer Faserschicht angeordnet ist. Im Gegensatz zum üblichen Elektrofilter, wird bei dem kombinierten System die Sammelelektrode durchströmt. Damit wird das Ziel verfolgt, die hohe Abscheideleistung des Faserfilters mit der hohen Anströmgeschwindigkeit des Elektrofilters zu vereinen. Um dabei jedoch einen zu hohen Druckverlust zu vermeiden, können genadelte Filze nicht als Filtermedium in Frage kommen. Geeignet sind wesentlich lockerere Faserschichten, deren Staubabscheideleistung durch ihre Anordnung im elektrischen Feld trotzdem sehr hoch ist, und die weiterhin abgereinigt werden können.

7.2.2
Beschreibung des Filtermediums

7.2.2.1
Allgemeine Anforderungen

Wie von jedem anderen Entstaubungsgerät wird auch vom Faserfilter gefordert, daß ein hoher Wert für den Abscheidegrad mit geringstmöglichem Energieaufwand, d. h. also mit minimalem Druckverlust Δp erreicht wird. Ein hoher Abscheidegrad erfordert eine große Oberfläche der Fasern, an die sich der Staub anlagern kann. Diese große Oberfläche muß jedoch mit einem möglichst geringen Volumen der Fasern erreicht werden, da sonst der Druckverlust zu stark ansteigt. Somit zwingt die Forderung nach einem hohen Abscheidegrad und gleichzeitig niedrigem Druckverlust zur Verwendung möglichst dünner Fasern. Dem sind technisch jedoch durch das Fasermaterial und durch die Faserherstellung Grenzen gesetzt. Übliche Faserdurchmesser liegen in der Größenordnung von etwa 5 µm bis 50 µm.

Um eine Vorstellung von der Größe der Faseroberfläche innerhalb einer Faserschicht zu erhalten, vergleicht Löffler [6] die Projektionsfläche aller in einer Faserschicht enthaltenen Fasern mit der Anströmfläche des Filters. Bei Hochleistungsfiltern liegt dieses Flächenverhältnis im Bereich von etwa 100 bis 500.

Die Forderung nach einem geringen Druckverlust Δp soll an Hand der folgenden Gleichung diskutiert werden, die für die Durchströmung poröser Körper gilt [7]:

$$\Delta p = a \, \frac{w \, s \, \eta}{d_f^2} \, \frac{(1-\varepsilon)^2}{\varepsilon^3}. \tag{7.2}$$

Hierin bedeuten w die Anströmgeschwindigkeit des Filters, s die Dicke der Faserschicht, d_f den Faserdurchmesser, η die dynamische Viskosität des Gases, ε die Porosität der Faserschicht und a einen empirischen Faktor. Bei einer gegebenen Porosität, d. h. bei gegebenem Volumen der Fasern, ist der Druckverlust Δp um so größer, je kleiner der Faserdurchmesser d_f ist, da unter diesen Bedingungen die Zahl der Fasern und ebenso die Faseroberfläche zunimmt.

Eine weitere wichtige Größe für den Druckverlust ist die Porosität ε, die durch die Funktion

$$F_\varepsilon = \frac{(1-\varepsilon)^2}{\varepsilon^3} \tag{7.3}$$

in Gl. (7.2) enthalten ist. Für $\varepsilon = 0{,}9$ bzw. 0,95 ist $F_\varepsilon = 0{,}0137$ bzw. Fe = 0,0029. Durch Änderung der Porosität von 0,90 auf 0,95 wird der Druckverlust auf rund 21 % herabgesetzt, wenn alle anderen Größen, insbesondere der Faserdurchmesser d_f, unverändert bleiben. Die Porosität hat also einen sehr großen Einfluß auf den Druckverlust. Für heute übliche Faserschichten, die in Abreinigungsfiltern eingesetzt werden, liegt die Porosität ε im Bereich von 0,9 bis 0,98.

Bei Faserschichten mit üblicher Porosität muß man den Eindruck gewinnen, daß innerhalb der Schicht der Abstand zwischen den Fasern sehr groß ist und die eintretenden Staubpartikeln nur eine geringe Chance haben, auf eine Faser zu treffen und festgehalten zu werden. Die Durchlässigkeit D einer Faserschicht für eine Staubpartikel mit dem Durchmesser d_p wird, wenn allein Trägheitskräfte für die Abscheidung in Betracht gezogen werden, nach Brown [8] durch folgende Gleichung beschrieben:

$$D = \exp - \frac{\Delta p \, d_p^2}{2\pi \, \eta \, w \, d_f} . \tag{7.4}$$

Es bedeuten d_p den Durchmesser der Staubpartikeln und d_f den Faserdurchmesser. Da Δp unter anderem von w, d_f und η abhängt, soll für Δp die Gl. (7.2) eingeführt werden. Damit erhält man:

$$D = \exp - \frac{a}{2\pi} \frac{d_p^2 \, s}{d_f^3} \frac{(1-\varepsilon)^2}{\varepsilon^3} . \tag{7.5}$$

Gemäß dieser Gleichung ist die Durchlässigkeit D einer Faserschicht um so geringer, je größer der Staubkorndurchmesser d_p, je größer die Faserschichtdicke s, je kleiner der Faserdurchmesser d_f und je geringer die Porosität ε ist.

Die Erläuterungen zum Druckverlust und zur Staubdurchlässigkeit der Faserschicht weisen darauf hin, daß der Abscheidegrad nur mit erhöhtem Energieaufwand vergrößert werden kann. In praktischen Fällen muß also stets ein Kompromiß zwischen den Forderungen nach hoher Abscheideleistung und geringem Energieaufwand gesucht werden.

Das Streben nach höherem Abscheidegrad bei erträglichem Energieaufwand kann nur von Erfolg gekrönt sein, wenn zusätzlich zur Wirkung der Trägheitskräfte weitere Abscheidemechanismen genutzt werden. In dieser Arbeit wird die zusätzliche Wirkung elektrischer Feldkräfte untersucht.

7.2.2.2
Eigenschaften des Filtermediums

Für die Untersuchung der Kombination von Faserfilter und Elektrofilter wurde ein aus Synthese- und Naturfasern hergestellter ungenadelter Filz verwendet. Die mechanische Festigkeit der Faserschicht gewährleistete ein Stützgewebe mit Kunstharzbindung. Der mittlere Faserdurchmesser betrug 35 µm. Die Abb. 7.1 und 7.2 zeigen rasterelektronenmikroskopische Aufnahmen von diesem Material. Abbildung 7.1 zeigt in einer Draufsicht das Stützgewebe und Abb. 7.2 die innere Struktur der Faserschicht. Der Lückengrad beträgt $\varepsilon = 0{,}96$.

Für den Filz ist in Abb. 7.3 der Druckverlust in Abhängigkeit von der Anströmgeschwindigkeit w angegeben. Unter Berücksichtigung der Versuche zur Staubabscheidung wurde die Geschwindigkeit zwischen w = 0,1 m/s und w = 1 m/s geändert. Ferner wurden Abscheidepakete aus 1, 2, 3 und 4

7.2 Staubabscheidung in einer Kombination von Faserfilter und Elektrofilter 235

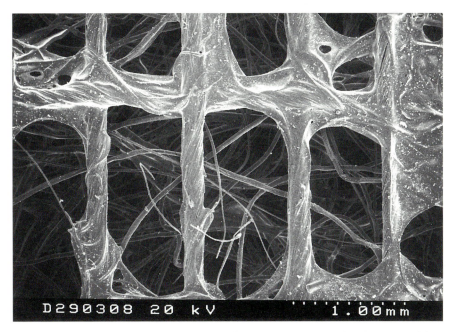

Abb. 7.1. Rasterelektronenmikroskopische Aufnahme vom Stützgewebe des ungenadelten Filzes

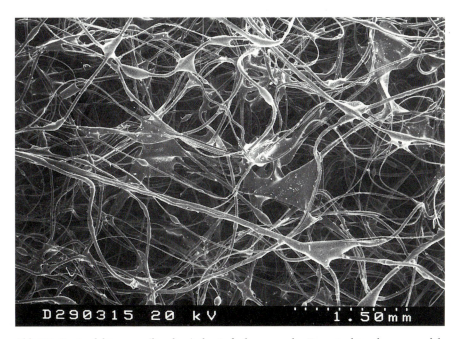

Abb. 7.2. Rasterelektronenmikroskopische Aufnahme von der Faserstruktur des ungenadelten Filzes

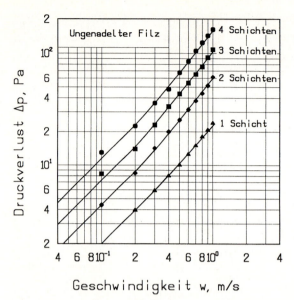

Abb. 7.3. Druckverlust Δp abhängig von der Anströmgeschwindigkeit w für den ungenadelten Filz bei staubfreiem Betrieb, mit der Zahl der Schichten als Parameter

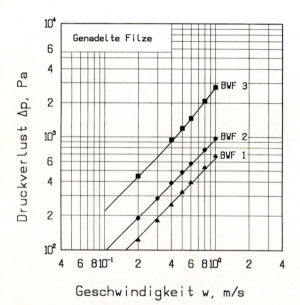

Abb. 7.4. Druckverlust Δp abhängig von der Anströmgeschwindigkeit w bei staubfreiem Betrieb für drei verschiedene Typen genadelten Filzes

Schichten hergestellt. Wie man unmittelbar erkennt, ist der Druckverlust keine lineare Funktion der Zahl der Schichten. Beim Einbau der Pakete aus mehr als einer Schicht wurden die Schichten etwas zusammengedrückt, so daß sich die Porosität verringerte und der Druckverlust zwangsläufig überproportional anstieg. Bei einer Anströmgeschwindigkeit von w = 0,5 m/s beträgt der Druckverlust von einer Schicht 10 Pa. Der zusätzliche Druckverlust für die zweite, dritte und vierte Schicht beträgt 15 Pa, 18 Pa und 24 Pa.

Aus Abb. 7.3 geht ferner hervor, daß der Druckverlust Δp im Geschwindigkeitsbereich von w = 0,1 m/s proportional $w^{1,0}$, im Bereich erhöhter Geschwindigkeit proportional $w^{1,25}$ ist.

Zum Vergleich mit dem ungenadelten Filz wurden einige Versuche mit genadelten Filzen der Bayerischen Wollfilz-Fabrik (BWF) durchgeführt. Für drei verschiedene Filze, BWF 1 bis BWF 3, ist in Abb. 7.4 der Druckverlust bei staubfreier Durchströmung im Geschwindigkeitsbereich von w = 0,2 m/s bis w = 1 m/s angegeben. Auf Grund der stark verringerten Porosität durch die Nadelung der Filze ist der Druckverlust sehr viel größer als für den ungenadelten Filz.

7.2.3
Eigenschaften des verwendeten Staubes

Staub ist ein Partikelkollektiv, das in einem Gas dispers verteilt ist. Zur Kennzeichnung der Partikelgröße dient der Durchmesser d_p, für den eine Verteilungssumme $Q_r(d_p)$ und/oder eine Verteilungsdichte $q_r(dp)$ angegeben wird.

Die Verteilungssumme $Q_r(d_p)$ ist definiert als Verhältnis aus der Menge der Partikeln, deren Durchmesser zwischen der kleinsten meßbaren Partikelgröße $d_{p,min}$ und der jeweils betrachteten Partikelgröße d_p liegt und der Gesamtmenge aller Partikeln zwischen $d_{p,min}$ und $d_{p,max}$. Die Verteilungssumme $Q_r(d_p)$ kann daher nur Werte zwischen Null und Eins annehmen und kann mit steigendem Partikeldurchmesser d_p niemals abnehmen.

Die Verteilungsdichte $q_r(d_p)$ ist definiert durch die Zunahme des Mengenanteils Q_r im Bereich von d_p bis $d_p + \Delta d_p$ bezogen auf die Intervallbreite Δd_p:

$$q_r(d_p) = \frac{Q_r(d_p + \Delta d_p) - Q_r(d_p)}{\Delta d_p} = \frac{\Delta Q_r}{\Delta d_p}. \qquad (7.6)$$

Bei stetiger Differenzierbarkeit der Verteilungssumme $Q_r(d_p)$ läßt sich auch schreiben:

$$q_r(d_p) = \frac{d Q_r(d_p)}{d d_p}. \qquad (7.7)$$

Der Index r dient bei beiden Größen, $Q_r(d_p)$ und $q_r(d_p)$, zur Kennzeichnung der Mengenart, in der die Partikeln gemessen werden:

Index r	Mengenart
0	Anzahl
1	Länge
2	Fläche
3	Volumen, Masse

Die gebräuchlichsten Mengenarten sind Anzahl und Masse der Partikeln.

Bei den Versuchen wurde als Partikelmaterial der Quarzstaub H 500 der Quarzwerke Frechen verwendet. Dieser Staub hat einen relativ hohen Anteil von feinen Partikeln, auf die es bei den geplanten Versuchen besonders ankommt. Die Partikelgrößenverteilungen des Staubes H 500 sind in den Abb. 7.5 und 7.6 als Anzahlverteilungen und in den Abb. 7.7 und 7.8 als Massenverteilungen angegeben. Die Messung dieser Verteilungen wurde im strömenden Gas unmittelbar in der Versuchsanlage ohne eingebautem Filter mittels der Streulichtmethode durchgeführt. Diese Art der Messung war erforderlich, da auch ohne Filter eine gewisse Abscheidung des Staubes durch Haften an der Kanalwand auftritt. Diese Abscheidung wird durch die Gasgeschwindigkeit geringfügig beeinflußt. Aus diesem Grunde mußte die Anfangsverteilung für jede verwendete Strömungsgeschwindigkeit w gesondert bestimmt werden. Die in den Abb. 7.5 bis 7.8 angegebenen Anfangsverteilungen wurden beispielsweise für w = 0,5 m/s ermittelt.

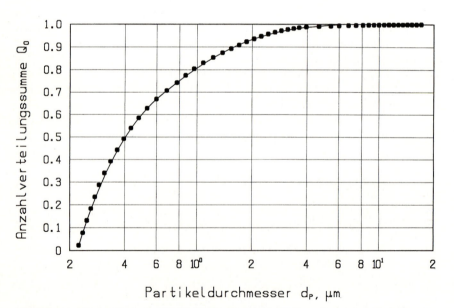

Abb. 7.5. Anzahlverteilungssumme Q_0 für den Teststaub H 500, aufgenommen bei einer Anströmgeschwindigkeit von w = 0,5 m/s

7.2 Staubabscheidung in einer Kombination von Faserfilter und Elektrofilter 239

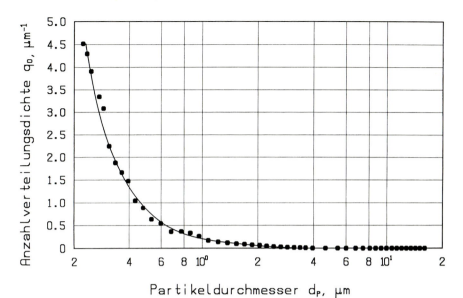

Abb. 7.6. Anzahlverteilungsdichte q_0 für den Teststaub H 500, aufgenommen bei einer Anströmgeschwindigkeit von w = 0,5 m/s

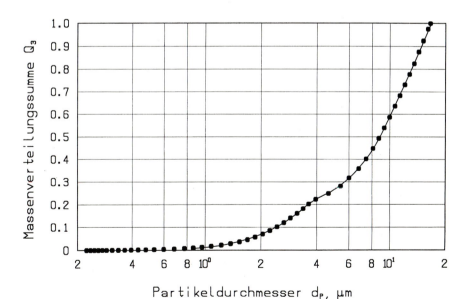

Abb. 7.7. Massenverteilungssumme Q_3 für den Teststaub H 500, aufgenommen bei einer Anströmgeschwindigkeit von w = 0,5 m/s

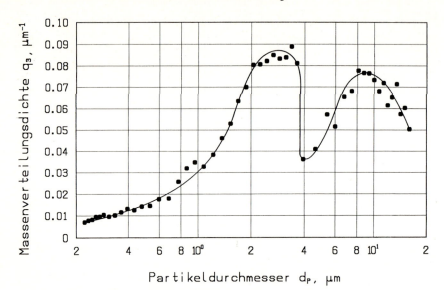

Abb. 7.8. Massenverteilungsdichte q₃ für den Teststaub H 500, aufgenommen bei einer Anströmgeschwindigkeit von w = 0,5 m/s

7.2.4
Definition von Gesamt- und Fraktionsabscheidegrad

Bei dem im Abscheider stattfindenden Trennprozeß ergibt sich für die Staubmasse folgende Bilanz:

$$M_A = M_G + M_F. \tag{7.8}$$

Hierin bedeuten M_A die Partikelmasse im Aufgabegut, also im Gasstrom vor Eintritt in den Filter. M_G ist die im Filter abgeschiedene Staubmasse, die stets den Grobstaub darstellt. M_F ist die Masse des Feinstaubes, die nicht abgeschieden wird und somit im Gasstrom verbleibt. Der Gesamtabscheidegrad ist somit wie folgt definiert:

$$\varphi \equiv \frac{M_G}{M_A} = 1 - \frac{M_F}{M_A}. \tag{7.9}$$

Dieser Gesamtabscheidegrad hängt nicht nur von den Eigenschaften des Filters und den Betriebsbedingungen ab, sondern in ganz entscheidender Weise von den Materialeigenschaften des Staubes und seiner Partikelverteilung im Aufgabegut. Hierdurch wird die Übertragbarkeit der Ergebnisse auf andere als die Versuchsbedingungen erheblich eingeschränkt.

Als wesentlich brauchbarer hat sich zur Kennzeichnung der Abscheidewirkung eines Gerätes der Fraktionsabscheidegrad erwiesen, der an-

7.2 Staubabscheidung in einer Kombination von Faserfilter und Elektrofilter 241

gibt, welcher Anteil der Partikelmasse, die in einer bestimmten Fraktion (d d_p) des Durchmessers enthalten ist, abgeschieden wird. Dieser abgeschiedene Massenanteil ist durch M_G q_G(d d_p) gegeben. Der Fraktionsabscheidegrad φ_F gibt für jede Durchmesserfraktion (d d_p) das Verhältnis der abgeschiedenen Staubmasse (Grobgut) zu der im Aufgabegut enthaltenen Staubmasse an. Somit ist der Fraktionsabscheidegrad wie folgt definiert:

$$\varphi_F(d_p) \equiv \frac{M_G\, q_G\,(d\,d_p)}{M_A\, q_A\,(d\,d_p)} = \frac{M_G\, q_G}{M_A\, q_A}. \tag{7.10}$$

Da der Anteil M_q(d d_p) einer Partikelmasse von Grobgut (G) und Aufgabegut (A) durch die Beziehung

$$(M_q)_{G,A}\,(d\,d_p) = n_{G,A}\, \rho_p\, d_p^3\, \pi/6 \tag{7.11}$$

gegeben ist, wobei ρ_p die Dichte und n die Anzahl der Partikeln ist, läßt sich der Fraktionsabscheidegrad also auch als Verhältnis der Anzahl der Partikeln im Grobgut (n_G) und im Aufgabegut (n_A) ausdrücken:

$$\varphi_F \equiv n_G/n_A. \tag{7.12}$$

Für die praktische Bestimmung des Fraktionsabscheidegrades ist es im allgemeinen sinnvoller, statt Masse und Verteilungsdichte des Grobgutes, die entsprechenden Werte des Feingutes zu ermitteln. Dazu muß die Gleichung für den Fraktionsabscheidegrad umgeformt werden.

Aus der für die Durchmesserfraktion (d d_p) geltenden Massenbilanz:

$$M_A\, q_A = M_G\, q_G + M_F\, q_F, \tag{7.13}$$

folgt für die Verteilungsdichte des Grobgutes q_G die Beziehung:

$$q_G = \frac{M_A}{M_G}\, q_A - \frac{M_F}{M_G}\, q_F. \tag{7.14}$$

Nach Einsetzen von q_G in Gl. (7.9) erhält man für den Fraktionsabscheidegrad die gesuchte Gleichung:

$$\varphi_F(d_p) = 1 - \frac{M_F}{M_A}\, \frac{q_F}{q_A} = 1 - n_F/n_A. \tag{7.15}$$

Zur Bestimmung des Fraktionsabscheidegrades müssen die Staubmassen im Aufgabegut (M_A) und im Feingut (M_F) sowie die Verteilungsdichten q_A und q_F als Funktion der Partikeldurchmesserfraktion gemessen werden. Praktisch heißt das, daß Masse und Verteilungsdichte des im Luftstrom enthaltenen Staubes vor Eintritt in den Filter und nach Verlassen des Filters gemessen werden müssen. Die Messung der Partikelmassen und der Verteilungsdichten für Fein- und Aufgabegut kann durch eine Zählung der Partikeln, n_F und n_A, ersetzt werden. Von dieser Möglichkeit wird in dieser Untersuchung durch Anwendung der Streulichttechnik Gebrauch gemacht.

7.2.5
Beschreibung der Entstaubungsanlage und der Meßeinrichtungen

Es wird zunächst eine allgemeine Beschreibung der Entstaubungsanlage geliefert, die eine Vorstellung von der Bewegung des Gasstromes und des Partikelstromes durch die gesamte Anlage vermittelt. Im Anschluß daran erfolgt eine nähere Beschreibung der wichtigsten Elemente der Anlage.

7.2.5.1
Aufbau der Entstaubungsanlage

Eine photographische Aufnahme von der Entstaubungsanlage zeigt Abb. 7.9. Eine schematische Darstellung der Anlage ist in Abb. 7.10 angegeben. Die wichtigsten Anlagenteile sind der Hauptkompressor (*1*) mit Druckkessel (*2*), die Staubdosiereinrichtung (*12*) und (*13*), der Abscheider (*14*) und der Staubanalysator (*16*) mit der Auswerteinheit (*17*) und (*18*).

Der Hauptkompressor (*1*) versorgt die Versuchsanlage über den Druckkessel (*2*) mit Luft bei einem Vordruck von $4{,}5 \cdot 10^5$ Pa. Von dem Hilfskompressor (*3*) wird die Luft zur Steuerung des Plattenventils (*4*) geliefert, das den Luftdruck auf den Sollwert von $1{,}2 \cdot 10^5$ Pa einstellt. Zur Änderung der vom Hilfskompressor zu liefernden Luftmenge wird das Plattenventil (*4*) durch manuelle Betätigung des Reglers (*5*) pneumatisch verstellt.

Im Abstand des 10fachen Rohrdurchmessers ist hinter dem Plattenventil (*4*) ein Flügelradanemometer (*6*) mit digitaler Anzeige in die Rohrleitung zur Mengenmessung eingebaut. Die Mengenregelung erfolgt durch gleichzeitige Betätigung des Plattenventils (*4*) als auch des Kugelventils (*7*). Zur Erleichterung der manuellen Regelung kann die Luftmenge auch am Rotameter (*8*) abgelesen werden. Der Druck der Zulaufstrecke wird vom Federrohrmanometer (*9*) angezeigt.

Mittels Ventil (*10*) wird dem Hauptluftstrom ein von dem Rotameter (*11*) angezeigter Nebenluftstrom entzogen und dem Staubdosiergerät (*12*) zugeleitet. Hier nimmt er eine vorgegebene Staubmenge auf und vermischt sich in der Venturidüse (*13*) mit dem Hauptluftstrom.

Zwischen der Venturidüse (*13*) und dem Abscheider (*14*) befindet sich eine 2,5 m lange Rohrstrecke, deren Rohrdurchmesser 24 cm beträgt, die zur Ausbildung eines Geschwindigkeitsprofils bei turbulenter Strömung erforderlich ist. Das ausgebildete Geschwindigkeitsprofil muß unabhängig von der eingestellten mittleren Geschwindigkeit w, stets gewährleistet sein, um die Staubkonzentration und die Verteilungsdichte für den Staubdurchmesser zuverlässig messen zu können.

Mit dem Betz-Manometer (*15*) wird der Druckverlust im Gasstrom bei Durchströmen des Abscheiders gemessen. Die drei über den Rohrumfang gleichmäßig verteilten Druckanbohrungen liegen jeweils 15 cm vor und hinter dem Staubfilter.

Abb. 7.9. Photographische Aufnahme von der Versuchsanlage

Hinter dem Filter wird der Hauptstrom des Gases unmittelbar in die Umgebung emittiert. Ein Teilstrom wird jedoch von der Pumpe (*20*) unmittelbar hinter dem Filter isokinetisch mittels einer Sonde zur Staubanalyse aus dem Hauptstrom abgesaugt. Die isokinetische Absaugung erfolgt nach der VDI-Richtlinie 2066. Im Meßkopf (*16*) des Partikelanalysators HC-15 (*17*) werden die im Meßvolumen befindlichen Partikeln gezählt und entsprechend ihrem Streuimpuls klassiert. Die Verarbeitung der Meßimpulse erfolgt in der Auswertungseinheit (*17*). Die erhaltenen Daten werden dem PC (*18*) zugeführt. Nach dem Verlassen des Meßkopfes (*16*) wird der Teilstrom in dem Glasfaserfilter (*19*) (Firma Schleicher und Schüll) nachgereinigt. In diesem Glasfaserfilter werden Partikeln bis zu einem Äquivalentdurchmesser von $dp \geq 0{,}3$ μm mit einem Gesamtabscheidegrad größer als 99,9 % sicher abgeschieden.

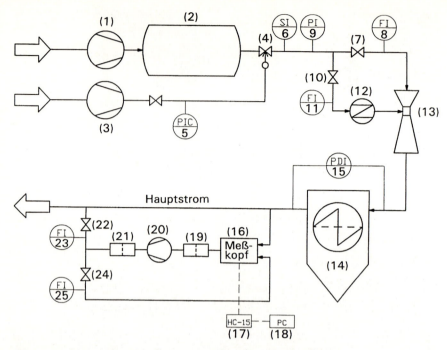

Abb. 7.10. Schematische Darstellung vom Aufbau der Versuchsanlage

Über die Pumpe (*20*) wird nach nochmaliger Entstaubung im Filter (*21*) ein mit dem Ventil (*22*) einstellbarer und mit dem Rotameter (*23*) kontrollierbarer Teilstrom in die Umgebung emittiert. Ein mit dem Ventil (24) zusätzlich regelbarer und am Rotameter (25) kontrollierbarer Teilstrom, der sogenannte Mantelstrom, wird am Meßkopf (*16*) des Partikelanalysators ringförmig zugeführt, so daß er den staubbeladenen Teilstrom spannungsfrei umhüllend umströmt und so eine Verschmutzung der Optik verhindert.

7.2.5.2
Der Abscheider

Der neuartige Elektro-Faser-Filter ist das Kernstück der Entstaubungsanlage. Dieser Filter und seine Integration in die Anlage werden im folgenden näher beschrieben.
Zum Einbau des Filters (*14*) ist die Rohrleitung durch zwei Flanschverbindungen unterbrochen. Zwischen diese Flansche werden die Filtermedien eingebaut. Die Abdichtung der Flansche über den Umfang erfolgt mittels Klebeband. Abbildung 7.11 zeigt eine photographische Aufnahme von dem Rohrabschnitt mit eingebautem Filter.

Abb. 7.11. Photographische Aufnahme von einem Abschnitt des Entstaubungskanals mit eingebautem Filterpaket

Zur Erzeugung des elektrischen Feldes wurden zwei Methoden erprobt, die sich durch die Form der Sprühelektrode unterscheiden. Eine Elektrode hatte eine Kreisform, die andere eine Spiralform. Es zeigte sich, daß die Kreiselektrode zu der etwas besseren Staubabscheidung beitrug, so daß die Spiralelektrode nach den Vorversuchen nicht mehr eingesetzt wurde.

Von der kreisförmigen Sprühelektrode ist in Abb. 7.12 eine photographische Aufnahme wiedergegeben. Sie hat einen Durchmesser von 12 cm. Die Sprühelektrode besteht aus einem 10 mm breiten Kupferband mit säge-

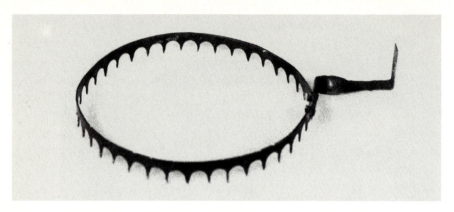

Abb. 7.12. Photographische Aufnahme von der kreisförmigen Sprühelektrode

zahnförmig gezacktem Rand. Die dadurch erzeugten Spitzen gewährleisten günstige Bedingungen für die Elektronenemission.

Die Erdungselektrode besteht aus einem kreisrunden maschenartigen Kupfergitter mit einem Durchmesser von 26 cm. Die Maschenweite beträgt 3 · 3 mm, der Drahtdurchmesser 1 mm.

Die grundsätzliche Anordnung von Filtermedium sowie Sprüh- und Sammelelektrode geht aus Abb. 7.13 hervor. Die Spannungsversorgung erfolgte über eine verfügbare Gleichspannungsquelle, die bei 12 Watt Leistung eine maximale Spannung von U = 20 kV erzeugte.

7.2.5.3
Die Staubdosierung

Der Teststaub H 500 wurde mittels des Partikeldosierers SPS 101 (*12*) der Firma OE in den bereits beschriebenen Teilvolumenstrom gedrückt. In einem stirnseitig offenen Hohlzylinder befindet sich ein in vertikaler Richtung beweglicher Druckkolben, dessen Vorschubgeschwindigkeit im Bereich von 1 mm/h bis 800 mm/h stufenlos verändert werden kann. Der Hohlzylinder muß manuell mit Staub gefüllt werden. Dieser Füllvorgang muß mit großer Sorgfalt und unter stets gleichen Bedingungen erfolgen, damit die Staubbeladung der Luft die gewünschten und reproduzierbaren Werte aufweist.

Sobald der Staub durch den Vorschub des Kolbens die Oberkante des offenen Zylinders erreicht, wird er von einer rotierenden Bürste in den Luftstrom befördert.

Die Staubkonzentration c_A im Volumenstrom der Luft nach der Vereinigung von Haupt- und Nebenstrom in der Venturidüse (*13*) berechnet man nach folgender Gleichung:

$$c_A = \frac{1}{\dot{V}_g} \frac{\Delta m}{\Delta t} . \tag{7.16}$$

7.2 Staubabscheidung in einer Kombination von Faserfilter und Elektrofilter

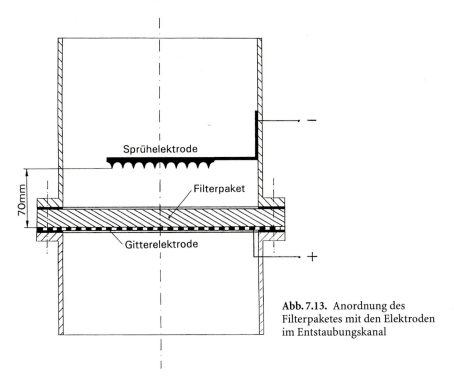

Abb. 7.13. Anordnung des Filterpaketes mit den Elektroden im Entstaubungskanal

Hierin bedeuten Δm die Massendifferenz des staubgefüllten Hohlzylinders zwischen Anfang und Ende des Versuches, $\dot{V}_g$ den aus Haupt- und Teilstrom bestehenden Volumenstrom der Luft und Δt die Versuchsdauer.

7.2.5.4
Der Partikelanalysator HC-15

Der Partikelanalysator HC-15 (*17*) der Firma Polytec ermittelt Partikelgrößen nach dem Prinzip der Streulichtmessung. Dabei sendet eine im Luftstrom befindliche Partikel aufgrund der Anstrahlung mittels einer Halogenlampe einen Streulichtimpuls aus. Die Intensität dieses Impulses stellt ein Maß für die Partikelgröße dar und wird gemessen.

Die Entnahme einer Probe aus dem staubbeladenen Gasstrom erfolgt isokinetisch mittels einer in der Rohrachse befindlichen und parallel zur Strömung ausgerichteten Sonde. Der Partikelanalysator besteht aus vier Hauptelementen:

1. Beleuchtungssystem
2. Meßvolumen
3. Streulichtmeßsystem
4. Elektronische Auswerteeinheit

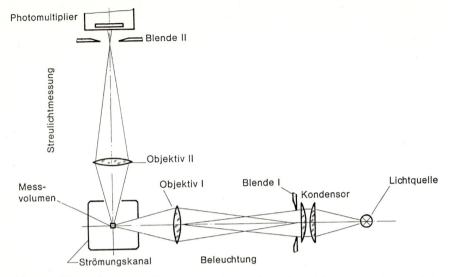

Abb. 7.14. Schematische Darstellung vom Aufbau und von der Wirkungsweise des Partikelanalysators HC-15

In Abb. 7.14 ist das gesamte System schematisch dargestellt. Die von einer weißen Halogenleuchte ausgesendeten Lichtstrahlen werden durch eine quadratische Blende fokussiert. Durch die Überschneidung des Beleuchtungssystems mit dem dazu um 90° gekippten Beobachtungssystem kommt es zur Bildung eines würfelförmigen optischen Meßvolumens. Eine in diesem Volumen befindliche Partikel sendet einen ihrer Form, Größe und Oberflächenbeschaffenheit entsprechenden Streulichtimpuls aus.

Ein Spiegel lenkt den Lichtimpuls zu einer Photokathode, die ihn in ein Spannungssignal umformt. Der nachgeschaltete Photomultiplier verstärkt das Signal und ordnet es, gemäß seiner Stärke, einem der 64 Kanäle, d.h. einer der 64 Partikelgrößenklassen des Meßgerätes zu.

Bei einer an den Photomultiplier angelegten Hochspannung von 887 Volt werden Partikeln im Bereich von 0,234 µm bis 3,575 µm erfaßt. Bei einer Spannung von 705 Volt liegt das erfaßbare Intervall zwischen 1,3 µm und 16,25 µm. Praktisch wird nach Einstellung stationärer Verhältnisse im Bereich kleiner Partikeln mittels des Analysators solange gemessen, bis in einem Kanal die Partikelanzahl 9999 erreicht wird. In den anderen Kanälen ist die Partikelanzahl kleiner; sie nimmt mit zunehmender Partikelgröße ab, wie es die Abb. 7.5 und 7.6 als Beispiele zeigen. Nach Erreichen der 9999 Spannungsimpulse in einem der Kanäle schaltet der Analysator automatisch ab. Die Darstellung der Ergebnisse geschieht durch einen PC (*18*), der der elektronischen Auswerteeinheit nachgeschaltet ist.

Vom Hersteller wird für den Analysator HC-16 eine Kalibrierungskurve mitgeliefert. Sie gibt den Zusammenhang zwischen der Intensität des an

7.2 Staubabscheidung in einer Kombination von Faserfilter und Elektrofilter

den Partikeln gestreuten Lichtes und dem äquivalenten Durchmesser von Latex-Partikeln an. Für den bei den Versuchen verwendeten Quarzstaub wurde nach einem von Mathes angegebenen Verfahren ein Kalibrierungsfaktor zu 0,65 berechnet. Der Durchmesser $d_{p(Q)}$ für Quarzpartikeln ist mit dem Durchmesser $d_{p(L)}$ für Latexpartikeln durch folgende Gleichung verbunden:

$$d_{p(Q)} = 0,65 \, d_{p(L)}. \tag{7.17}$$

Der Hersteller gibt für die Meßwerte eine Standardabweichung von 25% für Partikeln mit $d_p < 1\,\mu m$ und von 15% für Partikeln größer als $1\,\mu m$ an. Randzonen- und Koinzidenzfehler können durch ein ausreichendes Meßvolumen und durch Einhaltung einer maximalen Partikelkonzentration in Grenzen gehalten werden. Nicht einschätzbare Fehlerquellen sind vornehmlich in dem nicht bekannten Agglomerationszustand des Staubes zu sehen.

7.2.6 Diskussion der Untersuchungsergebnisse

Bei den Untersuchungen, deren Ergebnisse im folgenden diskutiert werden, wurden Filterpakete verwendet, die aus mehreren Schichten ungenadelten Filzes bestanden. Die Dicke einer Faserschicht beträgt 4,5 mm. Abbildung 7.15

Abb. 7.15. Rasterelektronenmikroskopische Aufnahme von einer bestaubten Faserschicht aus ungenadeltem Filz

zeigt eine rasterelektronenmikroskopische Aufnahme vom Fasermaterial im bestaubten Zustand. Es wurden umfangreiche Messungen zur Bestimmung des Fraktionsabscheidegrades und des Druckverlustes abhängig von allen wesentlichen Einflußgrößen durchgeführt. Die beobachteten physikalischen Phänomene werden beschrieben.

7.2.6.1
Der Fraktionsabscheidegrad

Der Fraktionsabscheidegrad wird gemäß seiner physikalischen Bedeutung als Funktion des Partikeldurchmessers d_p dargestellt. Wichtige Einflußgrößen sind die Filtrationszeit t, die elektrische Spannung U zwischen den beiden Elektroden, die Anströmgeschwindigkeit w und die Zahl z der Faserschichten. Somit gilt die allgemeine Beziehung:

$$\varphi_F = f(d_p; t; U; w; z) \,. \tag{7.18}$$

Unverändert blieben bei den Versuchen der mit 70 mm festgelegte Abstand zwischen den Elektroden und die Anordnung der Gitterelektrode innerhalb des Filterpaketes. Sie befand sich, in Strömungsrichtung gesehen, stets hinter der zweiten Faserschicht. Unverändert blieb ferner bei allen Versuchen die mit $c_A = 1\,g/m^3$ festgelegte Staubkonzentration im Rohgas. Der Einfluß der veränderten Parameter auf den Fraktionsabscheidegrad φ_F wird im folgenden erörtert.

Einfluß der Filtrationszeit

Der Einfluß der Filtrationszeit t wurde in zwei Versuchsreihen untersucht. In der ersten Versuchsreihe, deren Ergebnisse als Vergleichsbasis dienen, betrug die Spannung U = 0 kV, so daß die Staubabscheidung ohne Unterstützung eines elektrischen Feldes erfolgte. In der zweiten Versuchsreihe hatte die Spannung mit U = 20 kV ihren maximalen Wert. Die Anströmgeschwindigkeit war in beiden Fällen w = 0,2 m/s.

Abbildung 7.16 zeigt die Versuchswerte für die Staubabscheidung ohne elektrisches Feld. Erwartungsgemäß steigt der Fraktionsabscheidegrad mit zunehmendem Partikeldurchmesser d_p bis auf den Endwert, $\varphi_F = 100\%$, der zwischen $d_p = 4$ und $d_p = 10\,\mu m$ erreicht wird. Bei einem Partikeldurchmesser von $d_p = 0,23\,\mu m$ liegt der Fraktionsabscheidegrad zwischen $\varphi_F = 25\%$ und 35 %.

Bei Filtrationszeiten zwischen t = 1 min und 30 min ist der Einfluß der Filtrationszeit sehr gering. Die gleiche Beobachtung macht man auch bei der Filtrationszeit von t = 90 min und t = 120 min. Man darf also für die gegebenen Versuchsbedingungen davon ausgehen, daß ein stärkerer Einfluß der Filtrationszeit t nur im Bereich von t = 30 min bis t = 90 min auftritt.

Der in Abb. 7.16 registrierte Kurvenverlauf läßt sich wie folgt erklären. In den ersten 30 Minuten erfolgt die Abscheidung durch Akkumulation des Staubes innerhalb des Filterpaketes, wobei, unter angenommenen

7.2 Staubabscheidung in einer Kombination von Faserfilter und Elektrofilter 251

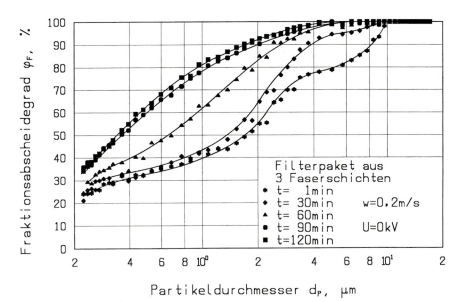

Abb. 7.16. Fraktionsabscheidegrad für ein dreischichtiges Paket aus ungenadeltem Filz ohne elektrisches Feld (U = 0 kV) mit der Filtrationszeit t als Parameter

idealen Bedingungen, die Akkumulation mit fortschreitender Zeit tiefer in das Filterpaket eindringt. Jede zusätzliche Staubakkumulation füllt eine weitere Schicht des Filterpaketes mit Staub. Ist das gesamte Paket mit einer für die Versuchsbedingungen spezifischen Staubmenge je Schichtvolumen gefüllt, beginnt der Aufbau des Filterkuchens auf der Anströmfläche des Filterpaketes. Dieser Aufbau ist nach t = 90 Minuten abgeschlossen. Während der Aufbauphase übt die Filtrationszeit einen starken Einfluß auf den Fraktionsabscheidegrad aus. Nach Erreichen eines stationären Anstiegs der Filterkuchendicke verliert die Zeit erneut jeden Einfluß auf den Fraktionsabscheidegrad.

Die Bedingungen für die erste Versuchsreihe wurden so gewählt, daß die Staubabscheidung ohne Mitwirkung eines elektrischen Feldes verhältnismäßig gering ist. Mit der zweiten Versuchsreihe, die bei einer Spannung zwischen den Elektroden von U = 20 kV durchgeführt wurde, sollte eine nachhaltige Verbesserung des Fraktionsabscheidegrades erzielt werden können. Diese Erwartung hat sich, wie die Ergebnisse in Abb. 7.17 zeigen, voll erfüllt. Unter den gewählten Betriebsbedingungen hat die Filtrationszeit t praktisch jeden Einfluß eingebüßt. Bei einem Partikeldurchmesser von $d_p = 0{,}4$ μm ist der Fraktionsabscheidegrad etwa 97,5 %. Ohne Mitwirkung des elektrischen Feldes liegt der Fraktionsabscheidegrad gemäß Abb. 7.16 im Bereich von 30 % bis 55 %.

Der vernachlässigbare Einfluß der Filtrationszeit gemäß Abb. 7.17 ist auf die für dieses Kombinationsfilter noch sehr geringe Anströmgeschwindigkeit von w = 0,2 m/s in Verbindung mit der hohen Spannung von U = 20 kV

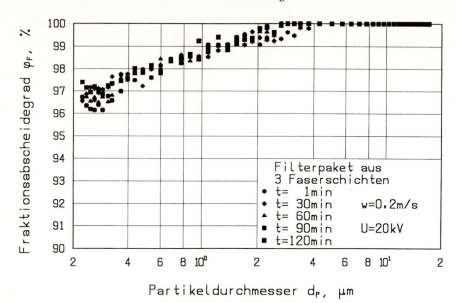

Abb. 7.17. Fraktionsabscheidegrad für ein dreischichtiges Paket aus ungenadeltem Filz mit elektrischem Feld (U = 20 kV) mit der Filtrationszeit t als Parameter

zwischen den Elektroden zurückzuführen. Eine weitere Erhöhung der Spannung U führt bei gleicher Geschwindigkeit w zu einer weiteren Erhöhung des Fraktionsabscheidegrades im Bereich der feinen Partikeln, wobei der bereits sehr geringe Einfluß der Filtrationszeit weiter schwindet. Ein deutlicher Einfluß der Filtrationszeit, verbunden mit einer Verschlechterung des Fraktionsabscheidegrades, ist mit steigender Anströmgeschwindigkeit w bzw. mit abnehmender Spannung U zu erwarten.

Der vernachlässigbare Einfluß der Filtrationsdauer t auf den Fraktionsabscheidegrad φ_F ist offensichtlich darauf zurückzuführen, daß sich auf Grund der elektrischen Aufladung der Partikeln unmittelbar nach Beginn der Staubabscheidung ein Filterkuchen unter stationären Bedingungen aufbaut.

Einfluß der elektrischen Feldspannung

Der Einfluß der Feldspannung auf die Staubabscheidung ist in Abb. 7.18 für eine Filtrationsdauer von t = 30 min und in Abb. 7.19 für eine Filtrationsdauer von t = 90 min dargestellt. Die Spannung U wurde in sechs Stufen von U = 0 kV auf U = 20 kV erhöht. Beide Bilder zeigen, daß der Fraktionsabscheidegrad mit zunehmender Spannung ansteigt.

Bei einer Spannung bis zu U = 5 kV ist die Feldstärke noch zu schwach, um die Entstaubung merklich zu verbessern. Erst ab einer Spannung von U = 10 kV wird der Fraktionsabscheidegrad durch die zusätzliche Wirkung des elektrischen Feldes nachhaltig verbessert. Die außerordentlich starke Verbesserung des Fraktionsabscheidegrades im Spannungsbereich zwischen 5 kV

7.2 Staubabscheidung in einer Kombination von Faserfilter und Elektrofilter 253

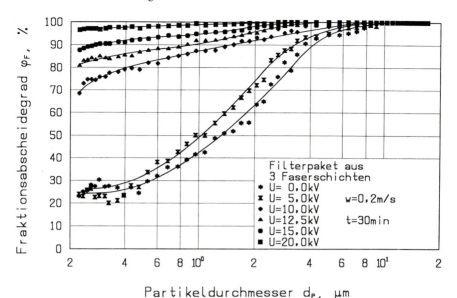

Abb. 7.18. Fraktionsabscheidegrad für ein dreischichtiges Paket aus ungenadeltem Filz bei einer Filtrationszeit t = 30 min mit der Feldspannung U als Parameter

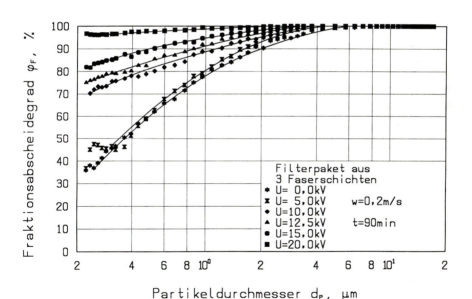

Abb. 7.19. Fraktionsabscheidegrad für ein dreischichtiges Paket aus ungenadeltem Filz bei einer Filtrationszeit t = 90 min mit der Feldspannung U als Parameter

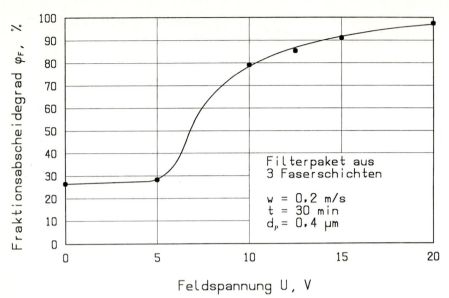

Abb. 7.20. Fraktionsabscheidegrad für ein dreischichtiges Paket aus ungenadeltem Filz bei einem Partikeldurchmesser von $d_p = 0{,}4$ µm abhängig von der Feldspannung U

und 10 kV geht besonders deutlich aus Abb. 7.20 hervor. Die physikalischen Ursachen für die fast sprunghafte Verbesserung von φ_F ist das Erreichen der Ionisationsspannung.

Unter den gegebenen Versuchsbedingungen scheint eine Erhöhung der elektrischen Spannung über 20 kV hinaus nicht sinnvoll zu sein. Einen Vorteil aus weiterer Spannungserhöhung wird man nur bei gleichzeitig erhöhter Anströmgeschwindigkeit w erwarten dürfen.

Einfluß der Anströmgeschwindigkeit

Es war das erklärte Ziel dieser Untersuchung, durch den Aufbau eines elektrischen Feldes, die Abscheidung in Faserfiltern bei wesentlich höheren Anströmgeschwindigkeiten als den heute üblichen erfolgreich betreiben zu können. Die in den Abb. 7.21 und 7.22 dargestellten Ergebnisse bestätigen, daß dieses Ziel erreicht wurde.

Im Bereich sehr kleiner Werte des Partikeldurchmessers hat die Filtrationszeit praktisch keinen Einfluß auf den Fraktionsabscheidegrad. Um den Einfluß der Geschwindigkeit deutlicher erkennen zu können, ist in Abb. 7.23 der Fraktionsabscheidegrad φ_F über der Anströmgeschwindigkeit w bei einem Partikeldurchmesser von $d_p = 0{,}4$ µm aufgetragen. Die Kreuze geben die Kurvenwerte aus Abb. 7.21, die Kreise die aus Abb. 7.22 wieder. Die Daten werden mit guter Genauigkeit durch eine gerade Linie ausgeglichen. In dem Bereich der Anströmgeschwindigkeit von 0,2 bis 1,0 m/s sinkt der Fraktionsabscheidegrad von 0,97 auf 0,78. Durch Erhöhen der Spannung U läßt sich der Frak-

7.2 Staubabscheidung in einer Kombination von Faserfilter und Elektrofilter   255

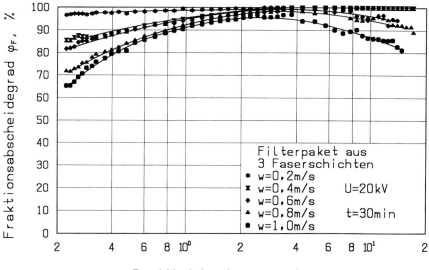

Abb. 7.21

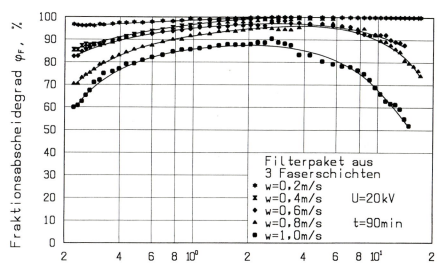

Abb. 7.22

Abb. 7.21 und 7.22. Fraktionsabscheidegrad für ein dreischichtiges Paket aus ungenadeltem Filz für eine Filtrationszeit von t = 30 min in Abb. 7.21 und t = 90 min in Abb. 7.22 mit der Anströmgeschwindigkeit w als Parameter

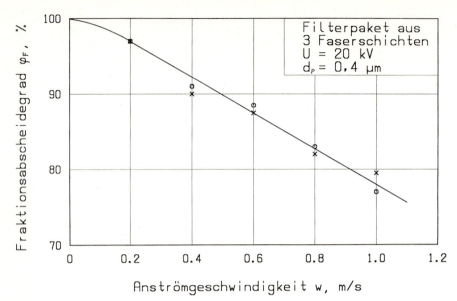

Abb. 7.23. Fraktionsabscheidegrad für ein dreischichtiges Paket aus ungenadeltem Filz bei einem Partikeldurchmesser von $d_p = 0{,}4$ µm abhängig von der Anströmgeschwindigkeit w

tionsabscheidegrad weiter erhöhen. Seine Abhängigkeit von der Anströmgeschwindigkeit würde durch eine Kurve gegeben sein, die mit geringerer Neigung oberhalb der in Abb. 7.23 eingezeichneten Kurve verläuft.

Die in den Abb. 7.21 und 7.22 dargestellten Kurven zeigen, daß der Fraktionsabscheidegrad bei Anströmgeschwindigkeiten, die größer als 0,4 m/s sind, im Bereich des Partikeldurchmessers von 2 bis 6 µm ein Maximum durchläuft und mit weiter steigendem Partikeldurchmesser wieder abfällt. Dieser Abfall ist um so ausgeprägter, je länger die Filtrationszeit und je größer die Anströmgeschwindigkeit ist. Ursache dieser Absenkung des Fraktionsabscheidegrades ist das Abblasen von Partikelagglomeraten von den Fasern. Die Bildung von sehr festen Agglomeraten wird durch das elektrische Feld nachhaltig gefördert.

Einfluß der Zahl der Faserschichten

Zur Untersuchung der Zahl der in einem Filterpaket zusammengefaßten Faserschichten wurden nur einige orientierende Versuche durchgeführt. Die Gitterelektrode befand sich bei den drei Versuchsreihen stets hinter der zweiten Faserschicht. Nur diese beiden Schichten lagen also innerhalb des zwischen den Elektroden aufgebauten elektrischen Feldes. Bei Filterpaketen aus drei und vier Faserschichten lagen also entweder eine Schicht oder zwei Schichten hinter dem elektrischen Feld.

Abbildung 7.24 läßt erkennen, daß eine hinter dem elektrischen Feld zusätzlich liegende Faserschicht zur Verbesserung des Fraktionsabschei-

7.2 Staubabscheidung in einer Kombination von Faserfilter und Elektrofilter

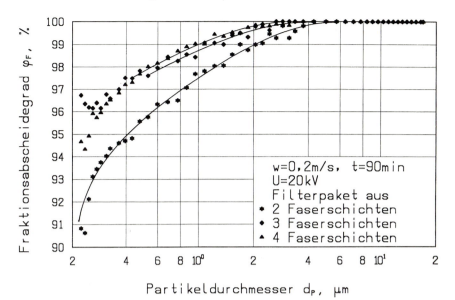

Abb. 7.24. Fraktionsabscheidegrad für Pakete aus 2, 3 und 4 Faserschichten ungenadelten Filzes bei einer Filtrationszeit von t = 90 min

degrades noch beitragen kann. Eine zweite zusätzliche Faserschicht hat nur noch einen sehr geringen bis vernachlässigbaren kleinen Einfluß auf den Fraktionsabscheidegrad.

7.2.6.2
Der Druckverlust

Den größten Einfluß auf den Druckverlust üben die Filtrationszeit t, die elektrische Feldspannung U, die Anströmgeschwindigkeit w des staubbeladenen Gases und die Zahl z der Faserschichten aus. Es gilt also die folgende allgemeine Gleichung für den Druckverlust:

$$\Delta p = f_p (t; U; w; z). \tag{7.19}$$

Unverändert blieben bei den Versuchen die Staubkonzentration im Rohgas, die $c_A = 1 \, g/m^3$ betrug, sowie der mit 70 mm festgelegte Abstand zwischen den Elektroden. Im folgenden wird der Einfluß der in Gl. (7.18) genannten Größen diskutiert. Der Druckverlust der Filterpakete bei der Durchströmung staubfreier Luft ist an Hand von Abb. 7.3 in Abschn. 7.2.2.2 bereits diskutiert worden.

Einfluß der Filtrationszeit

Zur Einführung soll derjenige Druckverlust Δp erörtert werden, der sich in einem Filterpaket, bestehend aus drei Schichten, und bei einer Anströmge-

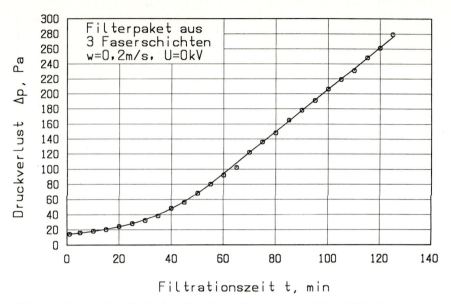

Abb. 7.25. Druckverlust für ein dreischichtiges Paket aus ungenadeltem Filz bei Entstaubung ohne elektrisches Feld abhängig von der Fitrationszeit t

schwindigkeit von w = 0,2 m/s einstellt. Die Spannung ist U = 0 V, so daß kein elektrisches Feld die Abscheidung verstärkt. Für diese Bedingungen ist der Fraktionsabscheidegrad φ_F in Abb. 7.16 dargestellt. Der gleichzeitig gemessene Druckverlust ist in Abb. 7.25 angegeben.

Die Abhängigkeit des Druckverlustes Δp von der Filtrationszeit t ist von grundsätzlicher Bedeutung und wird deshalb ausführlich erläutert. In den ersten 30 Minuten der Filtrationszeit lagert sich der Staub im Innern der Faserschichten an, wodurch die Voraussetzung zur Ausbildung eines Filterkuchens auf der Anströmseite des Filterpaketes geschaffen werden. In dieser Phase steigt der Druckverlust nur schwach an.

Die Ausbildung des Filterkuchens erfolgt in den nächsten 20 bis 30 Minuten. Dabei verringert sich die Porosität des Filterkuchens bis auf einen für die Betriebsbedingungen charakteristischen Wert. Der Druckverlust muß daher überproportional ansteigen.

Hat der Filterkuchen seine endgültige Struktur erreicht, läuft die Filtration in die stationäre Phase ein. Die Staubablagerung findet im wesentlichen nur noch an der Oberfläche statt. Da die in der Zeiteinheit abgelagerte Staubmenge konstant ist, steigt die Dicke des Filterkuchens und daher auch der Druckverlust linear mit der Zeit an. Die Filtration verläuft in der stationären Phase.

Wird zur Verstärkung der Staubabscheidung das elektrische Feld eingeschaltet, dann ergibt sich für den Fraktionsabscheidegrad das in Abb. 7.17 dargestellte Ergebnis. Für den Druckverlust ergeben sich die in Abb. 7.26 durch

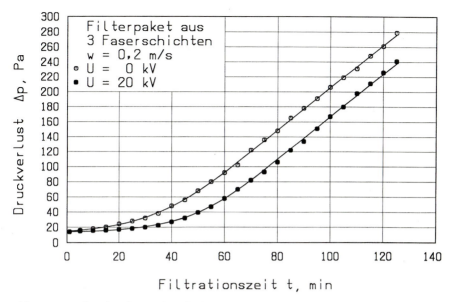

Abb. 7.26. Druckverlust für ein dreischichtiges Paket aus ungenadeltem Filz bei Entstaubung mit und ohne Feldspannung U abhängig von der Fitrationszeit t

volle Kreisflächen gekennzeichneten Werte. Zum Vergleich sind als leere Kreisflächen die Meßwerte aus Abb. 7.25 übertragen. Das auf den ersten Blick verblüffende Ergebnis lautet also: Bei Verstärkung der Staubabscheidung durch ein elektrisches Feld wird der Druckverlust in der stationären Phase um einen festen Betrag herabgesetzt, der etwa 40 Pa beträgt. Dieser Wert hängt von den festgelegten Versuchsbedingungen ab.

Nach dem heutigen Stand der Untersuchungen wird angenommen, daß der verringerte Druckverlust im wesentlichen durch eine vom elektrischen Feld veränderte Form der Staubakkumulation im Innern und an der Oberfläche des Filterpaketes bedingt ist. Dieses soll an Hand von zwei rasterelektronenmikroskopischen Aufnahmen, die in den Abb. 7.27a und 7.27b wiedergegeben sind, näher erläutert werden.

Abbildung 7.27a gilt für die Staubabscheidung ohne und Abb. 7.27b für die Abscheidung mit Verstärkung durch ein elektrisches Feld. Ohne Mitwirkung des elektrischen Feldes bilden die abgeschiedenen Partikeln auf der Faseroberfläche einen dichten Pelz mit rauher Oberfläche. Dieser Pelz führt zu einer Vergrößerung des Faserdurchmessers, der sich fluiddynamisch in einem erhöhten Druckverlust bemerkbar macht. Erfolgt die Staubabscheidung in einem elektrischen Feld, dann kommt es, wie aus Abb. 7.27b deutlich zu sehen ist, zu einer sehr ausgeprägten Dendritenbildung. Die Dendriten entstehen vornehmlich in jenen Volumenelementen des Filterpaketes, die von der Strömung nur schwach berührt werden, also in sogenannten Strömungstoträumen, und daher einen verminderten Einfluß auf den Druckverlust ausüben.

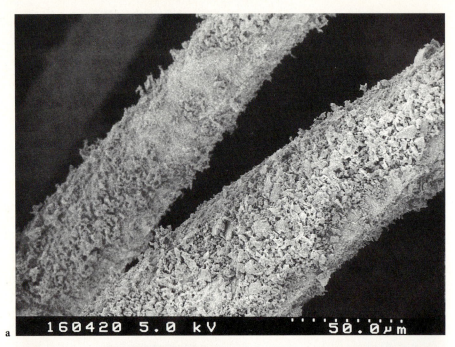

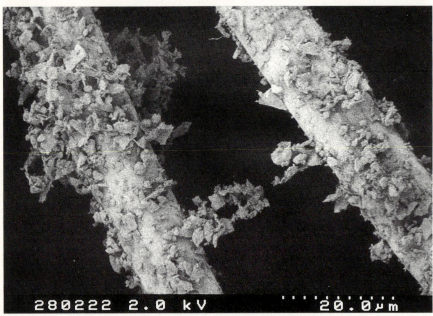

Abb. 7.27a, b. Rasterelektronenmikroskopische Aufnahmen von staubbeladenen Fasern bei der Feldspannung U = 0 kV (a) und bei U = 20 kV (b)

7.2 Staubabscheidung in einer Kombination von Faserfilter und Elektrofilter 261

Abb. 7.28. Ausgeprägte Bildung von Dendriten aus feinsten Staubpartikeln

Einen besonders guten Eindruck von der Dendritenbildung aus feinsten Staubpartikeln vermittelt wegen des günstigeren Maßstabes das in Abb. 7.28 wiedergegebene Photo.

Die in Abb. 7.26 wiedergegebenen Kurven gelten für eine Anströmgeschwindigkeit von w = 0,2 m/s. Für andere Werte der Anströmgeschwindigkeit ergeben sich qualitativ ähnliche Kurven, weshalb auf eine Darstellung verzichtet wird. Erwähnt sei lediglich, daß die Steigung der Kurven in der stationären Phase mit zunehmender Geschwindigkeit größer wird.

Einfluß der elektrischen Feldspannung

In Abb. 7.29 ist der Druckverlust Δp abhängig von der Filtrationszeit t für drei Werte der Feldspannung U dargestellt. Der Druckverlust wird bei der Entstaubung um so stärker herabgesetzt, je größer die Spannung zwischen den Elektroden ist. Ursache für dieses Ergebnis ist die mit zunehmender Spannung stärkere Dendritenbildung.

Einen noch besseren Eindruck vom Einfluß der Spannung auf den Druckverlust vermittelt Abb. 7.30. Dargestellt ist der Druckverlust als Funktion der Spannung für fünf Werte der Filtrationszeit t und konstantem Wert der Anströmgeschwindigkeit w = 0,2 m/s. Alle Kurven zeigen einen qualitativ gleichartigen Verlauf. Mit zunehmender Spannung fällt der Druckverlust zunächst nur sehr langsam, dann aber verhältnismäßig stark ab und nähert

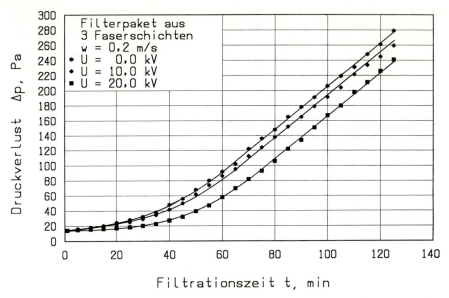

Abb. 7.29. Druckverlust für ein dreischichtiges Paket aus ungenadeltem Filz abhängig von der Filtrationszeit t mit der Feldspannung U als Parameter

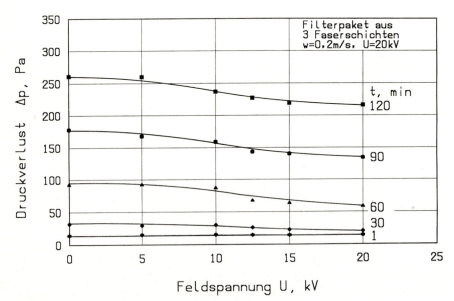

Abb. 7.30. Druckverlust für ein dreischichtiges Paket aus ungenadeltem Filz abhängig von der Feldspannung U mit der Filtrationszeit t als Parameter

sich asymptotisch einem festen Endwert. Dieser ist offensichtlich bei einer Spannung von U = 20 kV bereits erreicht. Man muß dabei aber bedenken, daß dieser Endwert an die Versuchsbedingungen, insbesondere an die Anströmgeschwindigkeit w und an das Staubmaterial, insbesondere an dessen elektrische Eigenschaften, gebunden ist.

Einfluß der Anströmgeschwindigkeit

In Abb. 7.31 ist der Druckverlust abhängig von der Anströmgeschwindigkeit dargestellt. Parameter ist die Spannung U, die zu 0 und zu 20 kV angenommen wurde. Die Filtrationszeit blieb mit t = 60 min unverändert.

Beide Kurven zeigen einen qualitativ gleichartigen Verlauf. Innerhalb des Untersuchungsbereiches steigt der Druckverlust zunächst nahezu linear mit der Geschwindigkeit an. Im Bereich höherer Geschwindigkeit zeigen die Kurven eine stärkere Krümmung. In diesem Bereich wird die Abscheidung gemäß Abb. 7.23 zunehmend schlechter, so daß als Folge, der Druckverlust nicht mehr so stark ansteigt.

Einfluß der Zahl der Faserschichten

In Abb. 7.32 ist der Druckverlust über der Filtrationszeit aufgetragen. Als Parameter dient die Zahl z der in einem Filterpaket angeordneten Faserschichten. Für jedes Filterpaket wurden die Messungen bei den beiden Grenzwerten der Spannung mit U = 0 und 20 kV durchgeführt. Die Anströmgeschwindig-

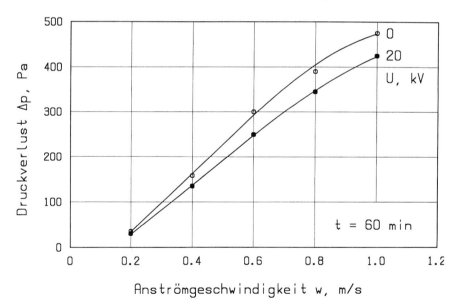

Abb. 7.31. Druckverlust für ein dreischichtiges Paket aus ungenadeltem Filz abhängig von der Anströmgeschwindigkeit w für zwei Werte der Feldspannung U

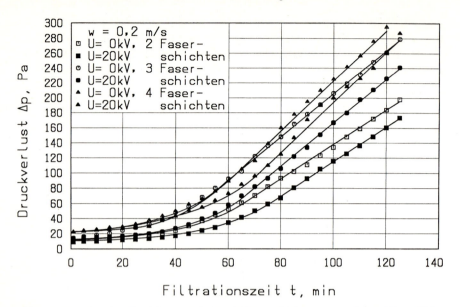

Abb. 7.32. Druckverlust für Pakete aus 2, 3 und 4 Faserschichten ungenadelten Filzes abhängig von der Filtrationszeit t für jeweils zwei Werte der Feldspannung U

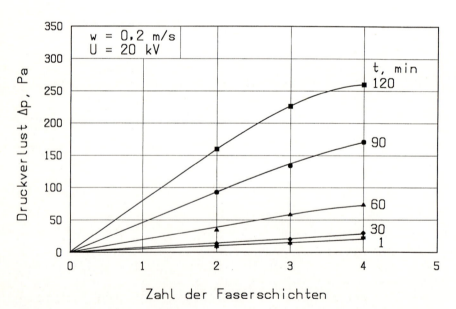

Abb. 7.33. Druckverlust für Pakete aus ungenadeltem Filz abhängig von der Zahl der Faserschichten mit der Filtrationszeit t als Parameter

keit war bei allen Versuchen w = 0,2 m/s. Die Gitterelektrode war stets hinter der zweiten Faserschicht angeordnet.

Aus Abb. 7.32 geht hervor, daß der Druckverlust mit der Zahl der Faserschichten ansteigt. Jedoch wird der Druckverlust in den hinter der Gitterelektrode liegenden Schichten erheblich kleiner als in den beiden Schichten vor der Elektrode. Dieses entspricht auch den Ergebnissen für den Fraktionsabscheidegrad, der an Hand von Abb. 7.24 diskutiert wurde. Dieser Sachverhalt geht für den Druckverlust auch noch einmal aus Abb. 7.33 hervor.

7.3 Naßentstaubung in einer Zerstäubungsmaschine

7.3.1 Einleitung

Es ist die disperse Verteilung der feinkörnigen Feststoffe im gasförmigen Trägermedium, die den Entstaubungsprozeß zu einem indeterminierten Vorgang macht. Das gilt in besonderem Maße für die Naßabscheidung, wenn der Staub von Flüssigkeitstropfen aufgenommen werden soll, die im Trägermedium ebenfalls dispers verteilt sind. Die Entstaubung erfordert also den unmittelbaren Kontakt zwischen den beiden dispers verteilten Medien.

Zwar ist es möglich, bei gegebener Bewegung von Staubkörnern und einem Tropfen den Kontakt zwischen den beiden Partikelarten zu berechnen, jedoch ist deren Bewegung in technischen Anlagen weitgehend unbekannt. Trotzdem haben die Modellvorstellungen von Barth [9] und Calvert [10–13], die den Staubkontakt mit einem Einzeltropfen betreffen, zu einem vertieften Verständnis der Naßentstaubung entscheidend beigetragen. Eine zusammenfassende Darstellung der mit Hilfe dieser Modellvorstellung gewonnenen Erkenntnisse hat Löffler geliefert [14]. Maßgebend für den Kontakt eines Staubkornes mit dem Tropfen ist die auf das Staubkorn einwirkende Trägheitskraft, die eine Bewegung des Staubkornes um den Tropfen behindert, also sein Auftreffen auf den Tropfen fördert. Die Trägheitskraft ist um so größer, je größer vor allem die Relativgeschwindigkeit zwischen Staubkorn und Tropfen ist. Die Leistung eines Naßentstaubers hängt somit von der Relativgeschwindigkeit in entscheidendem Maße ab.

In technischen Entstaubern, in denen beide partikelförmigen Phasen dispers im Trägermedium verteilt sind, ist die Relativgeschwindigkeit jedoch weitgehend unbekannt. Zusätzlich sind aber noch die Verweildauer von Staubpartikeln und Tropfen sowie deren Verteilung im Abscheidervolumen von Bedeutung. Auch hierüber lassen sich im allgemeinen nur unvollkommene Aussagen machen.

Im folgenden wird eine Naßabscheidemaschine, die als Zerstäubungsmaschine bezeichnet wird, beschrieben, in der die Bewegung der beteiligten Phasen, Trägergas – Staubpartikeln – Tropfen, sowie deren Verteilung im Abscheideraum weitgehend determiniert sind. Dieses bedeutet aber noch nicht, daß der gesamte Entstaubungsprozeß zu einem determinierten und daher auch zu einem vollständig vorausberechenbaren Prozeß wird. Dieses wird insbesondere noch dadurch behindert, daß die Durchmesser für Staubpartikeln und Tropfen mehr oder weniger breite Verteilungen aufweisen.

Die Durchmesserverteilung für die Staubpartikeln kann bei Eintritt in das Abscheidevolumen als bekannt angesehen werden. Sie ändert sich jedoch auf dem Wege durch das Abscheidevolumen in nicht zuverlässig voraussagbarer Weise. Für die erzeugten Tropfen ist die Durchmesserverteilung bereits bei Eintritt in das Abscheidevolumen unbekannt, bleibt auf dem Wege durch dieses Volumen aber weitgehend unverändert.

7.3.2
Aufbau und Wirkungsweise der Zerstäubungsmaschine

Die Zerstäubungsmaschine ist im Prinzip ein Gebläse, dessen Schaufeln zur Zerstäubung der Flüssigkeit schmale Schlitze aufweisen, die sich über die gesamte Höhe der Schaufeln erstrecken [15]. Zur Durchführung der Entstaubungsversuche wurde eine Maschine aus Plexiglas gebaut, dessen Schaufelrad, von dem Abb. 7.34 eine photographische Aufnahme zeigt, einen Durchmesser von 500 mm aufweist. Die Schaufelhöhe beträgt 52 mm. Jede der 24 rückwärts gekrümmten Schaufeln hat 11 Zerstäubungsschlitze von 5 mm Breite. Der Abstand zwischen den Schlitzen beträgt 20 mm.

Die Waschflüssigkeit und das Rohgas werden der Zerstäubungsmaschine in der Mitte des Schaufelrades zugeführt. Die Waschflüssigkeit wird an insgesamt 264 Schlitzen wiederholt zerstäubt; damit wird eine im gesamten Volumen der Maschine gleichmäßige Verteilung der Tropfen gewährleistet. In Abb. 7.35 ist schematisch dargestellt, wie die Tropfen an den Schlitzen gebildet werden und auf einer von dem Verhältnis aus Zentrifugal- und Widerstandskräften bestimmten Bahn zur nächsten Schaufel fliegen. Auf der Schaufel bildet sich ein Flüssigkeitsfilm, der zum nächsten Schlitz strömt, wo erneut Tropfen gebildet werden. Durch die wiederholte Zerstäubung wird für einen intensiven Kontakt zwischen dem zu reinigenden Gasstrom und den Tropfen gesorgt. Die in Abb. 7.35 eingezeichneten Rechtecke dienen zur Verdeutlichung der Darstellung von berechneten Tropfenbahnen, die im nächsten Abschnitt dieses Kapitels beschrieben werden.

Abbildung 7.36 zeigt die Zerstäubungsmaschine mit der Rohgas- und Waschflüssigkeitszufuhr in der Achse des Schaufelrades. Das Gehäuse der Zerstäubungsmaschine hat die Form einer logarithmischen Spirale. Ein wesentlicher Unterschied zu anderen Entstaubern ist die Förderwirkung des einem Pumpenrad ähnlichen Zerstäubungsorgans. Auf zusätzliche Fördereinrichtungen wie Ventilatoren zum Transport des Gasstromes kann daher in vielen praktischen Fällen verzichtet werden.

7.3 Naßentstaubung in einer Zerstäubungsmaschine   267

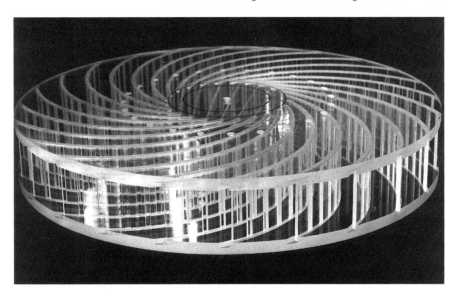

Abb. 7.34. Schaufelrad der Zerstäubungsmaschine

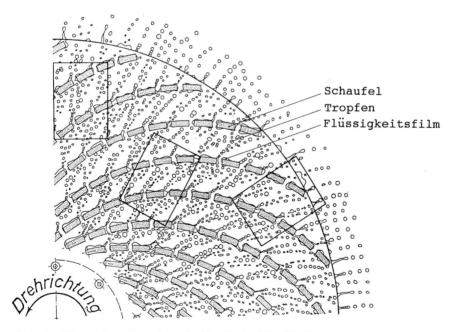

Abb. 7.35. Schematische Darstellung der Tropfen im Schaufelrad

Abb. 7.36. Zerstäubungsmaschine

Die Beschreibung der Zerstäubungsmaschine macht deutlich, daß der staubbeladene Gasstrom in jedem von den Schaufeln begrenzten Kanal durch eine Folge von Tropfenschleiern strömt, in denen ein Kontakt zwischen den Tropfen und den Staubpartikeln herbeigeführt wird. Der Kontakt erfolgt stets unter Bedingungen günstigster Relativgeschwindigkeit zwischen Tropfen und Staubpartikeln. Die Verweildauer der Tropfen ist in jedem Kanal zwar sehr kurz, im gesamten Schaufelrad jedoch wegen der hintereinander geschalteten Kanäle sehr lang. Die Tropfenbildung und die Tropfenbewegung erfolgen in der Maschine unter definierten Bedingungen und an definierten Orten. Die Staubabscheidung erfolgt aber nicht nur durch die Tropfen, sondern zusätzlich auch durch den Flüssigkeitsfilm, der von den auf die Schaufelwand treffenden Tropfen gebildet wird.

7.3.3
Berechnung der Tropfenbahnen im Schaufelrad

Die Bewegung der Tropfen im Naßabscheider ist einer der entscheidenden Vorgänge für die Staubabscheidung. Die Relativgeschwindigkeit zwischen Tropfen und Gas, die Tropfengröße und die von den Tropfen zurückgelegte Wegstrecke bestimmen den Abscheidegrad. Die Kenntnis der Tropfenbahn ist die Voraussetzung für die Anwendung von Modellen zur Berechnung der Abscheidegrade von Naßabscheidern. Im folgenden wird die Berechnung von Tropfenbahnen in der Zerstäubungsmaschine beschrieben.

Um die Berechnung der Tropfenbahnen in den Schaufelradkanälen der Zerstäubungsmaschine zu vereinfachen, wird die Krümmung der Schaufeln vernachlässigt. Da die Tropfen nur eine kurze Wegstrecke bis zur nächsten Schaufel zurücklegen, hat die Krümmung des Schaufelradkanales lediglich einen geringen Einfluß auf die Tropfenbahn. Weiterhin wird vorausgesetzt, daß die Strömungsgeschwindigkeit des Gases über den Querschnitt des Schaufelkanals konstant ist.

Die Berechnung der Tropfenbahn wird für ein Zerstäubungselement durchgeführt. Ein Zerstäubungselement ist ein Volumenelement zwischen zwei Schaufeln, das die Tropfen nach ihrer Bildung an der Kante eines Schlitzes durchqueren, bevor sie auf die nächste Schaufel treffen. Die Lage der Zerstäubungselemente, für die die Tropfenbahnen berechnet werden, ist in Abb. 7.35 durch drei Rechtecke gekennzeichnet. Die Berechnungen erfolgen in einem mit dem Schaufelrad mitbewegtem Koordinatensystem mit dem Nullpunkt an der Stelle der Tropfenbildung. Die x-Koordinate weist in tangentialer Richtung entgegen der Drehrichtung des Schaufelrades, die y-Koordinate in radialer Richtung nach außen.

Der Tropfen hat zur Zeit t = 0 die Geschwindigkeit $w_t = 0$. Die von der Drehzahl des Schaufelrades und der Lage des Zerstäubungselementes abhängige Zentrifugalkraft beschleunigt den Tropfen radial nach außen. Die Widerstandskraft, die von der Relativgeschwindigkeit zwischen Tropfen und Gas abhängt, bewirkt eine Abweichung der Tropfenbahn von der radialen Richtung. Die Zentrifugalkraft F_z und die Widerstandskraft W werden im folgenden berechnet:

$$F_z = M_t\, b_z, \qquad (7.20)$$

$$W = \zeta\, F_t\, \rho_g\, w_r^2/2. \qquad (7.21)$$

Hierin bedeuten M_t die Masse des Tropfens:

$$M_t = \rho_t\, \pi\, d_t^3/6, \qquad (7.22)$$

b_z die Zentrifugalbeschleunigung:

$$b_z = r\, \omega^2, \qquad (7.23)$$

ζ den Widerstandsbeiwert des Tropfens, F_t die Querschnittsfläche des Tropfens:

$$F_t = d_t^2\, \pi/4, \qquad (7.24)$$

ρ_g die Dichte des Gases und w_r die Relativgeschwindigkeit zwischen Gas (w_g) und Tropfen (w_t):

$$w_r = w_g - w_t. \qquad (7.25)$$

Die auf den Tropfen wirkende resultierende Kraft, die die Beschleunigung b des Tropfens bewirkt, ist:

$$F = F_z + W. \qquad (7.26)$$

Für die Beschleunigung b gilt:

$$b = F/M_t. \tag{7.27}$$

Da die Widerstandskraft nach Gl. (7.20) von der Relativgeschwindigkeit w_r zwischen Tropfen und Gas abhängt, die sich mit der Zeit ändert, handelt es sich um eine instationäre Bewegung. Die Tropfengeschwindigkeit nimmt so lange zu, bis die Widerstandskraft der Zentrifugalkraft genau entgegengerichtet und gleich groß ist. Abbildung 7.37 zeigt das Kräftediagramm für die Zeiten $t = 0$, $0 < t < t_{stat}$, $t = t_{stat}$. Mit t_{stat} wird die Zeit bezeichnet, nach der der stationäre Bewegungszustand erreicht ist.

Der Widerstandsbeiwert ist von der mit der Relativgeschwindigkeit w_r zwischen Tropfen und Gas und dem Tropfendurchmesser d_t als charakteristische Länge gebildeten Reynolds-Zahl abhängig:

$$\mathrm{Re} \equiv \frac{w_r \, d_t}{v_g}. \tag{7.28}$$

Da sich die Relativgeschwindigkeit und damit auch die Reynolds-Zahl, der Widerstandsbeiwert und die Widerstandskraft während der beschleunigten Bewegung des Tropfens ändern, muß die Berechnung der Tropfenbahn iterativ erfolgen. Zunächst wird die Beschleunigung nach Gl. (7.27) berechnet. Aus der Beziehung zwischen Beschleunigung und Geschwindigkeit,

$$b = \frac{dw}{dt}, \tag{7.29}$$

wird die Geschwindigkeit des Tropfens berechnet. Die numerischen Berechnungen werden mit einem Differenzenverfahren mit Zeitschrittsteuerung

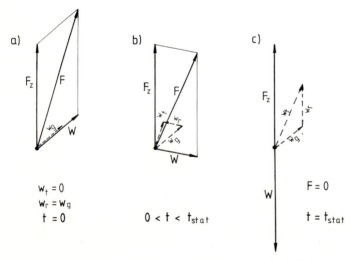

Abb. 7.37. Die Tropfen beeinflussenden Kräfte und Geschwindigkeiten

7.3 Naßentstaubung in einer Zerstäubungsmaschine

durchgeführt. Dazu wird der Differentialquotient in Gl. (7.29) in einen in Zeitrichtung vorwärts genommenen Differenzenquotienten umgewandelt:

$$b = \frac{w_{(t+\Delta t)} - w_{(t)}}{\Delta t}. \tag{7.30}$$

Hieraus folgt die Geschwindigkeit zur Zeit $t + \Delta t$. Der vom Tropfen zurückgelegte Weg s wird aus der Beziehung:

$$w = \frac{ds}{dt}, \tag{7.31}$$

berechnet, die analog zu Gl. (7.30) in eine Differenzengleichung umgewandelt wird:

$$s_{t+\Delta t} = s_t + \frac{b}{2}\Delta t^2 + w_t \Delta t. \tag{7.32}$$

Der Widerstandsbeiwert wird in jedem Zeitschritt nach folgender Gleichung berechnet:

$$\zeta = \frac{24}{Re} + \frac{3{,}73}{Re^{1/2}} - \frac{4{,}83 \cdot 10^{-3} Re^{1/2}}{1 + 3 \cdot 10^{-6} Re^{3/2}} + 0{,}49. \tag{7.33}$$

Diese Gleichung gilt in dem Bereich $0 \leq Re \leq Re_{krit} = 3 \cdot 10^5$ für die Umströmung fester Partikeln [9]. Sie kann auch für kleine Tropfen bei nicht zu hohen Reynolds-Zahlen angewendet werden. Da die maximale Tropfengröße in der Zerstäubungsmaschine ca. 500 µm nicht übersteigt und nach Berechnungen die Reynolds-Zahl nicht größer als 1000 ist, kann Gl. (7.33) für die Berechnung der Tropfenbahnen verwendet werden.

Nach der Berechnung der Widerstandskraft beginnt der nächste Zeitschritt. Zur Optimierung der Rechengenauigkeit und der Rechendauer wird die Zeitschrittweite in Abhängigkeit von der relativen Änderung der berechneten Tropfengeschwindigkeit automatisch angepaßt. Vorgegeben werden für die Rechnungen folgende Größen:

1. Die Dichte des Gases, ρ_g
2. die kinematische Viskosität des Gases, ν_g
3. die Dichte der Flüssigkeit, ρ_f
4. der Abstand des Zerstäubungsortes vom Mittelpunkt des Schaufelrades, r
5. der Anstellwinkel der Schaufeln, α
6. die Strömungsgeschwindigkeit des Gases, w_g
7. die Drehzahl des Schaufelrades und n
8. der Tropfendurchmesser. d_t

Folgende Größen werden bei jedem Zeitschritt berechnet:

1. Die Zeit, t
2. die Koordinaten des Tropfens, x, y
3. die Komponenten der Tropfengeschwindigkeit, $w_{t,x}, w_{t,y}$

4. der Widerstandsbeiwert, ζ
5. die Reynolds-Zahl, Re_t
6. die Zentrifugalbeschleunigung b_z

Wenn die Geschwindigkeitskomponenten und die Reynolds-Zahl konstant bleiben, ist der stationäre Zustand erreicht.

Die Ergebnisse der Rechnungen sollen nur an zwei Beispielen, dargestellt in den Abb. 7.38 und 7.39, erläutert werden. Beide Bilder gelten für einen Volumenstrom der Luft von $\dot{V}_g = 240$ m³/h. Der Radius r, bei dem die Tropfenbildung einsetzt, ist für Abb. 7.38 125 mm und für Abb. 7.39 200 mm. Abbildung 7.38 gibt somit die Tropfenbewegung etwa in der Mitte und Abb. 7.39 in der Nähe des Austritts eines Schaufelkanals wieder. Die Schaufeln sind durch dicke Striche hervorgehoben. Durchgezogene und gestrichelte dünne Linien stellen die Tropfenbahnen bei zwei Werten der Drehzahl n des Schaufelrades dar. Als Parameter dient der Tropfendurchmesser d_t, der zwischen 5 und 50 µm geändert wurde.

Aus beiden Bildern geht hervor, daß sich Tropfen mit einem Durchmesser von $d_t > 50$ µm vom Ort ihrer Bildung nahezu radial durch den Schaufelkanal bewegen und auf ein Element der nächsten Schaufel treffen. Mit abnehmendem Tropfendurchmesser werden die Tropfen auf Grund abnehmender Zentrifugalkraft und gleichzeitig zunehmender Widerstandskraft vom Luftstrom stärker mitgerissen. Mit zunehmendem Radius r wird gemäß Abb. 7.39 die Zentrifugalkraft stärker wirksam, so daß Tropfen mit einem Durchmesser von $d_t = 20$ µm weniger von der radialen Flugrichtung abgelenkt werden als für die Bedingungen in Abb. 7.38.

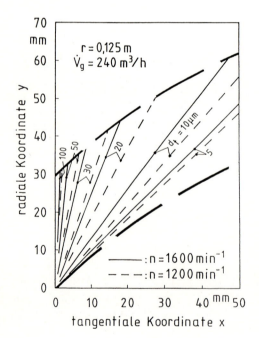

Abb. 7.38. Tropfenbahnen in einem Zerstäubungselement im Abstand von 0,125 m vom Mittelpunkt des Schaufelrades bei einem Gasvolumenstrom von 240 m³/h und Drehzahlen von n = 1200 min⁻¹ und n = 1600 min⁻¹ für verschiedene Tropfendurchmesser

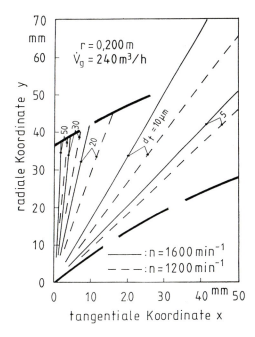

Abb. 7.39. Tropfenbahnen in einem Zerstäubungselement im Abstand von 0,200 m vom Mittelpunkt des Schaufelrades bei einem Gasvolumenstrom von 240 m³/h und Drehzahlen von n = 1200 min⁻¹ und n = 1600 min⁻¹ für verschiedene Tropfendurchmesser d_t

Abbildung 7.39 zeigt ferner, daß Tropfen mit einem Durchmesser von etwa $d_t < 15\,\mu m$ durch den Luftstrom so weit abgelenkt werden, daß sie nicht mehr auf die nächste Schaufel treffen, sondern den Schaufelkanal verlassen.

Die Abweichung der Tropfenbahnen von der radialen Flugbahn ist für alle untersuchten Bedingungen in Abb. 7.40 angegeben. Die Abweichung von der radialen Flugbahn ist für alle Tropfen mit einem Durchmesser größer als 30 bis 40 µm minimal.

Die in der Zerstäubungsmaschine gemessenen Tropfendurchmesser sind für sechs verschiedene Drehzahlen in Abb. 7.41 dargestellt. Es zeigt sich, daß für alle Verteilungskurven der minimale Tropfendurchmesser größer als etwa 60 bis 100 µm ist. Man darf daher davon ausgehen, daß sich die Tropfen unter praktischen Bedingungen nahezu radial durch den Schaufelkanal bewegen. Die Messungen haben weiterhin ergeben, daß der Tropfendurchmesser unabhängig von den Volumenströmen für Luft und Wasser ist.

7.3.4
Beschreibung der Naßentstaubungsanlage

Ein Fließbild der Anlage mit allen Meßeinrichtungen ist in Abb. 7.42 dargestellt. Der Weg der Luft ist mittels durchgezogener Linien, der Weg des Wassers mittels gestrichelter Linien eingezeichnet. Eine photographische Aufnahme von der halbtechnischen Anlage zeigt Abb. 7.43.

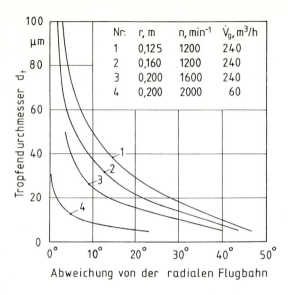

Abb. 7.40. Abweichung der Tropfenbahnen von der radialen Flugrichtung in Abhängigkeit vom Tropfendurchmesser für verschiedene Zerstäubungsbereiche innerhalb des Schaufelrades

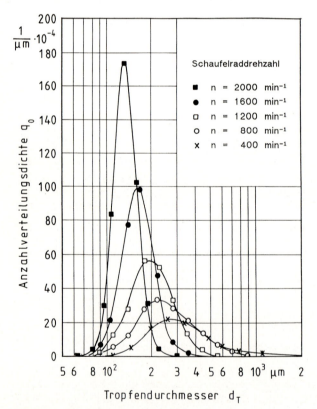

Abb. 7.41. Anzahlverteilungsdichte q_0 der Tropfen für verschiedene Drehzahlen des Schaufelrades

7.3 Naßentstaubung in einer Zerstäubungsmaschine 275

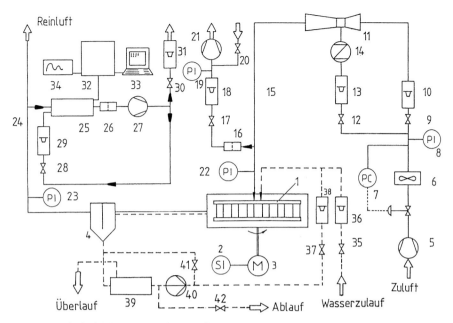

Abb. 7.42. Fließbild der Untersuchungsanlage

Abb. 7.43. Photographische Aufnahme von der halbtechnischen Naßentstaubungsanlage

7.3.4.1
Weg der Luft durch die Anlage

Die Versorgung der Versuchsanlage mit ölfreier Luft erfolgt durch einen Kompressor 5, mit einem maximalen Druck von $3{,}4 \cdot 10^5$ Pa und einem maximalen Volumenstrom von 2000 m^3/h. Die komprimierte Luft wird in einen Druckbehälter gefördert. Der Kompressor wird mittels eines Drucksensors ein- und ausgeschaltet. Der Einschaltdruck beträgt $2{,}9 \cdot 10^5$ Pa, der Ausschaltdruck $3{,}3 \cdot 10^5$ Pa.

Um Schwankungen des Volumenstromes während der Versuchsdurchführung zu vermeiden, wird der Druck durch einen pneumatischen Regelkreis 7, 8, bestehend aus einem pneumatischen PI-Regler und einem pneumatischen Stellventil konstant auf $1{,}5 \cdot 10^5$ Pa gehalten. Bei Abweichungen des an der Meßstelle 8 gemessenen Druckes vom eingestellten Sollwert wird durch den Regler 7 das Stellglied, entsprechend der Abweichung geöffnet oder geschlossen.

Der Volumenstrom wird mit einem Flügelradanemometer 6 gemessen. Hinter dem Regelkreis wird ein Teil des Volumenstromes abgezweigt und der Staubdosiereinrichtung 14 zugeführt. Der Teilvolumenstrom wird mit dem Ventil 12 eingestellt und mit dem Schwebekörperdurchflußmesser 13 gemessen. Als Staubdosiereinrichtung 14 dient ein Feststoffpartikel-Dosierer, der nach folgendem Prinzip funktioniert: Das Dosiergut befindet sich in einem zylindrischen Vorratsbehälter. Ein Kolben, dessen geregelte Vorschubgeschwindigkeit in weiten Grenzen eingestellt werden kann, drückt das Dosiergut gegen eine mit konstanter Geschwindigkeit rotierende Bürste. Die jeweils oberste Schicht des körnigen Dosiergutes wird abgebürstet und in den Luftvolumenstrom dispergiert. Die Staubbeladung kann durch Variation der Vorschubgeschwindigkeit des Kolbens eingestellt werden. Bei einer vorgewählten Staubbeladung des Rohgases von 300 mg/m^3 beträgt die maximale Versuchsdauer mit kontinuierlicher Staubdosierung in Abhängigkeit vom Rohgasvolumenstrom 15 bis 60 Minuten.

Im engsten Querschnitt einer Venturi-Düse 11 wird der staubbeladene Teilstrom dem Hauptluftstrom wieder zugeführt. Der Hauptvolumenstrom wird mit dem Ventil 9 eingestellt und mit dem Schwebekörperdurchflußmesser 10 gemessen.

Über die Eingangsmeßstrecke 15 gelangt das staubbeladene Rohgas in die Zerstäubungsmaschine 1. Der Antrieb der Zerstäubungsmaschine erfolgt durch einen Gleichstrommotor 3, dessen Drehzahl stufenlos eingestellt werden kann. Die maximale Drehzahl beträgt 2000 min^{-1}. Eine auf der Motorwelle befestigte Zahnscheibe erzeugt in einem induktiven Aufnehmer 2 ein der Drehzahl proportionales Frequenzsignal; dieses wird in einem elektronischen Zähler ausgewertet, in die Drehzahl umgerechnet und angezeigt.

In dem Tropfenabscheider 4 wird die Reinluft von mitgeführten Flüssigkeitstropfen befreit. Sie wird über die Ausgangsmeßstrecke 24 in die Umgebung geleitet.

Die Druckdifferenz zwischen dem Eingang der Zerstäubungsmaschine und dem Ausgang des Tropfenabscheiders wird an den Meßstellen 22 und 23 mit einem Projektionsmanometer nach Betz gemessen. In der Eingangsmeßstrecke 15 und der Ausgangsmeßstrecke 24 ist jeweils eine Sonde zur isokinetischen Probenahme gemäß VDI-Richtlinie 2066-1 installiert. Mit den Pumpen 21 und 27 wird die erforderliche Druckdifferenz zur isokinetischen Absaugung von Teilluftströmen erzeugt. Der Volumenstrom wird mit den Ventilen 30 bzw. 17 eingestellt und mit den Schwebekörperdurchflußmessern 31 bzw. 18 gemessen. In den Filterkopfgeräten 16 und 26 gemäß VDI-Richtlinie 2066-2 werden sämtliche Staubpartikeln an Feinstaubfiltern abgeschieden.

Mit dem Bypass 20 kann der an der Meßstelle 19 gemessene Druck so eingestellt werden, daß er den Bedingungen für die isokinetische Absaugung genügt.

Der aus der Ausgangsmeßstrecke 24 abgesaugte Teilluftstrom strömt zunächst als Freistrahl durch den Meßkopf des optischen Partikelgrößenanalysators 25. Ein Anteil dieses Luftstromes wird nach Passieren des Filterkopfgerätes 26 und der Pumpe 27 dem Meßkopf wieder als partikelfreier Mantelluftstrom zugeführt. Der Volumenstrom wird mit dem Schwebekörperdurchflußmesser 29 gemessen und mit dem Ventil 28 so eingestellt, daß er geschwindigkeitsgleich mit dem Luftstrom aus der Ausgangsmeßstrecke den Meßkopf durchquert. Durch die Umhüllung des partikeltragenden Luftstromes mit partikelfreier Mantelluft wird sowohl ein Verschmutzen der Optik des Analysegerätes, als auch eine Verwirbelung am Rand des partikelbeladenen Freistrahles vermieden. An die Auswerteeinheit 32 des Partikelgrößenanalysators sind ein Schreiber 34 zur Darstellung der Meßwerte und ein Datenterminal 33 für die Speicherung der Meßwerte zur weiteren Verarbeitung angeschlossen.

7.3.4.2
Weg des Wassers durch die Anlage

Zunächst wird die Betriebsart beschrieben, bei der die Waschflüssigkeit die Anlage nur einmal durchläuft. Das Waschwasser wird aus dem Leitungsnetz entnommen. Der Volumenstrom wird mit dem Ventil 35 eingestellt und mit dem Schwebekörperdurchflußmesser 36 gemessen.

Nach dem Passieren der Zerstäubungsmaschine 1 wird die staubbeladene Waschflüssigkeit in dem Tropfenabscheider 4 von der Reinluft getrennt. Der Tropfenabscheider ist ein Lamellenabscheider mit Zick-Zack-förmigen Blechen.

Nach Verlassen des Tropfenabscheiders wird das beladene Waschwasser über den Ablauf in die Kanalisation geleitet.

Bei der zweiten Betriebsart wird ein Teil der Waschflüssigkeit im Kreislauf geführt. Mit dem Ventil 42 ist der Ablauf geschlossen. Das beladene Waschwasser strömt aus dem Tropfenabscheider in den Tank 39. Die Pumpe 40 fördert die beladene Waschflüssigkeit zur Zerstäubungsmaschine. Der Volumenstrom wird mit dem Ventil 37 eingestellt und mit dem Schwebekörperdurchflußmesser 38 gemessen. Durch das Ventil 41 wird ein Teil der Flüssigkeit durch einen Bypass zurück in den Tank gepumpt. Es wird für eine kräftige Durchmischung im Tank gesorgt, damit sich keine Staubpartikeln am Boden absetzen können. Überschüssige Waschflüssigkeit wird durch den Überlauf in die Kanalisation geleitet.

7.3.5
Diskussion der Untersuchungsergebnisse

Für die Entstaubungsversuche wurde der Quarzstaub H 500 verwendet, dessen Eigenschaften in Abschnitt 7.2.3 bereits beschrieben wurden. Die Untersuchungen betrafen den Fraktionsabscheidegrad φ_F, den Grenzkorndurchmesser $d_{p,50}$, den Leistungsbedarf N der Maschine, den spezifischen Energieaufwand und die Abscheideleistung bei Rückführung des Wassers.

7.3.5.1
Der Fraktionsabscheidegrad

Der Fraktionsabscheidegrad wurde in Abhängigkeit von der Drehzahl sowie der Volumenströme für Luft und Wasser bestimmt.

Einfluß der Drehzahl

Die Messungen wurden für einen Gasvolumenstrom von $\dot{V}_g = 60\ m^3/h$ mit drei Werten des Wasservolumenstromes $\dot{V}_f$ durchgeführt: $\dot{V}_f = 0{,}15\ m^3/h$, $0{,}3\ m^3/h$ und $0{,}6\ m^3/h$. Abbildung 7.44 zeigt als Beispiel den Fraktionsabscheidegrad für $\dot{V}_f = 0{,}3\ m^3/h$.

Alle Staubpartikeln mit einem Durchmesser größer als 10 µm werden vollständig abgeschieden. Auf Grund der hohen Zentrifugalbeschleunigung treffen diese großen Partikeln auf den Flüssigkeitsfilm, der sich aus den koaleszierenden Tropfen auf einem Wandelement der Schaufel bildet.

Ein Einfluß der Drehzahl n des Schaufelrades macht sich nur im Bereich kleinerer Werte des Partikeldurchmessers bemerkbar.

Bei einer Drehzahl von $n = 800\ min^{-1}$ werden Partikeln mit einem Durchmesser von $d_p = 3\ µm$ nur noch zu 90%, Partikeln mit einem Durchmesser von $d_p = 1\ µm$ nur noch zu etwa 55% abgeschieden. Bei den Drehzahlen $n = 1600\ min^{-1}$ und $n = 2000\ min^{-1}$ werden Partikeln mit $d_p = 3\ µm$ noch zu 100% abgeschieden, während bei einer Drehzahl $n = 1200\ min^{-1}$ schon eine Abnahme des Abscheidegrades auf etwa 96% zu beobachten ist. Partikeln mit $d_p = 1\ µm$ werden bei einer Drehzahl $n = 1200\ min^{-1}$ zu 78%, bei $n = 1600\ min^{-1}$ zu 93% und bei $n = 2000\ min^{-1}$ zu 97% abgeschieden.

In Richtung kleinerer Partikeldurchmesser nimmt der Anteil der abgeschiedenen Partikeln weiter ab. Für Partikeln mit einem Durchmesser von 0,4 µm gelten in der Reihenfolge der Drehzahlen $n = 800, 1200, 1600$ und $2000\ min^{-1}$ folgende Abscheidegrade: 24%, 50%, 73% und 84%.

Eine Steigerung der Schaufelraddrehzahl bewirkt also im Bereich kleinerer Partikeln eine erhebliche Verbesserung der Abscheidung, da sich die

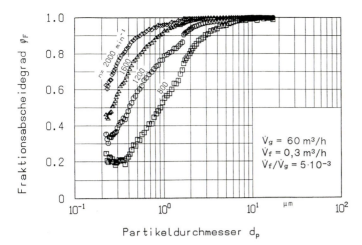

Abb. 7.44. Fraktionsabscheidegrad φ_F in Abhängigkeit vom Partikeldurchmesser d_p für einen Gasvolumenstrom $\dot{V}_g$ von 60 m³/h und einen Flüssigkeitsvolumenstrom $\dot{V}_f$ von 0,3 m³/h mit der Schaufelraddrehzahl n als Parameter

Relativgeschwindigkeit zwischen abzuscheidener Partikel und Tropfen erhöht. Besondere Beachtung verdient das für n = 800 min⁻¹ festgestellte Minimum im Fraktionsabscheidegrad, das im folgenden erklärt werden soll. Die Abscheidung der Staubpartikeln erfolgt auf Grund verschiedener Mechanismen.

Partikeln mit größerem Durchmesser unterliegen der Wirkung der Zentrifugalkraft und führen somit eine gerichtete Bewegung aus, die zu einem Kontakt mit den Tropfen führen. Partikeln mit sehr kleinem Durchmesser wird durch die Brownsche Molekularbewegung der Luftmoleküle eine stochastische Bewegung aufgezwungen, wodurch die Kontaktmöglichkeit mit den Tropfen erhöht wird.

Die weiteren Versuche zeigten, daß ein geringer Volumenstrom des Wassers $\dot{V}_f$ den Fraktionsabscheidegrad etwas verschlechtert, ein erhöhter Volumenstrom des Wassers den Fraktionsabscheidegrad jedoch verbessert. Der Fraktionsabscheidegrad wird erwartungsgemäß mit zunehmender Tropfenzahl erhöht. Bei einem Durchmesser der Staubpartikeln von d_p = 0,3 µm und einer Drehzahl von n = 1600 min⁻¹ ist für $\dot{V}_f$ = 0,15 bzw. 0,3 bzw. 0,6 m³/h der Fraktionsabscheidegrad φ_F = 0,32 bzw. 0,58 bzw. 0,7.

Einfluß der Volumenströme für Luft und Wasser

Die Volumenströme von Luft und Wasser haben einen erheblich geringeren Einfluß auf den Fraktionsabscheidegrad als die Drehzahl des Schaufelrades. Als Beispiel für die Untersuchungsergebnisse soll der Fraktionsabscheidegrad an Hand von Abb. 7.45 erläutert werden. Der Volumenstrom der Luft beträgt $\dot{V}_g$ = 240 m³/h und der des Wassers 1,2 m³/h. Das Verhältnis $\dot{V}_f/\dot{V}_g = 5 \cdot 10^{-3}$ stimmt mit dem für die Ergebnisse in Abb. 7.44 überein. Bei der Interpretation

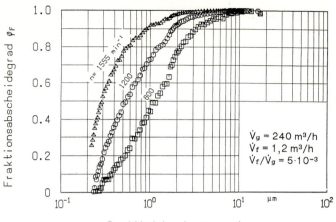

Abb. 7.45. Fraktionsabscheidegrad φ_F in Abhängigkeit vom Partikeldurchmesser d_p für einen Gasvolumenstrom $\dot{V}_g$ von 240 m³/h und einen Flüssigkeitsvolumenstrom $\dot{V}_f$ von 1,2 m³/h mit der Schaufelraddrehzahl n als Parameter

der Ergebnisse sollte beachtet werden, daß das erzeugte Tropfenspektrum von der Luft- und Wasserbelastung unabhängig ist.

Ein Vergleich der Werte des Fraktionsabscheidegrades in den Abb. 7.44 und 7.45 für $d_p = 0{,}3\,\mu\text{m}$ ergibt folgendes:

$\dot{V}_g$	φ_F	φ_F	φ_F
	(n = 800 mm⁻¹)	(n = 1200 min⁻¹)	(n = 1600, 1555 min⁻¹)
60 m³/h	0,2	0,4	0,6
240 m³/h	0,05	0,2	0,54

Mit zunehmendem Volumenstrom der Luft $\dot{V}_g$ wird der Fraktionsabscheidegrad auf Grund der geringeren Verweildauer der Luft im Schaufelkanal etwas herabgesetzt. Ferner wird bei erhöhtem Volumenstrom der Luft der Einfluß der stochastischen Bewegung der Staubpartikeln unterdrückt.

Einen Eindruck vom Einfluß des Volumenstroms des Wassers auf den Fraktionsabscheidegrad vermittelt Abb. 7.46. Wird bei n = 1600 min⁻¹ der Volumenstrom des Wassers von 0,15 über 0,3 bis auf 0,6 m³/h erhöht, steigt der Fraktionsabscheidegrad bei $d_p = 0{,}3\,\mu\text{m}$ von $\varphi_F = 0{,}3$ über $\varphi_F = 0{,}57$ bis auf $\varphi_F = 0{,}7$. Dieser Anstieg ist auf die erhöhte Zahl der Tropfen im Abscheideraum zurückzuführen. Im Vergleich zum Einfluß der Drehzahl n darf der Einfluß des Volumenstroms $\dot{V}_f$ des Wassers nicht überschätzt werden. Ein erhöhter Volumenstrom $\dot{V}_f$ führt allein zu einer größeren Tropfenzahl, während die erhöhte Drehzahl zusätzlich die für den Abscheidevorgang wichtige Relativgeschwindigkeit zwischen Tropfen und Staubpartikeln vergrößert.

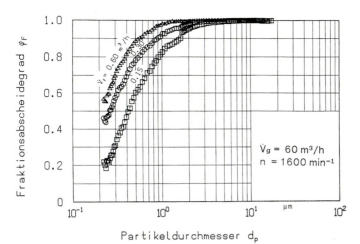

Abb 7.46. Fraktionsabscheidegrad φ_F in Abhängigkeit vom Partikeldurchmesser d_p für eine Schaufelraddrehzahl n von 1600 min^{-1} und einem Gasvolumenstrom $\dot{V}_g$ von 60 m³/h mit dem Flüssigkeitsvolumenstrom $\dot{V}_f$ als Parameter

7.3.5.2
Der Grenzkorndurchmesser

Als Grenzkorndurchmesser wird der Durchmesser der Staubpartikeln definiert, bei dem der Fraktionsabscheidegrad den Wert $\varphi_F = 0{,}5$ besitzt; er wird deshalb mit $d_{p,50}$ bezeichnet. Der Grenzkorndurchmesser bietet die Möglichkeit, die Einflüsse der Drehzahl und der Volumenströme für Luft und Wasser deutlicher darzustellen.

Einfluß der Drehzahl

In Abb. 7.47 ist der Grenzkorndurchmesser abhängig von der Drehzahl dargestellt. Als Parameter tritt das Volumenstromverhältnis, $\dot{V}_f^*$ auf, das wie folgt definiert ist:

$$\dot{V}_f^* \equiv \dot{V}_f / \dot{V}_g. \tag{7.34}$$

Der Volumenstrom des Gases ist $\dot{V}_g = 120 \, m^3/h$.

Es zeigt sich, daß der Grenzkorndurchmesser mit zunehmender Drehzahl n kleiner wird. Es gilt folgende Proportionalität:

$$d_{p,50} \sim 1/n^{5/3}. \tag{7.35}$$

Einfluß der Volumenströme für Luft und Wasser

Aus den Untersuchungsergebnissen ließ sich der Einfluß des Gasvolumenstromes auf den Grenzkorndurchmesser durch folgende Proportionalität ausdrücken:

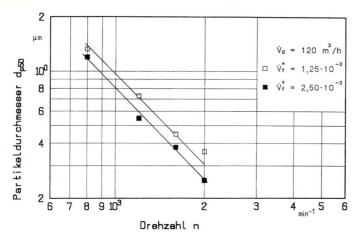

Abb. 7.47. Grenzkorndurchmesser $d_{p,50}$ in Abhängigkeit von der Schaufelraddrehzahl n für einen Gasvolumenstrom $\dot{V}_g$ von 120 m³/h mit dem Volumenstromverhältnis $\dot{V}_f^*$ als Parameter

$$d_{p,50} \sim \dot{V}_g^{0,15}. \tag{7.36}$$

Für den Einfluß des Volumenstromes des Wassers $\dot{V}_f$ ergab sich:

$$d_{p,50} \sim 1/\dot{V}_f^{0,4}. \tag{7.37}$$

Aus diesen beiden Proportionalitäten ergibt sich, wie auch bereits erläutert, ein verhältnismäßig geringer Einfluß des Luftvolumenstromes und ein etwas größerer Einfluß des Wasservolumenstromes auf den Grenzkorndurchmesser und somit auf den Fraktionsabscheidegrad. Mit zunehmendem Gasstrom $\dot{V}_g$ wird die Abscheidung verschlechtert, mit zunehmendem Wasserstrom verbessert.

7.3.5.3
Der Leistungsbedarf der Entstaubungsmaschine

Die zum Betrieb der Maschine erforderliche mechanische Leistung N wird sowohl in Abhängigkeit von der Drehzahl als auch der Volumenströme für Luft und Wasser angegeben.

Einfluß der Drehzahl

Der Leistungsbedarf der Zerstäubungsmaschine wird im wesentlichen durch die Drehzahl des Schaufelrades bestimmt. Abbildung 7.48 zeigt die Abhängigkeit des Leistungsbedarfes N von der Drehzahl n für mehrere Flüssigkeitsvolumenströme und jeweils zwei Gasvolumenströme. Der Leistungsbedarf steigt mit zunehmender Drehzahl an, wobei eine starke Abhängigkeit vom Flüssig-

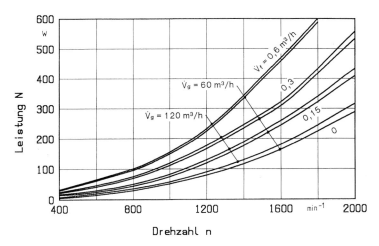

Abb. 7.48. Leistungsbedarf N in Abhängigkeit von der Schaufelraddrehzahl n für zwei Werte des Gasvolumenstromes mit dem Flüssigkeitsvolumenstrom $\dot{V}_f$ als Parameter

keitsvolumenstrom und eine geringere Abhängigkeit vom Gasvolumenstrom gegeben ist. Im untersuchten Bereich der Drehzahl beträgt der Leistungsbedarf zwischen minimal 10 W und maximal 290 W für den unteren Grenzfall eines Flüssigkeitsvolumenstroms von $\dot{V}_f = 0$. Bei größeren Flüssigkeitsvolumenströmen steigt der Leistungsbedarf bis zu einer Größenordnung von 600 W.

Die Abhängigkeit des Leistungsbedarfs der Zerstäubungsmaschine von der Drehzahl ist beim Betrieb mit Wasser durch den Eintrag von Formänderungsenergie bei der Zerstäubung und durch die zur Beschleunigung der erzeugten Tropfen benötigte Energie bedingt. Wie in Abschn. 7.3.3 beschrieben, wird das Tropfenspektrum um so weiter in den Bereich kleiner Tropfen ausgedehnt, je höher die Drehzahl ist. Demzufolge steigt mit zunehmender Drehzahl der Betrag der zur Zerstäubung erforderlichen Energie und damit der Leistungsbedarf. Darüber hinaus werden die erzeugten Tropfen mit zunehmender Drehzahl des Schaufelrades auf höhere Geschwindigkeiten beschleunigt, wodurch ebenfalls der Leistungsbedarf ansteigt.

Bei einem Flüssigkeitsvolumenstrom von $\dot{V}_f = 0$ wird der Leistungsbedarf der Zerstäubungsmaschine vom Strömungswiderstand des Schaufelrades bestimmt.

Neben der dimensionsbehafteten Darstellung der Abhängigkeit des Leistungsbedarfs von der Drehzahl ist deren Darstellung in dimensionsloser Form üblich. Hierfür werden Kennzahlen eingeführt, die wie folgt definiert sind:

Newton-Zahl:

$$Ne \equiv \frac{N}{\rho_f \, n^3 \, D^5}. \tag{7.38}$$

Reynolds-Zahl des Schaufelrades:

$$\mathrm{Re} \equiv \frac{n\,D^2}{\nu_g}. \tag{7.39}$$

Reynolds-Zahl der Flüssigkeit:

$$\mathrm{Re}_f \equiv \frac{\dot{V}_f}{\pi D\,\nu_f}. \tag{7.40}$$

Reynolds-Zahl des Gases:

$$\mathrm{Re}_g \equiv \frac{\dot{V}_g}{\nu_g\,D}. \tag{7.41}$$

Dabei sind:

N Leistungsbedarf,
ρ_f Dichte der Waschflüssigkeit,
n Drehzahl des Schaufelrades,
ν_g kinematische Viskosität des Gases,
ν_f kinematische Viskosität der Flüssigkeit.

Unter Verwendung dieser Größen läßt sich die Abhängigkeit des Leistungsbedarfs von der Drehzahl als Abhängigkeit der Newton-Zahl von der Reynolds-Zahl des Schaufelrades darstellen.

In Abb. 7.49 ist die Newton-Zahl Ne über der Reynolds-Zahl Re für verschiedene Zahlenwerte der Reynolds-Zahl der Flüssigkeit Re_f bei einem konstanten Zahlenwert der Reynolds-Zahl des Gases Re_g aufgetragen. Es ergibt sich für jede Kurve ein fallender Verlauf, der im Bereich kleiner Zahlen-

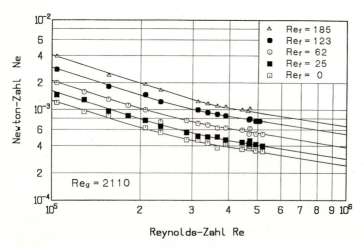

Abb. 7.49. Newton-Zahl in Abhängigkeit von der Reynolds-Zahl für einen Zahlenwert der Reynolds-Zahl des Gases von $\mathrm{Re}_g = 2110$ mit Re_f als Parameter

werte der Reynolds-Zahl mit der Proportionalität Ne ≈ Re^{-1} und im Bereich großer Zahlenwerte der Reynolds-Zahl mit der Proportionalität Ne ≈ Re$^{-0,5}$ beschrieben wird.

Bei Variation der Reynolds-Zahl der Flüssigkeit ergibt sich eine parallele Verschiebung der Kurven. Der Einfluß der Reynolds-Zahl der Flüssigkeit auf die Newton-Zahl wird im nächsten Abschnitt beschrieben.

Einfluß der Volumenströme für Luft und Wasser

In Abb. 7.50 ist der Leistungsbedarf N über dem Flüssigkeitsvolumenstrom $\dot{V}_f$ für drei verschiedene Zahlenwerte der Drehzahl bei einem konstanten Gasvolumenstrom $\dot{V}_g$ von 60 m³/h aufgetragen. Der Leistungsbedarf steigt mit zunehmendem Flüssigkeitsvolumenstrom stetig an, und zwar um so stärker, je höher die Drehzahl des Schaufelrades ist. Für einen Flüssigkeitsvolumenstrom von $\dot{V}_f = 0$ ergeben sich endliche Zahlenwerte für den Leitungsbedarf, die durch den Einfluß der Gasströmung bedingt sind.

In dimensionsloser Form wird die Beeinflussung des Leistungsbedarfs durch den Flüssigkeitsvolumenstrom in Form der Abhängigkeit der Newton-Zahl von der Reynolds-Zahl der Flüssigkeit beschrieben. In Abb. 7.51 ist die Newton-Zahl Ne über der Reynolds-Zahl der Flüssigkeit Re$_f$ für verschiedene Reynolds-Zahlen des Schaufelrades bei einer konstanten Reynolds-Zahl des Gases Re$_g$ von 2110 (entsprechend einem Gasvolumenstrom von 60 m³/h) aufgetragen.

Jede der dargestellten Kurven geht aus einem Bereich jeweils konstanter Newton-Zahl hervor. Die Kurven gehen für große Werte von Re$_f$ über in einen entsprechend der Proportionalität Ne ~ Re$_f$ ansteigenden Bereich. Im Bereich kleiner Zahlenwerte der Reynolds-Zahl der Flüssigkeit ist die Newton-

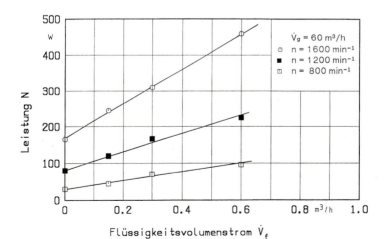

Abb. 7.50. Leistungsbedarf N in Abhängigkeit vom Flüssigkeitsvolumenstrom $\dot{V}_f$ für einen Gasvolumenstrom von 60 m³/h mit der Schaufelraddrehzahl n als Parameter

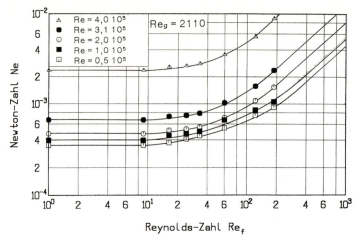

Abb. 7.51. Newton-Zahl in Abhängigkeit von der Reynolds-Zahl Re_f der Flüssigkeit für einen Zahlenwert der Reynolds-Zahl des Gases von $Re_g = 2110$ mit Re als Parameter

Zahl somit von dieser unabhängig und wird allein von der Drehzahl des Schaufelrades und von der – in diesem Bild nicht variierten – Reynolds-Zahl des Gases bestimmt.

Mit Beginn des Übergangsbereiches, $Re_f \approx 10$, wird die gesamte in die Zerstäubungsmaschine eintretende Flüssigkeit zerstäubt. Die Newton-Zahl wird mit zunehmenden Werten von Re_f größer. Für $Re_f > 100$ ist die Newton-Zahl der Reynolds-Zahl der Flüssigkeit direkt proportional: $Ne \sim Re_f^1$. Diese Proportionalität zwischen Newton-Zahl und Reynolds-Zahl der Flüssigkeit ist folgendermaßen zu erklären: Der Leistungsbedarf zur Beschleunigung der Flüssigkeit auf die Umfangsgeschwindigkeit des Schaufelrades ist direkt proportional zum Flüssigkeitsstrom. Mit zunehmendem Volumenstrom der Flüssigkeit ist die Arbeit, die zur Beschleunigung der Flüssigkeit nötig ist, die den Leistungsbedarf bestimmende Größe.

Für den Leistungsbedarf der Zerstäubungsmaschine ergab sich im untersuchten Bereich des Gasvolumenstromes zwischen $\dot{V}_g = 60$ bis $240\,m^3/h$ keine signifikante Abhängigkeit von dieser Größe, da die Eigenförderleistung der Zerstäubungsmaschine bei den für die Staubabscheidung relevanten Drehzahlen bereits größer ist als der zu reinigende Gasvolumenstrom.

7.3.5.4
Der spezifische Energieaufwand

In Abb. 7.52 ist der nach Holzer [16] auf einen Gasvolumenstrom von $1000\,m^3/h$ bezogene Leistungsbedarf über dem Grenzkorndurchmesser $d_{p,50}$ als Maß für die Abscheideleistung verschiedener Naßentstauber aufgetragen.

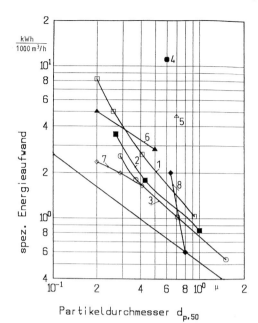

Abb. 7.52. Spezifischer Energieaufwand in Abhängigkeit vom Grenzkorndurchmesser für verschiedene Naßabscheider

Die Kurven 1 bis 3 zeigen den spezifischen Energieaufwand für die untersuchte Zerstäubungsmaschine bei unterschiedlichen Betriebsbedingungen, die Kurven 6 bis 8 zeigen vergleichend andere ausgeführte Naßentstauber. Die weiterhin eingezeichnete Gerade verbindet den Arbeitsbereich von Venturiwäschern (hohe Abscheideleistung bei hohem Energieaufwand) mit demjenigen von Waschtürmen (geringe Abscheideleistung bei geringem Energieaufwand); diese Kurve stellt keine physikalische Grenze dar, sondern charakterisiert nach Holzer [16] den Stand der Technik.

Für jeden dargestellten Fall gilt, daß für einen abnehmenden $d_{p,50}$-Wert ein höherer spezifischer Energieaufwand erforderlich ist. Kurve 1 zeigt den spezifischen Energieaufwand der untersuchten Zerstäubungsmaschine bei einem relativ niedrigen Gasvolumenstrom von 60 m³/h. Diese Kurve beschreibt die Obergrenze des Energieaufwandes der Zerstäubungsmaschine unter den untersuchten Betriebsbedingungen. Der spezifische Energieaufwand sinkt mit zunehmendem Gasvolumenstrom: Die Kurven 2 und 3, mit einem Gasvolumenstrom von 120 bzw. 240 m³/h, liegen deutlich unterhalb der Kurve 1. Während beispielsweise für den in Kurve 1 dargestellten Fall zur Erzielung eines Grenzkorndurchmessers von 0,3 μm ein spezifischer Energieeintrag von 4 kWh/1000 m³/h erforderlich ist, sind unter den in Kurve 2 und 3 geltenden Betriebsbedingungen nur 3 kWh/1000 m³/h bzw. 2,4 kWh/1000 m³/h aufzubringen.

Das Volumenstromverhältnis $\dot{V}_f^*$ beeinflußt den Verlauf dieser Kurven nicht, da eine Erhöhung des Volumenstromverhältnisses gleichermaßen die Abscheideleistung wie auch den Energiebedarf erhöht. Dieses wird am Verlauf der Kurve 3 deutlich, die die Meßpunkte für zwei verschiedene Volumenstromverhältnisse verbindet.

Für die untersuchte Zerstäubungsmaschine ist mit einer Erhöhung des spezifischen Energieaufwandes somit bei konstantem Gasvolumenstrom stets eine Verminderung des $d_{p,50}$-Wertes verbunden, wobei es unerheblich ist, ob der Energieeintrag durch eine Erhöhung der Drehzahl des Schaufelrades oder durch eine Vergrößerung des Volumenstromverhältnisses $\dot{V}_f^*$ gesteigert wird.

Der Radialdesintegrator ist von allen Naßentstaubern der untersuchten Zerstäubungsmaschine vom Konstruktionsprinzip her am ähnlichsten. Für diesen Apparat ist nur der mit 4 gekennzeichnete Betriebspunkt ohne Angabe des zugehörigen Gasvolumenstroms verfügbar [17]. Wegen des hohen spezifischen Energieaufwandes hat der Radialdesintegrator nur eine geringe Verbreitung bei praktischen Einsatzfällen gefunden.

Die Kurven 5 bis 7 beschreiben den Zusammenhang zwischen dem spezifischen Energieaufwand und dem Grenzkorndurchmesser $d_{p,50}$ für verschiedene Rotationswäscher bei verschiedenen Gasvolumenströmen. Auch bei diesen Apparaten steigt der spezifische Energieaufwand mit sinkendem Gasvolumenstrom, wobei diese Abhängigkeit wegen der unterschiedlichen Ausführungsformen nur qualitativ zu bewerten ist. Im Vergleich zur untersuchten Zerstäubungsmaschine ist der spezifische Energieaufwand bei dieser Apparategruppe erheblich höher: Unter vergleichbaren Betriebsbedingungen ist mit dem durch Betriebspunkt 5 gekennzeichneten Rotationswäscher zur Erzielung eines Grenzkorndurchmessers von 0,7 µm das Fünffache des spezifischen Energieaufwandes der Zerstäubungsmaschine erforderlich. In den Bereich eines relativ niedrigen Energieaufwandes, wie er für die untersuchte Zerstäubungsmaschine charakteristisch ist, gelangen diese Rotationswäscher erst bei sehr großen Gasvolumenströmen: Die Kurven 6 und 7 gelten für einen Gasvolumenstrom von 600 bzw. 2800 m³/h. Die durch Kurve 8 gekennzeichnete Apparategruppe der Waschtürme zeichnet sich durch einen relativ niedrigen spezifischen Energieaufwand aus.

Der Verlauf von Kurve 8 ist deutlich steiler als der der anderen dargestellten Kurven; die Abscheideleistung von Waschtürmen kann somit nur bei relativ starker Erhöhung des Energieeintrages gesteigert werden.

7.3.5.5
Abscheideleistung bei Rückführung des Wassers

Die Wirtschaftlichkeit eines Naßentstaubers ist neben dem spezifischen Energieaufwand durch den Verbrauch an Wasser bestimmt. Dieser kann durch eine Rückführung des Wassers gemindert werden. Die wiederholte Nutzung des Wassers findet ihre praktische Grenze dann, wenn der aufkonzentrierte Staub die Abscheideleistung in erheblichem Maße vermindert.

Abbildung 7.53 zeigt die Abhängigkeit des Fraktionsabscheidegrades von der Staubbeladung der Waschflüssigkeit. Aufgetragen ist der Fraktionsabscheidegrad φ_F über dem Partikeldurchmesser d_p für zwei verschiedene Werte der Staubbeladung B der Flüssigkeit. Die Kurve für eine Staubbela-

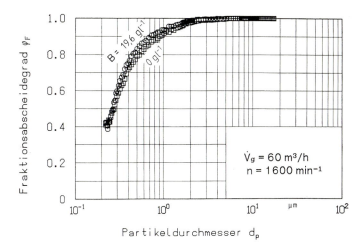

Abb. 7.53. Fraktionsabscheidegrad φ_F in Abhängigkeit vom Partikeldurchmesser für einen Gasvolumenstrom von 60 m³/h und eine Schaufelraddrehzahl von 1600 min⁻¹ für unbeladene und beladene Waschflüssigkeit

dung von B = 0 g/l entspricht dem bereits in Abb. 7.44 dargestellten Fall der Entstaubung mit Frischwasser. Der Fraktionsabscheidegrad bei einer Staubbeladung von B = 19,6 g/l weicht nur so geringfügig von der Vergleichskurve ab, daß eine praktische Auswirkung dadurch nicht gegeben ist. Die Versuchsergebnisse für Staubbeladungen von B ≤ 19,6 g/l liegen zwischen diesen beiden Kurven und wurden aus Gründen der Übersichtlichkeit nicht dargestellt. Eine Staubbeladung der Waschflüssigkeit von 19,6 g/l wird in der Versuchsanlage beispielsweise für einen Gasvolumenstrom von 120 m³/h und einer Staubbeladung des Gases von 300 mg/m³ bei einem zehnstündigen Kreislaufbetrieb erreicht.

Im praktischen Einsatz wird das Wasser nicht vollständig im Kreislauf geführt, sondern mit einem bestimmten Rücklaufverhältnis dem Frischwasser zugeführt. Das Rücklaufverhältnis $\dot{V}_r^*$ ist hierbei wie folgt definiert:

$$\dot{V}_r^* \equiv \frac{\dot{V}_r}{\dot{V}_f + \dot{V}_r}, \tag{7.42}$$

mit $\dot{V}_r$ Volumenstrom des rückgeführten Wassers und $\dot{V}_f$ Volumenstrom des unbeladenen Wassers. Durch Bilanzierung wird das maximale Rücklaufverhältnis $\dot{V}_{r,max}^*$ erhalten, bei dem eine zulässige Staubbeladung des Wassers, B_{zul}, nicht überschritten wird:

$$\dot{V}_{r,max}^* = 1 - \frac{c_{p,m}}{B_{zul} \dot{V}_f^*}. \tag{7.43}$$

Mit $c_{p,m}$ wird die Staubmassenkonzentration des Rohgases bezeichnet.

Die höchste zulässige Staubbeladung der Waschflüssigkeit wird gemäß Abb. 7.53 weniger durch eine Beeinträchtigung der Abscheideleistung als durch die Festigkeit der Anlagenbauteile gegen abrasiven Verschleiß bestimmt. So dürfen handelsübliche Kreiselpumpen nur mit Flüssigkeiten mit einem Feststoffgehalt von bis zu 20 g/l betrieben werden. Bei einer zulässigen Beladung von $B_{zul} = 20$ g/l, einer Partikelmassenkonzentration von $c_{p,m} = 300$ mg/m³ und einem Volumenstromverhältnis von $\dot{V}_f^* = 3 \cdot 10^{-3}$ erhält man ein maximales Rücklaufverhältnis von 99,5 %. Für die in diesem Beispiel genannten Daten ergibt sich ein Frischwasserbedarf von 0,015 l pro m³ gereinigter Abluft.

7.3.6
Zusammenfassung

Die Minderung der Emission von Stäuben und anderen Schadstoffen hat in den vergangenen zwei Jahrzehnten bemerkenswerte Fortschritte gemacht. Der Erfolg ist sowohl auf den hohen Stand der Abscheidetechnik als auch auf prozeßinterne Maßnahmen zurückzuführen. Insbesondere im vergangenen Jahrzehnt haben in zunehmendem Maße die prozeßinternen Verbesserungen einen stärkeren Beitrag zur Emissionsminderung geliefert.

Mißt man den Erfolg aller Maßnahmen zur Minderung von Staubemissionen allein an der Masse abgeschiedenen Staubes, dann kommt man zwangsläufig zu dem Ergebnis, daß nur noch sehr geringe Staubmassen in die Umwelt emittiert werden. Das technische Problem scheint also gelöst zu sein.

Eine nähere Betrachtung zeigt jedoch, daß allein das „Massenproblem" gelöst ist. Eines der unangenehmsten Gesetze der Staubtechnologie besagt, daß es immer nur der grobe Staub ist, der abgeschieden wird, und daß es immer der feine und feinste Staub ist, der in die Umwelt emittiert wird. Da das Gefahrenpotential mit abnehmendem Staubkorndurchmesser zunimmt, müssen wir also erkennen, daß die Lösung des „Massenproblems" zwar einen wichtigen Beitrag geliefert hat, aber keinesfalls die entscheidenden Gefahren, die der Staub für die gesamte Umwelt, für Menschen, Fauna, Flora und Sachgüter darstellt, bannen konnte. Die Staubgefahren werden erst dann merklich gemindert, wenn die Fein- und Feinststäube in ganz wesentlich verstärktem Maße als bisher abgeschieden werden. Hierzu bedarf es einer leistungsfähigen Spurstofftechnologie.

Zwei Wege lassen sich zur Entwicklung der erforderlichen Spurstofftechnologie einschlagen. Der erste Weg führt direkt in den Produktionsprozeß. Hier gilt die folgende Leitlinie: Ist die Produktion von Staub unvermeidbar, dann sollte der Produktionsprozeß so gesteuert werden, daß nur leicht abscheidbarer grober Staub anfällt. Der zweite Weg führt zu den Reinigungsanlagen, also zu den „additiven" Anlagen. Hier gilt die Leitlinie: Die Spurstofftechnologie erfordert die Weiterentwicklung oder neuartige Kombination bekannter Abscheideverfahren zur Hochleistungstechnologie.

In diesem Beitrag wurde mit der Beschreibung von zwei neuartigen Verfahren der zweite Weg verfolgt. Im ersten Verfahren wurden die Mechanismen der Staubabscheidung in Faserschichten und in Elektrofiltern kombiniert. Die sehr wirkungsvolle Staubabscheidung in Faserschichten wurde mit der für die Abscheidung in Elektrofiltern charakteristischen hohen Anströmgeschwindigkeit gekoppelt. Im zweiten Verfahren wurde in einer Zerstäubungsmaschine eine weitgehend determinierte Bewegung von Tropfen und Staubpartikeln realisiert, die zu sehr hohen Abscheidegraden auch feinster Partikeln führte. Der Wasserverbrauch konnte durch Rezyklierung bis auf 0,015 l je m^3 zu reinigenden Gases gesenkt werden. Die umfangreichen Versuche bestätigen die Richtigkeit der eingeschlagenen Wege. Die Ergebnisse geben Hinweise zu innovativen Lösungen für das Problem der Abscheidung feinster Stäube.

Literatur

1. Baumgartner H (1987) Elektretfaserschichten für die Aerosolfiltration. Untersuchungen zum Faserladungszustand und zur Abscheidecharakteristik, VDI-Fortschr. Berichte, Reihe 3 Nr. 146
2. Baumgartner H, Löffler F (1986) Chem. Ing. Techn. 58:74
3. Baumgartner H, Löffler F, Umhauer H (1986) Deep-bed electret filters – The determination of single fibre charge and collect ion efficiency, IEEE Trans. Electr. Ins. 21:477
4. Baumgartner H, Löffler F (1988) Staub-Reinhaltung der Luft 48:131
5. Lathrache R, Fifsan H (1986) Fractional penetration for electrostatically charged fibrous filters in the submicron particle size range, Part. Charact. 3, S. 74
6. Löffler F (1988) Staubabscheiden. Georg Thieme Verlag, Stuttgart New York
7. Brauer H, Varma YBG (1981) Air pollution control equipment. Springer, Berlin Heidelberg New York
8. Brown RC (1989) Filtration and Separation 26:46
9. Barth W (1959) Staub 19:175
10. Calvert S (1977) Chem. Eng. 29:54
11. Calvert S (1977) Chem. Eng. 24:133
12. Calvert S (1972) J.A.P.C.A. 22:529
13. Calvert S (1974) J.A.P.C.A. 24:927
14. Löffler F (1988) Staubabscheiden. Georg Thieme, Stuttgart New York
15. Müller B, Brauer H (1991) Untersuchung der Abscheidung von Feinststaub in einer Zerstäubungsmaschine; VDI-Forschungsheft 661/91, VDI-Verlag Düsseldorf
16. Holzer K (1986) Feinstaubabscheidung mit Naßwäschern; Vortrag anläßlich der GVC-Tagung „Technik der Gas/Feststoff-Strömung", 02./03. Dezember 1986, Köln
17. Höhle L (1971) Gießerei 58:12

Verfahren zur Minderung gas-förmiger Schadstoffemissionen

8 Abscheidung gasförmiger Stoffe durch Absorption, Kondensation, Membran-Permeation und Trockensorption

G.-G. Börger

8.1 Grundlagen: Aufnahme von Gasen in eine flüssige oder feste Phase ggf. zugleich mit chemischer Umwandlung

8.1.1 Begriffsdefinitionen

Gemeinsam ist den thermischen Trennverfahren Absorption, Kondensation, Membran-Dampfpermeation und Trockensorption der selektive Übergang eines oder einiger gasförmiger Bestandteile aus der Gasphase in eine flüssige oder feste Phase. Von Kondensation spricht man, wenn es sich um Dämpfe handelt, d.h. um Stoffe, die unter einen Taupunkt ϑ_τ abgekühlt werden können, und wenn die aufnehmende Phase allein aus den in die flüssige Phase übergegangenen Dämpfen (Kondensat) gebildet wird. Wird zusätzlich eine aufnehmende Flüssigphase (Absorbens) zugeführt, findet eine Absorption statt und es entsteht ein Absorbat. Enthält das zugeführte Absorbens Stoffe, die mit den von ihm aufgenommenen Bestandteilen der Gasphase (Absorptive) chemisch reagieren und sie dadurch fester an die Flüssigphase binden, heißt der Vorgang Chemisorption. Besteht das zugeführte Absorbens aus einem chemisch mit dem Absorptiv reagierenden Feststoff, wird der Vorgang Trockensorption genannt. Und besteht die aufnehmende Phase aus einer dünnen, festen Membran, über der ein Partialdruck-Gefälle der aufzunehmenden Bestandteile erzeugt wird, so daß die aufgenommenen Bestandteile (Permeat) auf der Seite mit dem geringeren Partialdruck wieder in die Gasphase übergehen, dann heißt der Vorgang Gaspermeation oder Dampfpermeation.

8.1.2
Dampfdruck und Temperatur

Die Konzentrationen von Bestandteilen der Gasphase werden als Partialdrücke, Molanteile oder Massenkonzentrationen angegeben. Massenkonzentrationen sind in den gesetzlichen Vorschriften, z.B. [1], definiert als Partialdichten im Normzustand. Diese Größen hängen folgendermaßen zusammen:

$$p_i = y_i \cdot p_{ges} = c_{Gi} \cdot V_M \cdot p_{ges}/M_i \tag{8.1}$$

mit folgenden Größendefinitionen und gebräuchlichsten Einheiten:

p_i	mbar	Partialdruck des Bestandteils i in der Gasphase
y_i	mol/mol	Molanteil des Bestandteils i in der Gasphase
p_{ges}	mbar	Gesamtdruck
c_{Gi}	mg/m³(N)	Massenkonzentration im Normzustand (1013 mbar und 0 °C)
V_M	m³/kmol(N)	Gas-Molvolumen im Normzustand
M_i	kg/kmol	Molmasse des Bestandteils i

Die möglichen Konzentrationen der Dämpfe in der Gasphase sind begrenzt durch Sättigungskonzentrationen: Werden sie erreicht, so wird bei weiterer Zufuhr des Bestandteils eine zweite Phase gebildet, unter den üblichen Bedingungen eine Flüssigphase. Die Sättigungskonzentrationen sind temperaturabhängig. Abbildung 8.1 zeigt dazu eine Reihe von Beispielen.

Sättigungsdampfdruck-Temperatur-Tabellen $p_{is}(\vartheta)$ gibt es in praktisch allen Handbüchern der Verfahrenstechnik oder physikalischen Chemie. Man kann den Zusammenhang aber auch abschätzen, wenn man von einem Stoff nur *ein* zusammengehöriges Sättigungsdampfdruck-Temperatur-Wertepaar kennt, z.B. den Siedepunkt (Temperatur beim Sättigungsdruck 1013 mbar). Dazu benutzt man die Darstellung des Zusammenhangs $p_{is}(\vartheta)$ mittels der Antoine-Koeffizienten. Aus den Abb. 8.2 und 8.3, die für eine große Zahl häufig benutzter organischer Dämpfe die Antoine-Koeffizienten A, B und C über der Temperatur zeigen, können zu einer gegebenen Siedetemperatur über die eingetragenen Regressionsgeraden die Antoine-Koeffizienten abgeschätzt werden. Etwas Genauigkeit läßt sich noch dadurch gewinnen, daß nach gut und schlecht wasserlöslichen Dämpfen (polare bzw. unpolare Moleküle) unterschieden wird:

$$p_{is}/\text{mbar} = \exp\left(\frac{-A}{C + \vartheta} + B\right) \tag{8.2}$$

mit

p_{is}	mbar	Sättigungsdampfdruck,
A, B, C	–	aus Meßwerten berechnete Antoine-Koeffizienten,
ϑ	°C	Temperatur.

8.1 Grundlagen: Aufnahme von Gasen   297

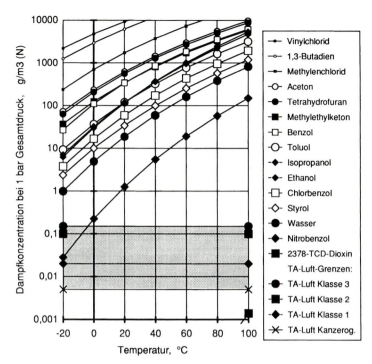

Abb. 8.1. Dampf-Kondensat-Gleichgewichte über der Temperatur und TA-Luft-Grenzwerte

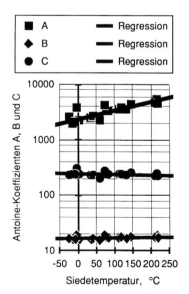

Abb. 8.2. Antoine-Koeffizienten schlecht wasserlöslicher organischer Dämpfe

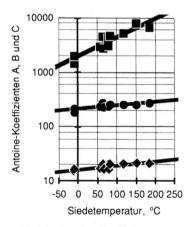

Abb. 8.3. Antoine-Koeffizienten gut wasserlöslicher organischer Dämpfe

8.1.3
Ideale Lösungen (Raoultsches Gesetz)

Tritt ein zweiter Stoff in der Flüssigphase auf, wie z.B. bei Mehrstoff-Kondensation oder Absorption, dann unterscheiden sich die Konzentrationen in der Gas- und der Flüssigphase voneinander, auch im Gleichgewichtszustand. Sind die Stoffe chemisch und physikalisch einander ähnlich, oder wird das Verteilungsgleichgewicht eines nur wenig von einem zweiten Stoff verunreinigten Stoffes i betrachtet, so kann man nahezu ideales Verhalten erwarten. Ideales Verhalten wird beschrieben durch das Raoultsche Gesetz:

$$p_i = x_i \cdot p_{is} \tag{8.3}$$

mit

x_i mol/mol Molanteil des Bestandteils i in der Flüssigphase.

8.1.4
Reale Lösungen, Beschreibung von Flüssig-Gas-Gleichgewichten

In den meisten Fällen ist das Verhalten der Bestandteile weit entfernt von idealem Verhalten, und im Fall eines überkritischen Gases läßt sich gar kein Sättigungsdampfdruck p_{is} definieren. Deshalb ist es erforderlich, Gl. (8.3) abzuändern oder um einen konzentrationsabhängigen Faktor zu erweitern, der an ein gemessenes reales Verhalten angepaßt wird. Mehrere Varianten sind üblich. Die Gln. (8.4), (8.5) und (8.6) geben drei der wichtigsten an:

$$p_i = \gamma_i \cdot x_i \cdot p_{is} \tag{8.4}$$

$$= H_i \cdot x_i \tag{8.5}$$

$$= \frac{V_i}{V_L \cdot a_{Bu,i}} \tag{8.6}$$

mit

γ_i — Aktivitätskoeffizient des Bestandteils i im jeweiligen flüssigen Gemisch,
H_i mbar Henrykoeffizient des Bestandteils i im jeweiligen flüssigen Gemisch,
V_i m³(N) Volumen im Normzustand des in der Flüssigphase gelösten Gases i,
V_L m³ Volumen der Flüssigphase vor Absorption des Gases i,
$a_{Bu,i}$ mbar⁻¹ Bunsenscher Verteilungs-Koeffizient.

Die Gln. (8.4), (8.5) und (8.6) beschreiben lineare Zusammenhänge zwischen Flüssig- und Gaskonzentration. In Wirklichkeit sind diese Zusammenhänge immer mehr oder weniger nicht-linear und auch temperaturabhängig. Allerdings geht es gerade in der Abluftreinigung in den meisten Fällen darum, Spuren eines Stoffs aus der Gas- in die Flüssigphase zu transportieren. In diesem

Fall treten in der Flüssigphase nur geringe Konzentrationen und Wärmetönungen auf und der Zusammenhang kann als angenähert linear behandelt werden. Man benutzt dann zur Beschreibung des Flüssig-Gas-Gleichgewichts z. B. den in erster Näherung temperatur-unabhängigen Aktivitätskoeffizienten für unendlich verdünnte Lösungen:

$$p_i = \gamma_{\infty,i} \cdot x_i \cdot p_{is} \tag{8.7}$$

mit

$\gamma_{\infty,i}$ – Aktivitätskoeffizient für unendlich verdünnte Lösung des Bestandteils i in der jeweiligen Flüssigkeit (Grenzaktivitätskoeffizient).

$\gamma_{\infty,i}$-Werte für Zweistoff-Systeme sind in vielen chemisch-physikalischen Tabellenwerken und Stoffdatenbanken zu finden. Es gibt auch Berechnungsmethoden, um $\gamma_{\infty,i}$ abzuschätzen, z.b. die UNIFAC-Methode [13]. γ_i ist abschätzbar z. B. nach Wilson oder nach Van Laar [2] 4–76ff., [3].

8.1.5
Bestimmung der Anzahl erforderlicher Stoffübergangs-Einheiten

Absorption findet in den meisten Fällen in Kolonnen statt, aufrecht stehenden zylindrischen Behältern mit Füllungen oder Einbauten, durch die Flüssig- und Gasphase im Gleich- oder Gegenstrom nebeneinander strömen. Damit ein Stoffstrom über die Phasengrenze fließt, muß ein Partialdruck-Ungleichgewicht erzeugt werden. Der prinzipielle Verlauf der Konzentration über der Phasengrenze läßt sich in einem Diagramm als Dampfdruckverlauf darstellen (Abb. 8.4), wenn man die Flüssigkeitskonzentration x_i durch ihren entspre-

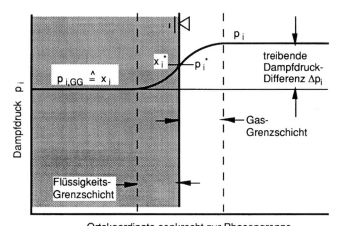

Abb. 8.4. Konzentrationsverlauf an der Phasengrenze bei Absorption

chend Gl. (8.7) zugehörigen Gleichgewichtsdampfdruck $p_{i,GG}$ ausdrückt. Die treibende Partialdruck-Differenz

$$\Delta p_i = p_i - p_{i,GG} \tag{8.8}$$

ändert sich über der Höhe einer Kolonne. In dem Phasendiagramm in Abb. 8.5 sind die Verläufe von p_i (Kurve BL) und $p_{i,GG}$ (Kurve GGL) über dem Verlauf x_i der Flüssigkeitskonzentration dargestellt.

Jedem Querschnitt der in Abb. 8.5 dargestellten Kolonnen kann entsprechend Abb. 8.4 ein Wertepaar p_i–x_i zugeordnet werden. Die Wertepaare als Punkte in das Phasendiagramm eingetragen und verbunden ergeben die Bilanzlinie BL der Absorption. Bilanzlinie deshalb, weil bei gegebenen Gas- und Flüssigkeits-Strömen G und L und gegebenen Konzentrationen am Kolonnenkopf oder -fuß zu jedem Wert $x_{i,n}$ im Querschnitt n der Kolonne durch eine Stoffbilanz für Bestandteil i der zugehörige Wert $p_{i,n}$ der Bilanzlinie BL bestimmt werden kann:

$$p_{i,n} = \frac{G \cdot p_{i,K}/(p_{ges,K} - p_{i,K}) - L \cdot x_{i,K}/(1 - x_{i,K}) + L \cdot x_{i,n}/(1 - x_{i,n})}{G/(p_{ges,n} - p_{i,n})} \tag{8.9}$$

$$= \frac{G \cdot p_{i,F}/(p_{ges,F} - p_{i,F}) - L \cdot x_{i,F}/(1 - x_{i,F}) + L \cdot x_{i,n}/(1 - x_{i,n})}{G/(p_{ges,n} - p_{i,n})} \tag{8.10}$$

mit

G   kmol/h   Molstrom des normalerweise in der ganzen Kolonne als konstant anzunehmenden Trägergas- (meistens Luft-)Stromes,

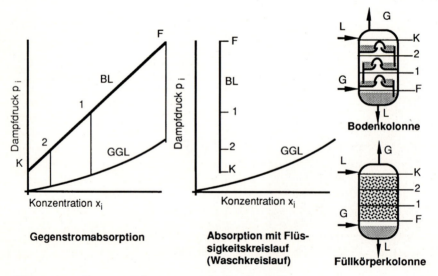

Abb. 8.5. Darstellung von Kolonnenzuständen im Phasendiagramm

L kmol/h Molstrom des normalerweise in der ganzen Kolonne als konstant anzunehmenden Absorbens-Stromes,
Index K bezogen auf den Kolonnenkopf,
Index F bezogen auf den Kolonnenfuß,
Index n bezogen auf den Kolonnen-Querschnitt n.

Bei der Abluftreinigung sind die Dampfdrücke und Flüssigkeits-Konzentrationen des Absorptivs i meistens klein und können in den Klammer-Ausdrücken der Gln. (8.9) und (8.10) vernachlässigt werden. Dann wird die Bilanzlinie BL eine Gerade.

In Abb. 8.5 ist die treibende Partialdruck-Differenz $p_i - p_{i,GG}$ auf der Reingasseite (in Abb. 8.5 am Kopf) der Kolonne kleiner als auf der Rohgasseite der Kolonne. Dieses Verhalten ist bei Absorptionskolonnen zur Abluftreinigung normalerweise noch ausgeprägter. Der Partialdruck p_i des Reingases soll ja so klein wie möglich, mindestens aber kleiner als ein vorgeschriebener Grenzwert sein. Der in einem Kolonnenabschnitt absorbierte Stoffstrom hängt mit der in dem Abschnitt auftretenden treibenden Partialdruck-Differenz folgendermaßen zusammen:

$$N_{ai} = k_{i,OG} \cdot a \cdot (p_i - p_{i,GG}) \tag{8.11}$$

mit

N_{ai} kmol/(m³ s) absorbierter Molstrom N_i in einem Kolonnenabschnitt geteilt durch das Kolonnenabschnitts-Volumen,
$k_{i,OG}$ kmol/(m² s mbar) Stoffübergangs-Koeffizient, der sich ergibt, wenn der gesamte Stoffübergangs-Widerstand auf die Gasseite bezogen wird (auf Δp_i, s. Abb. 8.4; OG bedeutet „overall gas"),
a m²/m³ spezifische Stoffaustauschfläche, bezogen auf das Kolonnenabschnitts-Volumen (meistens für die ganze Kolonne konstant).

Aus Gl. (8.11) folgt, daß N_{ai} bei gleichen Stoffübergangs-Verhältnissen und gleicher spezifischer Stoffaustauschfläche auf der Reingasseite der Kolonne mit der kleinen treibenden Partialdruck-Differenz kleiner wird als auf der Rohgasseite. Weitere Betrachtungen dazu sind in [4] und umfassender in [5] veröffentlicht.

Abbildung 8.5 zeigt, daß diese Betrachtungen gleichermaßen auf Füllkörperkolonnen wie auf Bodenkolonnen angewandt werden können, und auch ebenso auf Kolonnen mit einmaligem Durchlauf des Absorbens wie auf Kolonnen mit Flüssigkeits-Kreislauf. Bei Flüssigkeits-Kreislauf ist die Konzentration des Bestandteils i im Absorbat am Fuß der Kolonne genausogroß wie am Kopf, oder, bei ständigem Austausch eines Teils des Absorbats, nahezu genausogroß wie am Kopf. Man erkennt im rechten Diagramm von Abb. 8.5 den Nachteil dieser Betriebsweise: Die Gleichgewichtslinie GGL hat dann auch auf der Reingasseite schon einen Wert größer als Null. Dieser Wert kann durch Absorption nicht mehr unterschritten werden. Deshalb ist ein Absorbat-Kreislauf zur Abluftreinigung fast nur dann sinnvoll, wenn es sich um eine Chemisorption handelt, d. h. wenn das Absorptiv i im Absorbat zu einem Stoff ohne Dampfdruck reagiert und die Gleichgewichtslinie mit der Nullinie zusammenfällt.

Der erforderliche Absorbensstrom kann über die Bestimmung von Bilanzlinie BL und Gleichgewichtslinie GGL ermittelt werden. Wenn, wie oben ausgeführt, BL als Gerade angenommen werden kann, dann läßt sich die Steigung dieser Geraden durch Differenzieren von Gl. (8.9) oder (8.10) ermitteln, indem die Größen mit dem Index n als laufende Größen angenommen werden (n wird dann weggelassen), während die übrigen Größen für eine gegebene Kolonne konstant bleiben:

$$\left.\frac{dp_i}{dx_i}\right|_{BL} = \frac{L \cdot p_{ges}}{G} \qquad (8.12)$$

Der Strom G und der Gesamtdruck p_{ges} sind normalerweise durch das Abluftproblem vorgegeben. Die Gleichgewichtslinie GGL kann bei kleinen Konzentrationen des Bestandteils i ebenfalls als Gerade angenähert werden. In diesem Fall ergibt sich deren Steigung aus Gl. (8.7):

$$\left.\frac{dp_i}{dx_i}\right|_{GG} = \gamma_{\infty,i} \cdot p_{is}. \qquad (8.13)$$

Für eine wirkungsvolle Abluftreinigung müssen BL und GGL auf der Reingasseite einer Absorptionskolonne einander in der Nähe des Nullpunkts des Phasendiagramms sehr nahe kommen, wie oben erläutert. Um einen großen Absorptivstrom N_i ins Absorbat zu bekommen, muß der Abstand von BL und GGL groß werden, wie ebenfalls oben erläutert. Beide Forderungen lassen sich nur erfüllen, wenn die Steigungen der beiden Geraden weit unterschiedlich sind. Da die GGL naturgegeben ist, läßt sich das nur durch Vergrößern der Steigung von BL erreichen. Nach Gl. (8.12) bleibt dafür als frei wählbare Größe der Absorbensstrom L. Wenn L sehr groß wird, wird aber der aufzuarbeitende oder zu entsorgende Absorbatstrom sehr groß.

Weitere Möglichkeiten, den Absorptivstrom N_i zu vergrößern, bestehen entsprechend Gl. (8.11) darin, $k_{i,OG}$, a oder das Kolonnenvolumen zu vergrößern. Das bedeutet erhöhten konstruktiven Aufwand für die Kolonne. Der Absorbensstrom L und damit das Verhältnis A der Steigungen von BL und GGL ist so zu wählen, daß die Summe von konstruktivem Aufwand, Absorbensversorgungs- und Absorbatentsorgungs-Aufwand minimal wird. Das Steigungsverhältnis

$$A = \frac{L \cdot p_{ges}}{G \cdot \gamma_{\infty,i} \cdot p_{is}} \qquad (8.14)$$

wird wegen seiner zentralen Bedeutung für die Absorption Absorptionszahl genannt. Praktisch ergibt sich für A meistens ein Wert in der Nähe von 1,5. Um das Kostenminimum zu berechnen, werden mehrere Werte von A angenommen und dafür die Kosten bestimmt.

Für die Berechnung der erforderlichen Kolonnengröße wird hier die HTU-NTU-Methode nach Clifford und Colburn [6] dargestellt. Diese Methode geht von der Definition von Stoffübergangseinheiten aus und ermittelt deren erforderliche Anzahl (number of transfer units, NTU) und Höhe (height of transfer unit, HTU). Eine Stoffübergangseinheit ist definiert als diejenige Länge eines Kolonnenabschnitts, auf der sich die Gaskonzentration p_i gerade um denselben Betrag Δp_i ändert wie ihn der logarithmisch gemittelte Abstand Δp_i zwischen BL und GGL in diesem Abschnitt aufweist. Dabei ist wieder der gesamte Stoffübergangswiderstand auf die Gasseite bezogen (Index OG, s. o.). Aus dieser Definition ergibt sich die folgende Gleichung für die Anzahl erforderlicher Übergangseinheiten zur Erzielung einer Konzentrationsänderung im Gas von $p_{i,F}$ am Kolonneneintritt bis $p_{i,K}$ am Kolonnenaustritt:

$$NTU_{i,OG} = \int_{p_{i,K}}^{p_{i,F}} \frac{dp_i}{p_i - p_{i,GG}}. \tag{8.15}$$

Wenn BL und GGL einander parallel sind, ist eine Übergangseinheit gleich einem theoretischen Boden, einer häufig benutzten Hilfsgröße eines anderen, hier nicht weiter behandelten Verfahrens zur Berechnung von Kolonnenhöhen. Wenn BL und GGL Geraden sind, oder wenigstens abschnittsweise durch Geraden angenähert werden können, kann das Integral in Gl. (8.15) analytisch gelöst werden:

$$\text{BL:} \quad p_i = b \cdot x_i + c \tag{8.16}$$

mit

b, c aus dem Verlauf der BL zu bestimmende Koeffizienten, im Fall kleiner Konzentrationen folgt aus Gl. (8.9):

$$b = \frac{L \cdot p_{ges}}{G} \quad \text{und} \quad c = p_{i,K} - \frac{L \cdot p_{ges}}{G} \cdot x_{i,K} \tag{8.17}$$

$$\text{GGL:} \quad p_{i,GG} = d \cdot x_i + e \tag{8.18}$$

mit

d, e aus einem gemessenen Verlauf der GGL zu bestimmende Koeffizienten, im Fall kleiner Konzentrationen, d.h. eines im ganzen betrachteten Bereich konstanten Aktivitätskoeffizienten $\gamma_{\infty,i}$ werden:

$$d = \gamma_{\infty,i} \cdot p_{is} \quad \text{und} \quad e = 0 \tag{8.19}$$

Gl. (8.16) kann umgeformt werden zu:

$$x_i = \frac{p_i - c}{b} \tag{8.20}$$

In Gl. (8.18) eingesetzt ergibt das:

$$p_{i,GG} = \frac{d(p_i - c)}{b} + e \tag{8.21}$$

$$= \frac{d}{b} p_i - \frac{dc}{b} + e$$

Gl. (8.21) in Gl. (8.15) ergibt:

$$NTU_{i,OG} = \int_{p_{i,K}}^{p_{i,F}} \frac{dp_i}{p_i - \frac{d}{b}p_i + \frac{dc}{b} - e}$$

$$= \int_{p_{i,K}}^{p_{i,F}} \frac{dp_i}{\frac{b-d}{b}p_i + \frac{dc-be}{b}}$$

$$= \frac{b}{b-d} \left[\ln\left(p_i + \frac{dc-be}{b-d}\right) \right]_{p_{i,K}}^{p_{i,F}}$$

$$NTU_{i,OG} = \frac{b}{b-d} \left[\ln\left(p_{i,F} + \frac{dc-be}{b-d}\right) - \ln\left(p_{i,K} + \frac{dc-be}{b-d}\right) \right]. \quad (8.22)$$

Für kleine Konzentrationen von i in beiden Phasen können für b, c, d und e die in Gln. (8.17) und (8.19) angegebenen Näherungswerte eingesetzt werden und damit NTU bestimmt werden. Falls GGL und BL nicht linearisiert werden dürfen, weil höhere Konzentrationen auftreten, kann der gesamte Integrationsbereich in mehrere so kleine Abschnitte eingeteilt werden, daß innerhalb der Abschnitte wieder Linearisierungen zulässig sind. Allerdings spielt in diesem Fall die Wärmetönung schon eine wichtige Rolle und es muß sorgfältig geprüft werden, ob eine isotherme Rechnung noch realistische Ergebnisse liefern kann. Anderenfalls sind wesentlich aufwendigere, gekoppelte Gleichungssysteme zu lösen, deren Beschreibung den Rahmen dieses Abschnitts sprengen würde. Es wird deshalb auf die Literatur verwiesen, z.B. [7], oder auf komplexe verfahrenstechnische Programme wie z.B. ASPEN [8].

Ein Beispiel zeigt die Anwendung von Gl. (8.22) für den einfachen Fall eines Luftstroms mit geringen Konzentrationen gasförmigen Chlorwasserstoffs (HCl), die durch Absorption in Wasser zu 99 % abgeschieden werden sollen. Dabei soll das Absorbens im Kreislauf geführt werden und nur soviel Frischwasser zugespeist werden, daß eine 1-Gewichts-%ige Salzsäure entsteht.
Es handelt sich hier um eine Chemisorption, da HCl stark dissoziiert und bei Konzentrationen $x_{HCl} < 0,04$ und Temperaturen unter 25 °C einen Gleichgewichts-Partialdruck $p_{HCl,GG} < 0,001$ mbar (d.h. < 1 ppm) aufweist, während nach TA-Luft 30 mg/m^3 entsprechend

$p_{i,K} = 0,018$ mbar

emittiert werden dürfen. Die adiabate Erwärmung beträgt bei dieser Chemisorption etwa 5 K. Unter diesen Bedingungen kann

$p_{HCl,GG} \approx 0$ entsprechend $d \approx 0$ und $e \approx 0$
gesetzt werden. Damit wird aus Gl. (8.22):

$$NTU_{i,OG} = [\ln(p_{i,F}) - \ln(p_{i,K})]$$

$$= \ln\left(\frac{p_{i,F}}{p_{i,K}}\right).$$

Mit der oben genannten Forderung einer 99%igen Abscheidung, d.h. $p_{i,F} = 100\, p_{i,K}$ wird daraus:

$$NTU_{i,OG} = \ln(100) = 4{,}6.$$

Die Berechnung der erforderlichen Anzahl Stoffübergangseinheiten für ein bestimmtes Problem wird am einfachsten mit einem Rechenblatt auf einem PC durchgeführt. In Tabelle 8.1 wird ein dafür geeignetes Rechenblatt dargestellt. Die Berechnung erfolgt geradlinig von oben nach unten. Die grau hinterlegten Felder müssen mit gegebenen Größen gefüllt werden, die weißen Felder werden mit den rechts daneben angegebenen Rechenvorschriften berechnet. Die Rechenvorschriften gehen zurück auf die oben erläuterten Gleichungen. Dabei wird ausgegangen von einem konstanten (Grenz-)Aktivitätskoeffizienten und so geringer Wärmetönung, daß für die ganze Kolonne eine konstante Temperatur angesetzt werden darf, die aus den Stoffströmen und deren Temperaturen sowie der Absorptionswärme über eine Gesamt-Enthalpiebilanz bestimmt wird, unter der Annahme, daß das Absorptiv absorbiert wird bis auf den nach TA-Luft zulässigen Restgehalt.

8.1.6
Bestimmung der Höhe der Stoffübergangs-Einheiten

Die Höhe einer Stoffübergangseinheit hängt entscheidend ab davon, wie groß die erzeugte Stoffübergangsfläche bezogen auf die Kolonnenhöhe ist und wie gut konvektiver und diffusiver Stofftransport in beiden Phasen senkrecht zur Phasengrenzfläche sind. Diese Verhältnisse rein theoretisch zu berechnen ist nahezu aussichtslos. Es wird deshalb auf halb-empirische Rechenverfahren zurückgegriffen, in denen die physikalischen Kenntnisse über Strömungen und Stofftransport genutzt werden, um mit wenigen, geeignet gewählten, aus Meßergebnissen quantifizierten Kennzahlen allgemeingültige Berechnungs-Vorschriften abzuleiten. In diesem Abschnitt soll eine Methode vorgestellt werden, die in neuerer Zeit von Billet und Schultes entwickelt und in mehreren Veröffentlichungen, z.B. [9-11], vorgestellt wurde. Diese Methode wird hier deshalb gewählt, weil sie relativ einfach in ein PC-Rechenblatt übertragen werden kann und weil in den Veröffentlichungen der Autoren die zur technischen Nutzung erforderlichen Kennzahlen für viele wichtige Füllkörper und Kolonnenpackungen angegeben werden (Tabelle 8.2b).

8 Abscheidung gasförmiger Stoffe

Tabelle 8.1. Berechnung der erforderlichen Anzahl Übergangseinheiten (NTU) für eine Absorption. (Werte in grau hinterlegten Feldern sind vorzugeben)

	A	B	C	D	E	F	G	H	I	J	K
1	Absorptiv		Aceton								
2	Antoine – A	K	–2955								
3	Antoine B	–	17,035								
4	Antoine C	K	235,69								
5	Temperatur ϑ	°C	25								
6	Partialdruck, gesätt., p_{iS}	mbar	298,45	Exp(C2/(C4+C5)+C3)							
7	Massenkonz, gesätt., c_{iS}	g/m³(N)	773,83	C6/22,4*C8							
8	Molgewicht, Absorptiv	g/mol	58,08								
9	Absorbens	–	Wasser								
10	Molgewicht, Absorbens	g/mol	18								
11	Dichte, Absorbens	kg/m³	1000								
12	Norm-Strom, Gas, roh	m³/h (N)	500,00								
13	Massenstrom, Fl., Kopf	kg/h	1000								
14	Gesamtdruck p_{ges}	mbar	1000								
15	Massenkonz. c_{Gi} oben, erf	g/m³(N)	0,150								
16	Partialdruck oben p_{iK}	mbar	0,058	C15/C8*22,4*C14/1000							
17	Massenkonz. unten c_{GiF}	g/m³(N)	10,00								
18	Partialdruck unten p_{iF}	mbar	3,86	C17/C8*22,4*C14/1000							
19	Flüsskonz. oben c_{LiK}	Gew.-%	0								

8.1 Grundlagen: Aufnahme von Gasen 307

Tabelle 8.1 (Fortsetzung)

	A	B	C	D
20	Flüsskonz. oben c_{LiF}	Gew.-%	0,4901	100/(1+(C13*(1−C19/100))/(C13*C19/100+C12*C18/(C14*22,4)*C8−C12*(1−C18/C14)/(C14−C16)*C16/22,4*C8))
21	Grenz-Akt.koeff. $\gamma_{\infty,i}$	–	6,5	
22	Molkonz. Fl. oben x_{iK}	mol/mol	0	C19/(C8*(C19/C8 + (100−C19)/C10))
23	Molkonz. Fl. unten x_{iF}	mol/mol	0,0015	C20/(C8*(C20/C8 + (100−C20)/C10))
24	GG-Partdr. oben $p_{i,GGL,K}$	mbar	0	C21*C22*C6
25	GG-Partdr. unten $p_{i,GGL,F}$	mbar	2,9566	C21*C23*C6
26	Hilfsgröße a		1939,9	(C25−C24)/(C23−C22)
27	Hilfsgröße b		0	C25−C26*C23
28	Hilfsgröße c		2493	(C18−C16)/(C23−C22)
29	Hilfsgröße d		0,06	C18−C28*C23
30	(cb−ad)/(c−a)		−0,203	(C28*C27−C26*C29)/(C28−C26)
31	**Anzahl Überggs.-Einh.**	(NTU$_{OG}$)	12,38	Wenn (C24>C16; „Flüss. voll!"; Wenn (C25>C18; „Mehr Flüss.!"; Wenn (C20<C19; „$c_{rein}>c_{roh}$!"; Ln((C18−C30/(C16−C74))/(1−C26/C28))))
32	Absorptionszahl A	–	1,28	(C18−C16)/(C25−C24)
33	Kolonnen-⌀	m	0,4	
34	Berieselungsdichte B	m³/(m² h)	7,96	C13/C11/(C33*C33*3,1416/4)
35	Gasbelastung F	m/s · $\sqrt{(kg/m^3)}$	1,31	C12*(273 + C5)/273/C14/3,600/(pi*C33*C33/4)*Wurzel(((1,29*(C14−C18)/C14 + C17/1000)/(273 + C5)*273*C14/1000)

Es wird von der Vorstellung ausgegangen, daß durch die Kolonnenfüllung die Gas- und die Flüssigkeitsströmung in einzelne nahezu senkrechte Strömungskanäle aufgeteilt werden, deren Wände von einem Flüssigkeitsfilm benetzt sind, während im Kern das Gas strömt. Um den Stoffübergang für die unterschiedlichsten Stoffpaarungen berechnen zu können, sowohl bei hohem flüssigkeitsseitigem als auch bei hohem gasseitigem Stofftransport-Widerstand, müssen die Stofftransportvorgänge in den beiden Phasen getrennt berechnet werden. Verbindende Bedingung ist, daß, wie in Abb. 8.4 gezeigt, an der Phasengrenze die Flüssigkeitskonzentration x_i^* im Gleichgewicht mit der Gaskonzentration p_i^* steht. Abbildung 8.6 zeigt diese Betrachtungsweise im Phasendiagramm.

Wenn also nicht mehr, wie für Gl. (8.15) vorausgesetzt, der gesamte Stoffübergang auf die Gasseite bezogen werden soll, sondern der gasseitige Stoffübergang bis zur Phasengrenze allein berechnet werden soll, wird aus Gl. (8.15):

$$\mathrm{NTU}_{i,G} = \int_{p_{i,K}}^{p_{i,F}} \frac{dp_i}{p_i - p_i^*} \tag{8.23}$$

mit:

p_i^* Partialdruck an der Phasengrenze, im Gleichgewicht mit x_i^*, der Flüssigkeitskonzentration an der Phasengrenze.

Bei der Absorption ist p_i^* immer größer als $p_{i,GG}$ (vgl. Abb. 8.4), deshalb wird $\mathrm{NTU}_{i,G}$ immer größer als $\mathrm{NTU}_{i,OG}$. Damit wird die Höhe einer gasseitigen Stoffübergangseinheit $\mathrm{HTU}_{i,G}$ kleiner als die Höhe $\mathrm{HTU}_{i,OG}$, die auf das gesamte Dampfdruckgefälle zwischen den beiden Phasen bezogen ist. Eine entsprechende Beziehung läßt sich für die Flüssigphase aufstellen:

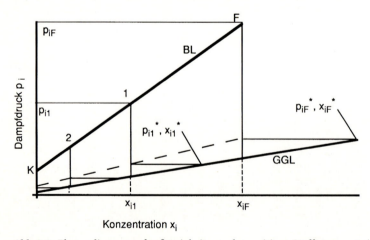

Abb. 8.6. Phasendiagramm für flüssigkeits- und gasseitigen Stofftransportwiderstand

$$\text{NTU}_{i,L} = \int_{x_{i,K}}^{x_{i,F}} \frac{dx_i}{x_i^* - x_i} = \int_{p_{i,K,GG}}^{p_{i,F,GG}} \frac{dp_{i,GG}}{p_i^* - p_{i,GG}} \tag{8.24}$$

Da x_i und $p_{i,GG}$ ebenso wie x_i^* und p_i^* durch einen konstanten Faktor, nämlich die Steigung der Gleichgewichtslinie, verbunden sind, gilt auch die rechte Seite von Gl. (8.24). Im rechten Integral von Gl. (8.24) wird über $p_{i,GG}$ integriert. Da p_i und $p_{i,GG}$ über das konstante Verhältnis A der Steigungen von Bilanzlinie und Gleichgewichtslinie (vgl. Gl. (8.14)) verknüpft sind, kann dieses Integral so umgeformt werden, daß ebenso wie in Gl. (8.23) über der Bilanzlinie integriert wird:

$$dp_{i,GG} = dp_i \cdot \frac{dp_{i,GG}}{dp_i} = dp_i \cdot \frac{1}{A}. \tag{8.25}$$

Damit wird:

$$\text{NTU}_{i,L} = \frac{1}{A} \int_{p_{i,K}}^{p_{i,F}} \frac{dp_i}{p_i^* - p_{i,GG}}. \tag{8.26}$$

Flüssigkeits- und gasseitig wird jeweils über der ganzen Kolonnenhöhe integriert. Deshalb gilt für die Kolonnenhöhe H:

$$H = \text{NTU}_{i,OG} \cdot \text{HTU}_{i,OG} = \text{NTU}_{i,G} \cdot \text{HTU}_{i,G} = \text{NTU}_{i,L} \cdot \text{HTU}_{i,L} \tag{8.27}$$

Wenn nun, wie oben dargestellt, die Stoffübergangs-Berechnung auf die Gesamt-Dampfdruckdifferenz $p_i - p_{i,GG}$ bezogen werden soll, müssen die flüssigkeitsseitigen und die gasseitigen Höhen $\text{HTU}_{i,L}$ und $\text{HTU}_{i,G}$ zusammenaddiert werden, wobei der $\text{HTU}_{i,L}$-Anteil vom flüssigkeitsbezogenen auf das entsprechende gasbezogene treibende Konzentrationsgefälle umgerechnet werden muß. Die Höhe einer auf die Gasseite bezogenen Gesamt-Stoffübergangseinheit ergibt sich dann aus:

$$\text{HTU}_{i,OG} = \text{HTU}_{i,G} + \frac{1}{A} \cdot \text{HTU}_{i,L}. \tag{8.28}$$

Tabelle 8.2a zeigt ein Rechenbeispiel, und Tabelle 8.2b enthält aus Messungen ermittelte Konstanten dazu. Detail-Erklärungen sind [9] zu entnehmen. Die zur Berechnung benötigten und häufig nicht bekannten Diffusionskoeffizienten können abgeschätzt werden mit den in Standardwerken wie [13] und [14] wiedergegebenen Methoden. Für die Zähigkeiten der Phasen können in den hier betrachteten Fällen relativ geringer Absorptiv- und Absorbat-Konzentrationen die Werte der reinen Trägerfluide (z.B. Luft und Wasser) eingesetzt werden.

310 8 Abscheidung gasförmiger Stoffe

Tabelle 8.2a. Berechnung des Druckabfalls und der Höhe einer Stoffübergangseinheit $HTU_{O,G}$. (Werte in grau hinterlegten Feldern sind vorzugeben)

	A	B	C	D	E	F	G	H	I	J	K
1	Füllkörper oder Packung aus Tab. 8.2b (s.u.):		Hiflowrg.								
2	Material		Plastik								
3	Größe	mm	25								
4	spez. Anzahl N	1/m³	46100								
5	spez. Oberfläche a	m²/m³	194,5								
6	spez. Hohlraumvol ε	m³/m³	0,918								
7	Flutpunkt-Konstante C_{Fl}	–	1,989								
8	Druckverlustbeiwert C_P	–	0,741								
9	Stoffübergs.-Konst. Gas C_G	–	0,390								
10	Stoffübergs.-Konst. Fl. C_L	–	1,577								
11											
12	**Prozess-gegeben:**		**System:**	**Aceton**	**–**	**Wasser**					
13	Gleichgew. $m_{yx} = \gamma_{\infty i} * p_{iS}/p_{ges}$	mol/mol	1,94								
14	Kolonnen-⌀ D	m	0,4								
15	Füllhöhe H	m	9,2								
16	Gasstrom (Betriebszust.) V_G	m³/h	546								
17	Gasstrom (Betriebszust.) V_G	m³/s	0,15167	C16/3600							

8.1 Grundlagen: Aufnahme von Gasen

Tabelle 8.2a (Fortsetzung)

	A	B	C	D	E	F	G	H	I	J	K
18	Gasdichte ρ_G	kg/m³	1,18								
19	Gaszähigkeit η_G	kg/ms	0,00002								
20	Gas-Diffusionskoeff. D_{Gi}	m²/s	1,3E-05								
21	Gasmolgewicht M_G	kg/kmol	28,96								
22	Flüssigstrom V_L	m³/h	1								
23	Flüssigstrom V_L	m³/s	0,00028	C22/3600							
24	Flüssigdichte ρ_L	kg/m³	1000								
25	Flüssigzähigkeit η_L	kg/ms	0,00103								
26	Flüssig-Grenzflspanng. σ_L	kg/s²	0,0727								
27	Flüssig-Diffusionskoeff. D_{Li}	m²/s	1,5E-09								
28	Flüssigmolgewicht M_L	kg/kmol	18								
29											
30	**berechnet:**										
31	Kolonnen-Querschnitt A	m²	0,12566	Pi*C13**2/4							
32	Berieselungsdichte B	m³/m²h	7,95775	C21/C30							
33	Berieselungsdichte B	m³/m²s	0,00221	C32/3600							
34	Gasbelastungsfaktor F	m/s√(kg/m³)	1,31106	C17/C31*Wurzel (C18)							

Tabelle 8.2a (Fortsetzung)

	A	B	C	D
35	Gasgeschwindigkeit U_G	m/s	1,20692	C17/C31
36	equiv. Kugel-$\emptyset$ dp	m	0,00253	$6*(1-C6)/C5$
37	Korr. (f. höheres ε an Wand) K	–	0,9511	$1/(1+2/3*1/(1-C6)*C36/C14)$
38	Re-Zahl flüss. Re_L	–	11,0447	$C33*C24/(C5*C25)$
39	Re-Zahl gass. Re_G	–	2329,41	$C35*C36/((1-C6)*C19/C18)*C37$
40	hydraulischer $\emptyset$ d_h	m	0,01888	$4*C6/C5$
41	Widerst.-Beiw. unberies. ψ_0	–	0,73768	$C8*(64/C39 + 1,8/C39*0,08)$
42	Druckverl. unberieselt Δp_0	Pa	1541,81	$C15*C41*C5/C6**3*C34**2/(2*C37)$
43	Flüssigkeitsinh. $\leq$ Staugr. $h_{L,s}$	–	0,04722	$12*C25*C33*C5**2/(9,81*C24)*0,33333$
44	Flutpkt.-Exponent n_{Fl}	–	−0,194	Wenn(C22/C16*Wurzel(C24/C18)>0,4;−0,708;−0,194)
45	Flutpkt.-Konstante C_{Fl}^*	–	1,989	Wenn(C22/C16*Wurzel(C24/C18)>0,4;C7*0,6244*(C25/C19)**0,1028;C7)
46	Widerst.-Beiw. Flutpkt. ψ_{Fl}	–	1,08866	$9,81/C49**2*(C22/C16*Wurzel(C24/C18)*(C25/C19)**0,2)**(-2*C44)$
47	Hilfsgöße $\Delta u(h_{L,Fl})$	m/s	−11,703	$(19,62/C46*0,5*(C6-C49)**(3/2)/C6**0,5*(C49/C5*C24/C18)**0,5 -$
48				$C49**3*(3*C49-C6)/(6/9,81*C5**2*C6*C25/C24*C23/C17)$
49	Flüss.inhalt am Flutpkt. $h_{L,Fl}$	–	0,3122	$h_{L,Fl}$ nahe $\varepsilon/3$ (vgl. Zeile 6) variieren, bis $\Delta u(h_{L,Fl})$ (Zeile 47) um $< \pm 0,01$ von Null abweicht.
50	Gasgeschw. am Flutpkt. $u_{G,Fl}$	m/s	2,43664	$(19,62/C46)**0,5*(C6-C49)**(3/2)/C6**0,5*(C49/C5*C24/C18)**0,5$
51	Flüss.inhalt Betriebszust. h_L	–	0,04725	$C43 + (C49-C43)*(C35/C50)**13$

8.1 Grundlagen: Aufnahme von Gasen 313

Tabelle 8.2a (Fortsetzung)

	A	B	C	D	E	F	G	H	I	J	K
52	Widerst.-Beiw. Betr.pkt. ψ_1	–	0,72029	C8*(64/C39 + 1,8/C39**0,08)*((C6−C51)/C6)**1,5*(C51/C43)**0,3*							
53	Druckverlust Δp	mbar	17,64	C52*C5/(C6−C51)*3*C34**2/(2*C37)					Exp(C38/200)		
54											
55	Re-Zahl, gass. Stoffübg. Re_G	–	408,196	C35*C18/(C5*C19)							
56	Schmidtzahl Sc_G	–	1,17242	C19/(C18*C20)							
57	Re-Zahl, flüss. Stoffübg. Re_L	–	40,556	C33*C40*C24*/C25							
58	Weberzahl, flüss. We_L	–	0,00127	C33^2*C24*C40/C26							
59	Froudezahl, flüss. Fr_L	–	0,00003	C33^2/(9,81*C40)							
60	Flächenverh. a_{Ph}/a	–	0,2884	1,5*(C5*C40)**−0,5*C57**−0,2*C58**0,75*C59**−0,45							
61	HTU_L	m	0,26836	1/C10*(C25/C24/9,81)**(1/6)*(C40/C27)**(1/2)*(C33/C5)**(2/3)*C60							
62	Beiwert flüss. $\beta_L a_{Ph}$	1/s	0,00824	1/C61*C33							
63	HTU_G	m	0,4085	1/C9*(C6−C43)*0,5*C40**0,5/C5**1,5*C35/C20*C55**−0,75*C56							
64	Beiwert gass. $\beta_G a_{Ph}$	1/s	2,9545	1/C63*C35					**−0,3333/C60		
65	Molstrom Flüss. L	kmol/h	55,5556	C22*C24/C28							
66	Molstrom Gas G	kmol/h	22,2472	C22*C24/C28							
67	$\lambda = m_{yx}{}^{*}G/L$	–	0,77687	C13*C66/C65							
68	HTU_{OG}	m	0,617	C63 + C67*C61							

Tabelle 8.2b. Aus Messungen bestimmte Konstanten zur Berechnung des Druckabfalls und der Höhen einer Stoffübergangseinheit $HTU_{O,G}$ (zum Einsetzen in Tab. 8.2a). Nach: Billet, R.; Schultes, M.: Modelling of packed tower performance for rectification, absorption and desorption in the total capacity range. In: Proceedings of The Third Korea-Japan Symposium on Separation Technology. Oct. 25 – 27, 1993, Seoul, Korea.

Füllkörper		Pallring	Pallring	Pallring	Pallring	Pallring	Pallring	Pallring	Pallring	Raluring	Raluring	NOR PAC	NOR PAC
Material		Metall	Metall	Metall	Plastik	Plastik	Plastik	Keramik	Plastik	Plastik	Plastik	Plastik	Plastik
Größe	mm	50	35	25	50	35	25	50	50	50 hydr.	50	35	35
spez. Anzahl N	$1/m^3$	6242	19517	53900	6765	17000	52300	6215	5770	2720	7330	17450
spez. Oberfläche a	m^2/m^3	112,6	139,4	223,5	111,1	151,1	225	116,5	95,2	95,2	86,8	141,8
spez. Hohlraumvol ε	m^3/m^3	0,951	0,965	0,954	0,919	0,906	0,887	0,783	0,938	0,939	0,947	0,944
Flutpunkt-Konstante C_{Fl}	–	1,580	1,679	2,083	1,757	1,742	2,064	1,913	1,812	1,812	1,786	2,242
Druckverlustbeiwert C_P	–	0,763	0,967	0,957	0,698	0,927	0,865	0,662	0,468	0,439	0,350	0,371
Stoffübergs.-Konst.Gas C_G	–	0,410	0,341	0,336	0,368	0,380	0,446	0,415	0,303	0,343	0,322	0,425

Füllkörper		NOR PAC	NOR PAC	Hiflowrg.	Hiflowrg.	Hiflowrg.	Hiflowrg.	Hiflowrg.	Hiflowrg.	Hiflowrg.	Hiflowrg.	Hiflowrg.
Material		Plastik	Plastik	Metall	Metall	Plastik	Plastik	Plastik	Plastik	Keramik	Keramik	Keramik
Größe	mm	25^6	25^{10}	50	25	50	50 hydr.	50 S	25	50	38	20
spez. Anzahl N	$1/m^3$	50000	48920	5000	40790	6815	6890	6050	46100	5120	13241	121314
spez. Oberfläche a	m^2/m^3	202	197,9	92,3	202,9	117,1	118,4	82	194,5	89,7	111,8	286,2
spez. Hohlraumvol ε	m^3/m^3	0,953	0,920	0,977	0,962	0,925	0,925	0,942	0,918	0,809	0,788	0,758
Flutpunkt-Konstante C_{Fl}	–	2,472	2,083	1,626	2,177	1,871	1,871	1,702	1,989	1,694	1,930	2,410
Druckverlustbeiwert C_P	–	0,397	0,383	0,421	0,689	0,327	0,311	0,414	0,741	0,538	0,621	0,628
Stoffübergs.-Konst.Gas C_G	–	0,366	0,410	0,408	0,402	0,345	0,369	0,342	0,390	0,379	0,464	0,465
Stoffübergs.-Konst.Fl.C_L	–	0,883	0,976	1,168	1,641	1,478	1,553	1,219	1,577	1,377	1,659	1,744

8.1 Grundlagen: Aufnahme von Gasen

Tabelle 8.2b. (Fortsetzung)

Füllkörper		Glitsch	Glitsch	Gl. CMR	TOP-Pak	Raschigr.	Raschigr.	VSP-R.	VSP-R.	EnviPak	EnviPak	EnviPak
Material		Metall	Metall	Metall	Aluminium	Keramik	Keramik	Metall	Metall	Plastik	Plastik	Plastik
Größe	mm	30PMK	30 P	0,5″	50	50	25	50	25	80	60	32
spez. Anzahl N	1/m³	29 200	31 100	560 811	6871	5990	47 700	7841	33 434	2000	6800	53 000
spez. Oberfläche a	m²/m³	180,5	164	356	105,5	95	190	104,6	199,6	60	98,4	138,9
spez. Hohlraumvol ε	m³/m³	0,975	0,959	0,952	0,956	0,830	0,680	0,980	0,975	0,955	0,961	0,936
Flutpunkt-Konstante C_{Fl}	–	1,900	1,760	2,178	1,579	1,574	1,899	1,689	1,970	1,522	1,864	2,012
Druckverlustbeiwert C_P	–	0,851	1,056	0,882	0,604		1,329	0,773	0,782	0,358	0,338	0,549
Stoffübergs.-Konst.Gas C_G	–	0,450	0,398	0,495	0,389	0,210	0,412	0,420	0,405	0,257	0,296	0,459
Stoffübergs.-Konst.Fl.C_L	–	1,920	1,577	2,038	1,326	1,416	1,361	1,222	1,376	1,603	1,522	1,517

Füllkörper		Bialecki	Bialecki	Bialecki	Raflux	Berlsattel	Berlsattel	DIN-Pak	DIN-Pak
Material		Metall	Metall	Metall	Plastik	Keramik	Keramik	Plastik	Plastik
Größe	mm	50	35	25	15	25	13	70	47
spez. Anzahl N	1/m³	6278	18 200	48 533	193 522	80 080	691 505	9763	28 168
spez. Oberfläche a	m²/m³	121	155	210	307,9	260	545	110,7	131,2
spez. Hohlraumvol ε	m³/m³	0,966	0,967	0,956	0,894	0,680	0,650	0,938	0,923
Flutpunkt-Konstante C_{Fl}	–	1,896	1,885	1,856	2,400			1,912	1,991
Druckverlustbeiwert C_P	–	0,719	1,011	0,891	0,595			0,378	0,514
Stoffübergs.-Konst.Gas C_G	–	0,302	0,390	0,331	0,370	0,387	0,232	0,326	0,354
Stoffübergs.-Konst.Fl.C_L	–	1,721	1,412	1,461	1,913	1,246	1,364	1,527	1,690

Tabelle 8.2b. (Fortsetzung)

Packungen		Ralupack	Mellapak	Gempak	Impulsp.	Impulsp.	Montzp.	Montzp.	Montzp.	Montzp.	Euroform
Material		Metall	Metall	Metall	Metall	Keramik	Metall	Metall	Plastik	Plastik	Plastik
Größe	mm	YC-250	250 Y	A2T-304	250	100	B1-200	B1-300	C1-200	C2-200	PN-110
spez. Anzahl N	1/m³										
spez. Oberfläche a	m²/m³	250	250	202	250	91,4	200	300	200	200	110
spez. Hohlraumvol ε	m³/m³	0,945	0,970	0,977	0,975	0,838	0,979	0,930	0,954	0,900	0,936
Flutpunkt-Konstante C_{Fl}	–	2,558	2,464	2,099	1,996	1,655	2,339	2,464		1,973	1,975
Druckverlustbeiwert C_p	–	0,191	0,292	0,344	0,262	0,417	0,355	0,295	0,453	0,481	0,250
Stoffübergs.-Konst.Gas C_G	–	0,385			0,270	0,327	0,390	0,422	0,412		0,167
Stoffübergs.-Konst.Fl.C_L	–	1,334			0,983	1,317	0,971	1,165	1,006	0,739	0,973

8.1.7
Druckverlust in Kolonnen

Zur Berechnung des Druckverlusts werden außer den Flüssigkeits- und Gasströmen und ihren Eigenschaften nur die spezifische Oberfläche a der Kolonnenfüllung (Füllkörper oder Packung), das spezifische Hohlraumvolumen ε sowie zwei aus gemessenen Druckverlusten von Füllungen berechnete Konstanten C_{Fl} und C_p benötigt. Die Konstanten a, ε, C_{Fl} und C_p sind in Tabelle 8.2b für eine große Zahl von Kolonnenfüllungen angegeben. Wie bei der Kolonnenhöhen-Berechnung geht die Modellvorstellung dabei von Flüssigkeitsfilmbedeckten Kanälen in der Kolonnenfüllung aus. Über ein Gleichgewicht der Kräfte, die an dem Flüssigkeitsfilm angreifen, wenn dem Film ein Gas entgegenströmt und die Gasreibung die Filmoberfläche je nach Gasgeschwindigkeit mehr oder weniger stark abbremst oder sogar nach oben mitreißt, sowie über die Füllungs-spezifischen Konstanten a, ε und C_p läßt sich der Druckverlust berechnen. Zwei Grenzzustände sind dabei wichtig:

- Der Staupunkt ist als der Kolonnenzustand definiert, von dem an sich bei konstant gehaltener Flüssigkeitsbelastung (Berieselungsdichte) eine steigende Gasbelastung erkennbar auf den Flüssigkeits-Hold-Up h_L (Anteil Flüssigkeitsvolumen am gesamten Kolonnenvolumen) der Kolonne auswirkt.
- Der Flutpunkt ist als der Kolonnenzustand definiert, bei dem der Flüssigkeitsinhalt h_L über der Gasgeschwindigkeit senkrecht ansteigt, d.h. undefiniert wird. Die aufwärtsgerichtete Gasströmung bringt die Strömung im abwärtsfließenden Flüssigkeitsfilm praktisch zum Erliegen. Ein ordnungsgemäßer Betrieb der Kolonne ist nicht mehr möglich.

Der beste Stoffübergang tritt zwischen diesen beiden Grenzzuständen auf.

Detail-Erläuterungen der Druckverlust-Berechnung können [12] entnommen werden. Hier soll statt dessen das Rechenblatt in Tabelle 8.2a die Anwendung des Berechnungsverfahrens von Billet und Schultes zeigen.

Der erforderliche Durchmesser einer Kolonne läßt sich über die von den Kolonnen- oder Füllkörperherstellern oder in der Literatur angegebenen Belastungsgrenzen relativ einfach ermitteln. In Tabelle 8.2a muß die Flüssigkeits-Belastung an der Flutgrenze iterativ bestimmt werden. Der Kolonnen-Durchmesser kann minimal so gewählt werden, daß die Gasgeschwindigkeit (Zeile 35) einen etwa 20%igen Sicherheitsabstand zur Flutgrenze (Zeile 50) hat.

8.2 Absorbentien

8.2.1 Absorbentien für physikalische Absorption

An Absorbentien für die Abluftreinigung läßt sich eine lange Liste von Anforderungen stellen:
- möglichst kleine Aktivitätskoeffizienten, d.h. geringer Absorptiv-Partialdruck im Verhältnis zur Konzentration im Absorbat (zur leider sehr aufwendigen experimentellen Bestimmung von Aktivitätskoeffizienten s. [16]),
- möglichst geringer Dampfdruck des Absorbens zur Vermeidung zusätzlicher Emissionen (Ausnahmen: wäßrige Lösungen oder nachgeschaltete Abscheidung für Absorbensdämpfe),
- möglichst geringer Eigengeruch,
- gute Möglichkeiten der Regenerierung oder der Entsorgung des Absorbats, am besten Rückführung in eine Produktion,
- sichere Handhabbarkeit, also geringe Toxizität, keine elektrostatische Aufladbarkeit, keine oder geringe Brennbarkeit,
- chemische Stabilität gegenüber den Abluftinhalts- und Werkstoffen,
- geringe Korrosivität gegenüber gebräuchlichen Apparate-Werkstoffen,
- keine Neigung zu Schaumbildung,
- keine Neigung zu Aerosolbildung,
- keine Neigung zu erosiven Ausfällungen,
- keine Neigung zur Bildung von Ablagerungen,
- thermische Stabilität bei einem evtl. vorgesehenen thermischen Regenerationsverfahren,
- gesicherte Beschaffung,
- geringer Preis, geringe Entsorgungskosten,
- möglichst geringe Zähigkeit für gute Verteilung im Stoffaustauschapparat und geringen Förderleistungs-Bedarf,
- niedriger Schmelzpunkt, wenn Kälte eingesetzt werden soll,
- keine oder für die Abscheidung der Absorptive günstige katalytische Aktivität,
- gute Stabilität gegenüber bakteriellem Angriff,
- geringe Förderung von Bio-Schlamm-Bildung bei biologisch abbaubaren Absorptiven,
- möglichst hohe Wärmeleitfähigkeit zur guten Verteilung evtl. auftretender Absorptionswärme oder zur einfachen Erwärmung/Kühlung bei einem evtl. erforderlichen, thermischen Regenerationsverfahren und
- möglichst hohe Wärmekapazität für geringe Erwärmung durch freigesetzte Absorptionswärme.

Es wurde versucht, diese Forderungen nach ihrer Bedeutung zu sortieren, jedoch können je nach Art der Abluftreinigungs-Aufgabe die Prioritäten stark unterschiedlich sein. Im folgenden werden einige für physikalische Absorptionsverfahren wichtige Absorbentien vorgestellt:

Wasser. Das wichtigste Absorbens zur physikalischen Absorption ist zweifellos Wasser. Es erfüllt fast alle der genannten Forderungen in hervorragender Weise. Wasserdampf ist auch der einzige Dampf, der in beliebigen Mengen an die Atmosphäre abgegeben werden darf. Das Wassermolekül ist polar. Es hat einen ausgesprochenen Dipol-Charakter, also eine elektrisch positiv geladene (Wasserstoff) und eine elektrisch negativ geladene (Sauerstoff) Seite. Dadurch lagern Wassermoleküle sich mit den entgegengesetzt gepolten Seiten an alle polaren gelösten Absorptiv-Moleküle an. Das verringert deren Flüchtigkeit, so daß polare Dämpfe wie Alkohole oder Ketone besonders gut physikalisch in Wasser absorbierbar sind. Nicht polare Dämpfe wie z. B. alle reinen Kohlenstoff-Wasserstoff-Verbindungen oder Chlorkohlenwasserstoffe werden dagegen in Wasser nur sehr schlecht gelöst. Angaben über Wasserlöslichkeiten von Stoffen findet man in vielen Handbüchern, z. B. in [13], [14] und besonders ausführlich in [15].

Kohlenwasserstoff-Waschöle. Viele Mineralöl-Hersteller bieten sog. Waschöle an, Kohlenwasserstoff-Gemische unter Namen wie z. B. Solvesso oder Shellsol, oft mit Zusatz-Zahlen im Namen, die etwas über die Zusammensetzung aussagen. Diese Waschöle sind unpolar und lösen unpolare Dämpfe (s. o.) verhältnismäßig gut. Chemisch ähnlich aufgebaute Dämpfe, z. B. aliphatische Kohlenwasserstoffe, werden darin nahezu ideal (dem Raoultschen Gesetz folgend) gelöst. Allerdings erfüllen diese Waschöle eine der genannten Bedingungen besonders schlecht: Sie haben Dampfdrücke, die bei der Absorption zwar oft nicht zu wesentlichen Verlusten, aber immer zu einer Überschreitung der gesetzlich vorgeschriebenen Emissionsgrenzen führen. Wegen der unterschiedlichen Zusammensetzung der Waschöle lassen sich Aktivitätskoeffizienten dafür nur über Molgewicht-Mittelwerte definieren. Oft darf bei solchen Ölen, wenn die Zusammensetzung sich ändert, mit demselben Aktivitätskoeffizienten weitergerechnet werden, wenn nur das bei der Bestimmung des Aktivitätskoeffizienten angenommene Molekulargewicht konsequent weiterverwendet wird (näherungsweise konstante Massenaktivitätskoeffizienten, s. [17] und [18]). Waschöle können nicht ins Abwasser gegeben werden, es ist praktisch immer eine Aufarbeitung oder eine Regeneration in einem Absorbens-Kreislauf erforderlich.

Glycolether. Seit den frühen 80er Jahren gibt es Abluftreinigungs-Anlagen mit Glycolethern als Absorbens. Es werden vor allem Polyethylenglycol-Dimethylether (PEG-DME) eingesetzt, wobei poly für etwa vier steht. Das Absorbens wird im Kreis geführt und bei etwa 130 °C unter Vakuum-Destillation desorbiert, d. h. es ist umfangreicher Wärmeaustausch erforderlich. PEG-DME kann polare und nichtpolare Stoffe gut lösen (nimmt also auch Wasser auf) und hat eine überraschend hohe Aufnahmefähigkeit für das als Lösemittel häufig eingesetzte, bei etwa 40 °C siedende Methylenchlorid. PEG-DME ist einer der wenigen Stoffe, die Zähigkeiten der gleichen Größenordnung wie Wasser mit außerordentlich geringem Partialdruck verbinden. PEG-DME ist nicht elektrostatisch aufladbar und kann durch geringfügige Zusätze für ein Jahr und mehr gegen Peroxid-Bildung geschützt werden.

Siliconöle (Dimethylsiloxane). Siliconöle haben von den bisher behandelten Absorbentien den geringsten eigenen Dampfdruck und die höchste Zähigkeit. Allerdings sind z. B. Öle mit 50 mPas noch gut in üblichen Stoffaustauschkolonnen einsetzbar. Der geringe Dampfdruck ermöglicht Desorption durch z. B. Wasserdampf-Desorption unter Normaldruck. Siliconöle sind praktisch völlig wasserunlöslich. Gefahren durch elektrostatische Aufladbarkeit kann durch konstruktive Maßnahmen begegnet werden [19]. Wegen etwas ungünstigerer Aktivitätskoeffizienten und Wärmeaustausch-Eigenschaften wird häufig PEG-DME den Siliconölen vorgezogen.

Weitere organische Absorbentien. In [20] werden systematische Untersuchungen einer ganzen Reihe organischer Flüssigkeiten bezüglich ihrer Eignung als Absorbentien schwer wasserlöslicher Dämpfe vorgestellt. Es zeigt sich, daß z. B. hochsiedende Ester der Adipinsäure oder der Phthalsäure eine Reihe günstiger Eigenschaften aufweisen. Allerdings sind dem Verfasser bisher keine Betriebserfahrungen aus technischen Anwendungen bekannt geworden. Auf der Suche nach geeigneten Absorbentien für ein Betriebsproblem empfiehlt sich immer eine Sichtung aller im Betrieb benutzten Flüssigkeiten. Gelegentlich verfügen Produktionsbetriebe bereits über eine Abluftreinigung für deren Dämpfe (z. B. thermische Abluftreinigung) und das Absorbat kann evtl. im Betrieb wieder eingesetzt werden.

Schwefelsäure. 98 oder höher prozentige Schwefelsäure eignet sich als Absorbens für einige schwer wasserlösliche Dämpfe, die chemisch stabil sind, vor allem kein Abspalten von Wasser zulassen. Allerdings ist die sichere Handhabung konzentrierter Schwefelsäure aufwendig, und ein solches Verfahren ist nur dort geeignet, wo die organisch belastete Schwefelsäure wieder in einer Produktion nutzbar gemacht werden kann.

8.2.2
Absorbentien für Chemi- und Elektro-Chemisorption

Von Chemisorbentien wird über die im vorigen Abschnitt genannten Anforderungen hinaus eine schnelle chemische Reaktionsfähigkeit mit den Absorptiven gefordert. Dabei müssen Reaktionsprodukte entstehen, die genügend einfach zu entsorgen, aufzuarbeiten oder wieder einzusetzen sind. Die physikalische Löslichkeit der Absorptive im Absorbens darf relativ gering sein, wenn die erforderliche Reaktion schnell und vollständig bereits in der Grenzschicht der Absorbens-Strömung abläuft. Dadurch wird eine hohe scheinbare Löslichkeit vorgetäuscht. Man nennt diese Erscheinung Enhancement-Effekt.

Im Gegensatz zur Abluftreinigung mittels physikalischer Absorption, bei der als Absorptive praktisch nur Dämpfe in frage kommen, die bei Umgebungsbedingungen auch als Flüssigkeiten auftreten können, können durch Chemisorption sogar überkritische Gase selektiv absorbiert werden, wenn sie nur in der Flüssigphase schnell genug zu einer neuen Verbindung mit genügend niedrigem Dampfdruck reagieren.

Im Phasendiagramm unterscheiden sich physikalische Absorption und Chemisorption dadurch, daß die Gleichgewichtslinie bei Chemiesorption stets mit der Steigung Null aus dem Nullpunkt herausläuft und normalerweise über eine weite Strecke auf der Nullinie verläuft, nämlich solange, bis der größte Teil der reaktiven Bestandteile des Absorbens wegreagiert ist. In Abb. 8.7 steigt der Chlorwasserstoff-Dampfdruck erst an, wenn die dipolartigen Wassermoleküle, die hier die reaktive Komponente sind, nicht mehr ausreichen, um alle durch Dissoziation gebildeten Ionen so dicht zu umlagern, daß sie an einer Rekombination gehindert werden. Erst dann enthält die entstandene verdünnte Salzsäure nennenswerte Anteile nicht-dissoziierten Chlorwasserstoffs.

Auch für Chemisorption ist Wasser das wichtigste Absorbens. Beinahe alle technisch eingesetzten Chemisorbentien sind wäßrige Lösungen. Auch starke Dissoziation ist als chemische Reaktion anzusehen, wie in Abschn. 8.1.4 gezeigt wurde. Bei schwach dissoziierenden Absorptiven, wie z.B. bei Ammoniak, Schwefeldioxid oder Schwefelwasserstoff, findet in Wasser praktisch nur eine physikalische Absorption statt, die Gleichgewichtslinie im Phasendiagramm zeigt vom Ursprung an eine beträchtliche Steigung.

Eine Reihe Absorptive und die zugehörigen wäßrig gelösten Chemisorbentien werden in [21] in einer Tabelle (Tab. 8.3) zusammengestellt, die hier, noch um einige Beispiele erweitert, wiedergegeben wird.

Für viele aus der Abluft zu entfernenden Gase oder Dämpfe gibt es keine geeigneten Chemisorbentien, weil sie zu wenig reaktiv sind, z.B. für Alkohole oder Chlororganika. Absorptionsverfahren für solche Stoffe sind auf physikalische Absorption angewiesen.

Von großer wirtschaftlicher Bedeutung ist die absorptive Rauchgas-Entschwefelung, deren Grundlagen in [22] behandelt werden. Dazu wer-

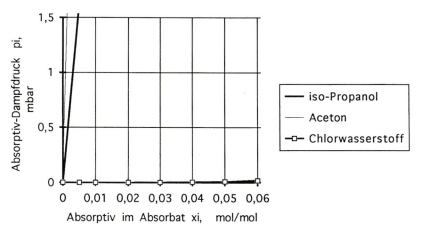

Abb. 8.7. Abscheidung gasförmiger Schadstoffe durch Absorption, Kondensation, Trockensorption und Membranpermeation

Tabelle 8.3. Absorptive und dafür geeignete Chemisorbentien

Absorptive	geeignete Chemisorbentien
Chlor- Fluorwasserstoff (HCl, HF)	Wasser
Schwefeldioxid (SO_2)	Natronlauge, Kalkmilch, Sodalösung
Schwefelwasserstoff (H_2S)	Natronlauge, Kalkmilch, Sodalösung
org. Säuren (R_{org}-COOH)	Natronlauge,
Phenole (◯-OH), Kresole (CH_3-◯-OH)	Natronlauge,
Phosgen ($COCl_2$)	Natronlauge, nasses A-Kohle-Festbett
Chlor (Cl_2)	Natronlauge (ergibt Chlorbleichlauge) Natriumsulfit, -thiosulfat in Natronlauge
Mercaptane (R_{org}-SH)	Natriumhypochlorit-Lösung (Chlorbleichlauge), Wasserstoff-Peroxid
Stickoxide	Wasserstoffperoxid, bei genügend hohem Oxidationsgrad Natronlauge
Amine (R_{org}-NH_n)	Schwefelsäure
Ammoniak (NH_3)	Schwefelsäure, Salpetersäure, Wasser im Gegenstrom (physikalische Absorption)
Ethylenoxid, Propylenoxid	Schwefelsäure, Wasser mit 1 % P_2O_5 [27]

den hinter Kraftwerksfeuerungen und einer Reihe von industriellen Hochtemperatur-Prozessen i. d. R. Kalkstein-Suspensionen ($CaCO_3$) oder Kalkmilch ($Ca(OH)_2$) eingesetzt. Ein Problem stellen dabei Wandansätze aus schwer löslichen Carbonaten und Sulfaten dar. Um sie zu verhindern, müssen nachgeschaltete Tropfenabscheider ständig mit reinem Wasser gespült werden und die Absorbentien so dosiert werden, daß saure pH-Werte etwa zwischen 4 und 5 eingestellt werden. Bei diesen pH-Werten gehen die Ablagerungen wieder in Lösung bzw. werden gar nicht erst gebildet. Dadurch wird allerdings der treibende Konzentrationsgradient (im Fall der Chemisorption beherrscht durch Reaktanten in der Grenzschicht, die zu Absorptions-Enhancement führen, s. o.) verringert und für eine bestimmte Absorptionsleistung eine größere Stoffaustauschfläche erforderlich.

Oft überschätzt wird die Leistungsfähigkeit oxidierender Gaswäschen. Chemisorption unter Zusatz von oxidierenden Reagentien [23] wie z. B. Ozon, Wasserstoff-Peroxid, Sauerstoff, Chlor, Chlordioxid, Hypochlorit und Kaliumpermanganat, häufig in Verbindung mit weiteren basischen oder sauren Reagentien, ist nur geeignet für leicht oxidierbare Abluft-Bestandteile, vor allem Schwefelverbindungen und Gerüche biologischen Ursprungs (z. B. aus Lebensmittel-Verarbeitungen und Tierkörper-Verwertungen). Die chlorhaltigen Oxidantien erfordern eine nachgeschaltete Natronlauge-Chemisorption zur Abscheidung von gasförmigem Chlor.

Elektrochemische Verfahren zur Unterstützung der absorptiven Abluftreinigung werden nur äußerst selten genutzt. In [24] und [25] wird über einige Verfahren berichtet, von denen mindestens eines auch in technischem Maßstab eingesetzt worden ist. Absorbens ist dabei Wasser, das gewöhnlich Stoffe wie Cl_2, SO_2, CO_2 oder NO nur geringfügig löst. Durch Anlegen einer elektrischen Spannung und eine geeignete Elektrodenanordnung, z. B. ein Festbett aus Graphitkörpern als dreidimensional verteilte Elektrode mit einer auf der Absorberachse angeordneten, durch eine Ionenaustausch-Membran vom Absorptionsraum getrennten Gegenelektrode, können diese Stoffe elektrochemisch reduziert und dadurch die Absorption wesentlich unterstützt werden. Die Absorptive bilden dabei mit dem Wasser HCl, H_2SO_4 oder HNO_3, also Salzsäure, Schwefelsäure oder Salpetersäure. Die Wirksamkeit der elektrochemischen Absorption kann erhöht werden, wenn dem Wasser Elektrolyte zugesetzt werden, z. B. Kupfersalze, oder Aktivkohle-Pulver als adsorptiver Zwischenspeicher für SO_2. Ein kombiniertes Verfahren zur elektrochemisch unterstützten Reduktion von NO zu N_2 und Oxidation von SO_2 zu H_2SO_4 wird in [26] beschrieben.

8.2.3
Weiterverwendung, Aufarbeitung oder Entsorgung von Absorbaten

Absorption ist zunächst noch kein Mittel, die Umwelt vor einem unerwünschten Stoff zu schützen. Sie verwandelt ein Abluftproblem in ein Abwasser- oder Abfall-Problem. Also ist Absorption nur dort als Abluftreinigungs-Verfahren sinnvoll, wo dieses Folgeproblem leichter zu lösen ist als das ursprüngliche Abluftproblem. Grundsätzlich können physikalisch absorbierte Absorptive auf drei Arten desorbiert werden:

- Durch Entspannen (nach Druckabsorption) bzw. Evakuieren,
- durch Strippen, d.h. desorbieren mit einem Inertgas oder
- durch Destillieren/Rektifizieren.

Die dabei ablaufenden Stoffübergangsvorgänge lassen sich sinngemäß aus den in Abschn. 8.1 beschriebenen übertragen, indem das Vorzeichen des treibenden Konzentrationsgefälles umgekehrt wird. Ausführlicher werden diese Vorgänge in [15], S. 8–27ff. und in [28], S. 216ff. dargestellt.

Aus zwei Gründen wird Entspannung allein für die Desorption von Adsorbaten aus der Abluftreinigung praktisch nie in Frage kommen:

- Die Absorptive sind i.d.R. in der zu reinigenden Abluft weit von ihrem Sättigungsgehalt entfernt. Deshalb muß der Druck bei Umgebungstemperatur im Absorbat sehr weit abgesenkt werden, bevor das Absorptiv beginnt, aus dem Absorbat herauszusieden.
- Die Desorption ist nur sinnvoll, wenn das regenerierte Absorbat anschließend wieder als Absorbens eingesetzt werden kann. Der Desorptions-Partialdruck muß dazu unter den zu erreichenden Reingas-Partialdruck des Absorptivs abgesenkt werden. Vorher beginnt aber bereits das Absorbens zu sieden und es beginnt eine Destillation unter Temperatur-Absenkung. Eine solche Vakuum-Destillation ist unter Wärmezufuhr und damit geringeren Anforderungen an das Vakuum wesentlich wirtschaftlicher.

Strippen, das heißt Desorbieren durch Verdunsten in ein Inertgas hinein, meistens bei erhöhter Temperatur, kann sinnvoll sein, wenn für das Desorbat eine günstige Entsorgungsmöglichkeit besteht.

In einem Beispiel ist das methylenchlorid-haltige Abgas einer wasserfreien Vakuum-Destillation zu reinigen. Dazu wird die Methode der Absorption in Siliconöl eingesetzt. Das Methylenchlorid wird aus dem hochsiedenden, hydrophoben Absorbens mittels Stickstoff bei 130 °C unter Vakuum in einer Gegenstrom-Kolonne desorbiert. Der Desorbatstrom ist wesentlich kleiner als der Abgasstrom, enthält Methylenchlorid in wesentlich höherer Konzentration und enthält keinen Wasserdampf. Er wird dem Destillations-Abgas vor der Vakuumpumpe zugegeben. Der Vakuumpumpe ist ein Solekühler nachgeschaltet, in dem Methylenchlorid kondensiert, flüssig abgezogen und in der Produktion wieder eingesetzt wird. Danach wird das Abgas in die Absorption geleitet. Es enthält bei −20 °C Kondensationstemperatur noch 237 g/m^3(N) Methylenchlorid. Das Fließbild einer entsprechenden Anlage zeigt Abb. 8.8. Mit dieser Anlage kann die Bagatellgrenze der TA-Luft [1] von 100 g/h für Methylenchlorid i.d.R. eingehalten werden. Falls die TA-Luft-Konzentrationsgrenze von 20 mg/m^3 einzuhalten ist, ist der Absorption ein Aktivkohle-Faß nachzuschalten, das sehr hohe Standzeiten erreicht, weil der größte Teil des Methylenchlorids in der Absorption abgeschieden wird. Ohne die Aktivkohle wäre die erforderliche Kolonnenhöhe für die Absorption unwirtschaftlich hoch. Im vorliegenden Fall wäre zu prüfen, ob ein Membran-Permeations-Verfahren die Aufgabe günstiger löst (vgl. Abb. 8.20).

Am häufigsten wird zur Regeneration von Absorbaten die Rektifikation angewandt. Destillation allein reicht oft nicht aus, weil dabei zuviel Absorbens über den Kopf der Destille entweicht. Im Falle hochsiedender Absorbentien wird unter Vakuum rektifiziert, um niedrigere Temperaturen einhalten zu können und thermische Schädigungen der Stoffe zu vermeiden. Gelegentlich lassen sich Rektifikation und Strippen mit Wasserdampf kombinieren, um günstige Stoffaustausch-Bedingungen in der Rektifikationskolonne zu erzielen. Wasserdampf und Absorptiv werden am Kolonnenkopf kondensiert, im Fall zweier Flüssigphasen wird ein Teil der Wasserphase als Rücklauf auf die Kolonne gegeben. Die organische Phase kann gelegentlich als Lösemittel oder Reagenz im Betrieb wieder eingesetzt werden. Häufig wird sie verbrannt. Die Wasserphase kann z.B. einer biologischen Kläranlage zugeleitet werden.

Absorbate aus Chemisorptionen erfordern zur Regeneration häufig höheren Aufwand, weil die chemische Bindung fester ist als die physikalische Lösung. Die Absorbate aus den in Tabelle 8.3 aufgezählten Stoffen lassen folgende Entsorgungs- oder Nutzungs-Möglichkeiten zu:

- Verdünnte Salz- oder Flußsäuren können prinzipiell durch Destillation konzentriert und wiederverwendet werden. Die Kosten dafür sind normalerweise höher als der Wert der zurückgewonnenen Säuren. Deshalb wird aus dünner Flußsäure durch Kalkfällung deponiefähiges Calciumfluorid hergestellt und dünne Salzsäure mit Kalk neutralisiert und einem Vorfluter zugeleitet. Falls das nicht zulässig oder nicht möglich ist, muß die Calcium-

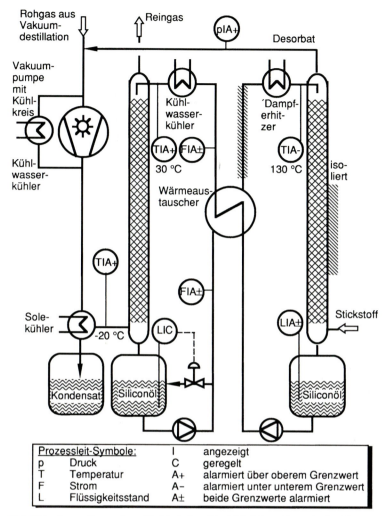

Abb. 8.8. Absorptionsanlage für Methylenchlorid-haltiges Abgas (vgl. Abb. 8.20)

chloridlösung eingedampft werden, z. B. durch Sprühtrocknung in einem Rauchgasstrom. Das dann anfallende, trockene, aber sehr hygroskopische Salz muß so deponiert werden, daß es sicher vor Auslaugung ist.
– Natriumsulfit aus der Absorption von SO_2 in Natronlauge wird zunächst mit Luftsauerstoff zu Sulfat oxidiert und kann dann mit Kalk zu deponierbarem Gips gefällt werden. Denn oft, vor allem bei höheren SO_2-Konzentrationen im Rohgas, werden Kalksuspensionen nicht direkt als Absorbens eingesetzt, weil sie zu Ablagerungen neigen und, durch die relativ langsame Auflösung der suspendierten Kalkpartikeln gehemmt, schlechtere Stoffübergangsverhältnisse verursachen. Wenn nur geringe Mengen Sulfat entstehen, kann es

ins Abwasser gegeben werden. Die mit Kalksuspensionen betriebenen Rauchgas-Entschwefelungs-Anlagen der Kraftwerke erzeugen in großen Mengen Gips, der als Baustoff Verwendung findet.
- Sulfide aus der H_2S-Absorption sind ebenfalls zunächst zu Sulfaten zu oxidieren, z.B. mittels Wasserstoffperoxid, und können dann weiterbehandelt werden wie im vorigen Absatz beschrieben.
- Natriumsalze organischer Säuren sind, ebenso wie Phenolate und Kresolate, wenn sie nicht in einer Produktion verwendbar sind, im Abwasser biologisch abzubauen oder thermisch aufzukonzentrieren und zu verbrennen.
- Phosgen bildet bei der basischen oder wäßrig katalysierten Chemisorption Chlorid und Kohlendioxid. Da es sich meistens um kleine Mengen handelt, darf das chloridhaltige Absorbat ins Abwasser gegeben werden.
- Wenn bei der Chlorabsorption genügend Chlorbleichlauge anfällt, kann sie als Oxidationsmittel weiterverwendet werden. In kleinen Mengen wird sie in biologischen Kläranlagen zu Kochsalzlösung reduziert.
- Mercaptane fallen üblicherweise nur in geringen Spuren an. Wegen ihres intensiv üblen Geruchs müssen sie trotzdem aus der Atmosphäre ferngehalten werden. Bei oxidierender Chemisorption entstehen Sulfate und meistens flüchtige Kohlenwasserstoff-Reste. Letztere sind meistens so gering konzentriert, daß sie mit der Abluft emittiert werden dürfen, erstere sind zu behandeln, wie oben für Sulfate dargestellt.
- Wasserstoffperoxid oxidiert Stickoxide zu Salpetersäure, die in seltenen Fällen wiederverwendbar ist. Anderenfalls ist sie zu neutralisieren und ebenso wie bei Absorption mit Natronlauge gebildetes Nitrit und Nitrat zu denitrifizieren. Das geschieht am günstigsten zusammen mit anderem Abwasser in einer entsprechend betriebenen biologischen Abwasserbehandlungs-Stufe.
- Amine und Ammoniak können nach Absorption in Schwefelsäure, selten in anderen Säuren, ins Abwasser zu einer biologischen Kläranlage gegeben werden, sofern sie eine Nitrifikation und eine Denitrifikation umfaßt. Beides ist biologisch möglich. Dabei wird allerdings die Salzfracht des Abwassers erhöht.
- Saubere, auf > 30 % aufkonzentrierte Ammoniumsulfat-Lösung aus der Ammoniak-Absorption kann gelegentlich industriell oder zur Düngemittel-Herstellung genutzt werden.
- Ethylenoxid und Propylenoxid bilden in Schwefelsäure oder in phosphorsäurekatalysiertem Wasser Glycole, die in Kläranlagen biologisch abbaubar sind.

Weitere Einzelheiten und Verfahren zur Behandlung von Absorbaten sind in [29] oder [30] zu finden.

8.3
Absorber und Absorptionsverfahren

8.3.1
Wirkungsweisen von Absorbern

In einem Absorber soll möglichst viel von einem in einem Abluftstrom unerwünschten Bestandteil in eine Flüssigphase überführt werden, mit möglichst wenig Druckabfall und auf möglichst kleinem Raum, d.h. mit möglichst kurzer Gas-Verweilzeit. Gleichung 8.11 zeigt, welche Einflußgrößen dabei eine Rolle spielen: Der Stoffübergangs-Koeffizient $k_{i,OG}$, die spezifische Stoffaustauschfläche a und das treibende Partialdruck-Gefälle $p_i - p_{i,GG}$. Das Partialdruck-Gefälle ist durch die Stoffströme und deren Zustand bestimmt und kann vom Absorber nicht beeinflußt werden. Durch die Absorber-Konstruktion beeinflußt werden können der Stoffübergangs-Koeffizient $k_{i,OG}$ und die spezifische Stoffaustauschfläche a, also die Größen, von denen die Höhe einer Stoffübergangseinheit HTU hauptsächlich bestimmt wird (Abschn. 8.1.6).

Abgesehen von den Stoffeigenschaften Dichte, Zähigkeit, Diffusionsgeschwindigkeit und Grenzflächenspannung wird die Höhe einer Stoffübergangseinheit HTU hauptsächlich von der Strömungsführung der beiden Phasen beeinflußt, die entscheidenden Einfluß auf den konvektiven Absorptiv-Transport aus der Gasphase zur Phasengrenzfläche und in der Flüssigphase von der Grenzfläche ins Film-, Strähnen- oder Tropfeninnere hat. Die Strömungsführung soll verschiedene Forderungen erfüllen:

- Im Stoffaustausch-Gebiet soll hohe Turbulenz herrschen. Turbulenz bedeutet Energiedissipation, zu bezahlen mit dem Eintrag mechanischer Energie in die Gas- oder Flüssigphase. Es ist sicherzustellen, daß Energiedissipation nur dort auftritt, wo sie dem Stofftransport dient, also da, wo nur kurze Stofftransportwege zu überwinden sind, und nicht an Auflage-Böden, Flüssigkeits-Verteilern und Leitungs-Umlenkungen.
- Alle Flüssigkeits- und Gasstromlinien sollten etwa gleich gute Stoffübergangs-Verhältnisse durchlaufen: Da der Stofftransport am wirkungsvollsten an Stellen mit hohen treibenden Partialdruck-Gefällen $p_i - p_{i,GG}$ ist, sollte keine Stoffübergangsfläche und keine Energiedissipation an Stellen verschwendet werden, an denen dieses Gefälle bereits gering ist, wenn parallel dazu noch Stellen existieren, an denen das Gefälle größer ist. Auch soll kein für den Stofftransport vorgesehenes Volumen durch zu geringen Stoffluß einer der beiden Phasen zu wenig genutzt werden.
- Kurze Stofftransportwege sollen erzeugt werden. Das erfordert nicht notwendigerweise hohen Energieeinsatz. Die Entwicklung von Füllkörpern und Packungen hat etwa in den letzten 15 Jahren gezeigt, daß durch intelligente Geometrien feine Verteilung der Phasen ohne hohen Druckverlust erreichbar ist. Zwei Richtungen wurden dabei verfolgt:
  • Auf definierten Wegen sich immer wieder kreuzende und neu verteilende Strömungen beider Phasen entlang an festen Wänden geordneter Packungen mit definiert großen Stoffaustauschflächen und

- auf stochastisch unterschiedlichen, aber statistisch gleichen Wegen strömende Phasen durch Schüttungen gitterförmiger Füllkörper, von denen die Stoffaustauschfläche zum großen Teil durch Bildung freifließender Tropfen und Strähnen erzeugt wird. Die freien Strömungselemente weichen bei örtlich hohen Staudrücken oder Scherspannungen aus und tragen damit zur Vergleichmäßigung der Stoffaustausch-Verhältnisse und zur Verringerung des Druckverlusts bei [31].
- Kurze Stofftransportwege und hohe Turbulenz können aber auch bewußt unter Einsatz von Energie erzeugt werden, wenn konstruktive (Invest-) Einsparungen den erhöhten Energieaufwand rechtfertigen. Dazu gibt es mehrere Möglichkeiten:
  - Einsatz besonders kleiner Füllkörper oder besonders engkanaliger Packungen führt zu niedrigen HTU-Werten, ist bei großen Kolonnen-Querschnitten aber anfällig für ungleichmäßige Strömungsverteilung (Maldistribution). Die erhöhte Verteilungsenergie ist über die Gasströmung aufzubringen.
  - Einsatz von Wirbelschichten erzeugt besonders hohe Turbulenz und besonders kurze Transportwege in beiden Phasen, führt zu besonders kleinen Absorber-Querschnitten und entnimmt die erhöhte Verteilungsenergie ebenfalls aus der Gasphase [32].
  - Einsatz von feinem, schnellem Flüssigkeits-Sprühnebel aus Düsen entnimmt die erhöhte Verteilungsenergie aus der Flüssigphase.
  - Einsatz von Stoffaustausch-Maschinen bringt die Verteilungs-Energie über bewegte Bauteile in den Absorber.

Die hier aufgezählten Möglichkeiten, durch geeignete Strömungsführung guten Stoffübergang zu erreichen, führen, unterschiedlich miteinander kombiniert, zu der großen Vielfalt von Absorber-Bauarten, von denen im folgenden nur einige der wichtigsten vorgestellt werden können.

8.3.2
Bauformen von Absorbern

Absorber können von den beiden Phasen im Gegen-, Kreuz- oder Gleichstrom durchströmt werden. Die eine Phase kann in ein freies, von der anderen Phase erfülltes Absorbervolumen beim Eintreten dispergiert werden, beide Phasen können durch Einbauten im ganzen Absorber auf eine große Stoffaustauschfläche verteilt werden oder sie können durch separat angetriebene, bewegte Einbauten zerteilt werden. Tabelle 8.4 zeigt, zu welchen Bauarten die Kombinationen dieser Möglichkeiten in der industriellen Praxis geführt haben.

Wie man sieht, sind nicht alle möglichen Kombinationen technisch verwirklicht worden. Und auch die genannten sind in ganz unterschiedlichem Maße geeignet für die Abluftreinigung, bei der das Abscheiden aus einem Gasstrom bis auf sehr geringe Restgehalte im Vordergrund steht und nicht die Erzeugung eines besonders reinen oder besonders konzentrierten Absorbats.

8.3 Absorber und Absorptionsverfahren

Tabelle 8.4. Absorber-Einteilung nach Strömungsführung und Grenzflächenerzeugung

	Gegenstrom	Kreuzstrom	Gleichstrom
G am Eintritt dispergiert	Blasensäule		Blasensäule
L am Eintritt dispergiert	Sprühturm	Radial-Düsenwäscher	Strahlwäscher
G an Einbauten in L verteilt	Glocken-, Tunnel-Boden-Kolonnen		
L an Einbauten in G verteilt	Füllkörper-Kol. Packungs-Kol. Wirbelschicht.-Kol.	Horizontalstrom-Wäscher	Füllkörper-Kol. Packungs-Kol.
G maschinell dispergiert			Begasungsrührer
L maschinell dispergiert		Rotationswäscher	Zerstäubungsmaschine

Einige wichtige Abluftreinigungs- Absorber sind schematisch in den Abb. 8.9 bis 8.13 dargestellt.

Sprühtürme sind leere Kolonnen, in die von oben das Absorbens eingedüst wird und von unten das absorptivbeladene Abgas einströmt. Sie werden vor allem für die SO_2-Abscheidung aus großen Rauchgasströmen eingesetzt (vgl. Abb. 8.15). Dort sind der geringe Druckverlust und die geringe Verschmutzungsanfälligkeit von Vorteil. Der Nachteil der im Verhältnis zu den meisten anderen Absorbern geringen spezifischen Stoffübergangsfläche wird ausgeglichen durch eine große Bauhöhe und einen großen Durchmesser. Sie bewirken eine lange Lebensdauer der fallenden Tropfen mit wenig Tropfen-Koaleszenz und deshalb doch insgesamt im Absorber eine große Stoffübergangsfläche. Wegen des geringen Druckverlusts muß die gleichmäßige Gasverteilung über dem Querschnitt durch eine geeignet ausgebildete Gaseinleitung in die Kolonne erreicht werden. Da beim Verdüsen auch ein Teil Feinsprüh entsteht und ausgetragene Absorbat-Tropfen nach der Wasserverdunstung zu erhöhten Partikelemissionen führen, sind Tropfenabscheider erforderlich, die gegen Ablagerungen mit Frischwasser zu bedüsen sind. Übliche Größenordnungen sind Absorptionszonen-Längen von 10 m, bis zu 6 Düsenebenen, Gasgeschwindigkeiten von 1 m/s und Flüssig-Gas-Massenverhältnisse von ≥ 5.

Strahlwäscher (Abb. 8.9) sind ebenfalls einbautenlose und deshalb kaum verstopfungsempfindliche Düsenwäscher. Sie sind ursprünglich aus Wasser- und Dampfstrahl-Förderorganen entstanden und haben neben guten Absorptions- und mittelmäßigen Staubabscheide-Eigenschaften den besonders bei explosionsfähigen Gasströmen geschätzten Vorzug, Gasströme gegen mäßige Strömungswiderstände, je nach Flüssig-Gas-Verhältnis bis zu etwa 10 mbar, fördern zu können. Ein mittlerer Betriebszustand liegt bei etwa 10 m/s Gasgeschwindigkeit, etwa 3 bar Überdruck vor der mit einem schlanken Sprühstrahl von nur etwa 20° Öffnungswinkel sprühenden Düse und einem Flüssig-Gas-Massenverhältnis von etwa 8. Wegen des hohen Flüssig-Gas-Verhältnisses sind

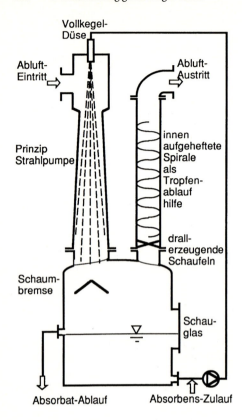

Abb. 8.9. Abscheidung gasförmiger Schadstoffe durch Absorption, Kondensation, Trockensorption und Membranpermeation

Strahlwäscher gut geeignet, hohe Chemisorptionswärmen in gekühlten Absorbens-Kreisläufen abzuführen.

Bodenkolonnen (Abb. 8.10) werden häufiger zur Abluftreinigung eingesetzt, als ihnen ihren Betriebseigenschaften gemäß zukäme: Da sie in vielen Betrieben als Destillations- und Rektifikations-Apparate bekannt und bewährt sind, ist die Bereitschaft zu ihrem Einsatz groß. Sie haben den Vorzug, daß die Höhe einer Stoffübergangseinheit, die eng korreliert ist mit dem bei Bodenkolonnen häufiger zur Berechnung benutzten theoretischen Boden, weitgehend unabhängig vom Absorbensstrom ist. Damit werden auch sehr geringe Flüssig-Gas-Verhältnisse und hohe Konzentrationen im ablaufenden Absorbat möglich. Das ist gelegentlich von Vorteil bei einmaligem Flüssigkeits-Durchgang, also besonders bei physikalischer Absorption. Von Nachteil sind relativ hohe Druckverluste, relativ aufwendiger und verschmutzungsanfälliger Aufbau und ein starker Leistungsabfall im unteren Gasbelastungsbereich, der Bodenkolonnen für stark variierende Gasströme wenig geeignet erscheinen läßt. Üblich sind 1–2 m/s Gas-Leerrohr-Geschwindigkeit, 2–5 Böden je Übergangseinheit und Flüssigkeitsbelastungen bis unter 1 m^3/m^2 h.

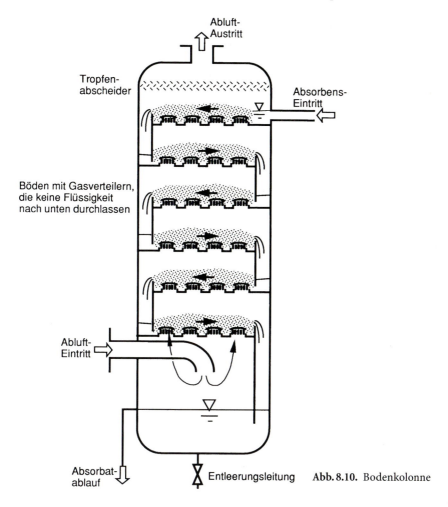

Abb. 8.10. Bodenkolonne

Die meisten Abluft-Absorber sind Füllkörper- oder Packungskolonnen (Abb. 8.11). Die in Abschn. 8.3.1 beschriebenen Eigenschaften der heute üblichen Kolonnenfüllungen ermöglichen gute Phasenverteilungen auf große Oberflächen bei geringen Druckverlusten und mäßiger Verschmutzungs-Empfindlichkeit. Packungen sind bei Verschmutzungs-Gefahr weniger geeignet als Gitter-Fülkörper, die gegebenenfalls auch ohne Demontage größerer Apparate-Teile durch seitliche Hand- oder Mannlöcher der Kolonnen ausgewechselt werden können. Kasten- und Tüllen-Flüssigkeitsverteiler, bei großen Flüssigkeitsbelastungen geweihförmige Rohre mit Austrittsbohrungen an der Unterseite und bei kleinen Flüssigkeitsbelastungen Kapillarverteiler verhindern das Entstehen von Feintropfen und erübrigen Tropfenabscheider. Geringe Randgängigkeit moderner Füllungen machen Zwischenvertei-

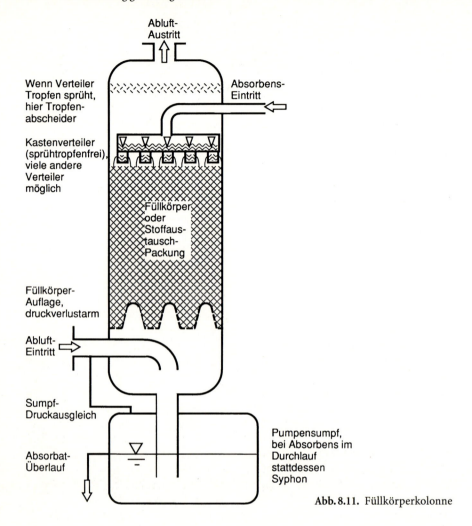

Abb. 8.11. Füllkörperkolonne

lungen auch bei hohen Kolonnenfüllungen überflüssig. Packungen mit Gewebestruktur ermöglichen durch Kapillarwirkung zwischen den Gewebefäden eine gute Gleichverteilung der Flüssigkeit über dem Querschnitt auch bei geringen Flüssigkeitsbelastungen. Und der einfache Aufbau der Füllkörperkolonnen verursacht verhältnismäßig geringe Kosten. Häufig wird zur Kennzeichnung der Gasbelastung der Gasbelastungs-Faktor

$$F = w\sqrt{\rho}, \tag{8.29}$$

das Produkt aus Leerrohrgeschwindigkeit und Wurzel der Gasdichte, benutzt. Übliche Betriebsdaten sind Gasbelastungen von

$$1-2\ \frac{m}{s}\sqrt{\frac{kg}{m^3}},$$

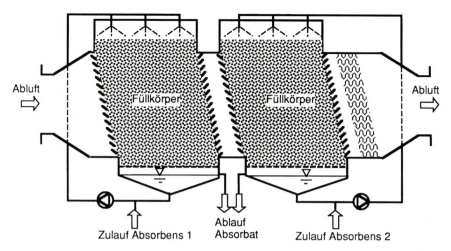

Abb. 8.12. Horizontalstromwäscher

Flüssigkeitsbelastungen von $\leq 1\ m^3/m^2\ h$ (Gewebepackungen, speziell strukturierte Blechpackungen) bis etwa $80\ m^3/m^2\ h$ (Gitterfüllkörper mit großem spezifischem Hohlraumvolumen ε) und Höhen einer Übergangseinheit HTU zwischen etwa 0,2 m (z. B. Ammoniak-Absorption aus Luft in Wasser unter günstigen Bedingungen) und etwa 1,8 m (z. B. Kohlendioxid in Natronlauge mittels Raschigringen von 50 mm Durchmesser).

Horizontalstromwäscher (Abb. 8.12) werden gelegentlich für große Gasströme eingesetzt ($> 5000\ m^3/h$), wenn die örtliche Statik oder die zulässige Bauhöhe eine vertikale Bauweise verbietet. Da die Strömung unvermeidlich im Kreuzstrom geführt werden muß, kommen sie praktisch nur für Chemisorption zum Einsatz (Ausnahme: im Zusammenhang mit elektrischer Ionisation zur Partikelabscheidung). Im Einzelfall ist zu prüfen, ob sich gegenüber einer Gegenstromkolonne wirtschaftliche Vorteile ergeben, die bei sehr großen Gasströmen auch z. B. in den Kosten für die Leitungsführung liegen können. Charakteristische Betriebsdaten sind ähnlich wie bei Füllkörperkolonnen.

Rotationswäscher (Abb. 8.13) sind im Grunde Hochleistungs-Staubwäscher. Es ist entsprechend viel Energie für ihren Betrieb aufzuwenden [33]. Dieser Aufwand ist nur gerechtfertigt, wenn er tatsächlich der Staubabscheidung dient. Zugleich kann aber auch eine wirkungsvolle Absorption erfolgen, etwa bei gleichzeitiger Feinstaub- und SO_2-Abscheidung aus dem Rauchgas einer Abfall-Verbrennung. Wenn der hohe Aufwand für einen Rotationswäscher erforderlich ist, ist es i. d. R. sinnvoll, ihn zweistufig auszuführen. Bei Zerstäuberrad-Umfangsgeschwindigkeiten von etwa 70 m/s und Flüssig-Gas-Massenverhältnissen je Stufe von etwa 1,5 [34] kann ein zweistufiger Rotationswäscher mit geeignet gestufter Natronlauge-Aufgabe SO_2 zu 99 % abscheiden. Bei 70 m/s Umfangsgeschwindigkeit bekommen die erzeugten Tropfen eine radial-tangential-Geschwindigkeit von etwa 100 m/s. Die kinetische Tropfenenergie erfordert die Leistungsaufnahme des Apparats.

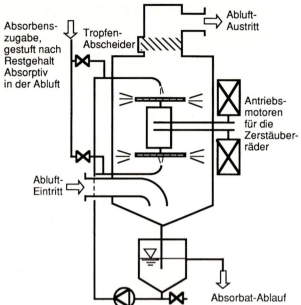

Abb. 8.13. Rotationswäscher

Wirbelschicht-Absorber werden bisher selten angewandt, obwohl in der Literatur ausgezeichnete Absorptions-Ergebnisse im Verhältnis zum Aufwand beschrieben sind. Es werden bis zu 300 mm hohe Schüttungen hohler Kunststoff-Wirbelkörper zu mehreren Betten übereinander angeordnet. Über dem obersten Bett ist wegen des starken Tropfen-Mitrisses ein Tropfenabscheider erforderlich. Wirbelschicht-Absorber werden mit Gasbelastungen bis etwa $F = 5 \frac{m}{s} \sqrt{\frac{kg}{m^3}}$ betrieben und können deshalb sehr kompakt gebaut werden. Der Druckverlust wird dabei nach [32] nicht größer als bei einer Füllkörperkolonne gleicher Leistung.

Blasensäulen werden wegen ihres hohen Druckverlusts i.d.R. nicht zur Abluftreinigung eingesetzt. Es gibt jedoch Fälle, in denen ein aus einem Überdruckprozeß abströmendes Gas absorptiv gereinigt werden soll. Dort kann eine Blasensäule die wirtschaftlichste Lösung darstellen. Da das Absorbens nicht umgepumpt werden braucht, wird das Absorptionsverfahren sehr einfach. Insbesondere gilt das für Notentspannungen über selbst absorbens-ansaugende Dispergierdüsen in Behälter mit einem vorgelegten Absorbens [35].

8.3.3
Absorptions-Verfahren für die Abgasreinigung

In diesem Abschnitt sollen vier Beispiele für Absorptionsanlagen den weiten Rahmen zeigen, innerhalb dessen absorptive Abluftreinigungsverfahren eingesetzt werden.

Gegenstromkolonne mit Wasserdurchlauf zur Acetonabsorption

Häufig werden geringe Konzentrationen wasserlöslicher und biologisch gut abbaubarer Dämpfe, z.B. Acetondämpfe, in einer physikalischen Gegenstrombabsorption absorbiert und das Absorbat einer biologischen Abwasserreinigung zugeführt. Da die Dämpfe oft ungleichmäßig und unvorhersehbar auftreten, z.B. aus unterschiedlichen Quellen eines großen Produktionsbetriebes, wird die Gegenstromkolonne mit einem konstanten Wasserstrom beaufschlagt, der aus Kostengründen möglichst klein sein soll, aber alle auftretenden Abluftströme bis auf zulässige Emissionen reinigen soll.

Tabellen 8.1 und 8.2 zeigen als Beispiel einen Abluftstrom von maximal 500 m³/h mit einer Beladung von max. 10 g/m³ Aceton. Die Wärmetönung der Absorption kann in diesem Fall vernachlässigt werden. Es werden sich wechselnde Temperaturen einstellen, die sich aus der jeweiligen Frischwassertemperatur, der durch Wasserverdunstung entzogenen Wärme, der Aceton-Absorptionswärme und der im Wärmeaustausch mit der Umgebung zu-/abfließenden Wärme ergeben. Unter mitteleuropäischen Verhältnissen wird eine Maximaltemperatur von 25 °C kaum überschritten. Eine geeignete Kolonne hat bei einem Durchmesser von 400 mm eine Gasbelastung von $F = 1{,}3 \; \frac{m}{s} \sqrt{\frac{kg}{m^3}}$ und erfordert 12,4 Stoffübergangseinheiten mit je 0,62 m Schütthöhe bei Verwendung von Kunststoff-Hiflow-Ringen mit 25 mm Nenndurchmesser. Eine Füllung aus einer hydrophilen Kunststoff-Gewebepackung führte zu einer niedrigeren Füllhöhe, wäre aber insgesamt sicher teurer. Bei der Schütthöhe sollten 20% Sicherheitszuschlag gegeben werden, so daß sich eine Schütthöhe von 9,2 m ergibt. Als Flüssigkeitsverteiler ist z.B. ein Kastenverteiler geeignet. Wegen der relativ geringen Berieselungsdichte von nur 8 m³/m²h bei 1 m³/h Absorbensstrom wäre evtl. ein Kapillarverteiler vorzuziehen. Eine Verteilerdüse kann ebenfalls benutzt werden, dann ist aber ein Tropfenabscheider erforderlich. Der Sprühwinkel der Düse muß gut auf den Abstand zwischen Füllkörperschüttungs-Oberkante und Düse abgestimmt sein und es muß im Betrieb kontrolliert werden, ob sich dieser Abstand durch Setzen der Füllkörper ändert. Ggf. müssen dann Füllkörper nachgefüllt werden. Am billigsten wird in diesem Fall eine Kunststoff-Kolonne aus Polypropylen oder glasfaserverstärktem Polyesterharz. Aber eine Glaskolonne bietet den Vorteil, daß der Betriebszustand einfach optisch kontrolliert werden kann. Im vorliegenden Fall ist mit der Bildung eines biologischen Schleimbelags im unteren Bereich der Packung zu rechnen, der von Zeit zu Zeit mit einer umzupumpenden etwa 20%igen Wasserstoffperoxid-Lösung zu entfernen ist. Solange die Schleimschicht dünn bleibt, unterstützt sie die Absorption: Sie baut das Aceton teilweise biologisch ab und hydrophiliert die Füllkörper. Der Absorbat-Ablauf erfolgt über einen Syphon zur Verhinderung eines unkontrollierten Abluftstromes in den Kanal. Der maximale Druckverlust der Kolonne wird einschließlich Verteiler und Eintritts-Austritts-Umlenkungen etwa 20 mbar betragen, zuzüglich weiterer Rohrleitungs-Druckverluste, so daß ein relativ leiser Ventilator mit nur etwa 0,5 kW el. Leistungsbedarf ausreichend ist. Zur Einstellung des Absorbensstroms sollte ein Rotameter mit Handventil installiert sein. Steigerung der Überwachungsansprüche führt zu Min/Max-Alarmierung des Rotameters, Laufüberwachung des Ventilators, Meßblende für Kontrolle des Abluftstromes und Flammenionisationsdetektor zur Emissionsüberwachung. Bei der Kostenrechnung werden neben den Kapitalkosten vor allem die Abwasserkosten bestimmend.

Absorption unpolarer Dämpfe in nichtwäßrigen Absorbentien

Zur Abscheidung von Dämpfen hydrophober Organika kommen nicht-wäßrige Absorbentien in Frage, die nicht ins Abwasser gegeben werden dürfen, sondern wieder aufgearbeitet werden müssen. In Abschn. 8.2.1 wurden einige dafür geeignete organische Absorbentien vorgestellt. Hier folgt nun die Beschreibung einer entsprechenden Absorptionsanlage, entnommen aus [36]:

Das Beispiel in Abb. 8.14 zeigt eine Gegenstrom-Absorption organischer Dämpfe in Polyethylenglycol-Dimethylether. Die Roh-Abluft enthält:

Ethanol-Konzentration $\quad$ 7,5 g/m^3
Trichlorethylen-Konzentration $\quad$ 19 g/m^3
Wasserdampf-Konzentration $\quad$ < 30 g/m^3

Das Absorbat aus der Absorptionskolonne
$\left(\text{Berieselungsdichte B} = 10{,}4 \text{ m}^3/\text{m}^2\text{h, Gasbelastung F} = 1{,}26 \dfrac{\text{m}}{\text{s}}\sqrt{\dfrac{\text{kg}}{\text{m}^3}}\right)$
wird über einen Wärmeaustauscher auf 113 °C, in einem weiteren indirekten Erhitzer auf etwa 130 °C erhitzt und in eine Vakuum-Destillations- bzw. -Strippkolonne gegeben. Bei 60 mbar Absolutdruck werden im Abtriebsteil dieser Kolonne mittels 30 l/h in den Sumpf eingespeisten und dort durch das heiße Absorbens verdampften Wassers das Ethanol, das Trichlorethylen und das Wasser sowie geringe Anteile des Absorbens verdampft und in den Verstärkungsteil gedrückt. Im Verstärkungsteil werden den aufsteigenden Dämpfen ein Teil der Wasser-Ethanol-Phase aus der Brüdenkondensation entgegengeleitet und damit die Absorbensdämpfe praktisch vollständig in die Flüssigphase zurückgeholt. Über den Kopf der Kolonne werden die Dämpfe von Ethanol, Trichlorethylen und Wasser durch einen Kondensator gesaugt und vom Vakuumerzeuger, Drehkolben- und Flüssigkeitsring-Verdichter, über einen zweiten Kon-

densator die nicht kondensierbaren Anteile wieder vor die Absorptionskolonne gedrückt. Das Kondensat zerfällt in eine direkt im Betrieb wieder einsetzbare Trichlorethylen-Phase und eine wäßrig- ethanolische Phase, die destillativ zur Rückgewinnung von Ethanol weiter getrennt wird. Das aus dem Sumpf der Desorptionskolonne abgezogene, heiße Absorbens wird im Wärmeaustauscher vom Absorbat auf etwa 47 °C abgekühlt und in einem Kühler mittels Kaltwasser auf die Absorptionstemperatur von 30 °C gebracht, mit der es erneut auf die Absorptionskolonne gegeben wird. Es ist hervorzuheben, daß in diesem Fall die Absorption nicht aus einem Abluftproblem ein Abwasserproblem macht: Es fällt zwar ein Abwasserstrom aus der Ethanoldestillation an, er enthält jedoch nur einen Bruchteil der absorbierten Organika. Der weitaus überwiegende Teil kann als Lösemittel wiederverwendet werden.

Chemisorption von SO_2 aus Rauchgas

Die größten Absorptionsanlagen werden gegenwärtig als Rauchgas-Entschwefelungs-Anlagen (REA) hinter fossil befeuerten Dampfkesseln betrieben. Es war Anfang der 80er Jahre faszinierend, zu beobachten, wie sich eine

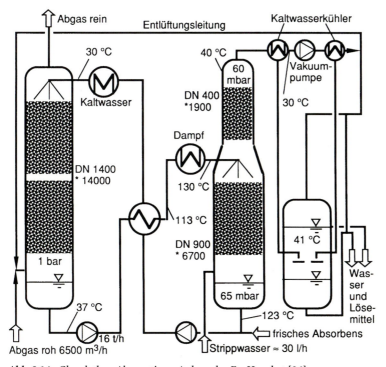

Abb. 8.14. Glycolether-Absorptions-Anlage der Fa. Hoechst [36]

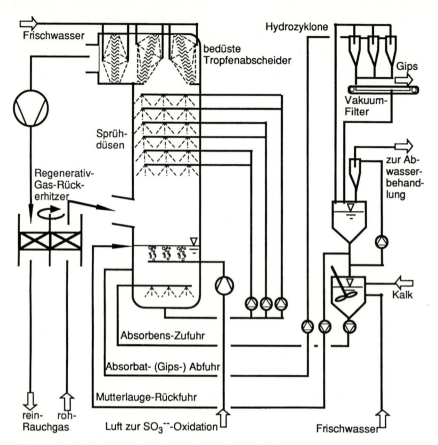

Abb. 8.15. Abscheidung gasförmiger Schadstoffe durch Absorption, Kondensation, Trockensorption und Membranpermeation

Vielzahl von SO_2-Absorptionsverfahren zur Erzeugung von Gips unter Einsatz von suspendiertem Kalksteinmehl nach und nach immer mehr einander anglich, bis schließlich die Verfahren einer Reihe von Herstellern kaum noch voneinander zu unterscheiden waren: Hier existiert offensichtlich ein Optimum, dem sich die Verfahren von verschiedenen Grundkonzepten her angenähert haben. Schon früh dicht an diesem Optimum lag das Verfahren der Fa. Bischoff, Essen, das in Abb. 8.15 dargestellt ist.

> In diesem Beispiel gibt das Rauchgas zunächst in einem rotierenden, regenerativen Gasvorwärmer (GAVO) Wärme ab, strömt dann von unten in die von 6 Düsenebenen bedüste Absorptionszone unter Abkühlung auf etwa 50 °C, darüber durch mehrere Lagen frischwasser-bedüster Lamellen-Tropfenabscheider, durch ein mit wassergesättigtem Rauchgas be-

triebenes Naßgebläse, nimmt aus dem Gasvorwärmer Wärme wieder auf und wird so als nicht-wassergesättigtes Rauchgas über einen Kamin in die Atmosphäre entlassen. In den Sumpf des Waschturms wird Luft feinverteilt eingeblasen, die eine Oxidation von Calciumsulfit zu Gips bewirkt. Die Zugabe von Kalksteinmehl wird so geregelt, daß ein pH-Wert von 4–5 im Absorbens gehalten wird. Das bedeutet leichten Schwefelsäure-Überschuß und damit Hemmung der Dissoziation des aus dem absorbierten SO_2 gebildeten H_2SO_3. Die SO_2-Absorption wird dadurch ebenfalls etwas gehemmt. Aber die Auflösung von Kalksteinmehl wird gefördert. Der Gips-Gehalt im Absorbat wird hoch gehalten, indem nur ein Teilstrom aus dem Wäschersumpf abgezogen und über Hydrozyklone von Gipskristallen getrennt wird. Dadurch bleibt die Gips-Übersättigung des Absorbats gering und die Bildung großer, gut zu entwässernder Gipskristalle wird gefördert. Zugleich wird verhindert, daß Gips an den Wänden und Einbauten des Wäschers auskristalisiert. Der Unterlauf der ersten Hydrozyklon-Stufe (es handelt sich immer um eine Vielzahl parallelgeschalteter Hydrozyklone) wird über ein Filter weiter entwässert und feucht zum Abtransport gespeichert. Hydrozyklon-Überlauf und Filter-Ablauf werden zum Anmaischen des Kalksteinmehls eingesetzt, ein Teil wird vorher über eine zweite Hydrozyklonstufe weiter von Kristallen befreit und zur Abwasser-Reinigung geleitet, in der vor allem Schwermetalle durch Kalkzugabe ausgefällt werden.

Ammoniakabsorption zu 20%igem Ammoniakwasser

In einem weiteren Beispiel soll aus einem Abgasstrom von 100–1000 m³/h (N), im Durchschnitt 500 m³/h (N), mit hoher, wechselnder Ammoniakkonzentration von maximal 350 kg/h, im Durchschnitt 250 kg/h, zugleich mit der Einhaltung einer Emissionsgrenze von 10 mg/m³ (N) ein wiederverwendbares, mindestens 20%iges Ammoniakwasser erzeugt werden. Das Abgas hat eine Temperatur von max. 35 °C.

Für diese Aufgabe kann eine Absorptionsanlage verwendet werden, wie in Abb. 8.16 dargestellt. Ein Strahlwäscher, Strahlrohr- oder Kehlen-Durchmesser 200 mm, wird mit einem solegekühlten Flüssigkeits-Kreislauf von 8 m³/h betrieben. Da 20%iges Ammoniakwasser einen Gefrierpunkt von etwa –30 °C hat, besteht keine Einfriergefahr, solange die Ammoniakkonzentration hoch genug bleibt. Durch freigesetzte Absorptionswärme erwärmt sich der Kreislauf auf etwa 10 °C. Im Strahlwäscher werden dabei mindestens etwa 95% des Ammoniaks absorbiert. Eine nachgeschaltete Gegenstrom-Absorptionskolonne ⌀ 500 mm wird konstant mit 1 m³/h vollentsalzten Wassers beaufschlagt. Da die Berieselungsdichte mit etwa 5 m³/m² h gering ist, wird eine hydrophile Kunststoff-Gewebepackung als Füllung verwendet. Die Temperatur steigt in dieser Kolonne um maximal etwa 12 K an und es läuft maximal etwa 2,5%iges Ammoniakwasser ab in den Sumpfbehälter des Strahlwäschers. Unter diesen Bedingungen ist die Höhe der Emissionskonzentration nur eine Frage der Kolonnenhöhe. Im vorliegenden Fall werden 4000 mm als ausreichend angesehen. Wegen der nicht genau definierten Extremzustände ist die Auslegung mit beträchtlichen Sicherheitszuschlägen versehen.

Anstelle des in Abb. 8.16 dargestellten Strahlwäschers kann die Kolonne auch nach unten um eine etwa 3 m hohe Schicht mit Gitterfüllkörpern DN 35 verlängert werden und der gekühlte Kreislauf zusammen mit dem Ablauf aus dem oberen Teil der Kolonne auf diesen unteren Kolonnenteil gegeben werden. Ein Sumpfbehälter wie der Strahlwäschersumpf ist als Pumpen-Vorlage auch hier erforderlich. Die Anlage wird dann allerdings wesentlich höher.

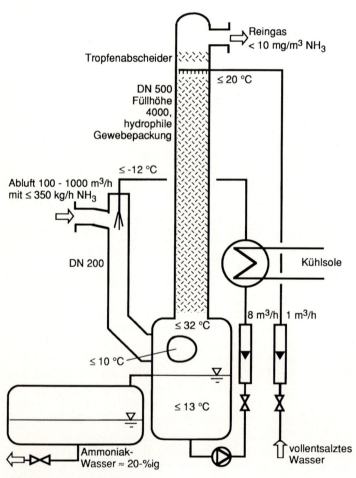

Abb. 8.16. Ammoniak-Absorption

8.4
Kondensation

8.4.1
Teilkondensation von Dämpfen aus Abluft

Kondensation stellt einen Sonderfall der Absorption dar: Bei der Kondensation besteht das Absorbens allein aus den verflüssigten Dämpfen und die Dämpfe über der Flüssigphase befinden sich im Sättigungszustand. Falls mehrere Dämpfe zu einer gemeinsamen Flüssigphase kondensieren, ist das der Sättigungszustand des Dämpfe-Gemischs, nicht der einzelnen Bestandteile. Die Konzentrationen der einzelnen Bestandteile in Flüssig- und Gasphase sind dann wie bei einer Absorption zu berechnen. Um die Flüssigphase zu erzeugen, muß immer Wärme abgeführt werden. Normalerweise wird die Wärme an überströmte Wände abgegeben, die sie auf der anderen Seite an ein Kühlmedium, meistens Kühlwasser, weiterleiten. Der Verlauf einer Kondensation muß aus den gekoppelten Beziehungen für Wärme- und Stoffübergang berechnet werden. Anleitungen und Beispiele dazu findet man in Kapitel JBB des VDI-Wärmeatlas [37] oder, in Kurzdarstellung, in [2], Kapitel 10 und [15], Vol. B 3, S. 2–88 ff. Der erreichbare Endzustand einer Kondensation kann in grober Näherung dadurch bestimmt werden, daß eine Endtemperatur des Dämpfe-Gemischs angenommen wird, die um einen geeigneten Betrag, i.d.R. 5–30 K, über der Temperatur des zur Verfügung stehenden Kühlmediums liegt. Im Fall eines einzigen dampfförmigen Bestandteils in nichtkondensierbaren Gasen wie z.B. Abluft kann der dampfförmig verbleibende Anteil über die Kondensations-Endtemperatur aus einem Diagramm wie Abb. 8.1 oder über die Antoine-Gleichung (8.2) mit den zugehörigen Koeffizienten entsprechend Abb. 8.2 oder Abb. 8.3 bestimmt werden. Näherungsweise kann dieses Vorgehen auch für zwei Dämpfe getrennt angewandt werden, wenn sie zwei Flüssigphasen bilden, die nur in Spuren ineinander löslich sind. Wenn jedoch mehrere Dämpfe bei der Kondensation eine gemeinsame Flüssigphase bilden, müssen ideale Mischungen entsprechend Gl. (8.3) angenommen werden oder Verteilungskoeffizienten, z.B. Aktivitätskoeffizienten, bekannt sein oder gemessen werden. Für viele Zweistoff-Systeme können die Dampfdrücke der einzelnen Bestandteile einer Flüssigphase aus [3], Kapitel 2221, oder aus Enthalpie-Konzentrations-Diagrammen mit eingetragenen Isothermen entnommen werden, wie sie z.B. in [2], Kapitel 3, zu finden sind. Ideales Verhalten kann nur bei chemisch und physikalisch einander ähnlichen Stoffen angenommen werden.

Ist die Phasenverteilung nach Kondensation bekannt, kann die dazu erforderliche Wärmeabfuhr berechnet werden. Sie entspricht der Enthalpiedifferenz zwischen eintretenden und austretenden Stoffen auf der Gas-Dampf-Kondensat-Seite des Kondensators, also

- der spezifischen Wärmekapazität der Inertgase und Dämpfe, multipliziert mit der Temperaturänderung,
- aus der Kondensationswärme der kondensierten Anteile der Dämpfe und

– aus zusätzlichen Mischungsenthalpien im Falle zu einer gemeinsamen Phase kondensierter Dämpfe.

Auch für die Bestimmung der erforderlichen Wärmeabfuhr zur Kondensation der Dämpfe sind Enthalpie-Konzentrations-Diagramme mit eingetragenen Isothermen geeignet.

Eine Berechnung der zur Wärmeabfuhr erforderlichen Wärmeübergangsflächen erfolgt nach [37]. Abschätzungen aus Erfahrungswerten für Wärmeübergangskoeffizienten bei Teilkondensation sind meistens stark fehlerbehaftet und erfordern entsprechend große Sicherheitszuschläge.

8.4.2
Zusammenwirken von Kondensation und Absorption

Meistens sind $>10\,g/m^3$ Wasserdampf in der Abluft enthalten. Wasser kann eine Kondensation bei Temperaturen unter 0 °C durch Eisbildung stark beeinträchtigen. Treten Wasserdampf, wasserlösliche und wasserunlösliche Dämpfe gemeinsam auf, bilden sie bei der Kondensation zwei Phasen. Jede Phase hat ihren eigenen Dampfdruck, der sich entsprechend den Anteilen ihrer Inhaltsstoffe addiert. Unter günstigen Bedingungen kann in einer Kondensatphase eine Absorption die Kondensation einzelner Komponenten unterstützen. Dann muß allerdings möglicherweise eine recht aufwendige Kondensat-Aufarbeitung angeschlossen werden.

Ein Beispiel soll die Unterstützung einer Kondensation durch Lösemitteldampf-Absorption in mitkondensiertem Wasser demonstrieren: Mittels Kaltwasserkühlung ist in einem Abluftstrom eine Kondensator-Austritts-Temperatur von 10 °C ohne übermäßig große Wärmeaustauscherflächen erreichbar. Wassergesättigte Abluft von 45 °C, die 77 g/m³ (N) Wasser enthält, enthalte außerdem 100 g/m³ (N) iso-Propanol (IPL). Die Abluft werde in einem Kondensator auf 10 °C abgekühlt. Dann bildet sich eine Kondensatphase aus Wasser und iso-Propanol. Über folgenden Rechengang, am besten in einer PC-Kalkulationstabelle, kann sie berechnet werden:

– Rohgas-Dampfdrücke $p_{i,roh}$ der Bestandteile aus Massenkonzentrationen c_i, Norm-Molvolumen V_M und Molgewichten M_i berechnen
– Molanteil x_{Wasser} für Wasser in der Flüssigphase zunächst beliebig annehmen, Rest der Flüssigphase ist IPL
– Sättigungsdampfdrücke p_{is} der reinen Bestandteile für 10 °C aus Tabellenwerken oder Antoine-Gl. (8.3) entnehmen (für 10 °C findet man 12,3 mbar für Wasser und 22,5 mbar für IPL)
– Aktivitätskoeffizienten γ_i von Wasser und IPL aus [3] bestimmen (in [3] wird γ mit f' bezeichnet). In [3] sind Verläufe von γ_i über den Molkonzentrationen x_i angegeben. Zur Vereinfachung der später erfor-

derlichen Iteration werden die $\gamma_i(x_i)$-Verläufe am besten analytisch angenähert. Aus [3] können folgende Verläufe gebildet werden:

$$\gamma_{Wasser}(x_{Wasser}) = 10\wedge(0{,}485 \cdot (1 - x_{Wasser})^{1,1}) \qquad (8.30)$$
$$\gamma_{IPL}(x_{IPL}) = 10\wedge((1-x_{IPL})^{3,3}) \qquad (8.30)$$

Diese Verläufe gelten nach [3] für den Siedezustand bei Atmosphärendruck p_{ges}, können jedoch in erster Näherung auch für den vorliegenden Fall benutzt werden.

- Dampfdrücke p_i der Bestandteile bei 10 °C berechnen über Gl. (8.4)
- mit Molgewichten M_i multiplizieren, durch Norm-Molvolumen V_M dividieren, ergibt die Massenkonzentrationen $c_{i,rein}$ im Reingas
- $c_{i,rein}$ von Rohgas-Massenkonzentrationen $c_{i,roh}$ abgezogen ergibt Massenkonzentrationen $c_{i,kond}$ der auskondensierten Bestandteile. Das gilt allerdings nur, wenn die Rohgaskonzentrationen gering sind. Im vorliegenden Fall haben die Rohgaskonzentrationen von Wasser und IPL zusammen 12,3 % Volumenanteil, deshalb muß die Volumenabnahme durch Kondensation berücksichtigt werden, indem die (Gasphasen-bezogenen!) Massenkonzentrationen $c_{i,kond}$ der auskondensierten Bestandteile, hier auf das Reingasvolumen bezogen, über eine Massenbilanz bestimmt werden:

$$c_{i,kond} = \left(\frac{c_{i,roh}}{p_{ges} - \Sigma p_{i,roh}} - \frac{c_{i,rein}}{p_{ges} - \Sigma p_{i,rein}} \right) \cdot (p_{ges} - \Sigma p_{i,rein}) \qquad (8.32)$$

- aus $c_{i,kond}$ Massenanteile ξ_i von Wasser und IPL in der Kondensatphase bestimmen
- über

$$x_i = \frac{\xi_i / M_i}{\Sigma \xi_i / M_i} \qquad (8.33)$$

die wahre molare Zusammensetzung der Kondensatphase berechnen

- Durch iterative Änderung der anfangs willkürlich angenommenen Zusammensetzung der Kondensatphase diese mit der berechneten zur Übereinstimmung bringen.

Es zeigt sich, daß im vorliegenden Fall durch die Anwesenheit des Wassers etwa 50 % mehr IPL kondensiert, als ohne das Wasser. Aber etwa 37 g/m³ (N) IPL verbleiben in der Abluft.

Das Beispiel geht von der Vorstellung aus, daß bis zum Ende der Kondensation das gesamte Kondensat im Kontakt mit der Abluft bleibt, und daß sich zum Schluß thermisches und stoffliches Gleichgewicht einstellen. Dieser Vorstellung kann ein im Gleichstrom von Abluft und Kondensat in den Rohren durchflossener Rohrbündel-Wärmeaustauscher entsprechen. Es läge dann nahe, die Absorption durch Zugabe von zusätzlichem Wasser zu unterstützen. Dazu wäre ein vertikal von oben nach unten durchflossenes, gekühltes Rohrbündel geeignet, das am Kopf der Rohre geeignete Einlauftüllen zur gleichmäßigen Verteilung des zusätzlichen Wassers benötigte. Ein solcher Apparat wird als gekühlter Fallfilm-Absorber bezeichnet. Dem Verfaser ist kein Einsatzfall in derAblufttechnik bekannt.

8.4.3
Kondensations-Verfahren für die Abgasreinigung

Die Leistungsfähigkeit von Kondensationsverfahren ist begrenzt durch die Temperaturabhängigkeit der Dampfdrücke der verschiedenen Dämpfe. Abb. 8.1 gibt dazu eine Reihe von Beispielen. Daraus folgt, daß die TA-Luft-Grenzen [1] mittels Kondensation bei Temperaturen oberhalb des Wasser-Gefrierpunktes praktisch bei keinem Lösemitteldampf einzuhalten sind. Dämpfe hochsiedender Abluftinhaltsstoffe sind zwar gelegentlich durch Kondensation bis auf emissionsfähige Konzentrationen abscheidbar, dann aber meistens schon fest oder so zäh, daß ihr Austrag aus dem Kondensator Schwierigkeiten macht.

Durch Druckerhöhung kann die Wirkung eines Kondensationsverfahrens gelegentlich wesentlich verbessert werden [38]. Da die Sättigungsdrücke der Dämpfe nur von der Temperatur abhängen, nehmen sie bei einer Gesamtdruckerhöhung nicht zu. Wird der Abluft-Gesamtdruck z. B. vor einem Kondensator verdoppelt und danach wieder auf den Anfangswert entspannt, dann ist bei gleicher Kondensationstemperatur der Partialdruck der Dämpfe nach der Entspannung nur noch halb so hoch wie ohne Kompression. Die Restmenge der Dämpfe beträgt sogar noch weniger als die Hälfte, da durch die erhöhte Kondensation das Gasvolumen entsprechend stärker abnimmt.

Bei den Kondensationsverfahren zur Abluftreinigung sind drei Temperaturbereiche mit drei verschiedenen Arten von Kühlmitteln zu unterscheiden:

- Kühl- und Kaltwasser, gelegentlich auch Luft als Kühlmittel, wobei die erreichbaren Ablufttemperaturen > 0 °C bleiben,
- Kühlsole oder verdampfende Kältemittel aus einstufigen Kältemaschinen (mehrstufige werden für Abluftreinigung bisher nicht eingesetzt) als Kühlmittel mit erreichbaren Ablufttemperaturen bis etwa −50 °C und
- flüssiger Stickstoff als Kühlmittel, womit Ablufttemperaturen bis etwa −120 °C erreicht werden, wenn es erforderlich wäre, auch noch tiefer.

Verfahren mit Kondensationstemperaturen > 0 °C

Die energetisch günstige und technisch einfache indirekte Kondensation mittels Kühlwasser oder Kaltwasser (maschinell auf nahe 0 °C gekühltes Kühlwasser) in Wärmeaustauschern ist normalerweise eine Teilabscheidung:

- Wenn in einem geschlossenen Gaskreislauf ein dem Dampfdruck bei der erreichbaren Temperatur entsprechendes Konzentrationsniveau zulässig ist, kann ein solcher Kondensator als Lösemittelsenke arbeiten. Das kann z. B.

8.4 Kondensation 345

bei einem Kreisgastrockner oder im Inertgas-Kreislauf einer Aktivkohle-Adsorptionsanlage mit Inertgas-Regeneration der Fall sein (vgl. Kapitel 10).
- Wenn ein potentiell als Zündquelle wirkendes Verfahren nachgeschaltet werden soll, können Kondensation und zuverlässige Aerosolabscheidung eine Zündfähigkeit der Abluft für eine Reihe von Dämpfen verhindern; denn die untere Explosionsgrenze fast aller Dämpfe in Luft ist $>40\,g/m^3$.
- Wenn auskondensiertes Lösemittel mit Gewinn wieder aufgearbeitet oder wieder eingesetzt werden kann, ist Kondensation vor einem zur Rückgewinnung ungeeigneten Endreinigungsschritt sinnvoll.
- Wenn der Aufwand für ein TA-Luft-geeignetes Emissions-Begrenzungs-Verfahren stark abhängt von der Rohgas-Konzentration, kann Vorkondensation kostensenkend wirken.
- Wenn ein Rotations-Adsorber auf Aktivkohle-Basis eingesetzt wird, um einen Abluftstrom bis auf TA-Luft-Qualität zu reinigen, wird ein Segment des Rotors entsprechend dem Ljungström-Wärmeaustauscher-Prinzip ständig mit heißem Gas oder Wasserdampf desorbiert (vgl. Kapitel Adsorption, Abschnitte 10.6.3 und 10.7.2.4). Das Desorbat kann in einem Kondensator vom größten Teil der aufgenommenen Dämpfe befreit werden. Im Falle einer Heißgas-Desorption kann die Kondensation Teil eines Desorptions-Gaskreislaufs mit mehreren Wärmeaustauschern sein. Das Desorptionsgas kann nach der Kondensation aber auch dem Rohgas beigemischt werden.

Die weitaus meisten Kondensationsverfahren zur Abscheidung bestimmter Abluft-Bestandteile benutzen wassergekühlte Rohrbündel-Wärmeaustauscher als Kondensatoren. Dabei findet normalerweise die Kondensation auf der Außenseite von schwach in Richtung Abluft-Austritt geneigten Rohren statt. Die Rohre sind mit Umlenk-Schikanen versehen, um eine gute Gasverteilung zu erzeugen und Strömungs-Kurzschluß zu vermeiden. Die Schikanen lassen am tiefsten Punkt einen Durchlaß für ablaufendes Kondensat frei.

Diese Anordnung bewirkt, daß nur dünne Kondensatfilme mit wenig Wärmedurchgangs-Widerstand auf den Rohren gebildet werden. Kondensat läuft auf dem schnellsten Weg auf den Grund des Rohrmantels und dort zum kalten Ende hin ab, so daß nichts wieder verdampft aber auch nichts bereits kondensiertes weiter gekühlt wird. Wenn dann auch noch Abluft und Kühlmittel im Gegenstrom zueinander geführt werden, ist ein minimaler Aufwand an Kühlmittel und Wärmeaustauschfläche für einen vorgegebenen Dämpfe-Restgehalt in der Abluft möglich.

Von dieser Anordnung wird abgewichen, wenn mit Verschmutzungen der Wärmeaustauschfläche auf der Abluftseite gerechnet werden muß. Dann wird die Abluft im Inneren der Rohre geführt, da sie von innen einfacher zu reinigen sind.

Wenn Temperaturen oberhalb der höchsten Atmosphärentemperatur ausreichen, um die gestellte Kondensationsaufgabe zu lösen, kann auch in außen berippten, luftgekühlten Rohren kondensiert werden.

Gelegentlich werden Dämpfe aus Abluft in direktem Kontakt mit einem kalten Flüssigkeitsstrom kondensiert. Als Apparate können dazu grundsätzlich alle oben beschriebenen Absorber dienen. Meistens nimmt man aber Strahlwäscher oder Füllkörperkolonnen. Häufig ist die Kondensation dann auch mit einer Absorption kombiniert. Kühlwasser im Durchlauf wird dabei selten eingesetzt, weil dann viel Abwasser entsteht. Häufiger wird ein Kondensat-Kreislauf indirekt mit flüssig-flüssig-Wärmeaustausch gekühlt und dann zur direkten Kondensation eingesetzt, apparativ gleich wie in Abb. 8.16 für die Ammoniak-Absorption dargestellt.

Verfahren mit Kondensationstemperaturen bis etwa −50 °C

Soll bei Temperaturen unter dem Wasser-Gefrierpunkt kondensiert werden, stört fast immer ausfrierendes Wasser. Es kann dann evtl. mit abwechselnd kondensierenden und abtauenden Wechselkühlern gearbeitet werden. Aber die Praxis zeigt dabei oft Probleme:

- Es ist keineswegs sicher, daß sich ein solcher Kühler mit einer gleichmäßig verteilt wachsenden Eisschicht bezieht, gelegentlich kann er unmittelbar am Rohgas-Eintritts-Stutzen zufrieren und die Standzeit einer Kühlphase unzulässig verkürzen. Gegenmittel kann dann eine günstigere Strömungsführung des Kältemittels sein oder eine örtliche Erhöhung des Wärmedurchgangs-Widerstandes.
- Wenn bei der Kondensation der Wärmetransport von der Wand in die strömende Abluft gut ist, der Stofftransport aus der Strömung an die Wand aber schlecht, z. B. bei großen Temperaturgradienten und kleinen Diffusionskoeffizienten der kondensierenden Bestandteile, kann es zu Aerosolbildung kommen. Werden die Aerosole nicht sorgfältig abgeschieden, bleiben die Konzentrationen in der Abluft höher, als dem Taupunkt entspricht.

Das Vereisungsproblem kann durch die oben beschriebene direkte Kondensation mit indirekt gekühltem Kondensatkreislauf umgangen werden [39]. Dabei ausfrierendes Wasser fällt dann in Schuppen oder Schollen an, die diskontinuierlich oder in günstigen Fällen auch kontinuierlich abgezogen werden können. Das Verfahren ist allerdings im Dauerbetrieb nur sicher, wenn die Kondensatphase im eingestellten Temperaturbereich keine wesentliche Änderung der Löslichkeit von Wasser zeigt. Anderenfalls friert der Kondensatkühler trotzdem zu. Eine Variante dieses Verfahrens benutzt ein von der Abluft durchperltes Kondensat-Bad, das vom Verdampfer einer Kältemaschine indirekt gekühlt wird [40]. Auch dabei ist wieder Kombination mit einer Absorption möglich, indem dem Kondensat ein Absorbens mit geringem Dampfdruck beigegeben wird und ein Teilstrom ständig destillativ regeneriert wird.

Verfahren mit flüssigem Stickstoff als Kältemittel

Die meisten Hersteller von Flüssiggasen und einige Anlagenbauer bieten seit einiger Zeit Tieftemperatur-Kondensationsverfahren unter Verdampfung von flüssigem Stickstoff an. Dabei wird häufig im Wechseltakt gearbeitet und es sind zur Beherrschung von festen Ablagerungen und Aerosol- bzw. Schnee-Durchschlägen in Aufwand und Betriebssicherheit unterschiedlich diffizile Energiesparschaltungen entwickelt worden.

Dagegen wird beim Crysumat®-Verfahren der Fa. Messer Griesheim in einer Füllkörperkolonne ein Strom von flüssigem Stickstoff der Abluft entgegengeführt. Luftverunreinigende Dämpfe frieren dabei auf den Füllkörpern aus und müssen diskontinuierlich abgetaut werden. Der verdampfte Stickstoff verläßt mit der gereinigten Luft das System. Dieses Verfahren verbraucht mehr Stickstoff als Luft gereinigt wird. Es ist deshalb nur für kleine, selten auftretende Abluftströme wirtschaftlich sinnvoll, wobei der geringe Installationsaufwand die Wirtschaftlichkeit unterstützt.

Für die Vermeidung von Aerosol- und Schneebildung hat sich ein zwischen Stickstoff-Verdampfer und Abluftkühler geschalteter Gas- oder Flüssigkeits-Kreislauf bewährt. Während die Temperatur des Stickstoff-Verdampfers auch durch Druckänderungen nur wenig zu beeinflussen ist, ermöglicht der Zwischenkreislauf eine angepaßte Temperaturführung mit geringen Temperaturgradienten.

Seit 1993 wird in einer Pilotanlage das Crysumat®-K-Verfahren [41] betrieben, bei dem ein Rutschbett aus Stahlkugeln dem Abluftstrom entgegenrutscht. Die Stahlkugeln werden in der Mitte des Apparats von flüssigem Stickstoff indirekt tiefgekühlt. An der Kugel unterhalb des indirekten Kühlers kondensieren und frieren die Abluftinhaltsstoffe (und vor allem Wasser) aus, so daß der Kühler eisfrei bleibt. Die vereisten Kugeln rutschen der Abluft entgegen und werden im unteren, wärmeren Bereich wieder abgetaut, wobei die Flüssigkeit nach unten abläuft, abgezogen und evtl. wiederverwendet wird. Die aus dem Apparat unten austretenden Kugeln werden getrocknet, die Trocknungsbrüden der Roh-Abluft zugeschlagen. Anschließend werden die Kugeln oben wieder aufgegeben, wo sie oberhalb des Kühlers von der aufsteigenden, gereinigten Abluft vorgekühlt werden. Bei idealer Isolation und sehr hoher Kolonne ist vom flüssigen Stickstoff nur die Kondensationswärme aufzunehmen, der Verbrauch bleibt verhältnismäßig gering. Der verdampfte Stickstoff kommt mit der Abluft nicht in Kontakt und kann deshalb z.B. zu Inertisierungszwecken weiterverwendet werden.

8.5
Membranpermeation

8.5.1
Diffusion, Adsorption, Absorption und Quellung in Membranen

Zur kontinuierlichen Trennung von Gasgemischen mittels Gaspermeation werden schon seit längerer Zeit Membranen aus starren Polymermolekülen (z.B. Polyetherimid) eingesetzt. In diesen Membranen wird die Diffusion größerer Moleküle stärker behindert als die kleiner Moleküle, z.B. bei der Trennung von Wasserstoff oder Helium aus Luft oder Stickstoff. In diesem Fall passieren (permeieren) die Membran bevorzugt die kleineren Gasmoleküle. Eine solche Trennung kann für die Abluftreinigung nicht eingesetzt werden.

348 8 Abscheidung gasförmiger Stoffe

Bei der Abluftreinigung geht es um das Abscheiden geringer Konzentrationen von Stoffen mit größeren Molekülen als Luft. Die dafür einsetzbaren Membranen müssen also kleinen Molekülen den Weg versperren und bestimmten größeren Molekülen einen Durchgang ermöglichen: Sie müssen aus elastischen Polymermolekülen bestehen. Die Moleküle von Membran und Permeat müssen eine Affinität zueinander haben, von der die Permeatmoleküle zwischen die Moleküle der Membran gezogen werden. Dieses Verhalten ist völlig anders als etwa bei einer Adsorption von Dampfmolekülen an großen inneren Oberflächen von porösen Adsorbentien wie Aktivkohle: Dort sind die Porenwände undurchdringlich und werden infolge der Affinität von Dampfmolekülen und Porenwand mit Dampfmolekülen belegt.

Abb. 8.17 zeigt schematisch die Stofftransportverhältnisse bei der Dampfpermeation durch eine Membran. Die Verhältnisse sind eng verwandt mit einer Absorption in einem flüssigen Absorbens: Dort ist das Volumen des Absorbats i. d. R. größer als das des eingesetzten Absorbens, ebenso wird das Volumen des selektiven Polymerfilms bei Aufnahme eines Permeats größer: Er quillt auf. Jedoch besteht der Unterschied, daß im selektiven Polymerfilm, dessen Oberflächen Phasengrenzflächen sind, kein konvektiver Stofftransport möglich ist. Deshalb beherrscht neben einem Löslichkeitskoeffizienten S_i (s. u.) der Diffusions-Koeffizient D_i den Stofftransport, der durch die Differenz der Phasengrenzflächen-Konzentrationen $x^*_{i\,außen} - x^*_{i\,innen}$ getrieben wird. Diffusiver Stofftransport wird durch das Ficksche Gesetz beschrieben, hier nach [42] in der Form:

$$\frac{N_i}{A} = \frac{D_i \cdot S_i}{d} \cdot \Delta p_i \qquad (8.34)$$

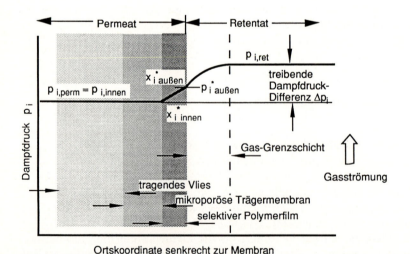

Abb. 8.17. Abscheidung gasförmiger Schadstoffe durch Absorption, Kondensation, Trockensorption und Membranpermeation

mit

N_i	kmol/s	permeierender Molstrom,
A	m²	permeierte Fläche,
D_i	m²/s	Diffusionskoeffizient, Permeat- und Membran-spezifisch,
S_i	kmol/m³ bar	Löslichkeitskoeffizient, entspricht dem in Gl. (8.5) definierten Henrykoeffizienten:

$$S_i = \frac{1}{H_i \cdot V_{M,Membr}} \quad (8.35)$$

mit

$V_{M,Membr}$	m³/kmol	Molvolumen der Membran-Trennschicht
Δp_i	bar	Partialdruck-Differenz des permeierenden Bestandteils i über der Membran.

Die Beziehungen zur Beschreibung der Membranpermeation sind i. d. R. molbezogen, obwohl das Molekulargewicht eines Polymers wie der Membran-Trennschicht allenfalls als Mittelwert bekannt ist. Da das Molgewicht hier nur als Bezugsgröße dient, darf es abgeschätzt werden. Es muß nur sichergestellt sein, daß allen benutzten Größen dieselbe Annahme zugrundeliegt.

Das Ficksche Gesetzt entspricht Gl. (8.11), wenn man es mit der Stoffaustauschfläche A multipliziert (bei Membranverfahren wird auf die Membranfläche bezogen, bei Kolonnen auf die spezifische Stoffaustauschfläche) und die bestimmenden Größen D_i, S_i und die Membrandicke d in einem Stoffübergangskoeffizienten k zusammenfaßt. Die Stoffübergangsverhältnisse sind bei Membranen grundsätzlich einfacher zu beschreiben als bei Absorptionskolonnen, weil praktisch immer der Stoffübergangswiderstand der Membran-Diffusion alle anderen Stoffübergangswiderstände weit überwiegt. Daher kann auch von einem Stoffaustausch-Gleichgewicht zwischen der Gasphase auf der jeweiligen Seite der Membran und der Membran-Oberfläche ausgegangen werden. Nur unter dieser Bedingung gilt Gl. (8.34) ohne einen zusätzlichen, zu messenden Transportparameter.

Das Produkt von D_i und S_i wird als Permeabilität L bezeichnet. Da i. d. R. der Diffusionskoeffizient D_i eines Stoffes umso größer ist, je kleiner und damit beweglicher seine Moleküle sind und der Löslichkeitskoeffizient S_i umso größer wird, je größer die Moleküle sind und damit ihr Siedepunkt ist, kann das Produkt der beiden, die Permeabilität L_i, mit wachsender Molekülgröße abnehmen oder zunehmen, je nachdem, welcher der beiden Einflüsse überwiegt. D_i und S_i sind beide temperaturabhängig, S_i jedoch wesentlich stärker als D_i. Da Diffusionsgeschwindigkeiten mit der Temperatur zunehmen, Gas-Löslichkeiten mit der Temperatur abnehmen, nimmt die Permeabilität mit der Temperatur ab.

Kennzeichnend für die Dampfpermeation ist die Tatsache, daß die beim Phasenwechsel auftretende Wärmetönung sich praktisch nicht bemerkbar macht, weil die auf der einen Seite der Membran bei der Absorption freigesetzte Wärme auf der anderen Seite bei der Desorption wieder aufgenommen wird.

Wichtig für die Beurteilung der Eignung eines Membranverfahrens zur Trennung zweier Gasbestandteile i und j ist das Verhältnis ihrer Permeabilitäten L für die jeweilige Membran. Es wird bezeichnet als Selektivität $\alpha_{i,j}$:

$$\alpha_{i,j} = \frac{L_i}{L_j} \tag{8.36}$$

Die Selektivität $\alpha_{i,j}$ soll für eine wirkungsvolle Stofftrennung möglichst weit von Eins abweichen.

8.5.2
Membran-Aufbau, Membran-Werkstoffe und Membran-Module

Der diffusive Stofftransport, der für den Stoffstrom durch eine Membran zur Abtrennung von Dämpfen aus Abluft entscheidend ist, ist entsprechend Gl. (8.34) umgekehrt proportional zur Membrandicke und direkt proportional der Partialdruck-Differenz. Um letztere groß zu machen, wird häufig auf der Retentatseite (Abluftseite) der Membran überatmosphärischer Druck und auf der Permeatseite (Dämpfekonzentratseite) ein mindestens so niedriger Unterdruck angelegt, daß der Siededruck der permeierenden Dämpfe bei der jeweiligen Temperatur unterschritten wird. Gleichzeitig muß man die Membranen so dünn wie möglich halten. Damit die Membranen dünn gehalten werden können und trotzdem großen Druckkräften standhalten können, werden sie üblicherweise aus mindestens zwei Schichten aufgebaut: Einer dickeren tragfähigen Schicht, deren Poren so weit sind, daß darin der Transport der Dämpfe mittels der relativ schnellen Gasdiffusion erfolgen kann und der sehr dünnen selektiv wirkenden Trennschicht, an der die Dämpfe absorbiert/desorbiert werden. In [42] werden vor allem für nicht-polare Dämpfe geeignete Dünnfilm-Komposit-Membranen vorgestellt, die aus drei Schichten bestehen (Abb. 8.18):

- Einem sehr durchlässigen, tragendes Vlies aus z.B. Polyester,
- einer mikroporösen Trägermembran, etwa 40 μm dick mit Porenweiten von maximal etwa 0,05 μm als ebenfalls noch von allen Abluftbestandteilen gut passierbare Zwischenschicht, aus z.B. Polyetherimid, und
- einem für den Transport organischer Dämpfe selektiven, porenfreien Polymerfilm, typischerweise 0,5–2 μm dick, z.B. aus Siliconkautschuk (Polydimethylsiloxan).

Es kommen eine Reihe unterschiedlicher Polymer-Werkstoffe in Frage, die nach ihrer Beständigkeit gegenüber den auftretenden Dämpfen auszuwählen sind. In [43] wird z.B. eine Dünnfilm-Komposit-Membran vorgestellt, die nur aus zwei Schichten besteht, einer tragenden Polysulfonschicht und einer selektiven Polydimethylsiloxan-Schicht. Für Dampfpermeation können grundsätzlich die gleichen Membrantypen wie für Pervaporation benutzt werden. Pervaporation heißt die Abtrennung gelöster Dämpfe aus Flüssigkeiten mittels Membranen, auf deren Permeatseite die Dämpfe unter Vakuum verdampfen.

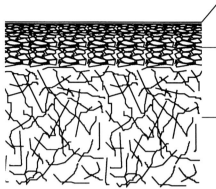

selektiv für bestimmte Dämpfe permeierbare Elastomerschicht, ≤ 1 µm dick

Gas- und Dampf-durchlässige, nach oben verdichtete Tägermembran, etwa 40 µm dick, Poren max. 0,05 µm weit

Faservlies als mechanische Stütze

Abb. 8.18. Aufbau einer Dünnfilm-Komposit-Membran (nach [42])

Eine Zusammenstellung einer Vielzahl von Membranwerkstoffen für die Pervaporation findet man in [44], Kapitel 1.

Membranen werden üblicherweise zu Modulen zusammengefaßt. Je nach erforderlicher Membranfläche für eine Trennaufgabe werden dann mehr oder weniger Module in einer Permeations-Anlage zusammengefaßt. Die Module haben die Aufgaben:

- eine große Membranfläche auf kleinem Raum unterzubringen,
- eine möglichst druckverlustarme Zu- und Abfuhr von Feed- (Rohgas-), Retentat- (Reingas-) und Permeatstrom zu gewährleisten,
- den Feed-Strom gleichmäßig über alle Membranen zu verteilen,
- die Membranen gleichmäßig überströmen zu lassen, ohne Rückvermischung von Reingas ins Rohgas und ohne tote Ecken,
- einfache Möglichkeiten zu schaffen, beschädigte oder blockierte Membranen auszutauschen und
- durch einfachen Aufbau einen günstigen Preis zu ermöglichen.

Diese Aufgaben haben bei den Membranverfahren zu einer Reihe von verschiedenen Modul-Bauarten geführt. Für die Dampfpermeation werden im wesentlichen zwei Arten von Modulen eingesetzt: Plattenmodule und Hohlfasermodule (Abb. 8.19). Die Plattenmodule sind im Prinzip ähnlich aufgebaut wie Platten-Wärmeaustauscher oder Filterpressen. Sie bestehen aus Platten, die beidseitig mit Membranen belegt sind, und zwar mit der Trennschicht nach außen, so daß sie von außen nach innen durchströmt werden und die Membranen vom Druckgefälle fest gegen die Platten gedrückt werden. Die Platten enthalten Kanäle oder sind aus einem grobporösen Material aufgebaut, so daß in ihrem Inneren das Permeat druckverlustarm in die senkrecht zu den Platten verlaufenden Sammelkanäle und von dort zum Kondensator strömen kann. In [44], Kapitel 13, werden Platten für die Dampfpermeation vorgestellt, die aus modifizierten, serienmäßigen Wärmeaustauscher-Platten bestehen. In [42] werden runde Platten mit einem zentralen Permeat-Sammelrohr beschrieben, über die der Abluftstrom in wechselnden Richtungen von einer Seite zu anderen strömt. In [43] werden dagegen Hohlfaser-Membranen gezeigt, die im Inneren von der Abluft

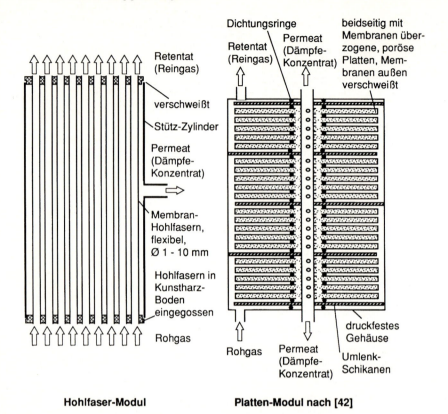

Abb. 8.19. Platten- und Hohlfaser-Module für die Dampfpermeation

durchströmt werden und die entsprechend den mechanischen Erfordernissen auf der Innenseite die Trennschicht haben. Die Hohlfasern werden bündelweise in rohrboden-artige Endplatten aus Kunstharz eingegossen und zeigen dadurch Ähnlichkeit zu Rohrbündel-Wärmeaustauschern. Gelegentlich werden Hohlfasern mit außenliegender Trennschicht von außen nach innen permeiert [47]. Für Pervaporation und Dampfpermeation gibt es inzwischen Wickelmodule ([44], S. 371), bei denen bandförmige Membranen zu einem zylindrischen Körper aufgewickelt sind. Die Membranen sind auf flexibles, poröses Material aufgelegt, so daß sie verlustarm überströmt werden können. Es ist möglich, daß diese Modulform langfristig am günstigsten ist.

8.5.3
Membran-Verfahren für die Abgasreinigung

In den technisch eingesetzten Dampfpermeationsverfahren wird immer ein Vakuum auf der Permeatseite und oft ein überatmosphärischer Druck auf der Retentatseite erzeugt. Aus dem Permeat werden die Dämpfe üblicherweise

8.5 Membranpermeation

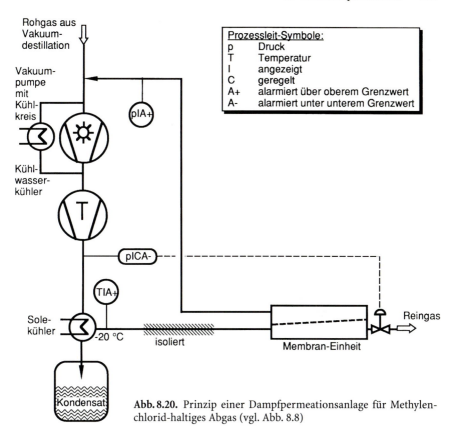

Abb. 8.20. Prinzip einer Dampfpermeationsanlage für Methylenchlorid-haltiges Abgas (vgl. Abb. 8.8)

durch Kondensation abgetrennt und das Retentat muß meistens weiter gereinigt werden, ehe es emissionsfähige Konzentrationen erreicht. Es gehören also entsprechend Abb. 8.20 zu einem Dampfpermeationsverfahren neben der aus Modulen zusammengesetzten Membraneinheit Pumpe und evtl. Kompressor, Kondensator, Kondensatbehälter und, wenn emissionsfähige Abluft erzeugt werden soll, ein Nachreinigungs-Verfahrensschritt. Bei kleinen Abluftströmen genügt evtl. ein Aktivkohle-Faß für die adsorptive Nachreinigung.

In [45] werden einige Beispiele zur Abluftreinigung und Rückgewinnung von Kohlenwasserstoffen gegeben:

- Abluft, die beim thermischen Atmen und bei Befüll-Entleer-Vorgängen von Benzin-Tanklagern entsteht, wird z. B. über eine Flüssigkeitsring-Pumpe auf etwa 5 bar verdichtet und einer Absorptions-Kolonne zugeführt. Der Füssigkeitsring-Pumpe wird als Sperrflüssigkeit Benzin aus dem Tanklager zugeführt. Hier und in einem der Pumpe nachgeschalteten Flüssigkeitsabscheider findet bereits eine Teilabsorption der Dämpfe aus der Abluft statt. Die anschließend durchströmte Absorptionskolonne wird ebenfalls mit einem Benzinstrom aus dem Tanklager beaufschlagt, der aber mit gekühltem Absorbat aus dem Kolonnenablauf gemischt wird. Aus dem Pumpenabscheider und dem Kolonnenkreislauf werden Absorbatströme ausgeschleust und dem Benzin-Tanklager zugeführt. Sie enthalten die aus der Anlage zurückgewonnenen Kohlenwasserstoffe.

Die solchermaßen abgemagerte und vergleichmäßigte Abluft wird der mit Flachmembran-Modulen bestückten Membran-Einheit zugeführt, auf deren Permeatseite eine Vakuumpumpe einen Absolutdruck von etwa 100 mbar aufrechterhält. Die Einheit ist so dimensioniert, daß die Kohlenwasserstoffe bis auf $5-10\,g/m^3$ (N) aus dem Retentat entfernt werden. Während vor der Membraneinheit die Kohlenwasserstoff-Konzentrationen noch so hoch sind, daß sie oberhalb der oberen Explosionsgrenze liegen, liegen sie im Retentat bereits unterhalb der unteren Explosionsgrenze. Der explosible Bereich wird also in der zündquellenfreien Membran-Einheit durchlaufen.

Das Retentat, das immer noch einen Druck von 3–4 bar hat, wird einer zweistufigen Adsorption zugeführt, in deren ersten Stufe die höheren Kohlenwasserstoffe an Aktivkohle adsorbiert werden, während in der zweiten Stufe die Leichtsieder bis hinab zum Methan an Zeolithen adsorbiert werden. Die Adsorber sind doppelt installiert, so daß sie bei kontinuierlichem Anlagenbetrieb abwechselnd beladen und desorbiert werden können. Die Umschaltung erfolgt jeweils nach wenigen Minuten, so daß die Adsorptionswärme noch im Adsorbens ist und die Desorption unterstützt, die durch Anlegen des Permeat-Vakuums und Zurücksaugen eines kleinen Teilstromes der von der Paralleleinheit gereinigten Abluft erfolgt. Die dabei desorbierten Dämpfe gelangen mit dem Permeat zusammen wieder ins Rohgas vor die Flüssigkeitsring-Pumpe.

Wesentliche Vorzüge dieses Verfahrens sind: An- und Abfahren der Membranstufen ohne Vor- bzw. Nachlaufzeiten, keine chemische Veränderung der abgetrennten und wiedergewonnenen Komponenten und der explosible Bereich wird im Membranmodul durchfahren in dem keine Entzündungsgefahr besteht. Alternativ zu der beschriebenen adsorptiven Nachreinigung werden an ähnlichen Anlagen katalytische Oxidation oder thermische Nachverbrennung, evtl. bei entsprechend eingestellter Retentat-Konzentration in einem Gasmotor zur Stromerzeugung, eingesetzt.

- Während das eben beschriebene Verfahren sich bevorzugt für kleine, hochbeladene Abluftströme eignet, wird in [46] ein Verfahren beschrieben, das sich für schwach beladene und auch größere Abluftströme eignet: In diesem Fall wird vorgesehen, den Abluftstrom adsorptiv, z. B. an Aktivkohle, zu reinigen. Die Desorption der Aktivkohle erfolgt über einen erhitzten Gaskreislauf (vorzugsweise Inertgas, um zündfähige Gemische zu vermeiden), in den zur Abtrennung der organischen Dämpfe eine Membraneinheit, im vorliegenden Fall aus Hohlfaser-Membran-Modulen, eingeschaltet ist. Dadurch entfällt das energieaufwendige Heizen-Kühlen der herkömmlichen Inertgas-Regenerations-Verfahren mit Kondensation der Dämpfe. Kondensiert werden die Dämpfe im Permeatstrom, der von einer Vakuumpumpe durch einen Kondensator gesaugt wird und druckseitig dem Inertgaskreislauf wieder zugegeben wird.

Inzwischen sind in Deutschland eine ganze Reihe von Membran-Annlagen zur Abluftreinigung installiert und es liegen bei den führenden Herstellern genügend Betriebserfahrungen vor, um die Anwendbarkeit der Verfahren im Einzelfall sicher beurteilen zu können. Trotzdem kann normalerweise auf einen mehrwöchigen Pilotbetrieb mit Original-Abluft vor der endgültigen Auslegung nicht verzichtet werden.

8.6
Trockensorption

8.6.1
Diffusion, Adsorption, Absorption und Reaktion

Trockensorption, die chemische Bindung von Gasbestandteilen an Feststoffe, hat nennenswerte technische Bedeutung nur für die Bindung der sauren Gasbestandteile SO_2, SO_3, HCl und HF an die calciumhaltigen Sorbentien [48] $CaCO_3$ (Kalkstein), $CaCO_3 \cdot MgCO_3$ (Dolomit), $Ca(OH)_2$ (Kalkhydrat), CaO (Branntkalk) und möglicherweise künftig auch $Ca(OOCCH_3)_2 \cdot Mg(OOCCH_3)_2$ (Calcium-Magnesium-Acetat, CMA, in US in großem Umfang industriell als Streusalz hergestellt [49]). Aus diesen Stoffen entstehen durch Reaktion die entsprechenden Salze: Sulfite und durch zusätzliche Oxidation Sulfate, Chloride und Fluoride. Je nach Ausgangsstoff werden zugleich CO_2 oder/und H_2O freigesetzt.

Im sog. Bergbauforschungs-Verfahren wird SO_2 aus Rauchgasen an Aktivkohle oder -koks (wenig aktivierte Aktivkohle) adsorbiert (vgl. Kapitel 10). Anschließend wird es katalytisch mit dem im Rauchgas vorhandenen Restsauerstoff zu SO_3 oxidiert, das sich sofort mit ebenfalls absorbiertem Wasser zu H_2SO_4 (Schwefelsäure) umsetzt. Dieses Verfahren ist nicht als Trockensorption zu bezeichnen, weil dabei die Aktivkohle lediglich als Adsorbens und Katalysator wirkt, aber nicht chemisch umgewandelt wird.

Begrenzt wird der Einsatz der Trockensorption durch ein Stoffübergangsproblem: Sobald die äußere Schicht des festen Sorbens reagiert und ein ebenfalls festes Salz gebildet hat, ist die darunterliegende Schicht nur noch durch wenige stochastisch entstehende Spalten oder durch eine sehr langsame Diffusion der Gase in den Salzen zugänglich. Um die Reaktivität zu erhöhen, muß deshalb versucht werden, ein Material mit möglichst großer spezifischer Oberfläche einzusetzen, also entweder sehr fein gemahlen oder hoch porös oder während der Reaktion durch Änderung des spezifischen Volumens und damit verbundene Rißbildungen ständig neue Oberfläche erzeugend.

Die Bindung der sauren Gase erfolgt bei hohen Temperaturen über CaO [50]:

$$SO_2 + CaO \rightarrow CaSO_3 \qquad (8.37)$$

$$SO_3 + CaO \rightarrow CaSO_4 \qquad (8.38)$$

$$2HCl + CaO \rightarrow CaCl_2 + H_2O \qquad (8.39)$$

$$2HF + CaO \rightarrow CaF_2 + H_2O \qquad (8.40)$$

Die anderen oben genannten Sorbentien müssen demnach erst in CaO umgewandelt werden. Es hat sich gezeigt, daß besonders gute Bindung der sauren Gase erreicht wird, wenn CaO-Bildung und Bindung saurer Gase gleichzeitig ablaufen. Die optimalen Reaktionstemperaturen sind je nach Sorbens und Sorptiv unterschiedlich: Die Halogenwasserstoffe werden unterhalb etwa 500 °C am besten gebunden, die Schwefeloxide oberhalb etwa 800 °C. Sind HCl und SO_2 nebeneinander vorhanden, wird unter gleichen Bedingungen mehr Sorbens umgesetzt als wenn beide Gase allein auftreten: Das gebildete Kristallgemisch ist weniger homogen und läßt mehr Spalten frei. Das Magnesiumoxid des Dolomits reagiert kaum mit den sauren Gasen. Es stellt jedoch eine Kristallstörung bei den Umwandlungsprozessen dar und verursacht Fehlstellen, durch die saure Gase schneller in tiefer liegende Schichten eindringen können. Dadurch wird insgesamt ein positiver Effekt erreicht. Das CMA läßt sich deshalb besonders weitgehend ausnutzen, weil sein organischer Anteil bei hohen Temperaturen zu CO_2 und H_2O oxidiert wird [49]. Dadurch entsteht ein hochporöses, für die sauren Gase gut zugängliches CaO. Ebenfalls hochporös und entsprechend besser ausnutzbar ist ein Kalkhydrat, das durch ein besonderes Kalklöschverfahren unter Einsatz von Alkohol hergestellt wird [51].

Der Umsatz der Sorbentien ist bei allen genannten Reaktionen mit Ausnahme der technisch noch nicht erprobten CMA-Reaktion unbefriedigend: Es muß mindestens dreimal soviel Calcium eingesetzt werden, wie stöchiometrisch erforderlich wäre, um Abscheidegrade von 90 % oder mehr zu erreichen. Das Produkt ist ein Salz-Oxid-Gemisch, bei Rauchgasen meistens noch mit Flugasche versetzt. Es ist allenfalls als Zuschlagstoff in der Zementindustrie nutzbar, muß meistens jedoch deponiert werden.

Eine Möglichkeit, nahezu vollständigen Umsatz zu erreichen, besteht darin, Branntkalk- oder Kalkhydrat-Mehl einzusetzen und in den Gasstrom soviel Wasser einzudüsen, daß nahezu Sättigung erreicht wird. Dann werden die Oberflächen durch Adsorption und Kapillarkondensation feucht, Branntkalk wird gelöscht, d. h. zu Kalkhydrat umgesetzt und bei der Reaktion

z. T. noch zerkleinert, saure Gase werden absorbiert, Kalkhydrat wird teilweise gelöst, beide Bestandteile dissoziieren mehr oder weniger vollständig, und die Reaktionspartner finden durch die gegenüber der Feststoffdiffusion schnelle Flüssigkeitsdiffusion zueinander.

8.6.2
Trockensorptions-Verfahren

Der Reiz, Trockensorption zur Abscheidung saurer Gase aus Rauchgasen einzusetzen, besteht vor allem in der Abwasserfreiheit und der Einfachheit des Verfahrens: Zu Staub gemahlenes Sorbens wird pneumatisch an einer Stelle mit geeignetem Temperaturniveau in die Feuerung oder den Kessel eingetragen und zusammen mit der Flugasche auf einem Filter oder einem Elektrofilter abgeschieden.

Abwasserfreiheit weisen auch die sogenannten halbtrockenen Verfahren auf, bei denen Kalkmilch oder ein Kalkhydrat-Schlamm in einem Sprühtrockner in das Rauchgas eingedüst wird, der die sauren Gase im wesentlichen naß-absorptiv bindet. Der Schlamm trocknet zu einem trockenen Flugstaub aus, der mit der Flugasche abgeschieden wird. Dabei werden höhere Sorbens-Umsätze als bei der reinen Trockensorption erreicht. Der Aufwand ist wegen des erforderlichen Sprühtrockners aber wesentlich höher [52].

Um das Sorbens besser auszunutzen, wird meistens ein Teil des abgeschiedenen Flugasche-Sorbens-Sorbat-Gemischs rezirkuliert und mit dem frischen Sorbens zusammen erneut in das Rauchgas eingetragen. Die Reaktivität wird erhöht, wenn das rezirkulierte Gemisch vor Wiedereinsatz mit Wasser konditioniert (abgelöscht) wird [53].

Bei Feuerungen für niedrig-schwefelhaltige Braunkohle, besonders auch bei Wirbelschichtfeuerungen, beides Feuerungsarten mit nicht zu hohen Verbrennungstemperaturen, wird gemahlener Kalkstein zusammen mit dem Brennstoff in die Feuerung eingetragen. Bei Feuerraumtemperaturen über etwa 1250 °C (Schmelzkammerfeuerungen) darf das Sorbens erst nach entsprechender Rauchgas-Abkühlung im Kessel zugegeben werden: Kalk wird bei so hohen Temperaturen „totgebrannnt", d. h. er geht in eine sehr wenig reaktive Form mit versinterten und deshalb wenig zugänglichen Reaktionsflächen über.

In den heißen Abgasen der Keramik-, Emaille- und Glasindustrie werden zur Abscheidung von Fluorwasserstoff Kalkhydrat- oder Kalkstein-Rutschbettfilter mit gebrochenen Kalkhydrat-Körnern von etwa 5 mm Durchmesser eingesetzt. Das entstehende Gemisch aus Kalkhydrat oder Kalkstein und Calciumfluorid (CaF_2) kann dort oft als Zuschlagstoff den Produktions-Rohstoffen wieder beigemischt werden.

Symbolverzeichnis

A	m^2	permeierte Fläche
A, B, C	–	aus Meßwerten berechnete Antoine-Koeffizienten

8 Abscheidung gasförmiger Stoffe

a	m³/m²	spezifische Stoffaustauschfläche, bezogen auf das Kolonnenabschnitts-Volumen (meistens für die ganze Kolonne konstant)
$a_{Bu,i}$	mbar^{-1}	Bunsenscher Verteilungs-Koeffizient
B	m³/m² h	Berieselungsdichte einer Stoffaustausch-Füllung
BL		Bilanzlinie eines Stoffaustausch-Apparats im Phasendiagramm
b, c		aus dem Verlauf der BL zu bestimmende Koeffizienten
c_{Gi}	mg/m³ (N)	Massenkonzentration im Normzustand (1013 mbar und 0 °C)
C_{FL}	–	Füllkörper-Konstante
C_P	–	Druckverlust-Konstante einer Stoffaustausch-Füllung
D_i	m²/s	Diffusionskoeffizient, Permeat- und Membranspezifisch
d	m	Dicke des selektiven Polymerfilms in Gl. (1.34)
d, e		aus einem gemessenen Verlauf der GGL zu bestimmende Koeffizienten
G	kmol/h	Molstrom des normalerweise in der ganzen Kolonne als konstant anzunehmenden Trägergas- (meistens Luft-) Stromes
GGL		Phasengleichgewichtslinie im Phasendiagramm
H_i	mbar	Henrykoeffizient des Bestandteils i im jeweiligen flüssigen Gemisch
HTU	m	Höhe einer Stoffübergangseinheit
IPL		Isopropanol
$k_{i,OG}$	kmol/(m² smbar)	Stoffübergangs-Koeffizient, der sich ergibt, wenn der gesamte Stoffübergangswiderstand auf die Gasseite bezogen wird (auf Δp_i, s. Abb. 8.4; OG bedeutet „overall gas")
L	kmol/h	Molstrom des normalerweise in der ganzen Kolonne als konstant anzunehmenden Absorbens-Stromes
L_i	kmol/smbar	Permeabilität = $D_i \cdot S_i$
M_i	kg/kmol	Molmasse des Bestandteils i
N_{ai}	kmol(m³ s)	absorbierter Molstrom N_i in einem Kolonnenabschnitt geteilt durch das Kolonnenabschnitts-Volumen
N_i	kmol/s	permeierender Molstrom
NTU	–	Anzahl Stoffübergangseinheiten
p_{ges}	mbar	Gesamtdruck
p_i	mbar	Partialdruck des Bestandteils i in der Gasphase
p_i^*	mbar	Dampfdruck an der Phasengrenze, im Gleichgewicht mit x_i^*, der Flüssigkeitskonzentration an der Phasengrenze
p_{is}	mbar	Sättigungsdampfdruck

S_i	kmol/m³ bar	Löslichkeitskoeffizient, entspricht dem in Gl. (1.5) definierten Henry-Koeffizienten: $$S_i = \frac{1}{H_i \cdot V_{M,Membr}}$$
V_i	m³ (N)	Volumen im Normzustand des in der Flüssigphase gelösten Gases i
V_L	m³	Volumen der Flüssigphase vor Absorption des Gases i
V_M	m³/kmol (N)	Gas-Molvolumen im Normzustand
$V_{M,Membr}$	m³/kmol	Molvolumen der Membran-Trennschicht
w	m/s	Gasgeschwindigkeit bezogen auf den freien Apparatequerschnitt
x_i	mol/mol	Molanteil des Bestandteils i in der Flüssigphase
y_i	mol/mol	Molanteil des Bestandteils i in der Gasphase
$\alpha_{i,j}$	–	Selektivität, Gl. (8.36)
γ_i	–	Aktivitätskoeffizient des Bestandteils i im jeweiligen flüssigen Gemisch
$\gamma_{\infty,i}$	–	Aktivitätskoeffizient für unendlich verdünnte Lösung des Bestandteils i in der jeweiligen Flüssigkeit
Δp_i	bar	Partialdruck-Differenz des permeierenden Bestandteils i über der Membran
ε	–	spezifisches Hohlraumvolumen einer Stoffaustausch-Füllung
ϑ	°C	Temperatur

Indices

F	bezogen auf den Kolonnenfuß
K	bezogen auf den Kolonnenkopf
n	bezogen auf den Kolonnen-Querschnitt n

Literatur

1. TA Luft (27. Februar 1986) Gemeinsames Ministerialblatt, hrsgg. vom Bundesministerium des Inneren, 37–7:95.
2. Perry's Chemical Engineers' Handbook, Green DW (ed) (1984) 6th edn. McGraw-Hill Book Comp., New York USA
3. Landolt-Börnstein (1960) II. Band, 2. Teil, Bandteil a: 6. Aufl. Springer, Berlin Heidelberg New York
4. Unit Operations Handbook (1993) McKetta J (ed) Vol. 1. M Decker Inc., New York USA, p 32
5. Zarzycki R, Chacuk A (1993) Absorption Fundamentals & Applications. Pergamon Press, Oxford UK

6. Chilton TH, Colburn AP (1935) Ind. Engng. Chem. 27:255
7. Bird RB, Steward WE, Lightfoot EN (1960) Transport Phenomena. John Wiley & Sons, New York USA
8. ASPEN-Software. Firmenbroschüren der Fa. ASPEN-Tech, Cambridge, Mass., USA
9. Billet R (1994) Packed Towers in Processing and Environmental Technology. VCH Weinheim
10. Billet R (1991) Chem. – Umwelt – Tech. Sonderheft, 75
11. Schultes M (1990) Fortschrittsberichte VDI, Reihe 3: Verfahrenstechnik Nr. 230, VDI, Düsseldorf
12. Billet R, Schultes M (1991) Chem. Eng. Technol. 14:89
13. Reid RC, Prausnitz JM, Sherwood TK (1977) The Properties of Gases and Liquids, 3rd edn. McGraw Hill Book Comp., New York USA
14. Handbook of Chemistry and Physics (1990) Weast RC (ed) 70th edn. The Chemical Rubber Company, Cleveland, Ohio USA
15. Ullmann's Encyclopedia of Industrial Chemistry (1985ff.) 5th edn. Chemie, Weinheim
16. Schmidt A, Ulrich M (1990) Chem.-Ing.-Tech 1:43
17. Newman RD, Prausnitz JM (1973) J. of Paint Technology 585:33
18. Börger GG, Schulze M (1989) VDI-Berichte 730:359
19. Börger GG, Listner U, Lüttgens G (24.08.1991) Verfahren und Vorrichtung zum entzündungssicheren Durchleiten explosionsfähiger Gase durch Absorptionskolonnen mit elektrostatisch aufladbaren Absorbentien. Deutsche Offenlegungsschrift P 41 28 119.5
20. Weisweiler W, Eidam K, Winterbauer H (07.1993) Bericht KfK-PEF 107, Kernforschungszentrum, Karlsruhe
21. VDI 3675 (1981) Handbuch Reinhaltung der Luft, laufend ergänzt, VDI, Düsseldorf
22. VDI 3928 (1992) Handbuch Reinhaltung der Luft, laufend ergänzt, VDI, Düsseldorf
23. VDI 2443 (1980) Handbuch Reinhaltung der Luft, laufend ergänzt, VDI, Düsseldorf
24. Kreysa G, Kuelps HJ (1983) Chem.-Ing. Tech. 1:58 (Synopse, Langfassung unter MS 1060/83)
25. Kreysa G (1984) Chem. Ind. 1:45
26. Jüttner K, Kreysa G, Kleifges KH, Rottmann, R (1994) Chem.-Ing. Tech. 1:82
27. Müller U, Johannisbauer W (1990) Chem.-Ing.-Tech. 3:197
28. Weiss S et al. (1986) Verfahrenstechnische Berechnungsmethoden, Teil 2: Thermisches Trennen. VCH Verlagsgesellschaft, Weinheim
29. Kunz P (1990) Behandlung von Abwasser. Vogel Buchverlag, Würzburg
30. Hartinger L (1991) Handbuch der Abwasser- und Recyclingtechnik. Carl Hanser, München, Wien
31. Bornhütter K, Mersmann A (1991) Chem.-Ing.-Tech. 2:132
32. Davis H (1990) Chem.-Tech., Heidelberg, Sonderheft: 83
33. Holzer K (1974) Staub-Reinhaltg. d. Luft 10:360
34. Börger GG, Jonas A (1989) Chem.-Ing.-Tech. 7:562 (Synopse, Langfassung unter MS 1765/89)
35. Hermann K, Schecker HG, Schoft H (1992) Chem.-Ing.-Tech. 2:183
36. Müller G (1989) VDI-Berichte 730:373
37. VDI-Wärmeatlas, VDI (Hrsg.) (1991) 6. Aufl. VDI, Düsseldorf
38. Stade K (1991) Tech. Rdsch. Sulzer, Winterthur 3:33
39. Nitsche M (1984) Fette, Seifen, Anstrichmittel 3:117
40. Fabricius E, Technau U (1993) VDI-Berichte 1034:297
41. Herzog F (1993) VDI-Berichte 1034:279
42. Peinemann KV, Ohlrogge K, Wind J, Behling RD (1989) GKSS-Jahresbericht, Forschungszentrum Geeshacht GmbH, Geeshacht
43. Kimmerle K, Bell CM, Gudernatsch W, Chmiel H (1988) Journal of Membrane Science: 477
44. Huang RYM (ed) (1991) Pervaporation Membrane Separation Processes. Elsevier Science Publishers B.V., Amsterdam NL
45. Ohlrogge K, Peinemann KV, Wind J (1993) Energie 6:29
46. Wnuk R, Bergfort A, Chmiel H (1993) Staub Reinhalt. d. Luft 2:47
47. Rautenbach R, Welsch K (1994) Chem.-Ing.-Tech. 2:229

48. Weisweiler W, Hoffmann R, Stein, R (1986) Haus d. Technik Vortrags-Veröffentlichungen 500:31
49. Levendis YA, Zhu W, Wise DL, Simons GA (1993) AIChE Journal 5:761
50. Bandt G (1993) Fortschritt-Berichte VDI, Reihe 15: Umwelttechnik 114
51. Morun B, Stumpf Th, Schmidt PU, Strodt P (1991) VGB Kraftwerkstechnik: 9
52. Felsvang KS, Hartweck WG (1986) Haus d. Tech. Vortr.-Veröff. 500:37
53. Anonym (1989) Rauchgasreinigung. Firmenschrift P 8906-14-10/2.L der Fa. L. & C. Steinmüller GmbH, Gummersbach

9 Abgasbehandlung in Stoffaustauschmaschinen

H. Brauer

9.1 Einleitung

Beschrieben werden Aufbau und Eigenschaften von zwei Stoffaustauschmaschinen, die zur Durchführung von Sorptionsprozessen, der Absorption und der Desorption, besonders geeignet sind.

Die eine Maschine ist besonders für solche Prozesse geeignet, bei denen das Verhältnis der Volumenströme von Gas und Flüssigkeit sehr groß ist. In diesem Fall erweist es sich als zweckmäßig, zur Erzeugung einer großen Phasengrenzfläche die Flüssigkeit im Gasstrom unter definierten Bedingungen zu dispergieren.

Die zweite Maschine ist zur Durchführung von Sorptionsprozessen dann vorzuziehen, wenn das Verhältnis der Volumenströme von Gas und Flüssigkeit sehr klein ist. Dann wird man das Gas in der Flüssigkeit dispers verteilen.

Gegen den Einsatz von Stoffaustauschmaschinen wird häufig noch der Einwand erhoben, daß sie wegen ihrer bewegten Teile störanfälliger sind als herkömmliche Apparate. Dieses Argument ist jedoch nicht mehr haltbar. Ein Jahrhundert Verfahrenstechnik in den verschiedensten Industriebereichen beweist, daß der Verfahrensingenieur den Einsatz von Maschinen sicher zu beherrschen gelernt hat. Es ist die Maschinisierung der stoffwandelnden Industrie, die deren hohe Leistungsfähigkeit gewährleistet.

Stoffaustauschmaschinen bieten zahlreiche Vorteile gegenüber Apparaten. Sie ermöglichen die Erzeugung einer sehr großen Phasengrenzfläche, deren periodische Erneuerung und deren verbesserte Verteilung im Volumen der Maschinen. Damit bietet sich die Möglichkeit, den in Apparaten im allgemeinen indeterminierten Ablauf des Stoffaustauschprozesses in einen determinierten Ablauf umzuwandeln. Erforderlich ist jedoch, den Austauschprozeß in Maschinen wesentlich tiefer wissenschaftlich zu durchdringen als dieses für Apparate üblich ist [1].

9.2
Einige wissenschaftliche Grundlagen

9.2.1
Der Stoffstrom durch die Phasengrenzfläche

Ganz allgemein läßt sich der Stoffstrom $\dot{M}_A$ der die Phasengrenzfläche A_p durchdringenden Stoffkomponente A durch folgende Gleichung beschreiben:

$$\dot{M}_A = \beta_{A_p} (\rho_{A\infty} - \rho_{A_p}). \qquad (9.1)$$

Mit den Bezeichnungen in Abb. 9.1 sind $\rho_{A\infty}$ die Konzentration des transportierten Stoffes A in großem Abstand von und ρ_{A_p} die Konzentration in der Phasengrenzfläche. Mit β wird der Stoffübergangskoeffizient bezeichnet, der proportional dem Konzentrationsgradienten $(\partial \rho_A/\partial y)_p$ an der Phasengrenzfläche ist.

Die Forderung nach kleinem Bauvolumen V der Austauschmaschine läßt sich durch einen großen Stoffstrom $\dot{M}_A$ im Volumen V ausdrücken:

$$\frac{\dot{M}_A}{V} = \beta \frac{A_p}{V} (\rho_{A\infty} - \rho_{A\infty}). \qquad (9.2)$$

Diese Gleichung besagt, daß ein großer spezifischer Stoffstrom $\dot{M}_A/V$ eine große spezifische Phasengrenzfläche A_p/V und einen großen Wert des Stofftransportkoeffizienten erfordert.

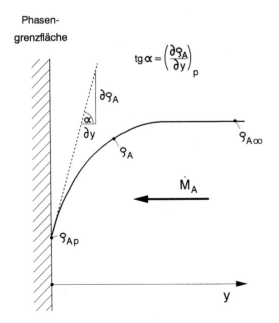

Abb. 9.1. Konzentrationsprofil in der Nähe einer Phasengrenzfläche

9.2.2
Die Phasengrenzfläche

Die spezifische Phasengrenzfläche A_p/V muß in jedem Element des gesamten Volumens des Stoffaustauschgerätes gleich groß sein. In anderen Worten: Die Phasengrenzfläche muß im gesamten Volumen gleichmäßig verteilt sein. Diese Forderung wird in technischen Anlagen nur selten erfüllt.

Häufig wird der Stoffstrom durch die Moleküle sogenannter grenzflächenaktiver Stoffe behindert, die sich in der Phasengrenzfläche ansammeln. Man spricht dann von der Bildung von Diffusionssperren. Die Phasengrenzfläche ist für den Stoffstrom nur noch eingeschränkt durchlässig. Die begrenzte Verfügbarkeit der Phasengrenzfläche kann nur durch eine periodische Erneuerung aufgehoben werden.

Die generellen Anforderungen lauten also: Die spezifische Phasengrenzfläche soll groß und im Gesamtvolumen des Gerätes gleichmäßig verteilt sein sowie periodisch erneuert werden.

9.2.3
Der Stofftransportkoeffizient

9.2.3.1
Definition des Stofftransportkoeffizienten

Ein großer Stoffstrom erfordert gemäß Gl. (9.2) einen möglichst großen Stofftransportkoeffizienten β. Der Stofftransport durch die Phasengrenzfläche von Tropfen und Blasen ist grundsätzlich ein instationärer Prozeß, da diese Partikeln nur bis zum Erreichen des thermodynamischen Gleichgewichtes mit dem umgebenden Medium Stoff aufnehmen oder abgeben können. Somit ist der Stoffübergangskoeffizient eine Funktion der Zeit. Einen stationären Zustand kann es bei dem Stofftransport durch die Grenzfläche einer Partikel nicht geben.

Bei instationärem Transportprozeß ist es zweckmäßig, die zwischen den Zeiten $t = 0$ und $t = \infty$ durch die Grenzfläche einer Partikel hindurchtretende Masse M_A zu berechnen. Hierfür gilt die Beziehung:

$$M_A = \beta \, A_p \, t \, (\rho_{A10} - \rho_{A1\infty}). \tag{9.3}$$

Es bedeuten

$$A_p = 6 \, V_p/d_p \tag{9.4}$$

die Grenzfläche einer Partikel mit V_p als Partikelvolumen und d_p als Partikeldurchmesser sowie ρ_{A10} und $\rho_{A1\infty}$ die Konzentration des Stoffes A in der Partikel (1) zu den Zeiten $t = 0$ und $t = \infty$. Setzt man die Gültigkeit des Henryschen Gesetzes zur Beschreibung des Gleichgewichtes zwischen den beiden Phasen 1 und 2 voraus, dann läßt sich $\rho_{A1\infty}$ durch $\rho_{A2\infty}$ ersetzen:

$$\rho_{A1\infty} = \rho_{A2\infty} \, H^*. \tag{9.5}$$

Hierin ist H^* die Henry-Zahl. Die Einführung von $\rho_{A2\infty}$ erweist sich als zweckmäßig, da die Konzentration in der umgebenden Phase 2 als bekannt angenommen werden darf. Mit den Gln. (9.4) und (9.5) erhält die Gl. (9.3) die Form:

$$\frac{M_A}{V_p\, \rho_{A10}} = \frac{6\,\beta\, t}{d_p}\,(1 - H^*\, \rho_{A2\infty}/\rho_{A10}). \tag{9.6}$$

Führt man hierin noch für die Partikel (Phase 1) die Sherwood-Zahl Sh_1 ein, definiert durch:

$$Sh_1 \equiv \frac{\beta\, d_p}{D_1}, \tag{9.7}$$

und die Fourier-Zahl Fo_1, definiert durch:

$$Fo_1 \equiv \frac{t}{R_p^2/D_1} = \frac{t}{d_p^2/(4\,D_1)}, \tag{9.8}$$

so ergibt sich:

$$\frac{M_A}{V_p\, \rho_{A10}} = \frac{3}{2}\, Sh_1\, Fo_1\, (1 - H^*\, \rho_{A2\infty}/\rho_{A10}). \tag{9.9}$$

Die bezogene Masse $M_A/(V_p\,\rho_{A10})$ ist eine Funktion der allein unbekannten Sherwood-Zahl Sh_1. Die anderen Parameter sind durch die Betriebsbedingungen festgelegt. Die Sherwood-Zahl wird, zur Vereinfachung der Betrachtung, im folgenden nur für zwei Sonderfälle erörtert. Im ersten Fall wird angenommen, daß der Widerstand gegen den Stofftransport allein innerhalb der Partikel liegt. Im zweiten Fall liegt der Widerstand allein in dem umgebenden Fluid, der Phase 2.

9.2.3.2
Stofftransportwiderstand in der Partikel

Die Berechnung der Sherwood-Zahl erfolgte durch numerische Lösung der maßgebenden Differentialgleichung [2]. Einige Ergebnisse sind in den Abb. 9.2 und 9.3 dargestellt.

Abbildung 9.2 zeigt als durchgezogene Kurve a die Sherwood-Zahl Sh_1 als Funktion der Fourier-Zahl Fo_1 für den Fall, daß der Widerstand gegen den Stofftransport allein in der Partikel liegt und sich das umgebende Fluid im Ruhezustand befindet. Die gestrichelt eingezeichneten Kurven geben die mittlere Konzentration in der Partikel an. Die Schnittpunkte mit Kurve a lassen den Fortschritt der Konzentrationsänderung mit der Fourier-Zahl erkennen. Die mittlere dimensionslose Konzentration ist wie folgt definiert:

$$\bar{\xi}_1 = \frac{\bar{\rho}_{A1} - \rho_{A1\infty}}{\rho_{A10} - \rho_{A1\infty}} = \frac{\bar{\rho}_{A1} - H^*\, \rho_{A2\infty}}{\rho_{A10} - H^*\, \rho_{A2\infty}}. \tag{9.10}$$

Hierin ist $\bar{\rho}_{A1}$ die dimensionsbehaftete mittlere Konzentration zur Zeit t.

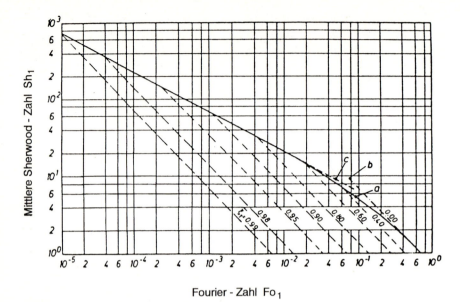

Abb. 9.2. Mittlere Sherwood-Zahl Sh_1 für den instationären Stofftransport durch die Grenzfläche einer Partikel, die von einem unbewegten Fluid umgeben ist; der Widerstand gegen den Stofftransport liegt allein in der Partikel

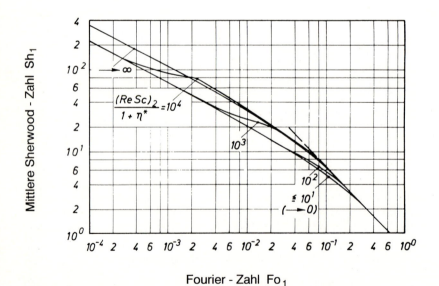

Abb. 9.3. Mittlere Sherwood-Zahl Sh_1 für den instationären Stofftransport durch die Grenzfläche einer Partikel, die von einem Fluid umströmt wird; der Widerstand gegen den Stofftransport liegt allein in der Partikel

Der Verlauf der Kurve a wird durch zwei Grenzgesetze, die durch die Kurven b und c dargestellt sind, weitgehend festgelegt. Diese Grenzgesetze ergeben sich durch analytische Lösung der Differentialgleichung, die für die beiden Grenzfälle, $Fo_1 \to 0$ und $Fo_1 \to \infty$, vereinfacht werden konnte. Für $Fo_1 \to 0$ gilt das Grenzgesetz:

$$Sh_1 = 2{,}26/Fo_1^{1/2}, \tag{9.11}$$

mit dem Anwendungsbereich: $Fo_1 \leq 4 \cdot 10^{-2}$. Innerhalb dieses Bereiches ändert sich die mittlere Konzentration $\bar{\xi}_1$ von 1 bis auf 0,5. Die übertragene Masse des Stoffes A hat bei $\bar{\xi}_1 = 0{,}5$ bereits 50% des Gleichgewichtswertes erreicht. Der Stofftransport ist somit schon weit fortgeschritten.

Löst man Gl. (9.11) nach dem Stoffübergangskoeffizienten auf, so erhält man die einfache Beziehung:

$$\beta = 1{,}13 \, (D_1/t)^{1/2}. \tag{9.12}$$

Erwartungsgemäß wird β mit zunehmendem Diffusionskoeffizienten D_1 größer und mit fortschreitender Zeit t kleiner. Überraschen mag zunächst, daß β unabhängig vom Partikeldurchmesser d_p ist. Dieses ist darauf zurückzuführen, daß beim instationären Stofftransport der Konzentrationsgradient zur Zeit t = 0 unendlich groß ist und die Oberflächenkrümmung daher keine Rolle spielen kann. Das zweite Grenzgesetz gilt für $Fo_1 \to \infty$:

$$Sh_1 = 0{,}67/Fo_1 \tag{9.13}$$

mit dem Anwendungsbereich: $Fo_1 \geq 3 \cdot 10^{-1}$. Die Auflösung von Gl. (9.13) liefert:

$$\beta = 0{,}167 \, d_p/t. \tag{9.14}$$

Gegen Ende des Stofftransportprozesses nimmt der Einfluß der Zeit t stark zu, während der Einfluß des Diffusionskoeffizienten D_1 verschwindet. Von besonderer Bedeutung ist der Einfluß des Partikeldurchmessers. Der Stofftransportprozeß wird eine lineare Funktion von d_p. Dieses ist von großem Nachteil, da bei der Zerstäubung ein größerer Partikeldurchmesser zu einer Verkleinerung der insgesamt verfügbaren Phasengrenzfläche führt.

Berücksichtigt man die Umströmung der Partikel, dann ist die Sherwood-Zahl Sh_1 nicht nur eine Funktion der Fourier-Zahl Fo_1, sondern zusätzlich des folgenden Parameters:

$$\frac{Re_2 \, Sc_2}{1 + \eta^*},$$

worin die folgenden Kennzahlen auftreten:

$$Re_2 \equiv \frac{w_\infty \, d_p}{\nu_2}, \quad \text{Reynolds-Zahl der Phase 2} \tag{9.15}$$

$$Sc_2 \equiv \frac{\nu_2}{D_2}, \quad \text{Schmidt-Zahl der Phase 2} \tag{9.16}$$

$$\eta^* \equiv \eta_1/\eta_2. \quad \text{Viskositätsverhältnis} \tag{9.17}$$

Es bedeuten w_∞ die Relativgeschwindigkeit zwischen der Partikel und dem umgebenden Fluid, v_2 dessen kinematische Viskosität, D_2 den Diffusionskoeffizienten für Stoff A in diesem Fluid sowie η_1 und η_2 die dynamischen Viskositäten für das die Partikel bildende und das umgebende Medium.

Die Sherwood-Zahl für umströmte Partikeln bei instationärem Stofftransport ist in Abb. 9.3 dargestellt. Die untere Kurve stimmt mit der in Abb. 9.2 angegebenen Kurve a überein. Wie zu erwarten, übt die Umströmung erst mit fortgeschrittener Zeit einen verstärkenden Einfluß auf den Stofftransport aus.

9.2.3.3
Stofftransportwiderstand in dem umgebenden Fluid

Liegt der Stofftransportwiderstand in der umgebenden Phase 2, so tritt die Henry-Zahl als zusätzlicher Parameter auf. Abbildung 9.4 zeigt die Abhängigkeit der Sherwood-Zahl. Die hierbei verwendeten Kennzahlen sind wie folgt definiert:

$$Sh_2 \equiv \frac{\beta\, d_p}{D_2}, \qquad \text{Sherwood-Zahl bez. auf Phase 2} \qquad (9.18)$$

$$Fo_2 \equiv \frac{t}{d_p^2/(4\, D_2)}, \qquad \text{Fourier-Zahl bez. auf Phase 2} \qquad (9.19)$$

$$H^* \equiv \rho_{A1p}/\rho_{A2p}. \qquad \text{Henry-Zahl} \qquad (9.20)$$

Die noch nicht erläuterten Größen sind die Konzentrationen ρ_{A1p} und ρ_{A2p} in der Grenzfläche auf der Seite von Phase 1 und Phase 2.

Zwischen den Sherwood-Zahlen Sh_2 und Sh_1 sowie den Fourier-Zahlen Fo_2 und Fo_1 bestehen folgende einfache Zusammenhänge:

$$Sh_2 = Sh_1\, (D_1/D_2), \qquad (9.21)$$

$$Fo_2 = Fo_1\, (D_2/D_1). \qquad (9.22)$$

Abbildung 9.4 zeigt, daß die Henry-Zahl H^* einen sehr starken Einfluß auf die Sherwood-Zahl ausübt. Mit zunehmenden Werten von H^*, das heißt mit abnehmender Löslichkeit des diffundierenden Stoffes A in der flüssigen Phase, wird die Sherwood-Zahl kleiner. Das Grenzgesetz für $Fo \to 0$ lautet:

$$Sh_2 = \frac{2{,}26}{H^*\, Fo_2^{1/2}}, \qquad (9.23)$$

mit dem Anwendungsbereich: $Fo_2 \leq 4 \cdot 10^{-2}$. Mit $H^* = 1$ stimmt Gl. (9.23) formal mit Gl. (9.11) überein. Löst man Gl. (9.23) nach dem Stoffübergangskoef-

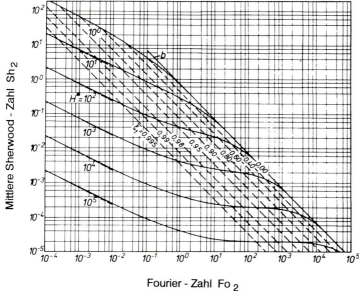

Abb. 9.4. Mittlere Sherwood-Zahl Sh_2 für den instationären Stofftransport durch die Grenzfläche einer Partikel, die von einem unbewegten Fluid umgeben ist; der Widerstand gegen den Stofftransport liegt allein in dem umgebenden Fluid

fizienten auf, so erhält man:

$$\beta = \frac{1{,}13}{H^*}(D_2/t)^{1/2}. \tag{9.24}$$

Diese Gleichung zeigt, ebenso wie bereits Gl. (9.12), daß der Partikeldurchmesser d_p für $t = 0$ keinen Einfluß auf den Stoffübergangskoeffizienten β hat. Das für $Fo_2 \to \infty$ geltende Grenzgesetz lautet:

$$Sh_2 = 0{,}67/Fo_2. \tag{9.25}$$

Der Einfluß der Henry-Zahl entfällt bei diesem Grenzgesetz. Aus diesem Grunde folgt aus Gl. (9.25) für den Stoffübergangskoeffizienten β die bereits mitgeteilte Gl. (9.14).

Bei den in Abbildung 9.4 dargestellten Kurven fällt auf, daß die Sherwood-Zahl für sehr hohe Werte der Henry-Zahl in einem begrenzten Bereich der Fourier-Zahl von dieser unabhängig wird. In diesem Bereich nähert sich der Stofftransport stationären Verhältnissen, so daß der Stofftransportkoeffizient umgekehrt proportional dem Partikeldurchmesser wird: $\beta \approx 1/d_p$. Dieses Verhalten ist durch die schlechte Löslichkeit des transportierten Stoffes A und die damit geringe Masse des durch die Grenzfläche tretenden Stoffes bedingt.

9.2.4
Schlußfolgerungen aus den theoretischen Untersuchungen

Die Untersuchungen über den Einfluß der Phasengrenzfläche und des Stoffübergangskoeffizienten legen folgendes nahe:

1. Im Austauschervolumen muß eine große Phasengrenzfläche erzeugt, periodisch erneuert und im gesamten Volumen gleichmäßig verteilt werden. Die periodische Erneuerung der Phasengrenzfläche geht mit einer periodischen Vermischung der Flüssigkeit einher.
2. Zur Gewährleistung eines hohen Stoffübergangskoeffizienten β darf die Kontaktzeit während einer Stofftransportperiode nur sehr kurz sein. Zum Transport einer bestimmten Stoffmasse M_A durch die Phasengrenzfläche müssen entsprechend viele Stofftransportperioden hintereinander folgen. Zwischen zwei aufeinander folgenden Perioden muß das dispergierte Fluid gesammelt und erneut dispergiert werden. Nach jedem Dispergiervorgang, der zwangsläufig mit einer Erneuerung der Phasengrenzfläche verbunden ist, entsteht der für den Stoffübergangskoeffizienten maßgebende Konzentrationsgradient, der zu Beginn einer jeden Stoffübergangsperiode, also bei $t = 0$, theoretisch unendlich groß ist.

Maschinen, die diesen Anforderungen weitgehend gerecht werden, sollen im folgenden beschrieben werden.

9.3
Stoffaustauschmaschine mit periodisch wiederholter Tropfenbildung

9.3.1
Aufbau und Wirkungsweise der Maschine

Die Maschine ist im Prinzip ein Gebläse, dessen Schaufeln zur Zerstäubung schmale Schlitze aufweisen, die sich über die gesamte Höhe der Schaufeln erstrecken [3,4]. Das Gebläse erfüllt die Doppelfunktion als Gasfördermaschine und Zerstäubungsmaschine. Der Energieaufwand für diese bifunktionale Maschine ist sehr niedrig, was eine ihrer herausragenden Eigenschaften ist [3]. Berichtet wird im folgenden allein über die Eigenschaften als Absorptionsmaschine.

Zur Durchführung von Absorptionsversuchen wurde eine Maschine aus Plexiglas gebaut, dessen Schaufelrad einen Durchmesser von 600 mm aufweist. Die Schaufelhöhe beträgt 100 mm. Die 30 rückwärts gekrümmten Schaufeln haben abwechselnd 14 oder 12 Zerstäubungsschlitze von 5 mm Breite. Der Abstand zwischen den Schlitzen beträgt 20 mm. Insgesamt werden durch 390 Schlitze auch 390 Zerstäubungsräume und somit Absorptionsräume gebildet.

9.3 Stoffaustauschmaschine mit periodisch wiederholter Tropfenbildung 371

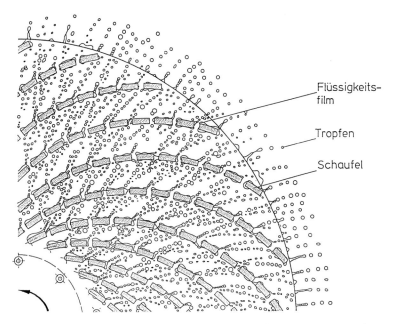

Abb. 9.5. Schematische Darstellung der Erzeugung und Bewegung der Tropfen sowie der Unterteilung eines jeden Schaufelkanales in hintereinander angeordnete Stoffaustauschräume

Die Flüssigkeit und das Rohgas werden der Zerstäubungsmaschine in der Mitte des Schaufelrades zugeführt. In Abb. 9.5 ist schematisch dargestellt, wie die Tropfen an den Schlitzen gebildet werden und auf einer von der Zentrifugal- und Widerstandskraft bestimmten Bahn zur nächsten Schaufel fliegen. Auf dieser Schaufel bildet sich durch Koaleszenz der Tropfen ein Flüssigkeitsfilm, der von der Zentrifugalkraft zum nächsten Schlitz getrieben und dort wieder in Tropfen aufgelöst wird.

Die Tropfen bewegen sich nahezu radial auswärts. Die Berechnung der Tropfenbahnen ist in dem Bericht von Müller und Brauer [5] enthalten und auszugsweise auch in dem Kapitel 7 „Neue Geräte und Verfahren zur Staubabscheidung" wiedergegeben. Es zeigte sich, daß die Tropfenbewegung im wesentlichen durch die Zentrifugalkraft bestimmt wird.

Für die in Abb. 9.5 dargestellte geometrische Konfiguration erfolgt für das einem Schlitz zugeteilte Flüssigkeitsvolumen in siebenmaliger periodischer Wiederholung Zerstäubung und Koaleszenz. In jedem Schaufelkanal bilden sich gemäß der Zahl der Schlitze 12 bzw. 14 Tropfenschleier, die vom Gas durchströmt werden. Der Kontakt zwischen dem Gas und den Tropfen erfolgt unter den Bedingungen der günstigsten Relativgeschwindigkeit. Es wurde aber bereits darauf hingewiesen, daß diese Relativgeschwindigkeit für den Stofftransport nur von geringer Bedeutung ist. Entscheidend ist der kurze, aber periodisch wiederholte Flug der Tropfen durch die Schaufelkanäle.

Durch die Unterteilung eines jeden Schaufelkanales in eine größere Zahl von Zerstäubungs- bzw. Stoffaustauschräumen hat man eine im gesamten Volumen des Schaufelrades günstige und definierte Verteilung der Phasengrenzfläche und ebenso günstige und definierte Bedingungen für den Stofftransport.

Beim Stofftransport durch die Phasengrenzfläche ist zu beachten, daß dieser nicht nur während der Existenz der Tropfen erfolgt, sondern auch während ihrer Bildung und ihrer Koaleszenz. Darüber hinaus findet der Stofftransport auch während der Existenz des Flüssigkeitsfilmes an der Oberfläche der Schaufelelemente zwischen zwei benachbarten Schlitzen statt.

Die Maschine ist grundsätzlich für den Stoffaustausch bei Gleich- und Gegenstrom der flüssigen und gasförmigen Phasen geeignet. Dem Gleichstromprinzip ist aber unbedingter Vorzug einzuräumen, da man nur hierbei die Möglichkeiten der Maschine zur Selbstansaugung und zur Förderung des Gases nutzen kann. Ferner haben die Ergebnisse von experimentellen Untersuchungen zur Absorption von Schwefeldioxid in Wasser und NaOH-Lösungen gezeigt, daß der Stofftransport bei Gegenstrom nur geringfügig besser ist als bei Gleichstrom. Der energetische Aufwand ist für den Gegenstrom wesentlich größer als für den Gleichstrom.

9.3.2
Beschreibung des Absorptionsprozesses bei Gleichstrom von Gas und Flüssigkeit

Die Bewegung von Gas und Flüssigkeit im Gleichstrom durch einen Absorber sowie der Übertritt eines Schadstoffes A vom Gas in die Flüssigkeit sind in Abb. 9.6 schematisch dargestellt. Es bedeuten $\dot{N}_g$ und $\dot{N}_f$ die Molenströme für Gas und Flüssigkeit. Bei Eintritt in den Absorber hat das Gas die Schadstoffkonzentration y_b, die sich auf dem Weg des Gases zum Austritt bis auf den Wert y_a erniedrigt. Gleichzeitig erhöht sich die Schadstoffkonzentration im Flüssigkeitsstrom von x_b auf x_a. Die Konzentrationen sind durch Molenbrüche angegeben, die wie folgt definiert sind:

$$y \equiv \frac{p_A}{p_A + p_B +} = \frac{p_A}{p}, \tag{9.26}$$

$$x \equiv \frac{c_A}{c_A + c_B +} = \frac{c_A}{c}. \tag{9.27}$$

Hierin bedeuten für den Gasstrom p den Gesamtdruck, der sich aus dem Partialdruck p_A des Schadstoffes und den Partialdrücken p_B usw. der anderen Komponenten des Gasgemisches zusammensetzt. Entsprechend ist für den Flüssigkeitsstrom die Gesamtmoldichte c, die sich additiv aus den Partialmoldichten c_A, c_B usw. zusammensetzt.

Der vom Gas in die Flüssigkeit übertretende Schadstoff- bzw. Absorptionsstrom, ausgedrückt durch den Molenstrom $\dot{N}_A$, läßt sich durch folgende Bilanzgleichungen ausdrücken:

Gleichstrom-Absorption

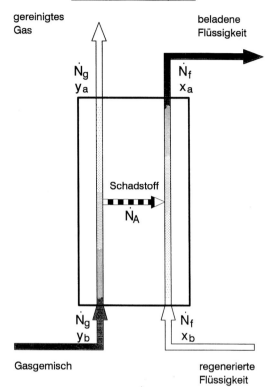

Abb. 9.6. Zur Erläuterung der Absorption bei Gleichstrom von Gas und Flüssigkeit

$$\dot{N}_A = \dot{N}_g (y_b - y_a), \tag{9.28}$$

$$\dot{N}_A = \dot{N}_f (x_b - x_a). \tag{9.29}$$

Diese Gleichungen geben allein das Ergebnis des Absorptionsprozesses an. Sie sagen nichts über die Details des dabei ablaufenden Transportprozesses aus.

Mit den beiden Gln. (9.28) und (9.29) läßt sich das Molenstromverhältnis

$$\frac{\dot{N}_f}{\dot{N}_g} = \frac{y_b - y_a}{x_b - x_a} = \operatorname{tg} \alpha \tag{9.30}$$

bilden. Es besagt, daß die Konzentrationsänderung im Gasstrom, und somit die Reinigung des Gasstromes, verbessert werden kann, wenn der Flüssigkeitsstrom $\dot{N}_f$ vergrößert wird. Aus wirtschaftlichen Gründen ist man jedoch gehalten, solche Bedingungen für die Absorption zu schaffen, die zu einem möglichst geringen Flüssigkeitsbedarf führen.

Das Verhältnis $\dot{N}_f/\dot{N}_g = \operatorname{tg}\alpha$ gibt die Steigung der Betriebskurve im Absorptionsdiagramm an, das an Hand von Abb. 9.7 erläutert werden soll. Hierin ist GK die Gleichgewichtskurve gemäß dem Henryschen Gesetz:

$$H/p = y_p/x_p. \tag{9.31}$$

Mit H wird der Henrysche Koeffizient bezeichnet, der für jede Gas/Flüssigkeits-Kombination experimentell bestimmt werden muß. Er ist eine Funktion des Druckes und der Temperatur. Bei Kontakt von Gas- und Flüssigkeitsstrom nähern sich die Konzentrationen y und x den Gleichgewichtswerten y_p und x_p. Dabei verschwinden die Konzentrationsgradienten zu beiden Seiten der Phasengrenzfläche; die örtlichen Konzentrationen werden unabhängig vom Abstand von der Phasengrenzfläche. Die Änderung der Konzentrationsprofile im Verlauf des Absorptionsprozesses ist in Abb. 9.8 angegeben. Der Endzustand kann praktisch nicht erreicht werden.

Die in Abb. 9.7 dargestellte Betriebskurve BK weist eine negative Steigung auf, da in Gl. (9.30) der Nenner $x_b - x_a$ bei Gleichstrom einen negativen Wert annimmt. Die Änderung der Konzentrationen im Gas- und im Flüssigkeitsstrom erfolgen auf der Betriebskurve in Richtung der eingezeichneten Pfeile. Wie weit die Annäherung an die Gleichgewichtskurve GK erfolgt, hängt von der Güte des Stoffstransportprozesses ab.

9.3.3
Diskussion einiger Ergebnisse für die Absorption in der Stoffaustauschmaschine

9.3.3.1
Versuchsbedingungen

Als Absorbens wurde Schwefeldioxid verwendet. Als Absorptionsmittel wurde sowohl Leitungswasser als auch eine wäßrige Lösung von Natronlauge verwendet. Bei der Absorption tritt im Wasser gleichzeitig Physisorption und Chemisorption auf. Das Verhältnis dieser beiden Sorptionsvorgänge hängt in starkem Maße von dem Partialdruck des SO_2 im Abgasstrom und von der Temperatur ab. Bei sehr niedrigem Partialdruck ist der Anteil der Physisorption gering, er steigt jedoch mit zunehmendem Partialdruck. Innerhalb des bei den Versuchen verwendeten Partialdruckes war der Anteil der Physisorption stets gering.

Die Konzentration des Schwefeldioxids im Rohgasstrom wird mit c_1 und die im behandelten Abgasstrom mit c_2 bezeichnet. Die Reinigungsleistung der Absorptionsmaschine wird durch den Absorptionsgrad φ ausgedrückt, der wie folgt definiert ist:

$$\varphi \equiv \frac{c_1 - c_2}{c_1}. \tag{9.32}$$

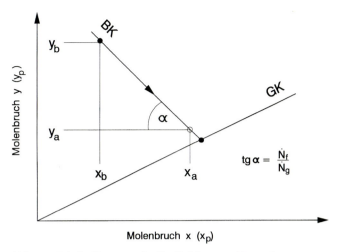

Abb. 9.7. Arbeitsdiagramm für die Gleichstrom-Absorption

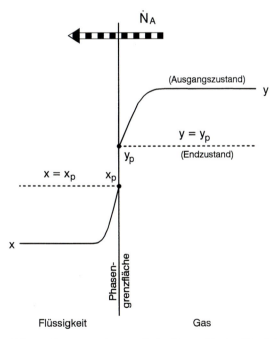

Abb. 9.8. Konzentrationsprofile im Gas und in der Flüssigkeit bei der Absorption

Als Maße für die Konzentration werden mg/m³ und ppm verwendet. Es besteht folgender Zusammenhang:

1 ppm = 2,93 mg/m³ bei T = 273 K,
1 ppm = 2,66 mg/m³ bei T = 293 K.

Bei den Versuchen wurde die Eintrittskonzentration c_1 zwischen c_1 = 250 ppm und 2000 ppm geändert. Damit wird der in der Praxis auftretende Konzentrationsbereich weitgehend erfaßt. Die bei den Versuchen veränderten Parameter und ihre Bereiche waren wie folgt:

1. Strömungsrichtung des Gases:
   1.1 Radial auswärts
   1.2 Radial einwärts
2. Volumenstrom der Luft:
   2.1 Radial auswärts gerichtet: $0 \leq \dot{V}_G \leq 1700$ m³/h
   2.2 Radial einwärts gerichtet: $0 \leq \dot{V}_G \leq 600$ m³/h
3. Volumenstrom der Flüssigkeit:
   $0 \leq V_f \leq 3,0$ m³/h
4. NaOH-Konzentration des Wassers:
   $0 \leq c_{NaOH} \leq 80$ kg/m³
5. SO₂-Konzentration der eintretenden Luft:
   $0 \leq c_1 \leq 2000$ ppm
6. Drehzahl des Schaufelrades:
   $0 \leq n \leq 1500$ min⁻¹

Zur Diskussion der Versuchsergebnisse wird im folgenden über den Absorptionsgrad φ abhängig von den aufgeführten Parametern auszugsweise berichtet. Auf eine vollständige dimensionsfreie Darstellung der Ergebnisse wird verzichtet.

9.3.3.2
Einfluß der Volumenströme von Gas und Flüssigkeit

In Abb. 9.9 ist der Absorptionsgrad φ abhängig vom Volumenstromverhältnis $\dot{V}_f/\dot{V}_g$ für sieben Werte des Gasvolumenstromes $\dot{V}_G$ dargestellt. Drehzahl und SO₂-Konzentration blieben unverändert. Als Absorptionsmittel diente normales Leitungswasser.

Die gestrichelt eingezeichnete Linie gibt die Gleichgewichtskurve wieder [3]. Sie besagt u.a., daß bei einem Volumenstromverhältnis $\dot{V}_f/\dot{V}_g$ = 0,0026 unter idealen Bedingungen eine vollständige Absorption möglich wäre, so daß φ = 1 ist. Mit zunehmendem Volumenstrom des Gases wird die Absorption jedoch schlechter. Der Absorptionsgrad φ erreicht bei $\dot{V}_f/\dot{V}_g$ = 0,005, also bei 5 Liter Wasser je Kubikmeter Luft, Werte zwischen φ = 0,76 und φ = 0,90.

Die Gleichgewichtswerte werden nur im Bereich sehr kleiner Werte der Flüssigkeitsbelastung erreicht, wobei der zugeführte SO₂-Molstrom in erheblichem Überschuß vorliegt. Der Absorptionsgrad ist zwangsläufig dann nur gering. Mit steigender Flüssigkeitsbelastung weicht der Absorptionsgrad mit steigendem Luftvolumenstrom immer stärker von dem unter Gleichge-

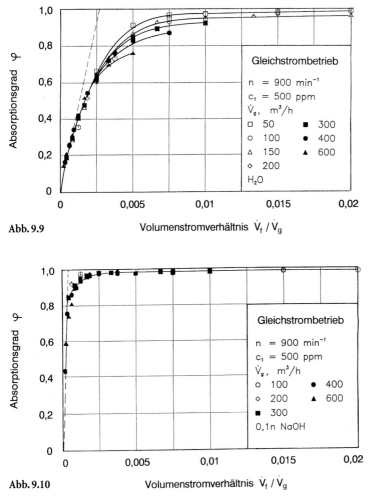

Abb. 9.9 und 9.10. Absorptionsgrad φ für mehrere Werte des Gasvolumenstromes $\dot{V}_g$ bei Gleichstrom von Gas und Flüssigkeit abhängig vom Volumenstromverhältnis $\dot{V}_f/\dot{V}_g$ für konstante Drehzahl n = 900 min^{-1} und der SO$_2$-Konzentration bei Eintritt in das Schaufelrad c_1 = 500 ppm; als Absorptionsmittel dienten Wasser (Abb. 9.9) und eine 0,1 n Lösung von NaOH in Wasser (Abb. 9.10)

wichtsbedingungen erzielbaren Wert ab. Dieses ist auf Unvollkommenheiten im physikalischen Transportprozeß zurückzuführen. Eine Vergrößerung der Maschine, die zu einer Erhöhung der Zahl der Stoffaustauschräume je Schaufelkanal und damit zu einer verlängerten Kontaktzeit der beiden Phasen führt, könnte die Absorption verbessern.

Ersetzt man das Absorptionsmittel durch eine 0,1 n Lösung von Natriumhydroxid in Wasser, so wird gemäß Abb. 9.10 mit der verbesserten Beladungsfähigkeit des Absorptionsmittels der Absorptionsgrad φ erheblich vergrößert.

Die Berechnung der gestrichelten Gleichgewichtskurve ist in [3] ausführlich erläutert. Durch die verstärkte chemische Reaktion des SO_2 wird in der Phasengrenzfläche der Konzentrationsgradient vergrößert und somit der Eintrag des SO_2 verstärkt. Der Antransport des SO_2 zur Phasengrenzfläche wird durch die bestehende Maschine hervorragend gemeistert. Eine physikalische Transporthemmung liegt praktisch nicht vor. Die Größe des Gasvolumenstromes verliert praktisch ihren Einfluß auf die Absorption. Das heißt aber auch, daß es nicht sinnvoll ist, die physikalischen Bedingungen des Prozesses zu verbessern. Der Absorptionsgrad liegt bei $\dot{V}_f/\dot{V}_g = 0{,}0025$ schon bei 98%.

9.3.3.3
Einfluß der SO_2-Konzentration des Gases

Abbildung 9.11 zeigt den Einfluß der SO_2-Konzentration auf den Absorptionsprozeß. Unverändert blieben bei diesen Versuchsreihen der Volumenstrom des Gases mit $\dot{V}_g = 400$ m³/h und die Drehzahl mit n = 900 min^{-1}. Das Volumenstromverhältnis $\dot{V}_f/\dot{V}_g$ gibt wegen $\dot{V}_g$ = const. den Einfluß der Flüssigkeitsbelastung $\dot{V}_f$ an. Beim Vergleich mit Abb. 9.9 ist zu beachten, daß der Maßstab in Ab. 9.11 für $\dot{V}_f/\dot{V}_g$ verdoppelt ist. Die gestrichelt eingezeichneten Linien geben die Gleichgewichtswerte an.

Die Kurven machen deutlich, daß die Meßwerte mit zunehmenden Werten von $\dot{V}_f/\dot{V}_g$ um so länger auf den Gleichgewichtslinien liegen, je höher die SO_2-Konzentration ist. Dieses ist auf die erhöhte Flüssigkeitsbelastung zurückzuführen. Erwartungsgemäß wird der Absorptionsgrad mit zunehmender SO_2-Konzentration jedoch herabgesetzt, was durch die begrenzte Kontaktzeit zwischen den beiden Phasen bedingt ist. Ein verbesserter physikalischer Stofftransport vermag hieran nur wenig zu ändern, da dieser in der Maschine den optimalen Bedingungen nahekommt.

Für $\dot{V}_f/\dot{V}_g = 0{,}0025$ ergeben sich folgende Werte für den Absorptionsgrad φ (H_2O):

c_1, ppm	250	375	500	750	1000	2000
φ (H_2O)	0,80	0,71	0,66	0,56	0,47	0,24
φ (0,1 n NaOH)	≈ 1,0	-	≈ 1,0	≈ 1,0	0,98	0,96

Führt man die gleichen Versuche mit wäßeriger Lösung von Natronlauge durch, so erhält man die in Abb. 9.12 dargestellten Ergebnisse. Für φ (0,1 n NaOH) sind die Werte oben angegeben. Es bestätigt sich also, daß unter den gewählten Versuchsbedingungen die Zugabe der Natronlauge zum Wasser die Absorption verbessert. Der Antransport von SO_2 zum Wasser läßt sich bei den gegebenen Abmessungen der Maschine kaum mehr verbessern, was aber auch nicht als notwendig erscheint.

9.3 Stoffaustauschmaschine mit periodisch wiederholter Tropfenbildung 379

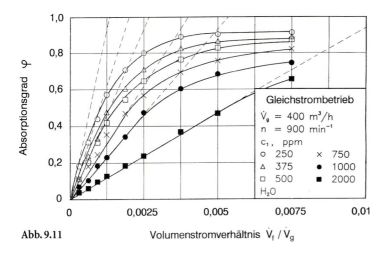

Abb. 9.11

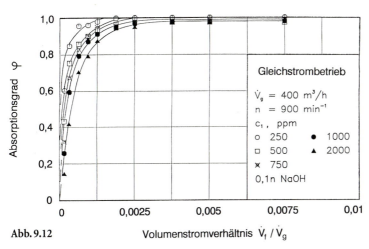

Abb. 9.12

Abb. 9.11 und 9.12. Absorptionsgrad φ für mehrere Werte der SO_2-Eintrittskonzentration c_1 bei Gleichstrom von Gas und Flüssigkeit abhängig vom Volumenstromverhältnis $\dot{V}_f/\dot{V}_g$ für konstante Drehzahl $n = 900\ min^{-1}$ und konstantem Gasvolumenstrom $\dot{V}_g = 400\ m^3/h$; als Absorptionsmittel dienten Wasser (Abb. 9.11) und eine 0,1 n Lösung von NaOH in Wasser (Abb. 9.12)

9.3.3.4
Einfluß der Drehzahl und der Strömungsrichtung des Gases

Der Absorptionsgrad φ ist für sieben bzw. neun Werte der Drehzahl in den Abb. 9.13 und 9.14 dargestellt. Das Absorptionsmittel ist reines Leitungswasser. Abbildung 9.13 gilt für die radial auswärts, Abb. 9.14 für die radial einwärts

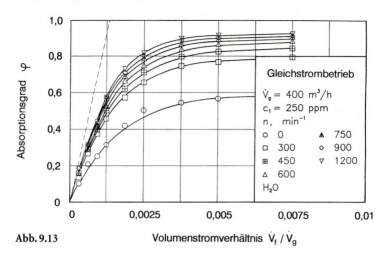

Abb. 9.13

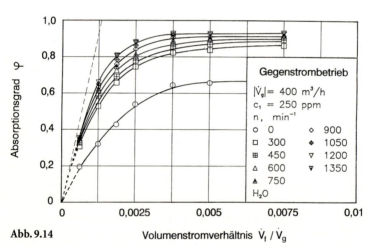

Abb. 9.14

Abb. 9.13. und 9.14. Absorptionsgrad φ für mehrere Werte der Drehzahl n abhängig vom Volumenstromverhältnis $\dot{V}_f/\dot{V}_g$ für konstanten Volumenstrom des Gases $\dot{V}_g = 400$ m³/h und konstanter SO_2-Eintrittskonzentration $c_1 = 250$ ppm mit Wasser als Absorptionsmittel; Abb. 9.13 für Gleichstrom und Abb. 9.14 für Gegenstrom von Gas und Flüssigkeit

gerichtete Strömung. Im ersten Fall ergibt sich für Gas und Flüssigkeit ein Gleichstrom, im zweiten Fall ein Gegenstrom.

Für beide Fälle wird der Absorptionsgrad nach Überschreiten der Drehzahl von n = 300 min^{-1} nur noch in kleinen Schritten erhöht. Bei einem Volumenstromverhältnis $\dot{V}_f/\dot{V}_g = 0{,}0025$ ergeben sich folgende Werte für φ:

Drehzahl n, min^{-1}	Gleichstrom des Gases φ	Gegenstrom des Gases φ
0	0,47	0,52
300	0,65	0,74
450	0,71	0,77
800	0,74	0,79
750	0,77	0,81
900	0,79	0,84
1200	0,83	0,88

Diesen Ergebnissen zufolge erreicht die Zerstäubung der Flüssigkeit bis zu einer Erhöhung der Drehzahl auf n = 300 min^{-1} die entscheidende Ausbildung. Eine weitergehende Verbesserung kann nur durch erhebliche Steigerung der Drehzahl, und somit auch des Energieaufwandes, erreicht werden. Dabei ist zu bedenken, daß die Erhöhung der Drehzahl zwar zu einer Verkleinerung der Tropfen, und somit zu einer Vergrößerung der Tropfenzahl führt, die Zahl und Struktur der Tropfenschleier, die vom Gas auf dem Wege durch einen Schaufelkanal durchströmt werden, aber bereits bei n = 300 min^{-1} ausgebildet ist. Es sind also offensichtlich die für die Maschine charakteristischen Tropfenschleier, durch die ihre Absorptionsleistung weitgehend bestimmt wird.

Der Gegenstrom von Gas und Flüssigkeit trägt nur zu einer geringen Verbesserung des Absorptionsgrades bei, da dieser bereits bei Gleichstrom verhältnismäßig hoch ist.

Ganz ähnliche Verhältnisse ergeben sich, wenn als Absorptionsmittel eine wäßrige Natronlauge verwendet wird. Auf eine Diskussion dieser Ergebnisse wird daher verzichtet.

9.3.4 Vergleich der Leistung der Zerstäubungsmaschine mit der anderer Absorptionsgeräte

In Abb. 9.15 ist die aus den Meßdaten abgeleitete Stofftransportgröße $(\beta_g \cdot A_p)/\dot{V}_g$ als Funktion des bezogenen Flüssigkeitsvolumenstroms $\dot{V}_f/\dot{V}_g$ für die Absorption von Schwefeldioxid in Wasser bei der SO_2-Eintrittskonzentration c_1 = 1000 ppm und bei einer Temperatur von T = 293 K aufgetragen. Es sind Ausgleichskurven für den Radialdesintegrator [6], den Streckgitterwäscher [7], den Venturiwäscher [7], den Zirkulationswäscher [8] sowie das Zerstäubungsgebläse bei Gleichstrom von Gas und Flüssigkeit angegeben.

Mit Ausnahme des Zirkulationswäschers sind alle Geräte bei Gleichstrom von Gas und Flüssigkeit untersucht worden. Im Gegensatz zu den Absorptions-Maschinen weisen die Apparate nach den vorliegenden Untersuchungen bei konstantem Volumenstromverhältnis eine Abhängigkeit der Stofftransportgröße $(\beta_g \cdot A_p)/\dot{V}_g$ vom Gasvolumenstrom auf. Deshalb wurden

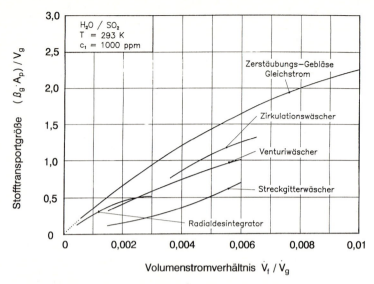

Abb. 9.15. Stofftransportgröße $\beta_g A_p / \dot{V}_g$ für fünf Absorptionsgeräte, die unter vergleichbaren Bedingungen betrieben wurden, abhängig vom Volumenstromverhältnis $\dot{V}_f / \dot{V}_g$; als Absorptionsmittel diente Wasser

für den Vergleich die Betriebsbedingungen der Apparate so gewählt, daß für sie günstige Absorptionsbedingungen vorherrschten.

Beim Vergleich der Absorber erweisen sich die Maschinen den Apparaten überlegen. Der Radialdesintegrator wurde nur für kleine Werte des bezogenen Flüssigkeitsvolumenstroms $\dot{V}_f / \dot{V}_g$ untersucht. Dort erzielt er einen ähnlich guten Stoffübergang wie das Zerstäubungs-Gebläse. In diesem Bereich sind allerdings nur geringe Absorptionsgrade von $\varphi < 0,15$ möglich, die für die Anwendung uninteressant sind. Mit steigendem Volumenstromverhältnis $\dot{V}_f / \dot{V}_g$ wird der Abstand zwischen den Kurven für das Zerstäubungs-Gebläse und den Radialdesintegrator größer. Die Stofftransportgröße $(\beta_g \cdot A_p) / \dot{V}_g$ für den Radialdesintegrator nähert sich schnell einem Maximum, was auf eine Überlastung bei höheren Flüssigkeitsbelastungen schließen läßt.

Das Zerstäubungs-Gebläse wurde, gemessen an den anderen Absorbern, in einem weiten Bereich des Volumenstromverhältnisses $\dot{V}_f / \dot{V}_g$ untersucht. Innerhalb dieses Bereiches ist eine Überlastung des Zerstäubungs-Gebläses nicht feststellbar.

Bezieht man die Stofftransportgröße $(\beta_g \cdot A_p) / \dot{V}_g$ auf den zur Verfügung stehenden Stoffaustauschraum V_s des jeweiligen Absorbers, so erhält man die spezifische Stofftransportgröße $(\beta_g \cdot A_p) / (\dot{V}_g \cdot V_s)$. Diese ist in Abb. 9.16 als Funktion des Volumenstromverhältnisses $\dot{V}_f / \dot{V}_g$ unter den gleichen Bedingungen wie in Abb. 9.15 aufgetragen. Abbildung 9.16 macht den großen Vorteil der Absorptions-Maschinen deutlich. Ihr vergleichsweise geringes Bauvolumen führt gegenüber den Apparaten zu großen Werten der spezifischen Stofftransportgröße $(\beta_g \cdot A_p) / (\dot{V}_g \cdot V_s)$.

9.3 Stoffaustauschmaschine mit periodisch wiederholter Tropfenbildung 383

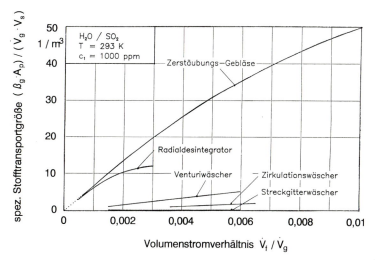

Abb. 9.16. Auf das Absorbervolumen V_s bezogene Stofftransportgröße $\beta_g A_p/(\dot{V}_g V_s)$ für sechs verschiedene Absorptionsgeräte, die unter vergleichbaren Bedingungen betrieben wurden, abhängig vom Volumenstromverhältnis $\dot{V}_f/\dot{V}_g$; als Absorptionsmittel diente Wasser

Für einen Vergleich der Geräte bei Absorption von Schwefeldioxid in verdünnten Lösungen von Natriumhydroxid liegen verwertbare Ergebnisse nur für den Radialdesintegrator sowie den Venturiwäscher vor.

Zum Vergleich ist in Abb. 9.17 die Zahl der Übergangseinheiten n_{UG} als Funktion des Volumenstromverhältnisses $\dot{V}_f/\dot{V}_g$ aufgetragen. Die Konzentration des Schwefeldioxids am Eintritt in die Absorber beträgt $c_1 = 1000$ ppm, die Temperatur beider Medien $T = 283$ K. Für das Zerstäubungs-Gebläse sind zwei Kurven angegeben. Eine Kurve betrifft die Absorption in 0,1n Natronlauge für den Vergleich mit dem Venturiwäscher, die andere Kurve die Absorption in 0,11n Natronlauge für den Vergleich mit dem Radialdesintegrator.

Gegenüber dem Radialdesintegrator ergibt sich für das Zerstäubungs-Gebläse eine nur geringfügige Erhöhung der Zahl der Übergangseinheiten n_{UG}. Es ist jedoch zu berücksichtigen, daß hierfür unterschiedliche Rotordrehzahlen erforderlich sind. Der Radialdesintegrator benötigt, gemessen am Zerstäubungs-Gebläse, eine um 50% höhere Drehzahl, um eine etwa gleichhohe Zahl der Übergangseinheiten zu erreichen. Verglichen mit dem Venturiwäscher erreicht das Zerstäubungs-Gebläse eine Verbesserung des Stoffüberganges um etwa 40%. Der schlechtere Stoffübergang im Venturiwäscher dürfte auf eine nur geringe Erneuerung der Phasengrenzfläche zurückzuführen sein. Hierdurch verlagert sich der Widerstand gegen den Stofftransport bei verhältnismäßig hoher NaOH-Konzentration auf die Seite der Flüssigkeit. Das hat zur Folge, daß das Absorptionsmittel nicht ausgenutzt werden kann. Dagegen gewährleisten sowohl der Radialdesintegrator als auch das Zerstäubungs-Gebläse eine wiederholte Erneuerung der Phasengrenz-

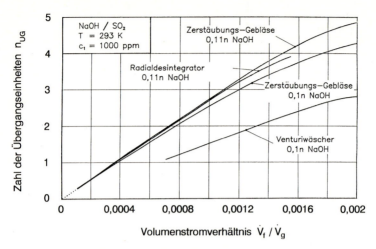

Abb. 9.17. Zahl der Übergangseinheiten n_{UG} von verschiedenen Absorptionsgeräten, die unter vergleichbaren Bedingungen betrieben wurden, abhängig vom Volumenstromverhältnis $\dot{V}_f/\dot{V}_g$; als Absorptionsmittel dienten Lösungen von NaOH in Wasser

fläche. Beide Absorptions-Maschinen ermöglichen es demnach, kleine Mengen konzentrierter Absorptionsmittel zu verwenden. Hierbei zu erwartende Probleme durch Verkrustungen traten nicht auf.

9.3.5
Stoffaustauschmaschine mit periodisch wiederholter Blasenbildung

Bei dieser Stoffaustauschmaschine handelt es sich um eine dreistufige Maschine. In jeder Stufe wird das Gas von einer rotierenden ebenen Scheibe, an deren äußeren Rand Löcher angeordnet sind, dispergiert. Dem Dispergierprozeß folgt ein Koaleszenzprozeß. Der sich formierende Gasstrom wird der nächsten Stufe zugeführt, in welcher die beiden Prozeßschritte wiederholt werden.

Im folgenden werden der Aufbau und die Wirkungsweise der Maschine, der Ablauf des Sorptionsprozesses und einige Ergebnisse von Sorptionsversuchen beschrieben [9, 10].

9.3.5.1
Aufbau und Wirkungsweise der Maschine

Die Maschine ist im Prinzip ein mehrstufiger Rührreaktor. In jeder Stufe befindet sich ein bifunktionales Rührorgan, das die beiden folgenden Funktionen zu erfüllen hat:

9.3 Stoffaustauschmaschine mit periodisch wiederholter Tropfenbildung 385

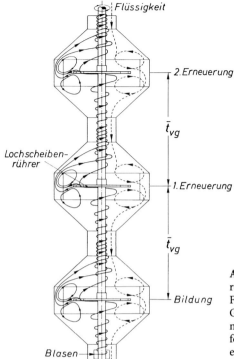

Abb. 9.18. Aufbau des dreistufigen Rührreaktors mit angedeuteter Bewegung der Flüssigkeit (rechte Reaktorseite) und der Gasblasen (linke Reaktorseite); $\bar{t}_{vg}$ ist die mittlere Verweilzeit des Gases in einer Stufe; die Blasen werden in der untersten Stufe erstmalig gebildet und in den folgenden Stufen erneuert

- Dispergieren des Gases.
- Erzeugung einer räumlichen Strömung, durch die die Gasblasen innerhalb der Stufe möglichst gleichmäßig verteilt werden und eine für den Stoffaustausch günstige Bewegung erzeugt wird.

Der grundsätzliche Aufbau des dreistufigen Gerätes geht aus Abb. 9.18 hervor. Das Gas durchströmt die Anlage von unten nach oben, die Flüssigkeit strömt dem Gas von oben nach unten entgegen. Die Bewegung des dispergierten Gases ist in der linken Hälfte, der kontinuierliche Flüssigkeitsstrom in der rechten Hälfte des Längsschnitts der Anlage angedeutet. Die Bewegung der Blasen und Flüssigkeit wird in entscheidender Weise durch die Sekundärströmung geprägt, die von den rotierenden Scheiben erzeugt wird.

Jede Stufe hat als Grundstruktur einen Doppelkonus mit einem zylindrischen Mittelstück. Der innere Durchmesser D des zylindrischen Bauelementes betrug 196 mm und seine Höhe 60 mm. Jeder der beiden Konusse hatte eine Höhe von 65 mm. Jeweils zwei Stufen sind durch ein zylindrisches Zwischenstück verbunden, dessen innerer Durchmesser 54 mm und dessen Höhe 50 mm beträgt. Die gesamte Höhe einer Stufe ist somit 240 mm.

In der Mitte des zylindrischen Mittelstückes befindet sich eine gelochte Scheibe, die auf der zentral angeordneten Rotorachse befestigt ist. Ab-

Abb. 9.19. Photographische Aufnahmen von den verwendeten Lochscheibenrührern

bildung 9.19 zeigt eine photographische Aufnahme von den verwendeten Lochscheiben. Die größte Scheibe hatte einen äußeren Durchmesser von $d_r = 120$ mm, so daß sich ein Durchmesserverhältnis von $d_r/D = 0{,}62$ ergab. Auf dem Teilkreis mit dem Durchmesser $d_k = 90$ mm waren acht Löcher mit $d_L = 18$ mm gleichmäßig über den Umfang verteilt.

Eine der beiden Aufgaben der rotierenden Scheibe ist das Dispergieren des Gases. Dieser Prozeß ist in den Abb. 9.20a bis 9.20c skizziert. Das zuströmende Gas bildet unterhalb der Scheibe ein Gaspolster, aus dem die am Rand der Scheibe befindlichen Löcher durch die radial auswärts strömende Flüssigkeit mit Gas versorgt werden. Aus der sich hier bildenden dünnen Gasschicht reißt die Flüssigkeit kleine Volumenelemente des Gases heraus, aus denen sich die Blasen bilden. Die entstehenden Blasen werden gemäß Abb. 9.21 vom Flüssigkeitsstrom auf einer Spiralbahn in Richtung auf die Trennwand des zylindrischen Mittelstückes transportiert. Dort tritt in unterschiedlichem Maße eine Blasenvergrößerung durch Koaleszenz ein. Die kleinen Blasen folgen der Zirkulationsbewegung der Sekundärströmung, bis sie im Verlauf einer weitergehenden Koaleszenz groß genug geworden sind, um sich auf Grund der wirksamen Auftriebskräfte von der Sekundärströmng zu trennen und der nächsten Stufe zuzuströmen. Die beim Auftreffen auf die Wand des Mittelstückes entstehenden größeren Blasen folgen nicht der Zirkulationsbewegung der Sekundärströmung. Auf Grund des zur Rotationsachse gerichteten Druckgefälles bewegen sich diese Blasen auf spiralförmiger Bahn radial einwärts und steigen unmittelbar zur nächsten Stufe auf. Dort wiederholt sich der beschriebene Prozeß.

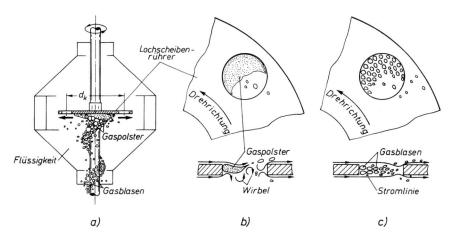

Abb. 9.20. Graphische Erläuterungen des Gastransportes zu den Dispergierlöchern und der Blasenbildung

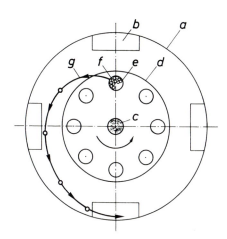

Abb. 9.21. Zur Erläuterung der Entstehung und Bewegung von Blasen in einer Reaktorstufe; a Reaktorwand, b um 45° geneigte Strombrecher, c Rotorachse, d Lochscheibe, e Dispergierloch, f Gaspolster im Dispergierloch, g Bewegungsbahn der Blase

Theoretische Untersuchungen haben gezeigt, daß der wesentliche Abschnitt des instationären Stofftransportes durch die Grenzfläche der Blasen während ihrer Bewegung auf der spiralförmigen Bahn erfolgt. Diese Bahn ist um so länger, je kleiner der Blasendurchmesser ist.

Die rotierende Scheibe erzeugt durch Reibungskräfte eine Rotationsströmung der Flüssigkeit. Die daraus resultierenden Zentrifugalkräfte erzwingen die bereits genannte Sekundärströmung. Sie ist senkrecht zur Primärströmung, der Rotationsströmung orientiert. In Abb. 9.22 ist ein berechnetes Stromlinienfeld für die Sekundärströmung für einen höheren Wert der Reynolds-Zahl Re dargestellt [9].

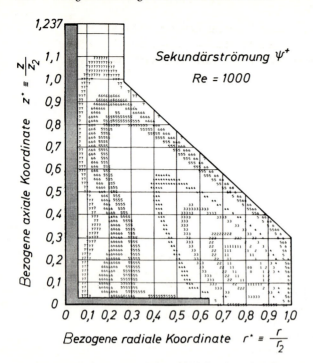

Abb. 9.22. Berechnetes Stromlinienfeld für die Sekundärströmung in einem der vier symmetrischen Elemente eines Längsschnittes durch eine Reaktorstufe; Rotorachse und Lochscheibe sind schraffiert dargestellt

In den folgenden Abschnitten wird auf die Energieübertragung von der rotierenden Scheibe an die Flüssigkeit, auf den Gasgehalt einer Stufe und auf den Stofftransport in einer Stufe näher eingegangen.

9.3.5.2
Energieübertragung in einer Stufe

Behandelt wird die Energieübertragung von den rotierenden Lochscheiben ohne und mit Begasung der Flüssigkeit.

Energieübertragung an reine Flüssigkeiten

Die Energieübertragung an unbegasten Newtonschen Flüssigkeiten wird durch die folgende Funktion dimensionsfreier Kennzahlen dargestellt:

$$Ne = f(Re_r; d_r/D). \tag{9.33}$$

9.3 Stoffaustauschmaschine mit periodisch wiederholter Tropfenbildung 389

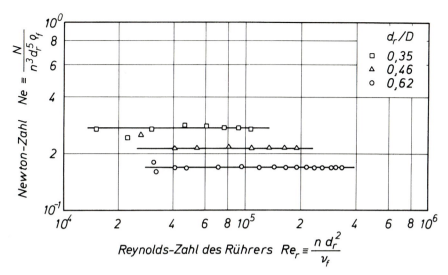

Abb. 9.23. Newton-Zahl Ne des Lochscheibenrührers für unbegaste Flüssigkeit abhängig von der Reynolds-Zahl des Rührers Re_r bei drei Werten des Durchmesserverhältnisses d_r/D

Die Kennzahlen sind die Newton-Zahl Ne, die Reynolds-Zahl des Rührers Re_r und das Durchmesserverhältnis d_r/D. Die Definitionen für Ne und Re_r lauten:

$$Ne \equiv \frac{N}{n^3 \, d_r^5 \, \rho_f}, \qquad (9.34)$$

$$Re_r \equiv \frac{n \, d_r^2}{\nu_f}. \qquad (9.35)$$

Es bedeuten N die Leistungsabgabe des Rührers, n die Drehzahl und d_r den Durchmesser des Rührers sowie ρ_f die Dichte und ν_f die kinematische Viskosität der Flüssigkeit; mit D wird der Durchmesser des zylindrischen Mittelstückes einer Stufe bezeichnet.

In Abb. 9.23 sind die Meßergebnisse für drei Werte des Durchmesserverhältnisses d_r/D dargestellt. Die Reynolds-Zahl wurde in einem praktisch interessierenden Bereich geändert. Die dabei auftretende Grenzschichtströmung an der rotierenden Scheibe ist turbulent. Die Ergebnisse werden durch folgende Gleichung beschrieben:

$$Ne = 0{,}11 \, (d_r/D)^{-0{,}87}. \qquad (9.36)$$

Die Newton-Zahl liegt für die drei Rührer zwischen 0,275 und 0,170. Zum Vergleich sei angegeben, daß die Newton-Zahl für Turbinenrührer im Bereich von 4 bis 6 liegt.

Da als primäre Aufgabe des Rührers das Dispergieren des Gases angesehen wird, wurde die strömungstechnisch günstigste und daher widerstandsärmste Form des Rührers gewählt. Dieses ist die ebene Scheibe. Darüber hinaus ermöglicht der Lochscheibenrührer eine weitgehend definierte Form der Dispergierung, die zu einem sehr engen Blasenspektrum führt.

Die zweite Aufgabe eines Rührers besteht darin, eine räumliche Strömung zu erzeugen, die zu einer möglichst gleichmäßigen Verteilung beider Phasen im verfügbaren Volumen sorgt. Diese Aufgabe wird von der Sekundärströmung übernommen. Sie kann diese Aufgabe um so wirkungsvoller erfüllen, je mehr Energie ihr zur Verfügung steht.

Die von der Scheibe abgegebene Energie führt unmittelbar zur Erzeugung der Primärströmung, die aber zwangsläufig einen Teil der Energie weitergibt zum Aufbau der Sekundärströmung. Die in diesen beiden Strömungen enthaltenen Energien werden für den Fall des laminaren Strömungszustandes durch numerische Lösung der maßgebenden Differentialgleichung berechnet.

Das Ergebnis der Rechnungen ist in Abb. 9.24 dargestellt. Hierin bedeuten E_p^* und E_s^* die dimensionslosen Energien in der Primär- und in der Sekundärströmung. Die Kennzahlen sind folgendermaßen definiert:

$$E_p^* \equiv \frac{E_p}{\rho_f \, \omega^2 \, r_1^2 \, r_2^3}, \qquad (9.37)$$

$$E_s^* \equiv \frac{E_s}{\rho_f \, \omega^2 \, r_1^2 \, r_2^3}. \qquad (9.38)$$

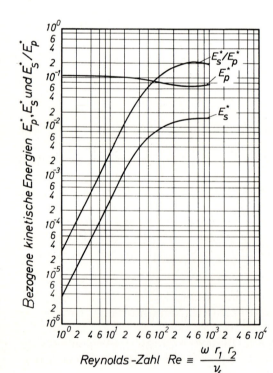

Abb. 9.24. Bezogene kinetische Energie der Primärströmung E_p^* und der Sekundärströmung E_s^* sowie deren Verhältnis E_s^*/E_p^* abhängig von der Reynolds-Zahl Re

9.3 Stoffaustauschmaschine mit periodisch wiederholter Tropfenbildung 391

Mit Re wird die Reynolds-Zahl bezeichnet:

$$\text{Re} = \frac{\omega\, r_1\, r_2}{\nu_f} = \text{Re}_r\, \frac{\pi/2}{d_r/D}. \tag{9.39}$$

Die noch nicht erläuterten Größen sind r_1 und $d_r/2$ Rührerradius, $r_2 = D/2$ Gefäßradius, $\omega = 2\pi n$ Kreisfrequenz und ρ_f Dichte der Flüssigkeit. Die in Abb. 9.24 angegebene Reynolds-Zahl ist 2,5mal so groß wie die in Abb. 9.23 verwendete Reynolds-Zahl Re_r.

Aus Abb. 9.24 geht hervor, daß die in der Sekundärströmung enthaltene Energie E_s^* mit der Reynolds-Zahl Re zwar zunächst steil ansteigt, sie nähert sich jedoch sehr schnell einem konstanten Endwert, der nur etwa 20 % des Wertes der in der Primärströmung enthaltenen Energie beträgt. Man darf davon ausgehen, daß sich das Energieverhältnis, $E_s^*/E_p^* = 0,2$ beim Übergang von der laminaren zur turbulenten Strömung kaum ändert.

Energieübertragung an begaste Flüssigkeiten

Bei der Energieübertragung an begaste Flüssigkeiten sind zwei Vorgänge zu beachten. Für die Blasenerzeugung muß zusätzliche Energie aufgewendet werden. Zur Aufrechterhaltung der Bewegung des zweiphasigen Fluids muß bei konstantem Fluidvolumen jedoch weniger Energie zugeführt werden, da ein Teil des Flüssigkeitsvolumens durch Gas ersetzt wird, das eine sehr geringe Masse aufweist. Man darf also erwarten, daß der Energieaufwand für die Erzeugung und Bewegung des zweiphasigen Systems geringer ist als für die Bewegung der reinen Flüssigkeit.

In Abb. 9.25 ist das Verhältnis der Newton-Zahlen, Ne_g/Ne, über der Gasvolumenstrom-Kennzahl $\dot{V}_g^*$ aufgetragen. Ne_g bedeutet die Newton-Zahl bei begasten, Ne die bei unbegasten Flüssigkeiten; $\dot{V}_g^*$ ist wie folgt definiert:

$$\dot{V}_g^* \equiv \frac{\dot{V}_g}{n\, d_r^3}. \tag{9.40}$$

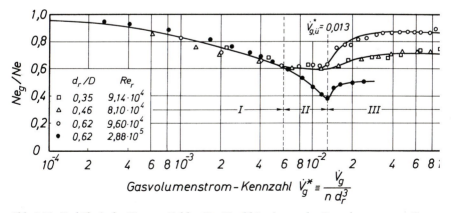

Abb. 9.25. Verhältnis der Newton-Zahlen Ne_g/Ne abhängig von der Gasvolumenstrom-Kennzahl $\dot{V}_g^*$ für verschiedene Werte der Reynolds-Zahl des Rührers Re_r und des Durchmesserverhältnisses d_r/D

Hierin ist $\dot{V}_g$ der Volumenstrom des Gases. Die in Abb. 9.25 dargestellten Kurven weisen drei Bereiche auf. In Bereich I sinkt das Verhältnis Ne_g/Ne stetig ab, wobei die Reynolds-Zahl Re_r und das Durchmesserverhältnis d_r/D keinen Einfluß haben. An der oberen Grenze des Bereiches I tritt eine Überflutung des Rührers auf. Das an seiner Unterseite entstehende Gaspolster dringt über die Dispergierlöcher hinaus bis an den äußeren Rand der Scheibe vor, so daß der Dispergiervorgang verschlechtert wird. Im Bereich I gilt folgende Gleichung:

$$\frac{Ne_g}{Ne} = (170 \, \dot{V}_g^{*\,0,5} + 7 \cdot 10^8 \, \dot{V}_g^{*\,2,6})^{-0,07}. \tag{9.41}$$

Der Anwendungsbereich ist durch folgende Angaben gekennzeichnet:

$0,35 \quad \leq d_r/D \leq 0,62$
$8 \cdot 10^4 \leq Re_r \leq 3 \cdot 10^5$
$\phantom{8 \cdot 10^4 \leq {}}\dot{V}_g^* \leq 6 \cdot 10^{-3}$

Im Bereich I ist die Gasbewegung am Rührer stationär. Beim Übergang in den Bereich II gewinnt die räumliche Strömung in der Stufe Einfluß auf die Gasbewegung. Dieser Einfluß führt schließlich, beim Übergang in den Bereich III, zu einer instabilen, pulsierenden Dispergierung des Gases und einer Überflutung der Dispergierlöcher des Rührers durch das Gaspolster. Am Überflutungspunkt hat die Gasvolumenstrom-Kennzahl den Wert $\dot{V}_{g,\ddot{u}}^* = 0,013$.

Die bei stationärer Gasbewegung in den Bereichen I und III gebildeten Blasen haben einen sehr kleinen und einheitlichen Durchmesser, der mit zunehmender Gasbelastung $\dot{V}_g^*$ leicht ansteigt und am Überflutungspunkt den Wert von $d_p \approx 1,55$ mm erreicht.

Für weitere Details der Energieübertragung an begaste Flüssigkeiten sei auf die bereits genannte Arbeit von Maruoka und Brauer [9] sowie die von Biesecker [11] verwiesen.

9.3.5.3
Gasgehalt einer Stufe

Jede der drei Stufen der Stoffaustauschmaschine hat den gleichen Gasgehalt. Die verwendete dimensionslose Kennzahl für den Gasgehalt ist folgendermaßen definiert:

$$V_g^* \equiv V_g/V. \tag{9.42}$$

Hierin ist das im Stufenvolumen V enthaltene Gasvolumen mit V_g bezeichnet.

V_g^* ist in Abb. 9.26 als Funktion des Gasvolumenstromes $\dot{V}_g^*$ für mehrere Werte der Reynolds-Zahl des Rührers Re_r und des Durchmesserverhältnisses d_r/D angegeben. Bis zum Überflutungspunkt bei $\dot{V}_g^* = \dot{V}_{g,\ddot{u}}^* = 0,013$ steigt der Gasgehalt stetig an. Dieses ist den Beobachtungen zufolge darauf zurückzuführen, daß sich der Gasgehalt in diesem Bereich durch die Erhöhung der Zahl der Blasen vergrößert, ohne daß sich deren Durchmesser ändert. Oberhalb des Überflutungspunktes nimmt die Zahl der Blasen ab und deren Durch-

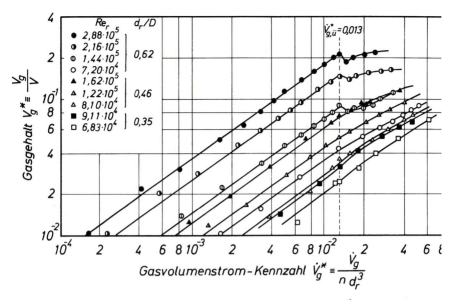

Abb. 9.26. Gasgehalt V_g^* als Funktion der Gasvolumenstromkennzahl $\dot{V}_g^*$ für verschiedene Werte der Reynolds-Zahl Re_r des Rührers und des Durchmesserverhältnisses d_r/D

messer zu. Obgleich der Gasgehalt weiter ansteigt, vergrößert sich die Phasengrenzfläche kaum noch. Das Durchmesserspektrum der Blasen weitet sich in diesem Bereich erheblich aus.

Unterhalb des Überflutungspunktes hat die Gegenströmung der Flüssigkeit einen Einfluß auf den Gasgehalt. Er steigt mit zunehmendem Flüssigkeitsdurchsatz an. Bei Annäherung an den Überflutungspunkt verliert dieser Einfluß an Bedeutung [9].

Eng verbunden mit dem Gasgehalt ist die Verweilzeit des Gases in einer Stufe. Umfangreiche Messungen haben ergeben, daß die mittlere Verweilzeit am Überflutungspunkt 1,5 s beträgt. Sie erwies sich als unabhängig von der Reynolds-Zahl des Rührers Re_r, vom Durchmesserverhältnis d_r/D und von der Geschwindigkeit der entgegenströmenden Flüssigkeit. Mit steigender Gasbelastung wird erwartungsgemäß die Verweilzeit kleiner [9].

9.3.5.4
Stoffaustausch in den drei Stufen der Maschine

Untersucht wurde ein Desorptionsprozeß, bei dem das im Wasser gelöste Kohlendioxid in Luftblasen übertritt. Dieser Stofftransport ist ein instationärer Prozeß, der in einer früheren Arbeit in umfassender Form theoretisch-numerisch untersucht wurde [2]. Diese Ergebnisse ließen sich für eine angenäherte Betrachtung des Stofftransportes in die Blasen heranziehen. Danach ist der in einer Stufe mögliche Stofftransport am Überflutungspunkt bis 80 % abgeschlossen. Die Maschine erfüllt also vollkommen die in sie gesetzten Erwartungen.

Die experimentelle Untersuchung des Stofftransportes stützt sich auf die Bestimmung der theoretischen Bodenzahl und den Stufenaustauschgrad.

Beschreibung des Prozesses im Desorptionsdiagramm

Das Desorptionsdiagramm ist in Abb. 9.27 für vier verschiedene Werte der Volumenstrom-Kennzahl $\dot{V}_g^*$ angegeben. Die Gleichgewichtskurve ist durch das Henrysche Gesetz gemäß Gl. (9.31) und die Betriebskurve durch Gl. (9.30) gegeben. Mit zunehmenden Werten von $\dot{V}_g^*$ wird die Steigung der Betriebskurve geringer. Der Absorptionsfaktor A, der das Verhältnis der Steigungen von Betriebs- und Gleichgewichtskurve angibt, wird zwangsläufig ebenfalls kleiner. Unverändert blieben bei diesen Darstellungen die Reynolds-Zahl des Rührers Re_r gemäß Gl. (9.35) mit $Re_r = 2{,}16 \cdot 10^5$, das Durchmesserverhältnis mit $d_r/D = 0{,}62$ und die Reynolds-Zahl der Flüssigkeit mit $Re_{f,R} = 1086$. Diese Reynolds-Zahl ist wie folgt definiert:

$$Re_{f,R} \equiv \frac{\overline{w}_{f,A}\, D}{\nu_f}. \qquad (9.43)$$

Hierin bedeutet $\overline{w}_{f,R}$ die mittlere Flüssigkeitsgeschwindigkeit im zylindrischen Mittelstück des Reaktors, dessen Durchmesser D ist.

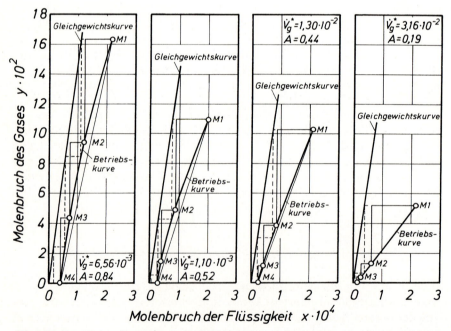

Abb. 9.27. Desorptionsdiagramme mit Gleichgewichts- und Betriebskurven für vier Werte der Gasvolumenstrom-Kennzahl $\dot{V}_g^*$ bei $Re_r = 2{,}16 \cdot 10^5$, $Re_{f,R} = 1086$ und $d_r/D = 0{,}62$

Die in den Desorptionsdiagrammen angegebenen Punkte M1 bis M4 geben die in den drei Stufen gemessenen Werte für die CO_2-Konzentration in der Flüssigkeit an. M1 ist also die Konzentration bei Eintritt der Flüssigkeit am Kopf des Reaktors. Die Flüssigkeit verläßt den Reaktor mit der Konzentration M4, die um so kleiner ist, je größer die Volumenstrom-Kennzahl $\dot{V}_g^*$ wird.

Zur Orientierung sind in dem Desorptionsdiagramm von gestrichelten Linien die theoretischen Böden und von durchgezogenen Linien die wirklichen Böden angegeben. Von diesen Angaben wird in der Diskussion des Stoffaustausches Gebrauch gemacht.

Theoretische Stufenzahl

Die mit n_{th} bezeichnete Zahl der theoretischen Stufen wurde mittels der bekannten Gleichung von Colburn unter Verwendung der Meßwerte für die Konzentration bestimmt [12]. In Abb. 9.28 ist die theoretische Stufenzahl n_{th} abhängig von der Gasvolumenstrom-Kennzahl $\dot{V}_g^*$ für verschiedene Werte der Reynolds-Zahl des Rührers Re_r und des Durchmesserverhältnisses d_r/D dargestellt. Die Reynolds-Zahl der Flüssigkeit $Re_{f,R}$ änderte sich dabei im Bereich von 182 bis 1086.

Eine theoretische Stufe wird erreicht, wenn sich in der wirklichen Stufe der Gleichgewichtszustand zwischen Gas und Flüssigkeit einstellt. Die begrenzte Berührungszeit zwischen den Phasen schränkt den Stoffaustausch

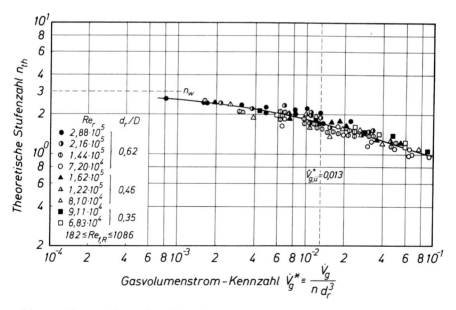

Abb. 9.28. Theoretische Stufenzahl n_{th} für den dreistufigen Rührreaktor abhängig von der Gasvolumenstrom-Kennzahl $\dot{V}_g^*$ für verschiedene Werte der Reynolds-Zahl des Rührers Re_r, des Durchmesserverhältnisses d_r/D und der Reynolds-Zahl der Flüssigkeit $Re_{f,R}$

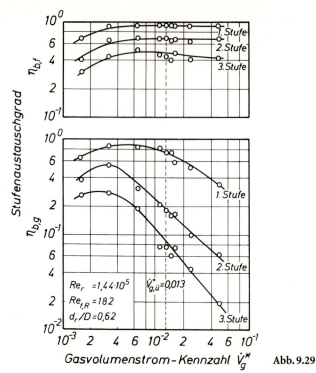

Abb. 9.29 und 9.30. Flüssigkeits- und gasseitiger Stufenaustauschgrad, $\eta_{b,f}$ und $\eta_{b,g}$ abhängig von der Gasvolumenstrom-Kennzahl $\dot{V}_g^*$; Abb. 9.29 für die Reynolds-Zahl der Flüssigkeit $Re_{f,R} = 182$ und Abb. 9.30 für $Re_{f,R} = 1086$

ein und führt dazu, daß die theoretische Stufenzahl stets kleiner ist als die wirkliche, die bei der verwendeten Maschine 3 betrug. Mit zunehmender Gasbelastung $\dot{V}_g^*$ muß n_{th} abnehmen, da die Kontaktzeiten zwischen den Phasen kürzer werden und, da der Blasendurchmesser größer wird, der Stofftransport wegen der verkleinerten Grenzfläche, bezogen auf das Gasvolumen, sich gleichzeitig verschlechtert.

Stufenaustauschgrad

Der Stufenaustauschgrad ist das Verhältnis der wirklichen Konzentrationsänderung in einer jeden Stufe zu der, die sich bei Erreichen des Gleichgewichtszustandes einstellen würde. Der Stufenaustauschgrad läßt sich für jede der beiden Phasen ermitteln. Für die Gasphase wird er mit $\eta_{b,g}$ und für die Flüssigkeitsphase mit $\eta_{b,f}$ bezeichnet.

In den Abb. 9.29 und 9.30 sind die beiden Stufenaustauschgrade abhängig von der Gasvolumenstom-Kennzahl $\dot{V}_g^*$ als Beispiele für die erhaltenen Untersuchungsergebnisse dargestellt. Für diese beiden Beispiele ist die Flüssigkeitsbelastung, ausgedrückt durch die Reynolds-Zahl $Re_{f,R}$, verändert wor-

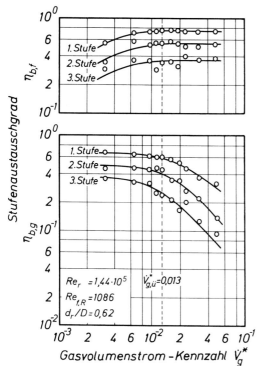

Abb. 9.30

den. Unverändert blieben die Reynolds-Zahl des Rührers Re_r und das Durchmesserverhältnis d_r/D. Die Meßwerte lassen sich für jede Stufe durch eine einfache Kurve gut ausgleichen.

Mit zunehmenden Werten von $\dot{V}_g^*$ steigt der flüssigkeitsseitige Stufenaustauschgrad $\eta_{b,f}$ zunächst an und erreicht etwa am Überflutungspunkt, $\dot{V}_{g,ü}^* = 0{,}013$, seinen maximalen Wert. Dieser erhöht sich mit steigender Reynolds-Zahl Re_r, wie weitere Versuche gezeigt haben.

Der gasseitige Stufenaustauschgrad $\eta_{b,g}$ fällt, lange vor Erreichen des Überflutungspunktes, mit zunehmender Gasbelastung ab. Dieses ist auf die Verkürzung der Kontaktzeit zwischen den beiden Phasen zurückzuführen.

9.3.5.5
Vergleich des Stofftransportes in verschiedenen Geräten

In Abb. 9.31 ist der flüssigkeitsseitige Austauschgrad für die erste Stufe des dreistufigen Rührreaktors und für einen Glockenboden nach Angaben von Walter und Sherwood [13] als Funktion des Volumenstromverhältnisses $\dot{V}_g/\dot{V}_f$ dargestellt. Es zeigt sich, daß der Austauschgrad für den mehrstufigen Rühr-

398 9 Abgasbehandlung in Stoffaustauschmaschinen

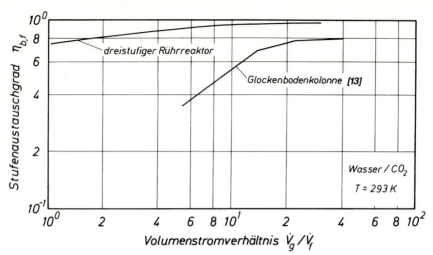

Abb. 9.31. Flüssigkeitsseitiger Stufen- bzw. Bodenaustauschgrad $\eta_{b,f}$ abhängig von dem Volumenstromverhältnis $\dot{V}_g/\dot{V}_f$

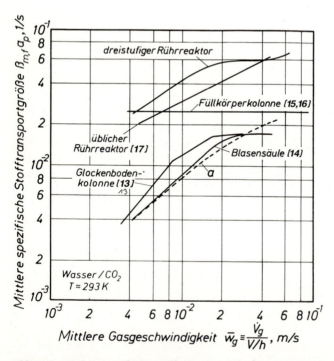

Abb. 9.32. Mittlere spezifische Stofftransportgröße $\beta_{m,f}\, a_p$ abhängig von der mittleren Gasgeschwindigkeit $\bar{w}_g$ für den dreistufigen Rührreaktor und für vier andere Gas/Flüssigkeit-Kontaktgeräte

reaktor nicht nur erheblich größer ist als für einen Glockenboden, sondern auch einen wesentlich größeren Belastungsbereich aufweist. Von besonderer Bedeutung ist die hervorragende Stoffaustauschleistung im Bereich kleinster Gasbelastungen, für den die Maschine im Prinzip konzipiert wurde.

Eine weitere Vergleichsmöglichkeit für verschiedene Stoffaustauschgeräte bietet die mittlere spezifische Stofftransportgröße $\beta_{m,f}\, a_p$, gebildet für die flüssige Phase. Abbildung 9.32 zeigt einen solchen Vergleich. Aufgetragen ist die Stoffaustauschgröße über der mittleren Gasgeschwindigkeit $\overline{w}_g$. Hierbei wurde der Gasvolumenstrom V_g bezogen auf das Verhältnis aus Volumen V und Höhe h des jeweiligen Gerätes. Zum Vergleich wurden Angaben für eine Glockenbodenkolonne [13], eine Blasensäule [14], eine Füllkörperkolonne [15, 16] und einen üblichen Rührreaktor [17] herangezogen. Die gestrichelte Kurve a gibt den Stoffübergang im dreistufigen Rührreaktor ohne Rotation der Rührer an. Auch bei diesem Vergleich erweist sich der dreistufige Rührreaktor als günstigstes Gerät.

Literatur

1. Brauer H (1986) Chem Ing Techn 58:97–107
2. Brauer H (1978) Int J Heat Mass Transfer 21:445–465
3. Schulze Ch, Brauer H (1989) Untersuchungen der Strömung und des Stoffaustausches in einer Zerstäubungsmaschine, Fortsch-Ber VDI-Reihe 3 Nr 195. VDI Düsseldorf
4. Brauer H (1989) Absorptive Abgasreinigung, VDI Berichte Nr 730. VDI Düsseldorf
5. Müller B, Brauer H (1991) Untersuchung der Abscheidung von Feinststaub in einer Zerstäubungsmaschine, VDI-Forschungsheft 661. VDI Düsseldorf
6. Seeck F (1979) Untersuchungen zur Staubabscheidung und Schadgasabsorption durch Radialdesintegratoren und deren Optimierung, Fortschr-Ber VDI-Reihe 3 Nr 55. VDI Düsseldorf
7. Schneider HF (1982) Untersuchung zur Naßabscheidung von Schwefeldioxid Diss, Univ Hannover
8. Schütz M (1972) Untersuchungen zur kombinierten Naßabscheidung von Stäuben und gasförmigen Komponenten aus Industrieabgasen, Fortschr-Ber VDI-Reihe 3 Nr 48. VDI Düsseldorf
9. Maruoka Y, Brauer H (1983) Fluiddynamik und Stoffaustausch in einem mehrstufigen Rührreaktor, VDI-Forschungsheft 618. VDI Düsseldorf
10. Brauer H (1979) in: Ghose TK, Fiechter A, Blakebrough N (eds.) Advances in Biochemical Engineering, vol 13, p 87. Springer Verlag, Berlin Heidelberg New York
11. Biesecker BO (1972) Begasen von Flüssigkeiten mit Rührern. VDI-Forschungsheft 554. VDI Düsseldorf
12. Brauer H (1971) Stoffaustausch. Sauerländer, Aarau Frankfurt aM
13. Walter JF, Sherwood TK (1941) Ind Engng Chem 33:493
14. Deckwer WD, Adler J, Zaidi A (1978) Can J Chem Cong 56:43
15. Yilmaz T (1973) Chem. Ing. Techn. 45:253
16. Yilmaz T (1972) Strömung und flüssigkeitsseitiger Stoffübergang in Füllkörpersäulen bei stationärer und instationärer Flüssigkeitsaufgabe. Diss, Techn Univ Berlin
17. Valentin FHH, Preen BV (1962) Chem Ing Techn 34:194

10 Abscheidung gasförmiger Schadstoffe durch Adsoprtion und Adsorptionskatalyse

H. Menig, H. Krill

10.1 Einleitung

Im Zuge der verschärften Vorschriften zur Reinhaltung der Luft als entscheidendem Bestandteil der Umwelt für Menschen, Tiere, Pflanzen und Sachgüter treten immer mehr Aufgabenstellungen in den Vordergrund, bei denen aus großen Abluft- bzw. Abgasströmen geringe Konzentrationen gasförmiger Schadstoffe bis auf niedrige Restgehalte abzuscheiden sind. Erheblichen Anteil daran haben die Erfolge bei den schadstoffmindernden Primärmaßnahmen, die durch

- den Einsatz emissionsarmer Roh- und Brennstoffe,
- die Entwicklung emissionsarmer Prozeßtechniken und
- die Entwicklung emissionsarmer Anlagenkonzepte

in Verbindung mit einem produktionsintegrierten Luftreinhaltekonzept anstelle von end of the pipe-Lösungen das Gebot der Vermeidung gegenüber der Verminderung als oberstes Ziel verfolgen. Damit änderte sich teilweise auch der Charakter der Adsorptionsanlagen in der Luftreinhaltung von einer vorzugsweisen ökonomisch ausgerichteten Rückgewinnungstechnik, wie sie seit den 20er Jahren über nahezu fünf Jahrzehnte in den lösemittelverarbeitenden Betrieben dominierte, zur ökologisch geprägten Minderungstechnik mit deutlich erweiterter Anwendungsbreite.

Eine entscheidende Rolle spielte dabei die Entwicklung neuer Adsorbentien.

10.2 Geschichtlicher Rückblick

Ihre technisch-wissenschaftliche Entwicklung verdanken die Adsorptionsverfahren dem ursprünglichen Einsatz in der Flüssigphase. 1794 nutzte man erstmals industriell die Adsorptionswirkung von Holzkohle zur Entfärbung in einer englischen Zuckerraffinerie. Im Zuge der merkantilistischen Wirtschaftspolitik Napoleons I. während der Kontinentalsperre gegen England wurde die adsorptive Entfärbungstechnik 1808 zunächst in Frankreich bei der Fabrikation des Rübenzuckers eingeführt, der den fehlenden Kolonialzucker ersetzte. Genutzt wurde damals auch die Entfärbungskraft von Knochen- und Blutkohle, aber es fehlte eine Methode zur großtechnischen Herstellung einer ausreichend verfügbaren Aktivkohle von gleichbleibender Qualität. Dieser entscheidende Schritt gelang durch deutsche und britische Patente von Raphael von Ostrejko aus den Jahren 1900 und 1901, der die in Zuckerraffinerien überwiegend verwendete Knochenkohle ersetzen wollte. Ein Patent betraf die Behandlung von pflanzlichen Stoffen mit heißen Metallchloriden. Das andere wurde für die Aktivierung von Holzkohle mit Kohlendioxid und Wasserdampf bei schwacher Rotglut erteilt.

Nach diesem Verfahren nahmen einige Jahre später mehrere Fabriken die Aktivkohleproduktion auf: 1909 die Chemischen Werke Ratibor in Schlesien und 1911 die Fanto-Werke in Stockerau bei Wien. Das pulverförmige Produkt kam unter der Bezeichnung Eponit in den Handel und diente vorwiegend als Entfärbungsmittel bei der Zuckerherstellung aus Rübensaft. Gleichzeitig begann bei der Norit Company in Amsterdam die Herstellung einer Torfkohle. Nach dem von J. Wunsch entwickelten Zinkchlorid-Verfahren produzierte man ab 1913 im großtechnischen Maßstab Pulveraktivkohle beim Verein für chemische und metallurgische Produktion in Aussig (Elbe), die kurze Zeit später auf Kornkohle ausgedehnt wurde. 1915 folgten die Farbenfabriken Bayer als Lizenznehmer und vertrieben ihre Pulverkohle unter der Handelsmarke Carboraffin.

Daneben gab es zunehmend wissenschaftliche Untersuchungen zum Einsatz poröser Feststoffe in der Gasphase. 1905 erhielt der Physiker J. Dewar auf Grund seiner Arbeiten mit Aktivkohle, Kieselsäuregel und Aluminiumoxidgel ein entsprechendes Patent. Die großtechnische Realisierung setzte voraus, daß leistungsfähige körnige Adsorbentien zur Verfügung standen. Neben der Nachfrage für Gasmasken während des 1. Weltkrieges stieg der Bedarf an geformter Aktivkohle nach der Entwicklung des Bayer-Verfahrens 1916 (DRP 310092) zur Adsorption organischer Dämpfe aus Abluft mit anschließender Wasserdampfdesorption zur Rückgewinnung organischer Lösemittel als wichtigen Produktionshilfsmitteln. Zusätzliche Impulse gab die Abtrennung organischer Stoffe aus Kokereigas, Leuchtgas und dem bei der Erdölförderung anfallenden Naturgas. Der Bau entsprechender Anlagen entwickelte sich zu Beginn der 20er Jahre zu einem neuen Arbeitsgebiet des Chemieingenieurwesens mit wachsendem know-how und zahlreichen Patentanmeldungen für Festbett- und Wanderbettverfahren sowie unterschiedliche Desorptionsmethoden. Führend war die Metallbank und Metallurgische Gesellschaft AG in Frankfurt mit dem Supersorbon- und Benzosorbon-Verfahren, aus der Lurgi als Ingenieurunternehmen des Anlagenbaues hervorging. 1921 entstanden in Gaswerken die ersten Aktivkohle-Adsorptionsanlagen zur Benzolgewinnung [1].

In den 30er und 40er Jahren sorgte in Deutschland die Technik der Kohleveredelung für vielfältige Einsatzgebiete zur Stoffgewinnung, während in den USA die Erdölindustrie neue Anwendungsmöglichkeiten bei der Gaszerlegung eröffnete. Seit den 60er Jahren entwickelte sich die Adsorptionstechnik durch neue Anlagenkonzepte und Adsorbentien, wie Aktivkoks, Braunkohlenkoks, polymere Adsorberharze, hochfeste Kugelkohlen und Faserkohlen, unter Einbeziehung der Adsorptionskatalyse durch gezielte Imprägnierungen zu einer unverzichtbaren Technologie im Dienste der Luftreinhaltung.

Für neue Impulse auf diesem Gebiet sorgte in Deutschland das am 15. März 1974 in Kraft getretene Gesetz zum Schutz vor schädlichen Umwelteinwirkungen durch Luftverunreinigungen, Geräusche, Erschütterungen und ähnliche Vorgänge (Bundes-Immisionsschutzgesetz – BImSchG).

10.3
Grundlagen der Adsorption und Adsorptionskatalyse

Die Funktionsweise adsorptiver und adsorptiv-katalytischer Gasreinigungsverfahren basiert auf zahlreichen Wechselwirkungen zwischen den als Adsorptionsmitteln eingesetzten hochporösen Feststoffen und den aus einem Gasvolumenstrom abzuscheidenden Komponenten. Ihr Verständnis setzt eine umfassende Einführung in die Grundlagen dieses thermischen Trennverfahrens voraus, wobei die vielseitigen stoff- und strukturbedingten Eigenschaften der Adsorptionsmittel in Bezug auf die jeweiligen Gas- und Dampfmoleküle von zentraler Bedeutung sind.

10.3.1
Wesen und Grundbegriffe

Für die hier betrachtete Behandlung von Abgasen und Abluftströmen zur Emissionsminderung bedeutet die Adsorption Anlagerung von Gas- oder Dampfmolekülen (Adsorptiv) an der inneren Oberfläche eines hochporösen Feststoffes (Adsorbens), der sich zur Herstellung eines intensiven Kontaktes mit der Gasphase in einem besonderen Apparat (Adsorber) befindet.

Feststoffpartikeln können nach diesem Verfahren nicht abgetrennt werden, da ihnen die notwendige kinetische Energie fehlt, um durch das Porensystem des Adsorbens zu diffundieren. Das schließt nicht aus, daß Adsorbensschüttungen über eine mechanische staubabscheidende Wirkung verfügen. Entsprechendes gilt für Sprüh und Nebel.

An der Phasengrenzfläche des Adsorbens befinden sich Atome oder Atomgruppen (aktive Zentren), die nur unvollständig von anderen Teilchen umgeben und durch diese gebunden sind. Ihre nach außen gerichteten Kräfte sind somit nicht abgesättigt, und es können sich hier Fremdmoleküle anlagern, die im adsorbierten Zustand als Adsorpt bezeichnet werden. Die gesamte Grenzflächenphase nennt man Adsorbat (Abb. 10.1). Da zur Anlagerung der

10.3 Grundlagen der Adsorption und Adsorptionskatalyse

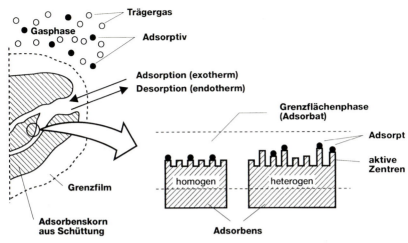

Abb. 10.1. Grundbegriffe zur Gas- und Dämpfeadsorption

Moleküle an die aktiven Zentren kinetische Energie freigesetzt wird, ist die Adsorption ein exothermer Vorgang. Seine Umkehrung erfordert Energie zur Überwindung der Bindungskräfte, um die adsorbierten Moleküle auszutreiben (Desorption), die als Desorpt und gemeinsam mit dem Desorptionsmedium als sog. Desorbat anfallen.

Zur Deutung der Adsorptionsvorgänge hat Polanyi die Adsorptions-Potentialtheorie begründet [2], die zunächst von Dubinin [3, 4] weiterentwickelt wurde, und als Grundlage der theoretischen Betrachtungen dient [5-9]. Sie basiert auf der Überlegung, daß von Festkörperoberflächen anziehende Kräfte (Dispersionskräfte) ausgehen, so daß in der Umgebung des Festkörpers ein Kräftefeld (Potentialfeld) herrscht. Es wirkt nur in unmittelbarer Nähe der Oberfläche und nimmt umgekehrt proportional zur vielfachen Potenz des Abstandes ab. Den Wirkungsbereich dieser Anziehungskräfte bezeichnet man als Adsorptionspotential E. Es umschließt die Festkörperoberfläche in Form von Äquipotentialebenen (Abb. 10.2).

Nach Polanyi repräsentiert das Adsorptionspotential E die isotherme Kompressionsarbeit, um Dämpfe von ihrem Partialdruck p_i auf den Dampfdruck p des komprimierten Adsorbates entsprechend der jeweiligen Äquipotentialebene anzuheben. Setzt man den Zustand des Adsorbates mit dem der Flüssigkeit gleich, so herrscht über der adsorbierten Phase der Sattdampfdruck p_s, und für das Adsorptionspotential E folgt aus der Gleichung

$$E = \int p \, dv = RT \int \frac{dv}{v}$$

in Verbindung mit der Gleichung des idealen Gases:

$$E = RT \ln \frac{p_s}{p_i}$$

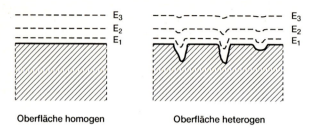

Abb. 10.2. Äquipotentialebenen und Adsorbensoberfläche nach Polanyi

Wirken zwischen Adsorbens und Adsorptiv nur die relativ schwachen van-der-Waals-Kräfte mit Bindungsenergien < 40 kJ/mol, so spricht man von physikalischer Adsorption (Physisorption). Sie ist reversibel, d. h. die angelagerten Fremdmoleküle können ohne stoffliche Veränderung ausgetrieben (desorbiert) werden. Typisches Anwendungsgebiet ist die Lösemittelrückgewinnung.

Handelt es sich um Wechselwirkungsenergien > 40 kJ/mol, wie sie zwischen den Valenzelektronen der aktiven Zentren und denjenigen der Fremdmoleküle auftreten, so entstehen wesentlich stärkere Bindungen, und das angelagerte Molekül wird in seiner stofflichen Beschaffenheit verändert. Diese als Chemisorption bezeichnete Trennwirkung erfordert eine bestimmte Aktivierungsenergie, d. h. eine Mindesttemperatur, und sie ist häufig irreversibel. Man nutzt sie z. B. zur Abscheidung von SO_2 als H_2SO_4 oder H_2S als Elementarschwefel sowie zur Umsetzung von SO_2 mit H_2S zu adsorbiertem Elementarschwefel.

10.3.2
Adsorptive Trenneffekte

Um das Verfahrensziel einer möglichst selektiven Abtrennung einzelner Komponenten aus dem Trägergas zu erreichen, können unterschiedliche Trenneffekte genutzt werden:

- Stärke der Wechselwirkungsenergie zwischen Adsorbens und Adsorptiv mit unterschiedlicher Gleichgewichtsbeladung (Gleichgewichtseffekt), Verdrängung leicht flüchtiger Komponenten durch schwer flüchtige und Bevorzugung unpolarer bzw. polarer Adsorptive;
- Diffusionsgeschwindigkeit in den Poren mit Durchmessern in der Größenordnung der Moleküldurchmesser der Adsorptive (kinetischer Effekt);
- Trennung nach Molekülgröße durch Adsorbentien mit gleichförmigen Porendurchmessern (sterischer Effekt, Molekularsiebeffekt).

Um den Einfluß der Wechselwirkungsenergie zu beschreiben, hat man einen Separationsfaktor $d = K \exp \frac{\Delta Q}{RT}$ eingeführt. Danach besteht ein exponentieller Zusammenhang zwischen der Selektivität eines Zweistoffgemisches und der Differenz der Adsorptionswärmen ΔQ. Nach der Potentialtheorie resultiert die isostere Adsorptionswärme aus der Summe von Kondensationswärme q_k und Adsorptionspotential als Funktion des Adsorptvolumens [10]:

$$q = q_k + \varepsilon_0\, \beta \left(\ln \frac{V_s}{V}\right)^{1/2}$$

mit: $\quad$ V = Adsorptvolumen, q_k = Kondensationswärme
$\quad\quad\;\;$ V_s = Sättigungsvolumen, β = Affinitätskoeffizient
$\quad\quad\;\;$ ε_0 = charakteristische Adsorptionsenergie, bezogen auf Referenzadsorptiv mit $\beta = 1$; $\varepsilon = \varepsilon_0$

Während an kohlenstoffhaltigen Adsorbentien Dispersionswechselwirkungskräfte vorherrschen, überlagern sich an oxidischen Adsorbentien zusätzlich polare Wechselwirkungskräfte, die bei Adsorptiven mit hoher Polarität einen erheblichen Beitrag zur Bindungsenergie leisten. Bei Wasser an Molekularsiebzeolithen werden bis zu 100 kJ/mol erreicht, die sonst bei Chemisorption beobachtet werden.

Das Diffusionsverhalten kann zu einer Selektivität führen, wenn die Öffnungsweite der Poren in der Größenordnung der Moleküldurchmesser des Adsorptivs liegt. Obwohl bei Stickstoff und Sauerstoff die kritischen Durchmesser mit 0,30 bzw. 0,28 nm eng beieinander liegen, hat man für einige Adsorbentien, wie Kohlenstoffmolekularsiebe, Diffusionskoeffizienten gemessen [11], die sich um mehrere Zehnerpotenzen unterscheiden. Die Selektivität nimmt mit abnehmender Temperatur zu, da temperaturbedingte Gitterschwingungen die Öffnungsweite der Poren variieren.

Bei Adsorbentien mit gleichförmigen Porenöffnungen ergibt sich bereits eine hohe Selektivität aufgrund unterschiedlicher Moleküldurchmesser der Adsorptive, so daß man hier von Molekularsieben spricht.

10.3.3
Adsorptionskapazität

Da es sich bei der Adsorption um einen reinen Oberflächeneffekt handelt, hängt ihre Leistungsfähigkeit von Ausdehnung und Struktur der verfügbaren Oberfläche ab. Hierbei handelt es sich nicht um die äußere geometrische Oberfläche, die bei den üblichen geformten Adsorbentien nur wenige m²/g beträgt, sondern um die innere Oberfläche, gebildet aus der Summe der Porenwände. Unterhalb der kritischen Temperatur des Adsorptivs kann es auch zu Kapillarkondensation kommen.

Die sich ergebende Aufnahmefähigkeit (Adsorptionskapazität, Beladung) für ein bestimmtes Adsorptiv wird in der Regel für den Gleichgewichtszustand bei konstanter Temperatur als Funktion der Konzentration im Trägergas durch Adsorptionsisothermen $x = f(c)_T$ im doppelt logarithmischen

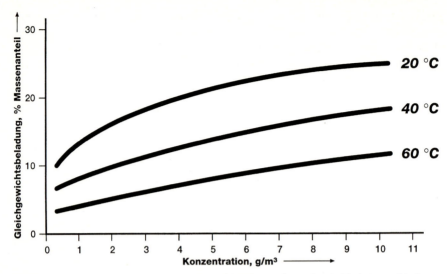

Abb. 10.3. Adsorptionsisothermen für Schwefelkohlenstoff an Aktivkohle bei verschiedenen Temperaturen

Koordinatensystem dargestellt. Die Isothermen zeigen, daß niedrige Temperatur und hoher Druck die Adsorption begünstigen, während hohe Temperatur und niedriger Druck zur Desorption führen (Abb. 10.3).

Zur quantitativen Beschreibung von Adsorptionsisothermen gibt es Ansätze nach unterschiedlichen Modellvorstellungen (Tabelle 10.1). Der Isothermen-Gleichung nach Langmuir liegt die Annahme zugrunde, daß die Anlagerung der Fremdmoleküle gleichmäßig in einer einzigen Schicht erfolgt. Langmuirs Hypothese einer homogenen Oberfläche dürfte für die technischen Adsorbentien mit aktiven Zentren unterschiedlicher Wechselwirkungsenergien kaum zutreffen. Ihre Adsorptionskapazität läßt sich eher durch die zunächst von Freundlich empirisch aufgestellte Isothermengleichung beschreiben. Man benutzt sie gewöhnlich in der logarithmierten Form und trägt dabei log V über log p auf. Die sich ergebende Gerade verläuft um so günstiger, je größer K und je kleiner die Steigung n sind.

Für Adsorptionsvorgänge, bei denen sich nach der monomolekularen Belegung weitere Adsorptschichten anlagern, gilt unter den sonstigen von Langmuir getroffenen Annahmen die von Brunauer, Emmet und Teller aufgestellte Isothermengleichung (BET-Gleichung).

Um schließlich auch zu berücksichtigen, daß die technischen Adsorbentien keine glatte innere Oberfläche besitzen, sondern eine stark zerklüftete Struktur aufweisen, entwickelte Dubinin aus der Potentialtheorie eine Isothermengleichung [3], die neben einem Strukturfaktor auch die vom Adsorptiv abhängige Affinität berücksichtigt.

Die in Abb. 10.4 dargestellte Typisierung der Adsorptionsisothermen geht auf einen Vorschlag von Brunauer zurück.

10.3 Grundlagen der Adsorption und Adsorptionskatalyse

Tabelle 10.1. Übersicht wichtiger Isothermengleichungen

Autoren	Isothermengleichung	Merkmale
Freundlich	$V = K \cdot p^n$ $\log V = \log K + n \log p$	bevorzugt niedrige Adsorptivpartialdrücke
Langmuir	$V = V_m \dfrac{K \cdot p}{1 + K \cdot p}$	monomolekulare Belegung; homogene Oberfläche
Brunauer, Emmet, Teller	$\dfrac{p_r}{V(1-p_r)} = \dfrac{C-1}{V_m \cdot C} p_r + \dfrac{1}{V_m \cdot C}$	Mehrschichtenadsorption Kapillarkondensation homogene Oberfläche
Dubinin, Raduskevic	$\log V = \log V_s - 2{,}3 \left(\dfrac{RT}{\varepsilon_0 \beta}\right) (\log p_r)^n$	Potentialtheorie Strukturfaktoren n = 1,2,3; n = 2 für organische Lösemittel an mikropor. A-Kohlen

C, K, n Konstanten
p Adsorptivpartialdruck
p_r p/p_s
ε charakteristische Adsorptionsenergie
β Affinitätkoeffizient
V Adsorptvolumen
R Gaskonstante
T absol. Temperatur

Indizes:
m Monoschicht
s Sättigung
o Referenzsubstanz

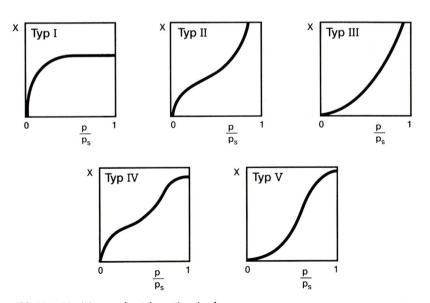

Abb. 10.4. Typisierung der Adsorptionsisothermen

Der Vollständigkeit halber sei erwähnt, daß Adsorptionsgleichgewichte auch durch Isobaren $x = f(T)_p$ und Isosteren $p = f(T)_x$ dargestellt werden können.

10.3.4
Kinetik der Adsorption

Die aus Adsorptionsisothermen zu entnehmenden Beladungen beziehen sich auf den Gleichgewichtszustand zwischen Gasphase und adsorbierter Phase. Diese maximal speicherbare Menge an Adsorptiv ist in der Praxis der Schadstoffabscheidung nicht voll realisierbar, da das Adsorbens nur bis zum Durchbruch der Emissionsgrenzwerte beladen werden darf. Um Aussagen über die dadurch reduzierte Adsorptionskapazität treffen zu können, muß man den zeitlichen Ablauf des Adsorptionsprozesses analysieren. Er umfaßt den Stofftransport aus der fluiden Phase zur inneren Oberfläche des Adsorbens und die Anlagerung der Fremdmoleküle an die aktiven Zentren bis zur Einstellung des Gleichgewichtes zwischen Adsorptiv und Adsorpt. Da letzteres praktisch momentan erfolgt, wird die Adsorptionskinetik allein durch den Stofftransport bestimmt. Betrachtet man die Vorgänge am Einzelkorn, so lassen sich folgende Teilschritte unterscheiden (Abb. 10.5):

- Stofftransport aus der fluiden Phase durch den das Korn umgebenden Grenzfilm (Filmdiffusion) zur äußeren Kornoberfläche;
- Stofftransport im Korn durch verschiedene Diffusionsvorgänge in Abhängigkeit von Molekülgröße und Porenweite (Korndiffusion) zu den aktiven Zentren an der inneren Oberfläche.

In den Makro- und Mesoporen können sich die Moleküle durch die freie Gasdiffusion oder die Knudsen-Diffusion bewegen, je nachdem, ob die Porenweite größer ist als die mittlere freie Weglänge der Adsorptivmoleküle und deren Stöße untereinander den Transport bewirken, oder ob die Stöße der Adsorptivmoleküle mit den Porenwänden dominieren. In den Mikroporen kann die Diffusion auch als aktivierter Vorgang entlang der Oberfläche erfolgen. Liegen die Abmessungen der Adsorptivmoleküle in derselben Größenordnung wie die Porenweite, so kommt es zur aktivierten Spaltdiffusion. Faßt man die komplexen Transportvorgänge im Korn unter den Begriff der Korndiffusion zusammen, so vereinfacht sich das kinetische Modell auf Film- und Korndiffusion, wobei letztere in der Regel der geschwindigkeitsbestimmende Teilschritt ist. Die auch bei großtechnischen Adsorbern auftretenden Wärmeentwicklungen zwingen zu einer nichtisothermen Betrachtung, bei der die Adsorption von teilweiser Desorption zeitweise überlagert wird.

Im Gegensatz zu den häufig auf das Einzelkorn bezogenen theoretischen Untersuchungen sind für den Anlagenbauer die Transportvorgänge in einer ruhenden oder bewegten Adsorbensschüttung maßgebend. Bei der überwiegend im Festbett betriebenen Adsorption verteilt sich der Stofftransport auf eine bestimmte Schüttungshöhe. Diese Adsorptions- oder Massenübergangszone wandert in Strömungsrichtung durch den Adsorber, der sich in drei

10.3 Grundlagen der Adsorption und Adsorptionskatalyse

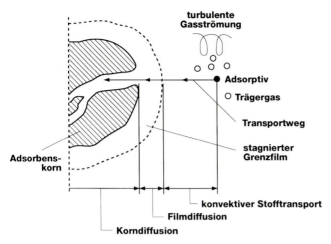

Abb. 10.5. Stofftransport bei der Adsorption

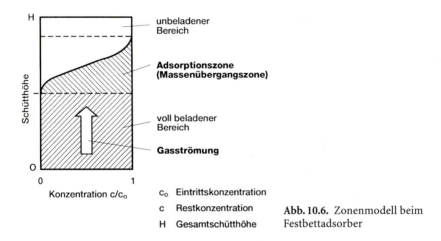

Abb. 10.6. Zonenmodell beim Festbettadsorber

Zonen unterteilen läßt (Abb. 10.6). Eingangsseitig ist das Adsorbens bis zum Gleichgewicht beladen. Oberhalb der Adsorptionszone herrscht lediglich die Restbeladung aus der vorangegangenen Desorption. Innerhalb der Adsorptionszone stellt sich ein Gleichgewicht zwischen adsorbierter Phase und der im Lückenvolumen herrschenden Konzentration im Trägergas ein. Diese komplexen Transportvorgänge sind in weitporigen Adsorbentien weniger von der Diffusion im Porensystem geprägt als bei engporigen Typen. Die Ausdehnung der Adsorptionszone in Strömungsrichtung variiert mit der Strömungsgeschwindigkeit und den Wechselwirkungsenergien zwischen Adsorbens und Adsorptiv. Bei leichtflüchtigen Substanzen und hoher Strömungsgeschwindigkeit verläuft sie langgestreckter als bei Schwersiedern und geringerem Gasdurchsatz. In Adsorbern zur Lösemittelrückgewinnung beträgt sie durchschnittlich 0,5 m. Im Interesse einer hohen Zusatzbeladung sollte die Adsorptionszone möglichst flach verlaufen. Durch den deutlichen Temperaturanstieg infolge der Adsorptionswärme läßt sich die Lage der Adsorptionszone gut identifizieren.

10.3.5
Adsorptionswärme

Da beim Übergang von der fluiden in die adsorbierte Phase Energie freigesetzt wird, gehört die Adsorption zu den exothermen Prozessen. Die freiwerdende Adsorptionsenthalpie ist ein Maß für die Bindungsenergie des Adsorpts und sinkt mit zunehmender Beladung. Die Adsorptionswärme variiert zwischen dem Ein- bis Dreifachen der Kondensationswärme. In Aktivkohle-Anlagen zur Lösemittelrückgewinnung beträgt sie etwa das 1,5fache der Kondensationswärme und führt zu meßbaren Temperaturerhöhungen zwischen 10–20 K. Dabei können sich exotherme Adsorptionsvorgänge mit endothermen Desorptionsabläufen überlagern. Abbildung 10.7 zeigt den Temperaturverlauf in einem Aktivkohle-Adsorber zur Lösemittelrückgewinnung. Die während eines gesamten Adsorptionsvorganges freiwerdende Energie bezeichnet man als integrale Adsorptionswärme q_i. Betrachtet man einzelne Beladungsstufen, so gilt die differentielle Adsorptionswärme q_d.

Um bei Stoffen mit sehr hohen Adsorptionswärmen die Entstehung überhöhter Betriebstemperaturen zu vermeiden, arbeitet man teilweise mit einer Vorbeladung.

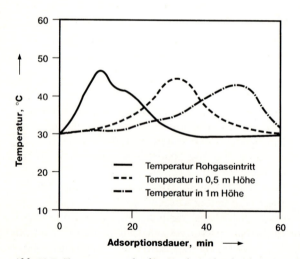

Abb. 10.7. Temperaturverlauf im Festbettadsorber bei Lösemittelabscheidung

Wird die Adsorptionswärme infolge mangelhafter Durchströmung eines Teilbereiches der Adsorbensschüttung nicht vom Gas abgeführt, so bilden sich Hitzenester (hot spots), die bei Aktivkohlen und Aktivkoksen zur Entzündung führen können. Da eine lokale Temperaturüberwachung in der Schüttung wegen deren schlechter Wärmeleitung nicht ausreicht, registriert man häufig den CO-Gehalt des Gases am Ein- und Austritt des Adsorbers.

10.3.6
Regenerierung beladener Adsorbentien

Da die einmalige Beladung eines Adsorbens bis zum Durchbruch des Emisionsgrenzwertes in den meisten Anwendungsfällen kein sinnvolles Anlagenkonzept ergäbe, muß das Adsorpt ausgetrieben werden, d. h. die Fahrweise der Anlage ist durch den ständigen Wechsel zwischen Adsorption und Desorption gekennzeichnet. Dabei sind die Einrichtungen zur Desorption bzw. Regenerierung des Adsorbens bestimmend für Aufbau und Betrieb der Anlagen.

Die Regenerierung eines beladenen Adsorbens umfaßt neben der Desorption der adsorbierten Stoffe in die Gas- oder Flüssigphase häufig eine anschließende Behandlung durch Trocknung und/oder Kühlung zur Herstellung eines für die erneute Adsorption günstigen Zustandes. Die bei der Desorption verbleibende Restbeladung reduziert die bis zum Durchbruch realisierbare Zusatzbeladung.

10.3.6.1
Regenerierung mit Desorption in die Gasphase

In technischen Adsorptionsanlagen zur Gasreinigung erfolgt die Desorption überwiegend in die Gasphase. Aus dem Verlauf der Adsorptionsisothermen lassen sich zwei Methoden ableiten:

- Desorption durch Druckabsenkung (Druckwechselverfahren),
- Desorption durch Temperaturerhöhung (Temperaturwechselverfahren).

Das Druckwechselverfahren setzt eine steil verlaufende Isotherme voraus, die eine starke Abhängigkeit der Beladung von der Adsorptivkonzentration zum Ausdruck bringt (Abb. 10.8). Ihre Anwendung beschränkt sich im wesentlichen auf die Trennung von Permanentgasen, wie Stickstoff, Sauerstoff, Wasserstoff oder Methan. Zur befriedigenden Desorption von Dämpfen bedarf es bei dieser Methode eines zusätzlichen Spülgases, das vom Desorpt wieder getrennt werden muß.

Das vorherrschende Temperaturwechselverfahren beruht auf der vorzugsweise direkten Temperaturerhöhung des beladenen Adsorbens einschließlich Adsorber, wobei das Heizmedium Wasserdampf oder Inertgas gleichzeitig als Transportmittel wirkt, um die desorbierten Dämpfe aus dem Adsorber zu spülen. Das Verfahren eignet sich auch für flach verlaufende Isothermen, soweit eine hinreichende Temperaturabhängigkeit gegeben ist.

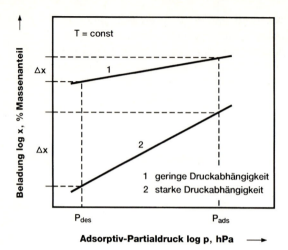

Abb. 10.8. Isothermenverlauf bei geringer und starker Druckabhängigkeit

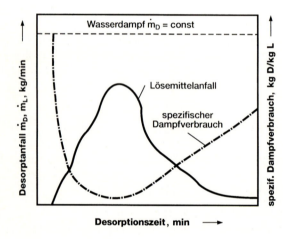

Abb. 10.9. Desorptanfall bei der Lösemitteldesorption mit Wasserdampf

Falls es das Temperaturniveau zuläßt, wird in der Regel wegen seiner hohen Kondensationswärme mit Wasserdampf gearbeitet, auch wenn das Desorpt mit Wasser mischbar ist und eine aufwendige Trennung durch Rektifikation erfordert.

Der Wasserdampf soll möglichst trocken sein und strömt entgegen der Beladungsrichtung durch das Festbett. Bei den üblichen Ausdämpfzeiten für organische Lösemittel zwischen 45–90 Minuten dienen die ersten ca. 15 Minuten zur Aufheizung von Adsorbens und Adsorber, wobei der Wasserdampf kondensiert. Abbildung 10.9 zeigt den zeitlichen Verlauf des anfallenden Desorptes in Verbindung mit dem spezifischen Dampfverbrauch.

10.3 Grundlagen der Adsorption und Adsorptionskatalyse   413

Die Heißgasdesorption wählt man, wenn trocken und/oder auf hohem Temperaturniveau gearbeitet werden muß. Dabei kommt bei Kohlenstoff- und Polymeradsorbentien der Inertisierung des Adsorbers aus Sicherheitsgründen besondere Bedeutung zu. Folgende Gasführungen stehen grundsätzlich zur Auswahl:

- Heißgasführung im geschlossenen Kreislauf (Abb. 10.10),
- Heißgasführung im „offenen" Kreislauf (Abb. 10.11) und
- Heißgasführung im einmaligen Durchgang (Abb. 10.12).

Ihre Einsatzmöglichkeit richtet sich nach den Vor- und Nachteilen im konkreten Anwendungsfall.

10.3.6.2
Regenerierung mit Desorption in die flüssige Phase

In Sonderfällen flutet man den Adsorber mit einem Lösemittel oder man berieselt damit die Adsorbensschüttung, um das Adsorpt auszutreiben. Die Wirkungsweise entspricht der Extraktion. Großtechnische Beispiele sind die Extraktion von Schwefel mit Schwefelkohlenstoff oder das Auswaschen von Schwefelsäure mit Wasser. Das bei der Extraktion adsorbierte Lösemittel muß anschließend mit Wasserdampf desorbiert werden (vgl. Abschn. 10.7.4).

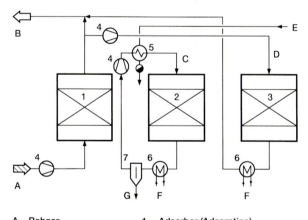

A	Rohgas	1	Adsorber (Adsorption)
B	Reingas	2	Adsorber (Desorption)
C	Desorptionsgas	3	Adsorber (Kühlung)
D	Reingas (Kühlgas)	4	Gebläse
E	Wasserdampf	5	Erhitzer
F	Kühlwasser	6	Kühler
G	Desorpt	7	Abscheider

Abb. 10.10. Heißgasführung im geschlossenen Kreislauf

414   10 Abscheidung gasförmiger Schadstoffe durch Adsorption und Adsorptionskatalyse

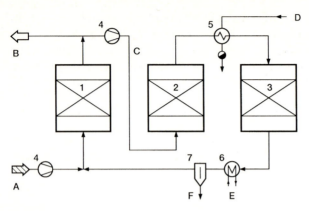

A	Rohgas	1	Adsorber (Adsorption)
B	Reingas	2	Adsorber (Kühlung)
C	Regeneriergas	3	Adsorber (Desorption)
D	Heizdampf	4	Gebläse
E	Kühlwasser	5	Erhitzer
F	Desorpt	6	Kühler
		7	Abscheider

Abb. 10.11. Heißgasführung im offenen Kreislauf

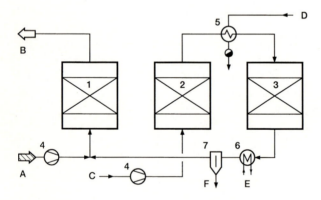

A	Rohgas	1	Adsorber (Adsorption)
B	Reingas	2	Adsorber (Kühlung)
C	Regeneriergas	3	Adsorber (Desorption)
D	Wasserdampf	4	Gebläse
E	Kühlwasser	5	Erhitzer
F	Desorpt	6	Kühler
		7	Abscheider

Abb. 10.12. Heißgasführung mit einmaligem Durchgang

10.3.6.3
Regenerierung mit reaktivierender Desorption

Bei starken Bindungskräften zwischen Adsorbens und Adsorpt bzw. dessen Polymerisaten oder Zersetzungsprodukten ist eine Austreibung nur durch Oxidation unter Bedingungen möglich, die denen der Aktivierung entsprechen. Dies bedeutet bei Aktivkohlen eine selektive Vergasung der Adsorpte mit Wasserdampf oder Kohlendioxid bei Temperaturen zwischen 700–900 °C. Dabei müssen die Reaktionen so geführt werden, daß möglichst nur die Adsorpte selektiv reagieren und das Kohlenstoffgerüst weitgehend unverändert bleibt. Beim praktischen Betrieb lassen sich die Bedingungen im Drehrohr oder in der Wirbelschicht nicht so exakt steuern, daß eine Erweiterung der Porenstruktur vermieden werden kann.

Oxidische Adsorbentien bieten den Vorteil, daß ihre Adsorptionskapazität durch kontrollierte Oxidation der Adsorpte mit Luft oder Sauerstoff wiederhergestellt werden kann. Hierbei muß jedoch die exotherme Reaktion so gesteuert werden, daß es nicht infolge hoher Temperaturgradienten im Korninneren zu Wärmespannungen kommt, die zu Strukturveränderungen bis hin zur Zerstörung des Adsorptionsmittels führen können.

10.4
Technische Adsorbentien

Um gasförmige Schadstoffe trotz ihrer unterschiedlichen Beschaffenheit wirksam abscheiden zu können, wurden zahlreiche Adsorptionsmittel entwickelt, die sich nach den zu ihrer Herstellung verwendeten Rohstoffen in folgende Hauptgruppen einteilen lassen:

- Kohlenstoffadsorbentien,
- Oxidische Adsorbentien,
- Polymeradsorbentien und
- imprägnierte und maskierte Adsorbentien.

10.4.1
Charakterisierung nach Rohstoff und Herstellung

10.4.1.1
Kohlenstoffadsorbentien

Diese Gruppe von Adsorbentien umfaßt je nach Rohstoff und Herstellungsverfahren unterschiedliche Produkte mit spezifischen Eigenschaften, wobei man nach dem Porenvolumen und der spezifischen inneren Oberfläche als Hauptkriterien zwischen Aktivkohlen, Aktivkoksen und Kohlenstoffmolekularsieben unterscheidet.

Aktivkohlen

Die nach dem Aktivierungsprozeß im wesentlichen aus Graphitkristallen bestehenden Aktivkohlen sind hinsichtlich ihrer adsorptionstechnischen Eigenschaften durch eine große Variationsbreite in der Porengrößenverteilung, beim Porenvolumen und bei der spezifischen inneren Oberfläche gekennzeichnet. Als Rohmaterialien für ihre großtechnische Herstellung dienen nach den standortspezifischen Gegebenheiten Holz, Torf, Steinkohle, Braunkohle, Kokosnußschalen oder schwere Rückstände aus der Erdölverarbeitung. Beim Schwelen dieser Ausgangsmaterialien läßt sich ein großer Teil der durch pyrolitische Zersetzung entstehenden flüchtigen Komponenten austreiben. Die so erhaltene Primärkohle wird gemahlen, mit Bindemittel versetzt und geformt. Die anschließende Aktivierung erfolgt ebenfalls durch thermische Behandlung (Gasaktivierung), wobei die endgültige Porenstruktur entsteht. Für die überwiegend praktizierte Gasaktivierung dienen Drehrohr-, Wirbelschicht-, Etagen- oder Schachtöfen, die bei 700–900 °C mit Wasserdampf oder CO_2 betrieben werden.

Ausgangsprodukte für eine chemische Aktivierung sind unverkohlte Materialien, wie Holz, Sägemehl oder Torf. Sie werden mit konzentrierten wasserentziehenden Reagenzien, wie Phosphorsäure, Zinkchlorid oder Schwefelsäure angemaischt und anschließend bei 400–600 °C unter Luftabschluß carbonisiert und aktiviert. Als weitere Prozeßschritte folgen Kühlen, Waschen, Trocknen und Mahlen.

Für die Gasreinigung lassen sich mit Rücksicht auf Strömungsgeschwindigkeit und Druckverlust nur geformte (Zylinder, Kugeln) oder gebrochene Aktivkohlen einsetzen. Ihre bevorzugte Aufnahme unpolarer organischer Stoffe (Hydrophobie) hat zu einer großen Anwendungsbreite in der Luftreinhaltung geführt. Ihre wichtigsten Kenndaten ergeben sich aus Tabelle 10.2.

Aktivkokse

Ausgangsstoffe für Aktivkokse sind Steinkohle oder Braunkohle. Entsprechend ihrem niedrigen Aktivierungsgrad verfügen sie über ein kleineres Porenvolumen und eine vergleichsweise geringe spezifische innere Oberfläche. Die Zahlenwerte ergeben sich aus Tabelle 10.2.

Kohlenstoffmolekularsiebe

Ihre Besonderheit sind Mikroporen mit einem engen Durchmesserbereich zwischen 0,5–1,0 nm in der Größenordnung von Gasmolekülen. Damit gelingt die Trennung von Permanentgasen durch Ausnutzung unterschiedlicher Diffusionsgeschwindigkeiten. Ihre Einsatzmöglichkeiten in der Gasreinigung sind gering. Tabelle 10.2 enthält ihre wichtigsten Kenndaten.

10.4.1.2
Oxidische Adsorbentien

Im Vergleich zu Aktivkohlen und Aktivkoksen haben die oxidischen Adsorbentien eine wesentlich geringere Bedeutung für die Abgasreinigung, zumal

Tabelle 10.2. Anwendungsgebiete und Kenndaten technisch bedeutender kohlenstoffhaltiger Adsorbentien

Adsorbens	typische Anwendungsbeispiele	spezifische Oberfläche m²/g	Rüttel- dichte kg/m³	scheinbare Dichte kg/m³	wahre Dichte kg/m³	Porenvolumen d <20 nm ml/g	Porenvolumen d >20 nm ml/g	spezifische Wärme kJ/kg K
Aktivkohle, feinporig	Adsorption von Leichtsiedern Zu- und Abluftreinigung Geruchsbeseitigung	1000–1200	400–500	800	2100–2200	0,5–0,7	0,3–0,5	850
Aktivkohle, mittelporig	Lösemittelrückgewinnung Adsorption von Mittelsiedern	1200–1400	350–450	700	2100–2200	0,4–0,6	0,5–0,7	850
Aktivkohle, weitporig	Adsorption und Rückgewinnung von Hochsiedern	1000–1500	300–400	600	2100–2200	0,3–0,5	0,5–1,1	850
Aktivkoks	Dioxin- und Furanadsorption, SO_x- und NO_x-Abscheidung	<400	500–600	900	1900	0,05–0,1	0,2–0,3	850
Kohlenstoff- molekular- siebe	N_2- und O_2-Gewinnung aus Luft CH_4 aus Biogas	<100	620	ca. 1000	2100	0,2	>0,3	1000

sie häufig über eine besondere Affinität gegenüber polaren Verbindungen verfügen. Ihre Bausteine sind im wesentlichen die Oxide des Aluminiums, des Siliciums und des Magnesiums. Durch unterschiedliche Massenverhältnisse dieser Hauptkomponenten gelingt es in speziellen Herstellungsverfahren, hochporöse Produkte mit spezifischen Eigenschaften für den jeweiligen Anwendungsfall herzustellen. Ihre mineralische Zusammensetzung erlaubt eine Regenerierung bei höheren Temperaturen ohne Brandgefahr. Für den Einsatz in der Luftreinhaltung lassen sich folgende Gruppen unterscheiden, deren wichtigste Eigenschaften in Tabelle 10.3 aufgeführt sind.

Aktivtonerden

Hierbei handelt es sich um poröse Modifikationen des Aluminiumoxids Al_2O_3, die durch thermische Behandlung von Aluminiumhydroxiden bei 400–800 °C hergestellt werden, wobei sich eine große Variationsbreite hinsichtlich spezifischer Oberfläche, Adsorptions-Charakteristik und mechanischer Eigenschaften erreichen läßt. Der Calcinierprozeß wird so gesteuert, daß als Produkt der endothermen Reaktion ein praktisch wasserfreies aktiviertes Aluminiumoxid mit kubisch-flächenzentrierter γ-Kristallform entsteht. Neben den adsorptiven nutzt man auch ihre katalytischen Eigenschaften und ihre Eignung als Katalysatorträger.

Kieselgele

Bei Kieselgelen (Kieselsäuregel, Aktivkieselsäure, Silicagel) handelt es sich um die durch Ausflocken aus kolloidaler Kieselsole entstandenen festen Substanzen. Sie bestehen aus amorpher Kieselsäure und Wasser, wobei die SiO_2-Teilchen eine zusammenhängende, von Poren durchsetzte Sekundärstruktur bilden. Durch den pH-Wert, bei dem die zusätzlich entstandenen Salze ausgewaschen werden, läßt sich die Porenstruktur beeinflussen. Bei saurem Milieu erhält man engporige, bei neutralem Milieu mittelporige und bei basischer Reaktion weitporige Produkte, die sich in ihren spezifischen inneren Oberflächen unterscheiden. Nach abschließender Trocknung liegt ihr Feststoffgehalt bei etwa 95 %.

Molekularsieb-Zeolithe

Bei diesen Adsorbentien handelt es sich sowohl um natürlich vorkommende als auch synthetisch hergestellte hydratisierte kristalline Aluminosilicate, die ihr Wasser ohne Änderung der Kristallstruktur abgeben und an dessen Stelle andere Verbindungen adsorbieren können. Ihr dreidimensionales Kristallgitter aus SiO_4- und AlO_4-Tetraedern besitzt große innere Hohlräume, die durch Öffnungen gleichen Durchmessers miteinander verbunden sind (Abb. 10.13) und somit einen siebähnlichen Trenneffekt unter den adsorbierbaren Molekülen nach ihren kritischen Durchmessern bewirken (sterischer Effekt).

Durch den weitgehenden Austausch von Al_2O_3 gegen SiO_2 kann man hydrophobe Zeolithe herstellen, die geeignet sind, selektiv organische Verbindungen aus Abgasen mit hohem Feuchtigkeitsgehalt zu adsorbieren.

Tabelle 10.3. Anwendungsgebiete und Kenndaten wichtiger oxidischer Adsorbentien und Polymeradsorbentien

Adsorbens	typische Anwendungsbeispiele	spezifische Oberfläche m²/k	Rüttel-dichte kg/m³	scheinbare Dichte kg/m³	wahre Dichte kg/m³	Porenvolumen		spezifische Wärme kJ/kg K
						d < 20 nm ml/g	d > 20 nm ml/g	
Aluminium-oxid	Gasentschwefelung	100–400	700–800	1200	1900	0,4		0,92
Kieselgel, engporig	Trocknung Geruchsminderung	600–850	700–800	1100	2200	0,35–0,45	< 0,1	0,92
Kieselgel, weitporig	Adsorption von Kohlenwasserstoffen	250–350	400–800		2200	0,3–0,45	0,05–0,1	0,92
Molekular-siebzeolithe (Alumosilicate) hydrophil	Trocknung Trennung von Kohlenwasserstoffen	500–1000	600–800			0,25–0,35	0,3–0,4	0,9
Molekular-siebzeolithe (Alumosilicate) hydrophob	Lösemittelrückgewinnung Lösemittel-aufkonzentrierung	500–700	400–500	1100	2000	0,2–0,3		0,9
Polymeradsor-bentien (Styrol-Divinyl-benzol-Harze)	Lösemittelrückgewinnung Benzinrückgewinnung	1000–1500	300–400	400	1000	1,1–1,25		0,35

Molekularsieb-Zeolith
Typ A

Molekularsieb-Zeolith
Typ B

Abb. 10.13. Gitterstruktur von Molekularsiebzeolithen

10.4.1.3
Polymeradsorbentien

Diese kugelförmigen hydrophoben Adsorberharze aus unpolaren makroporösen Polymeren werden durch Polymerisation von Styrol in Anwesenheit eines Vernetzungsmittels einsatzspezifisch hergestellt. Bei den unter verschiedenen Handelsbezeichnungen angebotenen Produkten handelt es sich um quervernetzte Styrol-Divinylbenzol-Harze, deren strukturbedingte schnelle Kinetik relativ niedrige Desorptionstemperaturen ermöglicht. Diese Polymeradsorbentien sind unlöslich in Wasser, Säuren, Laugen und organischen Lösemitteln.

10.4.1.4
Imprägnierte Adsorbentien

Mehrere Anwendungsbereiche in der Abgasreinigung und im Gasschutz konnten erst dadurch für die Adsorptionstechnik erschlossen werden, daß es gelang, bestimmte Adsorbentien – vor allem Aktivkohlen – mit schadstoffspezifischen, meist anorganischen Substanzen (Ag, Cu, S, Zn, I, ...), zu imprägnieren.

Damit ließ sich die Schadstoffpalette auch auf solche Substanzen, wie HCN, Hg, H_2S, Amine etc, erweitern, die sich erst nach chemischer bzw. katalytischer Umwandlung mit einem Reagenz quantitativ befriedigend abscheiden lassen. Tabelle 10.4 enthält einige Beispiele für Schadstoffe und zu ihrer Abscheidung geeignete Imprägnierungen.

Tabelle 10.4. Abscheidung von Schadstoffen an Aktivkohlen mittels Imprägnierung

Luftschadstoff	Imprägnierung	Reaktionsart
H_2S, HCl, SO_2	Alkali	chemisch
H_2S, SO_2	–	katalytisch
Hg	S, H_2SO_4	chemisch
HCN	Cu, Zn	chemisch
$COCl_2$	Cu, Zn	chemisch
Amine, NH_3	Säure	chemisch
Arsin, Phosphin	Ag, Zn	katalytisch
$COCl_2$	hohe rel. Feuchte	katalytisch

10.4.2
Technisch bedeutsame Eigenschaften der Adsorbentien

Herstellung, Vertrieb und Anwendung technischer Adsorbentien erfordern ihre Charakterisierung durch einsatzspezifische Eigenschaften, die zur Qualitätssicherung laufend überwacht werden müssen. Für ihre Verwendung in der Gasreinigung kommen hierfür im wesentlichen folgende Merkmale in Frage:

- spezifische innere Oberfläche,
- Porenvolumen und Porenradienverteilung,
- Adsorptions-Charakteristik,
- katalytische Eigenschaften,
- Korngrößenverteilung,
- Dichte, Porosität und
- mechanische und chemische Beständigkeit.

10.4.2.1
Spezifische innere Oberfläche

Ausdehnung und Beschaffenheit der durch die Porenstruktur gebildeten inneren Oberfläche sind für die Adsorption wesentliche Eigenschaften. Die Ausdehnung wird in m^2/g Adsorbens angegeben und reicht von etwa 100 m^2/g für schwach aktivierten Aktivkoks bis ca. 1600 m^2/g bei hochwertigen Aktivkohlen. Die aus der Summe der Porenwände gebildete innere Oberfläche wird durch Gasadsorption unterhalb der kritischen Temperatur bestimmt. Das Verfahren ist in der DIN 66131 „Bestimmung der spezifischen Oberfläche von Feststoffen durch Gasadsorption nach Brunauer, Emmet und Teller" als sog. BET-Methode festgelegt.

Abbildung 10.14 zeigt die Überlegungen; das Fließbild einer entsprechenden Meßapparatur ist in Abb. 10.15 dargestellt.

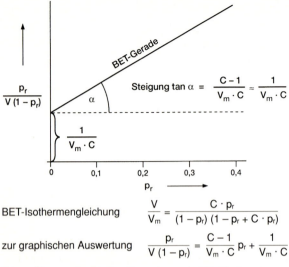

BET-Isothermengleichung $\dfrac{V}{V_m} = \dfrac{C \cdot p_r}{(1 - p_r)(1 - p_r + C \cdot p_r)}$

zur graphischen Auswertung $\dfrac{p_r}{V(1 - p_r)} = \dfrac{C - 1}{V_m \cdot C} p_r + \dfrac{1}{V_m \cdot C}$

V in cm³/g: adsorbiertes Gasvolumen bei Multibelegung
V_m in cm³/g: adsorbiertes Gasvolumen bei Monobelegung
p in Pa: Partialdruck des Adsoptivs
p_S in Pa: Sättigungsdruck des Adsoptivs $\Big\} \; p_r = \dfrac{p}{p_s}$
$10 \leq C \leq 1000$ stoffspezifische Konstante

spezifische Oberfläche S in m²/g Adsorbens:

$S = \dfrac{a \,[\text{m}^2/\text{Molekül}] \; N_A \,[\text{Moleküle}/\text{Mol}] \; V_m \,[\text{cm}^3 \text{ Adsorbat}/\text{g Adsorbens}]}{22414{,}6 \,[\text{cm}^3/\text{Mol}]}$

Abb. 10.14. Ermittlung der spezifischen inneren Oberfläche

Die Untersuchungsmethode wird auch zur Qualitätsüberwachung von Katalysatoren, Metallpulvern, Pigmenten, Düngemitteln, Füllstoffen sowie pharmazeutischen und keramischen Materialien angewandt.

10.4.2.2
Porenvolumen und Porenradienverteilung

Das aus der inneren Oberfläche resultierende Porenvolumen dient neben dem Stofftransport (Makroporen) vor allem der Adsorption (Meso- und Mikroporen). Bei Kapillarkondensation kann es durch Füllung mit flüssigem Adsorpt (Pore filling) optimal genutzt werden. Seine Bestimmung erfolgt durch Kapillarkondensation aus der im Gleichgewichtszustand adsorbierten Menge bei einer relativen Sättigungskonzentration $p/p_s = 0{,}95$, um Meßfehler durch Kondensation aus dem Trägergas vor Eintritt in die Adsorbensschicht zu vermeiden.

10.4 Technische Adsorbentien   423

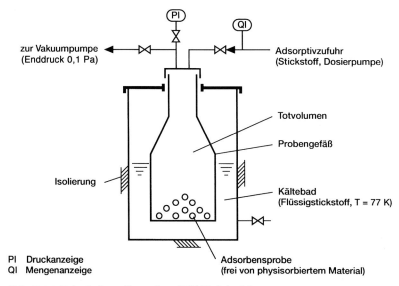

PI Druckanzeige
QI Mengenanzeige

Abb. 10.15. Prinzipdarstellung einer BET-Meßeinrichtung

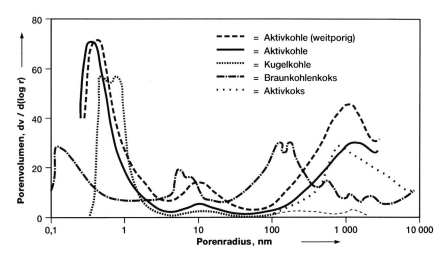

Abb. 10.16. Porenradienverteilung (Quelle: Herstellerangaben)

Ausgenommen die Molekularsiebe umfaßt das Porenvolumen einen weiten Bereich von Poren unterschiedlicher Größe (Abb. 10.16), die modellhaft durch Porenradien charakterisiert wird. Tatsächlich handelt es sich nur in Sonderfällen um annähernd zylindrische Poren, während unregelmäßig zerklüftete spaltähnliche Strukturen überwiegen (Abb. 10.17). Entsprechend

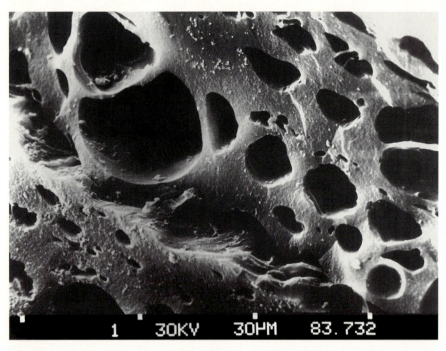

Abb. 10.17. Porenstruktur einer A-Kohle (800fach vergrößert, Werkfotot Lurgi)

der IUPAC-Norm (International Union of Pure and Applied Physics) werden die Poren nach ihrem Durchmesser wie folgt klassifiziert:

- Submikroporen $d < 0{,}4$ nm,
- Mikroporen $0{,}4 < d < 2{,}0$ nm,
- Mesoporen $2{,}0 < d < 50$ nm und
- Makroporen $d > 50$ nm.

Entsprechend den unterschiedlichen Durchmessern wendet man verschiedene Bestimmungsmethoden an:

Im Bereich der Meso- und Mikroporen ermittelt man das Porenvolumen durch Auswertung des Desorptionsverlaufes einer Isothermen in Verbindung mit der Kelvin-Gleichung für den Dampfdruck in Kapillaren

$$\ln \frac{P}{P_s} = \frac{2 V_M \varsigma \cos \theta}{rRT}$$

mit: p/p_s = Dampfsättigungsgrad
V_M = Molvolumen des flüssigen Adsorpts
ς = Oberflächenspannung des Adsorpts
θ = Benetzungswinkel Adsorpt/Adsorbens
r = Porenradius (Grenzradius)
R = Allgemeine Gaskonstante
T = Absolute Temperatur

Für den Bereich der Makroporen und teilweise auch der Mesoporen hat sich die Quecksilberporosimetrie bewährt. Sie beruht darauf, daß Quecksilber nur unter Drücken in das Porensystem eindringt, da es wegen seiner hohen Oberflächenspannung die Aktivkohle nicht benetzt. Das vom Quecksilber gefüllte Volumen läßt sich in Abhängigkeit vom steigenden Druck (bis 10^8 Pa) messen. Nach der Gleichung

$$p = \frac{2\varsigma \cos \theta}{r}$$

mit:
p = Druck (N/m²)
r = kleinster Porenradius (nm)
ς = Oberflächenspannung (N/m)
θ = Benetzungswinkel Hg/Kohle (141,3°)

verhält sich der Kapillardruck umgekehrt proportional zum Kapillarradius.

Nach der Gurvich-Regel läßt sich ein mittlerer Porenradius aus dem Adsorptvolumen V_p im Bereich $p/p_s > 0{,}95$ einer Isotherme und der spezifischen Oberfläche S des Adsorbens abschätzen:

$$r = \frac{2 V_p}{S}$$

Die Methode beruht auf der vereinfachenden Feststellung, daß das im Isothermenbereich $p/p_s > 0{,}95$ aus der Flüssigkeitsdichte ermittelte Porenvolumen V_p unabhängig vom Adsorptiv ist.

10.4.2.3
Adsorptions-Charakteristik

Zur Charakterisierung der wichtigsten Gruppen von Adsorbentien ist es üblich, ihre Adsorptionsisothermen für Wasserdampf und Toluol gegenüberzustellen (Abb. 10.18 und 10.19). Der Vergleich liefert ein Maß für die Wechselwirkung der betrachteten Adsorbentien gegenüber polaren und unpolaren Molekülen. Adsorbentien mit starker Wechselwirkung zum Wasserdampf bezeichnet man als hydrophil, während solche mit bevorzugter Affinität zu unpolaren organischen Dämpfen als hydrophob eingestuft werden.

Die Wasserdampfisotherme für ein hydrophiles Molekularsieb (Kurve c) zeigt schon bei sehr geringen Partialdrücken p/p_s eine hohe Beladung, die nach einer etwa 80%igen relativen Sättigung einen nochmals steilen Anstieg aufweist. Aktiviertes Aluminiumoxid (Kurve b) verhält sich ähnlich mit dem Unterschied, daß die Beladung bei geringen Partialdrücken weniger stark zunimmt und der zweite Anstieg schon bei etwa 50%iger Sättigung einsetzt.

Für Silicagel zeigt die Isotherme einen nahezu linearen Verlauf (Kurve d). In Kurve a kommt der hydrophobe Charakter der Aktivkohle deutlich zum Ausdruck. Ihre Affinität für Wasser ist bei niedrigen Partialdrücken so wenig ausgeprägt, daß dessen Koadsorption bis zu einer relativen Feuchte

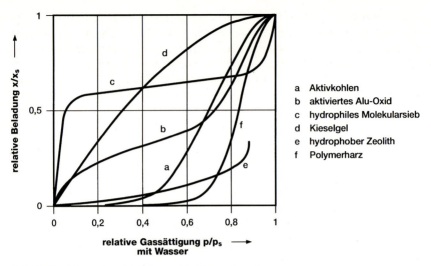

Abb. 10.18. Adsorptionsisothermen für Wasserdampf

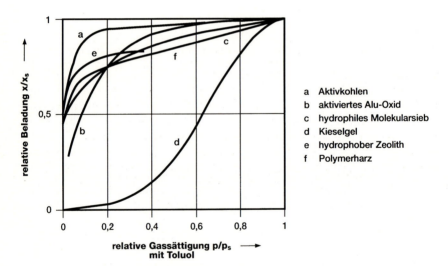

Abb. 10.19. Adsorptionsisothermen für Toluol

des Abgases von ca. 50 % in den meisten Anwendungsfällen vernachlässigt werden kann. Auch bei hydrophoben Zeolithen (Kurve e) steigt die Wasserbeladung mit zunehmender relativer Feuchte zunächst nur geringfügig an, wobei ein ähnlicher Kurvenverlauf wie für Aktivkohle festzustellen ist. Beim Polymerharz (Kurve f) beobachtet man eine technisch bedeutsame Wasseraufnahme erst oberhalb einer relativen Gassättigung $p/p_s = 0{,}6$ mit einem anschließenden Anstieg, der dem von Aktivkohlen vergleichbar ist.

Bei einer Gegenüberstellung der Isothermen für das unpolare Toluol erkennt man deutlich eine Vorzugsstellung der Aktivkohlen (Kurve a), da bereits niedrige Toluolkonzentrationen im Trägergas zu einer hohen Beladung führen. Ein ähnliches Verhalten auf etwas niedrigerem Beladungsniveau zeigen Polymerharze (Kurve f) und Molekularsiebe (Kurve c + e). Wesentlich ungünstiger verhält sich aktiviertes Aluminiumoxid (Kurve b), da es im unteren Konzentrationsbereich nur eine geringe Aufnahmefähigkeit zeigt. Noch ausgeprägter ist dieses Verhalten bei Kieselgel (Kurve d).

10.4.2.4
Katalytische Eigenschaften

Prozeßtechnisch sind die katalytischen Eigenschaften der Adsorbensoberflächen für bestimmte Abscheideprobleme erwünscht, wenn sie die Basis des Verfahrens bilden. Andererseits führen sie zu negativen Begleiterscheinungen.
Bei Kohlenstoffadsorbentien nutzt man z.B. die katalytische Aktivität für folgende Anwendungen:

- Rauchgasentschwefelung: $SO_2 + 1/2\ O_2 + H_2O \rightarrow H_2SO_4$,
- Rauchgasentstickung: $6\ NO + 4\ NH_3 \rightarrow 5\ N_2 + 6\ H_2O$,
- H$_2$S-Abscheidung aus Abgasen: $2\ H_2S + O_2 \rightarrow S_2 + 2\ H_2O$ und
- Reinigung von Clausabgasen: $2\ H_2S + SO_2 \rightarrow 3\ S + 2\ H_2O$.

Unerwünscht sind katalytische Eigenschaften in jenen Fällen, in denen zurückgewonnene Produkte hydrolysiert, oxidiert oder in anderer Weise zersetzt werden, wie z.B. Ester, Ketone und Chlorkohlenwasserstoffe. Derartige Reaktionen beeinträchtigen nicht nur den Rückgewinnungsgrad, sondern führen zu korrosiven Zersetzungsprodukten, die die Anlagen durch Einsatz hochwertiger Werkstoffe verteuern. Außerdem können katalytische Umsetzungen zu starker Wärmeentwicklung führen, so daß in den Schüttungen bei unsachgemäßem Betrieb Hitzenester (hot spots) entstehen und bei Kohlenstoffadsorbentien die Zündtemperatur erreicht wird.

10.4.2.5
Korngrößenverteilung

Zur Spezifikation der Adsorbentien für die Gasreinigung gehören auch die Korngrößen (Formlingdurchmesser) oder Korngrenzen (Ober- und Untergrenze der Siebfraktion bei Granulaten). Abweichungen, die produktionsbedingt auftreten, werden als Korngrößenverteilung tabellarisch angegeben. Tabelle 10.5 zeigt als Beispiel die Korngrößenverteilung einer 4-mm-Aktivkohle aus Strangpreßlingen, bei denen der Durchmesser als charakteristische Abmessung gilt.
Zur Bestimmung der Korngrößenverteilung wird die Probe nach DIN 4188 in einer mit Standardsieben ausgestatteten Siebmaschine mecha-

Tabelle 10.5. Typische Korngrößenverteilung einer 4 mm-Aktivkohle (Gas- und Dämpfeadsorption)

Körnung mm	Anteil an der Gesamtmenge %
> 3,3	91–99
> 2,5	96–99
> 1,0	98–99
< 1,0	0,5–2

nisch getrennt. Die Siebdauer ist nicht genormt. Die Siebung kann auch manuell erfolgen. Die anfallenden Fraktionen werden gewogen und als prozentuale Anteile der Gesamtprobe tabellarisch oder graphisch dargestellt.

Durch mechanische und thermische Beanspruchung kommt es während des Betriebes zur Kornzerkleinerung. Bei Fest- und Wanderbetten führt dies zu einem deutlichen Anstieg des Strömungswiderstandes, so daß in Zeitabständen von meist mehreren Jahren eine Absiebung erforderlich ist. In der Wirbelschichttechnik wird das Unterkorn prozeßbedingt kontinuierlich ausgetragen.

Den Anlagenbauer interessiert die Korngrößenverteilung nicht nur wegen der Auswahl eines geeigneten Auflagerostes bzw. seitlicher Führungswände beim Wanderbett, sondern sie hat besondere Bedeutung für den Strömungswiderstand der Schüttung, der für den Energiebedarf des Abgasgebläses maßgebend ist und im allgemeinen 30–50 hPa/m Schütthöhe beträgt.

10.4.2.6
Dichte und Porosität

Die hochporöse Struktur der Adsorbentien und ihr Einsatz als körnige Schüttgüter erfordern hinsichtlich der Dichteangabe eine Differenzierung zwischen

– Schüttdichte (Rütteldichte),
– scheinbarer Dichte und
– wahrer Dichte.

Um aus der berechneten Masse an Adsorbens das erforderliche Adsorbervolumen zu bestimmen, benötigt man die Schüttdichte (kg/m^3) als Masse pro Volumeneinheit einschließlich des Poren- und Zwischenkornvolumens. Von Herstellern und Händlern wird sie meist als Rütteldichte angegeben.

Zur Bestimmung dieser mechanischen Größe werden nach einer vereinbarten Testmethode 100 ml trockenes Adsorbens über eine Vibrationsrinne in einen Standzylinder gefüllt, auf 0,1 g genau gewogen und für eine bestimmte Zeit maschinell gerüttelt. Das Ergebnis hängt von Form, Korngrößenverteilung und scheinbarer Dichte ab. Die scheinbare Dichte bezieht die Masse eines Kornes auf dessen Volumen einschließlich des Porensystems. Sie dient auch zur Berechnung des Zwischenkornvolumens (Bettporosität = Rütteldichte/scheinbare Dichte). Die scheinbare Dichte läßt sich durch Quecksilberverdrängung bei Atmosphärendruck ermitteln.

Bei der wahren Dichte bezieht man die Masse des Kornes auf das Feststoffgerüst ohne Porenanteil. Es wird häufig in Heliumatomsphäre bestimmt (Heliumdichte).

10.4.2.7
Mechanische und chemische Beständigkeit

Die in der dynamischen Gasadsorption eingesetzten Adsorbentien müssen auch als Festbett-Schüttung eine ausreichende mechanische Beständigkeit besitzen, um Kornverfeinerung infolge Abriebs sowie thermischer und chemischer Beanspruchung in betriebstechnisch und wirtschaftlich vertretbaren Grenzen zu halten.

Zur Beurteilung von Härte und Abriebfestigkeit werden unterschiedliche Tests angewandt. Bei der Kugelmühlen-Methode simuliert man die betriebliche Beanspruchung durch reibende und schlagende Porzellankugeln. Die sog. Stoßhärte beruht darauf, daß man aus bestimmter Höhe mehrmals einen Stößel auf die Probe fallen läßt. Die Rührabriebshärte wird mit einem T-förmigen Rührer ermittelt, die Rollabriebshärte mit einer Siebtrommel, in der sich eine zylindrische Metallwalze bewegt. Als Maß für die mechanische Beständigkeit vergleicht man jeweils den mittleren Korndurchmesser der Siebanalyse vor und nach einem der obigen Tests.

Angaben zur chemischen Beständigkeit sollen die Gewähr bieten, daß das Adsorbens dem Angriff aggressiver Gase, Säuren, Laugen und Lösemittel, denen es in der Anlage ausgesetzt ist, mit gutem Erfolg widersteht. Die Prüfverfahren sind nach der zu erwartenden Beanspruchung zu wählen. Bei der Oleum-Methode wird eine Probe der zu untersuchenden Aktivkohle dem Einfluß heißer konzentrierter Schwefelsäure ausgesetzt und anschließend die Härte in einer Kugelmühle kontrolliert. Obwohl derartige Tests keine absoluten Aussagen ermöglichen, eignen sie sich doch gut für eine vergleichende Beurteilung verschiedener Adsorbentien.

10.4.3
Auswahlkriterien für Adsorbentien zur Abscheidung gasförmiger Schadstoffe

Aus den in Abschn. 10.4.2 vorgestellten technisch bedeutsamen Eigenschaften der Adsorbentien lassen sich für die Abscheidung gasförmiger Schadstoffe folgende Kriterien herleiten, deren Bedeutung für die Anwendung im konkreten Einzelfall zu prüfen ist.

- Wasserdampfaufnahme (Hydrophobie, Hydrophilie),
- Selektivität für die abzuscheidenden Komponenten,
- Aufnahmevermögen bei geringen Konzentrationen,

- Desorbierbarkeit des Adsorpts (Aufwand, Methode),
- Strömungswiderstand,
- Beständigkeit gegenüber thermischen Einflüssen,
- Beständigkeit gegenüber chemischen Einflüssen,
- Beständigkeit gegenüber mechanischer Beanspruchung und
- katalytische Eigenschaften und Imprägniermöglichkeiten.

Im Interesse einer optimalen Auswahl sollten stets mehrere Adsorbentien hinsichtlich der gewünschten Eigenschaften miteinander verglichen werden.

10.5
Bewertung der zu adsorbierenden gasförmigen Stoffe

Da es sich bei der Adsorption oder Adsorptionskatalyse stets um Wechselwirkungen zwischen Adsorbens und Adsorptiv handelt, müssen in die verfahrenstechnischen Überlegungen auch die chemischen und physikalischen Eigenschaften der zu adsorbierenden Stoffe einbezogen werden. Dabei stehen in den meisten Fällen folgende Gesichtspunkte im Vordergrund:

- *Polarität:* Unpolare Verbindungen werden bevorzugt von hydrophoben Adsorbentien aufgenommen, während für polare Verbindungen die hydrophilen Adsorbentien bessere Adsorptionseigenschaften aufweisen.
- *Siedetemperatur:* Schwersiedende Substanzen werden im allgemeinen besser adsorbiert als Leichtsieder und können bei gemeinsamem Auftreten (Koadsorption) letztere wieder verdrängen (Verdrängungsdesorption). Außerdem ist die Adsorption von Schwersiedern durch einen flacheren Verlauf der Adsorptionszone begünstigt.
- *Molekulargewicht:* Vergleicht man die Adsorbierbarkeit von Stoffen mit hohem und niedrigem Molekulargewicht, so zeigen sich dieselben Tendenzen wie in Bezug auf die Siedetemperatur.
- *Molekülstruktur:* Die Diffusion durch das Porengefüge eines Adsorbens zu den aktiven Zentren an der inneren Oberfläche setzt voraus, daß der kritische Moleküldurchmesser kleiner ist als der Radius der verfügbaren Poren. Bei Adsorbentien mit gleichförmigen Porenöffnungen (Molekularsiebe) kann der kritische Moleküldurchmesser der Adsorptive als Trenneffekt genutzt werden.
- *Kritische Temperatur:* Nach den Gesetzen der Thermodynamik kann ein Gas nur verflüssigt werden, wenn die kritische Temperatur unterschritten ist. Dies gilt in Verbindung mit dem Benetzungsvermögen (Oberflächenspannung, Benetzungswinkel) auch für die Kapillarkondensation.
- *Desorbierbarkeit:* Die meisten Verfahren erfordern einen ständigen Wechsel zwischen Adsorption und Desorption. Er setzt voraus, daß das Adsorpt mit vertretbarem Aufwand desorbiert werden kann. Die Desorbierbarkeit entscheidet häufig über die Funktionsfähigkeit und Wirtschaftlichkeit eines Verfahrens.

- *Wasserlöslichkeit:* Bei den meisten Prozessen erfolgt die Desorption mit Wasserdampf. Da das Desorpt von dessen Kondensat getrennt werden muß, um es zurückzugewinnen oder zu entsorgen, entscheidet seine Wasserlöslichkeit über den damit verbundenen Trennaufwand.
- *Chemisches Reaktionsverhalten:* Die katalytische Aktivität einiger Adsorbentien kann bei den erhöhten Desorptionstemperaturen weniger stabile Adsorpte zu unerwünschten Reaktionen anregen, die apparativ und prozeßtechnische schädliche Zersetzungen oder Polymerisationen zur Folge haben.
- *Explosionsgrenzen:* Aus Sicherheitsgründen muß die Konzentration brennbarer Schadstoffe in der Abluft stets erheblich niedriger gehalten werden als es der unteren Explosionsgrenze entspricht. Die Sicherheitsmaßnahmen betreffen auch die Handhabung der desorbierten Dämpfe, wobei zusätzlich auf Zündtemperatur und Flammpunkt zu achten ist.

10.6 Adsorberbauarten

Die dynamische Gas- und Dämpfeadsorption erfordert auf den Anwendungsbereich zugeschnittene Apparate, die einen intensiven Kontakt des Adsorbens mit der fluiden Phase bei optimalen Strömungsverhältnissen ermöglichen. Derartige Adsorber dienen in der Regel auch zur Regenerierung. Je nachdem, ob das Adsorbens als ruhende oder bewegte Schüttung bzw. als rotierendes Modul angeordnet ist oder pulverförmig dem zu reinigenden Gasstrom zudosiert wird, unterscheidet man folgende Bauarten:

- Festbettadsorber,
- Bewegtbettadsorber,
- Rotoradsorber und
- Flugstromadsorber.

10.6.1 Festbettadsorber

Mit Rücksicht auf die relativ geringe Härte und Abriebfestigkeit der meisten Adsorbentien werden technische Adsorptionsanlagen überwiegend mit Festbett-Adsorbern ausgestattet (Abb. 10.20). Bei dieser Bauart erfolgen Adsorption und Desorption zeitlich nacheinander im gleichen Apparat. Zur kontinuierlichen Reinigung eines Abgases müssen derartige Anlagen aus mindestens zwei Adsorbern bestehen, die über automatisch betätigte Armaturen nach festen Zeittakten bzw. als Funktion der Druchbruchbeladung wechselweise auf den entsprechenden Prozeßschritt umgeschaltet werden.

Für größere Abgasströme bevorzugt man aus fertigungs- und prozeßtechnischen Gründen Anlagen mit mehr als zwei Adsorbern, die als ste-

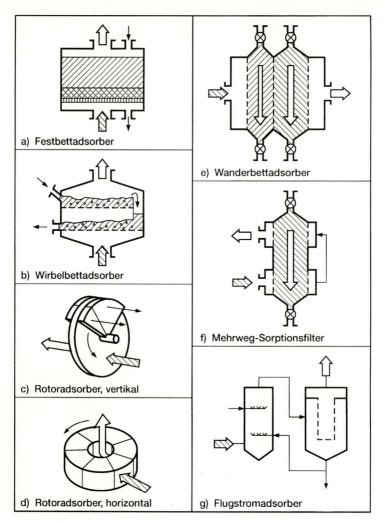

Abb. 10.20. Adsorberbauarten

hende oder liegende Apparate gefertigt sind. In beiden Fällen ruht das Adsorbens entweder direkt auf einem Tragrost oder auf einer Zwischenschicht aus inertem Granulat zur besseren Gasverteilung und teilweisen Speicherung der zur Desorption eingebrachten Energie für die anschließende Trocknung.

Während der Adsorption wird das Bett in der Regel von unten nach oben durchströmt. Die Desorption erfolgt mit Rücksicht auf das Beladeprofil und den Abzug der anfallenden Flüssigkeiten in entgegengesetzter Richtung.

Aus prozeß- und sicherheitstechnischen Gründen müssen die Adsorber mit gasdichten Armaturen (Ventile, Klappen, Schieber) ausgestattet sein. Zur Kontrolle des Innenbereiches sollten sie über ausreichend Inspektionsöffnungen verfügen. Um zur platzsparenden Rohrleitungsführung auch den Rohgaseintritt auf dem Adsorber anordnen zu können, stattet man den Apparat mit einem Tauchrohr aus, das das Rohgas durch die Schüttung bis unterhalb des Bettes leitet. Der Tragrost besteht aus Profilstahl als Tragkonstruktion, die mit einem Drahtgewebe oder Lochplatten aus Stahl bzw. Keramik abgedeckt ist.

10.6.2
Bewegbettadsorber

In Sonderfällen werden Adsorbentien auch im Wander- oder Wirbelbett eingesetzt. Adsorption und Desorption folgen dann kontinuierlich in getrennten Apparaten oder Apparateteilen. Abbildung 10.20 zeigt die prinzipielle Gestaltung eines vertikalen Wanderbett-Adsorbers. Das von oben nach unten wandernde Adsorbens wird vom Rohgas quer durchströmt. Dabei entsteht ein S-förmiges Beladeprofil mit Maximum auf der Eintrittsseite unten und Minimum auf der Austrittsseite oben. Die Führung des Bettes auf der Anström- und Abströmseite kann z. B. durch Spaltsiebe erfolgen. Die Austragsvorrichtungen für beladenes Adsorbens müssen einen guten Massenfluß sicherstellen. Es können mehrere Wanderbetten mit verschiedenen Adsorbentien und unterschiedlichen Wandergeschwindigkeiten im gleichen Apparat hintereinander geschaltet werden.

Das Mehrweg-Sorptionsfilter (Abb. 10.20) bietet die Möglichkeit einer guten Anpassung von nutzbarer Konzentrationsdifferenz und Beladungshöhe. Die dynamische Abdichung zwischen den durchströmten Zonen erfordert jedoch erhebliche Schüttungsabschnitte, die zu großer Bauhöhe führen.

Der Einsatz eines Wirbelbett-Adsorbers (Abb. 10.20) setzt voraus, daß ein abriebfestes und gut fließfähiges Adsorbens zur Verfügung steht. Das auf der einen Seite des Bodens zugeführte Adsorbens bewegt sich quer zum Gasstrom und wird auf der entgegengesetzten Seite abgezogen oder über einen Fallschacht dem nächstunteren Boden aufgegeben, so daß sich Adsorbens und Gas im Kreuzgegenstrom zueinander bewegen. Das die Böden von unten anströmende Rohgas muß die Adsorbensschichten in einem fluidisierten Zustand halten, der eine Mindest-Gasgeschwindigkeit voraussetzt. Der Desorber muß ebenfalls als bewegtes Bett gestaltet sein, um einen stetigen Kreislauf zu erreichen, zu dem neben Aufgabe- und Abzugsvorrichtungen schonende Transportmittel (Becherwerke, Bänder, Vibrationsrinnen, pneumatische Förderung) gehören.

10.6.3
Rotoradsorber

Mit Rücksicht auf die begrenzte mechanische Belastbarkeit der meisten Adsorbentien entstand die Idee, das Adsorbensbett als Ganzes so zu bewegen, daß stets ein Hauptteil der Adsorption dient, während der Rest regeneriert wird.

Eine praktisch erprobte Ausführungsform ist der Rotoradsorber, bei dem Adsorption und Desorption simultan in verschiedenen Zonen des gleichen Apparates erfolgen. Er läßt sich liegend oder stehend anordnen und kann sowohl axial als auch radial durchströmt werden (Abb. 10.20). Baut man den rotierenden Teil als ringförmigen Tragkorb, so kann ein körniges Adsorbens als regellose Schüttung eingesetzt werden. Bei anderen Konzepten besteht der Rotor aus einem in Segmente unterteilten ringförmigen Träger (Keramik, Cellulose), in den verschiedene Adsorbentien eingearbeitet bzw. aufgetragen sind, wie z. B.:

- Aktivkohlefasern,
- kugelförmige Aktivkohle,
- Aktivkohlepartikeln und
- Partikeln aus hydrophobiertem Zeolith.

Zur Reinigung von Abluft mit niedrigen Lösemittelgehalten eingesetzte Rotoren werden vorzugsweise mit Heißluft desorbiert, die etwa 1/10 des Abluftvolumenstromes ausmacht, so daß sich ein deutlicher Anreicherungseffekt ergibt.

10.6.4
Flugstromadsorber

Um im Interesse einer schnellen Kinetik mit kurzen Diffusionswegen im Porensystem des Kornes zu arbeiten, kann das Adsorbens als staubförmiges Produkt (Körnung <500 µm) dem zu reinigenden Gasstrom beigemischt werden. Das beladene Material wird mit einem Gewebefilter aus dem gereinigten Abgas abgetrennt. Dementsprechend besteht ein Flugstromadsorber (Abb. 10.20) aus einer Mischungs- und Voradsorptionsstrecke sowie einem nachgeschalteten Gewebefilter. Das zerstäubte Adsorbens wird dem Abgas ein- oder mehrstufig als Flugstaubwolke zudosiert, wobei eine homogene Verteilung über den gesamten Querschnitt anzustreben ist. Die mit dem Kontakt zwischen Gas und Feststoff beginnende Adsorption der Schadstoffe setzt sich im Kuchen des Gewebefilters bis zur nächsten Abreinigung fort. Das aus dem Filter abgezogene Adsorbens verfügt häufig noch über ausreichend Beladungskapazität, so daß es überwiegend dem Abgas wieder zudosiert wird. Das Verfahren erfordert Sicherheitsmaßnahmen gegen Staubexplosionen.

10.7
Anwendungsgebiete

Die industrielle Bedeutung der adsorptiven Stofftrennung stützt sich auf ein breites Anwendungsspektrum in der Gas- und Flüssigphase, für die spezielle Adsorbentien entwickelt wurden. Die Reinigung von Flüssigkeiten reicht von der großtechnisch zuerst praktizierten Entfärbung von Zuckerlösungen über die Behandlung von Speiseölen, Fetten, Spirituosen, Wein, Bier und Fruchtsäften sowie Pharmazeutika bis zur Trinkwasseraufbereitung und Brauch- sowie Abwasserreinigung. Die Abtrennung bestimmter Komponenten aus Gasen umfaßt neben der Synthese- und Erdgasaufbereitung sowie dem Gasschutz vor allem den Bereich der Emissionsminderung mit speziellen Verfahrensentwicklungen zu folgenden Aufgabenstellungen:

- Lösemittelabscheidung mit und ohne Rückgewinnung,
- Abluftreinigung bei Tankanlagen und Umfüllstationen,
- Reinigung von Viskoseabluft,
- Entschwefelung von Claus-Abgasen,
- Minderung von SO_2- und NO_x-Emissionen,
- Emissionsminderung bei Geruchs- und Giftstoffen und
- Abscheidung von Quecksilber, Dioxinen, Furanen, Phenol und Formaldehyd.

Die dafür großtechnisch bewährten Prozesse werden im folgenden an Hand von Fließbildern in ihrem Aufbau und ihrer Arbeitsweise vorgestellt.

10.7.1
Lösemittelabscheidung mit und ohne Rückgewinnung

Die im Ersten Weltkrieg in der Filmproduktion von Bayer erstmals praktizierte Rückgewinnung organischer Lösemittel aus der Produktionsabluft bildet auch heute noch das vielseitigste Anwendungsgebiet für Adsorptionsanlagen (Tabelle 10.6), wobei neben die wirtschaftlich geprägte Rückgewinnungsstrategie als übergeordnetes Ziel die Luftreinhaltung getreten ist, und somit auch Anlagenkonzepte ohne Rückgewinnung an Bedeutung gewonnen haben.

10.7.2
Lösemittelverarbeitende Industrien

In den lösemittelverarbeitenden Betrieben ist der Produktionsablauf in der Regel mit einem Trocknungsvorgang verbunden, bei dem die zum Verarbeiten der Stoffe beigegebenen Lösemittel verdunsten und von einem erwärmten Luftstrom aufgenommen werden. Dabei soll in den gut gekapselten Maschinen bzw. Trocknern ein bestimmter Unterdruck gehalten werden, damit keine Lösemitteldämpfe in die Raumluft gelangen. Die Handhabung der Lösemittel und lösemittelhaltigen Produkte sowie Waschvorgänge bei Fabrikationseinrichtungen führen zu weiteren Verdunstungsstellen. Die Reinigung der so entstehenden Abluft kann nach Art, Anzahl und Konzentration der Lösemittel sowie Größe der Volumenströme mit verschiedenen Anlagenkonzepten erfolgen.

Tabelle 10.6. Produktionsbereiche mit Lösemittelemissionen

Produktionsbereiche	Lösemittelemissionen
Beschichtungsbetriebe – Klebebänder – Magnetbänder – Selbstklebefolien – fototechnische Papiere – Selbstklebeetiketten	Benzine, Toluol, Alkohole, Ester, Ketone (Cyclohexanon, Methylethylketon) Dimethylformamid, Tetrahydrofuran, chlorierte Kohlenwasserstoffe, Xylol, Dioxan
Chemie, Pharma, Lebensmittel	Alkohole; aliphatische, aromatische und halogenierte Kohlenwasserstoffe; Ester, Ketone, Ether, Glykolether, Dichlormethan
Faserherstellung – Acetfasern – Viskosefasern – Polyacrylnitril	 Aceton, Ethanol, Ester Schwefelkohlenstoff Dimethylformamid
Kunstlederherstellung	Aceton, Alkohole, Ethylether, Ester, DMF
Filmherstellung	Alkohole, Aceton, Ester, Methylenchlorid
Lackierbetriebe – Cellophan – Kunststoff-Folien – Metallfolien – Hartpapier, Karton – Bleistifte	 Amylacetat, Ethylacetat, Butylacetat, Methylenchlorid, Ketone (Aceton, Methylethylketon) Butanol, Ethanol, Tetrahydrofuran, Toluol, Benzol, Methylacetat
Kosmetikbetriebe	Alkohole, Ester
Tiefdruck	Toluol, Xylol, Heptan, Hexan
Textildruck	Benzine
Chemische Reinigung	Benzine, Trichlorethen, Tetrachlorethen
Dichtungsplattenfabrikation	Benzine, Toluol, Trichlorethen
Pulver- und Sprengstoffherstellung	Ether, Alkohol, Benzol
Entfettungsanlagen – Metallteile – Leder – Wolle	 Benzine, Trichlorethen, Perchlorethen, Dichlormethan
Verladeanlagen, Umfüllstationen (Tankatmungsgase)	Benzine, Benzol, Toluol, Xylol

10.7.2.1
Festbettverfahren mit Wasserdampfdesorption

Um wegen des Wechselbetriebes zwischen Adsorption und Desorption einen kontinuierlich anfallenden Abluftstrom reinigen zu können, muß die Anlage mindestens zwei Adsorber umfassen. Ihr Festbett besteht aus einer Aktivkohleschüttung oder einem hydrophoben Zeolithen. Trotz ihrer guten Adsorptionseigenschaften bezüglich organischer Lösemittel ist es erforderlich, die im

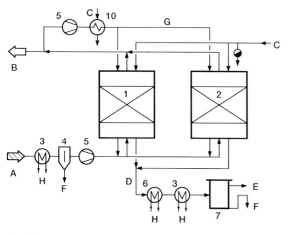

A	Rohgas	1	Adsorber (Adsorption)
B	Reingas	2	Adsorber (Regenerierung)
C	Wasserdampf	3	Kühler
D	Desorbat	4	Wasserabscheider
E	Lösemittel	5	Gebläse
F	Wasser	6	Kondensator
G	Trocknungs-/ Kühlluft	7	Trenngefäß
H	Kühlwasser		

Abb. 10.21. Anlage zur Lösemittelrückgewinnung; Fließbild einer Zweiadsorberanlage zur Rückgewinnung wasserunlöslicher Lösemittel

allgemeinen mit 70–100 °C aus den Produktionsanlagen abgesaugte Abluft auf eine optimale Adsorptionstemperatur zwischen 30–40 °C zu kühlen, wie es auf dem in Abb. 10.21 dargestellten Fließbild vorgesehen ist. Damit läßt sich eine Verminderung der relativen Feuchte auf maximal 50% verbinden, um die Koadsorption von Wasserdampf zu minimieren. Das dem Rohgaskühler nachgeschaltete Gebläse fördert die Abluft durch den auf „Beladen" geschalteten Adsorber. In ihm durchströmt sie die Adsorbensschüttung von unten nach oben, wobei die Lösemitteldämpfe abgeschieden werden, so daß gereinigte Abluft den Apparat über eine meist fernbetätigte Armatur verläßt.

Sobald die mit Rücksicht auf den Emissionsgrenzwert zulässige Lösemittelkonzentration in der austretenden Reinluft erreicht ist, schaltete man den beladenen Adsorber auf „Regeneration", nachdem zuvor der frisch regenerierte Adsorber in Beladefunktion gebracht wurde, so daß keine Unterbrechung des Abluftstromes eintritt.

Die Regenerierung des beladenen Adsorbens beginnt mit der Desorption des Lösemittels durch Aufheizen und Spülen mit Wasserdampf bei Temperaturen um 130 °C im Gegenstrom zur Adsorption. Im Zuge der Aufheizung des Bettes von oben nach unten fällt das Desorpt zunächst flüssig und mit steigender Temperatur dampfförmig an. Gemeinsam mit dem wäßrigen Kondensat bzw. Wasserdampf gelangt es über Kondensator und Kühler in den

Abb. 10.22. Aktivkohle-Adsorptionsanlage zur Rückgewinnung von 1900 kg/h Lösemittelgemisch aus 100 000 m³/h Abluft. Werkfoto Silica Verfahrenstechnik, Berlin

Abscheider, wo sich organische und wäßrige Phase aufgrund ihres Dichteunterschiedes trennen, soweit keine gegenseitige Löslichkeit vorliegt.

Nach einer vorausberechneten Dauer von 30–45 Minuten wird die Desorption unter Inkaufnahme einer gewissen Restbeladung wegen des steigenden spezifischen Dampfverbrauches (Abb. 10.9) abgeschlossen. Um das heiße und feuchte Adsorbens wieder auf günstige Adsorptionsbedingungen zu bringen, wird es mit gereinigter Abluft im Gegenstrom zur Beladung getrocknet und gekühlt. Die früher praktizierte Trocknung und Kühlung mit der zu reinigenden Abluft (Beladegastrocknung) ist wegen der dabei kurzzeitig auftretenden Emissionsspitzen nicht mehr zulässig.

Abweichend von dieser Grundkonzeption einer adsorptiven Lösemittelrückgewinnungsanlage gehören folgende Verfahrensvarianten zum Stand der Technik:

Bei Zwei-Adsorber-Anlagen kann die Adsorptionskapazität durch zeitweise Serienschaltung beider Adsorber (Zwei-Stufen-Adsorption) effektiver genutzt werden, falls die Beladung eines Adsorbers wesentlich länger dauert als die Regeneration. In diesem Fall schaltet man den frisch regenerierten Adsorber hinter den auf „Beladung" arbeitenden, so daß dessen Adsorptionskapazität über den Durchbruch hinaus genutzt werden kann.

Bei teilweise mit Wasser mischbaren Lösemitteln oder bei Gemischen verschieden wasserlöslicher Komponenten läßt sich eine wasserfreie

10.7 Anwendungsgebiete 439

Abb. 10.23. Standardisierte Kompaktanlage zur adsorptiven Abluftreinigung und Lösemittelrückgewinnung. Abluftdurchsatz 1100–2200 m³/h. Werkfoto Rotamill Maschinenbau GmbH, Siegen

Rückgewinnung durch sog. Anreicherungskondensation gemäß Abb. 10.26 erreichen. Hierzu ist der Kondensation ein Ausdämpftopf vorgeschaltet, dem das lösemittelhaltige Wasserdampfkondensat zur wiederholten Strippung zugeleitet wird.

Völlig wasserlösliche Lösemittel erfordern den Einsatz einer Rektifizierkolonne gemäß Abb. 10.27.

Lösemittel mit geringen Wassergehalten können adsorptiv oder chemisch (Perkolation über KOH) getrocknet werden.

Tabelle 10.7 gibt einen Überblick der Aufarbeitungsmöglichkeiten für Lösemittel. Mit derartigen Adsorptionsanlagen können Abluftvolumenströme von einigen hundert bis zu mehreren hunderttausend m³/h gereinigt werden. Ihre Wirtschaftlichkeit steigt mit dem Lösemittelgehalt in

Abb. 10.24. Mobile Pilotanlage für Versuche vor Ort. Abluftdurchsatz 200 m³/h. Werkfoto Rotamill Maschinenbau GmbH, Siegen

Abb. 10.25. Transportable Aktivkohle-Adsorptionsanlage zur Lösemittelabscheidung und -rückgewinnung durch Wasserdampfdesorption für Sanierungsprojekte mit Bodenluftabsaugung. Abluftdurchsatz 1200 m³/h. Werkfoto Rotamill Maschinenbau GmbH, Siegen

der Abluft, der üblicherweise zwischen 5–25 g/m³ liegt. Bei einem nahezu 100%igen Abscheidegrad können die Emissionsgrenzwerte problemlos eingehalten werden unter Berücksichtigung der Projektierungsgrundlagen (Tabelle 10.8).

10.7.2.2
Festbettverfahren mit Heißgasdesorption

Die wegen ihrer wirksamen Wärmezufuhr ganz überwiegend praktizierte Wasserdampfdesorption bedeutet in bezug auf hydrolisierende und teilweise oder völlig wasserlösliche Lösemittel kein befriedigendes Konzept. Als Alternative in trockener Phase bietet sich die Heißgasdesorption an, wie sie beim REKUSORB-Verfahren mit einem geschlossenen Inertgaskreislauf vorgesehen ist. Er beinhaltet einen Molekularsieb-Trockner und ein Wärmerückgewinnungssystem.

Entsprechend dem in Abb. 10.28 dargestellten vereinfachten Verfahrensschema durchströmt das Rohgas den auf „Beladung" arbeitenden Adsorber von oben nach unten. Gleichzeitig wird der rechte Adsorber regene-

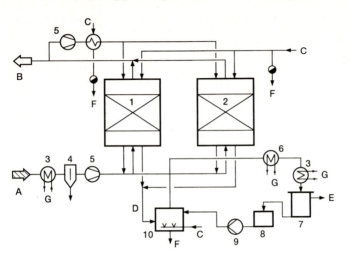

A	Rohgas	1	Adsorber (Adsorption)
B	Reingas	2	Adsorber (Regenerierung)
C	Wasserdampf	3	Kühler
D	Desorbat	4	Wasserabscheider
E	Lösemittel	5	Gebläse
F	Wasserdampfkondensat	6	Kondensator
G	Kühlwasser	7	Trenngefäß
		8	Pufferbehälter
		9	Pumpe
		10	Ausdämpfbehälter

Abb. 10.26. Fließbild einer Adsorptionsanlage mit Anreicherungskondensation

riert, wobei der Energiespeicher und der Kondensator der Wärmepumpe einen Teil der benötigten Desorptionswärme liefern. Vor der Desorption mit heißem Inertgas erfolgt eine Spülung mit stickstoffreichem Gas, um eine Entzündung zu vermeiden. Während der anschließenden Aufheizung desorbiert zunächst das aus dem Rohgas aufgenommene Wasser und wird durch den Molekularsieb-Trockner aus dem Kreislauf abgetrennt. Die anschließend freigesetzten Lösemitteldämpfe lassen sich bis auf ihren Sättigungsdampfdruck bei der minimal erreichbaren Temperatur abscheiden. Dabei dient der zur Wärmepumpe gehörende Verdampfer als Kühlfläche, während der Kondensator Bestandteil des Regeneriergaserhitzers ist. Sobald kein flüssiges Lösemittel mehr anfällt, werden Beheizung und Kühlung des Regeneriergases abgeschaltet. Die weiterhin aus dem Adsorber abgeführte Wärme nehmen nun der Molekularsieb-Trockner und der ihm nachgeschaltete Energiespeicher auf. Die Erwärmung des Trockners führt zur Desorption des Wasserdampfes, den nun

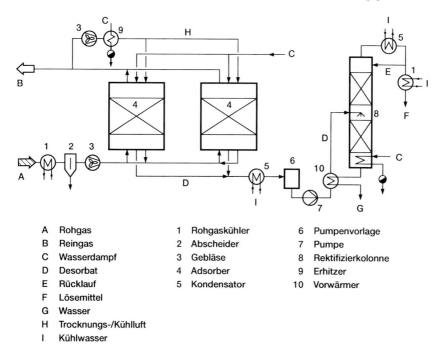

A	Rohgas	1	Rohgaskühler	6	Pumpenvorlage
B	Reingas	2	Abscheider	7	Pumpe
C	Wasserdampf	3	Gebläse	8	Rektifizierkolonne
D	Desorbat	4	Adsorber	9	Erhitzer
E	Rücklauf	5	Kondensator	10	Vorwärmer
F	Lösemittel				
G	Wasser				
H	Trocknungs-/Kühlluft				
I	Kühlwasser				

Abb. 10.27. Fließbild einer Adsorptionsanlage mit Rektifizierkolonne

die in der Kühlphase befindliche Aktivkohle wieder aufnimmt. Im weiteren Verlauf der Regenerierung kühlt auch der Trockner ab, während der Energiespeicher voll aufgeheizt ist und als Wärmereservoir für die nächste Desorption zur Verfügung steht.

10.7.2.3 Bewegtbettverfahren mit Heißgas- oder Wasserdampfdesorption

Die Herstellung kugelförmiger Adsorbentien mit 0,5 – 0,8 mm Durchmesser, guten Fließeigenschaften und hoher Abriebfestigkeit führte zum Bau von Lösemittelrückgewinnungsanlagen mit bewegten Betten, bei denen Adsorption und Desorption simultan und kontinuierlich in getrennten Apparaten bzw. Apparateteilen ablaufen, zwischen denen das Adsorbens im Kreislauf geführt wird.

Aufbau und Funktionsweise des mit einer Kugelkohle arbeitenden KONTISORBON-Verfahrens zeigt Abb. 10.29a. Die dem Adsorberteil zugeführte lösemittelhaltige Abluft wird durch ein Luftleitsystem gleichmäßig über

Tabelle 10.7. Adsorptive Rückgewinnung organischer Lösemittel und deren Aufbereitung

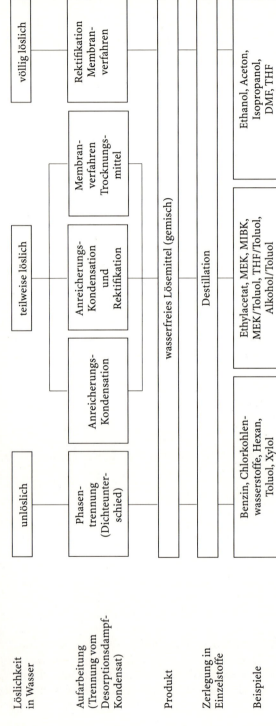

Löslichkeit in Wasser	unlöslich	teilweise löslich		völlig löslich
Aufarbeitung (Trennung vom Desorptionsdampf-Kondensat)	Phasentrennung (Dichteunterschied)	Anreicherungs-Kondensation	Anreicherungs-Kondensation und Rektifikation	Rektifikation Membranverfahren
			Membranverfahren Trocknungsmittel	
Produkt		wasserfreies Lösemittel (gemisch)		
Zerlegung in Einzelstoffe		Destillation		
Beispiele	Benzin, Chlorkohlenwasserstoffe, Hexan, Toluol, Xylol	Ethylacetat, MEK, MIBK, MEK/Toluol, THF/Toluol, Alkohol/Toluol		Ethanol, Aceton, Isopropanol, DMF, THF

Tabelle 10.8. Projektierungsgrundlagen für Adsorptionsanlagen zur Lösemittelrückgewinnung

Standortverhältnisse	Emissionsquellen:	Fabrikationsart(en), Dauer-/Schichtbetrieb
	Absaugsystem:	Kapselung, Unterdruck, Regelung
	Planunterlagen:	Gebäudeplan, Aufstellungsplan, verfügbarer Platz, Nachbarschaft
	Genehmigung nach BImSchG und Baurecht	
Abluftverhältnisse (max., min., normal)	– Volumenstrom (m^3/h) – Temperatur (°C) – relative Feuchte (%) – Druck (Pa) – Lösemittelkonzentrationen nach Komponenten (g/m^3) – Gehalt sonstiger Schadstoffe und Zustand (Fasern, Staub)	
Charakterisierung der Lösemittel	– Molekulargewicht, Dichte – Siedepunkt, Siedebereich – kritische Temperatur – Explosionsgrenzen – Wasserlöslichkeit – Korrosivität – Stabilität (chem., therm.) – MAK-Werte – R- und S-Sätze nach GefStoffV (Gefahrenhinweise, Sicherheitsratschläge) – physiologische Wirkungen: reizend, allergiesierend, toxisch, krebserregend	
Bauseitige Betriebsmittel (Art und Verfügbarkeit)	– elektrische Energie – Wasserdampf – Kühlwasser – Kühlsole – Druckluft, Instrumentenluft – Inertgas	
Entsorgung (Vermeiden, Verwerten)	– Lösemittel – Wasserdampfkondensat – Adsorbens – Filterstäube	
Gewährleistung bei Nennleistung	– Emissionsgrenzwerte: Schadstoffe, Schalldruckpegel (dB(A)) – Betriebsmittelverbrauch, Material – Verfügbarkeit	

den gesamten Adsorberquerschnitt verteilt, bevor sie mit ca. 1 m/s den untersten Lochboden der mehrstufigen Wirbelschicht anströmt. Beim intensiven Kontakt mit der bewegten Aktivkohle werden die organischen Lösemittel adsorbiert, und gereinigte Abluft verläßt den Apparat, nachdem sie die letzte Wirbelschicht passiert hat.

Dieser wird mittels einer pneumatischen Fördereinrichtung stetig frisch regenerierte Aktivkohle zugeführt, die sich im fluidisierten Zustand über den Lochboden bewegt, an dessen entgegengesetztem Ende sich ein Überlaufwehr befindet. Durch dessen Höhe wird die Stärke der Wirbelschicht auf 25–50 mm begrenzt.

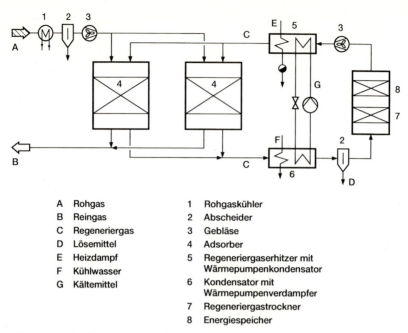

A	Rohgas	1	Rohgaskühler
B	Reingas	2	Abscheider
C	Regeneriergas	3	Gebläse
D	Lösemittel	4	Adsorber
E	Heizdampf	5	Regeneriergaserhitzer mit Wärmepumpenkondensator
F	Kühlwasser		
G	Kältemittel	6	Kondensator mit Wärmepumpenverdampfer
		7	Regeneriergastrockner
		8	Energiespeicher

Abb. 10.28. Fließbild einer Adsorptionsanlage nach dem REKUSORB-Verfahren

Die vom untersten Boden ablaufende Aktivkohle ist praktisch bis zum Gleichgewicht beladen und gelangt über ein Schleusenrohr in den Desorber. In dessen oberem Bereich nimmt die Aktivkohle aus dem Regeneriergas weiteres Lösemittel auf. Zur anschließenden Erhitzung auf Desorptionstemperatur wandert die beladene Aktivkohle durch zwei übereinander angeordnete Rohrbündel, die mantelseitig von Wärmeträgern wie Wasserdampf oder Thermalöl umströmt werden. Als Transportmittel für die desorbierten Lösemittel fördert ein Gebläse Inertgas durch die Rohre des untersten Erhitzers im Gegenstrom zur abwärts wandernden Aktivkohle. Das mit Lösemittel angereicherte Inertgas verläßt die Desorptionszone und strömt in einen außerhalb des Hauptapparates angeordneten Kondensator mit nachgeschaltetem Tropfenabscheider. Hier wird das Lösemittel bis auf die der Kühltemperatur entsprechenden Sättigungskonzentration abgetrennt. Zur weitergehenden Lösemittelabscheidung leitet man das Inertgas durch den Sekundäradsorber, aus dem es das Kreislaufgebläse wieder ansaugt.

Die vom Lösemittel weitgehend befreite Aktivkohle wandert durch eine Kühlzone und wird anschließend pneumatisch erneut der obersten Wirbelschicht zugeführt. Für den Vorteil der Rückgewinnung eines praktisch wasserfreien Lösemittels muß ein Ausgleich der Inertgasverluste in Kauf genommen werden. Das Verfahren arbeitet auch mit Wasserdampf anstelle von Inertgas, wobei sich der Sekundäradsorber erübrigt.

10.7 Anwendungsgebiete 447

Beim POLYAD-Vefahren wird Luft als Transportmittel für die desorbierten Lösemittel eingesetzt, da die Desorption wegen der makroporösen Struktur des Polymeradsorbens und seiner schnellen Kinetik lediglich Temperaturen zwischen 80–100 °C erfordert. Die Anlage besteht aus einem Wirbelschicht-Adsorber, der über zwei pneumatische Fördereinrichtungen für beladenes und regeneriertes Adsorbens sowie einer Luftabsaugung mit dem Wanderbettregenerator verbunden ist.

Gemäß Abb. 10.30a wird das Rohgas über ein Gewebefilter zur Staubabscheidung dem Adsorber zugeführt, in dem es von unten nach oben die mehrstufige Wirbelschicht mit einer Geschwindigkeit von ca. 0,5 m/s gleichmäßig durchströmt und das kugelförmige Adsorbens (Handelsname Bonopore) in einem fluidisierten Zustand hält. Die Anzahl der Wirbelschichten richtet sich nach Art und Konzentration der abzuscheidenden Lösemittel. Von der gereinigten Abluft mitgerissene Adsorbensteilchen (Durchmesser 0,5 mm) werden in einem nachgeschalteten Zyklon abgetrennt und der Wirbelschicht wieder zugeführt.

Das beladene Adsorbens gelangt aus der untersten Wirbelschicht durch pneumatische Förderung in den als Pufferbehälter dienenden Kopfteil des Regenerators. Von hier aus wandert es zunächst durch eine indirekte, mit Wasserdampf betriebene Aufheizzone. Dabei werden die desorbierten Lösemittel von der im unteren Bereich des Regenerators angesaugten Spülluft aufgenommen und einem außerhalb angeordneten Kondensator zugeführt. Der temperaturbedingt nicht verflüssigte Anteil strömt aufgrund des Druckgefälles mit der Spülluft in den oberen Bereich des Regenerators und gelangt über die am Kopf dieses Apparates angeschlossene Luftabsaugung in den Adsorber. Nach Verlassen der Desorptionszone wandert das heiße Adsorbens durch die über Frischluftansaugung auch direkt wirkende Kühlzone, um anschließend dem Adsorber aufgegeben zu werden. Eine direkte Adsorbensrückführung in den Regenerator-Kopfteil verleiht dem Feststoffkreislauf die nötige Flexibilität.

10.7.2.4
Adsorber mit rotierenden Einbauten und Heißgasdesorption

Bei dem in Abschn. 10.6.3 vorgestellten Rotoradsorber handelt es sich um eine Bauart, bei der sich die Gesamtmasse des Adsorbens als rotierendes Bauteil im festen Gehäuse mit 1–2 Umdrehungen pro Minute so bewegt, daß der Hauptteil des Querschnittes von der zu reinigenden Abluft durchströmt wird, während Desorption und Kühlung in kleineren Segmenten ablaufen. Der im Vergleich zu Festbett-Adsorbern schnellere Wechsel zwischen Adsorption und Regeneration ermöglicht generell ein kleineres Bettvolumen mit geringerem Druckverlust von 2–3 mbar. Bei faserförmigen bzw. feinkörnigen Adsorbentien ergeben sich zusätzlich höhere Adsorptions- und Desorptionsgeschwindigkeiten dadurch, daß die Mikroporen bereits an der äußeren geometrischen Oberfläche beginnen und somit die Diffusionswege wesentlich kürzer sind. Die

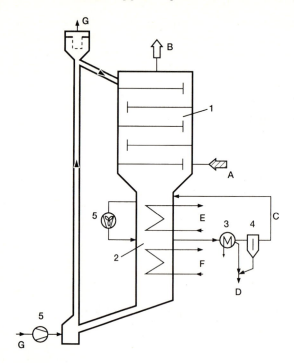

A	Rohgas	1	Adsorptionsteil
B	Reingas	2	Regenerierteil
C	Inertgas	3	Kondensator
D	Lösemittel	4	Abscheider
E	Heizmedium	5	Gebläse
F	Kühlwasser		
G	Luft		

Abb. 10.29 a. Fließbild einer Adsorptionsanlage nach dem KONTISORBON-Verfahren

bei profiliertem Trägermaterial, wie z. B. Wabenkörpern oder konzentrischen Ringen mit trapezförmigen Stegen, vorliegenden geraden Strömungskanäle verursachen besonders niedrige Druckverluste. Die bessere Kinetik zeigt sich aber auch in einer stärkeren Annäherung an die Gleichgewichtsbeladung sowie in einem prompteren Durchbruch, so daß die Reingaswerte länger auf niedrigerem Niveau bleiben.

Zur Reinigung lösemittelhaltiger Abluft eingesetzte Rotoren werden vorzugsweise mit Heißluft desorbiert, die etwa 1/10 des Abluftvolumens ausmacht, woraus sich ein deutlicher Anreicherungseffekt ergibt. Die desorbierten Lösemittel können durch Tiefkühlung auskondensiert werden, oder es erfolgt eine thermische bzw. katalytische Verbrennung (Abb. 10.31 a). Es kann auch zweckmäßig sein, die angereicherten Lösemittel in einer zweiten Ad-

Abb. 10.29 b. KONTISORBON-Anlage zur Lösemittelabscheidung und -rückgewinnung aus 60000 m³/h Abluft einer Blechbeschichtung im Flugzeugbau. Werkfoto Lurgi Bamag GmbH, Butzbach

sorptionsanlage aus der Desorptionsluft abzutrennen, um sie als Wertstoff zurückzugewinnen.

10.7.3
Abluftreinigung bei Tankanlagen und Umfüllstationen

Die Adsorption bei Überdruck oder Atmosphärendruck mit anschließender Vakuumdesorption (Druckwechselverfahren) ermöglicht schnelle Schaltschritte, die auch den Einsatz bei höheren Konzentrationen organischer Dämpfe ermöglichen, wie sie z. B. in Tankatmungsgasen trotz Vorabscheidung auftreten.

Ein für diesen Anwendungsfall entwickeltes Verfahren besteht gemäß Abb. 10.32 aus Vorwäsche und einer Aktivkohle-Adsorption mit Vakuumdesorption, wobei die desorbierten Dämpfe mit einem Absorber zurückgewonnen werden. Die der Grobabscheidung dienende Vorwäsche arbeitet mit einer Mittelsieder-Fraktion als Absorbens, das durch Teilverdampfung der Tanklager-Flüssigkeit ins Vakuum erzeugt wird. Das beladene Absorbens wird in das Tanklager zurückgepumpt. Die der Feinreinigung dienende Adsorp-

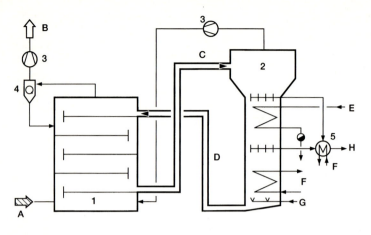

A	Rohgas	1	Wirbelbettadsorber
B	Reingas	2	Wanderbettregenerator
C	Adsorbens, beladen	3	Gebläse
D	Adsorbens, regeneriert	4	Abscheider
E	Wasserdampf	5	Kondensator/Kühler
F	Kühlwasser		
G	Frischluft		
H	Lösemittel		

Abb. 10.30 a. Fließbild einer Adsorptionsanlage nach dem POLYAD-Verfahren

tionsstufe besteht aus zwei Aktivkohle-Adsorbern. Das mit Adsorptiv-Dämpfen gesättigte Rohgas führt zu erheblicher Adsorptionswärme, die das Bett des isolierten Adsorbers aufheizt. Diese erhöhte Temperatur unterstützt bei der Druckabsenkung die Desorption. Nachdem mit einer Vakuumpumpe ein Absolutdruck von ca. $7 \cdot 10^3$ Pa erreicht ist, wird ein geringer erhitzter Spülluftstrom auf der Reingasseite des Aktivkohlebettes angesaugt und danach der Druck bis auf ca. $3{,}5 \cdot 10^3$ Pa gesenkt. Unter diesen Bedingungen desorbieren auch Mittelsieder wie Hexan, und die Adsorptionszone wird in Richtung auf den Rohgaseintritt verschoben. Soweit das Tankatmungsgas C1- bis C4-Kohlenwasserstoffe enthält, deren Grenzkonzentration nach TA-Luft bei 150 mg/m^3 liegt, kann eine nachgeschaltete katalytische Oxidation erforderlich sein. Für Benzin-Schiffsentlade-Stationen existiert auch ein Anlagenkonzept, bei dem die Abluft auf einige 10^5 Pa verdichtet wird und die Vorabscheidung durch Membranpermeation erfolgt. Die Adsorption umfaßt zwei Doppelbett-Adsorber, von denen das zuerst durchströmte Bett mit Aktivkohle gefüllt ist, um Kohlenwasserstoffe mit Siedepunkten bis etwa 40 °C abzuscheiden, während das zweite Bett ein Molekularsieb enthält, das neben Wasser die leichtsiedenden Komponenten wie Methan und Ethan adsorbiert.

Abb. 10.30b. POLYAD-Anlage zur Styrolabscheidung und -rückgewinnung aus der Abluft einer Polyesterverarbeitung. Abluftdurchsatz 57 500 m³/h. Werkfoto Plinke GmbH & Co., Bad Homburg

10.7.4
Reinigung von Viskose-Abluft

Viskose-Abluft entsteht bei der Herstellung von Cellulose-Fasern nach dem Viskose-Verfahren, bei dem die durch Natronlauge alkalisierte Cellulose mit Schwefelkohlenstoff behandelt wird, um ihre Faserstruktur zu zerstören. Die Verarbeitung der Spinnlösung zu den verschiedenen Produkten (Filamentgarne, Spinnfasern) und deren Nachbehandlung erfordern aus Gründen der Arbeitssicherheit und Arbeitsmedizin eine effektive Lüftung, so daß Abluftmengen von mehreren 100 000 m³/h keine Seltenheit sind. Sie enthalten neben Schwefelkohlenstoff auch Schwefelwasserstoff, der als Reaktionsprodukt aus den Spinnbädern freigesetzt wird. Die Konzentrationen variieren je nach Produkt und Gestaltung der Produktionsanlage und liegen bei $1,5-15$ g CS_2/m^3 sowie $0,15-2$ g H_2S/m^3.

Für die Abscheidung und Rückgewinnung beider Stoffe durch simultane physikalische bzw. chemische Adsorption stehen zwei großtechnisch erprobte Verfahren zur Verfügung, die Aktivkohle im Festbett einsetzen. Beim

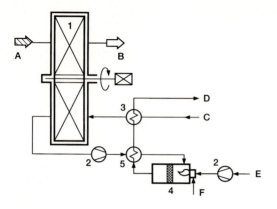

A	Rohgas	1	Rotoradsorber
B	Reingas	2	Gebläse
C	Desorptionsluft	3	Wärmetauscher
D	Reingas	4	Reaktor mit Katalysator
E	Verbrennungsluft	5	Desorptionsluft-Vorwärmer
F	Zusatzbrennstoff		

Abb. 10.31a. Fließbild einer Ablufttreinigungsanlage mit Rotoradsorber und katalytischer Nachverbrennung

Durchströmen des auf „Adsorption" geschalteten Adsorbers (Abb. 10.33) wird der Schwefelwasserstoff nach unterschiedlichen Methoden entsprechend der Bruttoreaktionsgleichung

$$2\,H_2S + O_2 \to 2\,S + 2\,H_2O$$

katalytisch zu Elementarschwefel oxidiert, für den Aktivkohle ein hohes Aufnahmevermögen hat. Gleichzeitig erfolgt die Abscheidung des Schwefelkohlenstoffs durch physikalische Adsorption. Aufgrund der unterschiedlichen Konzentrationsverhältnisse und Zusatzbeladungen wird die Durchbruchsbeladung für CS_2 wesentlich schneller erreicht als für Elementarschwefel. Nach Hinzuschalten des regenerierten Adsorbers fährt man den beladenen Adsorber auf „Regenerieren". Nach einer Schutzgasspülung erfolgt die Desorption des Schwefelkohlenstoffes mit Wasserdampf bei 110–130 °C. Dabei fallen Schwefelkohlenstoff und Wasser als Dampf bzw. Flüssigkeit gemeinsam an und werden nach Kondensation und Kühlung im Abscheider nach ihrer unterschiedlichen Dichte getrennt.

Nach den oben erwähnten Gegebenheiten hinsichtlich Abluftkonzentrationen und Beladungen lassen sich in Bezug auf CS_2 zahlreiche Adsorptions-/Desorptions-Zyklen durchführen, bevor der Elementarschwefel ausgetrieben werden muß. Dieser Vorgang umfaßt folgende Prozeßschritte:

– Auswaschen der als Nebenprodukt gebildeten Schwefelsäure bzw. des Ammoniumsulfates mit Wasser;
– Extraktion des Elementarschwefels mit Schwefelkohlenstoff sowie Trennung beider Stoffe durch Destillation;
– Desorption des dabei adsorbierten Schwefelkohlenstoffes mit Wasserdampf;
– Trocknen und Kühlen der Aktivkohle.

10.7 Anwendungsgebiete 453

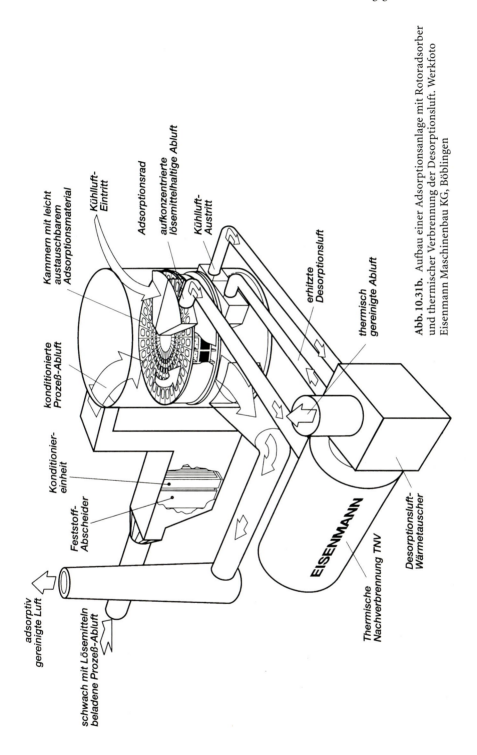

Abb. 10.31b. Aufbau einer Adsorptionsanlage mit Rotoradsorber und thermischer Verbrennung der Desorptionsluft. Werkfoto Eisenmann Maschinenbau KG, Böblingen

Abb. 10.31c. Aktivkohle-Adsorptionsanlage zur Lösemittelabscheidung aus der Abluft einer Dosenlackierung mit thermischer Verbrennung der Desorptionsluft. Abluftdurchsatz 50 000 m³/h; Lösemittelkonzentration 0,2 g/m³. Werkfoto Eisenmann Maschinenbau KG, Böblingen

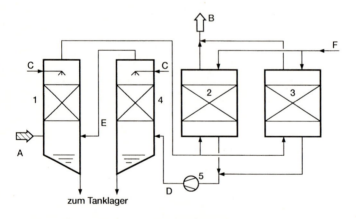

A Rohgas	1 Rohgasabsorber
B Reingas	2 Adsorber (Adsorption)
C Absorbensbenzin	3 Adsorber (Desorption)
vom Tank	4 Desorbat-Adsorber
D Desorbat	5 Vakuumpumpe
E Recycle-Luft	
F Spülluft	

Abb. 10.32. Fließbild einer Benzinrückgewinnungsanlage durch Absorption und Druckwechseladsorption

10.7 Anwendungsgebiete 455

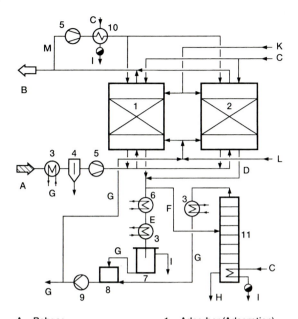

A	Rohgas	1	Adsorber (Adsorption)
B	Reingas	2	Adsorber (Regenerierung)
C	Wasserdampf	3	Kühler
D	$CS_2 + H_2O$ / $CS_2 + S$	4	Abscheider
E	$CS_2 + H_2O$	5	Gebläse
F	$CS_2 + S$	6	Kondensator
G	CS_2	7	Trenngefäß
H	Schwefel	8	Pumpenvorlage
I	Wasserdampfkondensat	9	Pumpe
K	Schutzgas	10	Erhitzer
L	Waschwasser	11	Destillation
M	Trocknungs- / Kühlgas		

Abb. 10.33. Fließbild einer Adsorptionsanlage zur Viskoseabluft-Reinigung

Die spezifischen Merkmale beider Verfahren liegen in der H_2S-Abscheidung. Das SULFOSORBON-Verfahren (Lurgi-Bamag) arbeitet mit Zwei-Bett-Adsorbern, deren zuerst durchströmte untere Schüttung aus einer weitporigen Aktivkohle mit Iodimprägnierung besteht, die die H_2S-Oxidation katalysiert und den gebildeten Schwefel aufnimmt. Durch die Iodimprägnierung, die in der Anlage erneuert werden kann, läßt sich eine Weiteroxidation des H_2S zu Schwefelsäure weitgehend unterdrücken. Die Abscheidung des Schwefelkohlenstoffes erfolgt in der oberen Schüttung einer engporigen Aktivkohle.

Das THIOCARB-Verfahren (Lurgi-Bamag) arbeitet mit Monobett-Adsorbern und einer weitporigen Aktivkohle, die besonders geringe Metallgehalte aufweist, um die H_2SO_4-Bildung zu unterdrücken. Außerdem wird der Abluft kontinuierlich Ammoniak zudosiert, was die Oxidation des H_2S zu Elementarschwefel begünstigt und die Aktivkohle ohne Nachbehandlung reaktionsfähig hält.

Bei durchschnittlichen Abluftkonzentrationen um 10 g CS_2/m^3 und 2 g H_2S/m^3 ergibt sich pro Tonne zurückgewonnenem Schwefelkohlenstoff etwa folgender Betriebsmittelverbrauch:

- elektrische Energie: 700 kWh;
- Wasserdampf: 10 t;
- Kühlwasser: 0,5 m^3;
- Aktivkohle: 2 kg;
- Iod (Sulfosorbon): 0,5 kg;
- NH_3 (Thiocarb): 10 kg.

10.7.5
Entschwefelung von Claus-Abgasen

Der als Produkt hydrierender Entschwefelungen von Erdgas, Mineralölen und Synthesegasen anfallende Schwefelwasserstoff wird meistens nach dem Claus-Verfahren durch partielle Verbrennung mit Luftsauerstoff nach der Gleichung

$$2\ H_2S + O_2 \rightarrow S_2 + 2\ H_2O$$

sowie durch Reaktion mit dabei gebildetem Schwefeldioxid entsprechend der Bruttoformel

$$2\ H_2S + SO_2 \rightarrow 3\ S + 2\ H_2O$$

zu Elementarschwefel und Wasser umgesetzt. Trotz mehrstufiger katalytischer Konvertierung erhalten die Abgase der Claus-Anlagen noch erhebliche Schwefelmengen in Form von

- Schwefelwasserstoff: 0,8–1,0 % Volumenanteil,
- Schwefeldioxid: 0,4–0,5 % Volumenanteil,
- Elementarschwefel: 0,2–0,5 % Volumenanteil (Dampf, Aerosol),
- Schwefeloxisulfid: 0,05 % Volumenanteil und
- Schwefelkohlenstoff: 0,05 % Volumenanteil,

so daß aus Gründen der Emissionsminderung eine Nachreinigung zu erfolgen hat. Betroffen davon sind sowohl Kleinanlagen im Bereich der Mineralölverarbeitung mit einigen 100 m^3/h als auch Großanlagen mit mehr als 100 000 m^3/h, wie sie bei der Erdgasaufbereitung betrieben werden.

Mit Hilfe der Adsorptionstechnik gelingt es, die in Claus-Abgasen enthaltenen Hauptschwefelkomponenten H_2S und SO_2 an aktiviertem Aluminiumoxid bzw. Aktivkohle als katalytisch wirkenden Adsorbentien in der Gasphase bei 120–140 °C nach der Bruttoreaktionsgleichung

$$2\ H_2S + SO_2 \rightarrow 3\ S + 2\ H_2O$$

zu Elementarschwefel und Wasser umzusetzen. Gleichzeitig lassen sich COS und CS_2 teilweise zu H_2S und CO_2 hydrolysieren. Neben dem gebildeten Elementarschwefel wird auch der im Claus-Abgas enthaltene Schwefeldampf und Aerosolschwefel adsorbiert. Das bis zum Durchbruch beladene Adsorbens wird mit sauerstofffreiem Heißgas regeneriert, aus dem sich der Schwefel durch Kondensation bis zur Sättigungskonzentration flüssig abscheiden läßt.

Diesem Verfahrensprinzip entspricht das in Abb. 10.34a dargestellte einstufige SULFREEN-Verfahren, das aus mindestens zwei Reaktoren und der Regeneriereinrichtung besteht. Das Claus-Abgas durchströmt ohne vorherige Konditionierung den auf „Beladen" geschalteten Reaktor von unten nach oben. In der Schüttung aus aktiviertem Aluminiumoxid reagieren die Schwefelverbindungen, und der gebildete Schwefel wird adsorbiert. Für eine optimale Umsetzung müssen H_2S und SO_2 im stöchiometrischen Verhältnis vorliegen.

Das gereinigte Abgas gelangt nach thermischer Verbrennung über einen Kamin in die Atmosphäre.

Die Desorption des Elementarschwefels erfordert eine Aufheizung des Reaktors bis etwa 300°C. Sie erfolgt mit Claus-Abgas. Es wird in einem Erhitzer oder durch Wärmetausch mit dem Reingas aus der Nachverbrennung auf die erforderliche Temperatur gebracht und durchströmt den zu regenerierenden Reaktor von oben nach unten. Dabei nimmt es den ausgetriebenen dampfförmigen Schwefel auf, der in einem nachgeschalteten Kondensator mit Abscheider als flüssiges Produkt anfällt. Die dabei abzuführende Wärme nutzt man zur Dampferzeugung. Für die anschließende Kühlung des Reaktors leitet man gereinigtes Claus-Abgas von oben nach unten durch den Apparat.

Der Bedarf an Betriebsmitteln beträgt pro Tonne gewonnenem Schwefel unter den üblichen Betriebsbedingungen:

- elektrische Energie: 250 kWh;
- Kesselspeisewasser: 1,5 m³ (Dampferzeugung);
- Adsorptionskatalysator: 1,5 kg.

Obwohl bei der Kombination aus Claus- und Sulfreen-Anlage die Gesamtschwefelausbeute im Dauerbetrieb über 99% erreicht, beträgt der Restgehalt an SO_2 und H_2S im gereinigten Abgas noch ca. 1500 Vol-ppm.

Eine weitere Minderung der Schwefelemission gelingt mit dem Carbosulfreen-Verfahren, bei dem in einem nachgeschalteten Aktivkohlebett restlicher Schwefelwasserstoff mit Sauerstoff zu Elementarschwefel reagiert und adsorbiert wird.

Mit einer der Sulfreen-Anlage vorgeschalteten Katalyse an Titandioxid lassen sich COS und CS_2 zu H_2S hydrolysieren (Hydrosulfreen) und somit in die Entschwefelungstechnik einbeziehen.

10.7.6
Minderung von SO_2-Emissionen

Die Adsorption bzw. Adsorptionskatalyse mit kohlenstoffhaltigen und oxidischen Adsorbentien hat sich auch zur Entschwefelung von Abgasen bewährt, die bis zu einigen % Volumenanteil SO_2 enthalten. Dies entspricht den SO_2-Emissionen von Schwefelsäurekontaktanlagen und metallurgischen Prozes-

458   10 Abscheidung gasförmiger Schadstoffe durch Adsorption und Adsorptionskatalyse

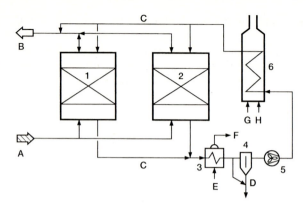

A	Rohgas	1	Adsorber (Adsorption)
B	Reingas	2	Adsorber (Regenerierung)
C	Regeneriergas	3	Kühler (Dampferzeuger)
D	Schwefel, flüssig	4	Abscheider
E	Speisewasser	5	Gebläse
F	Wasserdampf	6	Erhitzer
G	Verbrennungsluft		
H	Brennstoff		

Abb. 10.34a. Fließbild einer SULFREEN-Anlage zur Entschwefelung von Claus-Abgasen

Abb. 10.34b. SULFREEN-Anlage zur Entschwefelung der Claus-Abgase in einer Raffinerie. Abgasdurchsatz 50 000 m³/h. Werkfoto Lurgi, Frankfurt (Main)

sen, wie Sintern, Rösten und Calzinieren sulfidischer Erze oder von Titandioxid.

Als Adsorbentien eignen sich sowohl Aktivkohlen als auch Molekularsieb-Zeolithe. Da sie in Festbett-Adsorbern eingesetzt werden, müssen die Abgase zum Schutz gegen Verstopfungen der Schüttung sorgfältig entstaubt werden.

Die Möglichkeit zur physikalischen SO_2-Adsorption an Molekularsieb-Zeolithen bildet die Grundlage des PURASIV-S-Verfahrens. Entsprechend der Abgasmenge umfaßt eine derartige Anlage einen oder mehrere parallel geschaltete Festbett-Adsorber, die von unten nach oben durchströmt werden. Dabei erfolgt zunächst die Trocknung und anschließend die SO_2-Adsorption. Als Regeneriermedium dient aufgeheizte und gegebenenfalls getrocknete Luft, wobei ein SO_2-Reichgas zur weiteren Aufarbeitung anfällt.

Kennzeichnend für das ZEOSOX-Verfahren ist ein säurefester Molekularsieb-Zeolith, an dem die SO_2-Adsorption ohne vorherige Trocknung der Abgase stattfinden kann. Auch diese Verfahrensvariante liefert ein SO_2-Reichgas.

Das HITACHI-Verfahren arbeitet mit drei Aktivkohle-Adsorbern, von denen sich jeweils einer in folgenden Verfahrensstufen befindet:
- SO_2-Abscheidung durch Adsorptionskatalyse;
- Regenerierung durch Auswaschen der H_2SO_4;
- Trocknen der Aktivkohle mit Abgas.

Die SO_2-Abscheidung an Aktivkohle nach dem SUMITOMO-Verfahren erfolgt in einem quer angeströmten Wanderbettreaktor. Zur anschließenden Desorption bei 300–350 °C wird heißes Inertgas eingesetzt. Das anfallende SO_2-Reichgas verfügt über ca. 15% Volumenanteil SO_2 und läßt sich zu Schwefelsäure oder Elementarschwefel aufarbeiten.

Beim SULFACID-Verfahren wird das im Abgas enthaltene Schwefeldioxid an spezieller Aktivkohle nach folgender Bruttoreaktionsgleichung naßkatalytisch zu verdünnter Schwefelsäure umgesetzt:

$$SO_2 + 0{,}5\ O_2 + n\ H_2O \rightarrow H_2SO_4 \cdot (n\text{-}1)\ H_2O$$

Um einen hohen Entschwefelungsgrad zu erreichen, muß der Sauerstoffgehalt im Abgas über der 5fachen SO_2-Konzentration liegen und mindestens 5% Volumenanteil betragen. Hinzu kommt eine ausreichende relative Feuchte des Abgases, die gemäß Abb. 10.35 durch Wasser- oder Dampfeinspeisung vor der Mischkammer erreicht wird. Das konditionierte Abgas strömt von unten nach oben durch den Festbett-Adsorber, dessen Aktivkohleschüttung in bestimmten Zeitintervallen zonenweise mit Wasser bedüst wird, um die im Porensystem gebildete Schwefelsäure unter Verdünnung auf 10–15% H_2SO_4 zu extrahieren. Zur Aufkonzentrierung auf ein handelsübliches Produkt nutzt man bauseits sich bietende Möglichkeiten des Wärmetausches, wie z. B. die Abgaskühlung mit einem Venturiwäscher. Nach Herstellerangaben lassen sich die üblichen Abscheidegrade von 90–95% durch Imprägnierung des Adsorptionskatalysators z. B. mit Iod deutlich verbessern.

Auf dem Einsatz von Aktivkoks im Wanderbett beruht das in Abb. 10.36 schematisch dargestellte BF-UHDE-Verfahren. Es handelt sich um

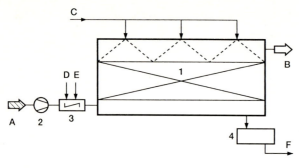

A	Rohgas	1	Adsorber
B	Reingas	2	Gebläse
C	Waschwasser	3	Mischstrecke
D	Wasser	4	Säurevorlage
E	Wasserdampf		
F	Schwefelsäure		

Abb. 10.35. Fließbild einer SULFACID-Anlage zur SO_2-Abscheidung mit Schwefelsäurerückgewinnung

einen kontinuierlichen Adsorptions-/Desorptionsprozeß, bei dem das körnige Adsorbens durch gasdichte mechanische Transporteinrichtungen (Förderbänder, Becherwerke) möglichst schonend zwischen Adsorber und Regenerator gefördert wird.

Das entstaubte und im Einspritzkühler konditionierte Abgas strömt bei ca. 120 °C horizontal durch das vertikale Wanderbett des Adsorbers, dessen gleichmäßige Beschickung über Vorbunker erfolgt. Den unten abgezogenen mit H_2SO_4 beladenen Aktivkoks transportiert man nach Absiebung des Unterkornes zum Regenerator. In dessen Röhrensystem erhitzt man den Aktivkoks mit Rauchgas aus einer Brennkammer indirekt auf ca. 400 °C, wobei die Schwefelsäure mit dem Kohlenstoff des Aktivkokses unter Bildung von SO_2 und CO_2 reagiert. Das aus der Mitte des Regenerators abgezogene SO_2-Reichgas enthält neben dem Hauptbestandteil Wasserdampf ca. 25 % Volumenanteil Schwefeldioxid sowie CO_2, N_2, HCl und HF. Es kann zu Schwefelsäure, flüssigem SO_2 oder Elementarschwefel aufgearbeitet werden.

Zur anschließenden Kühlung des Aktivkokses dient der ebenfalls als Rohrbündel ausgebildete untere Teil des Regenerators. Hier wandert der Aktivkoks ebenfalls durch vertikale Rohre, die von Kühlluft umströmt werden, und verläßt den Apparat mit ca. 100 °C. Nach Abtrennung des Unterkorns und Ergänzung durch frisches Adsorbens erfolgt der Rücktransport zum Kopf des Adsorbers.

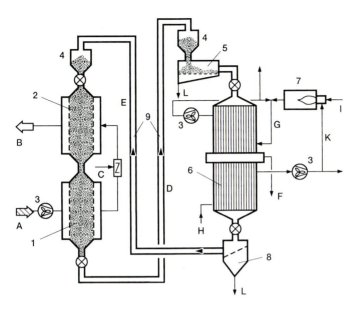

A	Rohgas	1	Adsorber (Entschwefelungsstufe)
B	Reingas	2	Adsorber (Entstickungsstufe)
C	Ammoniak	3	Gebläse
D	Adsorbens, beladen	4	Vorbunker
E	Adsorbens, regeneriert	5	Windsichter
F	SO$_2$-Reichgas	6	Regenerator
G	Heißgas	7	Brennkammer
H	Kühlluft	8	Siebmaschine
I	Brennstoff	9	Förderanlage
K	Verbrennungsluft		
L	Unterkorn		

Abb. 10.36. Fließbild einer simultanen Entschwefelungs- und Entstickungsanlage nach dem BF-UHDE-Verfahren

10.7.7
Emissionsminderung bei Geruchs- und Giftstoffen

Zur Abscheidung von Geruchsstoffen werden neben chemischen und biologischen Waschprozessen sowie Biofiltern und katalytischen Verbrennungsanlagen auch Aktivkohle-Adsorptionsfilter eingesetzt. Ihre zuverlässige Auslegung setzt eine möglichst vollständige Identifizierung und meßtechnische Erfassung der Geruchsbelästigungen voraus. Beides wird durch das Wesen der Geruchsstoffe, bei denen es sich weniger um physikalische Größen handelt als um individuelle Empfindungen mit psychischer Wertung und die häufig in äußerst geringen Konzentrationen auftreten, sehr erschwert. Als Lösungsansatz versucht man, die meist aus einer Vielzahl von Geruchsträgern bestehenden Emissionen auf spezifische Leitkomponenten zu reduzieren. Hinzu kommt, daß die zu reinigenden Abluftmengen und ihr Gehalt an Geruchsträgern meist größeren Schwankungen mit Stoßbelastungen unterworfen sind.

Somit lassen sich zuverlässige Auslegungsdaten nur durch halbtechnische Versuche über einen repräsentativen Zeitraum gewinnen. Dafür wählt man Aktivkohlen mit einem hohen Rückhaltevermögen (retentivity). Ihre Porenstruktur kennzeichnen überdurchschnittliche Anteile an Mikro- und Submikroporen, die auch in einer höheren Rütteldichte zum Ausdruck kommen. Derartige Aktivkohlen erkennt man außerdem an ihren hochliegenden und flach verlaufenden Adsorptionsisothermen.

Trotzdem werden nur vergleichsweise geringe Beladungen erreicht, was zu großen Filtervolumina führt, um akzeptable Standzeiten von mindestens 4–6 Monaten zu erreichen. Unter dem Aspekt eines schnellen Filterwechsels haben sich mehrere Bauarten entwickelt, bei denen neben Schüttschichten aus körnigen oder geformten Aktivkohlen das aktivkohlehaltige Filtermedium häufig in Form von Elementen (Kartuschen, Kassetten, Formlingen) eingesetzt wird, wobei das Adsorbens auch faser- oder pulverförmig an das Trägermaterial gebunden ist.

Tabelle 10.4 enthält Schadstoffe, die sich nur mit einer gezielten Chemisorption durch heterogen-katalytische Oberflächenreaktionen mit gutem Erfolg bei befriedigender Standzeit des Filters abscheiden lassen. Zu diesem Zweck werden die Aktivkohlen mit geeigneten organischen oder anorganischen Verbindungen imprägniert, von denen einige in Tabelle 10.4 aufgeführt sind. Die katalytischen Reaktionen führen nicht nur zu einer Erhöhung der Zusatzbeladung und damit der Filterstandzeit bei grundsätzlich adsorbierbaren Stoffen, sondern es lassen sich auch zusätzliche Schadstoffe abscheiden.

So erreicht man für Schwefeldioxid und Chlorwasserstoff mit alkalisch imprägnierten Aktivkohlen deutlich höhere Beladungen, während Ammoniak und Amine besser an schwefelsäure-imprägnierten Aktivkohlen abgeschieden werden. Die Vorgehensweise entspricht der bei sauren und alkalischen Wäschen.

Zur H_2S-Entfernung hat sich weitporige iodimprägnierte Aktivkohle bewährt. Sie kann den durch Oxidation an der inneren Oberfläche gebildeten Elementarschwefel bis über 100% ihres Eigengewichtes aufnehmen, ohne daß die Beladung nach außen hin in Erscheinung tritt. Ist der Schwefelwasserstoff aus sauerstofffreien Abgasen zu entfernen, so wird die entsprechende Aktivkohle mit Kaliumpermanganat imprägniert, das dabei zu Braunstein MnO_2 reduziert wird und als gutes Oxidationsmittel wirkt.

Bei der Auslegung derartiger Filter ist darauf zu achten, daß die Chemisorption wegen des mehrfachen Stofftransportes in Verbindung mit der Stoffumwandlung Gasverweilzeiten im Bereich von Sekunden erfordert, die damit um das Zehnfache höher liegen im Vergleich zur physikalischen Adsorption.

10.7.8
Abscheidung von Quecksilber

Quecksilberhaltige Abgase entstehen vor allem bei der Müllverbrennung, der Erz- und Mineralaufbereitung, der Herstellung von Chlor und Natronlauge nach dem Amalgam-Verfahren sowie quecksilberverarbeitenden Betrieben. Dabei gilt für die thermischen Prozesse, daß der überwiegende Teil des Quecksilbers nur bei niedrigen Temperaturen von den festen Verbrennungsprodukten gebunden wird. Bei der Müllverbrennung wird Quecksilber wegen seines hohen Dampfdruckes bei Feuerraumtemperaturen zwischen 900 und 1200 °C als einziges Schwermetall gasförmig emittiert. Aufgrund der besonderen Giftigkeit von Quecksilberdämpfen liegt der Emissionsgrenzwert für Abfallverbrennungsanlagen bei 0,05 mg/m^3 trockenes Abgas, bezogen auf 11 % O_2.

Für die Auswahl geeigneter Abscheideverfahren spielt die Art der Quecksilberverbindung eine entscheidende Rolle. Während das bei Müllverbrennungsanlagen durch Reaktion mit HCl bei der Rauchgasabkühlung überwiegend auftretende giftige und beständige $HgCl_2$ (Quecksilber(II)-chlorid) wegen seiner guten Wasserlöslichkeit in Naßwäschern abgetrennt werden kann, läßt sich das wasserunlösliche Hg_2Cl_2 (Quecksilber-I-Chlorid) sowie metallisches Quecksilber (Hg^0) nur durch Chemisorption aus dem Rauchgas entfernen. Neben den für die Luftreinhaltung entscheidenden toxikologischen Gesichtspunkten spielt bei der Verfahrensgestaltung auch in bestimmten Fällen die Rückgewinnung des Quecksilbers als Wertstoff eine Rolle.

Da sich Aktivkohle von Quecksilber infolge dessen hoher Oberflächenspannung, die etwa 6mal so groß ist wie die des Wassers, nicht gut benetzen läßt, sind bei rein physikalischer Adsorption nur Zusatzbeladungen unter 1% Massenanteil erreichbar. Eine wesentlich erhöhte Abscheideleistung von bis zu 20% Massenanteil ist realisierbar, wenn man geeignete weitporige Aktivkohlen mit Kaliumiodid imprägniert, so daß die Quecksilberdämpfe als Quecksilberiodid chemisorptiv entfernt werden. Als weitere Imprägnierungen sind Schwefel und Schwefelsäure bekannt. Bei Anwesenheit von SO_2 im Abgas, das an der Aktivkohle als H_2SO_4 abgeschieden wird, kann auf eine zusätzliche Imprägnierung verzichtet werden. Das elementare Quecksilber reagiert dann mit der Schwefelsäure zu Quecksilber(II)-sulfat $HgSO_4$ nach der Gleichung:

$$Hg + 2\,H_2SO_{4\,ads} \rightarrow HgSO_{4\,ads} + 2\,H_2O + SO_2$$

Bei Schwefelsäureüberschuß bildet sich Quecksilber(I)-sulfat Hg_2SO_4:

$$2\,HgSO_{4\,ads} + 3\,O_2 + 2\,H_2O \rightarrow HgSO_{4\,ads} + 2\,H_2SO_{4\,ads}$$

Restliches Quecksilber(II)-chlorid wird in der Schwefelsäure gelöst [13].

Anlagen zur adsorptiv-katalytischen Quecksilber-Abscheidung arbeiten in der Regel als Filter ohne Regenerierungseinrichtung. Die bis zum Durchbruch beladene Aktivkohle wird durch eine frische Füllung ersetzt und zur Rückgewinnung des Quecksilbers in eine zentrale Aufarbeitung transportiert.

An Zeolithen läßt sich ebenfalls eine gute Abscheidung von ionischem Hg durch Physisorption erreichen, während metallisches Hg chemisorptiv gebunden wird. Beim Flugstromadsorber setzt man preiswertes feinkörniges Adsorbens ein ohne zu regenerieren. Das MEDISORBON-Verfahren arbeitet mit einem synthetischen geformten und schwefelimprägnierten Zeolithen im Festbett, der regeneriert werden kann [14].

10.7.9
Abscheidung von Dioxinen

Dioxine ist der Sammelbegriff für die chlorierten Dibenzodioxine und Dibenzofurane, deren Grundstruktur aus zwei Benzolringen besteht, die über ein oder zwei Sauerstoffatome miteinander verbunden sind. Bei den Polychlordibenzo-p-dioxinen (PCDD) und Polychlordibenzofuranen (PCDF) handelt es sich um chemisch einfach aufgebaute Verbindungen. Die Anzahl der Chloratome im Molekül wird in der Nomenklatur durch das Präfix Mono bis Okta ausgedrückt. Die Kennzeichnung der Stellung der Chloratome erfolgt durch fortlaufende Numerierung im Uhrzeigersinn, ausgehend vom rechten Benzolring. Aus der Anzahl der Chloratome und ihren stellungsmäßigen Variationsmöglichkeiten im Molekül resultieren für die PCDDs 75 und für die PCDFs insgesamt 135 verschiedene Isomere. Die toxischste Substanz ist das als Seveso-Gift bekannt gewordene 2,3,7,8-Tetrachlordibenzo-p-dioxin. Es dient als Bezugsgröße für die Giftigkeit der anderen Isomere, die in Toxizitätsäquivalenten (TE) ausgedrückt wird.

Dioxine entstehen nicht nur bei technischen Produktions- und Entsorgungsprozessen, sondern auch beim Kompostieren von Biomüll. Die Maßnahmen zur Luftreinhaltung konzentrieren sich auf Müllverbrennungsanlagen und Sinteranlagen (Erzaufbereitung). Die im Abgas enthaltenen Dioxine bilden sich bei der Abkühlung im Temperaturbereich zwischen 400 °C und 250 °C (De-novo-Synthese), wobei unverbrannter Kohlenstoff, Sauerstoff und katalytische Eigenschaften des Staubes eine entscheidende Rolle spielen. Der Filterstaub bindet etwa 80 % der Dioxine. Der Rest muß durch besondere Reinigungsstufen entfernt werden.

Neben der in Erprobung befindlichen katalytischen Oxidation der Dioxine zu Kohlendioxid, Wasserdampf und Salzsäure basiert die derzeitige Abscheidetechnik auf der Adsorption an Aktivkohlen, Aktivkoks und Zeolithen bei Temperaturen zwischen 100 und 130 °C. Die Anlagenkonzepte beruhen sowohl auf dem Festbettadsorber als auch auf dem Flugstromverfahren und der zirkulierenden Wirbelschicht. Wegen der großen Abgasvolumina und der niedrigen Anströmungsgeschwindigkeit von ca. 0,2 m/s, die zu großen Apparaten führen, werden die häufig als „Kohlekisten" bezeichneten Festbettadsorber in vertikaler Bauweise errichtet, die das Abgas horizontal durchströmt. Zur optimalen Ausnutzung der Adsorptionskapazität und zur Vermeidung von Hitzenestern (hot spots) ist auf eine gleichmäßige Durchströmung zu achten. Bei einer Mindestbettiefe von 100 cm kann der gesetzlich vorgeschriebene Emissionsgrenzwert eingehalten werden. Das beladene Adsorbens wird im Verbrennungsprozeß entsorgt oder thermisch regeneriert, wobei man das schadstoffhaltige Heißgas vor dem Elektrofilter in die Rauchgasreinigung einleitet.

Im Gesamtkonzept der Rauchgasreinigung einer als Heizkraftwerk betriebenen Müllverbrennungsanlage (Abb. 10.37), gekennzeichnet durch die Reinigungsstufen

- Elektrofilter zur Entstaubung,
- HCl-Wäsche,
- Entschwefelung durch Kalkwäsche,
- SCR-Entstickung und
- adsorptive Dioxinabscheidung

erfüllt der Aktivkohle- bzw. Aktivkoks-Adsorber gleichzeitig die Funktion einer Feinreinigung für restliches SO_2, Schwermetalle und HCl, was bei der Berechnung der Adsorptionskapazität zu berücksichtigen ist.

Beim Flugstromverfahren wird neben dem staubförmigen Kohlenstoffadsorbens gegebenenfalls feingemahlener Kalkstein in das Abgas eingeblasen, um Restgehalte an sauren Bestandteilen (SO_2, HCl, HF) abzuscheiden und der Gefahr von Staubexplosionen vorzubeugen. Dem Flugstromadsorber ist ein Gewebefilter nachgeschaltet, dessen Filterschicht wesentlich zum weiteren Ablauf der Trennprozesse beiträgt. Da die Abscheidekapazität der staubförmigen Produkte in einem Durchgang nicht voll genutzt werden kann, führt man das aus dem Gewebefilter abgezogene Material teilweise in den Adsorber zurück.

Abgasentstaubung mit Gewebefiltern hinter Sinteranlagen oder Elektrostahlwerken bieten günstige Voraussetzungen für das Verfahren, da die Filterstäube ungeachtet des Kohlenstoffanteils in die Produktion zurückgeführt werden können.

10.7.10
Abscheidung von Phenol und Formaldehyd

Emissionen an Phenol und Formaldehyd treten vor allem bei der Verarbeitung von Phenoplasten auf, so daß bei folgenden Produktionsstätten mit entsprechenden Abgasen zu rechnen ist:

- Holzwerkstoffindustrie;
- Herstellung von Isolierstoffen, Reibebelägen, Desinfektionsmittel;
- Gießereien und Lackierbetriebe;
- Herstellung von Preßmassen für Gebrauchsgegenstände.

Je nach Verarbeitungsmethode schwanken die Konzentrationen bei Phenol zwischen 100–400 mg/m^3 und bei Formaldehyd zwischen 20–60 mg/m^3.

Zur simultanen Abscheidung beider Schadstoffe nutzt man sowohl die adsorptiven als auch die katalytischen Eigenschaften bestimmter Aktivkohlen. Dementsprechend ist der Adsorber mit zwei Festbetten unterschiedlicher Aktivkohlen gefüllt. Das Abgas durchströmt zuerst die zur physikalischen Adsorption des Phenols dienende Schicht und anschließend das Bett mit

466　10 Abscheidung gasförmiger Schadstoffe durch Adsorption und Adsorptionskatalyse

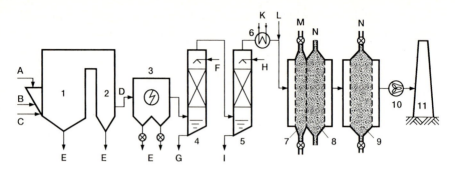

A	Abfall	H	H$_2$O/CaCO$_3$	1	Kessel
B	Brennstoff	I	Sulfatsuspension	2	Eco/Luvo
C	Verbrennungsluft	K	Energieträger	3	Elektrofilter
D	Rauchgas	L	Ammoniak	4	Vorwäsche
E	Schlacke/Asche	M	Herdofenkoks	5	Entschwefelung
F	Waschwasser	N	Formaktivkoks	6	Wiederaufheizung
G	Wäscherablauf			7	Vorabscheider

8	SCR-Entstickung
9	Dioxin-Abscheidung/ adsorptive Feinreinigung
10	Saugzuggebläse
11	Kamin

Abb. 10.37 a. Fließbild eines Gesamtkonzeptes zur Rauchgasreinigung bei der Müllverbrennung

Abb. 10.37 b. Sprühabsorber mit Herdofenkoks in der Kalkmilchwaschsuspension als Bestandteil der viersträngigen Rauchgasreinigung einer Müllverbrennungsanlage. Rauchgasdurchsatz je Strang: 191000 m^3/h. Werkfoto Lurgi, Frankfurt (Main)

der imprägnierten Aktivkohle, in der das Formaldehyd unter geringer Desaktivierung des Aktivkohlekatalysators nach der Bruttoformel

$$CH_2O + O_2 \rightarrow CO_2 + H_2O$$

zu Kohlendioxid und Wasser umgesetzt wird. Angesichts ausreichender Standzeiten werden die Anlagen nicht mit einer Regenerierungseinrichtung ausgestattet. Die bis zum Durchbruch mit Phenol beladene Aktivkohle kann man an den Hersteller bzw. Händler zurückgeben, der über eine zentrale Reaktivierungseinrichtung verfügt. Durch die Reaktivierung erleidet die Aktivkohle einen ca. 15%igen Substanzverlust (Abbrand).

10.7.11
Minderung von NO_x-Emissionen

NO_x-Emissionen umfassen die Stickstoff-Sauerstoff-Verbindungen

- Stickstoffmonoxid NO,
- Stickstoffdioxid NO_2,
- Stickstofftrioxid N_2O_3,
- Stickstofftetroxid N_2O_4 und
- Stickstoffpentoxid N_2O_5

mit den beiden ersten Varianten als die in Abgasen hauptsächlich auftretenden Luftschadstoffe. Das farblose Stickstoffmonoxid wird bei Berührung mit Luft sofort zu braunrotem Stickstoffdioxid oxidiert, das für die charakteristische Färbung nitrosehaltiger Abgase verantwortlich ist.

NO_x-Emissionen entstehen hauptsächlich bei den motorischen Verbrennungsprozessen, der Energieerzeugung in Industrie und Haushalt, der Salpetersäureherstellung und bei Nitrier- sowie Oxidationsprozessen mit Salpetersäure.

Neben den feuerungs- und prozeßtechnischen Primärmaßnahmen, die zu wesentlich reduzierten NO_x-Gehalten in den Abgasen führen, hat man zur Minderung der Restkonzentrationen Sekundärmaßnahmen entwickelt, die bei den hauptsächlich betroffenen Verbrennungsanlagen überwiegend mit Hilfe von Mischoxidkatalysatoren unter Zugabe von Ammoniak eine selektive Reduktion zu N_2 und H_2O bewirken entsprechend folgenden Bruttoreaktionsgleichungen:

$$2\,NO_2 + 4\,NH_3 + O_2 \rightarrow 3\,N_2 + 6\,H_2O$$
$$6\,NO_2 + 8\,NH_3 \rightarrow 7\,N_2 + 12\,H_2O$$
$$4\,NO + 4\,NH_3 + O_2 \rightarrow 4\,N_2 + 6\,H_2O$$
$$6\,NO + 4\,NH_3 \rightarrow 5\,N_2 + 6\,H_2O$$

Da hierfür Temperaturen zwischen 300–400 °C notwendig sind, werden Anlagen zur selektiven katalytischen Reduktion (SCR-Anlagen) bevorzugt zwischen Speisewasservorwärmer und Luftvorwärmer angeordnet (Abb. 10.38). Somit sind die Katalysatoren der vollen Staubbelastung ausgesetzt (high-dust-Konzept), was entsprechende Maßnahmen gegen Verschmutzung und Erosion erfordert.

468 10 Abscheidung gasförmiger Schadstoffe durch Adsorption und Adsorptionskatalysely-

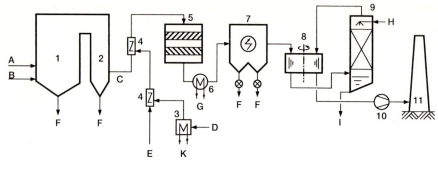

A	Brennstoff	H	Waschsuspension (H_2O/$CaCO_3$)	1	Kessel	8	Regenerativ-Wärmetauscher
B	Verbrennungsluft			2	Ekonomiser		
C	Rauchgas	I	Waschprodukte	3	Verdampfer	9	Entschwefelung
D	Ammoniak	K	Energieträger	4	Mischer	10	Saugzuggebläse
E	Luft/Wasserdampf			5	SCR-Anlage	11	Kamin
F	Schlacke/Asche			6	Luftvorwärmer		
G	Verbrennungsluft			7	Elektrofilter		

Abb. 10.38. Fließbild einer Rauchgasreinigung mit SCR-Entstickung vor der Entstaubung (high-dust-Anordnung)

Eine vorherige Reinigung der Rauchgase durch Elektroentstaubung und Naßwäsche erfordert deren anschließende Wiederaufheizung. Dieser Aufwand läßt sich entscheidend vermindern, wenn anstelle der oxidischen Entstickungskatalysatoren Aktivkohlen oder Aktivkokse eingesetzt werden, die bereits ab ca. 90 °C eine Umsetzung der Stickoxide mit Ammoniak nach obigen Hauptreaktionen ermöglichen.

Unerwünschte Nebenreaktionen führen bei Restgehalten an SO_2 und HCl zur Bildung von Ammoniumsulfat und Ammoniumchlorid.

Die erforderlichen Abscheidegrade erreicht man mit dieser Niedertemperaturtechnik allerdings nur bei Raumgeschwindigkeiten, die wesentlich unter denen der Hochtemperaturtechnik liegen und bei ca. 0,2 m/s Anströmgeschwindigkeit des Rauchgases eine Verweilzeit von 10–20 s zur Folge haben. Aus dieser Prozeßbedingung resultieren in Verbindung mit den enormen Rauchgasmengen bei drucklosem Betrieb großvolumige Apparate, für die sich folgende Bauformen entwickelt haben (vgl. Abb. 10.20):

- horizontal durchströmte Festbettreaktoren,
- horizontal durchströmte Wanderbettreakoren (Kreuzstrom),
- vertikal durchströmte Wanderbettreaktoren (Gegenstrom) oder
- Mehrweg-Sorptions-Reaktoren (Kreuzgegenstrom).

Als Katalysatoren stehen verschiedene geformte und gebrochene Aktivkohlen bzw. Aktivkoks zu sehr unterschiedlichen Preisen zur Verfügung. Die Anwendung teurer Qualitäten im Festbett setzt eine gute Vorabscheidung aller Stäube und adsorbierbaren Stoffe voraus, um die wirtschaftlich geforderte Standzeit zu gewährleisten.

Enthalten die Rauchgase trotz vorangegangener Reinigungsstufen noch Restgehalte an Staub und adsorbierbaren Schadstoffen wie SO_2, HCl, HF, Dioxine und Schwermetalle, so empfiehlt sich der Einsatz eines preiswerten Adsorbens im horizontal oder vertikal durchströmten Wanderbett.

Wanderbettapparate mit horizontaler Gasführung bieten die Möglichkeit zur Anordnung mehrerer Adsorbensschichten mit spezifischen Abscheidefunktionen und darauf abgestimmten Wandergeschwindigkeiten.

Zur optimalen Nutzung der Abscheideleistung ist neben einer wirksamen NH_3-Dosierung und -Verteilung auf eine gleichmäßige Durchströmung der Adsorbensschicht zu achten. Sie sorgt für einen guten Abtransport der Adsorptions- und Reaktionswärmen und trägt so dazu bei, die Bildung von Hitzenestern (hot spots) zu vermeiden. Zu den diesbezüglichen Sicherheitsmaßnahmen gehört in der Regel die Messung des CO-Gehaltes vor und nach der Reinigungsstufe, um eine rechtzeitige Warnung vor erhöhten Temperaturen mit Oxidation des Kohlenstoffes zu gewährleisten.

Die Führung der Wanderbetten auf der Gaseintritts- und Gasaustrittsseite sowie die Gestaltung der Beschickungs- und Abzugsvorrichtungen mit dem Ziel eines guten Massenflusses für das Adsorbens, erfordern viel Erfahrung im Umgang mit granulierten Feststoffen.

Die Wanderungsgeschwindigkeit läßt sich nach dem Strömungswiderstand, der Durchbruchsbeladung oder dem Entstickungsgrad steuern. Letzterer kann durch die Schädigung des Adsorbens mit Ammoniumsulfat und/oder Ammoniumchlorid reduziert werden.

Für die Entsorgung des abgezogenen Adsorbens stehen prinzipiell zwei Wege zur Verfügung:

– enthält das Gesamtkonzept der Rauchgasreinigung eine Schadstoffsenke in Form einer elektrostatischen Staubabscheidung oder Wäsche, so kann man das verworfene Adsorbens der Feuerung zuführen;
– ist keine Reinigungsstufe mit einer derartigen Senkefunktion vorhanden, so muß das beladene Adsorbens thermisch aufbereitet werden.

Auf die Kombination der Niedertemperaturentstickung mit einer trockenen adsorptiv-katalytischen Entschwefelung wurde in Abschn. 10.7.6 in Verbindung mit dem BF-Uhde-Verfahren hingewiesen.

10.7.12
Abscheidung radioaktiver Gase

Bei den radioaktiven Emissionen von Kernkraftwerken und Wiederaufbereitungsanlagen von Reaktor-Brennelementen handelt es sich überwiegend um kurzlebige Nuklide mit Halbwertzeiten von wenigen Sekunden bis zu einigen Tagen bzw. Wochen (Tabelle 10.9). Um zu verhindern, daß derartige Abgaskomponeten in die Umgebung gelangen, werden adsorptive und

Tabelle 10.9. Halbwertzeiten gasförmiger Radionuklide

Radioaktives Gas		Halbwertzeiten				
		Sekunden	Minuten	Stunden	Tage	Jahre
Stickstoff	17_N	4,14				
Stickstoff	16_N	7,4				
Sauerstoff	19_O	29				
Sauerstoff	15_O		2,1			
Krypton	89_{Kr}		3,18			
Xenon	137_{Xe}		3,9			
Stickstoff	13_N		10			
Xenon	$135m_{Xe}$		15,6			
Xenon	138_{Xe}		17			
Krypton	87_{Kr}			1,3		
Argon	41_{Ar}			1,82		
Krypton	$83m_{Kr}$			1,9		
Krypton	88_{Kr}			2,77		
Krypton	$85m_{Kr}$			4,36		
Xenon	135_{Xe}			9,13		
Xenon	$133m_{Xe}$				2,3	
Xenon	133_{Xe}				5,7	
Xenon	$131m_{Xe}$				11,8	
Argon	37_{Ar}				35	
Krypton	85_{Kr}					10,7
Wasserstoff	3_H					12,26

adsorptiv-katalytische Verzögerungsstrecken eingesetzt, die die Schadstoffe so lange zurückhalten, bis ihre Aktivität auf die zulässige Strahlendosis abgeklungen ist bzw. bis sie in stabile nicht radioaktive Produkte zerfallen sind.

Über die Kühlmittelkreisläufe der Kernkraftwerke gelangen Spaltgase mit den radioaktiven Isotopen von Krypton und Xenon in die Abluft. Mit Ausnahme des Kryptonisotops ^{85}Kr ($T_{1/2}$ = 10,7 a) handelt es sich um Spaltgase mit Halbwertzeiten $T_{1/2}$ von maximal einigen Tagen. Bei den Isotopen ^{87}Kr, ^{88}Kr und ^{89}Kr ist es ausreichend, die Aktivkohlefilter für eine Verzögerungsdauer von 3–4 Tagen auszulegen. Für ^{133}Xe mit einer Halbwertzeit von 5,3 d erhöht sich dieser Wert auf das Zehnfache. Um die begrenzte Adsorptionskapazität für diese Stoffe nicht durch Koadsorption von Wasserdampf zu beeinträchtigen, wird das Abgas vor Eintritt in die Aktivkohlefilter durch Ausfrieren des Wasserdampfes mit einer Kälteanlage oder durch Abtrennung mit Hilfe von Molekularsieben adsorptiv getrocknet.

Über Lecks in den Brennelementhüllen können auch radioaktive Iodisotope in das Kühlmittel gelangen und werden bei dessen Entgasung freigesetzt. Von Iodisotopen mit extrem kurzer Halbwertzeit sind dabei keine Gefahren zu erwarten, da sie bereits vor oder während der Freisetzung zerfallen. Auch das ^{129}I mit einer Halbwertzeit von $1,6 \cdot 10^7$ a kann unberücksichtigt bleiben, da sein Anteil am Aktivitätsinventar des Reaktorkernes gering ist. Somit betreffen die abgasseitigen Strahlenschutzmaßnahmen hauptsächlich die Iodisotopen ^{131}I mit $T_{1/2} = 8{,}04$ d und ^{133}I mit $T_{1/2} = 20{,}8$ h. Sie können als elementares Iod auftreten oder reagieren mit häufig vorhandenen organischen Dämpfen zu Organoiodverbindungen, insbesondere zu Methyliodid. Elementares Iod wird selbst aus feuchten Abgasen durch physikalische Adsorption an Aktivkohle mit guten Erfolg gebunden [15].

Zur besseren Abscheidung von Methyliodid in Anwesenheit von Wasserdampf wird die Aktivkohle mit KI und I_2 imprägniert, so daß es zu einem Isotopenaustausch zwischen dem radioaktiven, organisch gebundenen Iod und dem inaktiven Iod der Imprägnierung kommt.

Die Aktivkohle wird teilweise auch mit einem Amin imprägniert. Methyliodid reagiert z. B. mit Triethylamin zu einem Ammoniumsalz, das von der Aktivkohle gut adsorbiert wird.

Zur Abscheidung von elementarem Iod und Methyliodid eignet sich auch mit Silbernitrat imprägnierte Kieselsäure, wobei durch Chemisorption Silberiodid und Silberiodat entstehen.

Bei hohen Abgastemperaturen können Molekularsiebe eingesetzt werden, in deren Gitterstruktur Silber inkorporiert wurde, so daß elementares Iod und Methyliodid zu Silberjodid reagieren, das gut adsorbiert wird.

Die Abscheidung von Radioiod, das an Partikel gebunden und somit nicht adsorbierbar ist, erfolgt mit Schwebstoff-Feinstfiltern, die dem Adsorber vorgeschaltet sind. Auch hinter dem Adsorber installiert man in der Regel ein Schwebstoffilter, um Abrieb des Adsorbens zurückzuhalten, der besonders beim Befüllen und Entleeren des Adsorbers entsteht.

Literatur

Im Text erwähnte Literaturstellen

1. Bailleul G, Bratzler K, Herbert W, Vollmer V (1953) Aktive Kohle und ihre industrielle Anwendung. Enke, Stuttgart, S. 72
2. Polanyi M (1929) Z Elektroch. 35:432
3. Dubinin MM (1960) Chem Revs 60:235
4. Dubinin MM (1967) J of Coll. and Interface Sci 23:487
5. Jüntgen H (1976) Staub Reinhalt Luft 36:281 (Nr 7)
6. Mersmann A, Münstermann U, Schadl J (1983) Chem-Ing Tech 55:446 (Nr. 6)
7. Richter E, Schütz W (1991) Chem Ing Tech 63:52 (Nr 1)
8. Mersmann A, Börger GG, Scholl S (1991) Chem Ing Tech 63:892 (Nr 9)
9. Kast W (1988) Adsorption aus der Gasphase. VCH, Weinheim
10. Wirth H (1976) Staub. Reinh Luft 36:288 (Nr 7)
11. Jüntgen H (1977) Aktivkohleverfahren, Fortschritte der Verfahrenstechnik. Bd 15, Abt C, S 205
12. Ohlrogge K, Peinemann KV, Wind J (1993) Energie 45:29 (Nr 6)
13. Neumann P, Schmidt GK (1993) Erdöl und Kohle, Erdgas, Petrochemie 46:110 (Heft 3)
14. Mayer-Schwinning G, Herden H, Bräuer HW (1995) Zeolithe zur Dioxin-/Furan- und Schwermetallabscheidung. Staub-Reinhaltung der Luft 55, S 183–188
15. VDI-Richtlinie 3674 „Abgasreinigung durch Adsorption", Entwurf Dezember 1984, z Zt in Novellierung

Zusätzliche empfehlenswerte Literaturhinweise (Auswahl)

1. Brauer H (1985) Chem Ing Tech 57:650 (Nr 8)
2. Otten W, Kast W (1988) Chem Ing Tech 60:929 (Nr 11)
3. Kast W, Otten W (1987) Chem Ing Tech 59:1 (Nr 1)
4. Krill H, Menig H (1990) Aktivkohlen im Umweltschutz, Umwelt Aktuell 1/90. GIT, Darmstadt
5. Krill H (1988) Chemische Industrie 2:76
6. Krill H (1993) Adsorptive Abgasreinigung – eine Bestandsaufnahme, VDI-Berichte, 1034. VDI, Düsseldorf, S. 339
7. Otten W, Gail E, Frey T (1992) Chem Ing Tech 64:915
8. Theis KA, Dolkemeyer W, Kreusing H (1989) Braunkohlekoks – Anwendungsgebiete in der Umwelttechnik. ET – Zeitschrift für Energiewirtschaft, Recht und Technik Nr 4
9. Börger GG (1992) Chem Ing Tech 64:200 (Nr 2)
10. Riquarts HP, Leitgeb P (1985) Chem Ing Tech 57:843 (Nr 10)
11. Gottschalk J (1992) Abfallwirtschaftsjournal 4:997 (Nr 12)

Bücher

1. Krill H, Menig H (1995) Adsorption, in Ullmann's Encyclopedia of Industrial Chemistry Band 7, 6 Aufl Verlag Chemie, Weinheim
2. Kast W (1988) Adsorption aus der Gasphase. Verlag Chemie, Weinheim
3. Baum F (1988) Luftreinhaltung in der Praxis. R Oldenbourg, München Wien
4. Bank M (1993) Basiswissen Umwelttechnik, 1 Aufl Vogel, Würzburg
5. Menig H (1995) Emissionsminderung und Recycling. Ecomed, Landsberg
6. von Kienle H, Bäder E (1980) Aktivkohle und ihre industrielle Anwendung. Enke, Stuttgart
7. Büchner U, Schliebs R, Winter G, Büchel KH (1984) Industrielle Anorganische Chemie. Verlag Chemie, Weinheim
8. Winkler F, Worch E (1989) Verfahrenschemie und Umweltschutz, 2 Aufl VEB Deutscher Verlag der Wissenschaften, Berlin
9. Fritz W, Kern H (1990) Reinigung von Abgasen, 2 Aufl Vogel, Würzburg

Firmeninformationsschriften

1. Rückgewinnung organischer Lösemittel aus Abluft – Eine Übersicht. Tech. Information TI-CIW/ES 014 d (1989) BASF, Ludwigshafen
2. Carbo-Tech GmbH, Essen: Aktivkohle – Herstellungsverfahren und Produkteigenschaften (1991)
3. Polyad-FB: Luftreinigung und Lösemittelrückgewinnung, Info-Schrift Nr 0302, Fa. Plinke, Bad Homburg
4. Wessalith DAY, ein hydrophober Zeolith zur Gasreinigung, 1992, Nr 4307, 0, Degussa AG, Frankfurt (Main)
5. Bräuer HW: Adsorptive Reinigung schwach- und mittelbelasteter Abluftströme, Info-Schrift N. 1581, Lurgi AG, Frankfurt (Main)
6. Adsorptionsrad ADR, Info-Schrift UT 23, Eisenmann Umwelttechnik, Holzgerlingen

11 Abbau von Dioxinen und Furanen in Abgasen mit Wasserstoffperoxid

C. Weber-Ruhl, U. Schelbert

11.1 Einleitung

Polychlorierte Dioxine und Furane (Abb. 11.1) waren bis Mitte der siebziger Jahre der breiten Öffentlichkeit nahezu unbekannt; auch unter Naturwissenschaftlern hatten diese Verbindungen und ihre chlorierten Derivate nur einen geringen Stellenwert. Seit dem Dioxin-Unfall des Jahres 1976 im oberitalienischen Ort Seveso ist die Diskussion über die Gefährdung von Bevölkerung und Umwelt durch Dioxin nicht abgerissen und auch außerhalb der Fachwelt sind

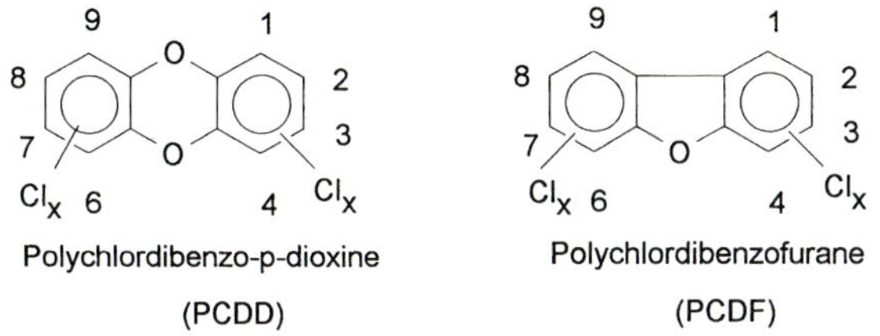

Anzahl der Chloratome	Anzahle der PCDD-Isomere	Anzahl der PCDF-Isomere
1	2	4
2	10	16
3	14	28
4	22	38
5	14	28
6	10	16
7	2	4
8	1	1
Kongenere	75	135

Abb. 11.1. Strukturformel der PCDD/PCDF sowie die durch Chlorsubstitution möglichen Verbindungen, eingeteilt nach Chlorierungsgrad, Isomere und Kongenere

die polychlorierten Dibenzodioxine und -furane (PCDD bzw. PCDF) zu einer Substanzklasse avanciert, die zunehmend wissenschaftlich, technologisch und politisch Interesse findet.

In der Dioxin-Diskussion werden häufig unterschiedliche Stoffe mit dem Sammelbegriff Dioxin belegt. Dioxin ist der gebräuchliche, jedoch ungenaue Sammelbegriff für eine Gruppe von 75 chemisch verwandten Substanzen, die sich in ihrer Giftigkeit stark unterscheiden. Nur einer dieser Stoffe, das 2,3,7,8-Tetrachlordibenzo-p-dioxin (kurz 2,3,7,8-TCDD oder nur TCDD), ist als hochtoxisches „Seveso-Dioxin" bekannt geworden. Es tritt meist im Gemisch mit anderen Dioxinen auf und ist von ihnen nur unter großem Aufwand chemisch zu trennen. So gibt es allein 22 TCDD-Varianten.

11.1.1
Die Gruppe der Dioxine

Unter dem Sammelbegriff „Dioxine" versteht man zwei Gruppen chlorierter aromatischer Ether:

- die polychlorierten Dibenzodioxine (PCDD) und
- die polychlorierten Dibenzofurane (PCDF)

Von den polychlorierten Dibenzodioxine existieren insgesamt 75 Kongenere, während bei den verwandten polychlorierten Dibenzofuranen 135 Kongenere bekannt sind.

Dioxine und Furane treten weltweit auf und sind nicht erst durch unsere industrielle Tätigkeit in die Umwelt gelangt, was durch Dioxinfunde in jahrhundert alten Küstensedimenten nachgewiesen wurde. Die Verbindungsklasse der Dioxine und Furane erweist sich als sehr stabil gegenüber chemischen und thermischen Einflüssen. Aufgrund ihrer sehr geringen Wasserlöslichkeit und des hohen Adsorptionsvermögen an Partikeln werden Dioxine und Furane im Boden und in der Nahrung angereichert. Beim Menschen und bei den Tieren erfolgt die Aufnahme zu 90 % mit der Nahrung und die Anreicherung erfolgt überwiegend im Fettgewebe.

In den vergangenen Jahren wurde mit erheblichem und immer weiter verfeinertem Analyseaufwand die ubiquäre Verteilung dieser in der Natur sehr stabilen Verbindungen in unterschiedlichen Konzentrationen nachgewiesen.

Diese Entwicklungen und die inzwischen gewonnenen Erkenntnisse bezüglich der Toxizität dieser Substanzklasse finden ihren Niederschlag in Gesetzen und Verordnungen, die das Entstehen von PCDD- und PCDF-Emissionen verhindern oder zumindest verringern sollen.

In der Bundesrepublik wurde mit der seit November 1990 in Kraft getretenen 17. Verordnung zur Durchführung des Bundesimmisionsschutzgesetzes (17. BImSchV) ein sehr niedriger Dioxin- und Furanäquivalentgrenzwert von 0,1 ng TE/m³ vorgeschrieben (TE = Toxizitätsäquivalenz-Einheiten). Die toxikologische Bewertung der PCDD und PCDF ordnet dem 2,3,7,8-Tetrachlordibenzo-p-dioxin „Seveso-Dioxin" einen Toxizitätsäquivalenzfaktor von 1 zu, während die Konzentrationen anderer Kongenere mit niedrigeren Faktoren multipliziert werden. Die mit der 17. BImSchV geforderte Reduzierung des Dioxin- und Furanemissionswertes verlangt effiziente Verfahren zur Dioxin- und Furanminderung an bestehenden und neu zu errichtenden Anlagen.

11.1.2
Dioxin-Quellen

Dioxine sind und waren nie Ziel einer industriellen Produktion. Sie können in Spuren als unerwünschte Verunreinigungen bei bestimmten Produktionsprozessen, an denen halogenorganische Verbindungen beteiligt sind, entstehen. So war eine Anlage zur Herstellung des chemischen Zwischenproduktes Trichlorphenol Ausgangspunkt des Chemie-Unfalls in Seveso. Als nicht unerhebliche Quelle wurde vor einigen Jahren die Chlorbleichung bei der Sulfatzellstoff- und Papierherstellung bekannt.

Die Bildung von PCDD/PCDF ist grundsätzlich bei Verbrennungsprozessen möglich, bei denen unvollständig verbrannter Kohlenstoff und chlorhaltige Verbindungen anwesend sind. Dementsprechend sind neben Abfallverbrennungsanlagen auch Reststoffverbrennungsanlagen, Kraftwerke und genehmigungsbedürftige Feuerungsanlagen sowie Hausbrandfeuerstätten zu berücksichtigen.

Weitere Dioxinquellen sind u.a. thermische Prozesse im Metallbereich (NE-Sekundärschmelzen) sowie bei der holzverarbeitenden Industrie. Insgesamt gelangt der größte Teil des Dioxins über Verbrennungsvorgänge aller Art in die Atmosphäre und wird dort weiträumig verteilt.

11.2
Generelle Emissionsminderungsmaßnahmen

Bei den Maßnahmen zur primären Vermeidung oder Verminderung der Bildung von Dioxinen und zur sekundären Minderung lassen sich unterscheiden:

- Einsatzstoffbezogene Primärmaßnahmen,
- Prozeßtechnische Primärmaßnahmen,
- Maßnahmen im Abgasweg,
- Abgasreinigungsverfahren und
- Reststoffbehandlungsverfahren.

11.2.1
Einsatzstoffbezogene Primärmaßnahmen

Prinzipiell kommen folgende Möglichkeiten der Vermeidung bzw. Minimierung der Dioxin- und Furanbildung in Betracht:

- Verzicht auf chlor- und bromhaltige Additive (z. B. Verzicht auf Scavenger bei bleihaltigen Ottokraftstoffen, Verzicht auf bromhaltige Flammschutzmittel bei Kunststoffen, Verzicht auf Zugabe von Hexachlorethan als Reinigungs- und Entgasungsmittel bei Aluminiumschmelzen).
- Ausschluß, Aussortierung oder Reduzierung von chlor- oder bromhaltigen Einsatzstoffen (bei Abfallverbrennungsanlagen praktisch nicht anwendbar; beim Recycling von Sekundärmetallen kommt eine Sortierung bzw. Vorbehandlung in bestimmten Fällen in Frage).
- Modifikation von Einsatzstoffen durch Zugabe von chemischen Verbindungen. Bei Müllverbrennungsanlagen kann dies z. B. durch Zugabe von schwefelhaltigen Verbindungen oder von Kalk in den Feuerraum sowie von Inhibitoren (bekannt geworden sind u.a. erste Untersuchungen mit Aminen) geschehen.
- Vorbehandlung von metallischen Einsatzstoffen

11.2.2
Prozeßtechnische Primärmaßnahmen

- Optimierte Feuerungstechnik bei Verbrennungsanlagen (ausreichend hohe Temperatur, ausreichende Verweilzeiten, ausreichender Sauerstoffgehalt, gute Durchmischung der Gase, Feuerungsführung ohne Kaltsträhnen etc.), optimaler Ausbrand für Rostschlacke und Flugasche und in den Reststoffen.
- Einsatzstoff- und produktangepaßte Schmelzverfahren beim Metallrecycling (z. B. Vermeidung von Pyrolyseprozessen).

11.2.3
Dioxinminderung im Abgasweg

Die Dioxinbildung im Abgasweg kann durch folgende Maßnahmen verringert werden:

- Zugabe von Inhibitoren (Wirkungsgrad begrenzt, Beachtung möglicher Nebenreaktionen).
- Einsatz von Heißgasentstaubern (entsprechende Versuche bei der Abfallverbrennung).
  - Keramikfilter oder Zyklone für Temperaturen von ca. 800–1000 °C; bisher nur Pilotversuche, z. B. Problem der Verschmutzung beachten.
  - Entstaubung bei Temperaturen um 450 °C; Zyklon, insbes. Heißgas-Elektrofilter.

- Quenchen, soweit die Emissionsminderung Vorrang vor der Wärmenutzung hat.
- Vermeidung bzw. Verminderung von Flugascheablagerungen im Abgasweg. Anforderungen entsprechend der 17. BImSchV (geeignete Abgasführung sowie optimierte Reinigung von Kesseln, Heizflächen, Abgaszügen).

11.2.4
Anwendung von Abgasreinigungsverfahren

Für die Rauch- und Prozeßgasreinigung und z.T. bei anderen Anlagen werden folgende Reinigungsverfahren angeboten:

- Katalytische Oxidation; erweiterter SCR-Katalysator (Verwendung eines TiO_2-Katalysators).
- Adsorptionsverfahren mit Aktivkoks/-kohle, Herdofenkoks oder Zeolithen bei folgenden Reaktionsführungen:
  - Festbett- bzw. Wanderbettreaktor
  - Flugstrom- bzw. Filterschichttechnik
  - Zirkulierende Wirbelschicht (vergleichbare Wirkungsgrade wie bei Flugstromreaktor)
- Abscheidung mit Hochleistungswäschern, z.B. mit dem elektrodynamischen Venturi.
- H_2O_2-Oxidationsverfahren.

Bei der Staubabscheidung mit besonders wirksamen Gewerbefiltern lassen sich vor allem bei Abgastemperaturen < 150 °C Dioxinkonzentrationen im Abgas infolge der Mitabscheidung partikelgebundener Dioxine verringern. Bei Einsatz von Gewebefiltern werden meist günstigere Werte ermittelt als z.B. bei Einsatz von Elektrofiltern.

Mit dem *Flugstromverfahren* unter Zugabe eines Aktivkoks/Kalk- bzw. Kalkstein-Gemisches mit nachgeschaltetem Gewebefilter läßt sich bei Abfallverbrennungsanlagen der Emissionsgrenzwert von 0,1 ng TE/m^3 in der Regel sicher einhalten. Bei der Sondermüllverbrennungsanlage Schöneiche bei Berlin ist dieses Verfahren erstmals großtechnisch in Betrieb gegangen. Ursprünglich war das Verfahren konzipiert und gebaut worden, um die festgelegte Quecksilber-Emissionsbegrenzung einzuhalten.

Das Flugstromverfahren läßt sich vergleichsweise einfach bei bestehenden Anlagen nachrüsten, die z.B. nach einem (Quasi-)Trockensorptionsverfahren zur HCl/HF-Abscheidung arbeiten. Dem Kalksteinadditiv wird z.B. ein Aktivkoksanteil von ca. 2 % zugesetzt. Auch Beimengungen bis zu 35 % Koksadditiv sind bekannt. Als Reststoff fällt ein Mischprodukt an, das zu entsorgen ist; Reststoffbehandlungsverfahren sind in der Entwicklung und Erprobung z.T. in Betrieb. Die anfallende, mit Dioxinen belastete Reststoffmenge ist von der Anlagenkonfiguration abhängig und kann insbesondere bei zweistufigen Prozessen klein gehalten werden. Auch gehen neuere Konzepte von einer internen Rückführung und Verbrennung oder einer externen Verbrennung des beladenen Reststoffs aus.

Beim *Festbettverfahren* unter Verwendung von Herdofenkoks oder Aktivkoks müssen die Abgase zunächst hinsichtlich Staub, HCl, HF, SO_2 vorgereinigt sein. Über die Nachreinigung von Restgehalten an diesen Stoffen sowie an Quecksilber im Abgas hinaus werden Dioxine und Furane und weitere organische Stoffe abgeschieden. Beladener Koks ist zu entsorgen, wobei vorrangig die Verbrennung in Frage kommt. Das Verfahren hat einen relativ hohen Platzbedarf. Zur Vermeidung einer Selbstentzündung sind besondere Vorkehrungen und Überwachungsmaßnahmen zu treffen. Die ersten Betriebsanlagen nach dem Festbettverfahren sind in Betrieb gegangen.

Zu den Reinigungsverfahren, bei dem keine Sammlung und Speicherung der abgeschiedenen Dioxine erfolgt, sondern bei dem die Dioxine weitgehend zerstört werden, zählt die *katalytische Oxidation* unter Verwendung von TiO_2-Katalysatoren im Temperaturbereich um 250 bis 350 °C. Hierbei wurden Erkenntnisse zum Dioxinabbau, die bei der katalytischen NO_x-Abgasreinigung (SCR-Verfahren) gesammelt wurden, gezielt weiterentwickelt. In Pilotversuchen wurden Wirkungsgrade der Dioxinzerstörung von 95 % und mehr erreicht.

In Abschn. 11.3 wird eingehend das H_2O_2-Oxidationsverfahren beschrieben. Die wichtigsten Vorteile dieses Verfahrens sind zum einen die Minimierung von Dibenzodioxin- und Dibenzofuran-Emissionen auf einem sehr niedrigen Wert und zum anderen, daß keine Anreicherung dieser Schadstoffe in den Reststoffen stattfindet und somit ein Reststoffbehandlungsverfahren entfällt.

11.3
H_2O_2-Oxidationsverfahren

Bei dem seit 1993 von Degussa angebotenen DeDIOX®-Verfahren handelt es sich um einen Prozeß, der den Gehalt an polychlorierten Dibenzodioxinen und -furanen in Abgasen aus Verbrennungsprozessen wirksam auf Konzentrationen weit unterhalb des 17. BImSchV-Grenzwertes reduziert. Das Verfahren stellt innerhalb einer gezielten und vor allem auf Dioxine und Furane ausgerichteten Rauchgasreinigung eine **echte Dioxinsenke** dar, bei dem keine zu deponierenden Reststoffe entstehen.

Am Beispiel von Versuchsanlagen an einer Hausmüllverbrennungsanlage und einer Metallschrott-Recycling-Anlage wird das Verfahren beschrieben und es wird demonstriert, daß mit diesem Prozeß der 17. BImSchV-Grenzwert weit unterschritten wird. Der benötigte Katalysator reichert keine Dioxine und Furane an und ermöglicht somit ein problemloses Wiederaufarbeiten des verbrauchten Katalysators im Falle eines Austausches.

Das DeDIOX®-Reaktorkonzept erlaubt außerdem die Hg- bzw. Schwermetallabscheidung in einem einzigen Apparat. Dieser wird mit einem zusätzlichen Festbett ausgestattet, das z.B. mit einem modifizierten DAY-Zeolith befüllt ist. Die besonderen Eigenschaften dieses Adsorbens erlauben eine Rückgewinnung von z.B. Hg bei gleichzeitiger Regenerierung des Adsorptionsmittels.

11.3.1
Eigenschaften und Anwendung von Wasserstoffperoxid im Umweltschutz

Beim Wasserstoffperoxid handelt es sich um eine wasserklare Flüssigkeit, die in der Regel als wäßrige Lösung mit einem Gehalt von 35, 50 und 70 % Massenanteil an Wasserstoffperoxid zum Verkauf kommt. Wasserstoffperoxid wird heute fast ausschließlich nach dem Anthrachinon-Autoxidationsverfahren hergestellt. Gegenüber Wasser (H_2O) besitzt Wasserstoffperoxid (H_2O_2) noch ein Sauerstoffatom (O) mehr in seinem Molekül. Als starkes Oxidationsmittel kann Wasserstoffperoxid eine Vielzahl organischer und anorganischer Substanzen oxidieren. Das Redoxpotential von H_2O_2 liegt im sauren pH-Bereich zwischen dem von Ozon (O_3) und Chlordioxid (ClO_2).

In Tabelle 11.1 ist das Oxidationspotential (besser: Redoxpotential) von Wasserstoffperoxid im Vergleich zu anderen starken Oxidationsmitteln für den sauren pH-Bereich wiedergegeben. Durch katalytische und/oder UV-Aktivierung ist es möglich, dieses Oxidationspotential noch zu erhöhen.

Bei der Verwendung von Wasserstoffperoxid werden im Gegensatz zu vielen anderen Oxidationsmitteln nur die unbedenklichen Verbindungen Wasser und Sauerstoff in das Redoxsystem eingebracht.

Gasförmiges Wasserstoffperoxid vermag aufgrund seines hohen Oxidationspotentials polychlorierte Dibenzodioxine und -furane an einem speziellen Katalysator, eine Degussa-Entwicklung auf silicatischer Basis, unter geeigneten Betriebsbedingungen hochwirksam abzubauen.

Die Reaktion von PCDD ($C_{12}H_nCl_{8-n}O_2$) und PCDF ($C_{12}H_nCl_{8-n}O$) mit H_2O_2 läßt sich mit folgenden Bruttogleichungen wiedergeben:

$$C_{12}H_nCl_{8-n}O_2 + 18 + n\ H_2O_2 \rightarrow 12\ CO_2 + 14 + 2n\ H_2O + 8-n\ HCl \quad (11.1)$$

$$C_{12}H_nCl_{8-n}O + 19 + n\ H_2O_2 \rightarrow 12\ CO_2 + 15 + 2n\ H_2O + 8-n\ HCl \quad (11.2)$$

mit n = 0 bis 7.

Wegen der in der Regel geringen Konzentration der Dioxine und Furane in einem Abgasstrom, wird das Wasserstoffperoxid in einem geringen

Tabelle 11.1. Redoxpotential von Wasserstoffperoxid im Vergleich zu anderen Oxidationsmitteln (gemessen gegen NHE bei 25 °C)

Oxidationsmittel (Redoxgleichungen)	Oxidationspotential, V
$F_2 + 2H^+ + 2e^- \leftrightarrow 2HF$	3,03
$OH^\bullet + H^+ + e^- \leftrightarrow H_2O$	2,80
$O^\bullet + 2H^+ + 2e^- \leftrightarrow H_2O$	2,42
$O_3 + 2H^+ + 2e^- \leftrightarrow O_2 + H_2O$	2,07
$H_2O_2 + 2H^+ + 2e^- \leftrightarrow 2H_2O$	1,78
$ClO_2 + 4H^+ + 5e^- \leftrightarrow Cl^- + 2H_2O$	1,57
$Cl_2 + 2e^- \leftrightarrow 2Cl^-$	1,36
$Br_2 + 2e^- \leftrightarrow 2Br^-$	1,09

Überschuß dosiert, um seine Wirkung voll entfalten zu können. Im jeweiligen Anwendungsfall wird die genaue Wasserstoffperoxid-Dosierrate in einer Versuchsreihe an dem realen Abgasstrom ermittelt. Überschüssiges Wasserstoffperoxid zerfällt nach Gl. (11.3) zu den unbedenklichen Komponenten Wasserdampf und Sauerstoff.

$$2\,H_2O_2 \rightarrow 2\,H_2O + O_2 \tag{11.3}$$

11.3.2
Versuche an einer Müllverbrennungsanlage

11.3.2.1
Versuchsbeschreibung

An einer Müllverbrennungsanlage (MVA) mittlerer Leistung (10 t/h Mülldurchsatz, 60 000 m³ $_{feucht}$/h Abgas) wurde eine Versuchsanlage für die Versuchsarbeiten im Rahmen der DeDIOX®-Verfahrensentwicklung betrieben. Ein vereinfachtes Schema zeigt die Abb. 11.2. Die Absorptionskolonne 1005 mit dem dazugehörenden Waschkreislauf 1006 und 1007 dienten der Salpetersäure-Auswaschung beim Entstickungsprozeß und werden für das DeDIOX®-Verfahren nicht benötigt.

Ein Teilstrom des zu behandelnden Rauchgases wird nach einer 2stufigen Naßwäsche hinter dem Saugzuggebläse druckseitig dem Rauchgaskanal entnommen und mit einem elektrischen Heizregister auf Betriebstemperatur erwärmt. Vor Eintritt in den Dedioxinierungsreaktor wird die zur Dioxinminderung benötigte Wasserstoffperoxidmenge mit einer Zweistoffdüse in den Rauchgasstrom verdüst. Das Wasserstoffperoxid/Rauchgas-Gemisch tritt von

Abb. 11.2. Verfahrensschema der DeDIOX®-Versuchsanlage an einer Müllverbrennungsanlage. Die Bedeutung der in Abb. 11.2 verwendeten Meßstellen-Funktionsbezeichnungen sind folgender Übersicht zu entnehmen. Die Buchstaben bezeichnen immer den Anfangsbuchstaben des englischen Begriffs (z. B. T = temperature, A = alarm, S = switch, I = indicate, P = pressure, R = record/registration, D = difference, C = control, E = electricity).

TIR   Temperaturmessung mit Anzeige und Registrierung
TIRC   Temperaturmessung und -regelung mit Anzeige und Registrierung
TIRCA Temperaturmessung und -regelung mit Anzeige, Registrierung und Alarmierung
PDI   Differenzdruckmessung mit Anzeige
FIRC   Durchflußmessung und -regelung mit Anzeige und Registrierung
TS   Temperaturmessung mit Schaltfunktion bei MIN (−) oder MAX (+)
LS   Füllstandsmessung mit Schaltfunktion bei MIN (−) oder MAX (+)
LA   Füllstandsmessung mit Alarmierung bei MIN (−) oder MAX (+)
FIRCA Durchflußmessung und -regelung mit Anzeige, Registrierung und Alarmierung
EISA   Strommessung mit Anzeige, Alarmierung und Schaltfunktion bei MIN (−) oder MAX (+)
PIRCA Druckmessung und -regelung mit Anzeige, Registrierung und Alarmierung
TIA   Temperaturmessung mit Anzeige und Alarmierung

11.3 H$_2$O$_2$-Oxidationsverfahren

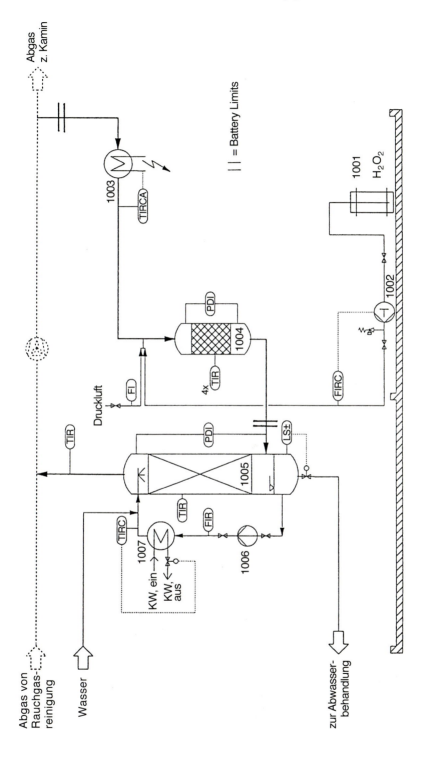

Tabelle 11.2. Versuchsparameter der MVA-Versuchsanlage

Versuchsbedingungen		Daten
Gasdurchsatz	(m3$_{tr}$/h)	100–500
Taupunkt-Rohgas	(°C)	60–65
Temperatur am Reaktoreingang	(°C)	80–120
Raumgeschwindigkeit	(h^{-1})	4000–8500
Druckverlust über Reaktor	(Pa)	ca. 700
PCDD/PCDF-Eingangskonzentration	(ng TE/m^3)	1,5–5,0
H$_2$O$_2$-Dosierrate (bezogen auf 100% Massenanteil H$_2$O$_2$)	(ml/m$^3_{tr}$)	0,1–0,3

oben in den Reaktor ein, wo mit dem dampfförmigen Wasserstoffperoxid am Dedioxinierungskatalysator der Dioxin- und Furanabbau stattfindet. Das gereinigte Rauchgas verläßt den Reaktor an der Unterseite und gelangt über die noch vorhandene Wascheinheit saugseitig in den Rauchgaskanal.

Die Beprobung für die Dioxinmessungen fand jeweils am Reaktoreingang bzw. -ausgang mit den vorgeschriebenen Einlaufstrecken statt.

Von der Vielzahl der geprüften Versuchseinstellungen sind in Tabelle 11.2 die wichtigsten Parameter aufgeführt. Aufgrund der 2stufigen Rauchgas-Naßwäsche fiel das zu behandelnde Abgas mit einer Taupunktstemperatur von 60–65 °C an. Der Staubgehalt lag im Tagesmittel < 10 mg/m^3, der SO$_2$-Gehalt bei < 50 mg/m^3 und der NO$_x$-Gehalt bei ca. 300 mg/m^3. Während der Versuche wurden PCDD/PCDF-Eingangskonzentrationen im Bereich von 1,5 bis 5 ng TE/m^3 sowohl von externen Meßinstituten als auch von Degussa-eigenen Laboratorien gemessen.

11.3.2.2
Versuchsergebnisse

Während eines 4000 Betriebsstunden dauernden Versuchs, bei dem kein Aktivitätsverlust des Dedioxinierungskatalysators festgestellt werden konnte, wurden 15 Dioxinmessungen (jeweils Roh- und Reingas) unter optimierten Betriebsbedingungen nach der VDI-Richtlinie 3499/Blatt 1 durchgeführt. die Meßwerte zeigen eindeutig, daß der Grenzwert der 17. BImSchV für Dioxin- und Furanemissionen von 0,1 ng TE/m^3 deutlich unterschritten wird. Im statistischen Mittel verbleiben im Reingas nur 0,03 ng TE/m^3 bei einer Rohgaseingangskonzentration von durchschnittlich 2,5 ng TE/m^3. Abbildung 11.3 zeigt in logarithmischer Auftragung die PCDD/PCDF-Konzentrationen verschiedener Summen-Kongeneren im Roh- bzw. Reingas.

Hervorzuheben ist, daß besonders die hochtoxischen Vertreter der Dioxine, d. h. die tetra- und pentachlorierten Dibenzodioxine, eindeutig unter die Nachweisgrenze der Analysenmethode abgebaut werden.

Bei den höher chlorierten Hepta- und Octachlordibenzodioxinen und -furanen ist eine etwas geringere Abbaurate zu beobachten (Abb. 11.4).

11.3 H₂O₂-Oxidationsverfahren   483

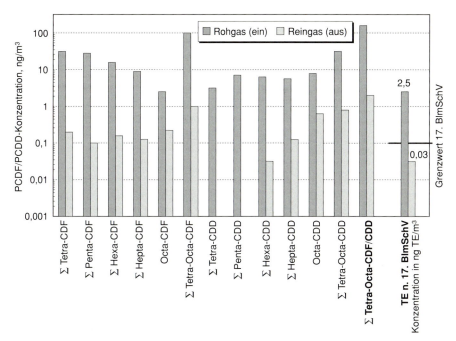

Abb. 11.3. PCDD/PCDF-Konzentration verschiedener Summenkongenere (MVA-Versuchsanlage)

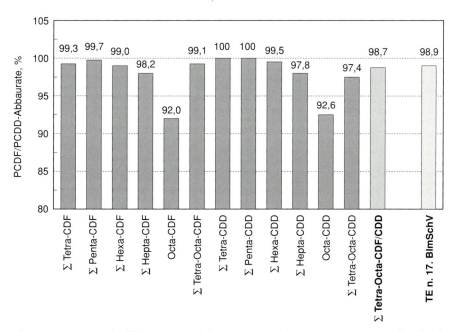

Abb. 11.4. Prozentuale Abbauraten verschiedener Summenkongenere (MVA-Versuchsanlage)

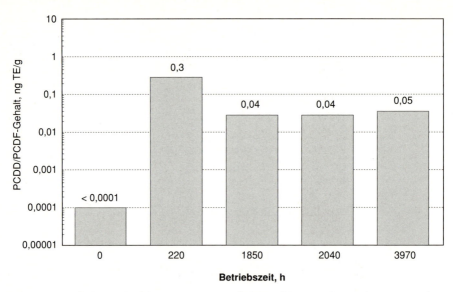

Abb. 11.5. Zeitlicher Verlauf des PCDD/PCDF-Gehaltes auf dem Katalysator (MVA-Versuchsanlage)

Dies erklärt sich mit der thermodynamischen Stabilität dieser hochchlorierten Verbindungen.

Umfangreiche Untersuchungen am Katalysatormaterial haben ergeben, daß keine Anreicherung von polychlorierten Dibenzodioxinen und -furanen am Katalysator stattfindet (Abb. 11.5). Selbst nach mehr als 4000 Betriebsstunden betrug die Beladung des Katalysators mit chlorierten Dioxinen und Furanen nie mehr als 0,05 ng TE/g Katalysator.

Das Katalysatormaterial unterliegt damit nicht der Gefahrstoffverordnung und erlaubt im Falle eines Festbettaustausches eine problemlose Wiederaufbereitung.

Lediglich in den ersten 100 Betriebsstunden wurde eine geringfügige Anreicherung von Dioxinen und Furanen auf einem Wert von 0,3 ng TE/g gemessen, die sich während der weiteren Versuchszeit auf die geringfügige Beladung von 0,05 ng TE/g abbaute. Ursache dafür dürften Optimierungsarbeiten bei der Wasserstoffperoxid-Dosierung während dieser Versuchsphase sein.

Eine Gesamt-TE-Bilanz über die 15 Messungen ergibt, daß das De-DIOX®-Verfahren nahezu 99% der polychlorierten Dibenzodioxine und -furane abbaut und nur 1% der gesamten Dioxinfracht im Reingas verbleiben (Abb. 11.6).

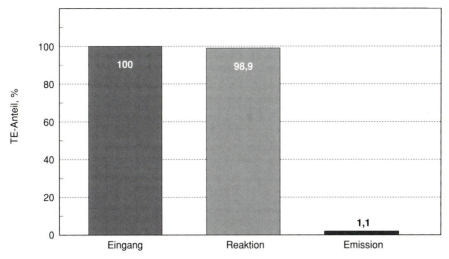

Abb. 11.6. Prozentuale Aufteilung der TE-Anteile (MVA-Versuchsanlage)

11.3.3 Versuche an einer Metallschrott-Recycling-Anlage

11.3.3.1 Versuchsbeschreibung

Zur Erprobung des DeDIOX®-Verfahrens an Anlagen mit höheren PCDD/PCDF-Emissionen wurde eine Versuchsanlage an einer Metallschrott-Recycling-Anlage betrieben.

In dieser Anlage werden metallhaltige Reststoffe in einem Kammerofen pyrolysiert, um die Metalle als Wertstoffe zurückzugewinnen. Aufgrund der Fahrweise und der noch nicht der 17. BImSchV entsprechenden Rauchgasreinigung ist das Rauchgas mit hohen Kohlenstofffrachten (organische Verbindungen wie PAK, Phthalate, aliphatische Kohlenwasserstoffe) und PCDD/PCDF-Rohgaskonzentrationen bis zu 100 ng TE/m^3 belastet.

Die an der Metallschrott-Recycling-Anlage betriebene Versuchsanlage entsprach im Aufbau der Versuchsanlage wie sie an der MVA installiert ist (vgl. Abb. 11.2). Lediglich auf die Absorptionskolonne mit dem Waschkreislauf wurde verzichtet.

Die Beprobung für die Dioxinmessungen fand wie an der MVA-Versuchsanlage jeweils am Reaktoreingang bzw. -ausgang mit den vorgeschriebenen Einlaufstrecken statt.

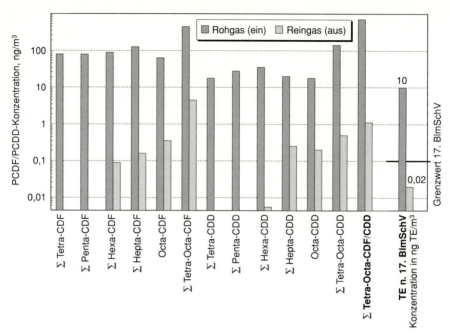

Abb. 11.7. PCDD/PCDF-Konzentration verschiedener Summenkongenere (Metallschrott-Recycling-Anlage)

11.3.3.2
Versuchsergebnisse

Trotz der sehr hohen Belastung des Abgases mit organischen Frachten, die visuell auf den ersten Zentimetern des Katalysatorfestbettes beobachtbar sind, konnten auch an dieser Anlage die sehr guten Abbauergebnisse, wie sie an der MVA-Versuchsanlage ermittelt wurden, festgestellt werden. Abbildung 11.7 zeigt die PCDD/PCDF-Konzentrationen verschiedener Summen-Kongenere einer Meßserie in logarithmischer Auftragung. Bei einer Rohgas-Eingangskonzentration von 10 ng TE/m^3 konnte mit dem DeDIOX®-Verfahren die PCDD/PCDF-Emission auf 0,02 ng TE/m^3 begrenzt werden. Auch hier zeigen sich die hohen Abbauraten bei den tetra- und pentachlorierten PCDD bzw. PCDF.

Neben den Dioxinen und Furanen werden weitere organische Abgasinhaltsstoffe oxidativ angegriffen und deren Gehalt im Abgas merklich reduziert. Abbildung 11.8 zeigt ein GC-Chromatogramm einer Abgasprobe ohne Wasserstoffperoxid-Beaufschlagung. Durch GC/MS-Untersuchung konnte der überwiegende Teil der auftretenden Verbindungen als polyaromatische Kohlenwasserstoffe, Phthalate und aliphatische Kohlenwasserstoffe identifiziert werden. Nach einer Behandlung des Abgases mit dampfförmigem Wasserstoffperoxid am Dedioxinierungskatalysator wurde der in Abb. 11.9 wiedergegebene Abbau der vorgenannten Verbindungsklassen festgestellt.

11.3 H$_2$O$_2$-Oxidationsverfahreng   487

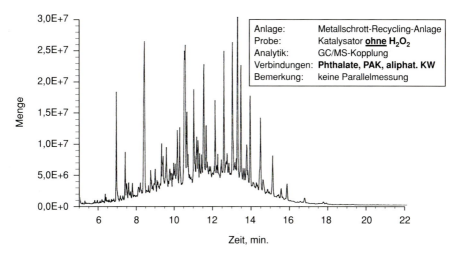

Abb. 11.8. Abbau weiterer organischer Kohlenstoffverbindungen mit dem DeDIOX®-Verfahren. Ohne H$_2$O$_2$-Dosierung wurden organische Verbindungen am Katalysator adsorbiert.

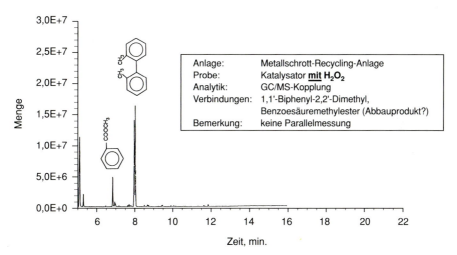

Abb. 11.9. Abbau weiterer organischer Kohlenstoffverbindungen mit dem DeDIOX®-Verfahren. Mit H$_2$O$_2$-Dosierung wurden organische Verbindungen am Katalysator abgebaut

11.3.4
DeDIOX®-Anlagenkonzept

11.3.4.1
Allgemeines

Die an den beiden Versuchsanlagen gewonnenen Ergebnisse und Erkenntnisse bildeten die Basis für eine Vorprojektierung einer DeDIOX®-Anlage zur Minderung von Dioxin- und Furanemissionen am Standort einer Hausmüllverbrennungsanlage mittlerer Leistung.

Grundlage der Verfahrensbeschreibung ist das in Abb. 11.10 wiedergegebene Grundfließbild. Die Auslegung des Verfahrens wurde auf Basis einer Hausmüllverbrennungsanlage mit einem Mülldurchsatz von 10 t/h bei einem Rauchgas-Volumenstrom von 60 000 m^3_{feucht}/h (45 000 $m^3_{trocken}$/h) vorgenommen.

11.3.4.2
Lagerung und Dosierung von Wasserstoffperoxid

Für das DeDIOX®-Verfahren wird wäßrige Wasserstoffperoxid-Lösung benötigt, die je nach Standort des Verfahrens in speziellen Containern, Straßentankzügen oder Eisenbahnkesselwagen angeliefert wird. Die Lagerung und der sichere Transport mittels Pumpen geschieht nach international anerkannten und bewährten Richtlinien.

Mittels der Pumpe 1000 wird die Wasserstoffperoxid-Lösung vom Anlieferungsbehälter in den H_2O_2-Lagertank 1001 gepumpt. Bei ausschließlicher Anlieferung mit Straßentankzügen entfällt die Entladepumpe 1000, da sie Bestandteil des Lieferfahrzeuges ist. Der H_2O_2-Lagertank 1001 ist mit einer Überfüllsicherung mit Bauartzulassung nach WHG ausgerüstet und steht in einer Tanktasse (mit Leckwarneinrichtung), die den kompletten Tankinhalt aufnehmen soll.

Weitere Sicherheitseinrichtungen sind eine Temperaturüberwachung mit Alarm bei Überschreitung der Maximaltemperatur sowie eine zusätzliche Druckentlastungseinrichtung mittels spezieller Mannlochabdeckung. Der Entladevorgang geschieht vollautomatisch und ist mit einer Sicherheitsverriegelung gegen Fehlbedienung geschützt.

Über die Pumpe 1002 wird H_2O_2-Lösung in das Pumpen-Vorlagegefäß 1003 gefördert. Von dort wird die benötigte H_2O_2-Dosiermenge mit der Dosierpumpe 1004 der Zweistoffdüse 2002 zugeführt und mit Druckluft in den Luftstrom der Vormischstrecke 2004 verdüst.

Zum Druckausgleich – bei eventueller Zersetzung des Wasserstoffperoxids – sind alle Rohrleitungen und Pumpen, in denen H_2O_2 eingeschlossen werden kann, mit Sicherheitsüberströmventilen ausgerüstet, die im Ansprechfall in die Befülleitung zum H_2O_2-Lagertank bzw. in die Tanktasse abblasen.

11.3 H$_2$O$_2$-Oxidationsverfahren 489

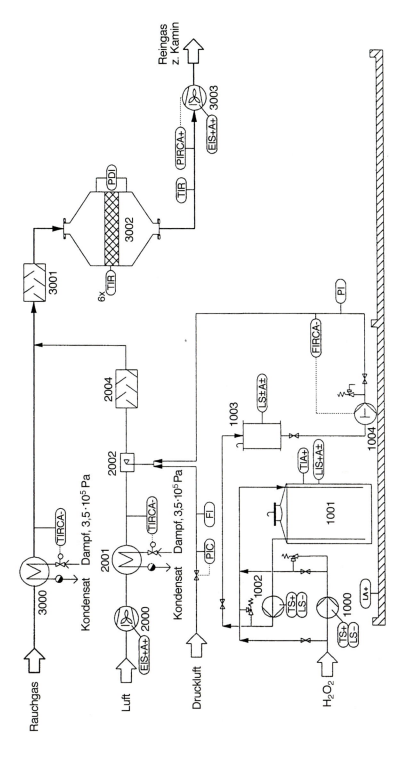

Abb. 11.10. Grundfließbild für eine DeDIOX®-Anlage an einer MVA (Tail-end-Schaltung). (Erklärung der Abkürzungen s. Übersicht bei Abb. 11.2)

11.3.5
Wasserstoffperoxid-Vormischung

Zur Erzielung einer möglichst homogenen Durchmischung des H_2O_2 in dem zu behandelnden Rauchgasstrom wird die benötigte H_2O_2-Menge in einer Vormischstrecke 2004 mit Luft vorgemischt. Die dazu benötigte Umgebungsluft wird über den Ventilator 2000 angesaugt und mit dem dampfbeheizten Wärmeaustauscher 2001 auf ca. 100 °C erwärmt. Die benötigte H_2O_2-Menge wird über die Zweistoffdüse 2002 dem Luftstrom zugeführt, verdampft und im Vormischer 2004 mit der Luft homogen vermischt. Der H_2O_2-beladene Luftstrom wird dem zu behandelnden Rauchgasstrom, vor dem Hauptmischer 3001 zugeführt.

11.3.6
Dedioxinierung

Das in dem untersuchten Anwendungsfall mit einer Taupunkttemperatur von ca. 65 °C aus einer nassen Rauchgasreinigung kommende Abgas wird in dem dampfbeheizten, säurebeständigen Wärmetauscher 3000 auf eine Betriebstemperatur von 80 bis 90 °C erhitzt. Die unmittelbar am Mischereintritt zugeführte H_2O_2-beladene Luft wird vom Abgasstrom aufgenommen.

Im Hauptmischer 3001 wird das H_2O_2/Luft-Gemisch homogen mit dem Gasstrom vermischt und tritt danach unmittelbar in den Dedioxinierungsreaktor 3002 ein.

Am Katalysatorbett des Reaktors findet der oxidative Abbau von Dioxinen und Furanen mit Wasserstoffperoxid statt. Das behandelte Rauchgas verläßt den Reaktor und wird über das Gebläse 3003 dem Kamin zugeführt. Auf der Saug- und Druckseite des Gebäses sind Schalldämpfer 3004 bzw. 3005 montiert, um Lärmemissionen bei der Förderung des zu behandelnden Rauchgases zu reduzieren.

Der Druckverlust des Reaktors richtet sich nach dem durchgesetzten Volumenstrom und beträgt in der Regel nur wenige Millibar. Das Temperaturprofil im Reaktor wird über mehrfache Temperaturmessung registrierend überwacht.

Abbildung 11.11 zeigt eine Aufstellungsskizze für die oben beschriebene Anlage ohne Wasserstoffperoxid-Tanklager. Je nach Platzverhältnissen kann beim DeDIOX®-Verfahren im Gegensatz zu den Alternativverfahren auf teuren Stahlbau verzichtet werden, was sich in verringerten Investitionskosten bemerkbar macht.

11.3.7
Wirtschaftlichkeitsbetrachtung

Ein direkter und korrekter Wirtschaftlichkeitsvergleich des DeDIOX®-Verfahrens mit den gängigen Dioxinminderungstechnologien ist wegen unzureichenden Veröffentlichungen von Investitions- und Verbrauchszahlen und deren Abgrenzung schwierig. Auf der oben angegebenen Basis wurden für das DeDIOX®-Verfahren die Investitionskosten und die Verbrauchszahlen für Ein-

11.3 H$_2$O$_2$-Oxidationsverfahren 491

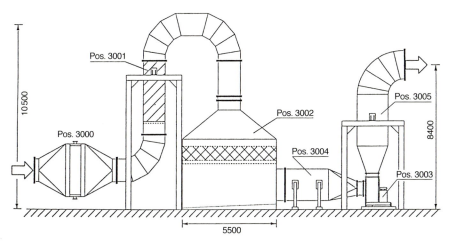

Abb. 11.11. Aufstellungsskizze für eine DeDIOX®-Anlage für 60 000 m³/h Gasdurchsatz

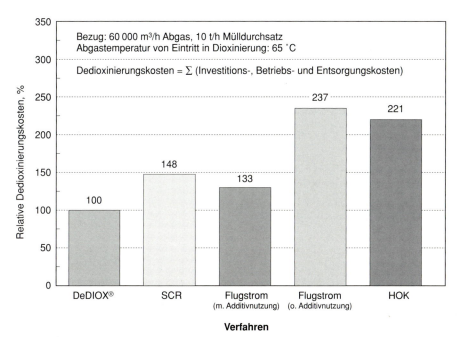

Abb. 11.12. Dedioxinierungskosten im Vergleich

satzstoffe und Energien ermittelt. Für die Alternativverfahren „SCR-Oxidationskatalysator, Flugstrom- und HOK-Wanderbettverfahren" wurde versucht, anhand der zugänglichen Literatur und der getroffenen Basis (s.o.) deren spezifischen Dedioxinierungskosten gegenüberzustellen.

Die spezifischen Dedioxinierungskosten (Abb. 11.12) für das DeDIOX®-Verfahren liegen mit ca. 9 DM/t Müll niedriger als die Kosten für das Flugstrom-Verfahren mit Additivverwertung in der Waschwasser-Neutralisation.

Muß das Kalk/Kohle-Additiv dagegen als Sondermüll entsorgt werden, ist das DeDIOX®-Verfahren in den spezifischen Dedioxinierungskosten fast 60 % preiswerter als das Flugstrom-Verfahren ohne Additivverwertung.

Im Vergleich zum HOK-Wanderbett-Verfahren ist ebenfalls mit ca. 50 % niedrigeren Dedioxinierungskosten für das DeDIOX®-Verfahren zu rechnen.

Der Kostenvergleich mit dem SCR-Oxidationskatalysator-Verfahren ist nur bedingt zulässig, da dieses Verfahren in der Regel nicht ausschließlich zur Dioxinminderung installiert wird, sondern immer mit einer NO_x-Minderung gekoppelt sein wird. Selbst bei einer Bewertung des SCR-Verfahrens mit ca. 2/3 für den Dedioxinierungsteil ist das DeDIOX®-Verfahren ca. 30 % preiswerter als das SCR-Verfahren.

11.3.8 Schlußbemerkung

Zusammenfassend kann gesagt werden, daß für die Reduzierung von PCDD und PCDF in Abgasen eine breite Auswahl von Verfahren zur Verfügung steht, wobei die Auswahl des jeweiligen Reinigungsprozesses, auch unter dem wirtschaftlichen Gesichtspunkt, im Einzelfall im wesentlichen von den ortsgegebenen Parametern bestimmt wird.

12 Abscheidung gasförmiger Schadstoffe durch katalytische Reaktionen

T. Schmidt

12.1 Grundlagen des Katalysatoreinsatzes zur Luftreinhaltung

12.1.1 Administrative Randbedingungen und deren technische sowie wirtschaftliche Konsequenzen

Umweltschutzverfahren werden benötigt, um unerwünschte Begleiterscheinungen der Herstellung, Veredelung bzw. des Transportes von Stoffen und Energie auf ein Mindestmaß zu reduzieren. Diese Begleiterscheinungen stellen Verluste bei chemischen und physikalischen Vorgängen dar, die zu stofflichen und energetischen Emissionen führen.

Die technischen Maßnahmen können in drei Kategorien gewichtet werden:

- Vermeidung von Emissionen,
- Recycling von Emissionen und
- Beseitigung von Emissionen.

In der Industrie können diese Kategorien bei der Optimierung produktionstechnischer Vorgänge angewendet werden. Die höchste Priorität hat dabei der prozeßintegrierte Umweltschutz. Als Aufgabenstellung sind hierbei zu betrachten:

- Herstellung von Produkten, deren Anwendung ein geringes Gefährdungspotential aufweist;
- Vermeidung der Bildung von Nebenprodukten und Reststoffen;
- Rückgewinnung und Verwertung von Reaktionspartnern im Prozeß;
- Rückstandsfreie Entsorgung von unvermeidbaren Emissionen mit dem Ziel der Verwertung von Reaktionsprodukten bzw. der Prozeßenergie.

Dabei ergeben sich Einsatzmöglichkeiten für Katalysatoren hinsichtlich

- Erhöhung der Selektivität,
- Erhöhung der Ausbeute,
- Reinigung von Reaktionsgasen und
- Reinigung von Abgasen.

Beispiele:

- Raffineriekatalysatoren:
  Crack- und Isomerisierungskatalysatoren führen zu einer Erhöhung der Oktanzahl, die den Verzicht auf Bleizusätze im Vergaserkraftstoff ermöglicht.
- Prozeßkatalysatoren:
  Optimierte Katalysatoren helfen, Ausbeute und Selektivität zu steigern und Nebenproduktbildung zu verringern.
- Katalysatoren zur Druckgasreinigung:
  Aus Prozeßgasen können störende Verunreinigungen entfernt werden (z.B. H_2, O_2, C_2H_2, CO, CH_4)
- Abgasreinigung:
  Durch Oxidations-, Reduktions- bzw. Zersetzungskatalysatoren können Kohlenwasserstoffverbindungen, CO, NO_x bzw. O_3 aus Automobil- oder Industriegasen entfernt werden.
- Meßtechnik:
  Katalysatoren reinigen Hilfsgase bzw. wandeln Meßgaskomponenten in detektierbare Komponenten in Geräten zur Gas- bzw. Wasseranalyse um.

Der Katalysatormarkt teilt sich in folgende Hauptanwendungsbereiche auf:

- Raffinerien,
- chemische Industrie und
- Emissionsminderung.

Wie aus Tabelle 12.1 hervorgeht, wird der Anteil der Umweltschutzanwendungen am Weltkatalysatormarkt von knapp 12% in 1987 auf 45% in 1995 ansteigen. Hierzu trägt insbesondere die generelle Ausrüstung von Pkw mit Abgaskatalysatoren sowie im industriellen Bereich die katalytische Stickoxidreduktion in Kraftwerksrauchgasen bei. Beim Umsatz von Autoabgas-

Tabelle 12.1. Weltkatalysatormarkt

Jahr	1987 [1.2]	1990 [1.1]	1995 [1.1]
insgesamt	3014 Mio. USD	4000 Mio. USD	5450 Mio. USD
Chemie	1496 Mio. USD	1200 Mio. USD	1600 Mio. USD
Raffinerie	950 Mio. USD	1200 Mio. USD	1400 Mio. USD
Umweltschutz	568 Mio. USD	1600 Mio. USD	2450 Mio. USD
davon Autoabgas	511 Mio. USD	1400 Mio. USD	1950 Mio. USD
Industrieabgas	57 Mio. USD	200 Mio. USD	500 Mio. USD

katalysatoren ist von 1987 bis 1995 mit ca. einer Vervierfachung zu rechnen, während im Bereich der Industrieabgase fast eine Verneunfachung erwartet wird.

Verursacht wird dieser Bereich des Katalysatoreinsatzes primär durch *administrative Auflagen*. Die Grundlage hierfür ist in der Bundesrepublik Deutschland das Bundesimmissionsschutzgesetz (BImSchG). Teilaspekte werden durch Verordnungen geregelt, z. B.:

- Großfeuerungsanlagenverordnung
- Technische Anleitung zur Reinhaltung der Luft (TA-Luft).

Mit Ausnahme der großen Dampferzeuger (Feuerungswärmeleistung größer als 50 MW) fallen die z. B. in der chemischen Industrie eingesetzten Anlagen in den Geltungsbereich der TA-Luft. Deren Fassung von 1986 enthält in Teil 4 Regelungen für die genehmigungsrechtliche Behandlung von Altanlagen. Für diese wurden Fristen für die Durchführung von technischen Sanierungsmaßnahmen zur Einhaltung der Emissionsbegrenzungen eingeräumt.

Ähnliche administrative Regelungen gelten auch in anderen Industriestaaten, wie z. B. der Clean Air Act in den USA bzw. die Luftreinhalteverordnung (LRV) in der Schweiz.

Durch den Einsatz von Abgasreinigungsanlagen wird eine Verringerung von Emissionsmassenströmen erzielt.

Bei bekannten Abgasmassenströmen geben Konzentrationsmessungen Aufschluß über die Wirksamkeit der Anlage und werden als Emissionswerte in den Genehmigungen vorgeschrieben.

Bei der Messung von Emissionskonzentrationen ist bei Verfahren mit Schadstoffumwandlung zu berücksichtigen, daß eine Veränderung der Stoffart auftreten kann. Katalytische Verfahren arbeiten in der Regel selektiv, so daß bei auslegungsgerechtem Betrieb die Bildung von Sekundärschadstoffen nicht zu erwarten ist.

Die Häufigkeit der Emissionsüberwachung ist anlagenspezifisch vorgeschrieben und an der Anlagengröße sowie den Schwankungen der Betriebszustände orientiert.

Bei chemischen Umwandlungen bestimmt die Reaktionstemperatur in starkem Maße die Geschwindigkeit des Vorgangs. Deshalb werden zur Funktionsüberprüfung häufig Temperaturen (Katalysatoreintritt/-austritt) als Leit- und Kontrollgröße verwendet.

Die Angabe von Bezugssauerstoffgehalten bei oxidativen Abgasreinigungsverfahren ist nicht sinnvoll, da die Sauerstoffkonzentration des Abgases durch den emittierenden Prozeß vorgegeben ist und durch eine energieoptimierte Verfahrensführung (Verringerung des Brennstoffbedarfs) möglichst wenig verringert wird [1.3].

Aufgrund des Sauerstoffbedarfs bei Oxidationsverfahren ist eine Unterscheidung der gasförmigen Emissionsströme nach Ablüften (hoher O_2-Gehalt; geringe Veränderung der natürlichen Zusammensetzung der Luft; ausreichend zum sicheren Brennerbetrieb) und Abgasen (inert, geringer O_2-Gehalt: Brenner müssen mit zusätzlicher Frischluft betrieben werden) technologisch plausibel. Im folgenden sollen jedoch gemäß den Begriffsbestimmungen

Tabelle 12.2. Industrielle Abluft-/Abgasströme

Volumenströme (bei Normbedingungen):	$10^2 - 10^5 \, m^3/h$	
Temperatur	20 °C – 300 °C	
Druck (abs.):	$10^2 \, kPa$	
Schadstoffe:	organisch	anorganisch
	Kohlenwasserstoff C_xH_y	NH_3
	Lösemittel $C_xH_yO_z$	CO
	chlorierte Kohlenwasserstoffe	SO_2
	stickstoff-, schwefel- substituierte Kohlenwasserstoffe (z. B. Amine, Mercaptane)	NO_x
Schadstoffgehalt (Vol):	0,01 – 1 %	
Sauerstoffgehalt:	1 – 20 %	
Rest:	N_2; CO_2; H_2O	

von [1.4] die Trägergase mit den gasförmigen Emissionen als Abgas bezeichnet werden.

Eine Charakterisierung von Abgasströmen kann anhand der in Tabelle 12.2 dargestellten Parameter erfolgen.

Diesen häufig stark schwankenden Parametern müssen die zur Schadstoffentfernung angewendeten Reinigungsverfahren angepaßt werden [1.5]. Hierin besteht hinsichtlich des Katalysatoreinsatzes ein Unterschied zu der in der Regel für katalytische Prozesse geltenden Arbeitsweise, nach der die vor- und nachgeschalteten Prozeßschritte den Katalysatoreigenschaften angepaßt werden.

Die Auswahl des geeigneten Abgasreinigungsverfahrens richtet sich nach

- der Art und Konzentration der Luftverunreinigungen und den
- Möglichkeiten zur Einbindung der Stoff- bzw. Energieströme in den Produktionsprozeß.

Die Beurteilung von Abgasreinigungsverfahren kann nach den aus Tabelle 12.3 zu entnehmenden Kriterien erfolgen.
Katalytische Verfahren stehen im Wettbewerb zu:

- adsorptiven Verfahren,
- absorptiven Verfahren,
- biologischen Verfahren,
- Membrantrennverfahren,
- Kondensationsverfahren und
- thermisch-oxidativen Verfahren.

Die katalytische Abgasreinigung ist als Entsorgungsverfahren für gasförmige Reststoffe (Schadstoffe) anzusehen. Das Ziel des Katalysatoreinsatzes ist es, die Abgasentsorgung bei Prozeßparametern durchzuführen, wie sie der abgaserzeugende Prozeß vorgibt. Bei C-, H-, N- und O-haltigen Schadstoffen entstehen mit geeigneten Katalysatoren und Verfahren nur CO_2, H_2O bzw. N_2 als

Tabelle 12.3. Beurteilungskriterien für Abgasreinigungsverfahren

1. Effektivität
   = Einhaltung der Emissionsbeschränkungen
2. Effizienz
   = Leistungsfähigkeit im Verhältnis zum Aufwand an
     Energie
     Personal
     Material
3. Verfügbarkeit und Betriebssicherheit
4. Anpassung an betriebliche Randbedingungen
   = Medien (Gas-, Wasser-Anschluß, elektrische Anschlußleistung)
     Raumbedarf
     Anfahr- und Abfahrbedingungen
     Flexibilität bei veränderten Volumenströmen und Beladungen
5. Vermeidung von Reststoffen und Sekundäremissionen
   = Abwasser
     unvollständige Verbrennung
     Nebenprodukte, Spaltprodukte
     beladene Adsorbentien, verbrauchte Katalysatoren, Adsorbentien
     Filterrückstände
     Lärm

Reaktionsprodukte. Das gegenüber thermischen Verfahren abgesenkte Temperaturniveau ermöglicht die Abgasentsorgung bei geringeren Investitions- und Betriebskosten. Voraussetzung ist die Auswahl von aktiven und stabilen Katalysatoren aufgrund der Übertragung von Erfahrenswerten bzw. der Durchführung von Pilotversuchen.

12.1.2
Reaktionstechnische Grundlagen

12.1.2.1
Katalytische Reaktionen

Mit Hilfe katalytischer Reaktionen wird eine Entsorgung der Luftschadstoffe am Emissionsort in der Gasphase durchgeführt. Über die Nutzung der Reaktionsenergie der exothermen Reaktionen ist ein thermisches Recycling, jedoch kein stoffliches Recycling möglich.

Der Entsorgungseffekt bei katalytischen Verfahren besteht in der Umwandlung der luftverunreinigenden Substanzen in unschädliche Reaktionsprodukte durch chemische Reaktionen. Diese können in

- Oxidationsreaktionen
- Reduktionsreaktionen und
- Zersetzungsreaktionen

498   12 Abscheidung gasförmiger Schadstoffe durch katalytische Reaktionen

unterteilt werden. Als unschädliche Substanzen werden mithin lufteigene Stoffe wie CO_2, H_2O und N_2 angesehen. Die Tabellen 12.4, 12.5, 12.6 enthalten einige Reaktionsbeispiele mit charakteristischen Kenngrößen und Anwendungen.

Die Unterscheidung in Oxidations- und Reduktionsreaktionen wurde hinsichtlich der zu entsorgenden Schadstoffkomponente durchgeführt. Beide Reaktionstypen sind Redoxreaktionen und beinhalten mithin jeweils beide Teilschritte. Bei Oxidationsreaktionen wird der Schadstoff oxidiert, während das Oxidationsmittel reduziert wird. Bei Reduktionsreaktionen wird der Schadstoff reduziert, während das Reduktionsmittel oxidiert wird.

Unter Oxidation versteht man eine Erhöhung der Oxidationsstufe von Atomen durch Elektronenabgabe, während die Reduktion zu einer Verringerung der Oxidationsstufe durch Elektronenaufnahme führt.

Tabelle 12.4. Reaktionsbeispiele Oxidationsreaktionen

	Oxidationsreaktionen
Reaktionsbeispiel	Kohlenwasserstoffverbrennung $CmHnOp + (m + n/4 - p/2) O_2 \to m\ CO_2 + n/2\ H_2O$
Temperatur	200 – 600 °C
Verweilzeiten	0,42 – 0,02 s
Raumgeschwindigkeit	5000 – 50 000 h^{-1}
Anwendung	katalytische Nachverbrennung, Motorabgasreinigung

Tabelle 12.5. Reaktionsbeispiele Reduktionsreaktionen

Reaktionsbeispiel	selektive katalytische Stickoxidreduktion SCR $4\ NH_3 + 4\ NO + O_2 \to 6\ H_2O + 4\ N_2$	nicht selektive katalytische Stickoxidreduktion NSCR $CO + NO \to \frac{1}{2} N_2 + CO_2$ $CmHn + 2\ (m + n/4)\ NO \to (m + n/4)\ N_2 + n/2\ H_2O + m\ CO_2$
Temperatur	200 – 400 °C	200 – 600 °C
Verweilzeiten	0,2 – 0,3 s	0,42 – 0,02 s
Raumgeschwindigkeit	1000 – 5000 h^{-1}	5000 – 50 000 h^{-1}
Anwendung	DeNO$_x$	Motorabgasreinigung

Tabelle 12.6. Reaktionsbeispiele Zersetzungsreaktionen

Reaktionsbeispiel	Ozonzersetzung $2\ O_3 \to 3\ O_2$
Temperatur	20 – 100 °C
Verweilzeiten	0,7 – 0,3 s
Raumgeschwindigkeit	5000 – 10 000 h^{-1}
Anwendung	Wasseraufbereitung

Zur Umsetzung der Luftschadstoffe sind demnach weitere Reaktionspartner (Oxidationsmittel, z.B. O_2; Reduktionsmittel, z.B. NH_3) notwendig.

Bei Zersetzungsreaktionen strebt der Schadstoff dem Minimum der freien Enthalpie

$$dG \to 0, \tag{12.1}$$

durch Lösung innermolekularer Bindungen zu. Dies geschieht im Gegensatz zu Redoxreaktionen ohne Beteiligung weiterer Stoffe.

12.1.2.2
Teilschritte heterogen katalysierter Reaktionen

Unter dem Begriff der *katalytischen Abgasreinigung* werden diejenigen Verfahren verstanden, bei denen die verunreinigenden gas- und dampfförmigen Substanzen (Schadstoffe) durch chemische Reaktion an der Oberfläche eines festen Hilfsstoffs (Katalysator) in unschädliche Substanzen gewandelt werden.

Technische Katalysatoren bestehen deshalb in der Mehrzahl aus hochporösen Materialien, die eine große Oberfläche für die chemischen Reaktionen zur Verfügung stellen. Aufgrund der Tatsache, daß die Reaktionspartner (Schadstoffe und Oxidations- bzw. Reduktionsmittel) in einem anderen Aggregatzustand als der Katalysator vorliegen, treten neben der chemischen Reaktion am Katalysator physikalische Transportvorgänge auf.

Die wesentlichen Teilschritte solcher heterogen katalysierten Reaktionen sind in Abb. 12.1 dargestellt. Die Katalysatorwirkung ist auf die Existenz von Bereichen der Oberfläche des Feststoffs zurückzuführen, deren elektronische und/oder geometrische Eigenschaften eine Chemisorption der Reaktionspartner (z.B. Schadstoffe und Sauerstoff) ermöglichen [1.6].

Durch Ladungsverschiebung bzw. Veränderung der Atomabstände in den chemisorbierten Molekülen wird das für das Ablaufen der Reaktion erforderliche Energieniveau herabgesetzt (Abb. 12.2). Die Reaktionsprodukte desorbieren von den aktiven Zentren und verlassen durch diffusen und konvektiven Transport den Katalysator. Auf diese Weise stehen die aktiven Zentren zum Umsatz weiterer Moleküle zur Verfügung [1.6, 1.7]. Diese aktiven Zentren können sowohl auf der äußeren (geometrischen) Oberfläche als auch der inneren Oberfläche (Porosität) angeordnet sein.

Die Teilschritte heterogen katalysierter Reaktionen sind Abb. 12.1 zu entnehmen.

Der Einsatz von festen Katalysatoren erhöht die Geschwindigkeit, mit der die betreffenden Reaktionen ablaufen durch

- Verdichtung der Reaktionspartner an der Katalysatoroberfläche und durch
- Herabsetzen der die Reaktion hemmenden Energiebarriere (Aktivierungsenergie).

12 Abscheidung gasförmiger Schadstoffe durch katalytische Reaktionen

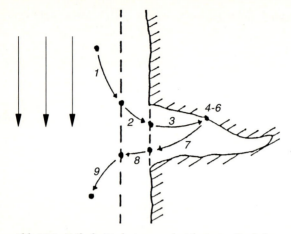

Abb. 12.1. Teilschritte heterogen katalysierter Reaktionen. *1* Transport der Reaktionsteilnehmer durch die Gasströmung an die Grenzschicht; *2* Diffusion der Reaktionspartner durch die Grenzschicht an die äußere Katalysatoroberfläche; *3* Diffusion der Reaktionspartner durch die Poren an die innere Katalysatoroberfläche; *4* Adsorption auf der Oberfläche des Katalysators; *5* Chemische Reaktion; *6* Desorption der Produkte von der Katalysatoroberfläche; *7* Diffusion der Produkte durch die Poren an die äußere Oberfläche des Katalysators; *8* Diffusion der Produkte durch die Grenzschicht; *9* Transport der Produkte in der Gasströmung

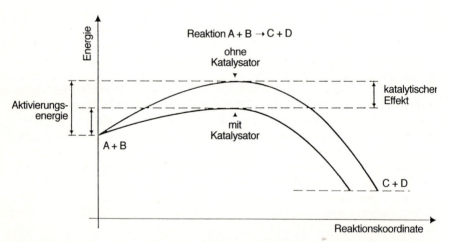

Abb. 12.2. Vereinfachter Potentialverlauf bei homogenen und heterogenen, exothermen Reaktionen

12.1 Grundlagen des Katalysatoreinsatzes zur Luftreinhaltung

Durch die erhöhte Reaktionsgeschwindigkeit wird der erzielte Umsatz an luftverunreinigenden Substanzen

- bei niedrigeren Temperaturen und
- bei geringerer Reaktorgröße (kürzere Verweilzeit)

gegenüber thermischen Verfahren erzielt.

Die Kinetik der Adsorption und Desorption hat Einfluß auf die Geschwindigkeit des Gesamtvorgangs und führt hinsichtlich der Konzentrationsabhängigkeit zu Abweichungen von dem formalen Potenzansatz

$$q = k \cdot c^n, \tag{12.2}$$

Die Temperaturabhängigkeit der Reaktion läßt sich ebenfalls nur in Sonderfällen mit dem sog. Arrhenius-Ansatz

$$k = k_o \exp\left(\frac{-e_A}{RT}\right), \tag{12.3}$$

beschreiben. Sie wird nicht nur durch die Aktivierungsenergie der Oberflächenreaktion, sondern auch durch die Energie der Chemisorption Δe_{Ads} beschrieben. Modellansätze für die Beschreibung der Adsorptionskinetik sind z.B.

- Langmuir-Hinshelwood: beide Reaktionspartner werden adsorbiert
- Eley-Rideal: nur ein Reaktionspartner wird adsorbiert und reagiert mit einem gasförmigen Reaktionspartner.

12.1.2.3
Transportvorgänge

Stofftransport

Innerhalb der Phasengrenzschicht und des Porensystems findet der Stofftransport durch Diffusion statt. Diffusionshemmungen bzw. hohe Reaktionsgeschwindigkeiten führen zu einer Abnahme des Porennutzungsgrades [1.6, 1.7], so daß bei Abgasreinigungskatalysatoren im stationären Zustand oftmals nur die auf der geometrischen Oberfläche vorhandenen aktiven Zentren genutzt werden (Stofftransporthemmung). Diese Zusammenhänge werden für den isothermen Fall in dem sog. Arrhenius-Diagramm (Abb. 12.3) dargestellt [1.7].

Wärmetransport

Neben dem Stoffaustausch findet die Übertragung von Wärme zwischen Gasraum und Katalysator statt. Dadurch kann der Katalysator durch einen vorgewärmten Gasstrom auf die notwenige Betriebstemperatur vorgewärmt bzw. mittels kühleren Gasstroms die durch exotherme Oxidations-/Verbrennungsreaktionen aufgewärmte Katalysatoroberfläche gekühlt werden [1.9].

Die im stationären Zustand in der Abluft gemessenen Temperaturen entsprechen in technischen Reaktoren mit hinreichender Genauigkeit der aufgrund der exothermen Schadstoffverbrennung zu erwartenden adiabaten

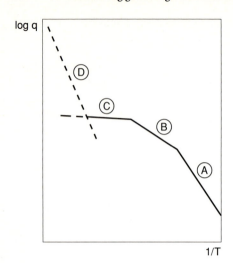

Kinetischer Bereich	Steigung
A Reaktionshemmung	$-E/R$
B Porendiffusionshemmung	$-E/2R$
C Grenzschichtdiffusionshemmung	$-(1...2)/R$
D Homogene Reaktion	$-E_{Homo}/R$

Abb. 12.3. Arrhenius-Diagramm

Temperaturerhöhung, da in technischen Abgasreinigungskatalysatoren die Bedingung der radialen Adiabasie mit hinreichender Genauigkeit erfüllt ist.

Katalytische Festbettreaktoren stellen ein Zwei-Phasen-System dar (Feststoff-Gas). Aufgrund der Stoff- und Wärmeübertragungsbedingungen nimmt bei exothermen Reaktionen die Katalysatoroberfläche höhere Temperaturen als die Abgastemperatur an [1.10]. Durch das Zusammenspiel der Erzeugung und Speicherung von thermischer Energie treten kurzzeitig Abweichungen von den stationären Zuständen auf. Diese Abweichungen können ein deutliches Unterschreiten sowie Überschreiten der adiabat berechneten Temperatur darstellen und machen sich u. a. in der Wanderung von Brennzonen bemerkbar [1.9]. Als Brennzone kann die Schicht des Katalysatorbettes angesehen werden, in der der Hauptteil des Schadstoffumsatzes abläuft. Die Lage der Brennzone kann an Hand eines steilen Temperaturanstiegs im Katalysatorbett meßtechnisch identifiziert werden.

Bei Verminderung der Strömungsgeschwindigkeit infolge eines verringerten Abgasvolumenstromes wandert die Brennzone stromaufwärts entgegen der Strömungsrichtung. Die Katalysatorschicht, in der sich die Brennzone unter den veränderten Bedingungen einstellt, lag vorher auf einem niedrigen Temperaturniveau nahe der Eintrittstemperatur des ungereinigten Gases. Ein Teil der Verbrennungsenergie wird zur Aufheizung der Katalysatorschicht benötigt. Die Temperatur dieser Schicht liegt somit bis zur Einstellung der stationären Temperatur unterhalb der adiabaten Temperaturerhöhung.

Bei einer Erhöhung der Strömungsgeschwindigkeit wandert die Brennzone stromabwärts zum Reaktorende. Der Schadstoffumsatz findet dann in einer bereits aufgewärmten Katalysatorschicht statt. Die Temperaturerhöhung durch die Verbrennungsreaktion setzt sich additiv mit der Temperatur der vorgewärmten Katalysatorschicht zu einer Gesamttemperatur zusammen, die über der adiabaten Temperaturerhöhung liegen kann [1.19].

Die Wanderung der Brennzone zum Reaktorende und somit das Verlöschen der Reaktion in den vorderen Katalysatorschichten kann analog durch eine Absenkung der Abgaseintrittstemperatur erzielt werden. Der instationäre Temperaturverlauf verhält sich analog (s.o.) [1.12].

Bei der Auslegung von Anlagen kann diesen Effekten apparativ durch Überwachung der Katalysatorbettemperatur entgegengewirkt werden. Die Katalysatorhersteller tragen diesen instationären Vorgängen durch die Angabe einer kurzzeitigen maximalen Temperaturbelastbarkeit neben der Angabe einer oberen Betriebstemperaturgrenze Rechnung.

Die Geschwindigkeit (Reaktionsstromdichte) heterogen katalysierter Reaktionen wird somit makroskopisch von den Bedingungen des Stoff- und Wärmetransports zwischen Gasraum und Katalysator (Strömungsgeschwindigkeit, Konzentration, Geometrie, Temperatur) beeinflußt. Mikroskopisch bestimmen Anzahl, Anordnung und Zugänglichkeit der aktiven Zentren den Umsatz an Reaktionspartnern (z.B. Porenradienverteilung, Dispersionsgrad).

Aufgrund dieser grundsätzlichen Überlegungen sind die bei der katalytischen Abgasreinigung auftretenden Phänomene zu erklären und durch gezielte Einstellung von Katalysatoreigenschaften zu beeinflussen.

Impulstransport

Durch den Impulsaustausch zwischen den festen Katalysatorkörpern und der Abgasströmung tritt bei der Durchströmung von Festbetten ein Druckverlust auf. Bei Wirbel- oder Bewegtbetten ist dieser so groß, daß die Katalysatorpartikeln in Bewegung gehalten werden [1.13].

12.1.2.4
Prozeßberechnung [1.14]

Die Prozeßberechnung katalytischer Abgasreinigungsverfahren hat das Ziel, durch Anwendung der in Abschn. 12.1.2.3 erwähnten Bilanzen, die für die Kostenermittlung maßgeblichen Größen

- Katalysatormenge
- Gebläse- und Wärmeübertragerdimensionen und
- Fremdenergiebedarf

zu ermitteln.

12 Abscheidung gasförmiger Schadstoffe durch katalytische Reaktionen

Tabelle 12.7. Grundgrößen der Reaktorberechnung

Größe	Einheit	Katalysator	
Katalysatorvolumen	m³	V_k	
scheinbare Dichte	kg/m³	ρ_k	
Abmessungen	m	l,b,h;d	
geometrische Oberfläche	m²	O_g	
innere Oberfläche	m²/g	O	
		Rohgas	**Reingas**
Volumenstrom	m³/h	$\phi_{v,e}$	$\phi_{v,a}$
Schadstoffmassenstrom	kg/h	$\phi_{m,s,e}$	$\phi_{m,s,a}$
Temperatur	K (°C)	T_e	T_a
Druck	Pa	p_e	p_a
Dichte des Gases	kg/m³	$\rho_{G,e}$	$\rho_{G,a}$
spez. Wärmekapazität	kJ/kg K	$c_{p,G,e}$	$c_{p,G,a}$
Strömungsgeschwindigkeit	m/s	w_O	w
Leerrohrgeschwindigkeit			
Schadstoffkonzentration	g/m³	$\rho_{s,e}$	$\rho_{s,a}$
Schadstoffgehalt	ppm	$\Psi_{s,e}$	$\Psi_{s,a}$

Reaktorberechnung

Ziel der Reaktorberechnung ist die Ermittlung

- der Katalysatormenge,
- des Umsatzgrades und
- des Bedarfs an Oxidations- bzw. Reduktionsmitteln.

In Tabelle 12.7 sind die wichtigsten Grundgrößen der Reaktorberechnung zusammengestellt. Tabelle 12.8 zeigt die wichtigsten Reaktorkenngrößen, die zur Auslegung bzw. zum Vergleich von Reaktoren/Katalysatoren herangezogen werden können.

Da Volumenangaben bei Gasen als stoffmengenbezogene Größen temperatur- und druckabhängig sind, sollte eine Normung auf T = 273 K und p = 101300 Pa eingehalten werden.

Bei der Reaktorauslegung können zwei Methoden angewendet werden:

1. Vorausberechnung aufgrund von Reaktormodellen [1.15], anwendbar, wenn

    - die zur Ermittlung der Reaktionsgeschwindigkeit notwendigen kinetischen Daten
        - Aktivierungsenergie, e_A
        - Stoßfaktor, k_o
        - Reaktionsordnung und   n
        - Kinetik des Stoffübergangs   K, $f(\rho_s)$

      bekannt sind, und wenn
    - keine Beeinflussung durch Störkomponenten vorliegt sowie
    - Strömungs- und Temperaturverhältnisse bekannt sind.

12.1 Grundlagen des Katalysatoreinsatzes zur Luftreinhaltung

Tabelle 12.8. Kenngrößen für Strömungsreaktoren

Bezeichnung	Berechnung	Dimension	
Schadstoffmassenstrom	$\phi_{m,s} = \phi_v \cdot \rho_s$	kg/h	(12.5)
Umsatz Reaktionsstrom	$Q_{m,s} = \phi_{m,s,e} - \phi_{m,s,a}$	kg/h	(12.6)
Umsatzgrad	$\eta_s = \dfrac{Q_{m,s}}{\phi_{m,s,e}}$		(12,7)
	$= 1 - \dfrac{\rho_{s,a}}{\rho_{s,e}}$		(12.8)
	(Anm.: keine Volumenänderung)		
Reaktionsgeschwindigkeit	Gasphasenreaktion, homogen		
	$q = \dfrac{Q}{V} = k_o \exp\left(-\dfrac{e_A}{RT}\right) \cdot \rho_S$	kg/m³h	(12.9)
Reaktionsstromdichte	heterogene Reaktion am Katalysator		
	$q_k = \dfrac{Q}{A_k} = \dfrac{k_o \exp\left(-\dfrac{e_A}{RT}\right) \cdot \rho_s}{1 + K \cdot f(\rho_s)}$	kg/m²h	(12.10)
Damköhlerzahl homogen; quasihomogen	Reaktionsstrom, Stoffstrom	dimensionslos	(12.11)
	$Da = k_o \exp\left(-\dfrac{e_A}{RT}\right) \cdot \dfrac{L}{w_0}$		
	$= k \cdot t_v$		(12.12)
mittlere Verweilzeit	$t_v = \dfrac{V}{\phi_v}$	s	(12.13)
Raumgeschwindigkeit	$RG = \dfrac{1}{t_v}$	s⁻¹	(12.14)
mittlere Verweilzeit	$= \dfrac{\phi_v}{V}$	h⁻¹	(12.15)
Reynoldszahl	$Re = \dfrac{w \cdot d}{\nu}$	dimensionslos	(12.16)

Einfache Reaktormodelle basieren auf Annahmen, z. B.:

- isothermer Reaktor,
- adiabater Reaktor und
- quasihomogene Reaktion
  (also kein Einfluß der Stofftransportvorgänge).

2. Experimentelle Simulation (Pilotversuch)
   Diese Methode ist für die Praxis von größerer Bedeutung, da

   - Schadstoffgemische mit oftmals wechselnden Konzentrationen vorliegen,
   - Strömungs- und Temperaturverhältnisse stark variieren,
   - keine kinetischen Daten vorliegen,
   - der Einfluß von weiteren Rohgasbestandteilen nicht bekannt ist und
   - ein Pilotversuch zur Ermittlung des Vorhandenseins von Katalysatorgiften oftmals notwendig ist.

Die Ergebnisse dieser Versuche werden in Diagrammen aufgetragen, die die Abhängigkeit der Umsatzgrade bestimmter Schadstoffe an bestimmten Katalysatoren von

- Eintrittstemperatur,
- Raumgeschwindigkeit und
- Eintrittskonzentration

zeigen.

Diese Diagramme können als Auslegungsgrundlage gemäß folgendem Schema verwendet werden:

- Festlegung des notwendigen (auflagengemäßen) Umsatzgrades
- Festlegung der Katalysatoreintrittstemperatur T_Z bei der erwarteten Eintrittskonzentration ρ_s (Berücksichtigung der Temperaturerhöhung durch die Reaktionswärme; zur Frage der Temperaturwahl s. Abschn. 12.1.3.3 „Thermische Einflüsse")
- Bestimmung der zulässigen Raumgeschwindigkeit RG (gemäß Gl. (12.15))

Daraus folgt die Berechnung des notwendigen Katalysatorvolumens

$$V_K = \frac{\phi v, n}{RG} \quad (12.4)$$

Beim Vorliegen von Schadstoffgemischen sollte die Festlegung von Temperatur- und Raumgeschwindigkeiten gemäß dem Reaktionsverhalten der am schwersten umsetzbaren Komponente erfolgen.

Bei der katalytischen Nachverbrennung von Kohlenwasserstoffgemischen werden, wie aus den Meßergebnissen von [1.16] in Tabelle 12.9 hervorgeht, die Einzelkomponenten selektiv oxidiert, so daß der Anteil der schwerer umsetzbaren Komponenten (z. B. Toluol) am Restkohlenwasserstoff zu höheren Temperaturen hin ansteigt. Gesamtumsatzgrade liegen deshalb über dem Wert der schwerer umsetzbaren Komponenten.

Der Bedarf an Oxidations- bzw. Reduktionsmitteln ist aus der Stöchiometrie der gewünschten Reaktionsführung zu berechnen.

Energiebilanz für autothermen Betrieb

Die Abschätzung für den stationären Betrieb der katalytischen Abgasreinigungsanlage notwendiger Fremdenergiemengen bzw. die Abschätzung der möglichen Wärmerückgewinnung kann mit Hilfe von integralen Energiebilanzen erfolgen.

Die im Anschluß folgenden Betrachtungen werden am Beispiel der katalytischen Oxidation lösemittelhaltiger Abgase dargestellt.

Für die thermische Energiebilanz von KNV-Anlagen mit Wärmerückgewinnung notwendige Informationen sowie die grundlegenden Berechnungsgleichungen sind in Abb. 12.4 dargestellt. Die Verbrennungsgleichungen sowie die unteren Heizwerte einiger Luftschadstoffe sind aus Tabelle 12.10 ersichtlich.

12.1 Grundlagen des Katalysatoreinsatzes zur Luftreinhaltung

Tabelle 12.9. Katalytischer Umsatz von Schadstoffgemischen in Abluft

Umsatzgrade	T = 300 °C	330 °C	430 °C	Anteil am Schadstoffgemisch
Toluol	49 %	51 %	85 %	50 %
Phenol	65 %	80 %	94 %	19 %
o-Kresol	80 %	88 %	98 %	6 %
m-Kresol	83 %	86 %	97 %	19 %
2,4-Xylenol	98 %	98 %	98 %	6 %
$\eta_{KW,\Sigma}$	63 %	68 %	91 %	
$\dfrac{\rho\,Toluol,\,a}{\rho_{KW,\Sigma,a}}$	70 %	77 %	97 %	

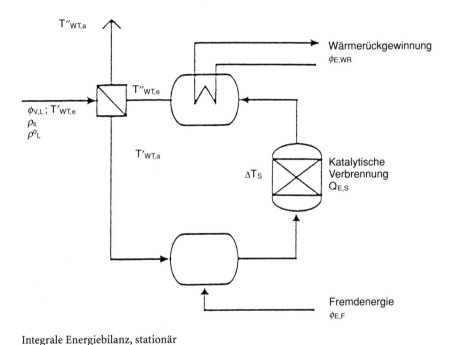

Integrale Energiebilanz, stationär
$0 = \phi_{E,K} + \phi_{E,F} + Q_{E,S} - \phi_{E,WR} + \phi_{E,V}$;
Konvektiver Wärmetransport
$\phi_{E,K} = \phi_{V,L} \cdot \rho^0{}_L \cdot C_L\,(T'_{WT,e} - T''_{WT,a})$;
Fremdenergiestrom
$\phi_{E,F} = \phi_{V,EG} \cdot \Delta h_{U,EG}$ Erdgasbeheizung
$\phantom{\phi_{E,F}} = P_{el}$ Elektroheizung
Reaktionsenergie
$Q_{ES} = \Delta h_{U,S} \cdot \rho_s \cdot \phi_{V,L}$;
Wärmeverlust (bei Isolation zu vernachlässigen)
$\phi_{EV} \to 0$

Abb. 12.4. Thermische Energiebilanz

Tabelle 12.10. Reaktionsenergie [1.17]

Verbindung	Verbrennungsgleichung	Heizwert	ΔT_{ad} in Luft pro 1 g/m^3
Toluol	$C_7H_8 + 9O_2 \rightarrow 7CO_2 + 4H_2O$	40935 kJ/kg	30,6 K
Methanol	$CH_3OH + 1,5O_2 \rightarrow CO_2 + 2H_2O$	21119 kJ/kg	15,8 K
Aceton	$C_3H_6O + 4O_2 \rightarrow 3CO_2 + 3H_2O$	29065 kJ/kg	21,9 K
Ethylacetat	$C_4H_8O_2 + 5O_2 \rightarrow 4CO_2 + 4H_2O$	23530 kJ/kg	18 K
Kohlenmonoxid	$CO + 1/2\,O_2 \rightarrow CO_2$	10423 kJ/kg	7,5 K
Ammoniak	$NH_3 + 0,75\,O_2 + 1/2\,N_2 + 1,5\,H_2O$	18424 kJ/kg	13,9 K
Schwefelwasserstoff	$H_2S + 1,5\,O_2 \rightarrow SO_2 + H_2O$	15355 kJ/kg	11 K

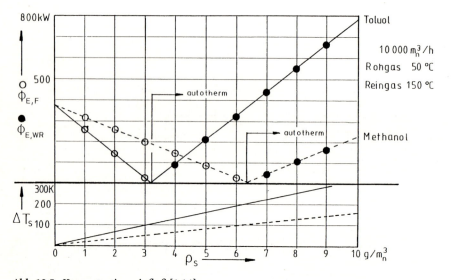

Abb. 12.5. Konzentrationseinfluß [1.14]

Die für die Beurteilung der Wirtschaftlichkeit interessanten Größen $\phi_{E,F}$ und $\phi_{E,WR}$ (Fremdenergiezufuhr bzw. Wärmerückgewinnung) sind nach Umformung aus der Gesamtenergiebilanz (Abb. 12.4) zu berechnen. In Abb. 12.5 ist dargestellt, daß durch eine Steigerung der Schadstoffkonzentration der Abluft die Fremdenergiezufuhr reduziert werden kann.

Ab bestimmten von der Verbrennungsvorwärme der Schadstoffe sowie dem Austauschgrad der Abluftvorwärmung beeinflußten Konzentrationen kann im stationären Betrieb auf eine Fremdenergiezufuhr verzichtet werden. Dieser Betriebszustand wird als autotherm (engl. self-supporting) bezeichnet. Er ist neben der energietechnischen auch in emissionstechnischer Hinsicht anzustreben, da für die Einstellung der Reaktionsbedingungen kei-

12.1 Grundlagen des Katalysatoreinsatzes zur Luftreinhaltung

Tabelle 12.11. Reingaszusammensetzung bei katalytischer Abgasreinigung im autothermen Betriebsfall (Anlagenbeschreibung s. Abschn. 12.2.1.2 „Anwendung von Metalloxidkatalysatoren zur Abgasreinigung bei der Druckveredelung"

Betriebs-dauer [h]	Betriebsart	T_e [°C]	org. C [mg/m³]	CO [mg/m³]	NO_x [mg/m³]	CO_2 [%]	O_2 [%]
1275	autotherm	238	2	30	1	0,5	20
ca. 3000	autotherm	250	10	n.g.	n.g.	n.g.	n.g.
ca. 11000	autotherm	238	16	0	n.g.	0,6	20

n.g. = nicht gemessen.

ne zusätzlichen Primärenergieträger umgewandelt werden müssen und somit keine zusätzliche NO_x- und CO_2-Emission auftreten. Der CO_2-Zuwachs im Reingas entspricht der im Schadstoff gebundenen Kohlenstoffmenge (Tabelle 12.11).

Um diesen Betriebszustand zu erreichen, muß der Reingas/Rohgas-Wärmeübertrager so ausgelegt werden, daß die Temperaturdifferenz zwischen Rohgaseintritt und Reingasaustritt (sog. Grädigkeit) kleiner oder gleich der dem Auslegungsfall zugrunde gelegten Temperaturerhöhung am Katalysator ist. Diese kann aus der Schadstoffeintrittskonzentration und dem Heizwert der Schadstoffe berechnet werden (s. Tabelle 12.10).

Druckverlustberechnung

- Wabenkörperkatalysatoren
In den Waben von industriell eingesetzten Katalysatoren herrscht meistens eine laminare Strömung.
Deshalb kann die Widerstandszahl ζ_R mit der für Rohre geltenden Hagen-Poiseuille-Gleichung

$$\zeta_R = \frac{64}{Re} \qquad (12.17)$$

berechnet werden (s. Abb. 12.6 Mitte).
Die Reynoldszahl ist mit der in den Waben auftretenden mittleren Strömungsgeschwindigkeit zu berechnen.
Für den Druckverlust gilt:

$$\Delta p = \zeta_R \frac{L}{d} \frac{\rho \cdot w^2}{2} \qquad (12.18)$$

- Schüttgutkatalysatoren
Für die Druckverlustberechnung an Schüttungen gibt es eine umfangreiche Literatur. Die im folgenden aufgeführten Berechnungsgleichungen gelten

für geordnete Kugelschüttungen [1.13]. Die Reynoldszahl für die Schüttung wird gemäß

$$\mathrm{Re}_{sch} = \frac{1}{1-\varepsilon} \frac{w_0 \cdot d}{\nu} \qquad (12.19)$$

mit dem Lückengrad ε der Schüttung sowie dem Durchmesser d der einzelnen Kugeln berechnet.

Aufgrund von experimentellen Untersuchungen ist der Widerstandsbeiwert für Schüttschichten ζ_{sch} durch folgende Gleichung gegeben:

$$\zeta_{sch} = \frac{160}{\mathrm{Re}_{sch}} + \frac{3{,}1}{\mathrm{Re}_{sch}^{0,1}} \qquad (12.20)$$

Die Abhängigkeit ζ_{sch} von Re_{sch} geht aus Abb. 12.6 oben hervor.

Abbildung 12.6 unten zeigt im Vergleich die Druckverluste von Schüttgutkatalysatoren und Wabenkörperkatalysatoren im Vergleich. Die dazugehörigen Raumgeschwindigkeiten sind als Ordinatenwerte aufgetragen.

12.1.3 Katalysatoren für die Abgasreinigung und deren Handhabung

12.1.3.1 Anforderungen an Abgasreinigungskatalysatoren

a) Aktivität:
Unter Aktivität eines Katalysatoren wird die Fähigkeit verstanden, unter definierten Bedingungen die betreffende Reaktion mit einer bestimmten Geschwindigkeit ablaufen zu lassen. Die Aktivität ist somit nicht als grundlegende Eigenschaft, sondern als reaktionsspezifische Eigenschaft zu verstehen. Als Aktivitätsmaß werden wahlweise angesehen:

- Umsatzgrad bei gegebener Temperatur und Kontaktzeit,
- zur Einhaltung von bestimmten Umsatzgraden bzw. Reingaskonzentrationen notwendige Temperaturen und Kontaktzeiten sowie
- Aktivierungsenergie bzw. Geschwindigkeitskonstante.

b) Selektivität:
Am Katalysator sollen nur die Reaktionen ablaufen, die zu den gewünschten Produkten führen.
   Beispiel: Bei der katalytischen Totaloxidation von Kohlenwasserstoffen werden partiell oxidierte Zwischenprodukte mit höherer Aktivität umgesetzt als der Kohlenwasserstoff. Zwischenprodukte werden deshalb nicht emittiert [1.17].

c) Stabilität gegenüber Desaktivierung:
Die Eigenschaften des Katalysators müssen während möglichst langer Standzeiten unverändert bleiben. Bei der Auswahl des geeigneten Katalysa-

12.1 Grundlagen des Katalysatoreinsatzes zur Luftreinhaltung

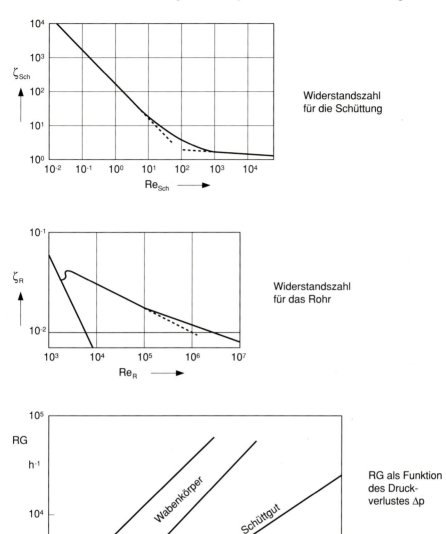

Abb. 12.6. Druckverluste

tors ist der Frage der Desaktivierungsgefahr besondere Aufmerksamkeit zu schenken. Es muß sichergestellt sein, daß

- der Katalysator gegen die im Rohgas enthaltenen Stoffe (oftmals Spuren) resistent ist (Stabilität gegenüber chemischen Einflüssen),
- der Katalysator im Bereich der Betriebstemperatur keine Gefügeveränderungen erleidet (Stabilität gegenüber thermischen Einflüssen) und
- der Katalysator für die im Betrieb auftretenden Vibrationen und Spannungen ausreichend abrieb- bzw. bruchfest ist (Stabilität gegenüber mechanischen Einflüssen).

d) Geringe Druckverluste:
Durch die Wahl einer geeigneten Geometrie und Form des Katalysators, z. B. Wabenkörper, sowie die Dimensionierung der Katalysatorschicht (Höhe des Katalysatorbettes) kann der Druckverlust von katalytischen Abgasreinigungsreaktoren beeinflußt werden.

Typische Werte der spezifischen, auf die Betthöhe bezogenen Druckverluste sind beim Einsatz zur Totaloxidation organischer Lösemittel für

- Schüttgutkatalysatoren: 10 kPa/m
- Wabenkörper: 1 kPa/m

12.1.3.2
Einteilung technischer Abgasreinigungskatalysatoren

Eine Unterscheidung kann nach Art der aktiven Komponente:

a) Edelmetallkatalysatoren (z. B. Pt, Pd),
b) Schwermetalloxidkatalysatoren (z. B. V, W, Cu, Mn, Fe)
c) oxidische Katalysatoren (z. B. Zeolithe, Al_2O_3),

bzw. nach der Bauform

a) Trägerkontakte

- Schüttgutkatalysatoren
- Wabenkörperkatalysatoren (Monolithe)

b) Vollkontakt

- Schüttgutkatalysatoren
- Wabenkörperkatalysatoren

durchgeführt werden.

Die Eigenschaften des Katalysators werden durch seine stoffliche Zusammensetzung, seine spezifische Oberfläche, seine Porenverteilung sowie seine Geometrie bestimmt.
Diese physikalischen und chemischen Größen hängen weitgehend vom Herstellungsverfahren und von den Herstellbedingungen ab.

a) Fällung (Präzipitation):
Die katalytisch wirksamen Substanzen oder deren Vorläufer werden aus einer Lösung gefällt. Der Niederschlag wird gereinigt, geformt, getrocknet und durch gezielte Glühung in den fertigen Katalysator umgewandelt. Diese Produkte werden Vollkontakte genannt. Das Katalysatormaterial erfüllt somit formgebende und katalytische Funktionen (Abb. 12.7, 12.11).

b) Imprägnierung von Trägern:
Vorgefertigte Trägerkörper (Fasern, Metall, Aktivkohle, keramische Körper – s. Abb. 12.10) werden mit einer die Aktivkomponente oder deren Vorläufer enthaltenden Lösung getränkt, besprüht oder beschichtet. Die Beschichtung erfüllt die katalytischen Funktionen, während die Formgebung sowie Oberflächenstruktur durch den Trägerkörper bestimmt werden. Diese Katalysatoren heißen Trägerkontakte (Abb. 12.8, 12.9).

Die Formgebung sowohl von Vollkontakten als auch von Trägerkörpern erfolgt durch die folgenden Grundoperationen der mechanischen Verfahrenstechnik:

- Tablettierung,
- Extrudierung,
- Granulierung und
- Wicklung (bei Metallträgern bzw. keramischen Fasern).

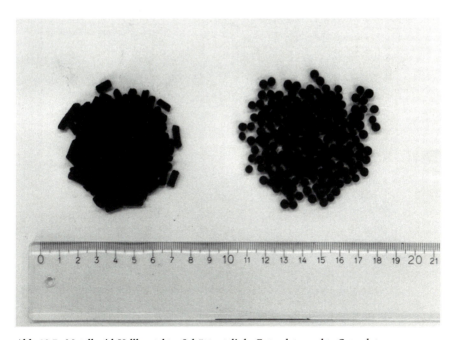

Abb. 12.7. Metalloxid-Vollkontakte. Schüttgut: links Extrudate; rechts Granulate

Abb. 12.11. DeNO$_x$-Wabenkörperherstellung [1.19]

Abb. 12.10. Verschiedene Katalysatorträger [1.18]

12.1 Grundlagen des Katalysatoreinsatzes zur Luftreinhaltung 515

Abb. 12.8. Platinimprägnierte Extrudate, links γ-Al_2O_3; rechts Alumosilicat

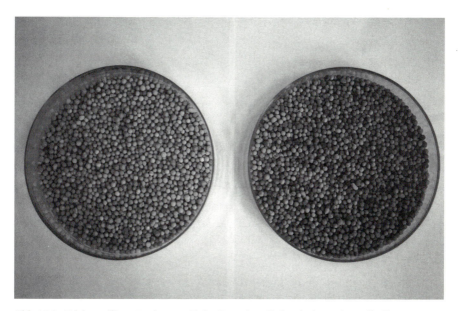

Abb. 12.9. Edelmetallimprägnierte γ-Al_2O_3-Granulate. links Platin; rechts Palladium

Tabelle 12.12. Charakterisierung von Katalysatoren

Substanzen
- Aktivkomponenten   Gewichtsanteile
  - Aktivkoks   (100 %)
  - Edelmetall Pt, Pd (Rh)   (0,03 – 1 %)
  - Metalloxide (Mn, Cu, Cr, U, Ti)   (1 – 60 %)
- Träger (Aluminiumoxide, Alumosilicate, Cordierit, Mullit, Titandioxid)
- Binder
- Promotoren (zur Förderung bestimmter Eigenschaften)
- Suppressoren (zur Unterdrückung bestimmter Eigenschaften)

Porosität
- innere Oberfläche (BET)   (10 – 300 m^2/g)
- Porenradienverteilung   (mesoporös, makroporös)
- Porenvolumen   (0,01 – 0,7 ml/g)

Bauform
   Wabenkörper   (Zelldurchmesser 1 – 7 mm, Zelldichte 400 – 9 cpsi[a])
   Schüttgut   (Partikeldurchmesser 4 – 6 mm)
- Geometrie
- Oberfläche/Volumen-Verh.   (400 – 1800 m^2/m^3)
- Schüttdichte   (0,5 – 1 kg/l)

[a] cpsi = Zellen pro Quadratzoll.

Charakteristische Produkteigenschaften von Abgasreinigungskatalysatoren zeigt Tabelle 12.12.

12.1.3.3
Beeinflussung der Katalysatorstandzeit

Nach der Katalysatorstandzeit ist die Stabilität gegenüber Desaktivierung ein wesentliches Maß für die Wirtschaftlichkeit des Katalysatoreinsatzes.

Obwohl ein an einer chemischen Reaktion beteiligter Katalysator nicht verbraucht wird, kann unter technischen Bedingungen im Laufe der Betriebszeit mit einer Veränderung der Eigenschaften gerechnet werden.

Als Folge der veränderten Eigenschaften tritt ein reversibles bzw. irreversibles Nachlassen der katalytischen Aktivität ein (Desaktivierung).

Faktoren, die die Standzeit von Katalysatoren begrenzen können, werden im folgenden aufgeführt.

Chemische Einflüsse

Die sogenannte Katalysatorvergiftung tritt ein, wenn im Rohgas Stoffe enthalten sind, die mit dem Trägermaterial oder der Aktivkomponente reagieren.

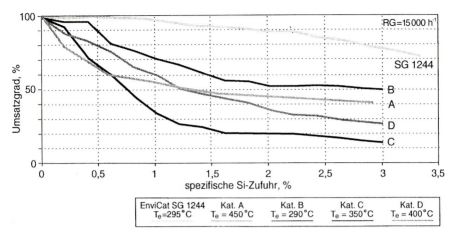

Abb. 12.12. Katalysatorvergleich bei der Vergiftung durch Silicium. Schadstoff: Sl 108 Degussa in Ethylacetat, SI-Zugabe ca. 0,6 % pro Stunde auf gealterten Katalysatoren

Diese unerwünschten Reaktionen können zu

- einer Veränderung der chemischen Zusammensetzung,
- einer Verringerung der Oberfläche,
- einem Verlust an Aktivkomponenten und
- einer Abdeckung aktiver Zentren (z.B. sog. Maskierung)

führen.

Beispiel: Siliciumvergiftung. Eine insbesondere bei Druckprozessen nicht auszuschließende Desaktivierung tritt bei Anwesenheit von Siliconen auf. Der Vergiftungsmechanismus durch Silicone ist selektiv und irreversibel [1.20]. Derart vergiftete Katalysatoren können nur unter hohem Aufwand (Wäsche mit Flußsäure zur Auflösung der SiO_2-Ablagerungen) regeneriert werden.

Der zeitliche Verlauf der Desaktivierung deutet darüber hinaus auf die sog. Porenmunddesaktivierung hin, bei der durch Verstopfung des Poreneintritts durch SiO_2-Ablagerungen weite Bereiche des Porensystems unzugänglich gemacht werden. Abbildung 12.12 zeigt anhand des Rückgangs des Ethylacetat-Umsatzes in Abhängigkeit von der spezifischen Siliconzufuhr (= kumulierte Siliciummenge bezogen auf die Katalysatormasse), daß

a) die engporigen Katalysatoren wesentlich schneller an Aktivität verlieren als weitporige (SG 1244) und

b) hohe Aktivkomponentengehalte die Desaktivierungsgeschwindigkeit verlangsamen (B im Gegensatz zu D).

Die Desaktivierung wurde bei den Temperaturen durchgeführt, bei denen der zum Abbau der Anfangsaktivität thermisch gealterte Katalysator einen vollständigen Umsatz ermöglichte.

Beispiel Phosphatvergiftung. Phosphathaltige Verbindungen können in Abgasen

- des Offsetdruckverfahrens
- als Flammschutzmittel bei der Kunststoffverarbeitung
- als Öladditiv bei der Motorabgasreinigung

auftreten.

Bei Temperaturen unterhalb 430 °C [1.21] führt die Zersetzung dieser Verbindungen an der Katalysatoroberfläche zur Bildung von wasserlöslichen Verbindungen wie P_2O_5 oder Polyphosphorsäure. Bei Temperaturen oberhalb 530 °C treten irreversible Reaktionen des Phosphors mit dem Katalysatorträgermaterial (γ-Al_2O_3) auf. Durch die entstehenden Verbindungen wird die Trägerstruktur und die Porosität verändert, so daß Katalysatordesaktivierung eintritt [1.21].

Bei Vergiftung durch die glasartigen Maskierungen unterhalb 430 °C ist eine Reaktivierung durch Waschung erfolgversprechend [1.22].

Dieser Vorgang (Abb. 12.13 und 12.14) kann ohne Ausbau des Katalysators im demontierten Reaktor (on-site) durchgeführt werden.

Beispiel: Chloridvergiftung. Die Oxidation von chlororganischen Verbindungen führt zur Bildung von HCl [1.23]. Stark adsorbierte Produkte (wie z. B. HCl) führen zu einer Verminderung der aktiven Zentren und zu einer chemischen Katalysatordesaktivierung. Diese Desaktivierung kann als reversibel angesehen werden, da eine Temperaturerhöhung zur Desorption und Wiederherstellung der Aktivität führt (Abb. 12.15):

$$(CO_2, H_2O, HCl)_{ads.} \rightarrow (CO_2, H_2O, HCl)_{gasförmig} \qquad (12.21)$$

Neben der Belegung aktiver Zentren können Reaktionen der adsorbierten Chlorwasserstoffmoleküle mit den Aktivkomponenten bzw. mit dem Trägermaterial auftreten.

Durch Reaktionen mit den Aktivkomponenten des Katalysators (Edelmetall, Metalloxide) werden Metallchloride gebildet. Als Folge dieser Chloridbildung wurden

- Verlust von Aktivkomponenten bzw.
- Veränderungen der Verteilung der Aktivkomponenten auf der Katalysatoroberfläche

beobachtet:

$$HCl + Me, MeO \rightarrow MeCl \qquad (12.22)$$
(Me – aktives Metall) und

$$HCl + Mg_p Al_q Si_r O_s \rightarrow Mg_p Al_q Si_r Cl_t \qquad (12.23)$$
($Mg_p Al_q Si_r O_s$ = Katalysatorträgermaterial)

Erweichung des Katalysatorträgers bzw. Veränderung der Porenstruktur ist beim Auftreten von chemischen Reaktionen von HCl mit amphoteren Bestandteilen der anorganischen Katalysatorträger (z.B. Al_2O_3) zu erwarten.

12.1 Grundlagen des Katalysatoreinsatzes zur Luftreinhaltung 519

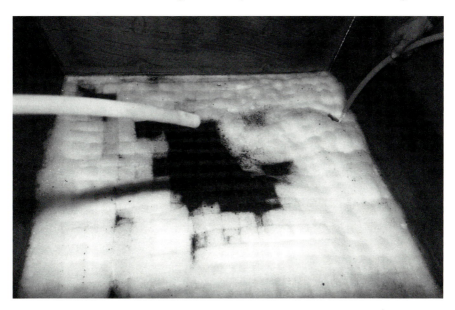

Abb. 12.13. Waschung. Großtechnische Reaktivierung von mit Phosphaten vergifteten Wabenkörperkatalysatoren [1.23]

Abb. 12.14. Spülung. Großtechnische Reaktivierung von mit Phosphaten vergifteten Wabenkörperkatalysatoren [1.23]

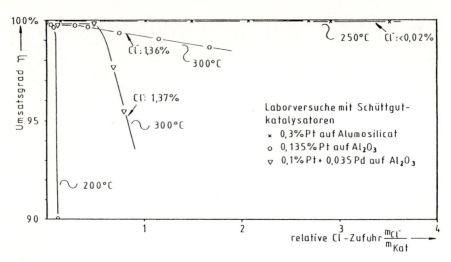

Abb. 12.15. Abhängigkeit der Katalysatoraktivität von der Chloridzufuhr [1.23]. Raumgeschwindigkeit: 20000 h^{-1}, Ethen: 10 g/m^3, Dichlormethan 1,74 g/m^3, Rest: Luft

Thermische Einflüsse

Die Geschwindigkeit und Häufigkeit von Gefügeveränderungen (Kristallwachstum, Spinellbildung, Sinterung) nehmen mit steigender Temperatur stark zu. Diese Gefügeveränderungen können zur Verminderung der inneren Oberfläche sowie zur Verringerung des Dispersionsgrades von feinverteilten Aktivkomponenten führen.

Für technische Katalysatoren werden deshalb Obergrenzen für die Temperaturbelastbarkeit gemäß folgender Übersicht angegeben:

Richtwerte für die maximale Temperaturbelastbarkeit T_{zul} einiger Katalysatortypen

Metalloxidkatalysatoren
- Vollkontakte   500 °C
- Trägerkontakte   700 °C

Edelmetallkatalysatoren
- Aluminiumoxidträger   700 °C
- stabilisierte Alumosilicatträger   1000 °C

Das Überhitzen des Katalysators beim Auftreten von großen Wärmetönungen infolge hoher Schadstoffkonzentrationen kann durch

- Kaltlufteinspeisung und
- Reduzierung der Vorwärmung

vermieden werden.

12.1 Grundlagen des Katalysatoreinsatzes zur Luftreinhaltung

Die Temperaturerhöhung infolge der katalytischen Reaktion ist proportional zur Konzentration der umsetzbaren Verbindungen im Rohgas.

$$\Delta T = T_{TG,e} - T_{TG,a}$$

$$\Delta T = \frac{\Delta h_{R,S}}{\rho^o{}_{TG} \cdot c_{P,TG}} \cdot \rho_S \tag{12.24}$$

Die für das Verfahren maximal zulässige Konzentration der Schadstoffe S und somit die Einsatzgrenzen werden durch die Differenz zwischen Zündtemperatur der Reaktion am Katalysator T_Z und der maximal zulässigen Betriebstemperatur $T_{K,zul}$ bestimmt:

$$\Delta t_{max} = T_{K,zul} - T_Z(\rho_S) \tag{12.25}$$

Die Zünd- bzw. Anspringtemperatur T_Z stellt die Temperatur dar, bei der die vorliegende Schadstoffkonzentration bis zur erforderlichen Austrittskonzentration abgebaut wird und ist in gewissen Grenzen konzentrationsabhängig. In der Praxis findet hierfür eine Festlegung durch die für 10% bzw. 50% Umsatzgrad notwendigen Temperaturen statt. Wegen der exponentiellen Abhängigkeit der Reaktionsgeschwindigkeit von der Temperatur am Reaktionsort hängt der Umsatzgrad in starkem Maße von der konzentrationsabhängigen Austrittstemperatur ab. Aufgrund der durch die thermische Speicherkapazität des Katalysatorbetts auftretenden Verzögerungszeiten ist diese jedoch als Führungsgröße der Temperaturregelung weniger geeignet als die Eintrittstemperaturen. Bei hohen Schadstoffkonzentrationen ist somit die Einstellung einer geringeren Eintrittstemperatur möglich. Bei hohen Reaktionsstromdichten ist eine Vergleichmäßigung des Temperaturprofils durch Wärmeleitbleche von Vorteil.

Mechanische Einflüsse

Katalysatorschäden, die durch mechanische Einflüsse entstehen, sind z.B.:
- Abrieb,
  mögliche Ursachen sind
  - Schwingung der Anlage,
  - Druckstöße,
  - Lockerung des Katalysatorbettes und
  - Feststoffpartikel im Gasstrom (abrasive Stäube);
- Bruch,
  mögliche Ursachen sind
  - thermische Spannungen im Katalysatormaterial durch schnelle Temperaturänderungen und
  - mechanische Spannungen infolge von Wärmedehnungen der Reaktorkonstruktion.

Mechanische Spannungen können bei Reaktoren, die mit Wabenkörpern befüllt sind, durch dauerelastische Eindichtungen kompensiert werden. Der Gefahr, daß Schüttgutkatalysatoren aufgewirbelt werden, kann durch Anströmung senkrecht von oben begegnet werden. Dabei muß jedoch eine Trombenbildung durch eine zu große Anströmgeschwindigkeit bzw. eine verdrallte Anströmung vermieden werden.

Regeneration von Katalysatoren

Liegt ein Fall von reversibler Desaktivierung vor, wie z. B.

- Verkokung,
- Belegung mit Aerosol,
- Belegung mit Salzen,
- Kondensation von org. Substanzen und
- starke Adsorption von Reaktionspartnern bzw. -produkten,

so besteht die Möglichkeit, durch

- Ausheizen oder Abbrennen,
- Waschen (H_2O, Säuren, Laugen) und (s. Abschn. 12.1.3.3 „Beispiel: Phosphatvergiftung")
- Desorption (s. Abschn. 12.1.3.3 „Beispiel: Chloridvergiftung")

die Frischaktivität wieder herzustellen.

Desaktivierung durch Verlust von Aktivkomponenten sind z. B. durch Nachtränkungen zu beseitigen.

Bei Entscheidungen bezüglich der Regeneration von Katalysatoren muß der Kostenvorteil gegenüber der Neubefüllung des Reaktors geprüft werden.

Aktivitätsprüfung

Ein Nachlassen der Katalysatoraktivität kann sich im Betrieb durch

- Ansteigen der Schadstoffkonzentrationen im Reingas,
- Auftreten von Nebenprodukten (z.B. CO),
- Auftreten von Gerüchen und
- Verringerung der Temperaturerhöhung bei sonst gleichen Reaktionsbedingungen

bemerkbar machen. In diesen Fällen kann der geforderte Umsatzgrad durch Verringerung der Raumgeschwindigkeit (z.B. durch Volumenstromverringerung bzw. Erhöhung der Katalysatormenge oder durch Erhöhung der Eintrittstemperatur bis zum Erreichen der Zündtemperatur wiederhergestellt werden.

Durch betriebsbegleitende Aktivitätsprüfungen kann die Reaktorfahrweise der jeweiligen Katalysatoraktivität angepaßt werden, ohne daß o.g. Funktionsbeeinträchtigungen auftreten. Die Aktivitätsprüfungen können in situ an einem im Bypass betriebenen Prüfkatalysator oder extern beim Katalysatorhersteller anhand von Testreaktionen durchgeführt werden. Die Ergebnisse solcher externen Überprüfungen zeigt Abb. 12.16. Als Testreaktion für die Totaloxidation eines organischen Lösemittelgemisches wird die Oxidation des Hauptbestandteils (Ethylacetat) verwendet.

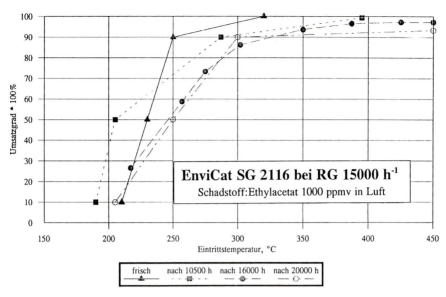

Abb. 12.16. Betriebsbegleitende Aktivitätsprüfungen an einem Totaloxidationskatalysator

Aufgrund der unterschiedlichen Reaktionssysteme, insbesondere der Wärmeverluste des kleinen Labortestreaktors, werden unterschiedliche Aktivitäten gemessen.

Die Mindestaktivitätsgrenze muß empirisch festgesetzt werden. Es bietet sich z. B. ein Mindestumsatzgrad bei der in der Anlage herrschenden Austrittstemperatur und Raumgeschwindigkeit an. Im dargestellten Fall ist

$$\eta_{min} = 90\,\%\ \text{bei}\ T_a = 400\,°C\ \text{und}\ RG = 16000\ h^{-1}.$$

Erreicht die Probe höhere Umsatzgrade bzw. Raumgeschwindigkeiten oder niedrigere Reaktionstemperaturen, so deutet dies auf Aktivitätsreserven hin.

Die veränderte Steigung der Umsatzgradkurve kann auch zur Abschätzung des dynamischen Verlaufes des Zündvorgangs herangezogen werden. Unter Berücksichtigung des thermischen Speicherverhaltens des Katalysatorbettes benötigt ein Katalysator mit geringer Steigung der Umsatzgrad-Temperatur-Kurve eine längere Zeit, um durch die Wärmetönung der jeweils temperaturabhängig erreichten Umsatzgrade die ausgelegte Austrittstemperatur anzunehmen.

12.1.4
Anlagenkonzepte

12.1.4.1
Grundfließbild katalytischer Abgasreinigungsverfahren

Die Auswahl des geeigneten Prozesses erfolgt primär aufgrund der Kenntnis des zur erforderlichen Schadstoffumwandlung unter den vorliegenden Abgasbedingungen:

- Temperatur,
- Druck und
- Zusammensetzung (Komponenten und Konzentration) geeigneten Reaktions- und Katalysatortyps.

Die Prozeßauswahl wird darüber hinaus bestimmt durch wirtschaftliche Erwägungen wie

- Investitionskosten,
- Betriebskosten, abhängig von
  - Energiezufuhr, Abwärmenutzung, Druckverluste
  - Lebensdauer von Bauteilen, wie
    - Katalysator,
    - Wärmeübertrager und
    - Klappen,
- Bildung von Nebenprodukten (z.B. HCl bei der Oxidation von chlorierten Kohlenwasserstoffen) und
- Entsorgung (z.B. von Katalysatoren).

Aus wirtschaftlicher Sicht sollte eine Integration der Abgasreinigung in das Produktionsverfahren angestrebt werden.
    Als Grundoperationen von katalytischen Abgasreinigungsverfahren sind die folgenden Verfahrensschritte anzusehen (Abb. 12.17):

1. Übernahme des Rohgases (z.B. durch Absaugungen),
2. Mechanische Förderung der Abluft (z.B. durch Ventilatoren, Kompressoren),
3. Abtrennen von Störkomponenten (z.B. Filter, Adsorber, Absorber),
4. Aufheizung des Abgases durch Wärmeübertragung,
5. Fremdenergiezufuhr (z.B. Brenner, elektr. Widerstandheizung),
6. Mischung mit Oxidations- oder Reduktionsmitteln (z.B. Sauerstoff, Luft, Ammoniak),
7. Schadstoffumwandlung (z.B. katalytische Reaktion),
8. Abwärmenutzung (z.B. Dampf- oder Thermalölerhitzung),
9. Abtrennung von Reaktionsprodukten (z.B. HCl) und
10. Ableitung der Reingase (z.B. Schornstein).

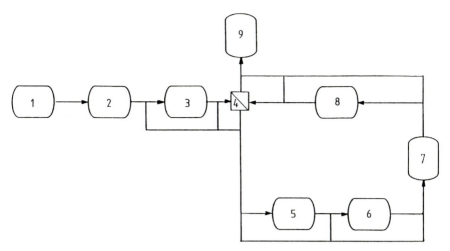

Abb. 12.17. Grundfließbild katalytische Abgasreinigung. *1* Übernahme der Rohgase, *2* Förderung, *3* Abtrennung von Störkomponenten, *4* Aufwärmung, *5* Fremdenergiezufuhr, *6* Zugabe von Oxidations- bzw. Reduktionsmitteln, *7* katalytische Reaktion, *8* Wärmerückgewinnung, *9* Ableitung der Reingase

12.1.4.2
Reaktortypen

Die überwiegende Anzahl der ausgeführten Abgasreinigungsreaktoren sind Festbett-Reaktoren [1.24, 1.25]. Diese sind mit Wabenkörperkatalysatoren bzw. Schüttgutkatalysatoren befüllt. Die Anströmungsrichtung bei Wabenkörperkatalysatoren kann beliebig gewählt werden (Abb. 12.18). Zur Vermeidung von Kanalbildung ist bei Schüttgutkatalysatoren bei axialer Durchströmung eine Strömungsrichtung von oben nach unten zu bevorzugen. Eine weitere Bauform von Schüttgutfestbetten ist der radial durchströmte Ringreaktor. Über Wirbelschicht-Reaktoren wird vereinzelt berichtet [1.26, 1.27].

Bei der konstruktiven Gestaltung von Festbettreaktoren ist auf eine homogene Verteilung der gut vermischten Reaktionspartner über den gesamten Anströmquerschnitt des Katalysatorbettes zu achten. Diese kann durch Mischbleche, Leitbleche und Strömungsgleichrichter erfolgen.

Bewegtbettreaktoren (wie z.B. Wander- oder Rutschbettreaktoren) haben ihren festen Platz bei Simultanverfahren zur Rauchgasreinigung mit Aktivkokskatalysatoren [1.28]. Wie aus Abb. 12.19 hervorgeht, wird der Katalysator im Kreislauf durch einen zweistufigen Reaktor und eine Regenerationsvorrichtung bewegt. Der Feststofftransport erfolgt in dem Reaktor durch Schwerkraft. Die Rückführung erfolgt mit Hilfe von Becherwerken. Eine detaillierte Prozeßbeschreibung ist aus Abschn. 12.5.2 zu entnehmen.

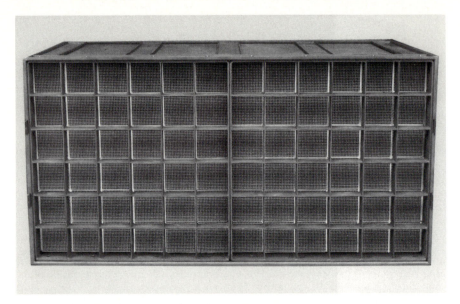

Abb. 12.18. Festbettreaktor mit Wabenkörperkatalysatoren

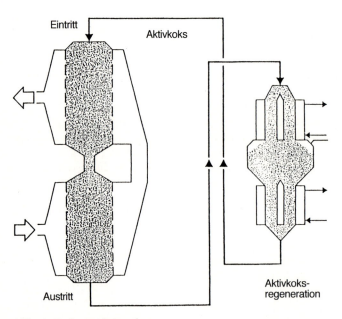

Abb. 12.19. Bewegtbettreaktor

12.1.4.3
Wärmeübertragung

Die Abschätzung der für den stationären Betrieb der katalytischen Abgasreinigungsanlage notwendigen Fremdenergiemengen bzw. die Abschätzung der möglichen Wärmerückgewinnung kann mit Hilfe von integralen Energiebilanzen erfolgen.

Sind die Schadstoffkonzentrationen so hoch, daß die durch die Verbrennungswärme entstehende Temperaturerhöhung am Katalysator der Temperaturdifferenz zwischen rohgasseitigem Wärmetauschereintritt und reingasseitigem Wärmetauscheraustritt entspricht, wird der thermische Energiebedarf der Anlage durch die Schadstoffumwandlung gedeckt. Eine zusätzliche Zufuhr von Fremdenergie ist dann zur Aufrechterhaltung der Anspringtemperatur des Katalysators nicht notwendig.

Dieser Betriebszustand wird als autotherme Fahrweise bezeichnet. Bei einer weiteren Steigerung der Schadstoffkonzentration ergibt sich die Möglichkeit, durch Wärmerückgewinnung (Thermalöl, Dampferzeugung) nutzbare Energie aus der Abgasreinigung zu entziehen.

Um eine Überhitzung des KNV-Reaktors zu verhindern, muß, sofern keine Wärmerückgewinnung vorgesehen ist, die Abluftvorwärmung (z. B. durch Wärmetauscherbypass) steuerbar sein. Die normierte Temperaturänderung (thermischer Wirkungsgrad) der Wärmeübertrager ist von deren Bauform abhängig.

Für die Abgasvorwärmung finden regenerative und rekuperative Wärmeübertrager Verwendung.

Regenerative Wärmeübertrager

Sie werden gekennzeichnet durch

- Anwesenheit einer Speichermasse für thermische Energie,
- orts- und zeitabhängige Temperaturprofile in der Speichermasse (Festbett) und
- wechselnde Strömungsrichtung (Festbett) bzw. bewegte Speichermassen (Bewegtbett).

Vorteile dieser Systeme sind

- hohe Wärmeaustauschgrade:
$\eta = \phi_E / \phi_E \max$

$$\eta = \frac{T_{warm, eintritt} - T_{warm, austritt}}{T_{warm, eintritt} - T_{kalt, eintritt}} > 90\% \qquad (12.27)$$

und
- Vergleichmäßigung der Strömung.

Bei diesem System muß berücksichtigt werden:

- Periodisch wechselnde Mischung von Abgas und Reingas, da Abgasweg gleich Reingasweg ist (deshalb bei hohen Vorwärmetemperaturen die Ver-

wendung ungradzahliger Apparateanordnungen zur Durchführung einer Spülphase mit Rückführung des ungereinigten Gases),
- hohes Gewicht,
- mechanische Beanspruchung der bewegten Teile (Klappen, Rotoren, Dichtungen),
- Zykluszeiten (ca. 200 s) und
- Verschmutzung der Speichermasse durch Abgasbestandteile.

Rekuperative Wärmeübertrager

Als Beispiele seien genannt:
- Kreisscheibenrekuperator
  Vorteil: leichte, platzsparende Bauweise,
  geringes Gewicht; geeignet für Kompaktanlagen;
  Nachteil: Empfindlichkeit gegen Verschmutzungen sowie Wärmespannungen infolge behinderter Differenzdehnungen,
- Kanalrekuperator
  Vorteil: robuste, wartungsfreie Bauweise,
  gute Kompensation von Wärmedehnungen
  Nachteil: hohes Gewicht.

12.1.4.4 Verfahrenskombinationen

Sorption und katalytische Verbrennung

Bei der sorptiven Abluftreinigung entstehende Desorbate (Sekundärabluft [1.29, 1.30, 1.31]) können durch katalytische Verbrennung entsorgt werden. Darüber hinaus können bei selektiver Sorption (Adsorption oder Absorption) nicht abgeschiedene Komponenten in einer nachgeschalteten katalytischen Verfahrensstufe verbrannt werden.

Membranverfahren

Zur Feinreinigung von Restkonzentrationen von Benzindämpfen in Vapour-Recovery-Anlagen in Tanklagern [1.32] können katalytische Verbrennungsverfahren eingesetzt werden.

Thermische und katalytische Verbrennung

Beim Vorliegen ungünstiger Strömungs-, Temperatur- bzw. Verweilzeitbedingungen kann die Emission von Sekundärschadstoffen (z.B. CO) im Abgas von thermischen Abgasreinigungsanlagen nachgewiesen werden. Die als Gegenmaßnahme geeignete Erhöhung der Brennkammertemperaturen stößt oftmals auf apparative Grenzen.

Der Einsatz von Abgasreinigungskatalysatoren zur Nachverbrennung ermöglicht es, die Sekundärschadstoffemissionen zu vermeiden. Eine

Absenkung der Brennkammertemperaturen auf ein Temperaturniveau, das die Oxidation der Primärschadstoffe sicherstellt, kann somit bei sicherer Einhaltung der Emissionsbegrenzungen erreicht werden [1.23].

12.2 Katalytische Oxidationsverfahren

12.2.1 Nichtselektive Verfahren

12.2.1.1 Reaktionsmechanismen der katalytischen Totaloxidation und Katalysatorbeispiele

Reaktionsmodell für Metalloxidkatalysatoren [2.13]

Als Metalloxidkatalysatoren werden die Oxide der in den Gruppen III-B-II-B (3-12) des periodischen Systems aufgeführten Metalle angesehen. Diese Metalle bilden Oxide von starker ($\Delta h^\circ_{298} > 272$ kJ/mol, z.B. Sc, Ti, V, Cr, Mn, Ge, Sn, Zn, Al) bzw. mittlerer ($\Delta h^\circ_{298} > 167$ kJ/mol, z.B. Fe, Co, Ni, Cd, Sb, Pb) Stabilität. Die Reaktionsmodelle für die katalytische Oxidation basieren auf Redox-Mechanismen, die gasförmigen und Gitter-Sauerstoff beinhalten.

Mars-van-Krevelen-Mechanismus

$$\text{MeO} + \text{R} \rightarrow \text{RO} + \text{Me} \quad \text{(Abb. 12.20)} \quad (12.28)$$

$$2\text{Me} + \text{O}_2 \rightarrow 2\text{MeO} \quad \text{(Abb. 12.20)} \quad (12.29)$$

(Me = Metall und R = Kohlenwasserstoffreaktant)
Beispiel: CH_4-Oxidation; CH_4 reagiert gasförmig (ELEY-RIDEAL)

Reaktionsmodell für Edelmetallkatalysatoren [2.1]

Edelmetalloxide sind instabil ($\Delta h^\circ_{298} < 167$ kJ/mol, z.B. Ru, Rh, Pd, Pt, Ir, Au, Ag). Deshalb gehen mechanische Betrachtungen von der dissoziativen Adsorption des Sauerstoffs aus (Abb. 12.20):

$$O_2 + S \rightarrow O_2S + S + 2\,OS. \quad (12.30)$$

(S = Oberflächenzentrum)

Der Oberflächenkomplex OS reagiert dann mit adsorbierten Kohlenstoffverbindungen (Langmuir-Hinshelwood; z.B. CO oder Olefine) oder gasförmigen Kohlenstoffverbindungen (Eley-Rideal) zu CO_2 und H_2O. Überlagerungen der Mechanismen (z.B. Parallel-Folge Reaktionen) werden als möglich angesehen.

Metalloxide: (stabile Oxide)
Redox-Mechanismen unter Beteiligung von Gittersauerstoff und gasförmigem Sauerstoff.
z. B. Mars-van Krevelen Mechanismus
$MeO + R \rightarrow RO + Me$
$2 Me + O_2 \rightarrow 2 MeO$

Beispiel: CH_4-Oxidation (Eley-Rideal) (nach Golodets 1983)
Edelmetalle: (instabile Oxide)

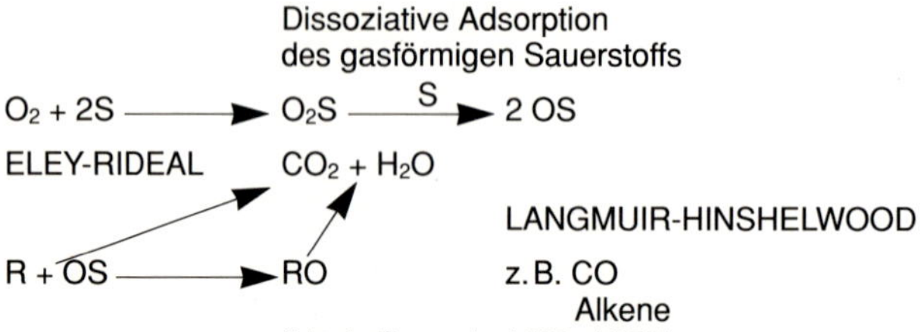

Dissoziative Adsorption
des gasförmigen Sauerstoffs

$O_2 + 2S \longrightarrow O_2S \xrightarrow{\ S\ } 2\ OS$

ELEY-RIDEAL $\quad CO_2 + H_2O$

LANGMUIR-HINSHELWOOD

$R + OS \longrightarrow RO \qquad$ z. B. CO
Alkene
(Nach Germain 1969, 1972)

Abb. 12.20. Reaktionsmodelle der katalytischen Totaloxidation

Reaktionsselektivität der Totaloxidation

Die Einordnung als nichtselektives Verfahren verdankt die Totaloxidation der Tatsache, daß alle in den Katalysator eintretenden Schadstoffe in stabile Substanzen umgewandelt werden, die in ihrer höchsten Oxidationsstufe stehen. Die Bildung von partiell oxidierten Verbindungen bzw. die Synthese anderer Schadstoffe tritt bei geeigneten Katalysatoren und geeigneter Verfahrensführung nicht auf.

Katalysatorbeispiele

Die unter „Reaktionsmodell für Metalloxidkatalysatoren" und unter „Reaktionsmodell für Edelmetallkatalysatoren" dargestellten Aktivkomponenten werden auf poröse, keramische Träger aufgebracht. Diese können für die Anwendung in Festbettreaktoren in der Form von Schüttgütern und Wabenkörpern eingesetzt werden.

Für die Auswahl von Katalysatortypen für bestimmte Emissionen kann Tabelle 12.13 als Hilfestellung herangezogen werden. Eine Charakterisierung handelsüblicher Totaloxidationskatalysatoren zeigt Tabelle 12.14. Für deren Auslegung gelten die in Tabelle 12.13 angegebenen Anspringtemperaturen und Raumgeschwindigkeiten als Richtlinie.

Für die Anwendung von Totaloxidationskatalysatoren bestehen langjährige Betriebserfahrungen (Tabelle 12.15) bei der Verringerung von Emissionen (hauptsächlich Kohlenwasserstoffverbindungen – engl. VOC = Volatile Organic Compound)

- von Gasphasensynthesereaktionen (chemische Industrie),
- von Tanklagern (chemische Industrie, Raffinerien),

Tabelle 12.13. Katalysatorauswahl und -auslegung für die Totaloxidation

Katalysator Aktivkomponente	Träger	Bauform	Emission	Anspringtemperatur	Raumgeschwindigkeit
Pt	Aluminiumoxid Alumosilicat Cordierit		höhere Alkane Alkohole Aldehyde Ketone Fettsäuren Ester Alkene Aromaten CKW	300–400 °C	20 000 h^{-1}
Pd			CO H$_2$ CO C$_1$-C$_4$ Alkane	250–450 °C	10 000–20 000 h^{-1}
MeO z.B. Cu/Mn/Fe/Cr	Aluminiumoxid Alumosilicat Cordierite bzw. Vollkontakte		Alkohole Aldehyde Ketone Fettsäuren Ester Aromaten	200–300 °C	5000–15 000 h^{-1}
		Schüttgut/Wabenkörper			

- von Lackier-, Beschichtungs-, Bedruckungs-, Klebeprozessen,
- der Kunststoffverarbeitung und
- der Lebensmittelindustrie.

12.2.1.2
Katalytische Totaloxidation organischer Lösemittel

Anwendung von Platin-Katalysatoren zur Abgasreinigung bei der PVC-Bedruckung

Bei einem Betrieb der PVC-Bedruckung waren Abluftströme der Druckmaschinen zu reinigen.

- Produktionsparameter:
    Druckprozeß: 4-Farb-Rotationsdruck
    Bedruckstoff: PVC (0,22 mm)
    Bahngeschwindigkeit: 30 m/min
    Trocknertemperatur: 90 °C

Tabelle 12.14. Charakterisierung handelsüblicher Totaloxidationskatalysatoren

Anwendungsgebiet	Anforderungen	Trägermaterial Substanz	Form u. Abmessung	Aktivsubstanz	Schüttdichten
Kohlenwasserstoffumsatz Kohlenmonoxidumsatz	niedrige Arbeitstemp., niedrige Anspringtemp., resistent gegen Vergiftung, hohe Umsatzgrade, geringe Raumgeschwindigkeit, relativ hohe Temp.-belastbarkeit (700 °C)	Aluminiumoxid (γ)	Kugelgranulat $\varnothing$ 4 – 6 mm	Metalloxide 10 % Cu, Mn	0,6 kg/l
Kohlenmonoxidumsatz und Entfernung von Sauerstoff aus technischen Gasen (H_2-Zugabe)	hoher Kohlenmonoxidumsatz bei niedrigen Anspringtemperaturen	Aluminiumoxid (γ)	Kugelgranulat $\varnothing$ 4 – 6 mm	Palladium und Metalloxide 0,2 % Pd	0,8 kg/l
Kohlenmonoxidumsatz	hoher Kohlenmonoxidumsatz bei niedrigen Anspringtemperaturen	Aluminiumoxid (γ)	Kugelgranulat $\varnothing$ 4 – 6 mm	Palladium und Metalloxide 0,2 % Pd	0,8 kg/l
Umsatz von organ. Geruchsstoffen, Aldehyden, Methan und Kohlenwasserstoffumsatz	hoher Kohlenmonoxid- und Methanumsatz bei niedrigen Anspringtemperaturen	Aluminiumoxid (γ)	Kugelgranulat $\varnothing$ 4 – 6 mm	Palladium und Metalloxide 1,0 % Pd	0,8 kg/l
Kohlenwasserstoffumsatz	temperaturbeständig bis max. 700 °C, hohe Raumgeschwindigkeit	Aluminiumoxid (γ)	Kugelgranulat $\varnothing$ 4 – 6 mm	Platin 0,1 – 0,2 %	0,8 kg/l
Kohlenwasserstoffumsatz	hohe Dauerarbeitstem. (max. 1000-1100 °C), el. hohe Anspringtemp. geringe Aktivität bei tiefen Temperaturen,	Alumosilicat	Strangpreßlinge $\varnothing$ 4 – 6 mm Länge: 7 – 10 mm; Kugelgranulat $\varnothing$ 4 – 6 mm	Platin 0,075 u. 0,1 %	1 kg/l

Tabelle 12.14 (Fortsetzung)

Anwendungsgebiet	Anforderungen	Trägermaterial		Aktivsubstanz	Schüttdichten
		Substanz	Form u. Abmessung		
Umsatz organ. Geruchsstoffe, Aldehyde, Kohlenmonoxid, und Kohlenwasserstoffe	max. Temperaturbelastbarkeit 700 °C	85% Aluminiumoxid (γ), 15% Siliciumdioxid	Wabenkörper 55 × 55 × 100 mm	Platin, 1 g /l	1,4 kg/l, cpsi: 36
Kohlenwasserstoffumsatz	Arbeitstemperatur bis 800 °C	Cordierit (Mg-Aluminium-silicat), reines Aluminiumoxid (γ)	Wabenkörper 172 × 172 × 152 mm 150 × 150 × 152 mm cpsi: 2200	Platin, 1 g/l cpsi: 1100	0,7 kg/l

Tabelle 12.15. Betriebserfahrungen mit Totaloxidationskatalysatoren

1. **Chemische Industrie** (Pharmazeutische Industrie, Raffinerieindustrie)
   - Formaldehyd-Herstellung
   - Ethylenoxid-Sterilisation
   - Bitumenverladung
   - Treibstoffverladung

2. **Verarbeitung von Drähten, Folien und Bahnen**
   - Drahtlackierung
   - Tapetenherstellung
   - Klebebandherstellung
   - Bedruckung von z. B.
     - Aluminium
     - PVC
     - Papier
   - Spritzlackierung von z. B.
     - Kunststoffteilen
     - Metallteilen
   - Kaschierung von z. B.
     - Papier
     - Karton
     - Stahlblech

3. **Kunststoffverarbeitende Industrie**
   - Polyesterverarbeitung
   - Imprägnierung von Leiterplatten
   - Herstellung von PVC-Bahnen
   - Kunstlederherstellung

4. **Lebensmittelindustrie**
   - Räuchereien
   - Bratereien

Lösungsmittel:
- Methyl-Ethyl-Keton
- Methyl-iso-Butyl-Keton
- Toluol
- Demethylformamid
- iso-Butylacetat

Die Entscheidung über das Verfahren zur Abluftreinigung fiel zugunsten der katalytischen Nachverbrennung aus. Das Anlagenkonzept sieht eine zentrale Reinigung der verschiedenen Druckmaschinenabsaugungen vor.

- Projektdaten:
  - Abluftvolumenstrom: 9.600 m^3/h
  - Beladung: 1–3 g/m^3
  - Temperatur: 70–90 °C
  - Katalysator: EnviCat KCO WK 4100 (1 g Pt/l)
  - Volumen: 450 l
  - Anspringtemperatur: 360 °C

Durch den entsprechend dimensionierten Wärmetauscher (Abluftvorwärmung) arbeitet die Anlage ab einer Beladung von ca. 2 g/m^3 autotherm (ohne Zufuhr von Fremdenergie). Die Kamintemperatur beträgt ca. 120 °C (Abb. 12.21). Die Katalysatorfüllung ist seit mehr als 20 000 Stunden in Betrieb.

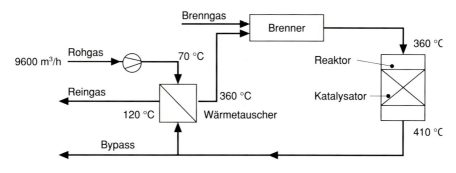

Katalysator	KCO WK 4100	450 l
Gasanalyse	Rohgas	Reingas
DMF	54 mg/m^3	3,4 mg/m^3
MEK	727 mg/m^3	0,9 mg/m^3
MIBK	688 mg/m^3	0,4 mg/m^3
Toluol	94 mg/m^3	2,0 mg/m^3
Isobutylacetat	35 mg/m^3	nicht nachweisbar
	1598 mg/m^3	6,7 mg/m^3

Abb. 12.21. Verfahrensbeispiel in einem Verfahrensfließbild eines autothermen Betriebes (ab 2 g/m^3). Katalytische Abgasreinigung bei der PVC-Bedruckung. Druckprozeß: 4-Farb-Rotationstiefdruck, Bedruckstoff: PVC 0,22 mm, Bahngeschwindigkeit: 30 m/min, Trocknertemperatur: 90 °C

Anwendung von Platinkatalysatoren zur Abgasreinigung bei der Styrolverarbeitung

Der prinzipielle Aufbau dieses Anlagentyps ist aus Abb. 12.22 zu entnehmen. Von einem Betrieb zur Herstellung von glasfaserverstärkten Kunststoff-Formteilen (GFK) wurde styrolhaltige Abluft emittiert. Nach Reduzierung des Abluftvolumenstromes durch Kapselung der Fertigungsmaschinen erfolgte die Auslegung der KNV-Anlage für einen Volumenstrom (NTP) von 15000 m^3/h mit einer Beladung (NTP) von ca. 5 g/m^3. Durch den entsprechend dimensionierten Wärmetauscher arbeitet die Anlage ab einer Beladung (NTP) von ca. 2,5 g/m^3 autotherm. Bei höheren Beladungen ist Wärmerückgewinnung zur Thermalölerhitzung möglich.

- Betriebsdaten

Temperaturen:	Rohgas	30 °C
	Katalysatoreintritt	320 °C
	Katalysatoraustritt	470 °C
	Kamin	100 °C
Wärmerückgewinnung:	Thermalölerhitzer	465 kW

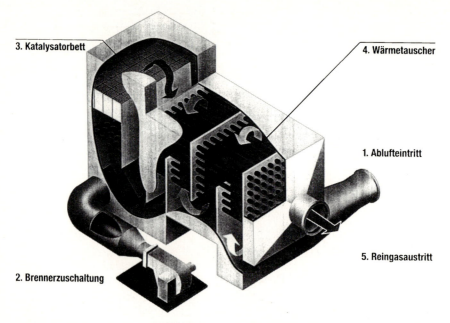

Abb. 12.22. Schematischer Anlagenaufbau einer Abgasreinigungsanlage mit Platin-Wabenkörperkatalysatoren und Abgasvorwärmung mit Röhrenwärmeübertrager [2.3]

Erdgasverbrauch: zum Aufheizen bei geringem Schadstoffangebot im Durchschnitt 6 m^3/h
Elektrische Anschlußleistung: 50 kW
Katalysatorvolumen: 800 l
Katalysatortyp: Wabenkörper EnviCat KCO WK 4100 mit 1 g Pt/l

Die Anlage ist kompakt gebaut und konnte an die vorhandenen Raumverhältnisse angepaßt werden. Die Handhabung der Anlage (Vorwärmung auf Katalysatoranspringtemperatur 320 °C ca. 30 Min. vor Betriebsbeginn) erfordert keinen zusätzlichen Personalaufwand.

Die Reingaskonzentrationen betragen weniger als 10 mg/m^3. Somit wird eine Geruchsbelästigung in der Umgebung des Betriebes vermieden.

Anwendung von Platinkatalysatoren zur Abgasreinigung bei der Drahtlackherstellung

Bei der Herstellung von Lackdrähten werden Drahtlacke, die je nach den gewünschten Eigenschaften des fertigen Drahtes verschiedene Anteile an Feststoffen sowie Lösemitteln enthalten, verwendet. Beim Trocken- sowie Einbrennvorgang in den Lackeinbrennretorten technischer Drahtlackierungsmaschinen (Abb. 12.23) werden die Lösemittel in die im Gegenstrom zum Draht

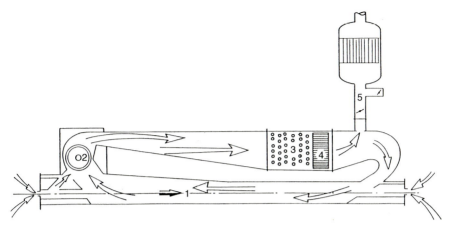

Abb. 12.23. Katalytische Abgasreinigung bei der Drahtlackherstellung. *1* Draht, *2* Ventilator, *3* Elektrische Zusatzbeheizung, *4* Hauptkatalysator, *5* Nachkatalysator

geführte Luft verdampft. Die beladene Luft wird nach Aufheizung mit Fremdenergie in einem Katalysator nachverbrannt. Ein Großteil der Oxidationsenergie kann durch Rezirkulation in die Lackeinbrennretorte wiederverwendet werden. Sollte aus lackiertechnischen Gründen bzw. wegen der nachlassenden Aktivität des Hauptkatalysators die Abluft nicht den Auflagen entsprechen, so besteht die Möglichkeit, einen zweiten Katalysator nachzuschalten.

Als Katalysatoren werden hauptsächlich Edelmetallträgerkontakte eingesetzt. Dabei ergeben sich bei Wabenkörperkatalysatoren mit keramischen Trägern Vorteile in Aktivität und Standzeit gegenüber Schüttgut- bzw. Ganzmetallträgerkatalysatoren.

Anwendung von Platinkatalysatoren zur Abgasreinigung bei der PVC-Verarbeitung

Bei der Herstellung von PVC-Bahnen entstehen Weichmacherdämpfe (z.B. Di-Octylphthalat) enthaltende Abluftströme. Die Abluft wird aus den Gelierkanälen abgesaugt (Abb. 12.24) [2.5]. Am Edelmetall-Schüttgutkatalysator wird die Konzentration (NTP) an Weichmacherdämpfen und Lösungsmitteln von $2\ g/m^3$ auf $100\ mg/m^3$ verringert.

Die Abgasreinigung ist mit dem Ziel in die Produktionsanlage integriert, die Oxidationsenergie zur vollständigen Deckung des Energiebedarfs der Gelierkanäle zu verwenden. Eine Rohgasvorwärmung durch Wärmetausch ist nicht vorgesehen.

Anwendung von Metalloxidkatalysatoren zur Abgasreinigung bei der Druckveredelung

Lösemittelhaltige Abluft aus Druckveredelungsprozessen kann bei Zusammenführung der Abluft mehrerer Produktionsmaschinen stark variierende

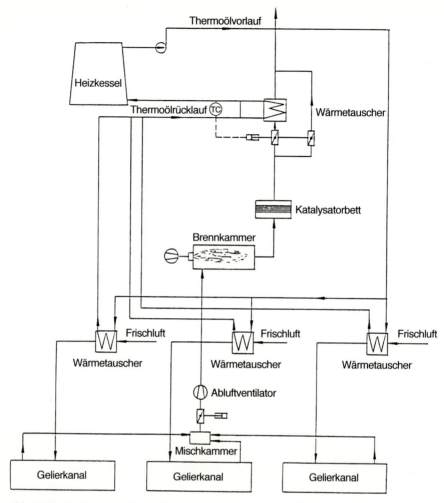

Abb. 12.24. Katalytische Abgasreinigungsanlage bei der Herstellung von PVC-Bahnen

Lösemittelkonzentrationen und Volumenströme aufweisen. Dies ist auf das Zu- und Abschalten einzelner oder mehrerer Produktionsmaschinen zurückzuführen. Auch im abgeschalteten Zustand bleiben die Absaugungen mit gedrosseltem Volumenstrom in Betrieb, um die aus Farb- bzw. Leimauftragswerken verdampfenden Lösemittel abzuführen. Der Anfall lösemittelhaltiger Abluft verhält sich somit oftmals asynchron zum Energiebedarf der Abnehmer von Abwärmerückgewinnungseinrichtungen. Aus diesen Gründen mußten die Betreiber thermischer Abgasreinigungsanlagen oftmals feststellen, daß die mittleren Lösemittelkonzentrationen (NTP) (1 bis 5 g/m^3) wesentlich unter den zur Planung der Wärmerückgewinnung sowie der Abschätzung der Betriebskosten zugrunde gelegten Werte (etwa 8 g/m^3) liegen.

12.2 Katalytische Oxidationsverfahren

Der Einsatz katalytischer Verbrennungsverfahren bietet durch

- das niedrigere Temperaturniveau und
- die Möglichkeit, schon bei relativ niedrigen Lösemittelkonzentrationen ohne Fremdenergiezufuhr (autotherm) die Verbrennung zu betreiben

Vorteile.

Durch den Einsatz von metalloxidhaltigen Katalysatoren ist eine besonders niedrige Betriebstemperatur zu realisieren. Dies gilt insbesondere bei Lösemitteln, die als sauerstoffhaltige Kohlenwasserstoffverbindungen charakterisiert werden können (z.B. Ethanol, Ethylacetat, Methyl-Ethyl-Keton (MEK)).

Diese Katalysatoren weisen schon bei relativ niedrigen Temperaturen (200 bis 300 °C) eine zur Einhaltung der Emissionsbegrenzungen ausreichende Aktivität auf. Die Niedertemperaturaktivität bleibt beim Einhalten bestimmter Temperaturobergrenzen unverändert erhalten. Beim Überschreiten dieser Temperaturen ist eine thermische Desaktivierung durch Bildung von Spinellen nicht auszuschließen.

Das folgende Beispiel soll verdeutlichen, welche positiven Ergebnisse durch Anpassung des Temperaturregelkonzeptes einer Verbrennungsanlage an die Eigenschaften eines optimierten Metalloxidkatalysators zu erreichen sind. Bei einem Folienkaschierbetrieb werden bedruckte Papier- und Kartonprodukte mit Kunststoffolien unter Verwendung lösemittelhaltiger Kleber veredelt. Das Lösemittelgemisch enthält unter anderem Ethylacetat, Isopropylacetat, MEK und Toluol. Die Zusammenführung der Abluft von fünf Kaschiermaschinen ergibt einen Abluftvolumenstrom von maximal 8000 m³/h, der mit bis zu 8 g/m³ Lösemittel beladen sein kann.

Zur Reinigung der Abluft wird eine katalytische Abgasreinigungsanlage mit 600 kg Metalloxidkatalysator eingesetzt. Dieser ermöglicht die deutliche Unterschreitung der gemäß TA Luft geforderten Reingaskonzentrationen bei Vorwärmtemperaturen von 240 bis 250 °C. Darüber hinaus zeigen die Meßwerte, daß die Restemissionen dieser katalytischen Abluftreinigungsanlage hinsichtlich der Lösemittel wie auch von CO, NO_x und CO_2 gering sind (Tabelle 12.11).

Durch geeignete Auslegung der Wärmerückgewinnung ist es möglich, ab einer Abluftbeladung von etwa 2,5 g/m³ durch rekuperative Wärmeübertragung vom heißen Reingas die Abluft auf die Anspringtemperatur des Katalysators vorzuwärmen. Somit arbeitet die Anlage im stationären Zustand ohne Zufuhr von Fremdenergie (Erdgas). Der wöchentliche Erdgasverbrauch zum Aufwärmen der Anlage bei Betriebsbeginn beträgt etwa 100 m³.

Die konstruktive Gestaltung der Anlage erfolgt im Hinblick auf eine schnelle und flexible Anpassung des Wärmestromes im Röhrenabluftwärmetauscher in Abhängigkeit von der Katalysatortemperatur. Um Konzentrationsspitzen entgegenwirken zu können, ist die proportionale Zufuhr von Verdünnungsluft vorgesehen. Für den Katalysator ist eine Dauerbetriebstemperatur von 500 °C zugelassen (Abb. 12.25).

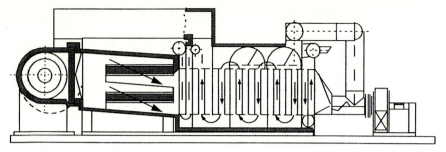

Abb. 12.25. Katalytische Abgasreinigungsanlage bei der Folienkaschierung

Anwendungen von Metalloxidkatalysatoren zur Abgasreinigung bei Spritzkabinen [2.2]

Abluftströme der Spritzlackierung von Metall- oder Kunststoffteilen werden charakterisiert durch:

- Verwendung von Lösemittelgemischen (Aromaten, Acetate, Glykole, Alkohole, Paraffine),
- hohe Volumenströme,
- niedrige Konzentrationen,
- Partikelbeladung (z. B. Pigmente) und
- hohe relative Feuchten.

Deshalb finden Totaloxidationsverfahren häufig mit adsorptiver Aufkonzentration zur Abgasentsorgung Verwendung. Die Auslegung von katalytischen Anlagen ohne Aufkonzentration trägt der großen Verdünnung wie folgt Rechnung:

- Niedrige Reaktionstemperatur durch Verwendung von Metalloxidkatalysatoren und
- geringe Reingaswärmeverluste durch Verwendung von regenerativen Wärmeübertragern.

Dies soll an folgendem Beispiel eines Betriebes dargestellt werden, der Abluft aus der Roboterspritzlackierung von dekorativen Elektroschalterblenden mit Hilfe eines Metalloxidkatalysators EnviCat KCO SG 1244 (Bauart Solvay Catalysts) (4 m^3, 2400 kg) entsorgt.

Partikel werden durch Wasserberieselung und Tuchfilter zurückgehalten. Die keramische Wärmespeicherschüttung und die Katalysatorschüttung sind auf vier Schichten verteilt, die in alternierender Richtung (Umschaltzeit: ca. 3 Min.) durchströmt werden. Die Wärmeübertrager- und Katalysatorbetten sind übereinander angeordnet. Die Umschaltung der Strömungsrichtung bewirkt ein seitlich angeordnetes Klappensystem.

Die Reingaskonzentrationen, gemessen als Halbstundenmittelwert, betragen 20–30 mg/m^3 und beinhalten die beim Umschalten der Strömungsrichtung durch das Ausspülen des Zwischenkornvolumens auftretenden Konzentrationsspitzen.

- Verfahrensparameter
  Volumenstrom (norm) = 60 000 m³/h
  Lösemittelkonzentration = 400–700 mg/m³
  Temperatur = 20–30 °C
  Lösemittelgemisch:
     Ethylacetat
     n-, iso-Butylacetat
     Methoxypropylacetat
     Ethoxypropylacetat
     Diacetonalkohol
     iso-Butanol
     Methyl-iso-Butyl-Keton
     Toluol
     Xylol
     Paraffine
  Eintritt 1. Wärmespeicherschicht: 20 °C
  Austritt 1. Katalysatorschicht: 270 °C
  Brennkammer
  Eintritt 2. Katalysatorschicht: 300 °C
  Austritt 2. Wärmespeicherbett: 50 °C

Anwendung von Platinkatalysatoren zur Abgasreinigung bei der Phenolharzimprägnierung

Leiterplatten werden durch Imprägnierung von Textilien mit Phenolharzen hergestellt. Bei der Härtung der Harze treten Abgase auf, die Phenol, Formaldehyd und organische Härter enthalten. Diese Härter neigen zu Sublimierung bei Temperaturen unterhalb 100 °C. Deshalb müssen die Temperaturen in der Abgasleitung über dieser Temperatur gehalten werden. Als zusätzliche Sicherheit gegen Partikel werden in ausgeführten Anlagen Vorschichten unmittelbar vor Katalysator im Reaktor eingesetzt. Diese Betten müssen bei Bedeckung mit kohlenstoffhaltigen Partikeln ersetzt oder bei erhöhter Temperatur abgebrannt werden.

- Verfahrensbeispiel
  Abgasvolumenstrom (NTP): 6000 m³/h
  Betriebsweise: autotherm
  Schadstoffkonzentration (NTP)
  Abgas: 6000 mg/m³
  Reingas: < 50 mg/m³
  Temperatur vor Katalysator: 375 °C
  Temperatur hinter Katalysator: 560 °C
  Temperatur am Kamin: 170 °C
  Katalysator: EnviCat KCO WK 4100
     (Bauart Solvay Catalysts)

Anwendung von Platinkatalysatoren zur Abgasreinigung bei Tiefdruckanlagen

Bei der Verwendung siliconfreier Farben im Lebensmittelverpackungsdruck werden Platinkatalysatoren zur Totaloxidation der Lösemittel (hauptsächlich Ethanol, Ethylacetat) eingesetzt.

- Verfahrensbeispiel
  Abgasvolumenstrom (NTP): 20 000 m³/h
  Schadstoffkonzentration (NTP)
  Abgas: 2000 mg/m³
  Reingas: < 50 mg/m³
  Temperatur vor Katalysator: 350 °C
  Katalysator: EnviCat KCO SG 1233 (Bauart Solvay Catalysts)
  Raumgeschwindigkeit: 20 000 h⁻¹

Anwendung von Metalloxidkatalysatoren zur Abgasreinigung bei Offset-Druckanlagen

Bei Offsetdruck ist mit einer Vielzahl von Lösemitteln infolge der unterschiedlichen Druckfarben zu rechnen. Hierbei wurden über mehrjährige positive Erfahrungen mit Metalloxidkatalysatoren berichtet.

- Verfahrensbeispiel
  Abgasvolumenstrom (NTP): 3500 m³/h
  Betriebsweise: autotherm
  Schadstoffkonzentration: 3000–4000 mg/m³
  Temperatur vor Katalysator: 200 °C
  Katalysator: EnviCat KCO SG 1244 (Bauart Solvay Catalysts)
  Raumgeschwindigkeit: 15 000 h⁻¹

Anwendung von Metalloxidkatalysatoren zur Abgasreinigung bei der Bedruckung von Aluminiumfolien

Bei der Bedruckung von Aluminiumfolien zur Herstellung von Blister-Verpackungen wird Ethylacetat als Hauptlösemittel eingesetzt. Angeführte Anlagen werden z. B. zur zentralen Entsorgung mehrerer Druckmaschinen eingesetzt (Abb. 12.26).

- Verfahrensbeispiel
  Abgasvolumenstrom (NTP): 30 000 m³/h
  Betriebsweise: autotherm
  Schadstoffkonzentration
  Abgas: 3500 mg/m³
  Reingas: < 10 mg/m³
  Temperatur vor Katalysator: 250 °C
  Temperatur hinter Katalysator: 355 °C

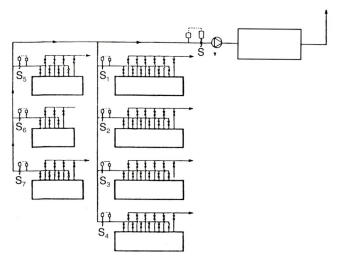

Abb. 12.26. Katalytische Abgasreinigung bei der Aluminiumfolienbedruckung. Druckprozeß: 5-Farb-Tiefdruck; Abluftstrom: 30000 m³/h; Lösemittel: Ethylacetat; Rohgaskonzentration: ca. 3,5 g/m³; Katalysator: ENVICAT KCO SG 2116; Volumen: 2 m³; Raumgeschwindigkeit: 15000 h⁻¹; Vorwärmtemperatur: 250 °C; Reingaskonzentration: unter 10 mg/m³

Katalysator: EnviCat KCO SG 2116
                                            (Bauart Solvay Catalysts)
Raumgeschwindigkeit: 15000 h⁻¹

Anwendung von Platinkatalysatoren zur Abgasreinigung bei der Herstellung von Kunstleder

Kunstleder wird durch Beschichtung von Textilien mit PU-Kunststoffemulsionen (Lösemittel, Ketonen, Aromaten) hergestellt. Einige Mischungen enthalten Silicon. In diesem Falle müssen die bei 350 °C betriebenen Platinkatalysatoren durch Metalloxidschichten geschützt werden. Diese Schutzschichten haben eine hohe Kapazität für das bei der Oxidation der Silicone entstehende SiO_2. Mit diesen Konfigurationen werden Standzeiten über 4 Jahre erreicht.

12.2.1.3 Katalytische Totaloxidation zur Reinhaltung von Abgasen partieller Oxidationsverfahren

Anwendung von Platinkatalysatoren zur Abgasreinigung bei der Formaldehydherstellung

Bei der Herstellung von Formaldehyd (z. B. nach dem FORMOX-Prozeß) wird an einem Katalysator Methanol in einem Luftstrom partiell oxidiert.

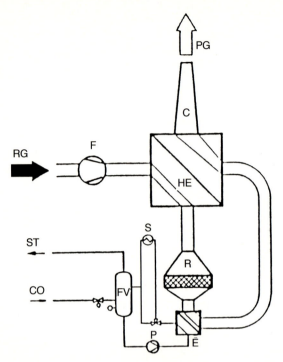

Abb. 12.27. Katalytische Abgasreinigung bei der Formaldehydherstellung. HE Wärmetauscher, R Reaktor, E Dampferzeuger, FV Brüdenkörper, S Anfahrhilfssystem, P Pumpe, C Kamin, F Gebläse, RG Rohgas, PG Reingas, ST Dampf, CO Kondensat [2.7]

Die Abgase der Formaldehydherstellung enthalten etwa 1,5 % Volumenanteil Kohlenmonoxid, Methanol, Dimethylether und Formaldehyd (Abb. 12.27). Daraus entsteht am Katalysator eine Temperaturerhöhung von 250 °C. Bei einem Volumenstrom von 20 000 m^3/h (NTP) ergibt sich bei autothermer Fremdenergiezufuhr die Möglichkeit, durch Wärmerückgewinnung 2,3 t/h Dampf (2 · 10^6 Pa) zu erzeugen. Die Wärmeübertragung zur Rohgasaufheizung ist so ausgelegt, daß die nach Wärmerückgewinnung verbleibende thermische Energie zu 70–80 % zurückgeführt wird (Abb. 12.27). Die erreichten Formaldehyd-Restkonzentrationen liegen unterhalb von 5 mg/m^3.

Die Katalysatorstandzeit wird vom Anlagenhersteller mit vier Jahren angegeben. Für die Katalysatorauslegung werden Raumgeschwindigkeiten zwischen 13 000 h^{-1} und 30 000 h^{-1} verwendet. Katalysator: Platin auf γ-Al$_2$O$_3$-Schüttgut. Die Anspringtemperatur des Katalysators liegt bei ca. 180 °C.

Anwendung von Metalloxidkatalysatoren zur Abgasreinigung bei der Phthalsäureanhydridherstellung

Bei der Herstellung von Phthalsäureanhydrid wird Benzol in einem Luftstrom an einem Katalysator partiell oxidiert. Dabei entsteht ein Abgasstrom, der mit ca.

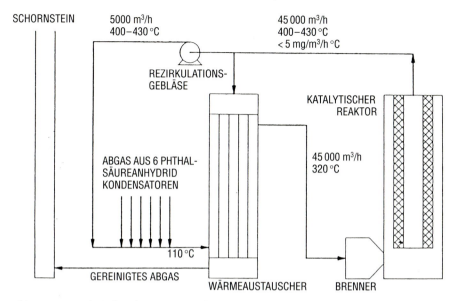

Abb. 12.28. Katalytische Abgasreinigung bei der Phthalsäureanhydridherstellung [2.8]

2,5 g/m³ Schadstoffen (Phthalsäureanhydrid, Maleinsäureanhydrid, Kohlenmonoxid) verunreinigt ist. Mit Hilfe von Metalloxidkatalysatoren können diese bei einer Vorwärmtemperatur von 320 °C auf ca. 1 mg/m³ abgereinigt werden. Für eine Anlage zur Reinigung von 45000 m³/h werden Anlagenkosten von ca. 2,3 Mio. DM angegeben (Katalysator CK 302, Bauart Haldor Topsøe, Raumgeschwindigkeit 5000 h^{-1}). Die Katalysatorstandzeit wird mit über 30000 h angegeben (Abb. 12.28). Der entsprechend dimensionierte Abgaswärmetauscher ermöglicht eine autotherme Fahrweise bei einer Konzentration (NTP) von 2–5 g/m³.

Anwendung von Edelmetallkatalysatoren zur Abgasreinigung bei der Abwasserreinigung durch Naßoxidationsverfahren

Biologisch schwer abbaubare Abwässer werden in der chemischen Industrie oder in kommunalen Kläranlagen z.B. durch Naßoxidation behandelt. Dabei wird das Abwasser unter hohem Druck (z.B. unterirdische Reaktoren, sog. Ver-Tech-Verfahren) und mittlere Temperaturen (<100 °C) mit Luft oder Sauerstoff gesättigt. Unter diesen Bedingungen laufen homogene Oxidationsreaktionen in der wäßrigen Phase ab, die die organischen Wasserinhaltsstoffe zu CO_2 und H_2O oxidieren. Bei der Abtrennung der Reaktionsgase von den gereinigten Abwässern entsteht ein Abgasstrom. Dieser enthält in hoher Konzentration partiell oxidierte Kohlenstoffverbindungen, z.B. CO, Aldehyd, Ketone. Darüber hinaus können kurzkettige Alkane wie Methan im Abgasstrom enthalten sein. Eine verfahrenstechnische Aufgabe besteht in der Entfernung von Wasseraerosol vor Eintritt in den Katalysator.

Bei der Katalysatorauslegung – insbesondere Berechnung der Temperaturerhöhung – muß berücksichtigt werden, daß die Trägergase je nach Betriebszustand wechselnde Konzentrationen an Sauerstoff, Kohlendioxid und Wasser enthalten. Die Nachverbrennung dieser Emissionen wird mit Hilfe von Platin- und Palladiumkatalysatoren durchgeführt. Die Anspringtemperaturen können unter 250 °C gewählt werden.

Anwendung von Edelmetallkatalysatoren zur Räucherabgasreinigung

Zur Haltbarmachung und Geschmackseinstellung von Fleisch- und Fischwaren werden Räucherprozesse eingesetzt. Das Räuchergas wird durch Verschwelung von Holz erzeugt. Die Schwelgase enthalten u.a. Teerstoffe, Aldehyde, Kohlenmonoxid und Methan. Diese können mit Hilfe von Platinkatalysatoren zu CO_2 und H_2O umgewandelt werden. Eine zusätzliche Schicht Palladiumkatalysator ermöglicht auch den nahezu vollständigen Umsatz der schwer oxidierbaren Komponente Methan, so daß Emissionskonzentrationen von < 50 mg/m³ erreicht werden. Voraussetzung ist die Abscheidung von Teer- und Wasseraerosolen sowie die Anpassung des Regelkonzeptes an die stark instationären Abgasbedingungen. Hier sei insbesondere auf den kurzzeitigen Abgasanfall hingewiesen.

Anwendung von Edelmetallkatalysatoren zur Abgasreinigung bei der Vinylchloridherstellung

Emissionen chlorierter Kohlenwasserstoffe können bei der Produktion bzw. Anwendung dieser Stoffe auftreten.

Gasförmige Emissionen treten z. B. aufgrund von

- Lösemitteln,
- Monomeren,
- Weichmachern,
- Flammschutzmitteln und
- Bodensanierungen [2.9]

auf. Für die Entsorgung dieser Emissionen kommen katalytische Verfahren in Betracht [2.9, 2.10, 2.11].

Die Oxidation der CKW zu den Produkten CO_2, H_2O und HCl ist als gewünschte Reaktion anzusehen, da diese zu einer Umwandlung der Primärschadstoffe in unschädliche bzw. leicht abtrennbare sowie wiederverwertbare Produkte führt:

$$C_xH_yCl_z + O_2 \rightarrow CO_2, H_2O, HCl. \tag{12.31}$$

Die Bildung von freiem Chlor soll aus Korrosionsschutzgründen in technischen Anlagen vermieden werden. Das Auftreten von HCl und Cl_2 im Abgas wird thermodynamisch durch das DEACON-Gleichgewicht beschrieben:

$$2\,HCl + \tfrac{1}{2}\,O_2 \rightleftharpoons H_2O + Cl_2 \tag{12.32}$$

$\Delta h^o_{298} = -57{,}3$ kJ/mol.

Aufgrund der negativen Reaktionsenthalpie nimmt die Cl_2-Bildung mit steigender Temperatur ab. Darüber hinaus drängt ein niedriger Sauerstoff- bzw. hoher Wasserdampfpartialdruck die Cl_2-Bildung zurück.

Als Primärprodukt der katalytischen CKW-Verbrennung ist bei ausreichendem Wasserstoffangebot HCl anzusehen, das in einer Folgereaktion bis zur Einstellung der Gleichgewichtskonzentration zu Cl_2 reagiert. Die Einstellung des Gleichgewichts ist stark verweilzeitabhängig, so daß bei Verkürzung der Verweilzeit die Cl_2-Konzentration unter der Gleichgewichtskonzentration bleibt [2.10].

Das Ablaufen von Chlorierungs- bzw. Dehydrochlorierungsreaktionen führt zu unerwünschten, ggf. polychlorierten Sekundärschadstoffen:

$$C_{x0}H_{y0}Cl_{z0} \rightarrow C_x H_y Cl_z \qquad (12.33)$$
$$x > x_0; \; y > y_0; \; z > z_0$$

Für die Bildung der als besonders schädlich eingestuften polychlorierten Dibenzo-p-dioxine und -furane ist folgender Wissensstand der Literatur zu entnehmen: Das Vorhandensein von aromatischen Kohlenstoffen und freiem Chlor kann als fördernd angesehen werden. Dieser Bildungsmechanismus wird durch hohe Temperaturen begünstigt.

Bei Sauerstoffüberschuß konnte in Abgasen von Müllverbrennungsanlagen bei ca. 300 °C Dioxin-/Furan-Bildung beobachtet werden. Dieser „De-Novo"-Bildungsmechanismus basiert auf Reaktionen von Kohlenstoffpartikeln mit anorganischen Chloriden in der Anwesenheit von $CuCl_2$. Zersetzungsreaktionen wurden ab 600 °C beobachtet. Bei Sauerstoffmangel tritt in Flugaschen eine Zersetzung von Dioxinen und Furanen bereits bei ca. 280 °C auf [2.10].

Durch den bei der CKW-Oxidation entstehenden Chlorwasserstoff ist die Gefahr der Katalysatorvergiftung gegeben (s. Abschn. 12.1.3.3 „Beispiel: Chloridvergiftung").

Aus diesen grundsätzlichen Überlegungen ergeben sich zur Behandlung von chlorkohlenwasserstoffhaltigen Abgasen die folgenden Anforderungen für die Katalysator- und Verfahrensentwicklung:

- Aktivität
  - hohe Umsatzgrade für CKW
  - kurze Verweilzeit, um Cl_2-Gleichgewichtseinstellung zu verhindern
- Selektivität
  - HCl-Bildung fördern durch
    - Katalysatoreigenschaften (z.B. angepaßte Porosität)
    - ausreichendes Wasserstoff-Angebot
    - hohe H_2O-Dampf-Gehalte
    - niedrige Sauerstoffgehalte
- Stabilität
  - Temperaturstabilität des Katalysators auch oberhalb 600 °C im Dauerbetrieb
  - Stabilität der Edelmetalldispersion auch in Anwesenheit von HCl
  - Resistenz der Trägermaterialien gegen HCl

- Reaktionsbedingungen
  • Einstellung der Reaktionsbedingungen im Hinblick auf eine hohe Desorptionsgeschwindigkeit von HCl (Temperatur, Strömungsgeschwindigkeit)

Bei der Herstellung von monomerem Vinylchlorid wird bei einigen Verfahren eine Oxichlorierung des Ethylens mit HCl in einem Luftstrom bei erhöhtem Druck durchgeführt. Im Abgas liegen u. a. Ethan, Ethen und kurzkettige Chloralkane und Chloralkene vor. Die Konzentrationsverhältnisse erlaubten die Einhaltung einer Katalysatortemperatur von über 600 °C bei einer Vorwärmtemperatur von unter 400 °C. Schwankende Konzentrationen stellten hohe Anforderungen an das Temperaturregelkonzept der Anlage.

Als Katalysatoren kommen Platin auf Al_2O_3 und Alumosilicat (Bauart Solvay Catalysts) [2.10] bzw. eine Kombination aus Al_2O_3-Katalysator und Pt/Pd-Katalysator (Bauart Degussa) [2.11] in Betracht. Durch Temperaturmessung im Katalysatorbett und Regelung der Frischluftzufuhr kann eine Überschreitung der maximalen Temperaturbelastbarkeit des Katalysators vermieden werden. Die erzielten Umsatzgrade ermöglichen die sichere Einhaltung der KW-Konzentration (NTP) unterhalb 50 mg/m^3 und CKW-Konzentration (NTP) unterhalb 5 mg/m^3. Unter den eingestellten Reaktionsbedingungen (Rohgaszusammensetzung, Feuchte, Wasserstoffangebot, Sauerstoff–angebot, Verweilzeit, Temperatur) tritt HCl als bevorzugtes Cl-haltiges Reaktionsprodukt auf.

Das mit Hilfe der beschriebenen Katalysatorentwicklung entworfene Abgasreinigungsverfahren zur Entsorgung von gasförmigen Chlorkohlenwasserstoffemissionen ermöglicht die Einhaltung der Emissionsbegrenzungen auf einem gegenüber thermischen Verbrennungstemperaturen deutlich abgesenkten Temperaturniveau. Die Verwendung von metallischen Werkstoffen im Reaktorbereich ist möglich. Bei geeigneter Werkstoffauswahl für den Wärmetauscher kann eine rekuperative Abgasvorwärmung vorgesehen werden. Diese ermöglicht beim Auftreten von ausreichend hohen Konzentrationen an brennbaren Abgasbestandteilen einen Betrieb der Anlage ohne Fremdenergiezufuhr (autotherm). Die in Abb. 12.29 dargestellte Erdgasfeuerung dient als Anfahrhilfe zum Aufwärmen der Anlage mit Frischluft auf die Anspringtemperatur des Katalysators bzw. zur Überbrückung schadstoffarmer Betriebsphasen. Bei hohen Schadstoffkonzentrationen anfallende Abwärme kann in einem Abhitzekessel genutzt werden [2.10, 2.11].

Anwendung von Edelmetall- oder Metalloxid-Katalysatoren zur Abgasreinigung bei der Kaltsterilisation mit Ethylenoxid

Bei der Sterilisation von medizinischen Verpackungen und Instrumenten wird oftmals Ethylenoxid eingesetzt. Ethylenoxid ist ein toxisches Gas, das krebserzeugende Wirkung hat. Deshalb müssen Konzentrationen (NTP) von 5 mg/m^3 im Reingas unterschritten werden. Die sehr hohe Rückzündgeschwindigkeit und weite Explosionsgrenzen (2,6 – 100 % Volumenanteil) stellen hohe Anforderungen an das Sicherheitskonzept der Anlage.

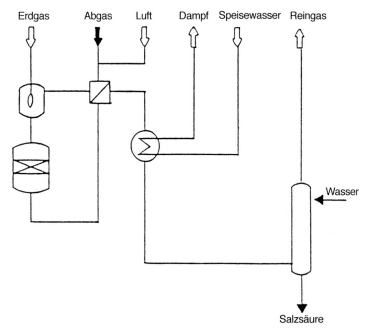

Abb. 12.29. Katalytische Abgasreinigung bei der Vinylchloridherstellung

Da die Sterilisation als Batch-Prozeß durchgeführt wird, können hohe Konzentrationspeaks auftreten. Bei ausgeführten Anlagen wird aus Sicherheitsgründen zwischen Autoklaven und KNV-Anlage ein geeigneter Puffer vorgesehen, z. B. durch einen mit Wasser betriebenen Wäscher.

Zur Verminderung der Schadstoffkonzentrationen wird das aus den Autoklaven abgesaugte Abgas mit einem Frischluftstrom vermischt. In der KNV-Anlage wird das Rohgasgemisch durch Wärmeaustausch sowie Fremdenergiezufuhr auf die Katalysatoranspringtemperatur aufgeheizt.

Als Katalysatoren können Edelmetallkatalysatoren (Anspringtemperatur ca. 350 °C) sowie Metalloxidkatalysatoren (Anspringtemperatur unter 200 °C) verwendet werden.

12.2.1.4
Katalytische Totaloxidation zur Reinigung von Raffinerieabgasen

Anwendung von platin- und palladiumhaltigen Katalysatoren zur Abgasreinigung bei Tanklagern

Bei der Befüllung von Tankfahrzeugen anfallende Verdrängungsluft enthält in hohen Konzentrationen kurzkettige Alkane (C_3–C_4), die über Grobabscheideverfahren (Membranen, Adsorptionsaktivkohle, Wäscher) zurückgewonnen werden [2.12]. Zur Feinreinigung hinsichtlich der Einhaltung der Emissionsbegrenzungen sind katalytische Verbrennungsverfahren mit Edelmetallkatalysatoren geeignet. Die in die Katalysatorstufe eingespeisten Restgase enthalten bis zu 10 g/m³ Benzinkohlenwasserstoffe (insbesondere Propan und Butan). Für die Totaloxidation dieser Schadstoffarten sind palladiumhaltige Katalysatoren (aufgrund ihres günstigen Anspringverhaltens geeignet (Abb. 12.30)). Das Regelkonzept der Anlage muß auf kurzzeitige Beladungsschwankungen reagieren können.

Anwendung von Platinkatalysatoren zur Abgasreinigung bei der Bitumenverladung

H_2S- und Mercaptan-haltige Abgase der Bitumenverladung können mit Katalysatoren behandelt werden. Dabei werden hohe Anforderungen an die Aktivität, Selektivität (geringe SO_3-Bildung) und Stabilität (Schwefelresistenz) der Katalysatoren gestellt.
Die Einsatzbedingungen sind:

- Raumgeschwindigkeit   ca. 10 000 h^{-1}
- Vorwärmtemperatur   ca. 400 °C.

12.2.1.5
Anwendung von Edelmetallkatalysatoren zur Reinigung von Dieselmotorabgasen

Abgase von Dieselmotoren können durch ihren Gehalt an

- Kohlenwasserstoffen (z. B. Aldehyde) (HC),
- Kohlenmonoxid (CO),
- Stickoxiden (NO, NO_2) und
- Partikeln (Ruß, Polycylische Aromaten)

zur Problemen hinsichtlich des Arbeits- und Umweltschutzes führen.

Durch den Einsatz von Oxidationskatalysatoren können oxidierbare Bestandteile (Kohlenwasserstoffe, CO) aus dem Abgas entfernt werden. Es finden sowohl Wabenkörper- als auch Schüttgutkatalysatoren mit Platin oder Palladium als Aktivkomponente Verwendung. Für die Zurückhaltung der Partikel sind verschiedene mechanisch- bzw. elektrostatisch wirkende Systeme bekannt. Die Filterregeneration kann durch Abbrand mit katalytischer Beschichtung der Filterkörper bei ca. 400 °C geschehen.

Aufgrund des hohen Sauerstoffgehaltes von Dieselmotorabgasen ist das 3-Wege-Katalysator-System zur NO_x-Minderung nicht anwendbar. Die Verringerung des NO_x-Gehaltes kann mit Hilfe von Primärmaßnahmen (z. B. Abgasrückführung und Filterung) oder selektiven Sekundärmaßnahmen (s. Abschn. 12.3) erreicht werden.

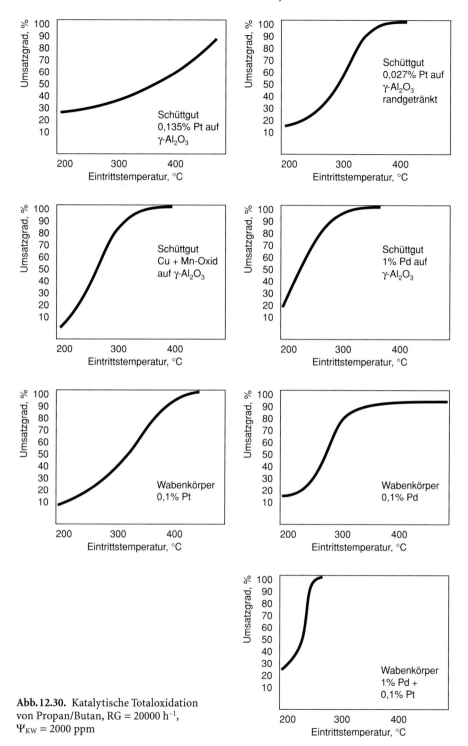

Abb. 12.30. Katalytische Totaloxidation von Propan/Butan, $RG = 20000\ h^{-1}$, $\Psi_{KW} = 2000\ ppm$

Die Katalysatoraktivität wird hinsichtlich des Umsatzgrades von CO und HC zu CO_2 und H_2O unter Berücksichtigung einer geringen Oxidation von SO_2 und NO optimiert.

12.2.2
Selektive Oxidationsverfahren

12.2.2.1
Anwendung von Platinkatalysatoren zur NH_3-Oxidation

Reaktionsmechanismen [2.2]

Umsatz und Selektivität der katalytischen Oxidation von Ammoniak werden durch eine Vielzahl von Parametern beeinflußt. Neben den unmittelbaren Reaktionsbedingungen (Gastemperatur, Ammoniakkonzentration, Verweilzeit bzw. Raumgeschwindigkeit als Maß für die Katalysatorbelastung, Zusammensetzung der Gasmischung) spielt die Art des Katalysators eine entscheidende Rolle für das Umsatzverhalten und die resultierenden Produktkonzentrationen bei der Ammoniakoxidation. Im Hinblick auf die chemische Zusammensetzung können zwei Gruppen von Katalysatoren unterschieden werden, die auch im Reaktionsmechanismus und Leistungsverhalten typische Merkmale aufweisen.

- Edelmetallkatalysatoren, bestehend aus geringen Anteilen von Platingruppenmetallen (typischerweise 0,1 bis 0,5% Massenanteile) auf Trägern großer Oberfläche (Aluminiumoxide, Silicate, Metallträger mit keramischer Beschichtung) und
- Metalloxidkatalysatoren, bestehend aus Oxiden der Übergangsmetalle als Bestandteil homogener Formkörper (z.B. Extrudate) oder als Oberflächenbeschichtung auf den schon genannten Trägern.

Die Unterschiede im Umsatz- und Selektivitätsverhalten der beiden Katalysatorarten können durch die jeweils vorherrschenden katalytischen Elementarreaktionen begründet werden. Auf den Oberflächen der Edelmetallkatalysatoren tritt unter Reaktionsbedingungen eine Belegung mit Ammoniak und Sauerstoff auf.

Schon bei niedrigen Temperaturen (ab ca. 100 °C) findet eine fortschreitende Abspaltung von Wasserstoffatomen aus dem Ammoniakmolekül statt; die Aufspaltung der Sauerstoffmoleküle führt zu reaktionsfähigen Sauerstoffatomen. Der größte Teil der Sauerstoffatome reagiert mit dem Wasserstoff zu Wassermolekülen, die von der Katalysatoroberfläche desorbieren. Die aus den Ammoniakmolekülen bei vollständiger Wasserstoffabspaltung entstehenden Stickstoffatome können untereinander oder mit Sauerstoffatomen reagieren; im ersten Fall entstehen Stickstoffmoleküle, die sofort den Katalysator verlassen. Im zweiten Fall bildet sich Stickstoffmonoxid NO, welches erst bei Temperaturen oberhalb 250 °C in größerem Ausmaß desorbiert.

Selektive Oxidation

4 NH$_3$ + 3 O$_2$ → 2 N$_2$ + 6 H$_2$O

Nicht-selektive Oxidation

4 NH$_3$ + 5 O$_2$ ⟶ 4 NO + 6 H$_2$O
2 NH$_3$ + 2 O$_2$ ⟶ N$_2$O + 3 H$_2$O
4 NH$_3$ + 7 O$_2$ ⟶ 4 NO$_2$ + 6 H$_2$O

Schema Parallel- und Folgereaktion

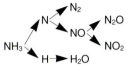

Abb. 12.31. Reaktionsschema der katalytischen NH$_3$-Oxidation

Reagiert ein Molekül NO mit einem weiteren Stickstoffatom, so entsteht Distickstoffoxid N$_2$O. Dieses Gas ist nicht so stark an die Katalysatoroberfläche gebunden und geht leichter in die Gasphase über (Abb. 12.31).

Die Sauerstoffübertragung der Metalloxidkatalysatoren auf die Ammoniakmoleküle folgt dagegen einem anderen Mechanismus. Bedingt durch ihre Möglichkeit zum Wechsel der Oxidationsstufe sind die Oxide der Übergangsmetalle in der Lage, Sauerstoffatome aus ihrem Kristallgitter an die an der Oberfläche sorbierten Gasmoleküle abzugeben. Die Leerstelle im Kristallgitter wird in der Folge durch Reaktion mit Sauerstoff aus der Gasphase aufgefüllt. Bedingt durch die direkte Sauerstoffübertragung treten im Vergleich weniger Nebenprodukte wie N$_2$O und NO$_x$ auf. Die Aktivierung des Sauerstofftransfers aus dem Kristallgitter erfordert andererseits größere Energie als die Oberflächenreaktionen der Edelmetallkatalysatoren, so daß bei den Metalloxidkatalysatoren zur Erreichung einer gleich großen Reaktionsgeschwindigkeit höhere Betriebstemperaturen notwendig sind.

Ein Beispiel für das charakteristische Verhalten von Platinkatalysatoren zeigt das Diagramm des Katalysators EnviCat KCO SG 1137 (Bauart Solvay Catalysts) (Abb. 12.32) für die katalytische Oxidation von 0,1 % Volumenanteil NH$_3$ in Luft. Aufgetragen ist der Umsatzgrad und der Bildungsgrad der Nebenprodukte N$_2$O und NO$_x$ als Funktion der Gastemperatur vor Katalysator.

Schon bei 200 °C wird unter den gegebenen Reaktionsbedingungen ein vollständiger NH$_3$-Umsatz beobachtet, der über den gesamten Temperaturbereich erhalten bleibt. Eine Bildung von NO$_x$ tritt erst oberhalb 225 °C ein und verstärkt sich bis zu einer Meßtemperatur von 400 °C. Der Verlauf des Bildungsgrades von N$_2$O ist gegenläufig; bei 200 °C wird eine N$_2$O-Konzentration von 50 ppm registriert, die sich oberhalb 275 °C verringert und bei 375 °C nicht mehr meßbar ist. Ursache für den Verlauf der Konzentrationen der Nebenprodukte N$_2$O und NO$_x$ ist die schon erwähnte Beschleunigung der Desorption des Primärproduktes NO von der Oberfläche des Platins bei höheren Temperaturen, die die Bildung des Folgeproduktes N$_2$O verringert.

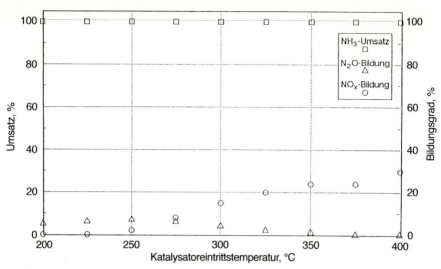

Abb. 12.32. Selektive NH$_3$-Oxidation am Platinkatalysator; Katalysator: EnviCat SG 1137/0,3; Träger: Alumosilicat; Raumgeschwindigkeit: 16000 h^{-1}; NH$_3$-Gehalt: 1000 ppm

In Abb. 12.33 ist das Umsatz- und Selektivitätsverhalten eines Metalloxidkatalysators dargestellt. Als Aktivmaterialien wurden Oxide von Vanadium und Titan verwendet. Ein vollständiger NH$_3$-Umsatz wird erst bei einer Gastemperatur von 375 °C erreicht im Gegensatz zur Betriebstemperatur des Katalysators 1137 von 200 °C. Leichte Vorteile weist der Metalloxidkatalysator bei der Selektivität auf; selbst bei vollständiger NH$_3$-Oxidation werden nur geringe (N$_2$O) bzw. keine (NO$_x$) Nebenprodukte gebildet.

Einen starken Einfluß auf das Leistungsverhalten des Platinkatalysators 1137 übt auch der Sauerstoffgehalt in der Gasatmosphäre aus, wie dies Abb. 12.34 verdeutlicht. Dargestellt ist der NH$_3$-Umsatz und die Selektivität als Funktion der Sauerstoffkonzentration bei konstanter Gastemperatur vor Katalysator. Bei einer O$_2$-Konzentration von 0,5% Volumenanteil wird vollständiger NH$_3$-Umsatz und eine ausgezeichnete Selektivität erreicht.

Die Verwendung von Edelmetallkatalysatoren bietet für die katalytische Nachverbrennung von Ammoniak einige Vorteile. Hervorzuheben ist die benötigte niedrige Arbeitstemperatur, die eine energiesparende Betriebsweise und eine geringere thermische Belastung von Anlagenbauteilen erlaubt. Die etwas schlechtere Selektivität bezüglich N$_2$O kann durch Wahl geeigneter Temperaturbetriebspunkte minimiert oder verfahrenstechnisch (Absenkung der Sauerstoffkonzentration) völlig aufgehoben werden. Ist mit der gleichzeitigen Anwesenheit von kohlenstoffhaltigen Substanzen im Abgas zu rechnen, so sind die Edelmetallkatalysatoren auch zur simultanen Nachverbrennung organischer Verbindungen, ohne neugebildete nitroorganische Substanzen (einschließlich Blausäure) in der Lage.

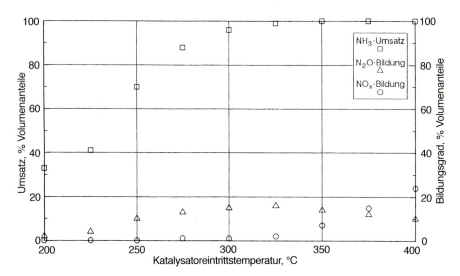

Abb. 12.33. Selektive NH$_3$-Oxidation am Metalloxidkatalysator; Katalysator: Bauart Siemens; Raumgeschwindigkeit: 16000 h^{-1}; NH$_3$-Gehalt: 1000 ppm

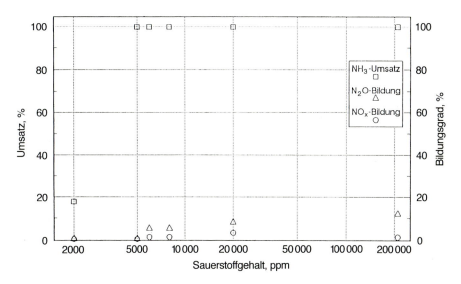

Abb. 12.34. Selektive NH$_3$-Oxidation am Platinkatalysator in Abhängigkeit vom O$_2$-Gehalt. Katalysator: EnviCat SG 1137/0.3; Träger: Alumosilicat; Raumgeschwindigkeit: 10000 h^{-1}; Temperatur: 275 °C; NH$_3$-Gehalt: 10000 ppm

Anwendung zur Reinigung ammoniakhaltiger Trocknerabgase

Bei der Trocknung von mit mineralischem Pulver beschichteten Bahnen treten infolge der verwendeten Bindemittel mit Ammoniak verunreinigte Brüden auf. Für die folgenden Abgasbedingungen:

- Volumenstrom (NTP)   6500 – 22 000 m^3/h
- NH$_3$-Massenstrom   ca. 13 kg/h
- Wasserdampfkonzentration (NTP)   100 – 400 g/m^3
- Temperatur   >190 °C

erfolgte eine Auslegung auf der Basis des Reaktionsverhaltens vom platinhaltigen Schüttgutkatalysator EnviCat KCO SG 1137 (Bauart Solvay Catalysts).

Die Verfahrensparameter fallen in den durch

- hohen NH$_3$-Umsatzgrad und
- geringe Bildung von NO, NO$_2$ und N$_2$O

gekennzeichneten optimalen Bereich (Abb. 12.34). Die Übertragung auf die Großanlage erfolgte aufgrund von Simulationen an einer Technikumsanlage, so daß das in Tabelle 12.16 dargestellte Betriebsverhalten bei den stark variierenden Trocknungsbedingungen zu erwarten ist.

12.2.2.2
Anwendung von Al$_2$O$_3$-Katalysatoren zur selektiven Oxidation von Schwefelverbindungen bei der Reinigung von Claus-Anlagen-Abgasen

Reaktionsmechanismus und Katalysatorvergleich

Ziel der selektiven Oxidation ist die Umwandlung der schwefelhaltigen Abgasbestandteile in Schwefeldioxid

$$H_2S + 3/2\,O_2 \rightarrow H_2O + SO_2 \tag{12.34}$$

$$S_8 + 8\,O_2 \rightarrow 8\,SO_2 \tag{12.35}$$

$$CS_2 + 3\,O_2 \rightarrow CO_2 + 2\,SO_2 \tag{12.36}$$

$$COS + 3/2\,O_2 \rightarrow CO_2 + SO_2 \tag{12.37}$$

Die Weiteroxidation von SO$_2$ gemäß

$$SO_2 + 1/2\,O_2 \rightarrow SO_3 \tag{12.38}$$

ist unerwünscht, da erhöhte SO$_3$-Konzentrationen den Schwefelsäuretaupunkt zu höheren Temperaturen verschieben, so daß in ausgeführten Nachverbrennungsanlagen Schwefelsäurekondensation, die zur Korrosion an den metallischen Werkstoffen von nachgeschalteten Wärmeübertragern führt, auftreten kann [2.13]. Als Totaloxidationskatalysator wirkende Me-

Tabelle 12.16. Betriebsverhalten der selektiven NH_3-Oxidation

	Volumen[a]	Design-Volumenstrom[a]	Max. Volumenstrom[a]	Min. Volumen, Max. Beladung hohe Eintrittstemperatur
Betriebsbedingungen				
Volumenstrom in m^3/h	6500	20 000	22 000	6500
NH_3-Massenstrom in kg/h	12,7	12,7	12,7	12,7
NH_3-Eintrittskonzentration in mg/m^3	1954	635	577	1954
Eintrittstemperatur °C	190	190		
Austrittstemperatur °C	220	200	200	250
Schütthöhe in cm	15	15	15	15
max. Staubbelastung in mg/m^3	1	1	1	1
Wasserdampf in g/m^3	385	125	114	385
Druckverlust in 10^2 Pa	2	15	20	2,5
Reingaskonzentration (Max.)				
NH_3 in mg/m^3	20	20	20	20
$NO + NO_2$ in g/m^3	0,16	0,1	0,1	0,16
$NO + NO_2 + N_2O$ in g/m^3	0,39	0,18	0,18	0,6

talle oder Metalloxide (z. B. Platin, Vanadium, Eisen) führen zu einer hohen SO_3-Bildung (Abb. 12.35). Deshalb werden γ-Al_2O_3-Katalysatoren verwendet, die bei ca. 300 °C ohne SO_3-Bildung bei Sauerstoffüberschuß die o. g. Schwefelverbindungen umwandeln.

Verfahrensbeispiel [2.13]

Die Abgase treten aus der Schwefelabscheidung mit einer Temperatur von ca. 130 °C aus. Die auf ca. 240 °C in einem Plattenwärmetauscher erwärmten Gase treten dann in den Gaserhitzer ein, wo sie auf die für die katalytische Nachverbrennung notwendige Temperatur gebracht werden. Der Gaserhitzer besteht aus einer Brennkammer und einer Mischkammer (Abb. 12.36). Der Brenner wird mit Methan betrieben. Die Verbrennung des Methans wird mit O_2-Überschuß durchgeführt. Der Mischkammer werden die Abgase und die für die katalytische Nachverbrennung erforderliche Reaktionsluft zugegeben. In der Mischkammer erfolgt die direkte Erwärmung der Abgase und der Reaktionsluft durch die heißen Verbrennungsgase. Um eine möglichst gleichmäßige Temperaturverteilung in der Mischkammer zu erreichen, werden Drallbleche zur Verwirbelung eingesetzt. Durch die Konstruktion des Gaserhitzers wird ein direkter Kontakt von Abgas und Reaktionsluft mit der Flamme des Brenners vermieden. Der Brenner ist so ausgelegt, daß die Verbrennungsgase vor dem Eintritt in die Mischkammer vollständig ausreagiert haben. Bei den in der Mischkammer vorliegenden Temperaturen wird bereits ein Teil des H_2S

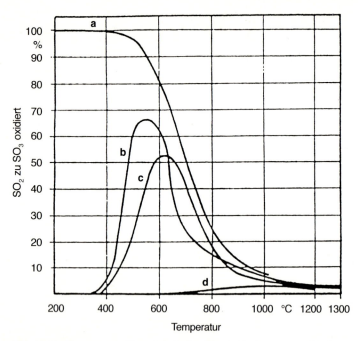

Abb. 12.35. Temperaturabhängigkeit der SO_2-Oxidation an verschiedenen Katalysatormaterialien. *a* Gleichgewichtskurve, *b* V_2O_5, *c* Fe_2O_3, *d* Al_2O_3

zu SO_2 oxidiert. Hinter dem Gaserhitzer ist ein Temperaturmeßgerät installiert. Über diese Temperaturmessung wird die Heizgasmenge des Gaserhitzers reguliert. Die Brennerluftmenge wird in einem vorgegebenen Verhältnis zur Heizgasmenge eingestellt. Die Versorgung des Gaserhitzers mit Brenner- und Reaktionsluft erfolgt über ein gemeinsames Gebläse. Die Reaktionsluftmenge wird über eine Messung des O_2-Gehaltes im Abgas der Nachverbrennung geregelt. Der O_2-Gehalt ist mit ca. 1% Volumenanteil vorgegeben. Dieser Überschuß wird eingestellt, um eine vollständige Oxidation der Schwefelverbindungen in der Nachverbrennung zu gewährleisten und um eine Reserve bei plötzlich erhöhtem Schwefeleintrag in die Nachverbrennung zu besitzen. In der Leitung vom Gaserhitzer zum Reaktor ist ein sogenannter statischer Mischer installiert, um eine möglichst gleichmäßige Temperaturverteilung im Prozeßgas zu erreichen. Die auf ca. 280 °C erwärmten Gase treten dann von unten in den Reaktor ein. Die Prozeßgase werden dazu in zwei Teilströme getrennt, um eine ausgeglichene Verteilung im Reaktor zu bekommen. Am Katalysator erfolgt die Oxidation der S-Verbindungen gemäß den Gln. (12.37) und (12.38). Durch die Reaktionswärme tritt eine Erwärmung der Reaktionsgase im Reaktor auf. Unter normalen Betriebsbedingungen liegt die Austrittstemperatur bei ca. 320 °C. Die Abgase der katalytischen Nachverbrennung durchlaufen dann den Plattenwärmetauscher, um die der Nachverbrennung

12.2 Katalytische Oxidationsverfahren

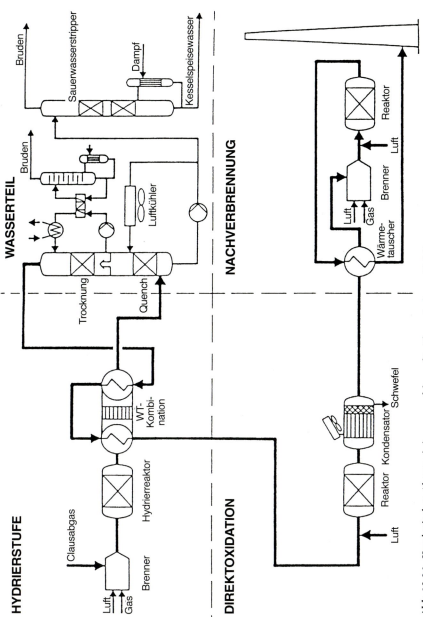

Abb. 12.36. Katalytisches Abgasreinigungsverfahren für Claus-Anlagen [2.14]

zugeführten Gase zu erwärmen. Die Abgase treten mit einer Temperatur von ca. 200 °C aus dem Plattenwärmetauscher aus. Die Abgase werden dann über den Kamin abgeleitet.

12.3
Katalytische Reduktionsverfahren

12.3.1
Nichtselektive Stickoxyd-Reduktion

12.3.1.1
Reaktionsverlauf an Platinkatalysatoren [3.1]

In Anwesenheit von Sauerstoff reagieren Brenngase, wie z.B. Wasserstoff, Methan und Naphtha, am Edelmetallkatalysator mit freiem und dem im Stickstoffdioxid (NO_2) gebundenen Sauerstoff. Als Reaktionsprodukt treten Kohlendioxid, Wasser und Stickstoffmonoxid auf (s. Gl. 12.41). Diese exothermen Reaktionen bewirken einen Temperaturanstieg:

$$NO + 1/2 O_2 = NO_2, \quad (12.39)$$

der die Gleichgewichtslage in dieser Reaktionsgleichung nach links verschiebt, so daß parallel eine weitere Verringerung der NO_2-Konzentration auftritt, ohne jedoch die Stickoxidkonzentration insgesamt zu vermindern. Diese wird in einem zweiten Schritt erreicht, wenn der freie Sauerstoff für die Oxidation der Brenngase (z.B. Methan) entfernt wird:

$$CH_4 + 2 O_2 \rightarrow CO_2 + 2 H_2O. \quad (12.40)$$

Bei Sauerstofffreiheit sind Platinkatalysatoren zur Reduktion von Stickstoffoxiden in einer Folgereaktion zum Stickstoff in der Lage.

$$CH_4 + 4 NO_2 \rightarrow SO_2 + 4 NO + 2 H_2O \quad (12.41\,a)$$

$$CH_4 + 4 NO \rightarrow CO_2 + 2 N_2 + 2 H_2O \quad (12.41\,b)$$

Dieser reduzierende Prozeß führt, je nach Aktivität und Selektivität des Katalysators, zu Sekundäremissionen von nicht umgesetztem, im Überschuß dosiertem Methan sowie Nebenprodukten wie Kohlenmonoxid, Ammoniak und Blausäure.

12.3.1.2
Anwendung von Platinkatalysatoren
zur Abgasreinigung bei der Salpetersäureherstellung [3.1]

Bei Hochdrucksalpetersäureanlagen wird der in Abschn. 12.3.1.1 beschriebene Prozeß zur Stickoxidminderung und Prozeßwärmeerzeugung verwendet.

Durch die von der Sauerstoffkonzentration abhängigen Brenngasumwandlung treten hohe Katalysatortemperaturen auf, die die Standzeit auf ca. 2,5 Jahre begrenzen, obwohl der katalytische Reaktor über zwei oder mehrere Betten mit Zwischenkühlung verfügt.

- Temperatur vor Katalysator   450 °C
- Temperatur hinter Katalysator   850 °C
- Raumgeschwindigkeit   100 000 h^{-1}
- NO_x-Molenbruch vor Katalysator   2000 – 4000 ppm
- NO_x-Molenbruch hinter Katalysator   250 ppm
- Nebenproduktgehalte im Reingas
  (CH_4, CO, HCN, NH_3)   1000 – 5000 ppm
- spezifischer Erdgasbedarf bezogen
  auf Salpetersäureherstellung   200 – 260 m^3/t

Der Einsatz dieses Verfahrens wird durch Emissionsbegrenzungen für die Sekundäremissionen begrenzt.

12.3.2
Selektive Stickoxidreduktion

12.3.2.1
Reaktionsverlauf an Vanadiumoxid-Katalysatoren

Die stoffliche Zusammensetzung (Tabelle 12.17), die äußere geometrische Form (Abb. 12.37) sowie die Anwendungsparameter (Tabelle 12.18) dieser Katalysatoren sind im wesentlichen durch japanische Patente beschrieben [3.2]. Die Reaktionsgleichgewichte des SCR-Verfahrens zeigt Tabelle 12.19. Bei Reaktionstemperaturen unter 200 °C besteht bei paralleler Anwesenheit von NH_3 und NO_x die Gefahr der Bildung von Ammoniumnitrit und -nitrat.

Das Verfahren kann in Anwesenheit von Luftsauerstoff angewendet werden, da Katalysator und Reduktionsmittel selektiv auf die

Tabelle 12.17. Stoffliche Zusammensetzung von SCR-Katalysatoren [3.2]

Innige Mischung der Komponenten
(A)   Ti (als Oxide)
(B_1) Fe, V (Oxide oder Sulfate)
(B_2) Mo, W, Ni, Co, Cu, Cr, U
C   Sn (als Oxide)
D   Ag, Be, Mg, Zn, B, Al als Metalle
        usw.

im Mischungsverhältnis
A :   B :   C :   D
1 :   0,01 – 1 : 0 – 0,2 : 0 – 0,15

Äußere Geometrie von SCR-Katalysatoren [3.3]

HONIGWABEN

hexagonal   Quadrat   Dreieck

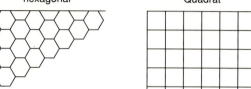
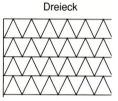

PLATTEN   RÖHREN

mit gleichzeitig   a) D_h (= 4q/l): zwischen 2 und 30 mm
                      b) offene Frontalfläche: 50 – 80 %

Abb. 12.37. Äußere Geometrie von SCR-Katalysatoren [3.3]

Tabelle 12.18. Anwendungsparameter für SCR-Katalysatoren [3.2]
Gegenwart von O_2 (mindestens 1/4 O_2 auf NO)

Temperaturbereich 200 – 500 °C

NH_3/NO = 3-0,5

Raumgeschwindigkeit (bezogen auf NTP) 300 – 40000 h^{-1}

Abgasgeschwindigkeit: 0,5 – 60 m/s

Schadstoffklasse der Stickoxide (NO, NO_2) wirken. Deshalb wird dieses Verfahren selektive katalytische Reduktion (engl. „selective catalytic reduction", SCR) genannt.

Die o.g. Katalysatoren weisen innerhalb der o.g. Einsatzbereiche hohe Aktivität, Säurebeständigkeit und geringe SO_2-Oxidation auf. Innerhalb der o.g. Einsatzbereiche und geometrischen Form kann die Reaktorauslegung auf Basis der Optimierung des Umsatzgrades (geringer Grenzschichtdiffusionswiderstand), Druckverlust und Flugstaubverträglichkeit geschehen.

Die Aktivität von SCR-Katalysatoren wird definiert als die Reaktionsgeschwindigkeit des NO und NH_3-Umsatzgrades. Die experimentelle Bestimmung erfolgt gemäß der Gleichung:

$$k_A(T) = \frac{\phi_{V,RG,n}}{A_g} \ln(1-\eta(T)), \tag{12.42}$$

da die NO-Reduktion als Reaktion erster Ordnung hinsichtlich der NO-Konzentration beschrieben werden kann [3.5], wenn NH_3 ($\alpha \leq 1$) und O_2 in aus-

12.3 Katalytische Reduktionsverfahren 563

Tabelle 12.19. Reaktionsgleichgewichte des SCR-Verfahrens

Reaktionen			h_R/kJmol^{-1}	s_R/kJmol^{-1}	$K_p(250\,°C)$	$K_p(450\,°C)$
(12.43)	$2\,NO_2$	$\rightarrow N_2O_4$	−58,04	−176,60	$3{,}7 \cdot 10^{-4}$	$9{,}28 \cdot 10^{-6}$
(12.44)	$1/2\,N_2 + 1/2\,O_2$	$\rightarrow NO$	90,37	12,36	$4{,}19 \cdot 10^{-9}$	$1{,}31 \cdot 10^{-6}$
(12.45)	$3\,NO$	$\rightarrow NO_2 + N_2O$	−155,70	−171,42	$3{,}9 \cdot 10^{6}$	$1{,}96 \cdot 10^{2}$
(12.46)	$4\,NO$	$\rightarrow N_2O + N_2O_3$	−196,17	−310,17	$2{,}42 \cdot 10^{3}$	$9{,}29 \cdot 10^{3}$
(12.47)	N_2O_3	$\rightarrow NO_2 + NO$	40,46	138,75	$1{,}61 \cdot 10^{3}$	$2{,}11 \cdot 10^{4}$
(12.48)	$N_2 + 1/2\,O_2$	$\rightarrow N_2O$	81,55	−74,02	$9{,}80 \cdot 10^{-13}$	$1{,}75 \cdot 10^{-10}$
(12.49)	$1/2\,N_2 + 3/2\,H_2$	$\rightarrow NH_3$	−46,19	−99,12	$2{,}72 \cdot 10^{-1}$	$1{,}44 \cdot 10^{-2}$
(12.50)	$NO + 1/2\,O_2$	$\rightarrow NO_2$	−56,52	−72,69	$7{,}02 \cdot 10^{1}$	$1{,}93 \cdot 10^{9}$
(12.51)	$2\,NH_3 + 5/2\,O_2$	$\rightarrow 2\,NO + 3\,H_2O$	−226,19	44,90	$8{,}5 \cdot 10^{24}$	$4{,}82 \cdot 10^{18}$
(12.52)	$NH_3 + O_2$	$\rightarrow 1/2\,N_2O + 3/2\,H_2O$	−275,78	−4,46	$2{,}0 \cdot 10^{27}$	$4{,}86 \cdot 10^{19}$
(12.53)	$NH_3 + 3/4\,O_2$	$\rightarrow 1/2\,N_2 + 3/2\,H_2O$	−316,56	32,54	$2{,}02 \cdot 10^{33}$	$3{,}67 \cdot 10^{24}$
(12.54)	$NO_2 + 4/3\,NH_3$	$\rightarrow 7/6\,N_2 + 2\,H_2O$	−455,92	103,72	$8{,}7 \cdot 10^{55}$	$2{,}23 \cdot 10^{38}$
(12.55)	$NO_2 + 3/4\,NH_3$	$\rightarrow 7/8\,N_2O + 9/8\,H_2O$	−199,91	19,96	$1{,}0 \cdot 10^{21}$	$3{,}04 \cdot 10^{15}$
(12.56)	$NO_2 + 2/5\,NH_3$	$\rightarrow 7/5\,NO + 3/5\,H_2O$	−33,95	90,65	$1{,}33 \cdot 10^{8}$	$1{,}54 \cdot 10^{7}$
(12.57)	$NO + 2/3\,NH_3$	$\rightarrow 5/6\,N_2 + H_2O$	−301,41	9,34	$3{,}80 \cdot 10^{30}$	$1{,}81 \cdot 10^{22}$
(12.58)	$4\,NO + 2\,NH_3$	$\rightarrow 2\,N_2 + N_2O + 3\,H_2O$	−913,04	−58,37	$1{,}30 \cdot 10^{88}$	$7{,}93 \cdot 10^{62}$
(12.59)	$NO + 1/4\,NH_3$	$\rightarrow 5/8\,N_2O + 3/8\,H_2O$	−118,54	−50,48	$1{,}58 \cdot 10^{9}$	$8{,}42 \cdot 10^{5}$
(12.60)	$3/2\,N_2O + NH_3$	$\rightarrow 2\,N_2 + 3/2\,H_2O$	−292,59	95,71	$1{,}63 \cdot 10^{34}$	$1{,}36 \cdot 10^{26}$
(12.61)	$NO + NO_2 + 2\,NH_3$	$\rightarrow N_2 + 3\,H_2O$	−757,33	113,05	$3{,}32 \cdot 10^{81}$	$4{,}06 \cdot 10^{60}$
(12.62)	$2\,NH_3 + NO + 3/4\,O_2$	$\rightarrow N_2O + 3/2\,H_2O$	−325,38	−33,37	$5{,}55 \cdot 10^{30}$	$5{,}74 \cdot 10^{21}$
(12.63)	$2\,NH_3 + 2\,NO + 1/2\,O_2$	$\rightarrow 2\,N_2 + 3\,H_2O$	−813,85	40,37	$2{,}34 \cdot 10^{83}$	$7{,}84 \cdot 10^{60}$
(12.64)	$2\,NH_3 + 2\,NO_2 + H_2O$	$\rightarrow NH_4NO_2 + NH_4NO_3$	−355,82	−754,64	$1{,}28 \cdot 10^{-4}$	$1{,}91 \cdot 10^{-14}$

reichendem Maß im Rauchgas vorhanden sind. Der Term $\phi_{v,RG,n}/A_g$ wird in der technologischen Diskussion als Flächenbelastung bezeichnet.

Die Hauptreaktion des Verfahrens läuft am Vanadiumoxid-Katalysator nach einem Eley-Rideal-Mechanismus ab, wobei das adsorbierte Ammoniak mit gasförmigem Stickstoffmonoxid reagiert. Die Rolle des Luftsauerstoffs ist in der Reoxidation bei der Wasserdesorption reduzierter Vanadiumplätze an der Katalysatoroberfläche zu sehen. Dies erfolgt überwiegend über die dissoziative Adsorption (Chemisorption) des gasförmigen Sauerstoffmoleküls, da die Diffusion von im Feststoff gelöstem Sauerstoff sehr viel langsamer abläuft [3.4].

Der Primärschritt ist somit die Adsorption des Ammoniaks. Diese kann erfolgen durch

- dissoziative Adsorption (Chemisorption) [3.4] und/oder durch
- Adsorption an den Brønsted-Säurezentren [3.4].

Diese Schritte werden als geschwindigkeitsbestimmend angesehen. Das Gleichgewicht zwischen Vanadiumoxid- und Vanadiumhydroxid-Gruppen ist stark vom Sauerstoffgehalt des Gases abhängig und wird bei hohen Sauerstoffgehalten des Gases zur Oxidform verschoben. Da die Adsorption an den Oxidgruppen schneller abläuft als an der Hydroxid-Gruppe wird die Gesamtreaktion durch höhere Sauerstoffgehalte beschleunigt.

Als unerwünschtes Nebenprodukt wird N_2O durch Reaktion von H mit gasförmigem NO gebildet. Eine Bildung von N_2O an der partiellen Oxidation von NH_3 wurde nicht beobachtet [3.4].

Demgegenüber führen Rekombinationsreaktionen aus vorher sorbiertem NH_3 zu einem zusätzlichen Ammoniakverbrauch.

12.3.2.2
Anwendung zur Rauchgasreinigung

Abgase von Verbrennungen (Rauchgasen, z.B. aus Kraftwerken, Müllverbrennungsanlagen, Glasschmelzen) enthalten je nach Brennstoff und Feuerungsart neben den Hauptbestandteilen (N_2, O_2, H_2O, CO_2, CO) Gehalte an

- Staub
- Schwermetallen,
- Stickoxiden und
- Schwefeloxiden.

Insbesondere der Gehalt und die Art der Stäube und Schwermetalle kann zur Desaktivierung führen, so daß für die Katalysatorauslegung entsprechende Sicherheiten bei der Wahl der Raumgeschwindigkeit berücksichtigt werden müssen (Abb. 12.38 und 12.39).

Der Aufbau des Reaktors als mehrlagiges Festbett (Abb. 12.40 und 12.41) [3.9] ermöglicht den partiellen Austausch von desaktivierten Katalysatoren dergestalt, daß die frische Lage in Stromrichtung gesehen hinter den älteren Lagen installiert wird. Die älteren Lagen wirken an der Eintrittsseite

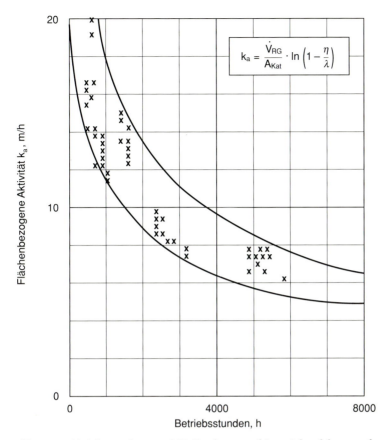

Abb. 12.38. Aktivitätsverlust von SCR-Katalysatoren hinter Schmelzkammerfeuerungen [3.6]

als Abscheider für desaktivierende Stoffe. Um die Handhabung beim Ersatz bzw. beim Einbau der großvolumigen Katalysatoren zu vereinfachen, werden die keramischen Bauteile in Module mit metallischen Gehäusen und Tragkonstruktionen unterteilt.

Bei Einsatz des SCR-Prozesses (synonym; DeNO$_x$, Entstickung) zur NO$_x$-Entfernung aus Kraftwerksrauchgasen (z. B. Kohle oder Schwerölfeuerungen) können zwei Verfahrensvarianten unterschieden werden.

a) *Rohgasschaltung* (Abb. 12.42). Die Rauchgase werden direkt dem Dampferzeuger entnommen und nach Reduktionsmittelzumischung über den Katalysator geleitet. Das weitgehend von Stickoxiden befreite Rauchgas wird zur Brennluftvorwärmung (Wärmerückgewinnung) in den Luftvorwärmer eingeleitet. Daran anschließend sind brennstoffabhängig weitere Abgasreinigungsstufen angeordnet (Entstaubung, Entschwefelung).

Eine Rohgasvorwärmung bzw. Brennstoffzufuhr vor dem Katalysator ist nicht notwendig, da die Rauchgase an einer Stelle im Dampferzeu-

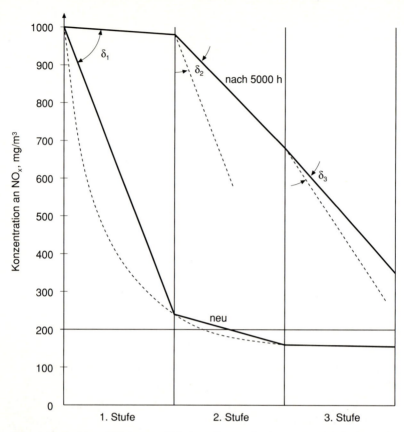

Abb. 12.39. Axiales Aktivitätsprofil bei Katalysatordesaktivierung hinter Schmelzkammerfeuerungen [3.6]. Flächenbelastung: 5,1 m³/h m²
$\delta_i \triangleq$ Reaktivitätsverlust der Stufe i.

ger entnommen werden, an der diese eine ausreichende Temperatur (350–450 °C) aufweisen.

Bei diesen Verfahren werden hohe Anforderungen an die Katalysatoren gestellt:

- Geringe Bildung von SO_3 aus SO_2 [3.9], da aus SO_3 und NH_3 Ammoniumsulfat gebildet werden kann, das zu Verkrustungen an den nachgeschalteten Wärmeüberträgern führen kann.
- Hohe Aktivität (Raumgeschwindigkeit 1000–5000 h^{-1}), um die NH_3-Zudosierung ohne Überschuß betreiben zu können und somit den NH_3-Durchbruch (sog. Schlupf) zu vermeiden.
- Große Abriebfestigkeit wegen des hohen Staubgehaltes [3.6].

b) Bei der *Reingasschaltung* (Abb. 12.43) werden durch Filter bzw. Rauchgaswäschen Staub sowie Schwefeloxide entfernt, bevor das Rohgas mit Reduktionsmittel gemischt in den Katalysator gelangt. Zur Einstellung der not-

12.3 Katalytische Reduktionsverfahren 567

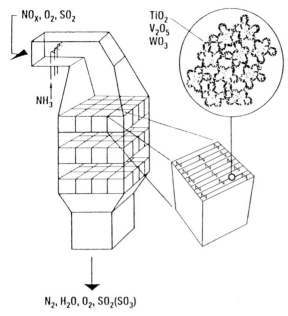

Abb. 12.40. Reaktoraufbau [3.8]

Abb. 12.41. Festbettreaktor mit Wabenkörperkatalysatoren

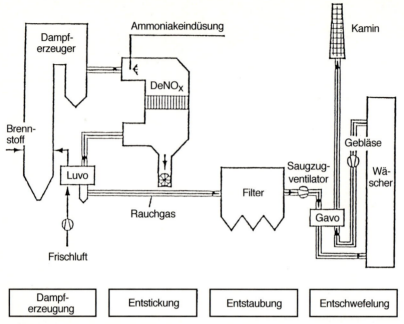

Abb. 12.42. SCR-Rohgasverfahren

wendigen Reaktionstemperatur von 300–400 °C ist eine Rohgasvorwärmung sowie Fremdenergiezufuhr notwendig.

Es werden grundsätzlich der Rohgasschaltung ähnliche, jedoch aktivere Wabenkörperkatalysatoren eingesetzt (RG = 5000–10000 h^{-1}). Durch die Vorabscheidung der Störkomponenten SO_2 werden geringere Anforderungen an die Selektivität gegenüber S-Verbindungen gestellt. Darüber hinaus wird eine höhere Standzeit erwartet. Diese Katalysatoren können z.B. bei Müllverbrennungsanlagen auch zur Zersetzung von Dioxinen und Furanen eingesetzt werden [3.10].

Abbildung 12.43 zeigt darüber hinaus exemplarisch den für die betriebssichere Handhabung des Reduktionsmittels Ammoniak, aufgrund dessen hohen Dampfdrucks und dessen toxischer Eigenschaften, erforderlichen Aufwand.

12.3.2.3
Anwendung bei Stationärmotoren

Rauchgase von Verbrennungskraftmaschinen, die mit einem hohen Luftüberschuß betrieben werden müssen (z.B. Dieselmotoren), können mit dem SCR-Prozeß zur Stickoxidentfernung behandelt werden.

12.3 Katalytische Reduktionsverfahren

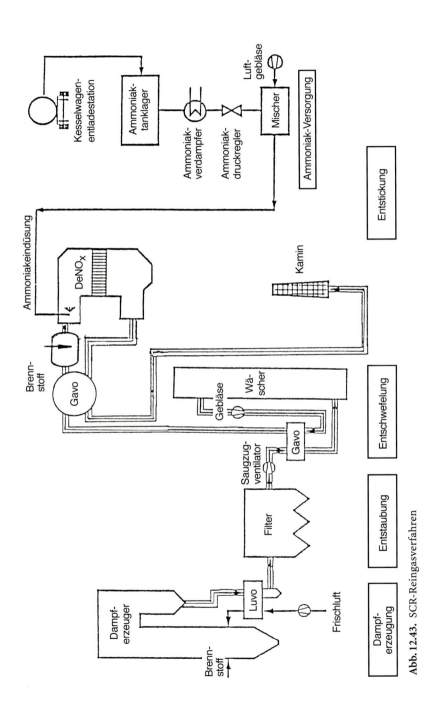

Abb. 12.43. SCR-Reingasverfahren

Da es sich bei Stationärmotoren wie auch bei industriellen Kesselanlagen um eine Vielzahl von Kleinanlagen handelt, die größtenteils unbeaufsichtigt arbeiten, stellt die Lagerung und Handhabung von Ammoniak einen unerwünschten Aufwand dar. Deshalb wird die Verwendung von wäßriger Harnstofflösung als vorteilhaft angesehen [3.11].

Die folgenden Gln. (12.65) und (12.66) beschreiben die Bruttoreaktion:

$$4\,NO + 2\,(NH_2)_2CO + 2\,H_2O + O_2 \rightarrow 4\,N_2 + 6\,H_2O + 2\,CO_2 \qquad (12.65)$$

$$6\,NO_2 + 4\,(NH_2)_2CO + 4\,H_2O \rightarrow 7\,N_2 + 12\,H_2O + 4\,CO_2 \qquad (12.66)$$

Gegenüber dem Ammoniakprozeß tritt CO_2 als zusätzliches Reaktionsprodukt auf. Die auf die erzeugte mechanische Leistung der Motoren bezogene spezifische CO_2-Bildung wird jedoch nur um ca. 1% erhöht [3.11].

Die NO_x-reduzierenden Reaktionen folgen dem in den Gln. (12.65) und (12.66) beschriebenen Modell, da die pyrolytische Spaltung des Harnstoffs unter NH_3-Bildung in der Gasphase:

$$(NH_2)_2CO + H_2O \rightarrow 2\,NH_3 + CO_2, \qquad (12.67)$$

als Primärschritt anzusehen ist [3.11].

Bei der Verfahrensführung muß sichergestellt werden, daß der Primärschritt vollständig abläuft. Aufgrund der wechselnden Lastzustände muß die Harnstoffdosierung kennfeldgeregelt erfolgen. Als Leitgrößen werden Motordrehzahl und Motorlast verwendet (Abb. 12.44). Es wurden NH_3-Umsatzgrade von ca. 95% bei einer Raumgeschwindigkeit zwischen 5000 und 10000 h^{-1} im Temperaturbereich von 300 und 450 °C erreicht.

Die Kombination der SCR-Katalysatoren mit edelmetallhaltigen Totaloxidationskatalysatoren ermöglicht simultan die Entfernung von Schadstoffen, die aus der unvollständigen Verbrennung des Brennstoffs (z.B. Kohlenmonoxid und Kohlenwasserstoffverbindungen) stammen. Dabei muß die Stickoxidbildung aus dem NH_3-Schlupf bei der Auslegung des Gesamtverfahrens berücksichtigt werden.

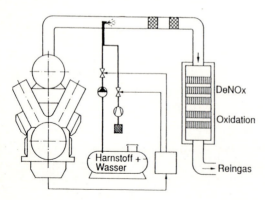

Abb. 12.44. SCR-Harnstoff-Verfahren bei Stationärdieselmotoren [3.11]

12.4 Katalytische Zersetzungsreaktionen

12.4.1 Auftreten von Ozon als Emission

Ozon wird als oxidierendes Prozeßgas für die
- Oberflächenvorbehandlung,
  (z. B. bei der Beschichtung von Kunststoffen)
- Entkeimung,
  (z. B. in Schwimmbädern oder Wasserwerken) und
- Wasserreinigung,
  (z. B. zur Oxidation von organischen Verunreinigungen in Klär- oder Deponiesickerwässern)

eingesetzt. Wegen seiner chemischen Instabilität kann Ozon nicht gelagert werden und muß am Verbrauchsort aus Luft oder Sauerstoffströmen erzeugt werden. Dazu werden elektrische Felder oder UV-Strahler eingesetzt. Die Dosierung erfolgt bei den o. g. Aufgabenstellungen über eine Regelung des Ozonüberschusses nach Kontakt mit dem zu behandelnden Medium. Sofern der Überschuß die zulässigen Emissionskonzentrationen überschreitet, ist eine Abgasnachbehandlung erforderlich. Darüber hinaus entsteht Ozon bei starken elektromagnetischen Feldern (z.B. Fotokopierer, Laserdrucker) und muß aus Gründen des Arbeitsschutzes entfernt werden.

12.4.2 Reaktionen

An festen Oberflächen tritt eine Umwandlung des Ozons durch die nachfolgend beschriebenen Prozesse ein.

12.4.2.1 Oxidationsreaktionen

Hierbei handelt es sich nicht um katalytische Prozesse, da das Ozon mit einer Kohlenstoffquelle zu Kohlendioxid reagiert, die somit in den Reaktionsprodukten auftritt und verbraucht wird:

$$2\,O_3 + 3\,C \rightarrow 3\,CO_2. \tag{12.68}$$

Wegen der großen Oberfläche werden Aktivkohlen als Schüttung oder auf schaum- oder vliesförmigen Trägern eingesetzt. Die Reaktion läuft bei Raumtemperatur mit ausreichender Geschwindigkeit ab. Dieser Prozeß wird z. B. in Geräten der Büroelektronik als sog. Ozonfilter eingesetzt (Raumgeschwindigkeit: $10^4\,h^{-1}$).

In großtechnischen Anlagen besteht bei diesem Verfahren die Gefahr der Entzündung bei hohen Konzentrationen infolge der Oxidationswärme. Außerdem wird Kohlenstoff verbraucht und nicht wieder ersetzt.

12.4.2.2
Katalytische Zersetzung

An Edelmetall- und Metalloxidkatalysatoren findet eine Zersetzung des Ozons zu Sauerstoff statt:

$$2O_3 \rightarrow 3O_2. \tag{12.69}$$

Diese Reaktion läuft am Metalloxidkatalysator bei Raumtemperatur mit ausreichender Geschwindigkeit ab (Raumgeschwindigkeit: 5000–10000 h^{-1}). Aufgrund der mesoporösen Porenstruktur dieser Katalysatoren kann Porenkondensation der im Abgas enthaltenen Feuchtigkeit auftreten. Diese würde zur Füllung des Porensystems mit Wasserkondensat und zur Behinderung der Diffusion führen. Deshalb wird die Betriebstemperatur ca. 30 °C über die Taupunktstemperatur angehoben. Darüber hinaus wirken Schwefelverbindungen sowie nitrose Gase (NO_x) störend. Edelmetallkatalysatoren (Palladium, Platin) werden bei ca. 100 °C eingesetzt und weisen als Vorteile die Spritzwasserbeständigkeit sowie bessere Beständigkeit gegenüber halogenorganischen Verbindungen auf. Die Katalysatoren werden als Schüttungen eingesetzt. Sondertypen (Palladium auf Wabenkörperträgern) werden z. B. zur Ozonzersetzung in der Kabinenluft von hochfliegenden Flugzeugen eingesetzt.

12.5
Simultanverfahren

12.5.1
Abgasreinigung für Otto-Motoren mit dem Dreiwegesystem

12.5.1.1
Reaktionsverlauf und Katalysatoren

Abgase aus fremdgezündeten Viertakt-Verbrennungskraftmaschinen enthalten folgende Schadstoffklassen:

- Kohlenwasserstoffe, (C_nH_m)
- Kohlenmonoxid, (CO)
- Stickoxide. (NO, NO_2)

Mit Hilfe von speziellen Katalysatoren sowie einer geeigneten Gemischbildung gelingt es bei Otto-Motoren, z.B.

- Automobilmotoren und
- Gasmotoren,

die drei Schadstoffklassen gemeinsam in einem katalytischen Konverter mit einem multifunktionellen Katalysator umzuwandeln (Dreiwegesystem).
Es laufen folgende Hauptreaktionen parallel ab [5.1]:

- Oxidationsreaktionen

$$C_mH_n + (m + n/4)\, O_2 \to m\, CO_2 + n/2\, H_2O \tag{12.70}$$

$$CO + \tfrac{1}{2} O_2 \to CO_2 \tag{12.71}$$

$$H_2 + \tfrac{1}{2} O_2 \to H_2O \tag{12.72}$$

- NO-reduzierende Reaktionen (nichtselektive katalytische Reduktion)

$$CO + NO \to 1/2\, N_2 + CO_2 \tag{12.73}$$

$$C_mH_n + 2\,(m+n/4)\, NO \to (m+n/4)N_2 + n/2\, H_2O + m\, CO_2 \tag{12.74}$$

$$H_2 + NO \to 1/2\, N_2 + H_2O \tag{12.75}$$

Als Katalysatorträger finden Schüttgüter (γ-Al_2O_3, Kugelgranulat von ca. 2–3 mm Durchmesser bzw. keramische Wabenkörper (sog. Monolithe aus Cordierit oder Mullit) Verwendung. Die Aktivkomponenten werden aus der Gruppe Platin, Palladium, Rhodium ausgewählt. Üblicherweise werden für 3-Wege-Katalysatoren Platin und Rhodium im Massenverhältnis 5:1 verwendet (Massengehalte Pt: ca. 0,15 %, Rh: 0,03 %).

Während bei Schüttgutkatalysatoren diese Aktivkomponenten direkt auf den porösen und aktiven Träger durch Tränkung aufgebracht werden können, ist bei der Verwendung von keramischen Wabenkörpern vor der Tränkung die Aufbringung einer aktiven Zwischenschicht aus porösem γ-Al_2O_3 (sog. wash-coat) notwendig. Die Verwendung der unporösen keramischen Materialien als Trägergrundlage ermöglicht die Herstellung von Temperatur- und Temperaturwechsel-beständigen Katalysatoren. Der Einsatz von Wabenkörpern verringert den Druckverlust, obwohl aufgrund der überwiegend laminaren Strömung in den Waben (hydraulischer Durchmesser: ca. 1 mm, Re = ca. 100) [5.5] längere Reaktoren und zur Nutzung der verbesserten Stoff- und Wärmetransportbedingungen am Reaktoreinlauf [5.2] Zweibettanordnungen notwendig sind (Abb. 12.45). Darüber hinaus werden Edelmetallemissionen im Zusammenhang mit mechanischem Abrieb drastisch verringert.

Die simultane Umsetzung der Schadstoffe Kohlenmonoxid, Kohlenwasserstoff und Stickoxid an den oben beschriebenen Katalysatoren durch oxidierende und reduzierende Reaktion setzt eine nahezu stöchiometrische Zusammensetzung des Abgases voraus.

Dieser Fall wird durch das Stoffmengenverhältnis λ zwischen oxidierenden und reduzierenden Abgasbestandteilen am Eintritt in den katalyti-

Abb. 12.45. Anordnung von Dreiwegekatalysatoren in Autoabgaskonvertern [5.3]

schen Reaktor wie folgt beschrieben:

$$\lambda = \frac{\Sigma \rho_{i,ox}}{\Sigma \rho_{i,red}} \tag{12.76}$$

$$= \frac{\rho_{O_2} + \rho_{NOx}}{\rho_{HC} + \rho_{CO} + \rho_{H} + \rho_{HN_3}} \tag{12.77}$$

$$= 1 \tag{12.78}$$

Der Fall gemäß Gl. (12.78) wird bei stöchiometrischer Fahrweise des Verbrennungsmotors erreicht.

Der Luftbedarf L für einen Otto-Motor mit Benzin als Treibstoff errechnet sich gemäß:

$$L = \lambda \cdot L_{min} = \lambda \cdot \frac{\phi_{m,VL}}{\phi_{m,BS}}, \tag{12.79}$$

$$L_{min} = 14{,}9. \tag{12.80}$$

Dieses Verhältnis muß bei allen Lastbereichen durch eine Regelung aufrechterhalten werden, um einen hohen Umsatzgrad simultan für die drei Schadstoffklassen sicherstellen zu können (Abb. 12.46). In diesem Bereich ist darüber hinaus die Emission von Sekundärschadstoffen wie NH_3 nahezu ausgeschlossen [5.1].

Zur Sicherstellung eines stabilen Regelverhaltens schwingt die Gemischbildung periodisch um den Punkt $\lambda = 1$.

Im mageren Bereich ($\lambda > 1$) speichert der Katalysator Sauerstoff, um ihn im fetten Bereich ($\lambda < 1$) wieder zur Verfügung stellen zu können. Die Sauerstoffaufnahme erfolgt in geringem Maße an den Edelmetallen, so daß für diesen Zweck Additive wie Ceroxid in den wash coat mit eingearbeitet werden [5.4]. Additive werden darüber hinaus verwendet, um die Temperaturstabilität der Porosität zu gewährleisten.

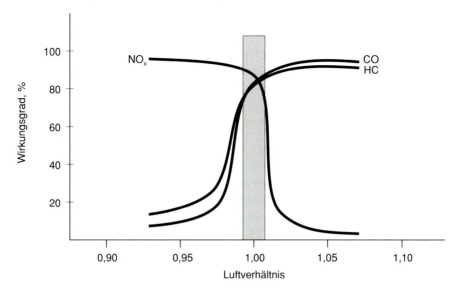

Abb. 12.46. Abhängigkeit der Umsatzgrade eines Dreiwegekatalysators von der Luftverhältniszahl [5.3]

12.5.1.2
Verfahrensbeschreibung

Wie aus Abb. 12.47 [5.3] ersichtlich, ist der Katalysator in das Auspuffsystem des Motors integriert. Vorwärmung bzw. Fremdenergiezufuhr ist somit aufgrund der vorgegebenen Abgastemperatur nicht notwendig. Die gemäß den in Abschn. 12.5.1.1 dargestellten Reaktionen erforderlichen Konzentrationen an Oxidationsmitteln (O_2, NO) und Reduktionsmitteln (C_nH_m, CO, H_2) werden durch die elektronische Lambda-Sonden-Regelung durch Rückwirkung auf die Gemischbildung des Motors eingestellt.

Dieses Regelsystem besteht aus einem schnellen Sauerstoffsensor (meist aus Zirkondioxid), der aufgrund eines elektrochemischen Potentialsprunges den Sauerstoffgehalt im Abgas vor dem Katalysator anzeigt (sog. λ-Sonde), der Regeleinheit und einer regelbaren Einspritzung (ggf. auch Vergaser). Die λ-Sonde wirkt als Zweipunktschalter und zeigt Abweichungen von $\lambda = 1$ mit einer Empfindlichkeit von ca. 0,67 % an [5.4]. Diese Hysterese führt im Zusammenwirken mit dem Regler zu Schwingungen der Eintrittskonzentrationen mit Frequenzen von 0,5–3 Hz [5.4], so daß der Katalysator in periodischem Betrieb im Bereich zwischen $0,98 \leq \lambda \leq 1,02$ arbeitet.

Die gereinigten Abgase werden über die weitere Auspuffanlage abgeleitet. Bei gasmotorbetriebenen Blockheizkraftwerken (BHKW) wird die in den Reingasen enthaltene thermische Energie zurückgewonnen [5.1].

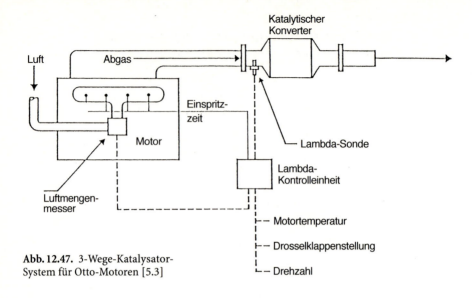

Abb. 12.47. 3-Wege-Katalysator-System für Otto-Motoren [5.3]

Die Auslegung der Katalysatoren erfolgt hinsichtlich Anspringtemperatur und Raumgeschwindigkeit. Die üblichen Anspringtemperaturen von ca. 200 °C werden im Abgas von Pkw-Motoren nach wenigen Minuten an den Stellen erreicht, an denen sich der Katalysator befindet. Seine Anordnung direkt im Auspuffbereich des Motors ist aufgrund der bei hoher Last auftretenden Temperaturen kritisch. Die Katalysatoranordnung wird so optimiert, daß frühes Anspringen sichergestellt wird, jedoch ein Überschreiten der maximal zulässigen Temperaturen von 900 °C vermieden wird. Da die höchsten Abgasvolumenströme verbunden mit hohen Abgastemperaturen auftreten, sind Auslegungen mit Raumgeschwindigkeiten von ca. 150 000 h^{-1} üblich. Zur Beschleunigung des Anspringverhaltens werden vereinzelt Vorkatalysatoren mit Edelstahlträgern eingesetzt. Diese wirken als Oxidationskatalysator und heben die Temperatur in der folgenden Abgasführung an, so daß die Anspringtemperatur des 3-Wege-Katalysators zeitlich früher erreicht wird. Diese können durch Schlitzung der Kanalwände die Quervermischung und die Nutzung der Einlaufverhältnisse fördern, um kürzere Stoff- und Wärmeübergangseinheiten zu erzielen [5.5]. Die Einlauflänge l_e eines Kanales ist durch folgende Gleichung gegeben:

$$l_e = 0{,}0288 \cdot d \cdot Re. \tag{12.81}$$

Das dynamische Verhalten von Autoabgaskatalysatoren ist hinsichtlich der Einhaltung von Zulassungsvorschriften von großer Bedeutung, da diese auf Tests beruhen, die Kaltstart- und Beschleunigungsphase [5.1] beinhalten.

12.5.2
Simultane Abscheidung von Schwefeldioxid und Stickoxiden an Aktivkokskatalysatoren

12.5.2.1
Reaktionsverlauf und Katalysatorbeschreibung

Dieser Prozeß umfaßt die katalytische Reduktion der Stickoxide mit Hilfe von Ammoniak als selektivem Reduktionsmittel [5.5] sowie die katalytische Oxidation von adsorbiertem Schwefeldioxid zu Schwefeltrioxid mit anschließender Schwefelsäurebildung durch koadsorbiertes Wasser [5.6]. Dadurch können Massenbeladungen des Aktivkoks mit Schwefelsäure von 10 – 20 % in einem Temperaturbereich von 70 – 150 °C erreicht werden [5.7].

$$4 NO + 4 NH_3 + O_2 \rightarrow 4 N_2 + 6 H_2O \tag{12.82}$$

$$SO_{2,ads} + 1/2 O_2 + H_2O \rightarrow H_2SO_{4,ads} \tag{12.83}$$

Bei Anwesenheit des Ammoniaks reagiert die adsorbierte Schwefelsäure zu Ammoniumhydrogensulfat bzw. Ammoniumsulfat [5.6]:

$$H_2SO_{4,ads} + NH_3 \rightarrow (NH_4)HSO_{4,ads} \tag{12.84}$$

$$(NH_4)HSO_{4,ads} + NH_3 \rightarrow (NH_4)_2SO_{4,ads} \tag{12.85}$$

Dies hat einen zusätzlichen Ammoniakverbrauch zur Folge.

Nach Erreichen der vorgesehenen Beladungsgrenze mit Schwefelsäure oder Ammoniumhydrogensulfat muß der Aktivkoks regeneriert werden, da bei zunehmender Füllung der Poren mit diesen Verbindungen die katalytische Aktivität geringer wird. Insofern kann dieser Prozeß als katalytische Reaktion mit Selbstvergiftung durch das Reaktionsprodukt angesehen werden.

Bei der thermischen Regeneration bei 350 – 600 °C in sauerstofffreier Atmosphäre wird die Schwefelsäure durch Reaktion mit dem Kohlenstoffgerüst des Aktivkoks zu gasförmigem SO_2 umgesetzt:

$$2 H_2SO_{4,ads} + C \rightarrow 2 SO_2 + 2 H_2O + CO_2. \tag{12.86}$$

Durch den Kohlenstoffverbrauch wird die innere Oberfläche und somit die katalytische Aktivität erhöht. Die thermisch-oxidative Zersetzung von Ammoniumsulfat deckt ihren Sauerstoffbedarf aus der Reduktion von Oberflächenoxiden O_O des Aktivkoks [5.6]:

$$(NH_4)_2SO_{4,ads} + 2 O_O \rightarrow SO_2 + 4 H_2O + N_2. \tag{12.87}$$

Bei der Regeneration entsteht ein SO_2-Reichgas, das SO_2-Volumengehalte von 10 – 35 % enthalten kann. Dieses kann mit herkömmlichen Verfahren zu Elementarschwefel, Flüssigschwefeldioxid oder konzentrierter Schwefelsäure weiterverarbeitet werden. Der regenerierte Aktivkokskatalysator wird zum Reaktor zurückgeführt.

Aktivkoks wird aus Steinkohle oder Braunkohle hergestellt. Hierbei wird fein aufgemahlene Kohle oberflächlich oxidiert und mit Hilfe von

Bindemitteln zu zylindrischen Formkörpern extrudiert (Durchmesser ca. 4–6 mm). Durch Pyrolyse bei 800–900 °C in Inertgasatmosphäre entsteht eine durch die Vergasungsprozedur gebildete Porentextur. Durch diese Behandlung entsteht ein Porensystem, das durch ein Volumen von ca. 0,25 ml/g und eine BET-Oberfläche von ca. 50-100 m²/g sowie Adsorptionsporen mit Durchmessern im Bereich 0,5–2 nm gekennzeichnet wird [5.8]. Die für kohlenstoffhaltige Adsorbentien relativ geringe innere Oberfläche und das geringe Porenvolumen werden zugunsten einer erhöhten mechanischen Festigkeit eingestellt, um ausreichende Eigenschaften für die Anwendung in Bewegtbetten aufzuweisen.

12.5.2.2
Verfahrensbeschreibung der Anwendung zur Rauchgasreinigung

Da der Katalysator durch die Reaktionsprodukte reversibel desaktiviert wird, ist eine zyklische Regeneration notwendig. Diese wird außerhalb des Rauchgasreinigungsreaktors durchgeführt. Deshalb ist eine Bewegung der Katalysatorschüttung notwendig. Für die Verfahrensführung wird in technischen Anlagen auf Wanderbettreaktoren zurückgegriffen (Abb. 12.48). Im Reaktor und in den Regenerationsapparaten wird der Katalysator durch Schwerkrafteinfluß bewegt. Dazwischen erfolgt die Förderung durch z. B. Becherwerke. Der durch die Förderung erzeugte Aktivkoksabrieb wird durch Siebung und Sichtung entfernt und durch Frischkoks ersetzt [5.8]. Der regenerierte Aktivkoks wird von oben in den Wanderbettreaktor eingespeist.

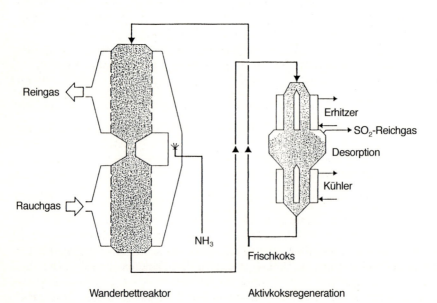

Abb. 12.48. Fließbild des Aktivkoks-Verfahrens zur simultanen SO_2- und NO_x-Entfernung

Der Rauchgasreinigungsreaktor besteht aus zwei Reaktionszonen für die Simultanabscheidung von SO_2 und NO_x. Das Rauchgas tritt in die untere Zone seitlich ein und durchströmt das Wanderbett im Kreuz-Gegenstrom. In der ersten Stufe wird SO_2 zu ca. 90% entfernt [5.6]. Auf dem Weg zur darüberliegenden zweiten Stufe wird Ammoniak in das entschwefelte Rauchgas injiziert. Dieses reagiert am regenerierten Aktivkoks und bewirkt die Entfernung von Stickoxiden und Rest-SO_2, so daß Gesamtumsatzgrade für NO_x von ca. 80% und SO_2 von 98% ereicht werden [5.7]. Der in dieser Stufe nur schwach mit Schwefelverbindungen beladene Aktivkoks rutscht zur SO_2-Abscheidung in die untere Stufe.

Die Auslegung für die NO_x-Entfernung ist von der SO_2-Konzentration abhängig [5.7]. In Anwesenheit von 150–200 mg/m³ wird bei 120 °C eine Raumgeschwindigkeit von ca. 400 h^{-1} verwendet [5.7].

12.6
Adsorptionskatalyse

Wie in Abschn. 12.1.2 dargestellt, sind Adsorptionsschritte integrale Bestandteile heterogen katalytischer Prozesse. Entsprechend der Systematik von [6.1] sollen die folgenden diskontinuierlichen Prozesse als Adsorptionskatalyse bezeichnet werden, da die Reaktionsprodukte die Katalysatoroberfläche nicht kontinuierlich innerhalb des Gasreinigungsschrittes verlassen und somit am Katalysator adsorptiv gebunden werden. Der Katalysator wird dadurch reversibel vergiftet. Die Katalysatorregeneration außerhalb des zu reinigenden Gasstromes ist somit zum Gesamtprozeß hinzuzurechnen. Dieses Konzept wurde bereits für eine Teilreaktion des Aktivkoksverfahrens zur simultanen Schwefeldioxid- und Stickoxidentfernung aus Rauchgas besprochen.

Den nach dem Prinzip der Adsorptionskatalyse arbeitenden Verfahren ist gemeinsam, daß das adsorbierte Reaktionsprodukt nach Desorption im Teilprozeß der Regeneration in höherer Konzentration vorliegt und durch weitere Grundoperationen (z.B. Kondensation) abgeschieden wird. Dieser kann dadurch als Wertstoff zurückgewonnen werden.

12.6.1
Chemisorption von Schwefeltrioxid

12.6.1.1
Reaktionsverlauf und Katalysatoren

Zweck des Prozesses ist die SO_2-Entfernung aus Rauchgas zur Rückgewinnung als SO_2 oder Elementarschwefel. In besonderen Varianten [6.1] läßt sich der Katalysator bei Injektion von Ammoniak ähnlich dem SCR-Prozeß um die simultane Stickoxidreduktion erweitern. Bei dem Katalysator handelt es sich um mit Kupferoxid CuO imprägnierte γ-Al_2O_3-Schüttgüter.

Der Gesamtprozeß besteht aus zwei Teilprozessen. Im ersten Teilprozeß erfolgt die Gasreinigung mit Hilfe der katalytischen Oxidation des Schwefeldioxids zu Schwefeltrioxid:

$$SO_2 + {}^1\!/_2\, O_2 \rightarrow SO_3, \tag{12.88}$$

$$CuO + SO_3 \rightarrow CuSO_4. \tag{12.89}$$

Die zweite Reaktion führt zur Desaktivierung der aktiven CuO-Zentren durch Chemisorption von SO_3.

Im zweiten Teilprozeß wird nach Erschöpfung des Katalysatorbettes die Regeneration der aktiven Zentren durch Reduktion des Kupfersulfats in reduzierender Gasatmosphäre (Wasserstoffstrom oder Kohlenmonoxidstrom) durchgeführt:

$$CuSO_4 + 2\,H_2 \rightarrow Cu + SO_2 + 2\,H_2O, \tag{12.90a}$$

$$CuSO_4 + 2\,CO \rightarrow Cu + SO_2 + 2\,CO_2. \tag{12.90b}$$

Anschließend erfolgt die Reoxidation des metallischen Kupfers zu Kupferoxid:

$$Cu + {}^1\!/_2\, O_2 \rightarrow CuO. \tag{12.91}$$

Dieser Prozeßschritt wird nach der Reduktion in der oxidierenden Atmosphäre des Rauchgases durchgeführt.

12.6.1.2
Verfahrensbeschreibung zur Rauchgasreinigung

Bei dem in Abb. 12.49 dargestellten Shell Flue Gas Desulfurization-(SFGD)-Verfahren finden die in Abschn. 12.6.1.1 dargestellten Prozeßschritte bei ca. 400 °C statt. Die Auslegung erfolgt mit Adsorptionszykluszeiten von 1–2 Stunden [6.1]. Dieselbe Zeit steht für die parallele Katalysatorregeneration zur Verfügung, da das Verfahren zur Aufrechterhaltung des kontinuierlichen Betriebes mindestens aus zwei parallelen Reaktoren aufgebaut ist. Zur Einstellung günstiger Konzentrations- und Strömungsverhältnisse kann eine Reingasrückführung vorgesehen werden. Der zur Regeneration verwendete Gasstrom wird im Gegenstrom zur Strömungsrichtung der Adsorption durch den zweiten Reaktor geleitet und reichert sich mit desorbiertem SO_2 an. Dieses Reichgas wird in einem Abhitzekessel und einer Quench-Kolonne (Wassereindüsung) abgekühlt und bei S-ausgeführten Anlagen zu Schwefelsäure oder Elementarschwefel (z. B. nach Claus-Verfahren, s.u.) weiterverarbeitet [6.1].

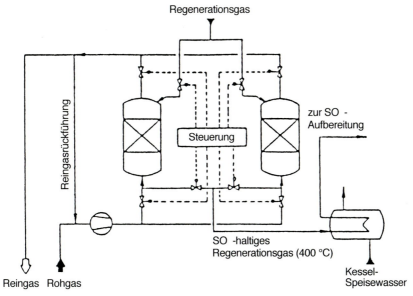

Abb. 12.49. Fließbild des Kupferoxidverfahrens zur Rauchgasentschwefelung (SFGD) [6.1]

12.6.2
Physikalische Adsorption von Elementarschwefel

12.6.2.1
Reaktionsführung beim Claus-Verfahren

Anlagen zur Schwefelgewinnung aus schwefelwasserstoffhaltigen Gasströmen werden überwiegend nach dem sog. Claus-Prozeß betrieben [6.3]. Dieser wurde zur Gewinnung von Elementarschwefel bei H_2S-Reichgasen aus Anlagen zur H_2S-Entfernung aus sog. Sauergasen bei der Erdgasaufbereitung entwickelt (Gassüßung) [6.4].

Der Prozeß beruht auf der Umsetzung von H_2S mit SO_2 zu Elementarschwefel:

$$2\,H_2S + SO_2 \rightarrow 3\,S + 2\,H_2O. \tag{12.92}$$

Dabei wird H_2S oxidiert und SO_2 reduziert. Zur Einstellung des stöchiometrischen Stoffmengenverhältnisses von 2 wird in einer ersten Teilreaktion H_2S mit einem Umsatzgrad von 1/3 zu SO_2 oxidiert:

$$3\,H_2S + 1{,}5\,O_2 \rightarrow 2\,H_2S + SO_2 + H_2O. \tag{12.93}$$

Die Bruttoreaktionsgleichung lautet somit:

$$3\,H_2S + 1{,}5\,O_2 \rightarrow 3\,S + 3\,H_2O, \tag{12.94}$$

und ist stark temperaturabhängig. Dadurch wird das Gleichgewicht bei hohen Temperaturen und hohen H2O-Gehalten nach links verschoben, so daß der erreichbare Umsatzgrad sinkt [6.3]. Zur Erhöhung der Schwefelausbeute ist somit eine mehrstufige Prozeßführung mit Zwischenkühlung angezeigt. Um bei niedrigen Reaktionstemperaturen arbeiten zu können, ist der Einsatz von Katalysatoren notwendig.

In der Praxis wird die erste Prozeßstufe als thermische Stufe bei 1100–1300 °C geführt, in der die Reaktionen gemäß den Gln. (12.92) bis (12.94) als homogene Gasphasenreaktion mit einem auf die Schwefelbildung bezogenen Umsatzgrad von ca. 65–70 % ablaufen. Nach jeweiliger Zwischenkühlung mit Schwefelabzug werden zwei katalytische Stufen nachgeschaltet, die bei 280–320 °C bzw. 200–230 °C betrieben werden. In diesen Stufen werden Festbetten mit Schüttgutkatalysatoren auf der Basis von silicatimprägnierter Kohle oder dotierter Aluminiumoxide eingesetzt [6.5]. Dabei werden Gesamtumsatzgrade von 95–97 % erzielt [6.3]. Eine weitere Erhöhung der Umsatzgrade durch weitere Temperaturabsenkung ist bei kontinuierlich betriebenen Reaktoren nicht möglich, da bei Temperaturen unterhalb 200 °C die Kondensation des Schwefeldampfes und somit Katalysatordesaktivierung eintritt. Die Abgase enthalten noch Stoffmengengehalte von ca. 1 % H_2S und 0,5 % SO_2. Diese können einer Nachverbrennung gemäß Abschn. 12.2.2.2 zugeführt werden. Dabei muß in Kauf genommen werden, daß der Gesamtschwefelgehalt als SO_2 emittiert wird. Die SO_2-Emission kann durch eine Steigerung des Schwefelrückgewinnungsgrades durch die in Abschn. 12.6.2.2 und Abschn. 12.6.2.3 beschriebenen katalytischen Verfahren weiter verringert werden.

12.6.2.2
Reaktionsführung beim Sulfreen-Verfahren

Das Verfahren basiert auf den in Abschn. 12.6.2.1 dargestellten Prozeßschritten des Claus-Verfahrens und wurde zur Nachreinigung von Claus-Anlagen-Abgasen entwickelt. Diese enthalten H_2S und SO_2 durch sauerstoffgeregelte Fahrweise der Claus-Anlage im nahezu stöchiometrischen Verhältnis (von 1,9 bis 2,1) [6.2]. Bei nur H_2S-haltigen Abgasen muß ein Teilstrom durch eine thermische oder katalytische Oxidation (s. Abschn. 12.2.2.2) zu SO_2 umgewandelt werden [6.3]. Die Reaktion wird bei ca. 120–140 °C betrieben. Der gebildete Elementarschwefel sowie Schwefelaerosole aus der Claus-Anlage werden in den Poren des Katalysators adsorbiert und führen zur Desaktivierung (Abb. 12.50). Die adsorptive Bindung des Reaktionsprodukts verschiebt das Gleichgewicht der Reaktion nach rechts zu den Reaktionsprodukten, dadurch werden höhere Umsatzgrade erreicht. Kurz vor Durchbruch der SO_2- und H_2S-Konzentration am Reaktorausgang wird der desaktivierte, mit Schwefel beladene Reaktor abgeschaltet und auf einen frisch regenerierten Reaktor umgeschaltet.

Die Regeneration erfolgt zyklisch durch Spülung im Inertgaskreislauf bei ca. 300 °C. Dabei wird der Schwefel desorbiert und kann nach Abkühlen auf ca. 120 °C als Flüssigschwefel zurückgewonnen werden. Die für die Desorption notwendige Energie kann einer nachgeschalteten thermischen oder katalytischen Nachverbrennung (s. Abschn. 12.2.2.2) entnommen werden (Abb. 12.51). Nach Abkühlung des Reaktors auf ca. 120–150 °C durch

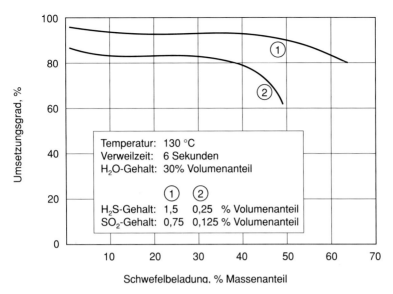

Abb. 12.50. Sulfreen-Verfahren: Katalysatordesaktivierung durch das Reaktionsprodukt

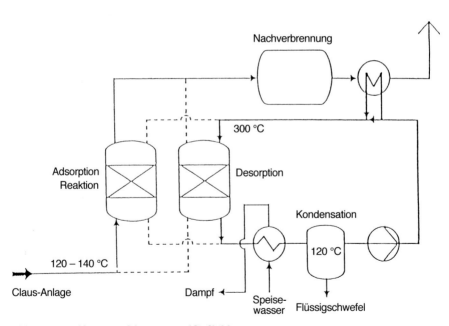

Abb. 12.51. Sulfreen-Verfahren: Grundfließbild

nicht erhitztes Inertgas kann der Reaktor wieder zur Abgasreinigung verwendet werden.

Nach diesen Verfahren ausgeführte Anlagen reinigen Abgase mit Volumenströmen (NTP) von 3000–770000 m^3/h [6.3]. Die spezifischen, auf 1 t Schwefel bezogenen Betriebsmittelverbräuche sind 300 kWh elektrische Energie, 1,6 m^3 Kesselspeisewasser und 2–3 kg Katalysator [6.2].

Als Katalysatoren werden dotierte γ-Al$_2$O$_3$-Schüttgüter verwendet (BET-Oberfläche: 350 m^2/g). Durch die Temperaturwechselbeanspruchung altert der Katalysator, so daß Katalysatorstandzeiten von 3–5 Jahren [6.3] angegeben werden. Chemische Desaktivierung, z.B. durch Sauerstoff, kann die Standzeit verkürzen. Die Anwesenheit von Sauerstoff (üblicherweise ca. 100 ppm) führt zur Bildung von Schwefeltrioxid mit anschließender Schwefelsäurekondensation in den Poren des Katalysators. Dies führt zur Desaktivierung durch Bildung von Aluminiumsulfat. Diese Sulfate können durch reduzierende Fahrweise bei der Regeneration wieder in aktive Aluminiumoxide umgewandelt werden [6.3]. Darüber hinaus können die Katalysatoren durch Dotierung säurestabiler gemacht werden (Abb. 12.52).

12.6.2.3
Umwandlung von COS und CS$_2$: Hydrosulfreen-Verfahren

Claus-Anlagen-Abgase enthalten zwischen 100 und 1000 ppm Kohlenoxidsulfid. Dieses hydrolysiert an den herkömmlichen Al$_2$O$_3$-Katalysatoren in Temperaturbereichen von 100 bis 200 °C zu H$_2$S und CO$_2$ (Abb. 12.53):

$$COS + H_2O \rightarrow H_2S + CO_2. \tag{12.95}$$

Da der gebildete Schwefelwasserstoff gemäß Gl. (12.92) zu Elementarschwefel weiterreagiert, kann Kohlenoxidsulfid nach dem Sulfreen-Verfahren verarbeitet werden, während Schwefelkohlenstoff an diesen Katalysatoren nicht hydrolysiert.

Durch Erweiterung des Sulfreen-Verfahrens um eine vorgeschaltete Hydrolyse-Stufe mit Titandioxid-Katalysator kann der meist in Stoffmengengehalten zwischen 30 und 100 ppm auftretende Schwefelkohlenstoff ebenfalls hydrolysiert werden:

$$CS_2 + 2 H_2O \rightarrow CO_2 + 2 H_2S. \tag{12.96}$$

Im Titandioxid-Katalysator laufen die Reaktionen gemäß den Gln. (12.95) und (12.96) parallel ab. Das Hydrolyseprodukt H$_2$S wird in einer Folgereaktion direkt oxidiert [6.6]:

$$2 H_2S + O_2 \rightarrow 2 S + H_2O. \tag{12.97}$$

Dabei wird das Gas durch die Reaktionsenergie um ca. 50 °C erwärmt. Nach anschließender Abkühlung mit Schwefelabzug wird das vorbehandelte Abgas in eine Sulfreen-Anlage gemäß Abschn. 12.6.2.2 zur weiteren Entfernung der Schwefelverbindungen geleitet [6.6].

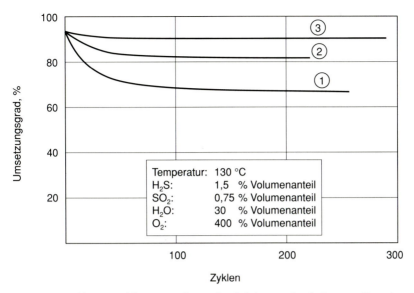

Abb. 12.52. Sulfreen-Verfahren: Katalysatordesaktivierung durch Sauerstoff. *1* ohne reduz. Regeneration, *2* mit reduz. Regeneration, *3* mit reduz. Regeneration und imprägnierte Katalysator

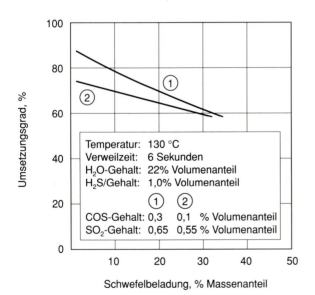

Abb. 12.53. Sulfreen-Verfahren: COS-Umsatz

12.6.2.4
Erhöhung der Umsatzgrade durch katalytische Direktoxidation: Carbosulfreen-Verfahren

Bei dieser Variante wird die thermische oder katalytische Oxidation zur Feinreinigung der Abgase des Sulfreen-Verfahrens durch eine Oxidationsstufe mit Aktivkohle-Katalysator ersetzt. Die Sulfreen-Anlage wird durch Sauerstoffunterschuß so geregelt, daß ein nahezu SO_2-freies Prozeßgas entsteht. Durch Luftzufuhr wird eine oxidierende Atmosphäre geschaffen, so daß an dem Aktivkohlekatalysator [6.6] Elementarschwefel entsteht; dadurch wird die H_2S-Restemission nachgereinigt. Der durch adsorbierten Schwefel desaktivierte Katalysator wird durch einen Teilstrom aus dem direkt beheizten Claus-Verfahren-Zyklus regeneriert [6.6].

12.7 Beschreibung des Katalysatorrecycling am Beispiel von Autoabgaskatalysatoren

12.7.1
Zielsetzung

Die Einführung von Edelmetallkatalysatoren bei Otto-Motoren (s. Abschn. 12.5.1) und die Emissionsverbesserung neuer Pkw mit Dieselmotor (Abschn. 12.2.1.5) verringern die Abgasemissionen aller relevanten Komponenten trotz der steigenden Zahl von Personenwagen und ihrer zunehmenden Fahrleistung [7.1].

Die Abgasemissionen der folgenden Komponenten sollen von 1990 bis 2010 abnehmen [7.1]:

für CO um 82%,
für HC um 78%.
für NOx um 83%,
für Partikel um 63%,
für Benzol um 90%,
für PAH um 73%
(PAH = polycyclische aromatische Kohlenwasserstoffe)

Ökonomische Gründe für das Katalysatorrecycling sind:

- Wertstoffrückgewinnung,
- Aufrechterhaltung des Pt-/Rh-Verhältnisses (Tabelle 12.20),
- Verringerung der Hersteller-Abhängigkeit und
- Flexibilität bei Bedarfsschwankungen.

Bei der Verwendung von edelmetallhaltigen Katalysatoren steht hierfür die Technologie der Edelmetallgewinnung und -scheidung zur Verfügung.

12.7 Beschreibung des Katalysatorrecycling am Beispiel von Autoabgaskatalysatoren

Tabelle 12.20. Edelmetall- (PGM) - Versorgung [7.2]

PGM-Verbrauch 1989 (westliche Industriestaaten)		Summe t	Autoabgas t	%
	Pt	106,5	45,1	42
	Pd	102,9	8,2	8
Pt/Rh-Verhältnis: 5	Rh	10,3	8,3	81

PGM-Reserven (in t)				
Land	Pt	Pd	Rh	(Pt/Rh)
Südafrika				
- Merensky	10 356	4 385	529	(19,6)
- UG2	13 591	11 352	2 581	(5,3)
- Platreef	4 976	5 443	373	(13,3)
Kanada, Sudbury	93	124	31	(3,0)
Rußland	1 555	4 416	187	(8,3)
USA, Stillwater	218	715	93	(2,3)
Σ	30 798	26 435	3 794	(8,1)

Edelmetallgehalte in	Erz	AAK
	ca. 10 ppm	900-1800 ppm (Gew.)

Tabelle 12.21. Mengenbilanz [7.3]

Komponente	Zusammensetzung Autoabgas-Katalysator		
	Gewicht	Anteil an Gesamtgewicht	Recycling
Stahl (Normal-, Chrom-, V2A-)	3-7 kg	80 %	Stahlschrott
Katalysator	0,7-1,4 kg	20 %	
- Pt	1,05-2,1 g	0,03 %	Edelmetall
- Rh	0,21-0,42 g	0,006 %	Edelmetall
- Keramik	ca. 0,7-1,4 kg	ca. 20 %	
AAK-Lebensdauererwartung			
min	80 000 km	1000 h	
max	200 000 km	2500 h	
Annahme: Lebensdauererwartung Autoabgaskatalysator = Autolebensdauer			

Die Mengenbilanz (Tabelle 12.21) von Autoabgaskatalysatoren zeigt, daß der überwiegende Mengenanteil in den Bereich des Stahlschrottrecycling fällt. Die hohe Anzahl von recyclingfähigen Teilen (Tabelle 12.22) macht den Aufbau eines logistischen Systems unter Hinziehung des Werkstattnetzes als Sammler notwendig. Die Kosten dieses Systems müssen über den Wert des zurückgewonnenen Edelmetalls gedeckt werden [7.4].

Tabelle 12.22. Recycling-Mengenbilanz (Deutschland) [7.3]

Jahr		1990	2000
Installiert			
Anlagen	(Stück)	$4,5 \cdot 10^6$	$20 \cdot 10^6$
– Stahl	(t)	$15,5 \cdot 10^3$	$72 \cdot 10^3$
– Katalysator	(t)	$3,86 \cdot 10^3$	$3,86 \cdot 10^3$
– PGM	(t)	6,96	32,4
Recycling			
Anlagen	(Stück	$50 \cdot 10^3$	$1,5 \cdot 10^6$
– Stahl	(t)	180	5400
– Katalysator	(t)	44,9	1347
– PGM	(t)	0,08	2,4
Rate	%	1,16	7,5

12.7.2 Konzept und Prozeßschritte des Autoabgaskatalysator-Recycling

Das Recyclingkonzept umfaßt sieben Stufen. Die Entfernung der gebrauchten Abgasanlagen (1) wird dezentral im Rahmen des Werkstattservices durchgeführt. Da die Edelmetallrückgewinnung nur zentral durchgeführt werden kann, ist die Sammlung (2) der Abgasanlagen einschließlich Ausbau aus den Gehäusen, Sortierung und Zwischenlagerung bis zum Erreichen technologisch sinnvoller Partien notwendig. Die mechanische Aufbereitung (3) durch Mahlen und Klassieren bereitet die aufzuarbeitenden Partien vor, so daß nach Wertbestimmung der Edelmetalle in den Partien durch Platingruppenmetall-Analytik (4) das Edelmetallrecycling beginnen kann. Dieses beginnt mit dem Aufschluß (5), in dem die Edelmetalle von Begleitstoffen (z.B. keramische Träger) und Verunreinigungen (z.B. Blei, Mangan, Schwefel, Phosphor) getrennt werden. Hierbei können schmelzmetallurgische [7.5] und naßchemische Verfahren oder die Direktchlorierung [7.4] eingesetzt werden. Bei schmelzmetallurgischen Verfahren werden die Edelmetalle durch Extraktion mit flüssigem Blei als Sammlermetall aufgenommen. Dies erfolgt in einem Schachtofen bei reduzierender Fahrweise durch Kokszusatz. Das edelmetallhaltige Pulver wird mit PbO zu einer flüssigen Blei-/Edelmetall-Lösung umgesetzt. Die keramischen Bestandteile werden als Schlacke aus dem Schachtofen abgetrennt. Die Trennung dieser Lösung erfolgt bei oxidierender Fahrweise in einem Konverter, in dem sich Bleioxid von der Edelmetallschmelze aufgrund von Dichtedifferenzen trennt [7.5].

Die Raffination des Edelmetalls (6) aufgrund von Fällung (Abb. 12.54), fraktionierter Kristallation, Ionenaustausch oder Flüssig/Flüssig-Extraktion ermöglicht die Trennung der Platingruppen-Metalle, die dann ggf. zu Verbindungen (z.B. Chloride) umgewandelt werden, die zur Herstellung neuer Katalysatoren verwendet werden können (7).

12.7 Beschreibung des Katalysatorrecycling am Beispiel von Autoabgaskatalysatoren

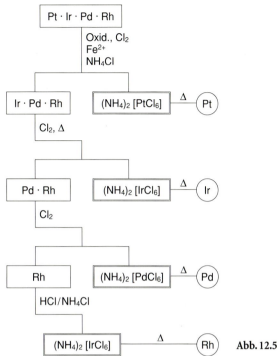

Abb. 12.54. Trennung der Edelmetalle [7.5]

12.7.3
Ausblick und Bedeutung des Recyclingprinzips

Die Recyclingfähigkeit stellt insbesondere bei Anwendungen im Umweltschutz ein Beurteilungskriterium bei der Auswahl von Produkten und Verfahren dar.

Dies muß bei Anwendung und Entwicklung berücksichtigt werden. Bei der Konstruktion muß daher sichergestellt werden, daß die Katalysatoranlage schnell und einfach in der Handhabung von den Fahrzeugen (ggf. ohne Zerstörung der Gehäuse) entfernt werden kann.

Die recyclinggerechte Katalysatorentwicklung muß bei der Auswahl von Additiven und Katalysatorträgern deren Verhalten im oben beschriebenen Recyclingprozeß berücksichtigen.

Der recyclinggerechte Betrieb setzt geringe Verunreinigungen durch Additive in Treib- und Schmierstoffen sowie geringe Verluste durch hohe Temperatur oder starke Vibrationen voraus.

Der Recyclinggedanke führt somit, genauso wie er Stoffkreisläufe schließt, zu einer ganzheitlichen Betrachtung bei der technischen Arbeitsweise.

Größenverzeichnis

Größe	Symbol	Definition	Einheit
Fläche	A		m^2
volumenbezogene Oberfläche	a_V	O/V_K	m^2/m^3
Ammoniakdosierverhältnis	α	$= \dfrac{\phi_{N,NH_3,e}}{\phi_{N,NO,e}}$	
Flächenbelastung	AV	$= \dfrac{\phi_{V,n}}{A_g}$	m/s
Breite	b	Tabelle 12.7	m
Konzentration	c	N/V	mol/m^3
Wärmekapazität	c_p	Stoffgröße	J/mol kg
Durchmesser	d	Tabelle 12.7	m
Energie	E		J
spez. Energie	e	E/N	J/mol
Lückengrad	ε	V_G/V_{sch}	
Umsatzgrad	η	$= \dfrac{\phi_{N,i,e} - \phi_{N,i,a}}{\phi_{N,i,e}}$	
freie Enthalpie	G	H-TS	J
Enthalpie	H		J
spez. Enthalpie	h	E/N	J/mol
Höhe	h	Tabelle 12.7	m
untere Verbrennungsenthalpie	Δh_u		
Chemisorptionsgleichgewichtskonstante	K	Tabelle 12.7	
Reaktionsgeschwindigkeitskonstante	k	Gln. (12.2), (12.3)	
Stoßfaktor	k_o	Gln. (12.9), (12.10)	
Luftbedarf	L	Gl. (12.79)	
Länge	l	Tabelle 12.7	m
Luftverhältniszahl	λ	$= \dfrac{\Sigma \rho_{i,ox}}{\Sigma \rho_{i,red}}$	
Masse	m	Basisgröße	kg
Stoffmenge	N	Basisgröße	mol
Reaktionsordnung	n	Gl. (12.2)	
kinetische Viskosität	ν	Stoffgröße	Pa s
Oberfläche	O	Tabelle 12.7	m^2
Druck	p	Basisgröße	Pa
Stoffmengengehalt	Ψ	N/N_Σ	
Energiestrom	ϕ_E	dE/dt	kW
Volumenstrom	ϕ_V	dV/dt	V m^3/h
heterogene Reaktionsgeschwindigkeit, Reaktionsstromdichte	q	Q/A	$mol/m^2 s$
Reaktionsstrom	Q	dN/dt	mol/s

Idealgaskonstante	R		J/mol K
Reynolds-Zahl	Re	$= \dfrac{w \cdot d}{v}$	
Raumgeschwindigkeit	RG	Gl. (12.15)	h^{-1}
Massenkonzentration, Dichte	ρ	m/V	kg/m^3
Widerstandszahl	ζ	Gl. (12.17)	
Temperatur	T	Basisgröße	K
Zeit	t	Basisgröße	s
innere Energie	U		J
Volumen	V	Tabelle 12.7	m^3
Geschwindigkeit	w	dx/dt	m/s

Abkürzungen und Indices

0	Leerrohr
A	Aktivierung
a	Austritt
AAK	Autoabgaskatalysator
ad	adiabat
Ads	Adsorption
BET	nach der Theorie von Brunauer, Emmett und Teller bestimmte innere Oberfläche
BS	Brennstoff
cpsi	cells per square inch
Da	Damköhlerzahl (s. Gln. 12.11, 12.12)
DMF	Dimethylformamid
e	Eintritt
EG	Erdgas
el	elektrisch
Exponent 0	Reinstoff
F	Fremd
G	Gas
g	geometrisch
H	hydraulisch
HC	Kohlenwasserstoff
Het	heterogen
Homo	homogen
i	Komponente: i
K	Katalysator
k	konvektiv
KNV	Katalytische Nachverbrennung
L	Luft
m	Masse
MEK	Methyl-Ethyl-Keton
MIBK	Methyl-iso-Butyl-Keton
mmWS	mm Wassersäule (1 mm WS = 9,8 Pa)

NTP,n	Normbedingungen
O	Oberfläche
ox	oxidierend
p	isobar
PGM	Platingruppenmetall
R	Reaktion
red	reduzierend
s	Schadstoff
sch	Schüttung
SG	Schüttgut
Σ	Summe
TG	Trägergas
V	Verlust
v	Verweilzeit
VL	Verbrennungsluft
WK	Wabenkörper
WR	Wärmerückgewinnung
Z	Zünd
zul	zulässig

Literatur

Literatur zu Abschn. 12.1

1.1 Deller K, Focke, H (1990) Chemie Technik 6:21
1.2 Richardson JT (1988) Applications of Heterogeneous Catalysts, Loughborough 31.7.88 – 6.8.88
1.3 Carlowitz O (1989) Technische Mitteilungen 82:5:325
1.4 Erste allgemeine Verwaltungsvorschrift zum BImSchG (Technische Anleitung zur Reinhaltung der Luft, TA-Luft) 27.2.1986
1.5 Schmidt T (1991) in Crucq A: Catalysis and Automotive Pollution Control II 2:55
1.6 Schlosser EG (1972) Heterogene Katalyse. Verlag Chemie, Weinheim
1.7 Butt JB (1980) Reaction Kinetics and Reactor Design. Engelwood Cliffs, New Jersey
1.8 Eigenberger G (1978) Chem-Ing Tech. 50:924
1.9 Wicke E (1965) Chem-Ing Tech 37:892
1.10. Kanzler W (1987) Chem-Ing Tech 59:582
1.11 Padberg G, Wicke E (1967) Chem Eng Sci 12:1035
1.12 Sharma, Hughes (1979) Chem Eng Sci 24:625
1.13 Brauer H (1971) Grundlagen der Ein- und Mehrphasenströmungen, Sauerländer
1.14 Schmidt T (1989) Techn Mitt 82:351
1.15 Szepe S, Levenspiel O (1971) Proc 4th European Symp on React. Eng Brüssel 1968. Pergamon Press, London
1.16 Quillmann H (1975) Chem Techn 7:950
1.17 Schmidt T, Hoffmeister M, Falke H (1993) VDI-Berichte 1034:139
1.18 Firmenschrift Solvay Catalysts, Hannover (1992)
1.19 Firmenschrift Hüls
1.20 Elsholz M (1988) Dissertation, TU München
1.21 Angelé B, Kirchner K (1980) Chem Eng Sci 2089

1.22 Schmidt T (1991) in: Bartholomew CH, Butt JB (eds) Stud surf sci catalysis 68:723
1.23 Schmidt T (1989) VDI-Berichte 730:201
1.24 VDI-Richtlinie 3476
1.25 Engler B, Koberstein E, VDI-Berichte 730:97
1.26 Hardison LC, Dowd EJ (1977) CEP, S 31
1.27 DE OS 3641773 A 1 Deutsches Patentamt
1.28 Jüntgen H (1985) VDI-Berichte 525:193
1.29 Riesterer HJ (1993) VDI-Berichte 1034:393
1.30 Krill H (1993) VDI-Berichte 1034:339
1.31 Bhatnagar S (1993) VDI-Berichte 1034:461
1.32 Schell M, Höhne H, Brockmöller J (1993) VDI-Berichte 1034:431

Literatur zu Abschn. 12.2

2.1 Spivey JJ (1987) Ind Eng Chem Res 26:2165
2.2 Schmidt T, Hoffmeister M, Falke H (1993) VDI-Berichte 1034:139
2.3 Firmenschrift Solvay Catalysts, Hannover (1992)
2.4 Schmidt T (1989) Technische Mitteilungen 82:5:360
2.5 Sattler K (1982) Umweltschutz Entsorgungstechnik. Vogel-Buchverlag, Würzburg
2.6 Europäische Patentanmeldung 68377
2.7 Kanzler W, Schedler J, Thalhammer H (1986) Chem Ind 12:1188
2.8 Fabricius W. 2 Fachsymposium Umweltschutz 19.5.1988, Mainz
2.9 DIN 2595 Emissionsminderung bei Räucherprozessen
2.10 Müller-Erlwein E, Kraft L (1993) Chem-Ing Tech 65:6:741
2.11 Schmidt T (1989) VDI-Berichte 730:201
2.12 Müller H, Deller K, Kühn W, Fröhlich W (1993) Anhang zum VDI-Bericht 1034
2.13 Erdöl Erdgas Kohle 105:11:455
2.14 Kettner R, Lübcke T (1989) VDI-Berichte 730:255

Literatur zu Abschn. 12.3

3.1 Dittmar H (1985) VDI-Berichte 525:147
3.2 Deutsches Patent 2458888
3.3 Deutsches Patent 2658539
3.4 Janssen FJJG (1988) Kema Scientific & Technical Reports 6:1
3.5 Weber E, Hübner K (1986) VDI-Gesellschaft Energietechnik 3 Jahrestagung 25./26.2.1986, Darmstadt
3.6 Hannes K, Eichholtz A (1986) VDI-Gesellschaft Energietechnik 3 Jahrestagung 25./26.2.1986, Darmstadt
3.7 Jüntgen H (1985) VDI-Berichte 525:193
3.8 Hein D, Gajewski W (1987) VGB Kraftwerkstechnik 67:2:1
3.9 Drews R, Hesse K, Hölderich W, Ruppel W, Scheidsteger O (1989) Chem Ind 8:47
3.10 Mayer-Schwining G, Knoche R, Schaub G (1993) VDI-Berichte 1034:107
3.11 Hug HTh, Hartenstein AH, Morsbach B (1993) VDI-Berichte 1034:203

Literatur zu Abschn. 12.5

5.1 Koberstein E (1985) VDI-Berichte 525:217
5.2 Brauer H, Schlüter H (1965) Chemie-Ing Tech 37:892
5.3 Firmenschrift Engelhard Kali-Chemie AutoCat (1986) Hannover
5.4 Hoffmann U, Löwe A (1986) Chemie-Ing Tech 58:10:777
5.5 Nonnenmann M (1989) ATZ 91:4

5.6 VDI-Richtlinie 3476 (1988)
5.7 Jüntgen H (1975) VDI-Berichte 525:193
5.8 Henning KD, Degel D (1989) Kohlenstoffhaltige Adsorptionsmittel in Technik und Umweltschutz, Seminar in der Technischen Akademie Wuppertal 28/29.11.1989

Literatur zu Abschn. 12.6

6.1 Kast W (1989) Adsorptionstechnik. Verlag Chemie, Weinheim
6.2 VDI-Richtlinie 3476 (1988)
6.3 Ruhl E (1985) VDI-Berichte 525:163
6.4 Kettner-Lübcke, Ullmanns Enzyklopädie der Technischen Chemie
6.5 Kirchner K, Angelé B (1981) Vt 15.12:914
6.6 Lell R (1993) VDI-Berichte 1034:187

Literatur zu Abschn. 12.7

7.1 Metz N (1990) ATZ 92:176
7.2 Steel MCF (1991) in Crucq, A: Catalysis and Automotive Pollution Control II Elsevier, Amsterdam, S. 105
7.3 Pitsch S (1990) Entsorgungspraxis 9:494
7.4 Fierain W (1991) in Crucq, A: Catalysis and Automotive Pollution Control II Elsevier, Amsterdam, S. 105
7.5 Dähne W, Vortrag gehalten im Haus der Technik, Essen 16./17.10.1989

13 Abscheidung gasförmiger Schadstoffe durch biologische Reaktionen

K. Fischer, F. Sabo

13.1 Einleitung

Erste Hinweise auf die Möglichkeiten einer biologischen Abluftreinigung stammen aus dem Jahr 1923. Bach [1] schreibt hier zum Thema Schwefel im Abwasser:

> „Der Geruchsschutz in Kläranlagen wird dann nötig, wenn es nicht gelingt zu verhindern, daß Schwefelwasserstoff in die Luft entweicht und diese durch Gestank verpestet. Man kann die Räume, aus denen der Schwefelwasserstoff in die Luft entweicht, mit Drahtnetzen, Gittern oder dergleichen belegen und darauf Material aufbringen, das den Schwefelwasserstoff durch chemische Bindung oder durch biochemische oder katalytische Zersetzung aus dem sonst ungehindert austretenden Gas beseitigt" [1].

Seit Anfang der 60er Jahre werden biologische Systeme zur Reinigung von Abgasen, die flüchtige organische Komponenten enthalten, verstärkt eingesetzt. Die Mikroorganismen nutzen hierbei die oft geruchsintensiven Abluftinhaltsstoffe als Energie- und Kohlenstoffquelle und wandeln diese dann in gesundheitlich unbedenkliche bzw. geruchlich nicht mehr wahrnehmbare Verbindungen um.

Beim Biofilter in Genf-Villette (1964) wurde Erde als Filtermaterial verwendet, im Kompostwerk in Duisburg (1966) kam dagegen zum ersten Mal Kompost in Form von Müllkompost zur Anwendung. Auch in den USA wurden zu diesem Zeitpunkt u. a. von Carlson et al. [2] Untersuchungen zur Entfernung von Schwefelwasserstoff und Mercaptanen mit Hilfe von Erde durchgeführt. Im Jahre 1972 erschien in Deutschland von Helmer [3] die erste Dissertation zum Thema Biofilter mit umfangreichen Grundlagenuntersuchungen. Auch in der Landwirtschaft entdeckte man den Nutzen des Biofilters [4].

Das erste Patent zur absorptiven Reinigung von Abluft mit Hilfe von Mikroorganismen wurde 1934 von Prüß und Blunk [5] angemeldet. Sie beschreiben in ihrer Patentschrift eine Tropfkörperanlage, die mit Erfolg schwefelwasserstoffhaltige Abluft von nicht geringen Konzentrationen reinigte. Das Patent wurde schließlich im Jahr 1941 erteilt.

Die Anwendung des neuen Verfahrens erfolgte jedoch in größerem Umfang erst in den siebziger Jahren. Vor allem zur Geruchsverminderung im Bereich der Landwirtschaft wurden einige Anlagen beschrieben, z.B. allgemein die Behandlung von Stalluft sowie die Abluft aus Intensivtierhaltung und Tierkörperverwertungsanlagen [4, 6].

Etwa ab dem Jahr 1980 wurden Biowäscher auch zur Reinigung industrieller Abluft eingesetzt. Man findet Anlagen bei der Dosenlackierung, in der Schleifscheibenherstellung, in der Gießereiindustrie, zur Reinigung von Spritzkabinenabluft und bei der Spanplattenherstellung [7–10].

Die biologischen Verfahren bieten eine sowohl umweltfreundliche als auch kostengünstige Alternative zu anderen Methoden der Abluftreinigung. Im günstigsten Fall können die organischen Abluftinhaltsstoffe zu Kohlendioxid und Wasser abgebaut werden, ohne daß zusätzliche Chemikalien benötigt werde. Eine Verlagerung der problematischen Stoffe in andere Umweltbereiche findet praktisch nicht statt.

Die biologische Abluftreinigung findet inzwischen ein breites Anwendungsfeld in Müllkompostwerken, Kläranlagen, Tierkörperverwertungsanstalten, landwirtschaftlichen Betrieben und verschiedenen Industrieanlagen.

13.2
Verfahrenstechnische Grundlagen

13.2.1
Allgemeines

Grundsätzlich dominieren bei allen biologischen Abluftreinigungsverfahren zwei Grundprozesse:

- Stofftransport der Schadstoffe aus der Gasphase in die wäßrige Umgebung der Mikroorganismen und
- biochemische Umsetzung der sorbierten Schadstoffe.

Die Erfassung dieser Prozesse kann durch die Betrachtung der wichtigsten Teilschritte erfolgen:

- großräumige Transportvorgänge hauptsächlich in der Gasphase (Strömungsvorgänge),
- Diffusionsvorgänge in der Gas- und Wasserphase,
- Sorptionsvorgänge und
- biochemische Reaktion (Schadstoffumsetzung).

Nur mit Kenntnis der jeweils relevanten Mechanismen sind Aussagen über die Optimierung des gesamten Verfahrens möglich. Deshalb werden im weiteren diese Schritte genauer betrachtet.

13.2.2
Großräumige Transportprozesse

Um die Schadstoffe aus der Abluft zu entfernen, müssen diese zunächst in Kontakt mit einem sorptiven Medium gebracht werden. Bei Biowäschern handelt es sich dabei um Wasser bzw. Belebtschlamm, bei Membranreaktoren um eine Silicon-Kautschukmembran, während es bei Biofiltern ein biologisch aktives, festes Material ist. Der erste Transportschritt ist die konvektive Strömung der schadstoffhaltigen Abluft in die Kontaktbereiche. Diese großräumigen Bewegungen werden von Druckgradienten innerhalb der Kontaktapparate verursacht. Konzentrationsunterschiede spielen hier als treibende Kräfte eine untergeordnete Rolle.

Im Fall des Biofilters strömt die zu reinigende Abluft durch die poröse Filtermaterialschüttung. Dieser Strömungsvorgang wird in der Regel durch eine rohgasseitige Druckerhöhung erzwungen. Er bildet damit den ersten Teilschritt des insgesamt sehr komplexen Transportprozesses.

13.2.3
Schadstoffaufnahme durch Sorption

13.2.3.1
Übersicht

Die Sorption oder Aufnahme eines gasförmigen Stoffes kann prinzipiell auf zwei Wegen erfolgen:
- Adsorption an einer Feststoffoberfläche. Je nach Art der Bindung spricht man von Physisorption (van der Waals'sche Kräfte) oder von Chemisorption, wenn die Bindung mehr chemischen Bindungskräften gleicht. In der Regel ist für die biologische Abluftreinigung nur erstere bedeutend.
- Absorption in einer Flüssigkeit. In diesem Fall werden die Gasmoleküle von der Flüssigkeit aufgenommen und liegen darin gleichmäßig verteilt vor.

Während beim Biowäscherprinzip konstruktionsbedingt nur die Absorption von Bedeutung ist, sind im Fall des Biofilters beide Prozesse relevant. Hier erfolgt einerseits eine Adsorption der Schadstoffe an den trockenen Bereichen des Filtermaterials. Gleichzeitig können an den benetzten Stellen im Flüssigkeitsfilm Absorptionsvorgänge stattfinden.

13.2.3.2
Adsorption

Bei der Adsorption treten zwei Phasen in Kontakt, wobei sich an ihren Grenzflächen eine Konzentration einstellt, die sich von der in den Phasenkernen unterscheidet. Die Adsorption kann stattfinden zwischen einer festen und einer gasförmigen oder flüssigen Phase. Die Bindung der Moleküle kann rein physikalischer Art sein, es ist aber auch eine chemische Bindung möglich (Chemisorption). Für die biologische Abluftreinigung spielt die Adsorption eine eher untergeordnete Rolle. Beim Biofilterverfahren kann eine Adsorption der Schadstoffe bevorzugt an den trockenen Bereichen des Filtermaterials stattfinden.

Da bei der Adsorption die Moleküle des Gases an der Oberfläche des Feststoffes angelagert werden, spielt die Größe der aktiven Oberfläche die entscheidende Rolle. Sie wird in der Regel als spezifische Oberfläche in m^2/g Adsorbens angegeben. Die Adsorptionskapazität wird im allgemeinen durch die Adsorptionsisotherme beschrieben. Sie beschreibt die adsorbierte Menge einer Substanz in Abhängigkeit von deren Konzentration bei konstanter Temperatur. Es existieren verschiedene Ansätze diese Vorgänge zu erfassen. Bei der Adsorption von Gasen wird häufig die Langmuir-Beziehung verwendet.

$$V = V_{mon} \cdot (k \cdot p) / (1 + k \cdot p) \qquad (13.1)$$

mit

V : adsorbiertes Gasvolumen
V_{mon}: Gasvolumen, das zur monomolekularen Beladung der Adsorbensoberfläche benötigt wird
p : Partialdruck
k : Konstante

Im Gegensatz zu technischen Adsorptionsmitteln (Aktivkohle, aktive Gele, Molekularsiebe), haben die in der biologischen Abluftreinigung eingesetzten Materialien wesentlich kleinere innere Oberflächen. Damit sind die hier erreichbaren Beladungen in der Regel verhältnismäßig gering.

13.2.3.3
Absorption

Als Absorption bezeichnet man die Aufnahme eines Gases in einer Flüssigkeit. Beruht die Absorption nur auf der Gaslöslichkeit, spricht man von physikalischer Absorption, ist die Auflösung einer Komponente mit einer chemischen Reaktion verbunden, spricht man von Chemisorption.

Da die biochemischen Reaktionen in der Regel in wäßriger Umgebung stattfinden, erlangt die Absorption bei biologischen Abluftreinigungsverfahren eine besondere Bedeutung. Beim Biowäscherverfahren spielt verfahrensbedingt nur die Absorption eine Rolle.

Die Löslichkeit der Gase ist stoffspezifisch und hängt von Druck und Temperatur ab. Da der Absorptionsprozeß exotherm verläuft, sinkt die Löslichkeit mit zunehmender Flüssigkeitstemperatur.

Die Druckabhängigkeit der Absorption wird durch das Gesetz von Henry beschrieben, welches besagt, daß im Gleichgewicht die gelöste Menge des Gases in der Flüssigkeit proportional zum Gasdruck über der Flüssigkeit ist.

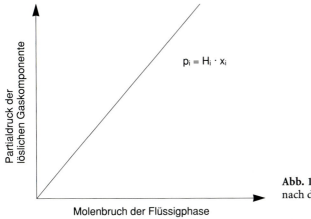

Abb. 13.1. Phasengleichgewicht nach dem Henry'schen Gesetz

Für jede Einzelkomponente bei Absorptionsvorgängen im niederen Konzentrationsbereich, dies ist der für die biologische Abluftreinigung wichtige Bereich, gilt

$$p_i = H_i \cdot x_i \tag{13.2}$$

mit

p_i : Partialdruck der löslichen Gaskomponente
x_i : Molenbruch der Flüssigphase

$$= \frac{\text{Mole (lösliches Gas)}}{\text{Mole (Waschflüssigkeit + lösliches Gas)}}$$

H_i: Henrykonstante

d.h. der gelöste Anteil der Einzelkomponente in der Flüssigkeit ist proportional dem Partialdruck p_i der Komponente in der Gasphase (Abb. 13.1).

Die Henrykonstante ist im niedrigen Konzentrationsbereich nur von der Temperatur abhängig. Im höheren Konzentrationsbereich von der Temperatur und von der Konzentration $H_i = f(T_i x_i)$.

13.2.4
Grundlagen des Stoffübergangs

Folgende Gleichung beschreibt den von der Abluft in das Wasser übertragenen Molenstrom $\dot{N}$.

$$\dot{N} = k \cdot A \cdot c \tag{13.3}$$

mit:

k: Stoffdurchgangskoeffizient durch die Grenzschicht Gas-Flüssigkeit

A: Phasengrenzfläche, die für den Stoffaustausch zur Verfügung steht
c: Konzentrationsgefälle, als treibende Kraft für den Stoffübergang

Bei der Zweifilmtheorie setzt sich der Stoffdurchgangskoeffizient zusammen aus einem Stoffübergangskoeffizienten in der gasseitigen Grenzschicht und einem Stoffübergangskoeffizienten in der flüssigkeitsseitigen Grenzschicht.

Da im allgemeinen die Grenzflächenkonzentrationen unbekannt sind, kann man das Stoffübergangssystem soweit vereinfachen, daß man nach flüssigkeitsseitigem und gasseitigem Stoffübergang unterscheidet.

Für Fälle, bei denen der Stofftransportwiderstand hauptsächlich in der flüssigkeitsseitigen Grenzschicht liegt, gilt:

$$\dot{N} = k_{OL} \cdot A \cdot (c_L^* - c_L) \tag{13.4}$$

mit:

k_{OL}: flüssigkeitsseitiger Stoffdurchgangskoeffizient
c_L : Konzentration in der Flüssigkeit
c_L^* : Gleichgewichtskonzentration in der Flüssigkeit

Für Fälle, bei denen der Stofftransportwiderstand hauptsächlich in der gasseitigen Grenzschicht liegt, gilt:

$$\dot{N} = k_{OG} \cdot A \cdot (c_G - c_G^*) \tag{13.5}$$

mit:

k_{OG}: gasseitiger Stoffdurchgangskoeffizient
c_G^* : Gleichgewichtskonzentration im Gas

13.2.5
Modell für den Stofftransport

Generell kann davon ausgegangen werden, daß der gesamte Stofftransport aus der Gasphase in die Flüssigkeitsphase und weiter in die Umgebung der Mikroorganismen ein mehrstufiger Vorgang ist, der in folgende Schritte unterteilt werden kann [11] (Abb. 13.2):

I   Hauptsächlich konvektiver Transport der Schadstoffmoleküle im Gasraum bis zur gasseitigen Grenzschicht
II Diffusion durch die gasseitige Grenzschicht
III Absorptionsvorgang und Diffusion durch flüssigkeitsseitige Grenzschicht
IV Weitertransport in den Kern der Flüssigkeit durch Diffusion (u. U. durch Konvektion verstärkt)
V   Diffusion durch die flüssigkeitsseitige Grenzschicht beim Übergang in den Bakterienfilm (auch Biofilm)
VI Diffusion durch Grenzschicht im Biofilm
VII Aufnahme der Schadstoffmoleküle und Umsetzung durch die Mikroorganismen.

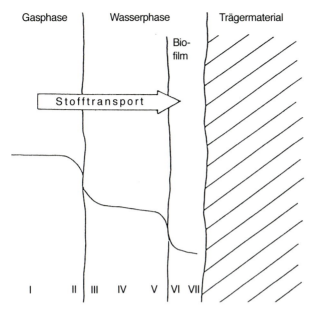

Abb. 13.2. Schematische Darstellung der Konzentrationsverläufe in den Grenzschichten

Diesem Transportmodell liegt die Annahme zugrunde, daß die Mikroorganismen größtenteils in einem Film an einer Feststoffoberfläche fixiert sind. Bei Biofiltern und Tropfkörperwäschern trifft dies in der Regel zu, während beim Biowäscher die Bakterien als Belebtschlamm im Wasser mehr oder weniger fein verteilt sind. In diesem Fall kann die Diffusion in den Kern der Flüssigkeit (Schritt IV) vernachlässigt werden. Allgemein kann das obige Modell durch folgende Annahmen vereinfacht werden, ohne daß es dadurch in seiner Realitätsnähe entscheidend geschmälert wird:

- Im allgemeinen wird davon ausgegangen, daß die Durchmischung in der Gasphase homogen und der gasseitige Stoffübergangswiderstand vernachlässigbar ist. Damit sind die Konzentrationen im Kern der Gasphase und an der Phasengrenze gleich und Schritt II entfällt.
- In der flüssigkeitsseitigen Grenzschicht wird ein linearer Konzentrationsverlauf angenommen.
- Im Fall des Tropfkörperwäschers (und unter bestimmten Umständen im Fall des Biofilters) werden die Grenzschichten zwischen reiner Wasserphase und Biofilm zu einer Diffusionsschicht mit linearem Konzentrationsverlauf zusammengefaßt.
- Es wird angenommen, daß kein Unterschied besteht zwischen der Flüssigphase und dem Biofilm.

Ein Schadstoffmolekül wird, nachdem es in der Wasserphase aufgenommen wurde, in Richtung sinkender Konzentration in den Kern der Flüssigkeit weitertransportiert. Die Diffusionsgeschwindigkeit ist dabei stoffspezifisch und wird mit dem Diffusionskoeffizienten erfaßt. Dieser ist von Temperatur und Molekülmasse und damit vom Moleküldurchmesser abhängig. Für Gase gilt näherungsweise folgende Abhängigkeit [12, 13]:

$$D \sim T/M^{1/2} \tag{13.6}$$

mit:

    M: Molekülmasse
    D: Diffusionskoeffizient
    T: Temperatur

Als Richtgröße für Diffusion von Gasen in Wasser kann etwa $D = 1 - 2 \cdot 10^{-5}\,\text{cm}^2/\text{s}$ angegeben werden [14].

Zur genaueren Bestimmung des Diffusionskoeffizienten werden in der Literatur verschiedene Beziehungen angegeben [15–17]. Allerdings sind auch diese Werte oft mit Fehlern behaftet.

Eine relativ gute und häufig angewendete Beziehung, in der Gas- und Flüssigkeitseigenschaften berücksichtigt werden, haben Wilke und Chang [18] aufgestellt:

$$D = 7{,}4 \cdot 10^{-8}\,(x \cdot M)^{1/2} \cdot T/\eta \cdot V^{0{,}6} \tag{13.7}$$

mit:

    M: Molmasse des Lösungsmittels in g/mol
    T : Temperatur in K
    η : Viskosität des Lösungsmittels in cP
    V : molares Volumen des gelösten Gases am Siedepunkt in cm^3/mol
    x : Assoziationsfaktor (für Wasser ist x = 2,6)

Mit dieser Beziehung können Werte für D mit einer Genauigkeit von ca. 10 % ermittelt werden [17].

Die Diffusion in Flüssigkeiten ist deutlich langsamer als in Gasen [19]. Da biochemische Reaktionen in wäßriger Lösung stattfinden, ist dies für die Erfassung der Kinetik von besonderer Bedeutung.

13.2.6
Kinetik enzymkatalysierter Reaktionen

Enzymkatalysierte Reaktionen zeigen das Phänomen der Substratsättigung. In Abb. 13.3 ist der Zusammenhang zwischen Substratkonzentration und Reaktionsgeschwindigkeit dargestellt. Für kleine Konzentrationen ist die Reaktionsgeschwindigkeit proportional zur Substratkonzentration.

Das bedeutet, daß es sich hier um eine Reaktion erster Ordnung handelt. Mit wachsender Substratkonzentration steigt die Reaktionsgeschwindigkeit langsamer an und ist nicht mehr proportional zur Konzentration. Hier liegt eine Reaktion gemischter Ordnung vor. Bei weiterem Anwachsen der Substratkonzentration erreicht die Geschwindigkeit einen konstanten Maximal-

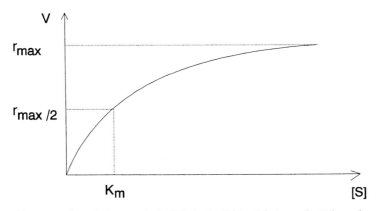

Abb. 13.3. Die Reaktionsgeschwindigkeit r in Abhängigkeit von der Substratkonzentration [S] nach Michaelis-Menten

wert. In diesem Bereich ist sie unabhängig von der Konzentration, d.h. hier liegt eine Reaktion 0-ter Ordnung vor.

Nach Michaelis-Menten gilt für enzymkatalysierte Reaktionen folgender allgemeiner Ansatz (s. Abb. 13.3):

$$r = dS/dt = r_{max} \cdot [S] / K_M + [S] \tag{13.8}$$

mit:

r : Reaktionsgeschwindigkeit in mg/m³ · h
[S] : Substratkonzentration in mg/m³
K_M : Michaelis-Menten Konstante in mg/m³
r_{max}: maximale Reaktionsgeschwindigkeit in mg/m³ · h

Die Elimination der Schadstoffe, d.h. die Regeneration des beladenen Sorbens (Waschwasser bzw. Filtermaterial) erfolgt durch biochemische Umsetzung nach dem oben genannten Schema.

Grundsätzlich wird dadurch die Absorption verstärkt, weil die Konzentration der Schadstoffe in der Flüssigphase gesenkt und die Konzentrationsdifferenz als treibende Kraft für die Absorption erhöht wird.

Allgemein kann man den Stoffmengenumsatz bei der Reaktion wie folgt beschreiben:

$$U = (\dot{M}_1 - \dot{M}_2)/\dot{M}_1 \tag{13.9}$$

mit:

U : Stoffmengenumsatz einer Komponente
$\dot{M}_1$: in den Reaktor eingebrachter Massenstrom einer Komponente in g/h
$\dot{M}_2$: aus dem Reaktor austretender Massenstrom einer Komponente in g/h

Die Reaktionsprodukte dieser Umsetzung, die hier nicht näher interessieren, sind in der Regel Wasser und CO_2.

Es sei allerdings vermerkt, daß in Ausnahmefällen auch Endprodukte entstehen können, deren Anhäufung negative Einflüsse auf die Gesamtreaktion ausübt (z.B. Chlorid bei der Umsetzung von Dichlormethan oder Nitrat bei ammoniakhaltiger Abluft). In diesen Fällen müssen auch die Reaktionsprodukte betrachtet werden. Aus Gl. (13.10) folgt der Wirkungsgrad η einer Reinigungsanlage:

$$\eta = 1 - \dot{M}_2 / \dot{M}_1 \tag{13.10}$$

Bei konstantem Gasvolumenstrom ergibt sich daraus:

$$\eta = 1 - c_2 / c_1 \tag{13.11}$$

mit:

c_1: Rohgaskonzentration
c_2: Reingaskonzentration

Zur genaueren Erfassung des Gesamtprozesses muß weiterhin die zeitliche Änderung der an der Reaktion beteiligten Stoffe betrachtet werden.

Mit der vereinfachenden Annahme, daß die Enzymkonzentration proportional zur Mikroorganismendichte ist und mit der Konzentration des in der Flüssigphase gelösten Schadstoffes als Substratkonzentration, erhält obige Gleichung folgende Form:

$$r = dC_{li} / dt = k \cdot X \cdot C_{li} / (K_M + C_{li}) \tag{13.12}$$

mit:

K_M: Michaelis-Menten Konstante
C_{li}: Konzentration der Schadstoffkomponente i in der Flüssigphase
X : Mikroorganismendichte
k : Reaktionsgeschwindigkeitskonstante

Bei Betrachtung von Gl. (13.12) ergeben sich folgende Sonderfälle:

$C_{li} \gg K_M$: $r = k \cdot X$, d.h. die Reaktion ist nicht von der Schadstoffkonzentration abhängig – man spricht von einer Reaktion 0. Ordnung; in Abb. 13.3 ist es der Bereich für große Konzentrationen

$C_{li} \ll K_M$: $r = k \cdot X \cdot C_{li} / K_M$, d.h. die Reaktionsgeschwindigkeit ist von der Schadstoffkonzentration abhängig – man spricht von einer Reaktion 1. Ordnung; in Abb. 13.3 ist es der Bereich für kleine Konzentrationen

Untersuchungen haben gezeigt, daß mit diesen beiden Sonderfällen viele mikrobielle Umsetzungen hinreichend genau erfaßt werden können. Nachstehend werden die Zeitgesetze für diese Fälle näher betrachtet. Das Geschwindigkeitsgesetz 1. Ordnung lautet:

$$- dc / dt = k \cdot c \tag{13.13}$$

mit:

k: Reaktionsgeschwindigkeitskonstante
c: Konzentration

Integration von Gl. (13.13) führt zu:

$$c = c_1 \cdot e^{-kt} \qquad (13.14)$$

Damit wird der Wirkungsgrad zu:

$$\eta = 1 - e^{-kt} \qquad (13.15)$$

Das Geschwindigkeitsgesetz 0. Ordnung lautet:

$$- dc/dt = k \qquad (13.16)$$

Damit ergibt sich folgender Wirkungsgrad:

$$\eta = k \cdot t / c_1 \qquad (13.17)$$

Mit den experimentell bestimmten Wirkungsgraden können die Konstanten k für verschiedene Verweilzeiten, d.h. verschiedene Luftvolumenströme bestimmt werden:

$$k = - \ln (1 - \eta)/t \qquad (13.18)$$

bzw. $\quad k = c_1/t \qquad (13.19)$

13.3 Mikrobiologische Grundlagen

13.3.1 Einleitung

In der biologischen Abluftreinigung sind derzeit drei Verfahrensvarianten gebräuchlich: das Biofilter-, das Biowäscher- und das Biomembranfilterverfahren. Alle diese Methoden beruhen auf der Tätigkeit von Mikroorganismen. Diese sind unter aeroben Bedingungen in der Lage, flüchtige organische Verbindungen durch biochemische Oxidation in mineralische Endprodukte, wie zum Beispiel Kohlendioxid und Wasser, zu überführen. Bezogen auf die in der Abluft enthaltenen unerwünschten, zumeist geruchsintensiven Inhaltsstoffe findet dabei ein „Abbau" der zu beseitigenden Verbindungen statt.

Mikroorganismen sind in der Natur weit verbreitet und unentbehrlich für die Aufrechterhaltung der Lebensvorgänge. Ihre geringen Abmessungen, die zur Namensgebung führten, haben entscheidende Konsequenzen hinsichtlich der Aktivität und Flexibilität ihres Stoffwechsels. Durch das große Oberflächen/Volumen-Verhältnis ist ein hoher Stoffumsatz möglich. Da die enzymatische Ausrüstung nicht starr vorgegeben ist, sind Mikroorganismen zudem sehr anpassungsfähig gegenüber den verschiedensten Nährstoffangeboten.

Als sogenannte Destruenten bewirken die Mikroorganismen die Überführung von organischer in anorganische Substanz.

Die hierfür notwendigen Stoffwechselvorgänge werden unterteilt in anabole und katabole Reaktionen. Vorhandene Nährstoffe („Substrate") wer-

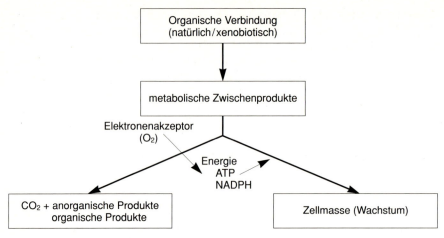

Abb. 13.4. Metabolismus der Mikroorganismen

den in die Zellen eingeschleust und sofern es sich um komplexere Substanzen handelt, zunächst in kleinere Bausteine zerlegt. Die so erhaltenen niedermolekularen Verbindungen können dann weiter abgebaut und zur Energiegewinnung genutzt werden. Durch diese katabolen Vorgänge erfolgt also ein Abbau der aufgenommenen Substanzen. Werden die Substrate dagegen genutzt, um neue Zellbausteine zu synthetisieren, so spricht man von anabolen Stoffwechselreaktionen. Abbildung 13.4 zeigt den Metabolismus der Mikroorganismen.

13.3.2
Abbauverhalten von Abluftinhaltsstoffen

Aufgrund des großen vorhandenen Potentials an Mikroorganismen und deren Anpassungsfähigkeit gibt es nur wenige Verbindungen, die nicht biologisch abbaubar sind. Prinzipiell muß unterschieden werden zwischen biologisch gut und biologisch schwer abbaubaren Stoffen. Bisher gibt es allerdings keine verbindlichen Testmethoden zur Beurteilung des Abbauverhaltens gasförmiger Verbindungen. Über eine Analyse der Rohgase kann man möglicherweise aufgrund der Struktur der darin gefundenen Verbindungen bis zu einem gewissen Grad auf deren Abbaubarkeit schließen. Bei Mischgasen, wie sie in der Praxis zumeist vorliegen, sind Vorversuche mit dem Biowäscher oder Biofilter über einen genügend langen Zeitraum unerläßlich.

Häufig findet eine Adaption der Mikroorganismen statt, so daß auch schwer abbaubare Substanzen mit der Zeit aus der Abluft eliminiert werden können. Die Anpassung an das Substrat kann sehr schnell erfolgen, wenn die für den Abbau notwendigen Enzyme bereits vorhanden sind. In anderen Fällen werden derartige Enzyme erst nach einem gewissen Zeitraum gebildet.

Diese langwierige Adaptionszeit an bestimmte, zunächst schwer abbaubare Verbindungen, kann durch eine Animpfung mit adaptierten Mischpopulationen oder auch Reinkulturen verkürzt werden.

Die VDI-Richtlinien 3477 [20] und 3478 [21] enthalten eine Zusammenstellung verschiedener Ablufttypen, die erfahrungsgemäß biologisch gereinigt werden können. Hier und auch in anderen Publikationen [22–30] gibt es Angaben über chemische Stoffgruppen und Einzelkomponenten, die unter den technischen Bedingungen von Biofiltern und -wäschern mehr oder weniger gut mikrobiell verwertbar sind.

Wichtige Voraussetzung für die biologische Abluftreinigung ist der Kontakt zwischen den abzubauenden Substanzen und den Mikroorganismen. Je nach Verfahren ist dieser Kontakt unterschiedlicher Natur. Nur wasserlösliche und nicht toxische Abluftinhaltsstoffe sind für Mikroorganismen verwert- und damit abbaubar. Die Ablufttemperatur sollte innerhalb des physiologischen Bereiches der Mikroorganismen liegen. Als weitere Voraussetzung sollte die Abluft keine zu großen Mengen an Staub und/oder Fett enthalten.

Besonders wichtig für die Wirksamkeit der biologischen Abluftreinigung sind zwei mikrobielle Vorgänge [31, 32]:

- Metabolisierung (Mineralisation)
  Unter Metabolisierung versteht man die enzymatische Umwandung einer organischen Verbindung in Zellsubstanz und andere Reaktionsprodukte, wobei die Zellzahl im allgemeinen zunimmt. Ein vollständiger Abbau der Substrate ist möglich.
- Co-Metabolisierung
  Wird ein Substrat co-metabolisiert, so kann es nicht als Energiequelle genutzt werden. Bei Zufuhr einer Energiequelle kann das Substrat aber partiell abgebaut werden, dabei kann es möglicherweise zu Akkumulationen von Abbauprodukten kommen.

13.3.3
Beteiligte Mikroorganismen

Generell können sich Bakterien, Pilze und Actinomyceten (hierunter versteht man mycelartig wachsende Bakterien) an der biologischen Abluftreinigung beteiligen. Der Abbau der Rohluftinhaltsstoffe kann durch eine einzige Spezies erfolgen, in den meisten Fällen entwickelt sich aber eine relativ robuste Mischpopulation. Steinmüller et al. (1979) [33] publizierte eine Literaturrecherche zum mikrobiellen Abbau von Geruchsstoffen, in der u.a. Abbauwege von einigen für die Industrie bedeutenden organischen Verbindungen beschrieben werden. Bei Untersuchungen derselben Arbeitsgruppe [27] wurden im Labormaßstab aus Anreicherungskulturen mit 50 verschiedenen organischen Geruchsstoffen aus mehreren Substanzklassen Reinkulturen isoliert und weitgehend identifiziert. Die meisten Isolate waren Pseudomonaden und coryneforme Bakterien, zudem wurden noch einige Mikroorganismen aus den Gattungen *Bacillus*, *Alcaligenes* und *Rhodococcus* gefunden. Es zeigte sich, daß sich in Gegenwart der einzelnen Substanzen Mischkulturen mit mehr oder weniger spezifischer Zusammensetzung anreicherten.

In Anpassung an die jeweilige Abluftzusammensetzung verändert sich das Artenspektrum der in Filter oder Wäscher anzutreffenden Mikroorganismen. Im unbelasteten Filter zunächst zahlenmäßig stark vertretene Arten können bei Inbetriebnahme völlig verschwinden, während bisher nur vereinzelt auftretende Keime sich plötzlich vermehren und durchsetzen können. Diese Verschiebung der Flora wird noch durch weitere Faktoren, wie zum Beispiel die chemische Zusammensetzung des Filtermaterials, Feuchtigkeitsgehalt, pH-Wert, Temperatur oder die Sauerstoffversorgung beeinflußt.

Wie eine derartige Änderung der bakteriellen Besiedelungsverhältnisse aussehen kann, ist in Tabelle 13.1 dargestellt.

Generell ist zu beobachten, daß sich in Biofiltern ein oft hoher Anteil an Pilzen und Actinomyceten entwickelt. Die Bedingungen im Biowäscher führen dagegen eher zu einem verstärkten Bakterienwachstum. Wie bei Abwasser entwickelt sich eine Art „Belebtschlamm", der aber aus feineren Flocken besteht; auf den Aufwuchsflächen entsteht ein Biofilm.

Als Maß für die Zahl der vorhandenen und an der Reinigungsleistung beteiligten Mikroorganismen dienen enzymatische Parameter und vor allem die Atmungsaktivität. Im Biowäscher kann unter Vorbehalt die Trockenmasse des im System suspendierten Belebtschlammes herangezogen werden.

13.3.4
Beeinflussende Faktoren

Wachstum, Artenspektrum und Stoffwechseltätigkeit der Mikroorganismen sind generell abhängig von verschiedenen Faktoren. Dies gilt auch für die an der biologischen Abluftreinigung beteiligten Pilze und Bakterien.

Nährstoffbedarf

Bezogen auf die Trockenmasse setzt sich eine Bakterienzelle u.a. zusammen aus 50% Kohlenstoff (C), 14% Stickstoff (N), 2–6% Phosphor (P) sowie 1% Schwefel und anderen Elementen. Dementsprechend wird der Nährstoffbedarf einer Bakterienzelle unter Einbeziehung von Erfahrungswerten aus dem Abwasserbereich mit einem Verhältnis von C:N:P wie etwa 100:5:1 angenommen.

Heterotrophe Mikroorganismen nutzen organische Kohlenstoffverbindungen als C-Quelle, autotrophe Organismen dagegen können auch das CO_2 der Luft verwerten.

Der Stickstoffbedarf kann ebenfalls aus organischen Verbindungen (Aminosäuren) oder anorganischen, N-haltigen Substraten (wie zum Beispiel Nitrat oder Ammoniumsalzen) gedeckt werden. Einige Mikroorganismen sind auch zur Fixierung von Luftstickstoff befähigt.

Phosphorquellen können organische P-Verbindungen oder anorganisches Phosphat sein. Der benötigte Schwefel stammt meist aus Sulfat.

Tabelle 13.1. Zahl mesophiler Mikroorganismen in unbelastetem und belastetem Filtermaterial (je g Schlammtrockensubstanz; bebrütet bei 25 °C)

	unbelastetes Material				mit Abluft belastetes Material			
	Heidekraut	Fasertorf	Kompost	Schicht	Schlachthof	Bierhefetrocknung	Hühnerkottrocknung[a]	Kaffeerösterei
	H	F	K		H+F	H+F	H	K
Bakterien	$1,5 \cdot 10^4$	$2,1 \cdot 10^4$	$2,6 \cdot 10^8$	oben	$7,4 \cdot 10^6$	$2,3 \cdot 10^6$	$1,7 \cdot 10^7$	$1,9 \cdot 10^7$
				unten	$6,6 \cdot 10^6$	$8,8 \cdot 10^7$	$6,7 \cdot 10^7$	$2,9 \cdot 10^7$
Pilze	$4,6 \cdot 10^5$	$6,2 \cdot 10^5$	$9,7 \cdot 10^5$	oben	$4,5 \cdot 10^5$	$1,4 \cdot 10^5$	$6,0 \cdot 10^3$	$1,6 \cdot 10^5$
				unten	$1,6 \cdot 10^5$	$8,9 \cdot 10^6$	–	$2,5 \cdot 10^4$
Actinomyceten	–	–	$7,7 \cdot 10^5$	oben	$8,8 \cdot 10^4$	$1,2 \cdot 10^4$	–	$3,1 \cdot 10^4$
				unten	$2,2 \cdot 10^6$	$4,3 \cdot 10^6$	–	$2,0 \cdot 10^3$

[a] hohe Ammoniakkonzentrationen im Reingas

Mikroorganismen, die kein Sulfat reduzieren können, sind auf die Zufuhr von Cystein oder Schwefelwasserstoff als S-Quelle angewiesen.

Fehlt nur ein lebensnotwendiges Element, so wirkt dieses limitierend auf das Wachstum, selbst wenn alle anderen Nährstoffbedürfnisse ausreichend gedeckt sind!

Bei Biofiltern geht man i. allg. davon aus, daß durch das Filtermaterial ausreichend Nährstoffe angeboten werden. Wird allerdings ein Nährstoffdefizit festgestellt, muß dieser Mangel ebenso wie bei Biowäschern ausgeglichen werden, zum Beispiel durch Zufuhr von Mineraldünger.

Wasserbedarf

Da Mikroorganismen zu 75–85% aus Wasser bestehen, ist ihr Wachstum stark an das Vorhandensein von Wasser gebunden. Die meisten Mikroorganismen sind Bodenbewohner und decken ihren Wasserbedarf aus wasserhaltigen festen Substraten. Erst wenn der Wassergehalt über 15% liegt, findet eine nennenswerte Entwicklung von Mikroorganismen statt.

Entscheidend ist hierbei nicht der absolute Wassergehalt, sondern die Wasseraktivität. Sie drückt die Verfügbarkeit des Wassers im jeweiligen Substrat aus und wird nach folgender Formel berechnet:

$$a_w = \frac{\text{Dampfdruck der wäßrigen Lösung}}{\text{Dampfdruck des Lösungsmittels}}$$

Reines Wasser besitzt eine Wasseraktivität von 1,00, eine 1-molare wäßrige Glucoselösung dagegen einen Wert von 0,98.

Bei starkem Wasserentzug wird der Stoffwechsel eingestellt und das Substrat so vor mikrobieller Zersetzung geschützt (Konservierung durch Trocknung). Hinsichtlich ihres Wasserbedarfes stellen die Mikroorganismen unterschiedliche Ansprüche. Einige Beispiele hierzu sind in Tabelle 13.2 aufgeführt. Generell kann festgestellt werden, daß Bakterien im Vergleich zu Pilzen einen höheren Wasserbedarf haben.

Eine zu geringe oder ungleichmäßige Feuchtigkeit ist oftmals Ursache für eine unbefriedigende Reinigungsleistung des Biofilters. Durch Staunässe können im Filter anaerobe Zonen entstehen, was sich ebenso nachteilig auf den Filtererfolg auswirkt wie eine zu geringe Feuchte. Im Biofilter

Tabelle 13.2. Wasserbedarf verschiedener Mikroorganismen

Mikroorganismengruppe	minimale Wasseraktivität a_w
Bakterien	0,91
Hefen	0,88
Schimmelpilze	0,80
Halophile Bakterien	0,75
Osmophile Hefen	0,60

sollte die Wasseraktivität zwischen 40 und 65% liegen, gegebenenfalls müssen Rohluft oder Filtermaterial entsprechend befeuchtet werden [28]. Allerdings nimmt bei einer Feuchtezunahme von 40% auf 50% die Durchlässigkeit des Materials um 20% ab. Im Biowäscher können Probleme dahingehend auftreten, daß durch Verdunstung das Waschwasser aufgesalzen wird.

Temperatur

Nach der sogenannten RGT-Regel nimmt im jeweils physiologischen Bereich der Mikroorganismen die Reaktionsgeschwindigkeit mit steigender Temperatur zu, und zwar um das 2–3fache je 10 °C. Für eine möglichst optimale Abbauleistung der Mikroorganismen wäre daher eine hohe Temperatur im Biofilter wünschenswert. Dem steht allerdings gegenüber, daß die Löslichkeit flüchtiger Stoffe, die Voraussetzung ist für deren mikrobielle Verfügbarkeit, mit steigender Temperatur abnimmt. Zudem weisen unterschiedliche Mikroorganismen auch verschiedene Temperaturoptima auf, wobei die Grenzen hier nicht starr sind. Im Biowäscher oder -filter wird man daher meist eine Temperatur von 20–40 °C bevorzugen. Zu berücksichtigen ist hierbei, daß bei kleinen Filtern die Umgebungstemperatur eine große Rolle spielt, bei großen Filtern ist dagegen eher die Temperatur des Abluftstromes entscheidend. In Tabelle 13.3 sind die Temperaturbereiche für bakterielles Wachstum aufgeführt.

Einfluß des pH-Wertes

Da H^+ und OH^--Ionen sehr beweglich sind, haben bereits kleine Konzentrationsänderungen große Auswirkungen. Der optimale und tolerierbare pH-Bereich weist bei den einzelnen Organismengruppen und -gattungen beráchtliche Unterschiede auf (s. Tabelle 13.4). Im neutralen Bereich findet man das breiteste Artenspektrum, Bakterien tolerieren Schwankungen zwischen pH 6 und 9.

In alkalischem Medium setzen sich sogenannte alkaliphile Organismen, wie z.B. Nitrifizierer, Actinomyceten und harnstoffzersetzende Bakterien durch. Pilze dagegen sind acidophil. Bei pH 5 wird man daher eher Pilze antreffen, bei pH 8 dagegen setzen sich Bakterien durch.

Tabelle 13.3. Temperaturbereiche für bakterielles Wachstum [33]

Temperatur- bereiche	Temperatur- minimum, °C	Temperatur- optimum, °C	Temperatur- maximum, °C
Psychrophil			
– obligat	–5 bis +5	15 bis 18	19 bis 22
– fakultativ	–5 bis +5	25 bis 30	30 bis 35
Mesophil	10 bis 15	20 bis 45	45 bis 50
Thermophil	40 bis 45	55 bis 75	60 bis 80

Tabelle 13.4. pH-Bereiche des Wachstums verschiedener Mikroorganismen

Organismenart	pH-Bereich (1–12)	pH-Bereich
E. coli	3,5–9,5	3,5–9,5
Lactobacillus spec.	3,0–6,5	3,0–6,5
Pseudomonas spec.	3,0–11,0	3,0–11,0
Staphylococcus spec.	4,5–8,5	4,5–8,5
Bacillus spec.	4,5–8,5	4,5–8,5
Thiobacillus spec.	0,5–6,5	0,5–6,5
Streptomyceten	4,5–8,5	4,5–8,5
Hefen	1,5–8,5	1,5–8,5
Hyphomyceten	1,5–8,5	1,5–8,5

Wachstum und Stoffwechsel der Mikroorganismen führen zu Veränderungen des pH-Wertes im Medium. Probleme bereiten vor allem solche Organismen, die Säure produzieren, diese aber nicht tolerieren. Daher kann es unter Umständen erforderlich sein, zu puffern. Beim Biofilter geschieht dies durch Zugabe anorganischer Phosphate, z.B. $CaCO_3$ oder Na_2CO_3, zum Filtermaterial; in Biowäschern können Laugen pH-gesteuert zudosiert werden.

Der pH-Wert beeinflußt auch die Löslichkeit der in der Abluft enthaltenen Substanzen.

Sauerstoff

Sauerstoff ist in Wasser, Kohlendioxid und vielen organischen Verbindungen enthalten, viele Mikroorganismen sind jedoch auf molekularen Sauerstoff angewiesen. Sauerstoff dient in der Hauptsache als terminaler Elektronenakzeptor bei der aeroben Atmung und damit zur Energiegewinnung.

Mikroorganismen können nur gelösten Sauerstoff verwerten, dieser muß kontinuierlich zugeführt werden. Problematisch können mikroaerophile Organismen sein, die zwar Sauerstoff benötigen, den Partialdruck der Luft ($2 \cdot 10^4$ Pa) aber nicht tolerieren, sondern maximal $1 \cdot 10^3 - 3 \cdot 10^3$ Pa.

Die Bedeutung des Sauerstoffs für den biochemischen Abbau ergibt sich aus folgenden Beispielen:

- Abbau von Butanol

    $C_4H_{10}O + 6 O_2 \rightarrow 4 CO_2 + 5 H_2O$
    Sauerstoffbedarf: 2,59 g/g $C_4H_{10}O$

- Abbau von Dichlormethan (Methylenchlorid)

    $CH_2CL_2 + O_2 \rightarrow CO_2 + 2 H^+ + 2 Cl^-$
    Sauerstoffbedarf: 0,38 g/g CH_2Cl_2
    Bei der Reaktion bildet sich Salzsäure, was in Biofiltern zu einer Versäuerung des Filtermaterials führen kann.

- Abbau von Triethylamin ohne Nitrifikation

    $C_6H_{15}N + 9\,O_2 \rightarrow 6\,CO_2 + 6\,H_2O + NH_3$
    Sauerstoffbedarf: 2,85 g/g $C_6H_{15}N$

- Abbau von Triethylamin mit Nitrifikation

    $C_6H_{15}N + 11\,O_2 \rightarrow 6\,CO_2 + 7\,H_2O + H^+ + NO_3^-$
    Sauerstoffbedarf: 3,48 g/g $C_6H_{15}N$

Beim Abbau stickstoffhaltiger Verbindungen tritt als Endprodukt Ammoniak auf, das sich im Filter zunächst anreichert und dann mit dem Reingasstrom emittiert werden kann, was unerwünscht ist.

Wird der Ammoniak durch nitrifizierende Bakterien weiter zu Nitrat oxidiert, tritt dieser Effekt nicht auf.

- Mikrobielle Oxidation von Ammonium durch nitrifizierende Bakterien (Nitrifikation)

    $NH_4^+ + 2\,O_2 \rightarrow NO_3^- + H_2O + 2\,H^+$
    Sauerstoffbedarf: 3,55 g/g NH_4^+

Keimemissionen

Für zahlreiche Arbeitsstoffe, die in Form von Gasen, Dämpfen oder Staub in die Atemluft gelangen, existieren MAK-Werte (maximale Arbeitsplatzkonzentration). In letzter Zeit wird nun verstärkt diskutiert, inwieweit Biofilter, in denen sich große Mengen von Mikroorganismen befinden, gefährliche Emissionsquellen darstellen.

Ähnliche Diskussionen gab es bereits bei der biologischen Abwasserreinigung, als festgestellt wurde, daß durch die Belüftung von Belebungsbecken Keime emittiert werden. Es konnte jedoch kein erhöhtes Krankheitsrisiko für das dort beschäftigte Betriebspersonal festgestellt werden.

Durch Inhalation lebender Keime, Keimbestandteilen oder toter Sporen kann es unter anderem zu allergischen Atemwegsinfektionen kommen. Während aus Wassersystemen vorwiegend Bakterien emittiert werden, treten im Reingas von Biofiltern auch Sporen von Pilzen und Actinomyceten auf.

Inwieweit Keime aus Biofilteranlagen in die Umgebungsluft gelangen und ob sie ein potentielles Gesundheitsrisiko darstellen, darüber liegen bisher nur wenig publizierte Untersuchungen vor.

Konings und Ottengraf [34] interpretieren Emissionen von $10^3 - 10^4$ koloniebildenden Einheiten (KBE) je Kubikmeter als unproblematisch, wobei sie sich eher auf Bakterien und weniger auf Pilze beziehen. Sie sind der Ansicht, daß „Biofilter als Quelle für in der Luft enthaltene Keime nur eine untergeordnete Rolle spielen". Bereits der normale Keimgehalt der Luft liegt in einem Bereich von $10^3 - 10^4$. Damit würden mit dem Reingas nur wenig mehr Keime emittiert werden, als in der Außenluft enthalten sind; die Zahl liegt sogar in der gleichen Größenordnung wie der normale Keimgehalt der Luft in Innenräumen. Wenn Emissionen stattfinden, dann werden eher Bakterien und weniger Pilze emittiert. In Fällen, wo das Rohgas mit Keimen hoch belastet ist, kann das Biofilter eine deutliche Verringerung der Kontamination bewirken.

Tabelle 13.5. Messungen der Emission von Mikroorganismen aus Biofiltern (Angaben in KBE je m^3)

Filter	Eingang Bakterien	Pilze	Ausgang Bakterien	Pilze
Bioton	–	–	1750	1180
Bioton	580	3	1020	19
Bioton	933	302	1150	24
Flächenfilter	> 20 000	–	9350	30
Flächenfilter	13 900	5	6400	130
Flächenfilter	–	–	4780	600

Bardtke [35] und Pelic-Sabo [36] halten Bakterien- und Pilzgehalte zwischen 10^2 und 10^4 KBE/m^3 durchaus für gesundheitlich relevant und empfehlen bei häufigem direkten Umgang mit Biofiltern das Tragen einer Atemschutzmaske. Nach bisherigen Untersuchungen sind die Keimemissionen bei Verwendung von feinstrukturierten Filtermaterialien geringer als z. B. bei Kompost.

Derzeit existieren noch keine verbindlichen Richtlinien für Bakterien- und Pilzsporenbelastungen, die auf die Problematik der Keimaerosolbildung durch die biologische Abluftreinigung anwendbar sind. Die gesundheitliche Bedeutung ist abhängig von Zahl und Art der Keime, deren pathogenen Eigenschaften und der individuellen Konstitution der Exponierten.

In Tabelle 13.5 sind gemessene Werte der Emissionen von Mikroorganismen aus Biofiltern angegeben.

13.4
Grundlagen der Olfaktometrie

Geruchsmessung und Bewertung

Gerüche bestehen oft aus einer Vielzahl von Verbindungen, die außerdem teilweise in so kleinen Mengen vorkommen, daß eine chemische Analyse auch heute noch an ihre Grenzen stößt. Es wurden daher Methoden entwickelt, die die menschliche Nase als Sensor benützen. Diese olfaktometrischen Geruchsmessungen wurden inzwischen standardisiert und werden auch von Gerichten und Aufsichtsbehörden anerkannt [37, 38]. Durch diese Geruchsmessungen können die Geruchsschwelle (bzw. die Geruchsstoffkonzentration), die Geruchsintensität (d. h. die Stärke der Geruchsempfindung) und die hedonische Geruchswirkung (angenehm – unangenehm) ermittelt werden. Hierzu einige Definitionen aus der VDI-Richtlinie 3881: [37].

Olfaktometrie ist die kontrollierte Darbietung von Geruchsträgern und die Erfassung der dadurch beim Menschen hervorgerufenen Sinnesempfindungen. Bei der olfaktometrischen Messung geht man von neutraler, nicht riechender Luft aus. Zu dieser Neutralluft wird solange Probenluft zugemischt, bis die Testpersonen gerade einen Geruch wahrnehmen. Diese Konzentration wird Geruchsschwelle genannt. In der exakten Definition der Richtlinie wird dies folgendermaßen ausgedrückt:

Geruchsschwelle: Die Konzentration von Geruchsträgern an der Geruchsschwelle führt bei 50 % der definierten Grundgesamtheit zu einem Geruchseindruck. Die Geruchsstoffkonzentration an der Schwelle ist definitionsgemäß 1 GE/m^3.

Aus der Verdünnung der Probenluft mit Neutralluft bis zur Geruchsschwelle ergibt sich gleichzeitig die Konzentrationseinheit für Geruch: GE/m^3 (Geruchseinheiten je m^3). Nach VDI-Richtlinie wird die Geruchseinheit wie folgt definiert:

Geruchseinheit (GE): 1 GE ist diejenige Menge (Teilchenzahl) Geruchsträger, die – verteilt in 1 m^3 Neutralluft – entsprechend der Definition der Geruchsschwelle gerade eine Geruchsempfindung auslöst. 1 GE/m^3 ist zugleich der Skalenfixpunkt für die Geruchsstoffkonzentration (C_G).

Wird für eine Abluftquelle z. B. eine Konzentration von 80 GE/m^3 ermittelt, so bedeutet dies, daß diese Luft 80fach verdünnt werden muß, um sie gerade noch wahrzunehmen. Wird sie noch stärker verdünnt, so wird die Geruchsschwelle unterschritten, d.h. für die menschliche „Durchschnittsnase" ist dieser Geruch damit verschwunden.

Wie das Gehör überträgt auch der Geruchssinn Reize nicht linear, sondern logarithmisch. Dies bedeutet für die Praxis, daß sich bei einer Erhöhung der Geruchskonzentration von 100 GE/m^3 auf 1000 GE/m^3 der Geruchseindruck nicht verzehnfacht, sondern nur etwa verdoppelt. Eine Luft mit 1000 GE/m^3 wird also etwa doppelt so stark wahrgenommen wie eine Abluft mit 100 GE/m^3. Als neue Größe sollte deshalb eher der Geruchspegel L_{od} mit den Geruchseinheiten dB$_{od}$ verwendet werden [38].

Da der Geruchssinn von Mensch zu Mensch sehr unterschiedlich entwickelt ist, müssen zur Ermittlung der Geruchskonzentration 4 Testriecher (sog. Probanden) jeweils dreimal riechen. Aus diesen 12 Ergebnissen wird die Geruchskonzentration errechnet. Als Probanden dürfen nur Personen eingesetzt werden, die mit Hilfe von Testsubstanzen ihre „Normalnase" nachgewiesen haben. Eine derartige Messung ist naturgemäß mit gewissen Fehlern und daher auch mit einer größeren Streubreite behaftet, als beispielsweise chemische Bestimmungsmethoden. Weitere potentielle Fehlerquellen stecken in der Probenahme und der Probenbehandlung bis zur eigentlichen Geruchsmessung.

Die Geruchsmessung muß aus naheliegenden Gründen in geruchsfreier Umgebung stattfinden. Meist wird deshalb so vorgegangen, daß an der Geruchsquelle Proben in Beutel abgefüllt werden. Diese Probenbeutel werden dann zum Meßwagen oder Labor transportiert, wo sich das Olfaktometer und die Probanden befinden. Zur Probenahme wird üblicherweise ein Unterdrucksystem eingesetzt, mit dem eine Überführung der Probe direkt in den

Beutel möglich ist, ohne daß die Probenluft mit Pumpen oder anderen Teilen in Berührung kommt. Besondere Sorgfalt erfordert feuchte und warme Luft, wie z.B. Abluft aus den Kompostmieten. Diese Luft neigt stark zur Kondensation an der Beutelwandung. Da sich im Kondensat viele Geruchsstoffe lösen, würde der Geruchswert damit stark verfälscht (erniedrigt). Eine Kondensation läßt sich jedoch leicht über eine Vorverdünnung mit trockener Neutralluft verhindern.

Geruchsproben dürfen nicht länger als 24 h in Beuteln aufbewahrt werden. Auch bei ordnungsgemäß behandelten Proben können durch Adsorption an der Beutelwandung (und durch Desorption von Stoffen aus dem Beutelmaterial) gewisse Veränderungen auftreten.

Die Messung der Geruchsintensität und der hedonischen Geruchswirkung erfordert einen noch weit größeren Aufwand als die Bestimmung der Geruchskonzentration. So werden zur Bestimmung der Geruchsintensität 8 Probanden, für die Ermittlung der Hedonik sogar 16 Probanden benötigt. Nach Definition der VDI-Richtlinie 3882 versteht man darunter folgendes [38]:

Die hedonische Wirkung eines Geruches wird ausgedrückt durch seine Lage auf der Empfindungsskala „angenehm/unangenehm". Sie ist abhängig vom Geruchsstoff bzw. der Geruchsstoffkonzentration und somit von der empfundenen Geruchsintensität und vom individuellen Erfahrungshintergrund des Riechers. Über eine Bestimmung der hedonischen Wirkung könnte beispielsweise geklärt werden, ob die Abluft eines Biofilters tatsächlich wesentlich angenehmer riecht als die dem Biofilter zugeführte Mietenabluft.

13.5
Biowäscher

13.5.1
Allgemeines

Als Absorptionsapparate zur Auswaschung gasförmiger Komponenten aus einem Gasstrom kommen einfache Gasblasenwäscher, kontinuierlich arbeitende Rieseltürme, Sprühvorrichtungen und Apparate mit bewegten Teilen in Frage. Sie können im Gegenstrom, Kreuzstrom und Gleichstrom betrieben werden. Abbildung 13.5 zeigt eine Übersicht über verschiedene Bauarten von Gaswäschern. Massenbilanzgleichung am Absorber:

Folgende idealisierten Annahmen werden zugrunde gelegt:

- das Trägergas löst sich nicht in der Waschflüssigkeit
- die Waschflüssigkeit hat geringen Dampfdruck, der die Gasmenge nicht erhöht
- die Durchsätze an Trägergas und Waschflüssigkeit sind über die gesamte Kolonne konstant

Strömungs-prinzip	Gegenstrom			Kreuzstrom	Gleichstrom	
Funktions-prinzip	Das Gas strömt im Gegenstrom durch eine mit Flüssigkeit berieselte Füllkörperkolonne.	Das Gas perlt in Form von Blasen durch die Flüssigkeit.	Die Flüssigkeit wird in einem Gasraum fein zerstäubt.	Das Gas strömt im Kreuzstrom durch eine mit Flüssigkeit berieselte Füllkörperschicht.	Das Gas wird durch die Flüssigkeit angesaugt und mit dieser vermischt.	Die Flüssigkeit wird in der Venturikehle dispergiert.
Benennung	Füllkörperwäscher	Gasblasenwäscher, Bodenkolonnen	Sprühturmwäscher, Düsenwäscher	Rotationswäscher	Füllkörper-Kreuzstromwäscher	Strahlwäscher	Venturiwäscher
Schema ↑ Wasser ↑ Gas 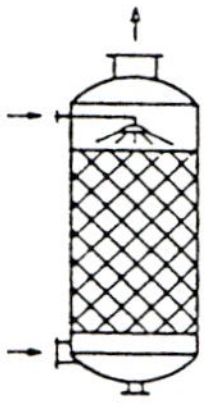 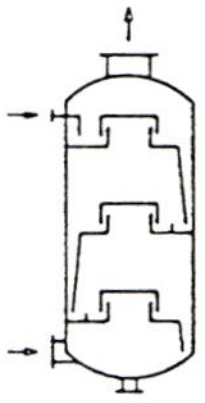 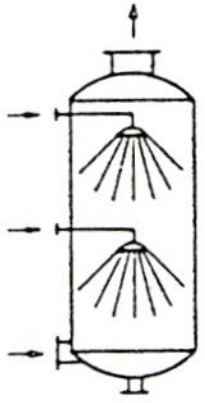 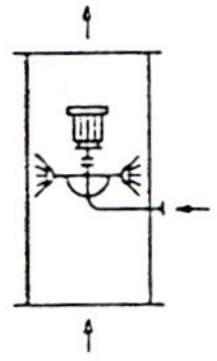 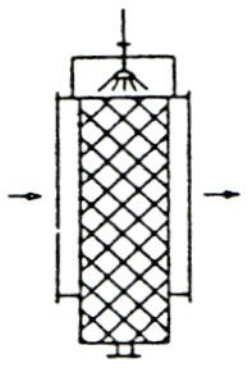 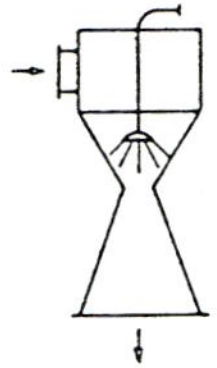 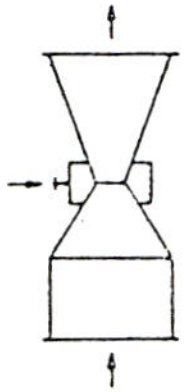						

Abb. 13.5. Ausführungsmöglichkeiten von Gaswäschern

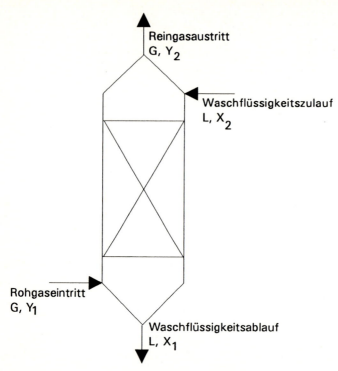

Abb. 13.6. Schematische Darstellung der Stoffbilanz

In Abb. 13.6 ist die Stoffbilanz schematisch dargestellt.

Materialbilanz: *Zulauf = Ablauf*

$$GY_1 + LX_2 = GY_2 + LX_1 \tag{13.20}$$
$$G(Y_1 - Y_2) = L(X_1 - X_2) \tag{13.21}$$

mit:

- L: reine Waschflüssigkeit (Mole/h)
- G: reines Trägergas (Mole/h)
- X: Molebeladung in der Flüssigphase (Mole lösliches Gas/Mol reine Waschflüssigkeit)
- Y: Molebeladung in der Gasphase (Mole lösliches Gas/Mol reines Trägergas)

Gleichung der Arbeitsgeraden:

$$Y_1 - Y_2 = L/G (X_1 - X_2)$$
$$Y_1 = L/G (X_1 - X_2) + Y_2 \tag{13.22}$$

mit:

L/G : Zulaufverhältnis oder spezifischer Waschflüssigkeitsverbrauch

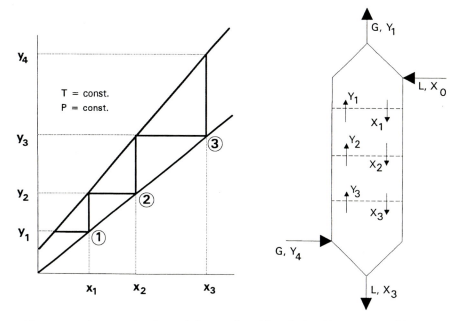

Abb. 13.7. Bestimmung der theoretischen Bodenzahl nach dem Treppenzugverfahren von W. L. McCabe und E. W. Thiele

Die Arbeitsgerade beschreibt die Beladungen X und Y an löslichem Gas in der Waschflüssigkeit und im Trägergas, wie sie sich zwischen den Böden einstellen, für den Zustand, wenn Gas- und Flüssigkeitsbelastung (Mole/m²h) über die gesamte Kolonne konstant sind.

Um die theoretische Bodenzahl n_{th} nach dem Treppenzugverfahren von McCabe-Thiele zu ermitteln, wird die Arbeitsgerade neben der Gleichgewichtskurve in das Beladungsdiagramm eingetragen.

Nach Abbildung 13.7 wird die Beladung Y_4 des eintretenden Rohgases beim Durchströmen des Absorbers bis auf den festgelegten Restgehalt Y_1 ausgewaschen. Dadurch reichert sich die unbeladene Waschflüssigkeit, die oben in die Kolonne mit der Beladung X_0 eingegeben wird bis zur Konzentration X_3 an. Für ein konstantes Zulaufverhältnis L/G liegen die Inertgas- und Waschmittelbeladungen zwischen zwei beliebigen Böden mit den Koordinaten X_n und Y_{n+1} auf der Arbeitsgeraden. Nach dem Verfahren von W. L. McCabe und E. W. Thiele kann man deshalb die zur Absorption erforderlichen theoretischen Böden dadurch bestimmen, daß man von der Rohgas-Beladung Y_4 aus einen Treppenzug zwischen der Gleichgewichtslinie und der Arbeitslinie parallel zu den Koordinaten bis zur Reingas-Beladung Y_1 einzeichnet, wie es in der Abb. 13.7 dargestellt ist. Die Zahl der sich dabei auf der Gleichgewichtslinie ergebenden Eckpunkte entspricht den erforderlichen theoretischen Böden n_{th}, deren Numerierung nach der Beladung des jeweils ablaufenden Waschmittels vorgenommen wird. Der neben dem Diagramm abgebildete Absorber zeigt die

Anordnung der so ermittelten theoretischen Trennstufen innerhalb des Apparates sowie den Konzentrationsverlauf in der Gas- und Flüssigphase. Die horizontalen Stufenabschnitte zwischen Gleichgewichts- und Arbeitslinie entsprechen der hier zur Gleichgewichtseinstellung innerhalb einer theoretischen Trennstufe erforderlichen Beladungszunahme der Waschflüssigkeit X, die vertikalen Stufenabschnitte der gasseitigen Beladungsabnahme Y.

13.5.2
Verfahrensbeschreibung

Es existieren zwei Bioabsorptionsverfahren. Zum einen das Tropfkörperverfahren, bei dem die zur Regeneration der Waschflüssigkeit eingesetzen Mikroorganismen fest auf den Wäschereinbauten als biologischer Rasen angesiedelt sind, sowie das Belebtschlammverfahren, bei dem die Mikroorganismen suspendiert in Form von belebtem Schlamm im Absorbens vorliegen. Es handelt sich um Gegen- bzw. Gleichstromabsorptionsprozesse mit einem wäßrigen Absorbens. Die biologische Regeneration der Waschflüssigkeit erfolgt in einem Tropfkörper oder einem Belebungsbecken [39, 40].

Tropfkörperverfahren

Bei diesem Verfahren sind die Mikroorganismen auf Einbauten oder Füllkörpern mit großer spezifischer Oberfläche, auf der der Stoffaustausch stattfindet, fest angesiedelt. Man spricht in diesem Fall von einem biologischen Rasen. Die Größe des biologischen Rasens bestimmt die Leistungsfähigkeit des Tropfkörpers. Die Angabe erfolgt in m^2 Oberfläche je m^3 Einbauvolumen. Die Versorgung der Mikroorganismen mit Sauerstoff und Substrat erfolgt über das Waschwasser, das dabei regeneriert wird. Wichtig ist eine gleichmäßige Berieselung der Einbauten, um Austrocknung in den Ecken sowie Klumpenbildung zu vermeiden. Die Berieselungsdichte spielt dabei nur für den Übergang der Geruchsstoffe in das Waschwasser eine Rolle, jedoch nicht für den biologischen Abbau [39]. Das Waschwasser wird im Kreislauf gefahren. Durch eventuelle Verdunstungsverluste bei nicht wasserdampfgesättigter Abluft wird Frischwasser mit Zusatznährstoffen in den Waschwasserkreislauf zugeführt. Bei zu starkem Wachstum des biologischen Rasens muß dieser Überschußschlamm von den Einbauten abgetragen und aus dem Waschwasser abgetrennt werden. Die Waschflüssigkeit selbst sollte ebenfalls von Zeit zu Zeit ausgetauscht werden, um eine Aufsalzung und eine eventuelle Aufkonzentrierung von Hemmstoffen zu verhindern [40]. Abbildung 13.8 zeigt das Fließbild eines Tropfkörperfilters.

Belebtschlammverfahren

Bei diesem Verfahren sind die beiden Verfahrensschritte absorptiver Stoffübergang und biologische Regeneration völlig voneinander getrennt (s. Abb. 13.9). Der Stoffaustausch erfolgt in einer Absorptionskolonne. Die kolonnenförmigen Absorber haben sich aufgrund ihres niedrigen Druckver-

13.5 Biowäscher 621

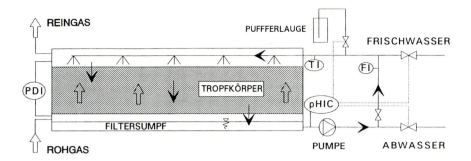

Abb. 13.8. Fließbild eines modernen, mobilen Tropfkörperfilters [65]

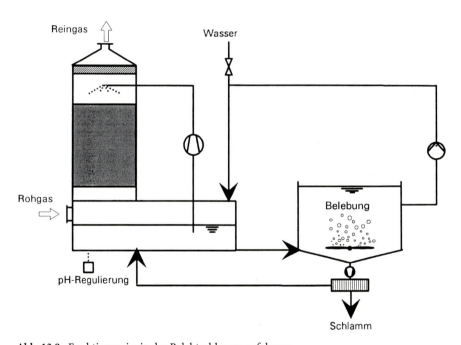

Abb. 13.9. Funktionsprinzip des Belebtschlammverfahrens

lustes durchgesetzt. Die biologische Regeneration der Waschflüssigkeit erfolgt in einem Belebungsbecken, das im Prinzip einen Verweilzeitbehälter darstellt, in das das aus der Kolonne ablaufende Wasser gelangt. Das Absorbens ist eine wäßrige Belebtschlammsuspension. Die Frischwasserzufuhr zum Ausgleich der Verdunstungsverluste und die Zugabe von Zusatznährstoffen erfolgen im Belebungsbecken. Eventuell anfallender Überschußschlamm muß aus dem Becken abgezogen und durch Frischwasser ersetzt werden. Dies kann durch die Bestimmung der Trockensubstanz gesteuert werden. Ferner muß darauf geachtet werden, daß keine Aufsalzung und Anreicherung biologischer Hemmstoffe im Absorbens stattfindet. Eine Belüftung des Beckens wird bei großen Beckenvolumina erforderlich, da dann die im Absorber übertragene Sauerstoffmenge den Bedarf der Mikroorganismen nicht mehr deckt, oder auch wenn sich längere Stillstandszeiten nicht vermeiden lassen [39, 40].

13.5.3
Auslegung

Wäscherauslegung

Zur Auslegung des Absorbers muß folgendes bekannt sein:

- pH-Wert der luftverunreinigenden Stoffe,
- Anzahl der Absorberstufen,
- Zustand des Abgases: Volumenstrom, Temperatur, Druck, relative Feuchte,
- Konzentration der luftverunreinigenden Stoffe,
- Betriebszeiten, Stillstandszeiten und
- Notwendiger Absorptionsgrad, um die geforderte Reinheit zu erlangen.

Auslegung der Absorbensregeneration

Wichtig ist, einen stabilen Betriebszustand zu erhalten. Dazu muß eine im Tagesmittel

- konstante Waschflüssigkeitsbeladung,
- konstante biologische Aktivität und
- konstanter pH-Wert

erreicht werden.

Belebtschlammanlagen

- Die Abbauleistung hängt von der Belebtschlammmasse ab, optimal ist ca. 10 g TS/l;
- Die Sauerstoffversorgung sollte mindestens 0,5–1 mg O_2/l betragen. Bei größeren Waschflüssigkeitsvolumina braucht man eine zusätzliche Belüftung;
- Die Schlammbelastung B_{TS} beträgt etwa 0,05–1 kg/kg d. Sie wird aus der Raumbelastung B_R und der Schlammtrockensubstanz TS berechnet.

Tropfkörperanlagen

- Kennzahl von Füllkörpern ist [$m^2_{Oberfläche} / m^3_{Füllkörper}$];
- Die Füllkörper müssen so angeordnet sein, daß keine Totzonen entstehen;
- Die Wasserzufuhr muß so erfolgen, daß der Rasen nicht austrocknet.

13.5.4
Bauformen

Tropfkörperverfahren

Das Baumaterial des Wäschers muß korrosionsbeständig gegen flüssigkeits- und gasseitige chemische Beanspruchung sein. Bei Aufstellung des Wäschers im Freien muß UV-Beständigkeit des Baumaterials gewährleistet sein. Gegenüber den auftretenden Temperaturen und Belastungen muß thermische und mechanische Beständigkeit gegeben sein. Für den Tropfkörper selbst eignen sich geordnete Füllkörperpackungen, die eine geringere Neigung zum Verstopfen aufweisen als regellose Schüttungen. Die Einbauten sollen unempfindlich gegen Verschmutzung durch sich ablagernden Belebtschlamm sein, auch sollte ein problemloser Ein- und Ausbau möglich sein. Ferner muß darauf geachtet werden, daß keine Totzonen entstehen, in denen es zu Faulschlammbildung kommen könnte. Bei der Wasserzufuhr muß darauf geachtet werden, daß ein Austrocknen des Rasens verhindert wird. Die Höhe der Tropfkörperpackungen liegt zwischen 0,5 m und 1,0 m. Vor Verlassen des Absorbers sollte das Reingas einen Tropfenabscheider passieren [39, 40].

Belebtschlammverfahren

Als Baumaterial für das Belebungsbecken eignen sich Beton, Kunststoff und Stahl, wobei auf einen ausreichenden Korrosionsschutz zu achten ist. Geneigte Beckenböden, mit einer Neigung von mindestens 50° bis 55°, Energiedichten von etwa 25 W/m^3 und Strömungsgeschwindigkeiten von etwa 30 cm/s bieten eine Möglichkeit Schlammablagerungen zu vermeiden [39].

Für das Baumaterial des Absorbers gilt analog das beim Tropfkörper genannte. Bei den Absorbern gibt es verschiedene Ausführungsmöglichkeiten. Da ein niedriger Druckverlust und eine hohe Stoffaustauschleistung erzielt werden soll, bieten sich kolonnenförmige Absorber an. Beim Füllkörpereinsatz ist auf eine regelmäßige Füllkörperpackung zu achten.

Die Gasgeschwindigkeiten in Biowäschern liegen im allgemeinen zwischen 1 und 3 m/s, die Berieselungsdichten betragen etwa 10 bis 30 $m^3/m^2 \cdot h$, bezogen auf die Querschnittsfläche des Wäschers.

Als Anhaltswert kann je nach Wäscherausführung und Abluftzusammensetzung von einem Wasser-Luft-Verhältnis zwischen 1 zu 1000 bis 1 zu 300 ausgegangen werden. Das bedeutet, daß z.B. zur Reinigung von 10 000 m^3 Luft/h eine Wassermenge von 10 bis 33 m^3 pro Stunde umgepumpt werden muß.

Bei Abluftgemischen sind in der Regel Versuche mit einer Pilotanlage notwendig, um die Auslegungsparameter korrekt zu ermitteln.

13.5.5
Anwendungsbeispiel

Stellvertretend für viele Emissionen aus dem industriellen und dem landwirtschaftlichen Bereich soll eine Biowäscher-Anlage vorgestellt werden, die über lange Zeit zuverlässig in Betrieb war [21, 41].

Gießerei

Durch den Einsatz von kunstharzgebundenen Kernsanden treten bei der Kernherstellung und beim Abgießen Geruchsbelästigungen auf. Im hier vorgestellten Beispiel handelt es sich um folgende Abluftkomponenten: Phenole, Formaldehyd, Amine, Ammoniak und thermische Crackprodukte. Neben diesen gasförmigen Stoffen enthält die Abluft Staub.

Der Aufbau der Reinigungsanlage ist aus Abb. 13.10 ersichtlich. Es handelt sich um zwei parallel betriebene Gaswäscher für jeweils 60000 m³/h. Die Dimensionen sind beeindruckend: Durchmesser 4,5 m und Höhe 9 m. Es handelt sich um Düsenwäscher mit Spezialfüllkörpereinbauten. Zur Staubabscheidung ist eine Vorwaschstufe vorgeschaltet. Außerdem ist zur Überbrückung von Stillstandzeiten eine Nährlösungszugabe vorgesehen. Nachfolgend noch einige Betriebsdaten:

- Abgasvolumenstrom : $2 \cdot 60000$ m³/h
- Abgastemperatur : 25 bis 30 °C
- Rohgaskonzentration : 100 bis 160 mg/m³ org. C
- Reingaskonzentration : 40 bis 60 mg/m³ org. C
- Flüssigkeit-Gas-Verhältnis : 2,8 l/m³
- Gasgeschwindigkeit in der Stoffaustauschzone : 1 m/s
- Druckverlust, luftseitig : 400 – 600 Pa
- Wassermenge : $2 \cdot 173$ m³/h
- Spezifischer Energiebedarf : $16 \cdot 10^{-4}$ kWh/m³
- Wasserbedarf : 0,9 m³/h

Kosten des Verfahrens

Investitions- und Betriebskosten bei Biowäschern hängen stark von den Abluftbestandteilen und Konzentrationen ab.

Die Betriebskosten werden hauptsächlich durch Stromkosten, Wasserverbrauch und Zusatzstoffe (z. B. Natronlauge, Nährstoffe) verursacht. Die Stromkosten nehmen hierbei mit 80 bis 90 % den Löwenanteil ein [41]. Für Wasser- und Chemikalienkosten sind ca. 10 bis 20 % anzusetzen. Die Energiekosten sind gegenüber den Kosten bei Biofilteranlagen deshalb verhältnismäßig hoch, da neben den Abluftventilatoren auch noch Pumpen sowie Belüfter für die Belebungsbecken betrieben werden müssen.

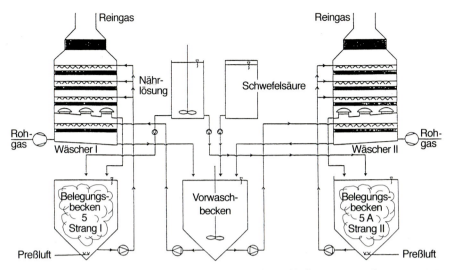

Abb. 13.10. Schematische Darstellung einer biologischen Abluftreinigungsanlage zur Reinigung von Gießereiabluft

13.6 Biofilter

Die Funktionsweise des Biofilters läßt sich in wenigen Sätzen beschreiben: Die schadstoffhaltige Luft wird durch das Filtermaterial gedrückt, das von Mikroorganismen bewachsen ist. Am Filtermaterial werden die Fremdstoffe sorbiert und damit aus der Abluft entfernt. Durch den Abbauvorgang der Mikroorganismen wird das Material ständig regeneriert und steht so wieder zur Sorption von neuen Fremdstoffen zur Verfügung.

Der prinzipielle Aufbau eines Biofilters wird in Abb. 13.11 dargestellt. Das Herzstück des Biofilters ist das Filtermaterial. Ein zuverlässiger Betrieb des Filters ist jedoch nur gewährleistet, wenn die zu behandelnde Abluft bestimmte Eigenschaften aufweist. Je nach Anwendungsfall sind daher Vorbehandlungsstufen wie Staubabscheidung, Erwärmung oder Abkühlung der Abluft sowie sehr häufig auch eine Befeuchtung der Luft notwendig (s. Abb. 13.12).

Rohrleitungen und Vorbehandlungsstufen erfordern einen gewissen Druck, um das Gas bis zum Filter zu transportieren. Überschlagsmäßig können folgende Druckverluste als durchschnittlich angenommen werden:

- Luftfilter (sauber)   50 Pa
- Luftfilter (verschmutzt)   200 Pa
- Elektrofilter   30 Pa
- Zyklon   500 Pa

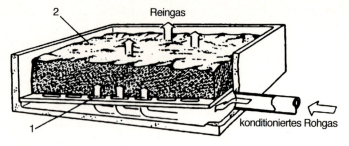

Abb. 13.11. Schematischer Aufbau eines Biofilters. *1* Betonboden mit Durchlaßspalten für das Rohgas, *2* Filterschicht [20]

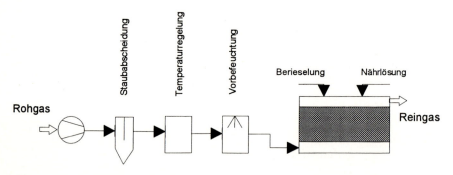

Abb. 13.12. Konstruktionsmerkmale eines Biofilters

- Wärmetauscher   100 Pa
- Wäscher   1000 Pa
- Venturiwäscher   bis zu 4500 Pa

Der Druckverlust im Biofilter selbst beträgt pro Meter Filterhöhe ca. 200 Pa bis 2000 Pa. Er hängt vor allem von der Art des Filtermaterials und dessen Zustand ab [42].

13.6.1
Strömungsprozesse

Bei der Betrachtung der Strömung von Fluiden, in diesem Fall von Gasen durch poröse Materialien, müssen zunächst einige vereinfachende Annahmen gemacht werden:

Die Strömung durch das Filtermaterial sei stationär und isotherm. Das bedeutet, daß sich die Geschwindigkeit an jedem Punkt jeder Stromlinie im Filter mit der Zeit nicht ändert. Diese Annahme kann für ein kontinuierlich betriebenes Biofilter mit guter Näherung gemacht werden.

Weiterhin wird konstante Temperatur in der Schüttung angenommen. Temperaturänderungen, hervorgerufen durch Kondensationsprozesse oder biochemische Reaktionen werden zunächst vernachlässigt. Ebenso wird vorausgesetzt, daß die Anströmung gleichmäßig über die gesamte Filterfläche erfolgt.

Aufgrund der Betriebsweise von großtechnischen Anlagen (geringe Schwankungen des Abluftvolumenstromes und der Temperatur) und der in zahlreichen Versuchen erzielten Ergebnisse, erscheinen diese Annahmen ebenfalls vertretbar.

Das Rohgas besteht in der Regel größtenteils aus atmosphärischer Luft oder aus Gasen mit ähnlichen physikalischen Eigenschaften. Es kann näherungsweise als ideales Gas betrachtet werden. Damit gelten die in den weiteren Betrachtungen verwendeten Zustandsgleichungen für ideale Gase.

Weiterhin wird angenommen, daß die in der Biofilterschüttung strömende Luft inkompressibel ist. Obwohl es in der Realität keine inkompressiblen Gase gibt, kann diese Annahme für Fälle mit relativ guter Näherung gemacht werden, in denen die vorkommenden Geschwindigkeiten einer Strömung deutlich kleiner sind als die Schallgeschwindigkeit des Mediums [43] oder für Fälle, wo das Verhältnis der Eingangs- und Ausgangsdrücke folgenden Bereich nicht übersteigt [44]:

$$p_e / p_o > 0{,}95$$

mit:

p_o: Anfangsdruck
p_e: Enddruck

Diese Voraussetzungen wurden in allen Versuchen sowohl mit Laboranlagen als auch mit großtechnischen Biofiltern erfüllt.

Mit der Annahme der Inkompressibilität ($\delta\rho/\delta t = 0$) vereinfacht sich die Kontinuitätsgleichung:

$$\text{div}\,(\rho \cdot w) + \delta\rho/\delta t = 0 \qquad (13.23)$$

zu:

$$\delta w_x/\delta x + \delta w_y/\delta y + \delta w_z/\delta z = 0 \qquad (13.24)$$

In der eindimensionalen Betrachtung (x-Achse als Strömungsrichtung) vereinfacht sich Gl. (13.24) zu:

$$\delta w_x/\delta x = 0 \qquad (13.25)$$

Daraus ergibt sich der für die Berechnung der Strömungsgeschwindigkeit und damit der Aufenthaltszeit wichtige Zusammenhang:

$$w \cdot A = \text{const.} = \dot{V} \qquad (13.26)$$

Damit verhalten sich längs der Strömung eines inkompressiblen Fluids (ρ = const.) unter der Annahme, daß sich die Querschnittsflächen nicht mit der Zeit ändern (stationäre Strömung), die Geschwindigkeiten umgekehrt wie die durchströmten Flächen:

$$w_1/w_2 = A_2/A_1 \qquad (13.27)$$

Diese einfache, auf der Erhaltung der Masse basierende Gesetzmäßigkeit, dient im folgenden als Grundlage für die Erfassung des Strömungsverhaltens im Biofilter.

Strenggenommen befinden sich im Biofilter Stoffsenken und Quellen, da hier Schadstoffe aus dem Luftstrom entfernt und neue Stoffe (z. B. CO_2) freigesetzt werden. Die Konzentrationen, d.h. die Anteile dieser Stoffe am gesamten Volumenstrom sind jedoch vernachlässigbar klein, so daß die Dichte des gesamten Luftstromes als konstant angesehen werden kann.

Im folgenden werden die Strömungen im Biofilter als frei von Quellen und Senken angesehen.

Weiterhin wird das Abgas als Newton'sches Fluid (d.h. ideal viskos) betrachtet. Damit ist die Schubspannung zwischen einzelnen Stromfäden proportional zur Schergeschwindigkeit, d.h. zur Geschwindigkeitsdifferenz der Stromfäden untereinander.

Die mit obiger Gleichung ermittelte Geschwindigkeit ist die mittlere Strömungsgeschwindigkeit beziehungsweise die Anströmgeschwindigkeit des Biofilters. Es wird dabei angenommen, daß die gesamte Filterfläche als Strömungsfläche zur Verfügung steht. In der Chemiereaktortechnik wird bei Rohrreaktoren diese Geschwindigkeit oft als Leerrohrgeschwindigkeit bezeichnet. Da ein großer Teil der Strömungsfläche vom Filtermaterial eingenommen wird, ist die tatsächliche Geschwindigkeit der Abluft in den Poren und Kanälen wesentlich größer, weil der zur Verfügung stehende Strömungsquerschnitt kleiner wird (Kontinuitätsgleichung).

Diese Tatsache wird mit der Porosität, d.h. mit dem Anteil aller Hohlräume im Filtermaterial, erfaßt. Diese Größe ist definiert als das dimensionslose Verhältnis von Hohlraumvolumen zu Gesamtvolumen:

$$\varepsilon = V_H / V_G \tag{13.28}$$

mit:

ε : Porosität
V_H : Hohlraumvolumen
V_G : Gesamtvolumen

Dabei muß berücksichtigt werden, daß ein Teil der Hohlräume von Wasser eingenommen werden kann. Aus diesem Grund wird hier die sogenannte effektive Porosität eingeführt, welche die tatsächlich für die Strömung zur Verfügung stehenden Hohlräume beschreibt:

$$\varepsilon_e = (V_H - V_w) / V_G \tag{13.29}$$

mit:

ε_e : effektive Porosität
V_w : Wasservolumen

Für vollkommen trockenes Material ($V_w = 0$) werden ε und ε_e identisch. Da sich jedoch die optimalen Wassergehalte für Biofilter je nach Material in Bereichen von ca. 50–60 % bewegen, ist die effektive Porosität deutlich kleiner als die mit trockenen Materialien bestimmte.

Damit wird die tatsächliche Geschwindigkeit der Strömung in den Kanälen mit folgender Gleichung erfaßt:

$$w_p = \frac{\dot{V}}{A \cdot \varepsilon} = \frac{w}{\varepsilon} \qquad (13.30)$$

mit:

w_p: Gasgeschwindigkeit in der Pore

Der Kontakt zwischen den Schadstoffen und den aktiven Bereichen des Biofilters erfolgt durch die Durchströmung der Filterschüttschicht. Die Abluftmoleküle strömen dabei durch die kleinen Kanäle, Poren und Zwischenräume im Material. Es können sich dabei auch größere Strömungskanäle ausbilden. Dieser Vorgang kann idealisiert als Durchströmung von zahlreichen Kanälen mit unterschiedlichen Durchmessern betrachtet werden.

Vereinfachend wird zunächst angenommen, daß die Luft durch ein paralleles Rohrsystem, bestehend aus Kapillaren ähnlichen Durchmessers strömt. Die Strömungsgeschwindigkeit in einer Pore wird dabei mit der Hagen-Poiseuilleschen Gleichung beschrieben:

$$w_p = \frac{R^2}{4} \cdot \frac{\Delta_p}{l} \left[1 - \left(\frac{r}{R}\right)^2 \right] \qquad (13.31)$$

mit:

l : Porenlänge
R: Porenradius

Dabei wird die Massenkraft ($\rho \cdot g$) aufgrund der geringen Dichte der Luft hier vernachlässigt. Diese Gleichung ist als ein Sonderfall einer exakten Lösung der Navier-Stockes'schen Bewegungsgleichungen anzusehen.

Es wird der lineare Zusammenhang zwischen mittlerer Strömungsgeschwindigkeit und dem Druckverlust Δp deutlich. Dieses Verhalten, das in zahlreichen Messungen bis zu spezifischen Belastungen von ca. 200–250 m³/m² h bestätigt werden konnte, kann als Indiz für laminare Strömungscharakteristika im Biofilter angesehen werden [45, 46].

Man erkennt, daß die Durchmesser der Poren und Kanäle in der Schüttung eine entscheidende Rolle bei der Durchströmung des Filters spielen. Dabei ist es hauptsächlich die Porengrößenverteilung im Material, die sich auf die Strömungsgeschwindigkeit auswirken wird. Die Poren mit größeren Durchmessern werden mit einem wesentlich höheren Anteil an der Durchströmung des Filters beteiligt sein.

Weiterhin kann mit dem Vorhandensein möglichst vieler Poren gleichen Durchmessers auch eine relativ gleichmäßige Geschwindigkeitsverteilung über den Querschnitt des Biofilters erwartet werden. Dies hat unmittelbare Auswirkungen auf das Verweilzeitverhalten des Biofilters und ist deshalb ein wichtiger Gesichtspunkt im Hinblick auf mögliche Optimierungsmaßnahmen.

Das strömende Fluid verliert durch Reibung an den begrenzenden Kontaktflächen Energie. Die kinetische und die Lageenergie ändern sich im

Biofilter praktisch nicht (Kontinuitätsgleichung bzw. sehr kleine Unterschiede der geodätischen Höhe). Somit bleibt als veränderliches Maß für das Energiepotential einer Strömung im Biofilter nur die Änderung der Druckenergie übrig. Diese kann sehr leicht durch Messung der Differenz zwischen Anström- und Ausströmdruck, der dem atmosphärischen Druck entspricht, bestimmt werden.

Für den Druckverlust der Strömung im Filtermaterial werden in der Literatur [47, 48] zahlreiche Formeln angegeben. Diese Beziehungen geben jedoch nur eine ungenaue Beschreibung des Druckverlustes wieder. Vor allem durch Setzungen und betriebsbedingte Verdichtungen im Filtermaterial kann im Lauf der Zeit der Druckverlust ansteigen. Weiterhin ändern sich durch permanent wechselnde Wassergehalte im Filtermaterial sowohl der Anteil (Porosität) als auch die Form der Hohlräume, was ebenfalls die rechnerische Bestimmung des Druckverlustes erschwert.

In Abb. 13.13 sind empirisch ermittelte Druckverluste für zwei Filtermaterialien dargestellt. Wie oben erwähnt, steigt im laminaren Bereich der Druckverlust linear mit der Strömungsgeschwindigkeit [49].

Da man naturgemäß bestrebt ist auch bei der Biofiltration die energetischen Verluste möglichst gering zu halten, ergibt sich hier ein gewisses Optimierungspotential. Durch Verwendung von Materialien mit möglichst günstigen strömungstechnischen Eigenschaften, d.h. mit geringem Durchströmungswiderstand, können Energiekosten minimiert werden.

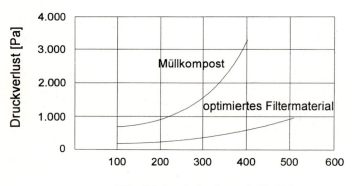

Abb. 13.13. Druckverlust in Abhängigkeit vom Durchfluß für zwei gängige Filtermaterialien [49]

13.6.2
Filtermaterial

Günstige Filtermaterialien, die in Biofiltern einsetzbar sind, sollten nach VDI 3477 möglichst die folgenden Eigenschaften aufweisen [20]:

- gleichmäßige Struktur (bewirkt gleichmäßige Durchströmung und geringen Druckverlust),
- ausreichendes Hohlraum- bzw. Porenvolumen (geringer Druckverlust, geringer Energiebedarf, gute Drainage. Das Hohlraumvolumen kann je nach Art und Zustand des Filtermaterials 20 bis 80% betragen),
- große Oberfläche des Trägermaterials (ergibt große Besiedlungsfläche für Mikroorganismen und große Fläche für absorptive Vorgänge),
- gutes Wasserhaltevermögen (konstante Feuchte),
- keine extremen pH-Verschiebungen des Filtermaterials (guter Puffer gegen pH-Schwankungen im Abgas),
- geringe Verrottungsgeschwindigkeiten (Strukturstabilität, gleichmäßige Durchströmung und konstanter Druckverlust ergeben lange Betriebszeiten und wenig Wartung),
- geringer Eigengeruch (keine zusätzliche Belastung der Abluft durch unangenehme Gerüche aus dem Filtermaterial),
- gute Nährstoffversorgung (der Bedarf an N, P, K und Spurenstoffen für Mikroorganismen muß gesichert sein) und
- günstiger Preis.

Es ist naheliegend, daß ein einziges Material kaum alle hier aufgeführten Eigenschaften aufweisen kann. Man verwendet daher immer häufiger Gemische aus verschiedenen Materialien. Bisher wurden als Filtermaterialien folgende Stoffe eingesetzt:

- Komposte aus Müll, Laub, Rinde, Papier,
- Rindenprodukte wie Rindenhäcksel,
- Heidekraut, Reisig und
- Torfprodukte wie Fasertorf.

Immer häufiger werden, um sich an die erwähnten Wunsch-Eigenschaften anzunähern, Mischungen aus diesen Materialien angewendet. Hinzu kommen noch Mischungen mit inerten Materialien wie Lava, Blähton, Polystyrol oder auch anderen Fasermaterialien wie z.B. Kokosfasern oder Torfersatzprodukte.

Werden größere Anteile von inerten Materialien eingesetzt, so ist u.U. auch eine Zugabe von Nährstoffen zur Versorgung der Mikroorganismen notwendig. Auch die Animpfung mit Mikroorganismenkulturen kann sinnvoll sein.

Das Volumengewicht des Filtermaterials kann je nach Materialart und Zustand bis zu 1000 kg/m^3 betragen.

Zur Charakterisierung der mechanischen Eigenschaften sind folgende Laboruntersuchungen sinnvoll:

- Ermittlung der Porosität,
- Ermittlung der Schüttdichte und
- Ermittlung der Wasserhaltekapazität.

Der Wert von Siebanalysen zur Bestimmung der Korngrößenverteilung ist begrenzt. Werden die Bestimmungen mit trockenem Material durchgeführt, so entspricht das Ergebnis nicht den realen Betriebsbedingungen. Bei der üblichen Materialfeuchte bilden sich jedoch vielfach größere Aggregate. Eine Siebanalyse bei den Betriebsbedingungen ist daher nur bei sehr wenigen Materialien möglich und damit wenig aussagekräftig.

13.6.3
Filterfeuchte

Eine ausreichende Materialfeuchte ist eine der wichtigsten Voraussetzungen für einen erfolgreichen Betrieb des Biofilters. Je nach Art des Filtermaterials liegt der optimale Wassergehalt (Filterfeuchte) bei 40% bis 60%. Die Feuchtigkeit sollte im gesamten Filter gleich sein. Nur bei diesen homogenen Verhältnissen ist ein dauerhafter Betrieb mit hohen Wirkungsgraden gewährleistet. Trocknet an einer Stelle des Filters das Material aus, so wird sich hier die Strömungsgeschwindigkeit etwas erhöhen. Durch die höhere Geschwindigkeit wird das Material noch schneller austrocknen, so daß sich als Folge richtige Trockenrisse bilden, durch die u. U. große Teile der Rohluft ungereinigt durchströmen.

Die Aufrechterhaltung einer gleichmäßigen Feuchte des gesamten Filters ist häufig die schwierigste Aufgabe des Betreibers. Am Anfang der Entwicklung des Biofilterverfahrens wurden die Filter meist von oben beregnet, z.B. mit Regnern aus dem Gartenbau. Diese Art der Befeuchtung hat jedoch oft zur Folge, daß die obere Schicht zwar sehr feucht ist, während der untere Bereich des Filters nach und nach völlig austrocknet.

Längerfristig kann eine homogene Filterfeuchte nur gewährleistet werden, wenn die Rohluft wasserdampfgesättigt zugeführt wird. Bei Abluft aus Kompostwerken (z.B. Mietenabsaugung) ist dies beispielsweise häufig ohnehin der Fall. Insbesondere bei industrieller Abluft wird dagegen meist eine Vorbefeuchtung notwendig sein. Zur Vorbefeuchtung werden im allgemeinen Füllkörper- oder Sprühwäscher eingesetzt. Auch Rotationswäscher haben sich für diese Aufgabe bewährt (s. Abb. 13.5). Die Vorbefeuchtung durch Wäscher dient auch gleichzeitig zur Staubabscheidung.

Die Überwachung der Filterfeuchte ist bisher nicht befriedigend gelöst. Meßgeräte zur Messung der Materialfeuchte sind entweder sehr teuer (z.B. Neutronensonde) oder sehr träge (Tensiometer). Derzeit kann eine Überwachung daher nur durch eine Probenahme von Filtermaterial erfolgen. Die Proben, die von verschiedenen Stellen und aus verschiedenen Tiefen des Biofilters entnommen werden sollten, werden im Labor bei 105 °C getrocknet und aus dem Gewichtsverlust der Wassergehalt bestimmt.

Auch bei einer gut funktionierenden Vorbefeuchtung sollte eine zusätzliche Beregnungsanlage installiert werden. Insbesondere bei offenen Flächenfiltern werden durch Sonneneinstrahlung die oberen Schichten erwärmt und trocknen so schneller aus.

13.6.4
Aufbau und Verfahrensvarianten

Im Vergleich zu anderen Verfahren ist zur Abluftreinigung mit Biofiltern ein großes Filtervolumen notwendig. Der Grund liegt in der begrenzten Abbauleistung der Mikroorganismen. Dieser hohe Raumbedarf verhinderte insbesondere im industriellen Bereich oft die Anwendung von Biofiltern, obwohl aufgrund der Abluftzusammensetzung biologische Verfahren durchaus möglich wären. In den letzten Jahren wurde eine ganze Anzahl von Verfahrensvarianten entwickelt, die flächensparend sowie teilweise auch transportabel die Anwendung von Biofiltern erleichtern. Konstruktionsbedingt lassen sich folgende Biofiltertypen unterscheiden:

- Flächenfilter;
- Flächenfilter mit Flächenbelastungen von 20 bis 300 m^3/(m$^2 \cdot$ h);
- Flächenfilter mit Flächenbelastungen von 1 bis 20 m^3/(m$^2 \cdot$ h);
- „Naturzug"-Flächenfilter;
- Sonderformen;
- Hochfilter als Flächenfilter in der 1. Etage oder auf dem Flachdach von Betriebsgebäuden;
- Etagenfilter mit 2 und mehr Etagen übereinander;
- Containerfilter;
- Turmfilter mit Filterschichten bis zu 6 m.

Diese Filtertypen weisen jeweils unterschiedliche Eigenarten sowie Vor- und Nachteile auf und werden im folgenden einzeln behandelt.

Flächenfilter

Flächenfilter sind bislang die am häufigsten gebauten Biofilterformen. Auch die ersten Biofilter überhaupt waren Flächenfilter, wie z.B. das 1964 gebaute Filter in Genf-Villette (Müllkompostierung) oder das 1966 im Müllkompostwerk Duisburg erstellte.

Flächenfilter mit Flächenbelastungen von 20 bis 200 m^3/(m$^2 \cdot$ h)

Die Filterflächenbelastung dieser Flächenfilter liegt etwa im Bereich von 20 bis 200 m^3/m$^2 \cdot$ h. Die Filterhöhen betragen 0,5 bis 1,5 m. Der Aufbau eines solchen Filters wird in Abb. 13.11 gezeigt. Die zu reinigende Rohluft tritt von unten in das Filtermaterial ein. Für das Luftverteilungssystem werden verschiedene Möglichkeiten eingesetzt, wie z.B. gelochte oder geschlitzte Elemente aus Spezialbeton, Kunststoff oder Holz, Gitterroste, Drainrohre, Belüftungssteine oder ähnliches. Weiter muß ein Flächenfilter ein Ableitungssystem für Oberflächenwasser und eventuell überschüssiges Befeuchtungswasser aufweisen.

Zur Pflege und eventuellen Instandsetzung des Filters ist es günstig, wenn das Filterbett befahrbar ist. Die Randbereiche sind so zu gestalten, daß keine Rohgasdurchbrüche erfolgen. Zur Befeuchtung des Filtermaterials werden teilweise Regner aus dem Gartenbau eingesetzt. Für den Betrieb des Filters ist es jedoch wesentlich besser, wenn die Rohluft bereits wasserdampfgesättigt in das Filter eintritt. Flächenfilter dieser Art werden bis zu Größen von ca. 2000 m² gebaut. Sie sind geeignet zur Reinigung von bis zu 100 000 m³ Abluft/h. Bei großen Filterflächen sollte immer eine Unterteilung in einzelne Filtersegmente vorgesehen werden, so daß Wartungsarbeiten durchgeführt werden können, ohne die ganze Anlage abzuschalten.

Flächenfilter mit Flächenbelastungen von 1 bis 20 m³/(m²·h)

Vor allem in den USA werden Flächenfilter mit sehr niedrigen Filterflächenbelastungen zwischen 1 und 20 m³/m²·h eingesetzt [50]. Bei diesen Filtern dient der natürliche Boden als Filtermaterial. Die Rohluft wird über Drainrohre aus Kunststoff zugeführt. Die Feuchtigkeit des Bodens sollte nur bei 10 % bis 20 % Wassergehalt liegen. Die Verweilzeiten des Gases werden mit 60 s und mehr angegeben. Diese Erdfilter können auch ohne weiteres von Pflanzen bewachsen sein. Wie Untersuchungen zeigen, werden bei diesen niedrigen Belastungen auch Bestandteile von Verbrennungsabgasen wie SO_2, NO_x und CO gebunden. Teilweise werden diese Filter bereits seit 20 Jahren betrieben.

Inwieweit durch solche Filter Verschmutzungen von Boden und Grundwasser entstehen können – etwa durch Anreicherung von polycyclischen Kohlenwasserstoffen – ist nicht bekannt, jedoch sicher nicht unproblematisch.

„Naturzug"-Flächenfilter

Zur Reinigung von Deponiegasen aus Mülldeponien können Biofilter ebenfalls eingesetzt werden. Hierzu ist die Erfassung der Gase über Gasbrunnen und Zufuhr zu einem Biofilter mittels Gebläse möglich. Bei mehreren Deponien wurde ein anderer Weg eingeschlagen. Hier wurde in der Erdabdeckung der Deponie eine Fläche von mindestens 1000 m² ausgespart und diese Fläche mit einer sehr lockeren Schicht von Filtermaterial bedeckt. Die Filterhöhen betragen in diesem Fall höchstens 50 cm. Da die Abdeckung der übrigen Deponie nahezu gasdicht ist, wird angenommen, daß die sich entwickelnden Deponiegase von allein zum Biofilter strömen und dort gereinigt werden. Die bisher gemachten Erfahrungen bei diesem System sind gut. Bezogen auf Geruchsstoffe wurden Wirkungsgrade von über 95 % gefunden, obwohl die Biofilterflächen auch im Sommer nur durch natürliche Niederschläge befeuchtet wurden.

Sonderformen

Als Sonderform eines Biofilters ist beispielsweise ein sehr kleines „Flächenfilter" zu nennen, das zur Desodorierung von Abwasserkanälen eingesetzt wird. Dieses Filter wird direkt in die Schachtöffnungen eingehängt und nach oben mit einem gelochten Deckel verschlossen. Die durch „Naturzug" austretende Luft wird damit zunächst gereinigt, bevor sie den Kanaldeckel verläßt. Diese Kleinfilter sind bereits in größerer Zahl im Einsatz. Die Wirkung wird von den Betreibern bisher unterschiedlich beurteilt.

Hochfilter

Bei schwierigen Platzverhältnissen können Biofilter auch in der 1. Etage oder auf dem Flachdach von Industriegebäuden installiert werden. Im übrigen gelten die bisher getroffenen Aussagen. Schwierigkeiten bereitet u. U. das Einbringen des Filtermaterials sowie die Tragfähigkeit der Dachkonstruktion. Bei üblichen Filtermaterialien muß mit einer zusätzlichen Belastung der Dachfläche von ca. 500 bis 1000 kg/m² gerechnet werden. Hinzu kommt noch die Last der eigentlichen Filterkonstruktion, die in Beton, Stahl oder Kunststoff ausgeführt werden kann.

Etagenfilter

Beim Bau von Biofiltern können die Kosten von Leitungen und die Verfügbarkeit von ausreichender Filterfläche entscheidend sein. In bestimmten Fällen bieten sich dann Etagenfilter als Lösung an. Hier sind mehrere Filterschichten übereinander angeordnet, wobei eine offene oder geschlossene Bauweise möglich ist (Abb. 13.14).

Geschlossene Filter haben im Vergleich zu offenen Filtern den großen Vorteil, daß sie weniger empfindlich für wechselnde Witterungseinflüsse sind und daß grundsätzlich eine bessere Kontrolle des Feuchtehaushaltes möglich ist. Bei geschlossenen Filtern wird außerdem die gereinigte Luft gefaßt und kann dann einem Kamin zugeführt werden. Dies wird beispielsweise im Bereich der Lebensmittelverarbeitung von den Genehmigungsbehörden immer häufiger vorgeschrieben.

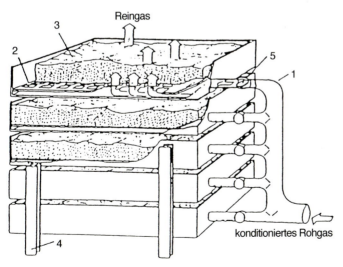

Abb. 13.14. Prinzipskizze eines offenen Etagenfilters [20]. *1* Verteilerkanal, *2* Lagerrost, *3* Filterschicht, *4* Stützkonstruktion, *5* Drosselklappen

Containerfilter

Containerfilter sind vom Prinzip her kleine transportable Flächenfilter. Sie können gegebenenfalls auch zu mehreren übereinander aufgestellt (Etagenfilter) und parallel oder hintereinander betrieben werden. Bei einer Hintereinanderschaltung von Containerfiltern kann eine Schichtung verschiedener Mikroorganismen in den verschiedenen Filtern ausgebildet werden. Die Befeuchtung der Rohluft, die erforderlichen Gebläse sowie Überwachungsgeräte können auch in die Container integriert werden. Probleme bzgl. Randgängigkeit werden bei Containerfiltern durch Einbauten verhindert. Die angewendeten Filterflächenbelastungen bei Containerfiltern liegen im Bereich von etwa 50–500 $m^3/m^2 \cdot h$. Diese Filter werden teilweise auch von oben nach unten durchströmt. Der Vorteil liegt hier vor allem bei einer besseren Verteilung von Befeuchtungswasser. Abbildung 13.15 zeigt die Prinzipskizze eines modernen Containerfilters.

Turmfilter

Turmfilter wurden von Kneer [51] entwickelt. Bei Filtermaterialschüttungen von bis zu 6 m Höhe ist ein nicht unbeträchtlicher Druckverlust zu überwinden. Das Material kann im unteren Teil des Filters mechanisch ausgetra-

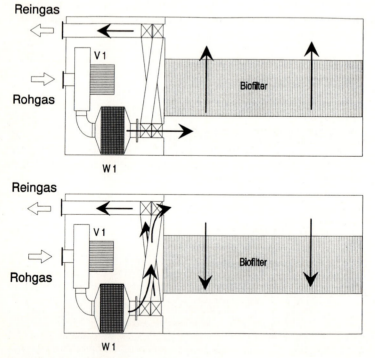

Abb. 13.15. Prinzipskizze eines Containerfilters moderner Bauart mit der Möglichkeit der Strömungsumkehr [64]

gen und – eventuell nach Anfeuchtung – oben wieder aufgegeben werden. Auf diese Weise kann das Filtermaterial auch verhältnismäßig einfach und schnell ausgetauscht werden. Die Erfahrungen der letzten Jahre zeigen jedoch, daß es bei vielen Abluftarten günstig ist, wenn sich im Filterbett eine Schichtung verschiedener Mikroorganismen ausbilden kann.

Diese Schichtung wäre bei diesen Turmfiltern theoretisch sehr gut möglich, wird aber durch den mechanischen Austrag des Materials ständig gestört.

13.6.5 Dimensionierung

Die Auslegung des Biofilters ist hauptsächlich von der Art der zu behandelnden Abluft, von der Luftmenge und vom eingesetzten Filtermaterial abhängig. Feine Filtermaterialien weisen aufgrund der höheren Besiedlungsdichte durch Mikroorganismen häufig eine höhere Abbauleistung je Volumeneinheit auf. Andererseits wird durch solche Materialien der Filterwiderstand erhöht. Um eine gleichmäßige Durchströmung der Filterschüttung zu erreichen und um Luftdurchbrüche zu verhindern, wird allgemein eine Mindesthöhe der Filterschicht von 0,5 m empfohlen.

Die VDI-Richtlinie 3477 [20] nennt drei Belastungsgrößen, die jeweils auch zur Berechnung der Filterdimensionen herangezogen werden können.

- Die *Filterflächenbelastung* ist die einfachste Belastungsgröße. Man versteht darunter den Abgasvolumenstrom, bezogen auf die Filterfläche. Die Einheit ist also $m^3/m^2 \cdot h$. Vor allem zur Dimensionierung der Flächenfilter wurde diese Belastungsgröße früher sehr häufig eingesetzt. Aus der Erfahrung mit bestehenden Anlagen ist bekannt, daß Flächenfilter zur Geruchsbehandlung mit ca. 30 bis 200 $m^3/m^2 \cdot h$ belastet werden können.
- Bei der *Filtervolumenbelastung* bezieht man den Abgasvolumenstrom auf das Filtervolumen und erhält damit die Einheit $m^3/m^3 \cdot h$. Diese Größe ist vor allem dort sinnvoll, wo es sich nicht um Flächenfilter mit der häufig üblichen Höhe von einem Meter handelt.
Die Filtervolumenbelastungen liegen oft im Bereich von 40 bis 200 $m^3/m^3 \cdot h$. Sofern es sich jedoch nicht um Anlagen zur Geruchsbehandlung, sondern zur Reinigung industrieller Abluft handelt, kann eine richtige Dimensionierung nur über die
- *Spezifische Filterbelastung* erfolgen. Sie errechnet sich aus der Masse der Abluftinhaltsstoffe, die je Filtervolumen- und Zeiteinheit durch das Filter strömen. Die Angaben erfolgen in $g/m^3 \cdot h$. Falls das Filter zur Geruchsbeseitigung eingesetzt wird, kann die spezifische Filterbelastung auch in $GE/m^3 \cdot h$ angegeben werden. Beim Einsatz für industrielle Abluft müssen die Abbauleistungen der Mikroorganismen für die einzelnen Abgaskomponenten bekannt sein. Sie liegen je nach Substanz etwa im Bereich von 20 bis 200 $g/m^3 \cdot h$. Aus diesen Angaben und dem gewünschten bzw. geforderten Wirkungsgrad des Biofilters läßt sich die Größe des Biofilters berechnen.

Aus den hier dargestellten Dimensionierungsgrößen wird deutlich, daß bei der Planung einer Biofilteranlage zunächst festgestellt werden muß, welche Volumenströme und welche Abluftkomponenten gereinigt werden sollen. Bei industrieller Abluft mit Stoffkomponenten, zu denen wenige Erfahrungen vorliegen, empfiehlt sich immer der Betrieb einer Pilotanlage. Aufgrund solcher Betriebsdaten kann dann eine richtige Dimensionierung und eine exakte Kostenermittlung erfolgen.

13.7
Neue Verfahren

Neue Entwicklungen auf dem Gebiet der biologischen Abluftreinigung versuchen die Vorteile – keine Verlagerung von Fremdstoffen, sehr wirtschaftliche Verfahren – mit größerer Betriebssicherheit und kleinerem Raumbedarf zu verbinden. Ein weiterer wichtiger Gesichtspunkt ist die Erfassung zusätzlicher Abluftinhaltsstoffe, speziell der Bereich von schwer wasserlöslichen Lösemitteln.

13.7.1
Bereich Biofilter

Hier werden vor allem Anstrengungen unternommen, den großen Platzbedarf zu verringern. Kompakte Filter, teilweise auch transportabel, mit höheren Strömungsgeschwindigkeiten und speziellen Filtermaterialien sind in Entwicklung oder werden teilweise schon auf dem Markt angeboten [52]. Deutliche betriebliche Vorteile scheinen abwärts durchströmte Filter aufzuweisen [53], insbesonders kann so eine homogene Befeuchtung erreicht werden. Die Vorteile von quer durchströmten Biofiltern treten jedoch bisher noch nicht deutlich zu Tage [54].

Eine Kombination aus biologischen und adsorptiven Verfahren stellt das sogenannte Synergie-Filter dar [55]. Allerdings erfordert dieses Verfahren einen beträchtlichen Mehraufwand an Investitions- und Betriebskosten.

Rotor-Biofilter

Diese Neuentwicklung basiert auf einer auf Rollen gelagerten drehbaren Filtertrommel (s. Abb. 13.16). Aufgrund der Form des Zylinders war z.B. zu erwarten, daß die bei konventionellen Biofiltern bekannten und unvermeidbaren Randgängigkeiten weitgehend vermieden werden können. Ebenso kann durch die Drehung der Filtertrommel das Material permanent aufgelockert werden.

Außerdem kann in einem Zylinder, bei gleichem Flächenbedarf im Vergleich zu einem konventionellen Biofilter, ein erheblich größeres Materialvolumen zum Einsatz gebracht werden. Dabei steht, bei Auswahl der Durch-

13.7 Neue Verfahren

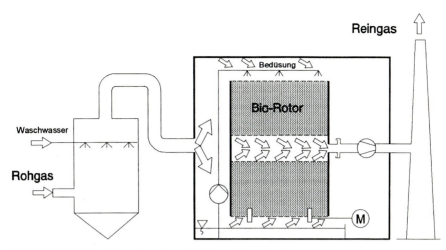

Abb. 13.16. Prinzipskizze einer Rotor-Biofilter-Anlage [59]

Tabelle 13.6. Mögliche Abmessungen und zugehörige Leistungsdaten des Bio-Rotors (L = Länge Rotor, Ø = Durchmesser Rotor)

Ø A in mm (↓)	Durchsatzleistung in m³/h			
	2000 mm	3000 mm	6000 mm	9000 mm
1900	1500	2250	4500	6750
3000	/	3500	7000	10500
3500	/	/	8250	12250
4000	/	/	9500	14250

strömungsrichtung von außen nach innen, eine erheblich größere Anströmfläche zur Verfügung. Ein Zylinder kann im Vergleich zu einem Flächenfilter mit einem deutlich höheren Volumenstrom belastet werden. Mögliche Abmessungen und zugehörige Leistungsdaten eines Bio-Rotors sind Tabelle 13.6 zu entnehmen.

Prinzipiell hat das Rotor-Filter folgende Vorteile:

- Lockerung und Homogenisierung des Filtermaterials durch kontinuierliche, bzw. diskontinuierliche Rotation,
- größere spezifische Anströmfläche bezogen auf die Aufstellfläche (bis zu einem Volumenstrom von 20000 m³/h je Rotor),
- Reduzierung der Randgängigkeit der Strömung,
- Vermeidung von Rohgas-Durchbrüchen,
- gleichmäßige Tiefenbefeuchtung durch Gleichstrom von Luft- und Wasserströmung,

- geringerer Druckverlust der bewegten Filterschüttung gegenüber einer unbewegten Filterschüttung; niedrigere Energiekosten und
- einfacher Materialaustausch.

Eine großtechnische Pilotanlage wird zur Zeit in Zusammenarbeit mit der Universität Stuttgart erprobt.

Erste Ergebnisse zeigten die erwarteten deutlichen Verbesserungen im Strömungsverhalten. Durch die Drehung der Trommel wurde das Material permanent aufgelockert. So konnten bei spezifischen Filterflächenbelastungen von bis zu 125 m^3/m$^2 \cdot$ h auf der Außenfläche der Filtertrommel – dies entspricht etwa dem 2- bis 3fachen der Anströmung eines konventionellen Biofilters – deutlich kleinere Druckverluste gemessen werden. Diese bewegten sich um den Faktor 3 bis 5 unter denen einer feststehenden Schüttung bei gleicher Schütthöhe. Ebenso konnte die Tiefenbefeuchtung des Materials optimiert werden. Zur Zeit wird der großtechnische Versuchseinsatz von Rotor-Biofiltern in einer Gießerei durchgeführt.

13.7.2
Bereich Biowäscher

Die Abbauleistungen im Biowäscher sind pro Volumeneinheit höher als beim Biofilter, da höhere Organismendichten erreichbar sind. Voraussetzung ist jedoch eine gute Wasserlöslichkeit der Abluftinhaltsstoffe. Unter günstigen Umständen können bis zu 500 g organische Substanz pro m^3 Wäschervolumen und Stunde abgebaut werden.

Sehr hohe Abbauleistungen werden mit einem neuen biologischen Wäscherprinzip erreicht, das auf der Basis von Bodenkolonnen beruht [57]. Bei diesem Wäschertyp findet die Absorption der Fremdstoffe und die Regeneration der Waschflüssigkeit in einem Apparat statt. Gleichzeitig wird eine hohe Mikroorganismendichte von 6 bis 8 g Biomasse je Liter aufrecht erhalten. Die Wäscherflüssigkeit und die abbauenden Mikroorganismen befinden sich auf den mit Einbauten versehenen Kolonnenböden. Der Druckverlust in diesem neuen Biowäschertyp ist zwar relativ hoch, andererseits werden außergewöhnlich hohe Abbauleistungen angegeben, wie z.B. 1300 g Methanol je m^3 und Stunde.

Ein neues Einsatzgebiet von Biowäschern ist die Entschwefelung von H_2S-haltigen Biogasen aus Faultürmen und Biogasreaktoren. Der Schwefelwasserstoff wird mit Hilfe von spezialisierten Mikroorganismen (Thiobazillen) und exakter Sauerstoffdosierung zu elementarem Schwefel und Sulfat oxidiert [58].

Durch Zugabe eines hochsiedenden organischen Lösungsmittels als dritte Phase können auch schwerer wasserlösliche Fremdstoffe dem mikrobiellen Abbau zugeführt werden. Diese wasserunlösliche Phase wird in Anteilen bis zu 30% zugesetzt. Sie sollte weder toxisch noch biologisch abbaubar sein. Bisher wurden für diesen Zweck hauptsächlich Siliconöle und Phthalate eingesetzt [59]. Die Fremdstoffkonzentrationen können in der organischen Phase 100- bis zu 1000mal höher sein als im Waschwasser. Die Regeneration des Wasser/Lösemittelgemischs erfolgt in (meist etwas vergrößerten) Belebungsbecken. Die organische Phase stellt gleichzeitig eine große Pufferkapazität gegenüber Konzentrationsspitzen und toxischen Stoffen dar.

13.7.3
Biomembranverfahren

Dieses Verfahren wurde speziell für schwer wasserlösliche und leicht flüchtige Stoffe entwickelt. Beim Biomembranreaktor befindet sich zwischen Rohluft und abbauenden Mikroorganismen eine Membran. Diese Membran aus Dimethylsiliconkautschuk hat die Aufgabe, schlecht wasserlösliche Abluftinhaltsstoffe zu sorbieren und damit aus dem Abluftstrom zu entfernen. Diese Stoffe wandern aufgrund des Konzentrationsgefälles durch die Membran. Auf der anderen Seite treffen sie auf (teilweise sessile) Mikroorganismen, die die Schadstoffe aufnehmen und wie beim Biofilter- bzw. Biowäscher-Verfahren biologisch abbauen. Halbtechnische Versuche belegen hohe Abbauleistungen vor allem bei Aromaten (Toluol, Styrol) und bei niedrig chlorierten Verbindungen, wobei spezifische Leistungen bis zu 100 g/m^3 Reaktorvolumen und Stunde gemessen wurden [60]. Ähnlich wie beim Biowäscher-Verfahren mit Hochsiederzusatz ist die Membran in der Lage, Konzentrationsspitzen und eventuell auch toxische Stoffe abzufangen.

13.8
Möglichkeiten und Grenzen der Anwendung biologischer Verfahren

Der Einsatz der biologischen Verfahren wird immer durch die oben dargestellten biologischen und physikalischen Grundlagen begrenzt:
- Wasserlöslichkeit,
- biologische Abbauarbeit,
- biologisch verträgliche Ablufttemperaturen und
- Abwesenheit toxischer Stoffe.

Neben diesen Grundvoraussetzungen spielen vor allem wirtschaftliche Fragen (Konkurrenz anderer Abluftreinigungsverfahren) sowie die technische Durchführbarkeit eine wesentliche Rolle.

Aus Studien von Angerer et al. [62] und von Bardtke et al. [63] ist bekannt, aus welchen Stoffen sich die organischen Emissionen zusammensetzen. Bei Jahresemissionen von ca. 2,1 Millionen Tonnen vom Gebiet der Bundesrepublik Deutschland dürfte sich die aus Gewerbe und Industrie freigesetzte Menge auf etwa 1,25 Mio. Tonnen belaufen. Berücksichtigt man die physikalischen und technischen Randbedingungen, so dürfte das Potential für biologische Reinigungsverfahren derzeit bei etwa 15 bis 20 % dieser Emissionen liegen. Das bedeutet, daß etwa 200 000 bis 250 000 Tonnen organischer Emissionen durch Biofilter und Biowäscher umweltfreundlich beseitigt werden könnten. Hierbei wurden die möglichen Auswirkungen neuer biologischer Verfahren noch nicht berücksichtigt. Die immer wieder diskutierte Anwendung biologischer Verfahren zur Reinigung von anorganischen Schadstoffen wie Schwefelwasserstoff, Ammoniak, aber auch CO und NO_x befindet sich noch in einem sehr frühen Entwicklungsstand. Abgesehen von speziellen Anwendungen, wie beispielsweise der Entschwefelung von Faulgasen, ist derzeit eine technische Anwendung nicht absehbar. Ein grundsätzliches Problem bei diesen Stoffen besteht auch darin, daß die Verbindung durch die mikrobielle Oxidation zwar in andere und damit meist wasserlösliche Oxidationsstufen überführt werden. Dies bedeutet aber, daß es sich hier um keinen echten Abbau, sondern eher um eine Verlagerung in andere Umweltbereiche handelt.

Berücksichtigt man die technischen und wirtschaftlichen Grenzen, so ist die Anwendung biologischer Verfahren bei organischen Abluftbestandteilen bis zu Fremdstoffkonzentrationen von ca. 1500 bis 2000 mg/m^3 org. C sinnvoll. Größere Konzentrationen würden sehr große Anlagendimensionen erfordern. Überdies beginnt ab diesen Konzentrationen der wirtschaftliche Einsatz von katalytischen und thermischen Nachverbrennungsverfahren. Auch eine Rückgewinnung von Lösemitteln kann dann sinnvoll sein. Gerade für kleinere und mittlere Betriebe können biologische Reinigungsverfahren eine gute und wirtschaftliche Lösung darstellen. Bardtke et al. [63] finden speziell

- für Druckereien,
- bei der industriellen Klebstoffanwendung (z. B. Schuhherstellung),
- bei den holzver- und bearbeitenden Industriezweigen und
- bei Lackierereien.

große Möglichkeiten zur Anwendung der Verfahren.

Derzeit bestehen in Deutschland etwa 400 bis 500 biologische Abluftreinigungsanlagen. Die von diesen Anlagen beseitigte Schadstoffmenge wird auf etwa 4000 Tonnen pro Jahr geschätzt. Damit wird das Potential der biologischen Verfahren derzeit nur zu etwa 2 % genutzt.

Literatur

1. Bach H (1923) Gesundheits-Ingenieur, Jahrg 46, 38:370
2. Carlson DA, Gumerman RC (1966) Eng Ext Series 121:172
3. Helmer R (1972) Sorption und mikrobieller Abbau in Bodenfiltern bei der Desodorierung von Luftströmen. Dissertation, Universität Stuttgart

4. Schirz St (1975) Abluftreinigungsverfahren in der Intensivtierhaltung, KTBL-Schrift 200, Darmstadt
5. Prüß M, Blunk H (1941) Verfahren zur Reinigung von luft- und sauerstoffhaltigen Gasgemischen. Patentschrift Nr 710954, Reichspatentamt
6. Van Geelen MA, van der Hoek KW (1977) Agricult. Environment 3:217
7. Schippert E (1985) Luftreinhaltung durch Absorption mit biologischer Regeneration der Waschflüssigkeit – theoretische Grundlagen und praktische Anwendung bei Dosenlackierung, Tierkörperverwertung, Schleifscheibenherstellung. VDI, Düsseldorf
8. Kohler H (1982) Behandlung geruchsintensiver Abluft in Wäschern unter Verwendung einer Belebtschlammsuspension. Fortschrittberichte der KVDI-Zeitschriften, Reihe 15 Nr 22
9. Kohler H (1982) VDI-Berichte 416:119
10. Kohler H, Lachenmayer U (1981) Biologische Abluftaufbereitung als Alternative zu anderen konventionellen Reinigungsverfahren; DFO Tagung „Neue Entwicklungen in der Lackiertechnik" November 1981, S 83
11. Sabo F (1990) Verfahrenstechnische Grundlagen in der biologischen Abluftreinigung; Biologische Abluftreinigung, K Fischer (Hrsg). Expert, Ehningen, S 13
12. Bittrich HJ, Haberland D, Just G (1986) Leitfaden der chemischen Kinetik. VEB Deutscher Verlag der Wissenschaften, 2 Aufl, S 174
13. Gerthsen C (1966) Physik, 9 Aufl Springer, Berlin Heidelberg New York, S 143
14. Astarita G (1967) Mass Transfer with Chemical Reaction. Elsevier, Amsterdam, S 9
15. Krämer P (1983) Abgasreinigung mit Bakteriensuspensionen. Dissertation, Universität Stuttgart
16. Dankwerts PV (1970) Gas-Liquid Reactions. McGraw-Hill Book Company, S 15
17. Bailey JE, Ollis DF (1986) Biochemical Engineering Fundamentals, 2 Aufl McGraw Hill International Editions, S 499
18. Wilke CR, Chang P (1955) AICHE-Journal 1:264
19. Näser KH (1969) Physikalische Chemie, 11 Aufl VEB Verlag für Grundstoffindustrie, Leipzig, S 369
20. VDI-Richtlinie 3477 „Biofilter" (1991)
21. VDI-Richtlinie 3478 „Biowäscher" (1985)
22. Eitner D (1984) Untersuchungen über Einsatz und Leistungsfähigkeit von Kompostfilteranlagen zur biologischen Abluftreinigung im Bereich von Kläranlagen unter besonderer Berücksichtigung der Standzeit, GWA 71, TH Aachen
23. Don JA (1986) VDI-Bericht 561:63
24. Togashi J et al. (1986) J Ferment Technol 64:425
25. Janssen DB (1989) Abbau von Schadstoffen durch Mikroorganismen. VDI/CLAN-Kolloqium „Biologische Abgasreinigung", Köln 23./24.5.1989, S 2
26. Ottengraf SPP (1986) in: Rehm HJ, Reed G (eds) Biotechnology 8:426. VCH Verlagsgesellschaft, Weinheim
27. Claus G (1981) Über den mikrobiellen Abbau von Geruchsstoffen aus Abluftströmen unter besonderer Berücksichtigung des Metabolismus von Indol und Skatol. Dissertation, TH Darmstadt
28. Bardtke D, Fischer K (1987) Untersuchungen zur Abbaubarkeit und Abbaukinetik ausgewählter anorganischer und organischer Abluftinhaltsstoffe beim Biofilterverfahren, Abschlußbericht DFG-Forschungsvorhaben Ba 551/10-1
29. Fischer K (1989) Biologische Elimination von schlecht wasserlöslichen Abluftinhaltsstoffen mit Hilfe eines Membranverfahrens, VDI/CLAN-Kolloqium „Biologische Abgasreinigung", Köln 23./24.5.1989, S 24
30. Diks R, Ottengraf SPP (1989) Neue Entwicklungen bei der Abscheidung von Halogenkohlenwasserstoffen in Biowäschern, VDI/CLAN-Kolloqium „Biologische Abgasreinigung", Köln 23./24.5.1989, S 9
31. Alexander M (1981) Science 211:132
32. Soulas G (1982) Soil Biol Biochem. 14:107

33. Steinmüller W et al. (1979) Grundlagen der biologischen Abluftreinigung – Mikrobiologischer Abbau von luftverunreinigenden Stoffen, Teil II, Staub-Reinhaltung der Luft 39, S 149
34. Ottengraf SPP, Konings (1991) Bioprocess Engineering 7:89
35. Bardtke D, Göttlich E (1991) Keimemissionen aus Kläranlagen; Stuttgarter Berichte zur Siedlungswasserwirtschaft, Band 114. Kommissionsverlag R. Oldenbourg
36. Pelic-Sabo M (1994) Mikrobiologische Voraussetzungen für die biologische Abluftreinigung – Gefahren durch Mikroorganismen, Vortrag anläßlich des Seminars „Biologische Abluftreinigung" in Esslingen 31.1.–1.2.1994
37. VDI-Richtlinie 3881 (1986)
38. VDI-Richtlinie 3882 Gründruck (1991)
39. Kratz G (1989) Biologische Abluftreinigungsverfahren, Handbuch des Umweltschutzes, 12/89
40. Schippert E (1994) VDI-Berichte 1104:39
41. Kohler H (1990) in: Fischer K (Hrsg) Biologische Abluftreinigung. expert, S 74
42. Fischer K (1990) in: Fischer K (Hrsg) Biologische Abluftreinigung. expert, S 35
43. Eppler R (1975) Strömungsmechanik. Akademische Verlagsgesellschaft Wiesbaden, S 13
44. Robel H et al. (1980) Lehrbuch der chemischen Verfahrenstechnik, 4 Aufl VEB Verlag für Grundstoffindustrie, Leipzig, S 89
45. Preißler G, Bollrich G (1985) Technische Hydromechanik, Band 1, 2 Aufl VEB Verlag für Bauwesen, Berlin, S 173
46. Krischer O, Kast W (1978) Trocknungstechnik, Band 1: Die wissenschaftlichen Grundlagen der Trocknungstechnik, 3 Aufl Springer, Berlin Heidelberg New York, S 189
47. Adolphi G, et al. (1973) Lehrbuch der chemischen Verfahrenstechnik, 3 Aufl, Autorenkollektiv. VEB Deutscher Verlag für Grundstoffindustrie, Leipzig
48. Brauer H (1971) Grundlagen der Einphasen- und Mehrphasen-Strömungen. Sauerländer, Aarau Frankfurt a M
49. Bardtke D, Fischer K, Sabo F (1992) Entwicklung und Erprobung von Hochleistungsbiofiltern; Projekt Europäisches Forschungszentrum für Maßnahmen zur Luftreinhaltung, Forschungsbericht KfK-PEF 96, Juli 1992
50. Duncan M, Bohn HL, Burr M (1982) Pollutant Removal from Wood and Coal Flue Gases by Soil Treatment, APCA Journal Vol 32
51. Kneer FX (1985) Abluftreinigung durch einen Biofilter. CAV Okt. 1985, S 112
52. Sabo F, Fischer K, Wurmthaler J (1982) Entwicklung von Hochleistungsbiofiltern – Optimierung der Materialdurchströmung; Entsorgungspraxis Nr 9, S 576
53. Sabo F, Schneider Th, Mössinger M (1994) VDI-Schriftenreihe 1104:521
54. Werbeschrift der Firma Herbst Umwelttechnik GmbH, Berlin
55. Fattinger (1992) Synergiefilter zur Desodorierung von Abluft aus der Abwasserreinigung und Schlammverarbeitung, Informationsschrift der Fa Otto Umwelttechnik GmbH u Co. KG, Weiterstadt
56. Sabo F, Fischer K, Handte J (1994) Entwicklung und Erprobung des Rotor-Biofilters; WLB, 11/12, S 64
57. Wolff F (1989) VDI-Berichte 735:99
58. Schelchshorn J, Vinke A (1989) VDI-Berichte 735:129
59. Schippert E (1989) VDI-Berichte 735:77
60. Bardtke D, Fischer K, Sabo F (1990) Untersuchungen zur biologischen Abluftreinigung von schlecht wasserlöslichen Abluftinhaltsstoffen mit Hilfe eines Membranreaktors; Abschlußbericht zum BMFT Forschungsvorhaben 01 VQ 86 103
61. Fischer K, Schestag-Pfuderer S (1992) Entsorgungspraxis 4:198
62. Angerer G et al. (1990) Möglichkeiten und Ausmaß der Minderung luftgängiger Emissionen durch neue Umweltschutztechnologien, Forschungsbericht BMFT Förderkennzeichen 01 ZH 8709
63. Bardtke D, Sabo F, Fischer K (1990) Systemstudie zur Erfassung und Bilanzierung organischer Schadstoffemissionen im Hinblick auf die Entwicklung wirkungsvoller Abluft-

reinigungsverfahren; Studie im Auftrag des BMFT (Teilbericht zum Forschungsvorhaben 01 VQ 86 103)
64. Sabo F (1993) Biofilter – Verfahrenstechnische Grundlagen, Planung und Dimensionierung; Vortrag anläßlich des Internationalen Kongresses „Geruchsstoffemissionen – Probleme und Lösungsmöglichkeiten" in Ljubljana, Slowenien am 29 April 1993
65. Reinluft Umwelttechnik Ingenieurgesellschaft mbH: Abscheidung von Ammoniak aus Kompostierungsabluft mittels eines Tropfkörperfilters, Stuttgart, nicht veröffentlicht

Verfahren zur Minderung von Schadstoffemissionen als Folge von Explosionen

14 Explosionen und Emissionen

N. Jaeger

14.1 Einleitung

Jedes Verfahren/Prozeß stellt eine Kombination von Brennstoffen, Materialien Apparateteilen und Prozeßbedingungen dar. Der Explosionsschutz in der Industrie erfordert deshalb eine vorausschauende, systematische Gefahrensuche und -beurteilung. Ziel des Explosionsschutzes ist es, technische Verfahren und Prozesse auf wirtschaftlich optimale Weise abzusichern.

Um den Explosionsschutz sachgerecht betreiben zu können, sind unter anderem die Kenntnisse der sicherheitstechnischen Kenngrößen der in einem Verfahren/Prozeß verwendeten Brennstoffe erforderlich. Neben den vorabgenannten sicherheitstechnischen Kenngrößen werden ebenso die chemischen, ökologischen und toxikologischen Basisdaten der verwendeten Brennstoffe benötigt. Eine zunehmende Sensibilisierung im Hinblick auf zu berücksichtigende Umweltaspekte beim Betreiben von Industrieanlagen, nicht nur in der chemischen Industrie, ist insbesonders bei solchen Industrieanlagen erforderlich, die im Nahbereich von Wohngebieten angesiedelt sind. Hier ist die Auswahl der zu realisierenden Explosionsschutzmaßnahmen vorrangig nach Umweltaspekten festzulegen. Ökonomische Aspekte sind hierbei als zweitrangig zu betrachten. Es ist sicherzustellen, daß im Falle einer Explosion die Gefährdung der Bevölkerung durch die Explosionsauswirkungen auf ein unbedenkliches Maß reduziert werden, d.h. Brennstoffe, die aus Sicht des Umweltschutzes bzw. der Arbeitshygiene als kritisch anzusehen sind, müssen auch im Falle einer Explosion gesichert innerhalb der Apparatur gehalten werden. Ein Austritt in die Atmosphäre ist unter allen Umständen mit geeigneten Maßnahmen zu verhindern.

Die erforderlichen Maßnahmen gegen Explosionsgefahren beim Umgang mit solchen Brennstoffen und die Beurteilung der Wirksamkeit von Schutzmaßnahmen zur Vermeidung bzw. vertretbaren Reduzierung dieser Gefahren können nur bei Vorhandensein der entsprechenden oben genannten relevanten Basisdaten erfolgen.

14.2
Sicherheitstechnische Kenngrößen

Da Brand- und Explosionsgefahren, die durch brennbare Stäube entstehen können, weniger bekannt sind als diejenigen, die beim Umgang mit brennbaren Gasen und Flüssigkeiten bestehen, werden mehrheitlich im folgenden die wichtigsten sicherheitstechnischen Kenngrößen von brennbaren Stäuben beschrieben, wobei zwischen abgelagertem und aufgewirbeltem Staub unterschieden wird. Die Untersuchungen der Substanzen erfolgt an einer eindeutig definierten Probe nach einer auf die jeweiligen Prüfmethoden zugeschnittenen Vorbereitung [1].

14.2.1
Prüfpflicht

Von jedem Produkt, für das noch kein Prüfbefund vorliegt, ist eine der laufenden Fabrikation entnommene Probe durch ein geeignetes Laboratorium nach den entsprechenden einschlägigen Vorschriften untersuchen zu lassen. Bei erstmals zu verarbeitenden Produkten muß diese Prüfung vor einer durchzuführenden Einheitsoperation mit einer zuverlässigen Durchschnittsprobe der betreffenden Partie erfolgen. Soll ein Produkt unter Zusatz anderer Substanzen verarbeitet werden, so ist auch diese entsprechende Mischung zu prüfen, da die Handhabungssicherheit von Gemischen sich nicht einfach aus den Eigenschaften der Komponenten ableiten läßt.

Eine Prüfung ist zu wiederholen, wenn eine Änderung der Gefahrensituation vermutet wird, z. B. infolge:

- Änderung im Fabrikationsverfahren inklusive Aufarbeitung,
- Änderung der Spezifikationen oder Provenienz von Ausgangsmaterialien und Zuschlagstoffen,
- Unregelmäßigkeiten in der Fabrikation,
- Produktionsverlagerung.

14.2.2
Abgelagerter Staub

14.2.2.1
Brennverhalten

Es wird geprüft, ob und in welchem Maße sich in einer Staubschüttung ein durch äußere Entzündung eingeleiteter Brand ausbreiten kann. Die Prüfung erfolgt bei Raumtemperatur (20 °C) und erhöhter Produkttemperatur (z. B. 100 °C). Die Brennbarkeit des Produktes wird aufgrund des Reaktionsverlaufes durch eine Brennzahl *BZ* charakterisiert [2]. Dabei wird im wesentlichen unterschieden, ob es sich bei der Reaktion um **keine** *Ausbreitung eines Brandes* (BZ: 1-3) oder um **eine** *Ausbreitung* eines Brandes (BZ: 4-6) handelt. Produkte mit einer BZ = 6 können nach erfolgter Zündung nicht mehr unter Kontrolle gehalten werden (Referenzsubstanz = Schwarzpulver).

14.2.2.2
Relative Selbstentzündungstemperatur

Hierunter versteht man die niedrigste Temperatur, bei welcher während eines Aufheizvorganges im Luftstrom die Temperatur der Prüfsubstanz die Temperatur einer im gleichen Luftstrom erhitzten inerten Referenzsubstanz zu übersteigen beginnt [2]. Die gemessene relative Selbstentzündungstemperatur ist nicht nur produktabhängig, sondern wird auch vom Volumen der Staubschüttung beeinflußt. Daher sollten bei niedrigen relativen Selbstentzündungstemperaturen Versuche mit größeren Prüfvolumen (Warmlagerversuche) bei noch tieferen Temperaturen als der vorher gemessenen Temperatur durchgeführt werden.

14.2.2.3
Selbstentzündungstemperatur
(Warmlagerversuche im Drahtkorb)

Die durch Warmlagerversuche ermittelte Selbstentzündungstemperatur ist die niedrigste Umgebungstemperatur, bei der eine Substanz während mindestens 72 h nach Erreichen der Umgebungstemperatur gerade nicht mehr zu einer Exothermie ($\Delta T < 5\,°C$) kommt.

Sie wird zur genauen Beurteilung der Gefahren beim Umgang mit größeren Produktmengen herangezogen. Dabei werden die zu untersuchenden Proben in zylindrische Drahtnetzbehälter gefüllt und in einem luftdurchströmten Heizschrank bei konstanter Heißlufttemperatur gelagert. Gewöhnlich werden Drahtkörbe von 400-3000 ml Inhalt verwendet [2, 5].

Bei der Lagerung brennbarer Stäube muß die Mengenabhängigkeit der Selbstentzündungstemperatur beachtet werden, die aus Versuchen mit unterschiedlich großen Mengen durch Extrapolation abgeschätzt werden kann.

14.2.2.4
Relative Zersetzungstemperatur

Sie ist definiert als die niedrigste Temperatur, bei welcher während eines Aufheizvorganges unter Luftausschluß die Temperatur der Prüfsubstanz die Temperatur einer gleichzeitig erhitzten thermisch stabilen Vergleichssubstanz zu übersteigen beginnt.

Neben der Differenzthermoanalyse DTA hat sich als Meßmethode diejenige nach Lütolf [2] bestens bewährt, weil neben der relativen Zersetzungstemperatur auch noch beurteilt werden kann, ob die bei der Exothermie auftretenden Gase brennbar sind und wieviel davon entsteht. Sie wird für Produkte oder Reaktionsmassen angewendet, die zum Teil unter Ausschluß von Frischluftzufuhr längere Zeit einer erhöhten Temperatur ausgesetzt werden (z.B. Vakuumöfen, Wirbelschichttrockner).

14.2.2.5
Spontane Zersetzungsfähigkeit

Ein Stoff gilt als spontan zersetzungsfähig, wenn er sich nach lokaler Einwirkung einer hinreichend starken Zündquelle auch ohne Anwesenheit von (Luft-)Sauerstoff mit fortschreitender Reaktionszone vollständig zersetzt [2]. Die Prüfung erfolgt bei Raumtemperatur (20 °C) und erhöhter Produkttemperatur (z.B. 100 °C).

Eine spontane Zersetzung kann zum Beispiel durch einen erhitzten Fremdkörper ausgelöst werden. Sie kann sich aber auch aus einem lokal ausgelösten Brand ergeben, indem der Brand wegen ungenügenden Luftzutritts in eine spontane Zersetzung übergeht. Eine spontane Zersetzung kann weder durch Inertisierung verhindert noch durch Ersticken unterbrochen werden.

Da bei einer spontanen Zersetzung große Mengen an Zersetzungsgasen in kurzer Zeit auftreten können, kann die Gefahr eines Druckaufbaus bestehen, der zum Aufreißen oder gar Bersten der Apparatur führen kann. Aus diesem Grund sind Produkte, die sich spontan zersetzen können nur in kleinen Portionen batchweise zu verbreiten, wobei zu beachten ist, daß die Verweilzeit so gering wie möglich und die Temperatur so niedrig wie möglich gehalten wird. Eine Laborapparatur, die eine genaue Untersuchung der spontanen Zersetzung erlaubt, ist zur Zeit in Entwicklung.

14.2.2.6
Schlagempfindlichkeit

Es wird geprüft, ob in einer Probe durch Schlag eine Zersetzungsreaktion oder Explosion eingeleitet werden kann. Tritt bei der Prüfung eine Reaktion (Rauch, Feuer, Funken) ein, so ist die Probe als schlagempfindlich zu bewerten. Wird aber eine Detonation (Knall) beobachtet, dann hat das Produkt Sprengstoffcharakter und sollte daher z.B. auch nicht trocken gemahlen werden. In diesem Fall sind weitergehende Untersuchungen erforderlich [2]. Diese Prüfung entspricht nicht der Prüfung nach dem Sprengstoffgesetz.

14.2.3
Aufgewirbelter Staub

Die Untersuchungen über das Explosionsverhalten von Brennstoffen (brennbare Stäube, Brenngase, Lösemitteldämpfe) müssen nach international anerkannten Prüfverfahren durchgeführt werden. Weltweit gilt der 1-m³-Behälter, von dem etwa ein Dutzend vorhanden sind, als Standardapparatur, dessen Prüfverfahren international standardisiert ist [6–8]. In den letzten Jahren hat sich die handlichere 20-l-Laborapparatur immer mehr als Standardapparatur durchgesetzt [2, 9]. Zur Zeit sind weltweit über 70 Stück im Einsatz.

Mit einer der beiden Apparaturen ist es möglich – unter Beibehaltung des vorgeschriebenen standardisierten Prüfverfahrens – die erforderlichen sicherheitstechnischen Kenngrößen von Brennstoffen zu bestimmen, die im folgenden kurz beschrieben werden.

14.2.3.1
Maximaler Explosionsüberdruck P_{max} und maximaler zeitlicher Druckanstieg $(dP/dt)_{max}$, Explosionsgrenzen EG

Die maximalen Explosionskenngrößen der Brennstoffe:

- maximaler Explosionsüberdruck P_{max} und
- maximaler zeitlicher Druckanstieg $(dP/dt)_{max}$

werden aus systematischen Versuchen über einen breiten Konzentrationsbereich bestimmt. Sie treten bei optimalsten Staubkonzentrationen auf, die im allgemeinen für beide Explosionskenngrößen unterschiedlich sind. Die Versuchssystematik erlaubt es, bei Bedarf auch die untere Explosionsgrenze UEG und die obere Explosionsgrenze OEG zu bestimmen, wobei im Zusammenhang mit den brennbaren Stäuben im allgemeinen nur die UEG von Interesse ist [10, 11].

Der maximale Explosionsüberdruck P_{max} aller Brennstoffe ist in geschlossenen, der Kugelform angenäherten Behältern von hinreichender Größe unabhängig vom Volumen. Der maximale zeitliche Druckanstieg $(dP/dt)_{max}$ dagegen ist volumenabhängig. Mit steigendem Volumen nimmt der $(dP/dt)_{max}$ nach dem „Kubischen Gesetz" ab:

$$V^{1/3} \cdot (dP/dt)_{max} = K_{max} \text{ in bar} \cdot \text{m} \cdot \text{s}^{-1} \qquad (14.1)$$

wobei K_{max} eine staub- bzw. gas- und prüfverfahrenstechnische maximale Explosionskonstante ist und zahlenmäßig gleich dem Wert für den maximalen zeitlichen Druckanstieg im 1-m³-Standardbehälter entspricht.

Temperaturerhöhung führt für die Brennstoffe zu einer linearen Abnahme des maximalen Explosionsüberdruckes mit dem Reziprokwert der Temperatur. Der Einfluß auf K_{max} ist dagegen bis zu Temperaturen von 350 °C aufgrund der Erfahrung als unwesentlich anzusehen [2].

Tabelle 14.1. Zusammenhang zwischen K_{max} und Staubexplosionsklasse St

K_{max}, bar · m · s^{-1}	Staubexplosionsklassen
1–200	St 1
201–300	St 2
> 300	St 3

Die Vielzahl der in der Praxis produzierten und verarbeiteten Stäube läßt es sinnvoll erscheinen, diese maximale Explosionskonstante in Staubexplosionsklassen einzuordnen und sie für die Dimensionierung der konstruktiven Schutzmaßnahmen zugrunde zu legen (Tabelle 14.1).

14.2.3.2
Sauerstoffgrenzkonzentration SGK

Die SGK ist die experimentell ermittelte maximale Sauerstoffkonzentration, bei der in einem Brennstoff/Luft/Inertgas-Gemisch gerade keine Explosion mehr möglich ist. Sie ist eine stoff- und inertgasspezifische Kenngröße.

Da bisher keine Gesetzmäßigkeit erkannt worden ist, muß die SGK der Brennstoffe aus Messungen über einen weiten Konzentrationsbereich bei systematisch sich verminderndem Sauerstoffgehalt im Inertgas durchgeführt werden [2, 9, 10]. Die Inertisierung erfolgt im allgemeinen mit Stickstoff und die SGK sinkt mit zunehmender Arbeitstemperatur [2].

Aus der experimentell ermittelten SGK ergibt sich durch Einbeziehen einer Sicherheitsspanne die höchstzulässige Sauerstoffkonzentration HSK.

Die Kenntnis dieser Kenngröße ist überall dort notwendig, wo in der Praxis die vorbeugende Schutzmaßnahme Inertisierung angewendet wird.

14.2.3.3
Mindestzündenergie MZE

Die Mindestzündenergie MZE eines Brennstoffes ist der niedrigste Wert, der in einem Kondensatorapparat gespeicherten elektrischen Energie, die unter Variation der Parameter des Entladekreises bei der Entladung gerade ausreicht, das zündwilligste Brennstoff/Luft-Gemisch bei Atmosphärendruck und Raumtemperatur zu entzünden [12, 13].

Als Prüfeinrichtung eignen sich speziell für die Stäube die modifizierte Hartmann-Apparatur und für jeden Brennstoff geschlossene Apparaturen wie z. B. die 20-l-Apparatur. Als Zündquelle dient die Funkentladung eines Hochspannungskondensators über eine Funkenstrecke.

Im allgemeinen werden Stäube mit einer MZE zwischen 10 und 1000 mJ als „normal entzündlich" und mit einer MZE unter 10 mJ als „leicht entzündlich" angesehen. Bei den „leicht entzündlichen" Stäuben ist besonders sorgfältig zu prüfen, ob Entladungen statischer Elektrizität eine Entzündung auslösen können. Temperaturerhöhung vermindert die MZE aller Brennstoffe.

14.2.3.4
Mindestzündtemperatur MZT

Brennbare Flüssigkeiten

Die Bestimmung der Mindestzündtemperatur MZT von brennbaren Flüssigkeiten erfolgt in einer standardisierten Erlenmeyer-Kolben-Apparatur [14]. Durch systematische Änderung der in den Kolben eingebrachten Flüssigkeitsmenge und der Temperatur wird durch visuelle Beobachtung stattfindender Entzündungen die MZT bestimmt. Der Meßwert gibt Auskunft über die Entzündlichkeit von Lösungsmitteldämpfen bei Wärmeeinwirkung durch heiße Oberflächen.

Brennbare Stäube

Die MZT ist definiert als die niedrigste Temperatur einer erhitzten Fläche, an der das zündwilligste Gemisch eines Staubes mit Luft gerade noch zur Entzündung kommt. Sie gibt Auskunft über das Zündverhalten eines aufgewirbelten Staubes beim kurzzeitigen Kontakt mit einer heißen Oberfläche. Die Ermittlung der MZT kann entweder in dem BAM-Ofen (Bundesanstalt für Materialprüfung) [2] oder im Ofen nach Godbert-Greenwald [15] erfolgen, wobei der BAM-Ofen etwas niedrigere Temperaturen liefern kann. Im BAM-Ofen werden auch Schwelgase miterfaßt.

14.2.3.5
Hybride Gemische

Wenn brennbare Stäube in einer Atmosphäre aufgewirbelt werden, die außer Luft auch Anteile von Brenngasen oder brennbaren Dämpfen enthält, dann wird das entsprechende Gemisch als „hybrides Gemisch" bezeichnet [2, 8]. Die Eigenarten von hybriden Gemischen bestehen darin, daß

- nicht explosionsfähige Staub/Luft-Gemische und nicht explosionsfähige Brenngas-(Lösungsmitteldampf)/Luft-Gemische gemeinsam explosionsfähige hybride Gemische bilden können,
- durch Brenngaszusatz zur Verbrennungsatmosphäre weniger der P_{max}, wohl aber die maximale Explosionskonstante K_{max} des brennbaren Staubes deutlich angehoben wird, wodurch eine Verschärfung der Staubexplosionsklasse gegeben sein kann, und daß
- die MZE sowie die SGK des hybriden Gemisches werden durch den Brennstoff mit dem niedrigsten Grenzwert bestimmt.

14.3
Explosionsschutz

Der Explosionsschutz umfaßt die Maßnahmen gegen Explosionsgefahren beim Umgang mit brennbaren Stoffen und der Beurteilung der Wirksamkeit von Schutzmaßnahmen zur Vermeidung bzw. vertretbaren Reduzierung dieser Gefahren.

Das *Explosionsschutzkonzept* [16], gültig für alle Brennstoffgemische, unterscheidet zwischen folgenden Gruppen von Maßnahmen:

a) Maßnahmen, welche eine Bildung gefährlicher, explosionsfähiger Atmosphäre verhindern oder einschränken,
b) Maßnahmen, welche die Entzündung gefährlicher, explosionsfähiger Atmosphäre verhindern und
c) Konstruktive Maßnahmen, welche die Auswirkungen einer Explosion auf ein unbedenkliches Maß beschränken.

In der Regel ist den Maßnahmen nach a) sicherheitstechnisch Vorrang zu geben. Die Gruppe b) ist als alleinige Schutzmaßnahme in der Praxis für Brenngas- bzw. Lösemitteldämpfe nicht sicher genug anwendbar, jedoch beim ausschließlichen Vorhandensein brennbarer Stäube als alleinige Schutzmaßnahme dann anwendbar, wenn die Mindestzündenergie der Stäube hoch ist und die betroffenen Betriebsbereiche klar überschaubar sind.

Sind Maßnahmen nach a) und b), die auch als „vorbeugende Schutzmaßnahmen" bezeichnet werden, nicht mit ausreichender Sicherheit anwendbar, dann müssen die „konstruktiven Maßnahmen" nach c) angewendet werden.

14.3.1
Vorbeugender Explosionsschutz

Das Prinzip des vorbeugenden Explosionsschutzes besteht darin, daß eine der für das Entstehen einer Explosion notwendigen Voraussetzungen mit Sicherheit ausgeschlossen wird. Bildlich gesprochen wird also mindestens eine der Seiten des Gefahrendreiecks von Abb. 14.1 aufgebrochen. Sicher ausschalten läßt sich also eine Explosion dadurch, daß man entweder:

- das Entstehen von explosionsfähigen Gemischen vermeidet oder
- den Sauerstoff der Luft durch Inertgas ersetzt, im Vakuum arbeitet oder Inertstaub einsetzt, bzw.
- das Auftreten von wirksamen Zündquellen verhindert.

Abb. 14.1. Gefahrendreieck – Prinzip des vorbeugenden Explosionsschutzes

14.3.1.1
Vermeiden von explosionsfähigen Brennstoff/Luft-Gemischen

Für brennbare Stäube haben die Explosionsgrenzen wegen der Wechselwirkung zwischen abgelagertem und aufgewirbeltem Staub nicht die gleiche Bedeutung wie bei den Brenngasen und brennbaren Dämpfen. Diese Schutzmaßnahme kann beispielhaft angewendet werden, wenn in Betriebsräumen Staubablagerungen vermieden werden, oder

– im Luftstrom von Reinluftleitungen nach Filtereinrichtungen, wo im Normalbetrieb die untere Explosionsgrenze unterschritten wird. Im Laufe der Zeit muß jedoch mit Staubablagerungen gerechnet werden. Bei Aufwirbelung dieser Ablagerungen kann Explosionsgefahr entstehen. Durch regelmäßige Reinigung kann diese Gefahr vermieden werden.
– der Staub direkt an der Entstehungsstelle mit geeigneten Lüftungsmaßnahmen abgesaugt werden kann.

Bei Brenngas- bzw. Dampf/Luft-Gemischen kann durch die Begrenzung gesichert unterhalb der unteren oder oberen Explosionsgrenze die Bildung explosionsfähiger Atmosphäre in gefahrdrohender Menge innerhalb von Apparaturen verhindert oder eingeschränkt werden. Zur wirksamen Kontrolle ist dazu eine geeignete Überwachung erforderlich.

Eine weitere Schutzmaßnahme ist die Begrenzung der Temperatur des eingelagerten Produktes. Liegt die Temperatur an der Flüssigkeitsoberfläche von brennbaren Flüssigkeiten stets genügend weit (≥ 5 K) unterhalb des Flammpunktes, so ist ebenfalls keine Explosionsgefahr gegeben.

Auch durch Lüftungsmaßnahmen kann das Entstehen gefährlicher Atmosphäre verhindert werden. Man unterscheidet dabei zwischen natürlicher Lüftung, die meist nur im Freien ausreichend ist und technischer Lüftung. Dagegen ermöglicht die technische Lüftung die Anwendung größerer Luftmengen und eine gezielte Luftführung in umschlossenen Räumen der Apparaturen. Ihr Einsatz sowie die Berechnung des Mindestvolumenstroms für die Zu- und Abluft ist [16, 17] zu entnehmen.

14.3.1.2
Vermeiden von Explosionen durch Inertisierung

Durch Einleiten von Inertgas in den vor Explosionen zu schützenden Raum wird der Sauerstoff-Volumenanteil unterhalb der Sauerstoffgrenzkonzentration (SGK) bzw. höchstzulässigen Sauerstoffkonzentration (HSK) so verringert, daß eine Entzündung des Gemisches nicht mehr stattfinden kann. Dieser Vorgang wird als Inertisierung bezeichnet. Als Inertgas kommen, neben dem in der Regel verwendeten Stickstoff, alle unbrennbaren Gase in Betracht, die die Verbrennung nicht unterhalten und mit dem Brennstoff nicht reagieren. Die inertisierende Wirkung nimmt im allgemeinen in der aufgeführten Reihenfolge ab:

$$\text{Kohlendioxid} \rightarrow \text{Wasserdampf} \rightarrow \text{Rauchgas} \rightarrow \text{Stickstoff} \rightarrow \text{Edelgase.}$$

In unter Vakuum stehenden Anlagenteilen ist es zum Beispiel möglich, durch Einstellen und Überwachen eines bestimmten Unterdruckes das Entstehen explosionsfähiger Staub/Luft-Gemische zu verhindern. Dieser Druckwert muß für jede Staubart durch Versuche ermittelt werden. Bei Drücken $< 10^4$ Pa sind im allgemeinen gefährliche Auswirkungen von Staubexplosionen nicht zu erwarten. Bei Ausfall des Vakuums muß der Unterdruck durch Inertgas aufgehoben und die Anlage abgefahren werden.

Bei Anwendung der Schutzmaßnahme Inertisierung sind Vorkehrungen zu treffen, die das Einhalten der höchstzulässigen Sauerstoffkonzentration HSK in der zu schützenden Anlage für den normalen Betriebsablauf, einschließlich An- und Abfahren, sicherstellen, d.h. die HSK darf nicht überschritten werden. Der Personenschutz ist zu beachten, weil in inertisierten Apparaturen Erstickungsgefahr besteht. Bei größeren Undichtigkeiten kann dies auch für den gesamten Betriebsraum gelten. Deshalb sind bei der Anwendung der Inertisierung Sicherheitsmaßnahmen gegen möglichen Sauerstoffmangel oder gegen eine gesundheitsschädigende Wirkung des Inertgases vorzusehen. Dies gilt auch, wenn bei Undichtigkeiten und Überdruckbetrieb eine Gefährdung außerhalb der Anlage auftritt.

14.3.1.3
Vermeiden von wirksamen Zündquellen

Explosionen können verhindert werden, wenn es gelingt, Zündquellen zu vermeiden, die in der Lage sind Brennstoff/Luft-Gemische zu entzünden. Man unterscheidet dabei zwischen den

- trivialen Zündquellen (z.B. Schweißen, Rauchen, Schneiden) und den
- bei betrieblichen Störungen zu erwartenden Zündquellen (z.B. mechanisch erzeugte Funken, heiße Oberflächen, Glimmnester, statische Elektrizität).

Triviale Zündquellen können sicher auch durch organisatorische Maßnahmen, wie z.B. die konsequente Anwendung des Erlaubnisscheinverfahrens ausgeschlossen werden.

14.3 Explosionsschutz

Mechanisch erzeugte Funken werden zu einem erheblichen Anteil als Zündursache in der Praxis angesehen. Man unterscheidet zwischen Schleif-, Schlag- und Reibfunken. Mögliche Ursachen, die zum Entstehen solcher mechanisch erzeugten Funken führen können sind z.B.:

- Stiftbruch oder durch Fördergut eingetragene metallene Fremdkörper in Mühlen,
- Berührung von metallenem Becherwert mit dem Förderschacht in Elevatoren,
- Ventilatoren beim Berühren des Flügels mit dem Gehäuse.

Die obige Analyse, daß bei sehr niedrigen Umfangsgeschwindigkeiten bzw. Relativumfangsgeschwindigkeiten ($v_u \leq 1$ m · s^{-1}) keine Zündgefahr besteht, konnte durch die Ergebnisse neuerer Untersuchungen bestätigt werden [18]. Ferner haben die Versuche ergeben, daß das Zündverhalten von mechanisch erzeugten Funken von der Mindestzündtemperatur MZT und der Mindestzündenergie MZE des entsprechenden Brennstoff/Luft-Gemisches abhängt. Zusammenfassend lassen sich Maßnahmen ableiten, die die Entstehung zündfähiger mechanisch erzeugter Funken verhindern bzw. einschränken:

- Verringerung der Relativumfangsgeschwindigkeiten rotierender Stahlteile entsprechend den obigen Angaben,
- Auswahl funkenarmer Werkstoffkombinationen, z.B. Bronze oder Chrom/ Nickelstahl,
- Maßnahmen um den Eintrag von Fremdteilen ins System zu verhindern, z.B. Metallabscheider,
- Schnellaufende Anlagen, z.B. Mischer, Zerhacker, die mit hohem Befüllungsgrad (> 70%) fahren,
- Starke Ausführung des Gehäuses, um Deformationen von außen zu verhindern.

Heiße Oberflächen entstehen bei längerem Reiben gegen Stahl. Sie treten in der Industriepraxis nicht als Zündquelle auf, wenn die Relativumfangsgeschwindigkeiten niedrig ($v_u \leq 1$ m · s^{-1}) gehalten werden. Für die heißen Oberflächen ergeben sich eine deutlich bessere Zündwirksamkeit im Vergleich zu den mechanisch erzeugten Funken. Zündgefahr durch heiße Oberflächen ist, unabhängig von der Mindestzündtemperatur und nach dem bisherigen Erkenntnisstand auch unabhängig von der Mindestzündenergie, immer dann gegeben, wenn die Oberflächentemperatur ≥ 1100 °C beträgt. Obige Feststellung läßt, in Bezug auf den Zündvorgang von Staub/Luft-Gemischen, folgende Schlußfolgerung zu: Bei leicht entzündlichen Stäuben (MZE < 10 mJ) ist die Zündgefahr durch Schlag-, Reib- und Schleiffunken und heißen Oberflächen gegeben (Abb. 14.2). Im Falle der normal (MZE > 10 mJ) und schwer (MZE > 1 J) entzündlichen Produkte sind die genannten Zündquellen bei hohen Turbulenzen nicht wirksam. Gelangen jedoch erhitzte Fremdkörper (heiße Oberflächen) in ein beruhigtes Staub/Luft-Gemisch, dann ist, unabhängig von der Mindestzündtemperatur (MZT < 500 °C) mit der Einleitung einer Staubexplosion zu rechnen (Abb. 14.2).

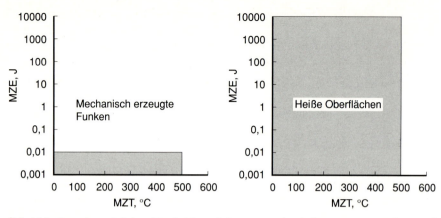

Abb. 14.2. Brennbare Stäube: Zündwirksamkeit von mechanisch erzeugten Funken und heißen Oberflächen

Glimmnester können an solchen Orten erzeugt werden, an denen sich brennbare Stäube in ausreichender Menge befinden. Gefahr einer Glimmnestbildung ist immer dann gegeben, wenn der Staub als glimmnestbildungsfähig eingestuft werden kann, d.h. seine Brennzahl bei Raumtemperatur BZ > 3 ist. Ergebnisse von solchen Untersuchungen über die Zündwirksamkeit von Glimmnestern in Staub/Luft-Gemischen haben ergeben, daß eine Glimmnestoberfläche eines Würfels von ca. 75 cm^2 und einer Oberflächentemperatur von 900 °C ausreichend ist, um die Gemische von Stäuben mit einer Mindestzündtemperatur von MZT < 600 °C zu entzünden [19].

14.3.1.4
Konsequenzen für die Praxis

Neben der beschriebenen Inertisierung und der Zündwirksamkeit von mechanisch erzeugten Funken in Brennstoff/Luft-Gemischen stellt sich an die Praxis die Frage, welche Zündwirksamkeit diesen Funken zuzuordnen ist, wenn der Sauerstoffgehalt des Brennstoff/Luft-Gemisches durch Stickstoff ersetzt wird.

Während sich bei den Brenngas/Luft-Gemischen die Sauerstoffgrenzkonzentration (SGK) in Abhängigkeit von der Zündquelle der SGK des Standardverfahrens nähert, oder mit ihr sogar übereinstimmt (Abb. 14.3 links), liegen die SGK in Abhängigkeit von der Zündquelle für die brennbaren Stäube deutlich über den entsprechenden SGK des Standardverfahrens (Abb. 14.3 rechts).

Berücksichtigt man, daß in der Industrie im allgemeinen mit Stahlfunken zu rechnen ist und die in den Untersuchungen eingesetzten, mechanisch erzeugten Funken und heißen Oberflächen deutlich zündwirksamer sind, so lassen sich für die Brennstoffe folgende Schlußfolgerungen ziehen,

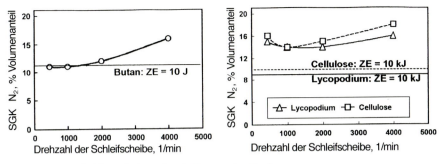

Abb. 14.3. Zündwirksamkeit mechanisch erzeugter Funken

wenn Selbsterhitzungs-, Zersetzungs- und spontane Zersetzungsvorgänge als Zündquelle ausgeschaltet sind:

- Brennbare Gase: Sind als ausreichend inertisiert gegenüber der Zündwirksamkeit von mechanisch erzeugten Funken und heißen Oberflächen anzusehen, wenn der O_2-Gehalt in N_2 sicher unter der nach dem Standardverfahren (ZE = 10 J) bestimmten SGK des Produktes gehalten wird.
- Brennbare Stäube: Sind als ausreichend inertisiert gegenüber der Zündwirksamkeit von mechanisch erzeugten Funken und heißen Oberflächen anzusehen, wenn der O_2-Gehalt in N_2 sicher < 12% Volumenanteil gehalten wird. Dies gilt unabhängig von der nach dem Standardverfahren (ZE = 10 kJ) bestimmten SGK der Produkte. Zu berücksichtigen ist hierbei jedoch ebenso der Temperatureinfluß auf die SGK. Da bei dem genannten O_2-Gehalt in N_2 die MZE > 1 J beträgt [19], ist nach dem augenblicklichen Wissensstand auch eine Entzündung durch elektrostatische Zündquellen nicht mehr möglich.

14.3.1.5
Elektrostatische Zündquellen

Eine elektrostatische Entladung ist zündfähig, wenn die freiwerdende Energie gleich oder größer ist als die Mindestzündenergie eines Gemisches. Die dabei freiwerdende Energie hängt unter anderem von der Entladungsart ab. Je nach Geometrie und Werkstoff der beteiligten Oberflächen sowie gewissen weiteren Bedingungen entstehen verschiedene Entladungsarten [20]. Die nachfolgende Tabelle 14.2 faßt das Zündverhalten der wichtigsten elektrostatischen Entladungsarten nach dem derzeitigen Erkenntnisstand zusammen.

Für die Praxis haben sich die folgenden Grundsätze für die zu treffenden Schutzmaßnahmen ergeben. Ihre Anwendung erfolgt selektiv und muß sich nach den jeweiligen gegebenen Umständen richten.

- Alle Leiter erden;
- den Menschen erden;

Tabelle 14.2. Zündverhalten elektrostatischer Entladungen

Entladungsart	Ungefähre Energiewerte	Zündfähigkeit für
Büschelentladung	bis 5 mJ	Gase, Dämpfe und Stäube mit MZE < 3 mJ
Schüttkegelentladung	bis 1 J	Gase, Dämpfe und Stäube mit MZE < 1 J
Funkenentladung	bis 1000 mJ	Gase, Dämpfe und Stäube
Gleitstielbüschelentladung	bis 10 000 mJ	Gase, Dämpfe und Stäube

- Verhüten und Vermindern von Aufladungen durch Verwendung leitfähigen Materials;
- Fördergeschwindigkeiten niedrig halten;
- Explosionsfähige Gemische und Aerosole vermeiden.

Bestehen Schwierigkeiten bei der Vermeidung von elektrostatischen Zündquellen, sind Fachleute zu Rate zu ziehen.

14.3.2
Konstruktiver Explosionsschutz

Konstruktive Maßnahmen, welche die Auswirkungen einer Explosion auf ein unbedenkliches Maß beschränken, sind immer dann erforderlich, wenn das Ziel, Explosionen zu vermeiden, durch die Anwendung des vorbeugenden Explosionsschutzes nicht oder nicht mit hinreichender Sicherheit erreicht werden kann. Hierdurch wird sichergestellt, daß Personen nicht zu Schaden kommen. Ferner wird erreicht, daß die zu schützende Anlage nach einer Explosion in der Regel bereits nach kurzer Zeit wieder betriebsfähig ist. Deshalb müssen alle gefährdeten Anlageteile „explosionsfest" gebaut sein und dem im Ereignisfall zu erwartenden Explosionsüberdruck standhalten. Es wird zwischen der explosionsdruckfesten EDF- und explosionsdruckstoßesten EDSF-Ausführung von Behältern und Silos unterschieden. Die Ausführung der explosionsfesten Bauweise erfolgt nach den Berechnungs- und Bauvorschriften für Druckbehälter [21]. Der explosionsdruckstoßfeste Behälter erlaubt eine höhere Ausnützung der Materialfestigkeit. Es gilt:

$$\text{explosionsdruckstoßfest} = 1{,}5 \cdot \text{explosionsdruckfest}. \qquad (14.2)$$

14.3.2.1
Explosionsfeste Bauweise

Unter dem Begriff explosionsfeste Bauweise versteht man die Möglichkeit, Behälter und Apparate für den vollen maximalen Explosionsüberdruck auszulegen. Der explosionsfeste Behälter kann dann wiederum explosionsdruckfest oder explosionsdruckstoßfest ausgelegt sein. Diese Schutzmaßnahme wird im allgemeinen in Verbindung mit kleinen zu schützenden Behältervolumina angewendet, wie z.B. Kleinfilter, Wirbelschichttrockner, Zyklone, Zellenradschleusen oder Mühlengehäuse.

14.3.2.2
Explosionsentlastung

Der Begriff Explosionsentlastung umfaßt alle Maßnahmen, die dazu dienen, bei einer Explosion die ursprünglich geschlossenen Behälter und Apparaturen über eine definierte Entlastungsfläche „A" kurzzeitig oder bleibend in eine ungefährliche Richtung zu öffnen. Explosionsentlastung ist unzulässig, wenn mit dem Austreten von z.B. giftigen oder ätzenden Stoffen gerechnet werden muß. Bei den Brenngasexplosionen kann die erforderliche Entlastungsfläche A nach dem neu von Bartknecht [18] entwickelten Nomogramm entnommen werden, das auf einer Neuauswertung von einigen 100 Versuchen in den letzten 20 Jahren beruht. Für einen konstanten maximalen Explosionsüberdruck von P_{max} = 6,8 – 7,5 bar entwickelte Bartknecht [18] eine empirische Zahlenwertgleichung, die die Berechnung der Entlastungsfläche A in Abhängigkeit von der Explosionskonstanten K_{max}, vom maximalen reduzierten Explosionsüberdruck $P_{red,max}$, vom statischen Ansprechüberdruck P_{stat} der Berstscheiben und vom Behältervolumen V abhängig ist. Die entwickelte Zahlenwertgleichung gilt für im ruhenden Zustand entzündete Gas/Luft-Gemische. Für die Zahlenwertgleichung sind zwingend die in [18] angegebenen Randbedingungen zu beachten.

Für brennbare Staub/Luft-Gemische kann die Flächenberechnung nach der Neufassung der Richtlinie VDI 3673 [22] vorgenommen werden. Die Richtlinie enthält für die Berechnung der Entlastungsfläche empirische Zahlenwertgleichungen, die nicht nur von der Explosionskonstanten K_{max}, vom maximalen reduzierten Explosionsüberdruck $P_{red,max}$, vom statischen Ansprechüberdruck P_{stat} der Berstscheiben und vom Behältervolumen V abhängig sind, sondern auch vom maximalen Explosionsüberdruck P_{max}.

Nach [22] lassen sich auch Angaben über die Gefahren durch Flammen und Druck machen, die im Außenraum entstehen können. Die maximale Reichweite der bei Explosionen homogener und inhomogener Staubverteilung im entlasteten Behälter in den Außenraum austretenden Flammen und die in diesem Zusammenhang zu erwartende Druckwirkung im Außenraum können berechnet werden. Es erfolgen auch Berechnungsangaben über die Rückstoßkräfte, die durch den Druckentlastungsvorgang hervorgerufen werden und zum Umsturz der Apparatur führen können.

Werden Explosionsklappen verwendet, dann behindern sie den Entlastungsvorgang, d.h. ihre Entlastungsfähigkeit ist im allgemeinen geringer als die einer Berstscheibe. Dieser Einfluß ist durch *Vergrößerung* der Entlastungsfläche oder *Erhöhung* der Behälterfestigkeit zu kompensieren.

Wird die Explosionsentlastung bei Apparaturen in geschlossenen Räumen angewandt, ist es zum Schutz der Räume und der darin Beschäftigen notwendig, die Entlastung über ein Abblasrohr in eine ungefährliche Richtung ins Freihe zu führen. Diesbezüglich werden empirische Zahlenwertgleichungen [18, 22] angegeben, die den Einfluß von Abblasrohren auf die Erhöhung der Behälterfestigkeit bei vorgegebener Entlastungsfläche bzw. die Vergrößerung der Entlastungsfläche gegenüber der freien Entlastung bei vorgegebener Behälterfestigkeit beschreiben.

14.3.2.3
Explosionsunterdrückung

Explosionsunterdrückungsanlagen sind Einrichtungen, die den Aufbau eines unzulässig hohen Druckes bei Brennstoffexplosionen in Behältern verhindern. Sie engen den Wirkungsbereich von Explosionsflammen bereits im Anfangsstadium der Explosion ein. Eine Brennstoffexplosion ist im allgemeinen als erfolgreich unterdrückt anzusehen, wenn es gelingt, den maximalen Explosionsüberdruck bei einem Ansprechüberdruck von 0,1 bar auf einen reduzierten maximalen Explosionsüberdruck von nicht mehr als 1,0 bar zu vermindern. Dies bedeutet, daß die Behälter explosionsfest für einen Überdruck bis etwa 1,0 bar ausgelegt werden müssen.

Der Vorteil von Explosionsunterdrückungssystemen besteht darin, daß sie auch für Explosionen von Brennstoffen mit toxischen Eigenschaften und unabhängig vom Aufstellungsort der Apparatur eingesetzt werden können.

Explosionsunterdrückungsanlagen (Abb. 14.4) bestehen aus einem, die anlaufende Explosion erkennenden Sensorsystem, den unter Druck stehenden HRD-Löschmittelbehältern (High Rate Discharge) und einer Steuer- und Überwachungszentrale. Die Ventile der HRD-Löschmittelbehälter werden durch das Sensorsystem über die Steuer- und Überwachungszentrale ausgelöst

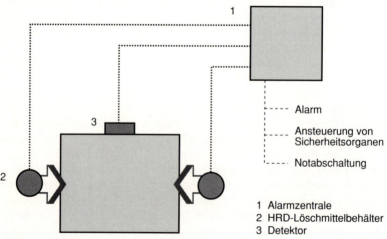

Abb. 14.4. Aufbau einer Explosionsunterdrückungsanlage

und das Löschmittel in den Behälter eingebracht. Hierdurch werden die Explosionsflammen gelöscht und der an sich zu erwartende maximale Explosionsüberdruck in der Größenordnung von 7-10 bar auf einen Wert von maximal 1,0 bar reduziert [26, 27].

Eine Explosion wird mit hinreichender Sicherheit durch Explosionsdrucksensoren registriert und geben bei einem bestimmten Explosionsüberdruck (Ansprechüberdruck) im zu schützenden Behälter über die Steuerzentrale den Auslöseimpuls für die Ventile der HRD-Löschmittelbehälter. Statische Explosionsdrucksensoren haben sich in der Praxis bereits hinreichend bewährt. Der dynamische Explosionsdrucksensor gewinnt immer mehr an Bedeutung, weil neben der normalen Druckwerterfassung beim Überschreiten eines Grenzwertes, zusätzlich auch der zeitliche Druckanstieg als Auslösekriterium für das Explosionsunterdrückungssystem verwendet wird.

Für das Bereitstellen und Einbringen des Löschmittels kommen HRD-Löschmittelbehälter verschiedener Größe und Ausführung zum Einsatz. Die Volumen der gebräuchlichsten und erprobtesten HRD-Löschmittelbehälter liegen zwischen 5 und 45 Liter mit Treibmittelüberdrücken von im allgemeinen maximal 120 bar. Die HRD-Löschmittelbehälter sind mit Ventilausströmquerschnitten von 3/4" bis 5" versehen.

Für die Explosionsunterdrückungs-Systeme stehen pulverförmige Löschmittel und Wasser zur Verfügung. Pulverförmige Löschmittel haben erfahrungsgemäß die beste Explosionsunterdrückungswirksamkeit. Wasser hat sich als gut wirksames Löschmittel gegenüber Explosionen von Stäuben insbesondere Getreide- und Futtermittelstäuben bewährt.

Der erforderliche Löschmittelbedarf ist im wesentlichen abhängig von der maximalen Explosionskonstante K_{max}, dem maximalen Explosionsüberdruck P_{max}, vom Behältervolumen V und von dessen Geometrie.

Die Auswahl und Festlegung der Anzahl der HRD-Löschmittelbehälter und damit des Löschmittelbedarfs kann mit Hilfe von Nomogrammen oder einfachen Zahlenwertgleichungen erfolgen, die aufgrund zahlreicher Versuche und Modellberechnungen entwickelt wurden [27]. Da in der Industriepraxis vorwiegend pulverförmige Löschmittel angewendet werden, beschränken sich die Berechnungsgrundlagen für den Löschmittelbedarf auf diese pulverförmigen Löschmittel.

14.3.3
Explosionsentkoppelung

Um zu verhindern, daß eine Explosion aus einem z.B. konstruktiv geschützten Anlageteil über eine lange Rohrleitung (l > 6 m) [18, 22] in einen Anlageteil mit vorbeugendem Explosionsschutz übertragen wird, müssen Explosionsentkoppelungsmaßnahmen (Abb. 14.5) getroffen werden. Da im allgemeinen Explosionen durch Flammen übertragen werden und nicht durch die Druckwellen, gilt es speziell diese Flammenfront frühzeitig zu erkennen, abzulöschen oder zu verhindern, d.h. also die Explosion zu entkoppeln.

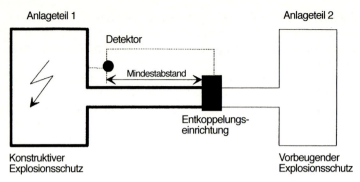

Abb. 14.5. Prinzip der konstruktiven Maßnahme Explosionsentkopplung

Die Explosionsentkoppelung von Brenngas- und Lösemitteldampf-Explosionen können im wesentlichen mittels explosionssicheren, dauerbrandsicheren oder detonationssicheren Flammensperren erwirkt werden [2, 18]. Solche Flammensperren, auch mechanische Flammensperren genannt, die an einer vorher bestimmten Stelle in einer Rohrleitung eine Explosion abbrechen sollen, beruhen auf dem Löscheffekt beim Flammendurchtritt durch enge Spalte [2, 18].

Explosionssichere Flammensperren müssen im Explosionsfall einen Flammendurchschlag verhindern und dem auftretenden Explosionsdruck standhalten.

Hierzu werden im allgemeinen Brandsicherungen eingesetzt. In der Regel bilden 2 bis 3 solche Brandsicherungen, die hintereinander geschaltet und in ein Gehäuse eingebaut sind, eine solche explosionssichere Flammensperre.

Eine Dauerbrandsicherung muß im Falle einer Explosion nicht nur den Flammendurchschlag verhindern, sondern auch für mindestens 2 Stunden dem Abbrand von nachströmendem Gemisch standhalten. Sie verhindert sicher das Rückzünden in den Tank und wird daher häufig als endständige Sicherung an den Entlüftungsleitungen von Lagertanks eingesetzt. Die Gase können dem Tank ungehindert entströmen, bzw. freie Luft kann ohne Hindernis Leerräume auffüllen. Das Eindringen von Regen und Schmutz in die Atmungsöffnung wird mit einer Plexiglashaube verhindert.

Detonationssicherungen müssen einen Flammendurchschlag auch im Falle einer Detonation verhindern und dem auftretenden Druck standhalten. Die Explosionsfestigkeit einer solchen Detonationssicherung muß wesentlich höher sein als die der explosionssicheren Flammensperre. Die oben beschriebenen mechanischen Flammensperren sind sehr verschmutzungsanfällig und eignen sich, mit einer Ausnahme, daher nicht für staubführende Rohrleitungen. Eine Ausnahme ist die Zellenradschleuse, die auf dem Löscheffekt durch enge Spalte beruht und hauptsächlich an Produktein- und -austragstellen eingesetzt wird. Die Größe des konstruktiv gegebenen Spaltes zwischen den Rotorblättern und dem Gehäuse ist für die Zünddurchschlags-

14.3 Explosionsschutz

sicherheit der Zellenradschleuse wichtig, da die Grenzspalteweite der brennbaren Stäube wie diejenige von Brenngasen im mm-Bereich liegt. Mit Hilfe eines Nomogramms [28] kann bei Kenntnis der Entzündbarkeit eines Staubes, der Spaltlänge und der Anzahl ständig im Eingriff befindlichen Rotorstege der eben noch zulässige Spaltabstand zur Innenwand der Zellenradschleuse entnommen werden. Im Explosionsfall muß die Schleuse sofort automatisch stillgesetzt werden, um hinter ihr einen Nachfolgebrand oder eine Nachfolgeexplosion zufolge Durchfördernis vom Glimmnestern oder von brennendem Produkt zu verhindern.

Die erforderlichen Explosionsentkoppelungs-Systeme für Brennstoffexplosionen können mittels Löschmittelsperren, Explosionsschutz-, Detonationsschutz-Organen oder Entlastungsschloten erwirkt werden [2, 18].

Die Wirksamkeit einer Löschmittelsperre beruht darauf, daß eine Explosion in einer Rohrleitung von einem optischen Flammensensor erkannt wird, dessen Auslöseimpuls über Verstärker sehr schnell die sprengkapselbetätigten Ventile von unter Druck stehenden HRD-Löschmittelbehältern betätigt. Das Löschmittel – vorzugsweise Löschpulver – tritt durch Expansion des Treibmittels Stickstoff in die Rohrleitung ein und erzeugt hier eine dichte Löschmittelwolke, in der die Flamme verlöscht. Zwischen den Einbauorten des optischen Sensors und der Löschmittelsperre besteht eine definierte Zuordnung, damit das Löschmittel unmittelbar auf die Flamme einwirkt. Der notwendige Löschmittelbedarf ist abhängig von der Art des Brenngases, der Nennweite der zu schützenden Rohrleitung sowie der Explosionsgeschwindigkeit [18, 27]. Diese Sperrenart vermindert praktisch nicht den Rohrquerschnitt.

Explosionsschutz-Organe müssen ebenfalls auf Zünddurchschlagssicherheit und Druckbelastbarkeit durch Staubexplosionen geprüft sein. Sie können dabei diese Anforderungen wohl für Staubexplosionen erfüllen, ohne daß sie die für Gasexplosionen geforderten Löschabstände einhalten. Beim Einsatz von Explosionsschutz-Schiebern wird eine in der Rohrleitung der Einbaustelle sich nähernde Staubexplosion über einen optischen Sensor erkannt und ein Auslösemechanismus leitet den Schließvorgang ein. Die Schließzeit ist abhängig von der Nennweite der Schnellschlußorgane. Sie liegt im allgemeinen unterhalb von 50 ms. Die Explosionsentkoppelung kann auch mittels Explosionsschutz-Ventilen vorgenommen werden. Sie können zur Zeit nur in waagerecht verlegten Rohrleitungen angeordnet werden und eignen sich im allgemeinen nur für Strömungen mit einer geringen Staubbeladung. Häufig werden deshalb solche Ventile zum Schutz von Ventilationsleitungen eingesetzt.

Da für die Schließung eines solchen Ventils ein bestimmter Explosionsüberdruck erforderlich ist, unterscheidet man zwischen selbstbetätigten und fremdbetätigten Explosionsschutz-Ventilen. Im Inneren des Explosionsschutz-Ventils befindet sich ein auf Kugelbüchsen gelagerter Ventilkegel, der axial in beiden Richtungen beweglich ist; er wird durch Federn in Mittelstellung gehalten. Die Federkraft ist für eine maximale Strömungsgeschwindigkeit von $24 \text{ m} \cdot \text{s}^{-1}$, bezogen auf den Rohrquerschnitt, eingestellt. Im Explosionsfall schließt das Ventil automatisch durch die kinetische Energie der Druckwelle, die der Flammenfront vorauseilt. Hierbei muß entweder die Explosionsgeschwindigkeit $> 24 \text{ m} \cdot \text{s}^{-1}$ oder die Druckdifferenz vor und hin-

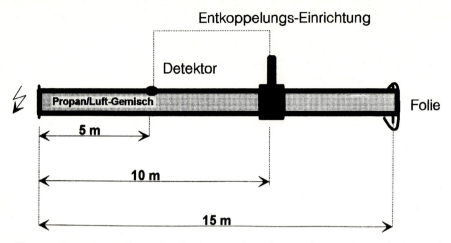

Abb. 14.6. Versuchsanordnung für die Typenprüfung eines Explosionsschutz-Schiebers auf Druckbelastbarkeit, Zünddurchschlagsicherheit und Funktionsfähigkeit

ter dem Ventil > 0,1 bar sein. Der Ventilkegel wird beim Schießen auf einen gummierten Ventilsitz gedrückt und durch eine Haltevorrichtung arretiert. Die Entriegelung erfolgt von außen. Das selbstbetätigte Explosionsschutz-Ventil funktioniert in beide Richtungen. Explosionsschutz-Ventile können auch durch eine sensorgesteuerte Hilfsströmung [18] (schlagartiges Einblasen von Stickstoff aus Steuerbehältern auf den Ventilkegel) in Richtung der Rohrachse über eine Kugeldüse betätigt werden. Sie werden dann eingebaut, wenn geringere Explosionsüberdrücke zu erwarten sind und es demzufolge bei einem selbstbetätigten Ventil zu einem Zünddurchschlag einer Explosion über die Einbaustelle hinaus kommen kann. Das fremdbetätigte Explosionsschutz-Ventil funktioniert nur in eine Richtung.

Eine besonders kostengünstige Explosionsentkoppelung von Systemen ist die Anwendung eines Entlastungsschlots, bei dem die Strömungsrichtung um 180° umgelenkt wird. Er verhindert eine Flammenstrahlzündung unter Vorkompression in konstruktiv geschützten Apparaturen. Bei Vorhandensein einer Saugung kann Explosionsübertragung gegeben sein. Um dies zu verhindern, ist der zusätzliche Einsatz einer Löschmittelsperre oder eines Explosionsschutz-Schiebers erforderlich. Abschließend sei darauf hingewiesen, daß alle für eine Explosionsentkoppelung geeigneten Vorrichtungen oder ganz allgemein alle Explosionsschutz-Einrichtungen in der Praxis nur dann eingesetzt werden dürfen, wenn ihre Druckbelastbarkeit, Zünddurchschlagsicherheit und Funktionsfähigkeit durch geeignete Untersuchungen bei kompetenten Fachstellen nachgewiesen wurde. Abbildung 14.6 zeigt ein Beispiel einer entsprechenden Versuchseinrichtung für einen Explosionsschutz-Schieber.

Abkürzungen

A	Entlastungsfläche
BAM	Bundesanstalt für Materialprüfung
BZ	Brennzahl
DTA	Differenzthermoanalyse
EDF	explosionsdruckfest
EDSF	explosionsdruckstoßfest
HRD	High Rate Discharge
HSK	höchstzulässige Sauerstoffkonzentration
K_{max}	Explosionskonstante
MZE	Mindestzündenergie
MZT	Mindestzündtemperatur
OEG	obere Explosionsgrenze
P_a	Ansprechüberdruck
P_{max}	maximaler Explosionsüberdruck
$P_{red,max}$	maximaler reduzierter Explosionsüberdruck
P_{stat}	statischer Ansprechüberdruck
$(dP/dt)_{max}$	maximaler zeitlicher Druckanstieg
SGK	Sauerstoffgrenzkonzentration
St	Staubexplosionsklasse
UEG	untere Explosionsgrenze
V	Behältervolumen
ZE	Zündenergie

Literatur

1. Richtlinie VDI 2263, Blatt 1 (1990) Beuth, Berlin Köln
2. Bartknecht W (1989) Staub Explosionen, Ablauf und Schutzmaßnahmen, Springer, Berlin Heidelberg New York Tokyo
3. Richtlinie 84/449/EWG, Amtsblatt für Europäische Gemeinschaften L251, 27 A 0, 1984
4. UN-Recommendations on the Transport of dangerous goods. Chapter 14,3, 1986
5. Boowes PC (1984) Self-heating, evaluating and controlling the hazards. Her Majesty's Stationary Office, London
6. ISO/DIS 6184/1 (1985) Explosion protection systems – Part 1: Determination of explosion indices of combustible dusts in air, International Organization Standardization
7. ISO/DIS 6184/2 (1985) Explosion protection systems – Part 2: Determination of explosion indices of combustible gases in air, International Organization Standardization
8. ISO/DIS 6184/3 (1985) Explosion protection systems – Part 2: Determination of explosion indices of fuel/air mixtures other than dust/air and gas/air mixtures, International Organization Standardization
9. Cesana C, Siwek R (1991) KSEP 332 – Measurement and Control System for the 20-l-Apparatus, Kühner AG, CH-4127 Birsfelden
10. Siwek R (1988) VDI-Berichte 701:215, VDI, Düsseldorf
11. IEC. Electrical apparatus for use in the presence of ignitable dust. Part 2 Test Methods. Sheet 2–5. Method for determining the minimum explosible concentration of dust/air mixtures, (draft), 1992
12. Cesana, Ch, Siwek R (1992) MIKE 3, Mindestzündenergie-Apparatur, Kühner AG, CH-4127 Birsfelden

13. IEC. Electrical apparatus for use in the presence of ignitable dust. Part 2 Test Methods. Sheet 2-4. Method for determining the minimum ignition energy of dust/air mixtures, (draft), 1992
14. DIN-Norm 51794 (1978) Bestimmung der Zündtemperatur, Beuth Berlin Köln
15. IEC 31H (CO)4 (1984) Method for determining the minimum ignition temperature for dusts. Part 2: Dust cloud in a furnace at constant temperature
16. CEN: European Standard on Fire and Explosions, Draft 1992, European Committee for Standardization
17. IVSS: Gas-Explosionen, Kompendium für die Praxis, IVSS, Sektion Chemie, D-6900 Heidelberg 1
18. Bartknecht W (1993) Explosionsschutz, Grundlagen und Anwendungen. Springer, Berlin Heidelberg New York
19. Jaeger N (1989) VDI-Berichte 701:263. VDI, Düsseldorf
20. Lüttgens G, Glor, M (1989) Statische Elektrizität begreifen und sicher beherrschen (1989)
21. RL-VDI-2263 Blatt 3 (1990) Beuth, Berlin Köln
22. RL-VDI-3673 Blatt 1 (1992) Draft, Beuth, Berlin Köln
23. Siwek R (1989) VDI-Berichte 701:529. VDI, Düsseldorf
24. Vogl A, Bartknecht W (1992) Brandsicherungen, VDI-Berichte 975:457-480, VDI, Düsseldorf
25. Eckhoff RK (1991) Dust Explosions in the process industries, Butterworth-Heinemann Ltd. Oxford OX2 8DP
26. ISO-Standard (1985) Explosion Protection System – Part 4: Determination of Efficiency of Explosion Protection Systems, ISO G184/4
27. Moore PM, Siwek R (1992) New development on Explosion Suppression, VDI-Berichte 975:481-505, VDI, Düsseldorf
28. Schuber G (1989) Ignition breakthrough behavior of dust/air and hybrid mixtures through narrow gaps. 6th Int Symposium „Loss Prevention and Safety Promotion in the Process Industries". Vol 1:14-1-14-15; Oslo

Sachverzeichnis

Abblasrohr 664
Abfallverbrennung 137
Abgasreinigungsverfahren 477
-, Festbettverfahren 477, 490
-, Flugstromverfahren 477, 480
-, H_2O_2-Oxidationsverfahren 477, 478
-, katalytische Oxidation 477, 490
Ablösen der Strömung hinter Tropfen 216
Abscheidegrad 94, 231, 234
Abscheidegradkurve 35
Abscheideleistung 202
Abscheidemechanismen 38
Abschälkragen 209
Absetzkammer 45
Absorbat 295
Absorbens 295
Absorption 295, 362, 597
Absorptionsdiagramm 374
Absorptionsgrad 374, 376
Absorptionsmittel 374
Absorptionsprozeß 378
– bei Gleichstrom 372
Absorptionszahl 302, 307
Absorptiv 295
Abspritzkragen 209
Adipinsäure 320
Adsorbat 402, 403
Adsorbens 402
Adsorbentien
-, Anwendungsgebiete 417, 419
-, Charakterisierung 415–421
-, imprägnierte 420, 421
-, katalytische Eigenschaften 427
-, Kenndaten 417, 419
-, technische 415–421
Adsorber 402
Adsorberbauarten 431
Adsorpt 402
Adsorption 402, 403, 597
-, Anwendungsgebiete 434
Adsorptionscharakteristik 425

Adsorptionsisotherme 405–407
Adsorptionskapazität 405
Adsorptionskatalyse 579
Adsorptionskinetik 408
Adsorptionspotential 403
Adsorptionswärme 405, 410
Adsorptionszone 408, 409
Adsorptiv 402
-, Bewertungskriterien 430
aerodynamische Zerteilung von Tropfen
    durch Staudruck 212
Aerosole 346
Akkumulation 10
Aktivierungsenergie 404
Aktivitätskoeffizient 299, 303, 318, 320, 341, 343
Aktivkohle 324, 345, 353–355, 416, 417
Aktivkokse 416, 417
Aktivkokskatalysatoren 577
Aktivtonerden 418, 419
Alkohol 319, 321, 356
Aluminiumfolien 542
Aluminiumhütten 133
Aluminiumoxidkatalysatoren 556–558
Amine 322, 326
Ammoniak 124, 321, 322, 326, 339, 346, 552–554
Ammoniumsulfat 326
Anlagen-Konzept 524
Anreicherungskondensation 442
Ansprechdruck, statischer 663
Anströmgeschwindigkeit 234, 254, 261, 263
Antoine-Koeffizienten 296, 297
Antriebsenergie 206
Anzahlverteilungen 238
Äquipotentialebenen 404
Aufladung, Partikel 95
Auswahlkriterien
-, Adsorbentien 429
axiale Strömung 209

Sachverzeichnis

B_1, B_2 Konstanten für relativen Einfangquerschnitt 217
Bagatellgrenze 324
Barth-Zahl 216
Begasungsrührer 329
Beladung 405
Bergbauforschungs-Verfahren 355
Berstscheiben 663
Beständigkeit, chem. Adsorbentien 429
BET-Methode 421–423
Betriebskurve 374, 394
Bewegungsgleichung 42
BF-Uhde-Verfahren 459, 462
bifunktionales Rührorgan 384
Bilanzlinie 300–302
BImSchV 474, 480
Bindungsenergien 404
Biofilter 595, 625
–, Bauformen 633–636
–, –, Containerfilter 636
–, –, Etagenfilter 635
–, –, Flächenfilter 633
–, –, Hochfilter 635
–, –, Rotor-Biofilter 638
–, –, Turmfilter 636
–, Dimensionierung 637
–, Filterfeuchte 632
–, Filtermaterial 631
–, Strömungsprozesse 626
biologische Abluftreinigung 595–597
Biomembranverfahren 641
Biowäscher 596, 616
–, Auslegung 622
–, Bauformen 623
–, Belebtschlammverfahren 620
–, Tropfkörperverfahren 620
Bitumenverladung 550
Blasensäule 329, 334, 399
Bleihütten 133
Bodenkolonne 300, 329, 330
Branntkalk 355, 356
Braunkohle 123
Brennverhalten 650
Bunsenscher Verteilungs-Koeffizient 298
Büschelentladung 662

Calcium-Magnesium-Acetat 355
Calciumfluorid 324, 357
Carbonat 322
Chemisorption 295, 304, 320, 374, 404, 462, 463
Chlor 322
Chlorbleichlauge 326
Chlordioxid 322
Chlorid 355
Chlorkohlenwasserstoff 319

Chlororganika 321
Chlorwasserstoff 304, 321
Claus-Anlagen 556, 581–583
Clausabgas-Entschwefelung 456
Coanda-Effekt 47
Cotrell, F.G. 90
Coulomb-Kraft 96
Coulomb-Ladung 54
Crysumat-Verfahren 347
Cunningham Faktor 96
Cunningham-Korrektur 45

Dampfdruck 296
Dampfpermeation 295
Dampfverbrauch, spezifischer 412
Dauerbrandsicherung 666
Deckel des Abscheideraumes 226
DeDIOX 478, 484, 486, 490, 492
Dendritenbildung 259, 261
Denitrifikation 326
Desorption 320, 323, 362, 403
–, reaktivierende 415
Desorptionsdiagramm 394, 395
Desorptionsprozeß 393
Destillieren 323
Detektoren 664, 665
Detonationssicherung 666
Deutsch, W. 91
Deutsch-Gleichung 52
Deutschformel 94
Dichte
–, scheinbare, Adsorbentien 428, 429
–, wahre, Adsorbentien 417, 419
Dichteverteilungskurve 35
Dieselmotorenabgase 550
Diffusion 51, 54, 327, 349, 356
Diffusionsabscheidung 89, 97
Diffusionsaufladung 46
Diffusionssperren 364
digitale Steuerung 115
Dimethylsiloxan 320
Dioxin 547
Dioxinabscheidung 464
Dioxine/Furane 137
Dioxinminderung
–, Entstaubung 476
–, Filter 476
–, Inhibitoren 476
Dispergieren des Gases 386
Dispergierprozeß 384
Dissoziation 321
Dolomit 355, 356
Dornelektroden 102
Drahtlackherstellung 536
Drallbodenwäscher 205

Drallströmung und Abscheidung im Abgas 223
Drehzahl des Schaufelrades 279
Dreiwegekatalysator 572
Druckanstieg, reduzierter zeitlicher 663
Druckveredelung 537
Druckverlust 201, 233, 237, 257, 263, 428, 509, 630
Druckverlust ap 258, 261
Druckwechselverfahren 411
Durchbruchspannung 145
Durchfluß, Durchsatz 209, 210
Durchlässigkeit 234
Durchmesserspektrum der Blasen 393
Dynamischer Vorgang der Tropfenbildung 213
Düsen 207, 328, 329, 335

Edelmetallkatalysatoren 545, 546, 549, 550, 586–588
effektiver w-Wert 95
EGR 90
Einfangquerschnitt
–, relativer 203, 204
Einfluß der Drehzahl 278, 281, 282
Einfluß der Volumenströme für Luft und Wasser 281
Einlaufeffekte 576
Einzelkugel, Strömungswiderstand 219
elektrische Abscheider 89
elektrische Feldspannung 252, 261
elektrische Kraft 46, 54
elektrisches Feld 245, 251
Elektro-Faser-Filter 244
elektrochemische Verfahren 322
Elektrofilter 46, 51, 232
Eley-Rideal 530
Emissionen 1
–, akustische 2, 3, 29
–, anthropogene 1, 10, 11
–, diffuse 12, 29
–, elektromagnetische 2, 3
–, eruptive 2
–, kontrollierte 12, 29
–, natürliche 1, 10, 11
–, optische 2, 3
–, radioaktive 2, 3, 469
–, stoffliche 2, 29
–, thermische 2, 29
Emissionsanalyse 1, 3
Emissionsfläche 9, 11
Emissionshöhe 9
Emissionsminderungsmaßnahmen 475
Emissionsquellen 4
–, Flächenquellen 5–8
–, Linienquellen 4–6

Emissionsquellen
–, Punktquellen 4, 5
–, Raumquellen 7, 8
Emissionsstrom 9, 11, 19
Energie 508
Energieaufwand 204, 217
Energiebilanz 506
Energien in der Primär- und in der Sekundärströmung 390
Energieübertragung 391
Enhancement 320, 322
Entlastungsfläche 663, 664
Entlastungsschlot 668
Entstaubungsanlage 242
Erdungselektrode 246
Erneuerung der Phasengrenzfläche 370
Ethanol 336
Ethylenoxid 322, 326, 548
Explosionsdruckentlastung 663, 664
Explosionsentkopplung 665–668
Explosionsentlastung 663, 664
–, Abblasrohr 664
–, Ansprechdruck, statischer 663
–, Berstscheiben 663
–, Druckanstieg, maximaler 663
–, –, reduzierter zeitlicher 663
–, Entlastungsfläche 663, 664
–, Explosionsklappen 663
–, Explosionsüberdruck, reduzierter 663
explosionsfeste Bauweise 662, 663
Explosionsgeschwindigkeit 667
Explosionsgrenzen 653
–, obere 354
–, untere 345, 354
Explosionsklappen 663
Explosionsschutz 656–668
–, konstruktiver 662–668
–, vorbeugender 656–662
Explosionsunterdrückung 664, 665
–, Ansprechdruck 665
–, Detektoren 664, 665
–, Löschmittelbehälter 664, 665
Explosionsüberdruck
–, reduzierter 663
Extraktion 413

f-Wert 94, 97
Fallfilm-Absorber 344
Faserfilter 232, 233
– mit dem Elektrofilter 231
Faserschichten 256
Feingut 34
Feinsprüh 225
Feldaufladung 46
Feldkraft 206
Festbettadsorber 431, 432, 437

Ficksches Gesetz 348, 349
Filmdiffusion 408
Filterflächenbelastung 637
Filterkuchen 251, 258
Filtermedien 168
–, Druckverlust 161
–, Eigenschaften 169, 172
–, Partikelabscheidung 151
–, Regenerierung 163, 198
filternde Abscheider 149
–, Auslegung 189
–, Bauformen 174
–, Betriebsverhalten 151
–, Dimensionierung 189
–, Funktionsweise 151, 174
–, Literatur 202
Filterpakete 249
Filtervolumenbelastung 637
Filtrationsdauer 252
Filtrationszeit 250, 254, 258
Flammenionisationsdetektor 336
Flammensperren 666
Flugasche 356
–, Zusammensetzung 122
Flugstromadsorber 432, 434
Fluorid 355
Fluorwasserstoff 322, 357
Flutpunkt 312, 317
Flußsäure 324
Flüssigkeitsfilm 110
flüssigkeitsseitiger Stufenaustauschgrad 397
Flüssigkeitsvolumenstrom 285
Flüssigschwefel 141
Fo_2, Grenzgesetz 368, 369
Formaldehydabscheidung 465
Formaldehydherstellung 543
Fourier-Zahl, Phase 2 368
Fourier-Zahl Fo_1 365
–, Phase 2 368
Fraktionsabscheidegrad 240, 241, 250, 252, 254, 256, 258, 278–280, 288
Fraktionsabscheidegradkurve 35, 201, 202
Fraktionsentstaubungsgradkurve 35
freie Weglänge von Gasmolekülen 216
Frischwasserbedarf 290
Funkenentladung 662
Furanabscheidung 464
Füllkörperkolonne 300, 327, 329, 331, 346, 399
Füllkörperschicht 20

Gasbelastungsfaktor 311, 332
Gase, überkritische 298
Gasgehalt 392, 393
Gaspermeation 295, 347
gasseitiger Stufenaustauschgrad 397

Gassenabstand 106
Gasverteilung 100, 113
Gasverteilungswände 100, 113
Gasvolumen 392
Gasvolumenstrom 285
GAVO 338
Gefahrendreieck 657
Gefahrenpotential 231
Gegen-, Gleich- und Kreuzstrom von Gas- und Wassertropfen 223
gegensinnige Rotation 201
Gegenstrom 380
Gegenstromkolonne 335
Gegenstromtrennung 38
Gehäuse, Naß-EGR 112
genadelte Filze 232, 237
Geruchsminderung 461
Gesamtabscheidegrad 36, 240
Geschwindigkeit der Wasserstrahlen 208
Gichtgasreinigung 128
Gießhallenentstaubung 130
Giftstoffe-Minderung 461
Gips 326, 338
Glaswannenentstaubung 134
Gleichgewichtskurve 378, 394
Gleichgewichtslinie 300–302
Gleichstrom 380
Gleitstielbüschelentladung 662
Glockenboden 397
Glockenbodenkolonne 399
Glycolether 319, 337
Grenzaktivitätskoeffizient 299, 305
grenzflächenaktive Stoffe 364
Grenzflächenspannung 327
Grenzgesetz
– für Fo → 0 368, 369
– für Fo_2 369
Grenzkorndurchmesser 281
Grenzkorngröße 202, 207
Grenzschichtdicke 215, 216
Grobgut 34
große Phasengrenzfläche 370
Grundlagen 493
Güpner, O. 108

H, Henryscher Koeffizient 374
H_2S-Entfernung 462
Haftwahrscheinlichkeit 52
halbtrockene Gasreinigung 125
Halbwellen 116
heiße Oberflächen 659 660
Heißgasdesorption 413 414 449
Heißgaselektrofilter 123 132 137
Heißgasfilter 188
Heißgaszyklone 78
Henry-Konstante 599

Sachverzeichnis

Henry-Zahl 368
- H* 365, 368
Henrykoeffizient 298, 349
Henryscher Koeffizient H 374
Henrysches Gesetz 364, 374
Hitzenester 411, 464, 469
Hochdruck/Heißgasentstaubung 144
Hochdrucksprühdüsen 225, 227
Hochofen 128
Hochspannungssteuerung 114
Hohlfasermodul 351, 355
Hohlfeld 90
Horizontalstromwäscher 329, 333
hot spots 411, 464, 469
HTU 302–316
hybride Gemische 655
Hydrozyklon 339
Hypochlorit 322
Härte, Adsorbentien 429

Imprägnierung 421, 462
Inertisierung 658
instationärer Prozeß 364
instationärer Stofftransport 368, 387
Iodisotope 471
Ionenaustausch 323
Isolatoren 102
Isothermengleichungen 406, 407

Kaliumpermanganat 322
Kalk 324
Kalkhydrat 355–357
Kalkmilch 322
Kalkmilchtropfen zum Auswaschen von Schwefelsäure aus Rauchgas 225
Kalkstein 322, 338, 355
Kaltsterilisation 548
Kaltwasser 344
Kapillardruck im Tropfen 212
Kapillarkondensation 422, 430
Kapillarverteiler 331, 335
Kassettenfilter 184
Kastenverteiler 331, 335
Katalysatoren 478, 482, 484, 486
-, Anforderungen 510
-, Auswahl 531–533
-, Bauform 512
-, Herstellung 513
-, Recycling 586–588
-, Standzeit 516
Kehle des Venturiwäschers 207
Kernkraftwerke 469
Keton 319
Kieselgele 418
Klinkerkühler 135

Klopfsystem 105
Koaleszenz 371
Koaleszenzprozeß 384
Kohlendioxid 393
Kohlenstoffmolekularsiebe 416, 417
Koks in der Flugasche 124
Komposit-Membran 350, 351
Kondensation 295, 341
konstruktiver Explosionsschutz 662–668
-, Explosionsdruckentlastung 663, 664
-, Explosionsentkopplung 665
-, -, Dauerbrandsicherung 666
-, -, Detonationssicherung 666
-, -, Entlastungsschlot 668
-, -, Flammensperren 666
-, -, Zellenradschlausen 666
-, explosionsfeste Bauweise 662, 663
-, Explosionsunterdrückung 664, 665
Kontisorbon-Verfahren 443, 447
Korndiffusion 408
Korngrößenverteilung 427
Koronaeinsatzspannung 144
Kraftwerke 119
Kresol 322, 326
Kunststoffelektroden 111
Kunststoffherstellung 543
Kupferkonverter 132
Kühlsohle 344
Kühlwasser 344

Lambda-Sonde 575
Lamellenabscheider 51
Lamellenpakete 225
Lamellentropfenabscheider 225, 226
Langmuir-Beziehung 598
Langmuir-Hinshellwood 530
Leichtsieder 354
Leistungsbedarf 282, 285, 286
Ljungström-Wärmeaustauscher 345
Lochscheiben 388
Lochscheibenrührer 386, 390
Lodge, Oliver 90
Luftbedarf 574
Luftfeuchte am Ausgang des Wäschers 226
Luftreinhaltung 33
Luftverunreinigungen 33
Lurgi 91, 131
Löschmittelbehälter 664, 665
Lösemittel 531
Lösemittelabscheidung 435
Lösemittelemittenten 436
Lösemittelrückgewinnung, Projektierungs- grundlagen 445
Löslichkeitskoeffizient 349
Lösung
-, ideale 298

Lösung
-, reale 298

Magnesiumoxid 356
Maldistribution 328
Markoff-Prozeß 51
Mars - van Krevelen 530
Massenaktivitätskoeffizient 319
Massenkonzentration 296
Massenverteilungen 238
Massenübergangszone 408, 409
Mastelektroden 102
maximaler Explosionsüberdruck P_{max} 653
maximaler zeitlicher Druckanstieg $(dp/dt)_{max}$ 653
mechanisch erzeugte Funken 659–661
mechanische Leistung 202
Medisorbon-Verfahren 463
mehrstufiger Rührreaktor 384
Membran 295, 347, 351, 550
Merkaptane 322, 326
Metalloxidkatalysatoren 537, 540, 542, 544, 561
Metallurgische Gesellschaft 91
Methan 354
Methylenchlorid 324, 353
Michaelis-Menten-Konstante 603
mikrobiologische Grundlagen der biologischen Abluftreinigung 605
-, Geruchseinheit 615
-, Geruchsschwelle 615
-, Mikroorganismen 605, 607–609, 613
-, Nährstoffe 608
-, pH-Wert 614
-, Temperatur 611
-, Wasserbedarf 610
Millisekunden-Impulse 118
Mindestzündenergie 654
Mindestzündtemperatur 655
mittlere Tropfengröße, mittlere Staubgröße 210, 213
Modellmaßstab 114
Modelluntersuchungen 114
Molekularsieb-Zeolithe 418–420, 463
Molenbrüche 372
Molenstrom dN_A 372
Molenstrom N_A 372
Molenstromverhältnis 373
Molenströme 372
Müllverbrennungsanlage 478, 480, 487

Na_2O 123
Nachlauf 216
Natriumsulfit 325
Natronlauge 326

Naßabscheidemaschine 265
Naßabscheider 37
Naßelektrofilter 93, 110
Naßentstaubung 265
Naßentstaubungsanlage 273
Naßoxidationsverfahren 545
Naßwäscher 52
Newton-Zahl 283, 284, 389
Newtonsche Flüssigkeiten 388
NH_3-Konditionierung 142
Niederschlagselektroden 104
Nitrat 326
Nitrifikation 326
Nitrit 326
NO_x-Minderung 467
NTU 302–309

Oberfläche 231
-, spezifische, innere 405, 417, 419, 421, 422
Oberflächenleitfähigkeit 97
Ofenabgas, Zement 135
Offsetdruckanlagen 542
Ölfeuerung 124
Optimaldiagramm 207
Optimalkurve 208
Optimalzyklone 74
Otto-Motoren 572
Overall Gas 301
oxidierende Gaswäsche 322
Ozon 322

Packung 327, 329, 331
Partikelabscheidung 33
Partikelanalysator 247
Partikelbahnkurven 38, 50
Partikelgrößenverteilungen 238
Partikelladung 46
Patronenfilter 182
periodische Erneuerung 362
– der Phasengrenzfläche 370
Permeabilität 349
Permeat 295, 348
Pervaporation 350
Phasendiagramm 300, 308, 321
Phasengrenzfläche 362, 393
– A_P 363
Phenol 322, 326
Phenolabscheidung 465
Phenolharzimprägnierung 544
Phosgen 322, 326
Phthalsäure 320
Phthalsäureanhydridherstellung 544
physikalischer Transportprozeß 377
Physisorption 374, 404

Platin-Katalysatoren 531, 535, 536, 541–543, 552, 560
Plattenmodul 351
polar 296, 319
Polyad-Verfahren 447
Polychlorierte Dioxine und Furane 473
–, Kongenere 473, 474
–, Messung 480, 482, 484, 485
–, Quellen 475
–, Struktur 473
–, Toxizität 474
Polydimethylsiloxan 350
Polyester 350
Polyetherimid 350
Polyethylenglycol-Dimethylether 319, 336
Polymeradsorbentien 418, 419, 447
Polysulfon 350
Porenklassifizierung 424
Porenradienverteilung 422, 423
Porenvolumen 417, 419, 422, 424, 425
Porosität 233, 628
Potentialtheorie 403
Precoatieren 199
Primärmaßnahmen 400, 474, 476
Primärströmung 387
Produktion von Stäuben 231
Propanol, iso- 342
Propylenoxid 322, 326
Prozeßrechner 116
Purasiv-S-Verfahren 459
PVC-Bedruckung 531
PVC-Rohr 111
PVC-Verarbeitung 537

Quecksilberabscheidung 463
Quecksilberporosimetrie 425
Querkräfte 44
Querstrom-Naßabscheider 53
Querstromprinzip 37
Querstromtrennung 38

Radial-Düsenwäscher 329
Radialdesintegrator 381, 383
Raffinerieabgase 549
Raoultsches Gesetz 298
Räucherabgase 546
Rauchgas 326, 337
Rauchgaskonditionierung 140
Rauchgasreinigung 468, 564, 578, 580
Raumentstaubung 128, 130
Reaktionen
–, katalytische 497, 499
–, Oxidation 498, 529–531
–, Reduktion 498, 553, 556, 563
–, Zersetzung 499, 571

Reaktor
–, Berechnung 504
–, Typen 525
Rechenblatt 305
Redoxpotential 479
Regeneration 518, 522–524
Regenerierung 411
Reichweite von Strahlen 280
Reinigungsgrad 17, 18
Rektifizieren 323
Rekusorb-Verfahren 446
relative Selbstentzündungstemperatur 651
Relativgeschwindigkeit 269, 368
– Gas/Tropfen 208
Retentat 352, 354
Reynold-Zahl 215, 126, 218, 270, 367, 389
– der Flüssigkeit 284
– des Schaufelrades 284
Rohgaskonditionierung 199
Röhrenfilter 105, 111
Rosin-Rammler-Sperling-Verteilung RRS 211
Röstgase 134
Rotationswäscher 205, 208, 329, 333
Rotationszerstäuber 204
Rotor-Biofilter 638
Rotoradsorber 432, 433, 451, 452
Rückführung des Wassers 288
Rücklaufverhältnis 289, 290
Rücksprühen 98, 109, 115
Rührreaktor 399
Rutschbettfilter 357
Rütteldichte 417, 419, 428

Salpetersäure 323, 326
Salpetersäureherstellung 560
Salzsäure 323, 324
Sauerstoffgrenzkonzentration 654
Schadstoff 9, 11, 21, 22
Schadstoffkonzentration 9, 11
Schadstoffmassenstrom 18, 19
Schadstoffproduktion 15, 23, 24, 27
Schadstofftransfer 15, 24, 28
Schaufelraddrehzahl 278
Schlagempfindlichkeit 652
Schlauchfilter 174
Schmelzkammerfeuerung 357
Schmidt-Zahl 367
Schwefeldioxid 321, 322, 374
Schwefeldioxidminderung 457
Schwefelgehalt, Kohle 122
Schwefelsäure 320, 323, 355
Schwefelsäuregewinnung 134
Schwefelsäuretaupunkt 124
Schwefelwasserstoff 321, 322
Schwefelwasserstoff-Abscheidung 462

Schwermetalle 339
Schüttdichte, Adsorbentien 428
Schüttkegelentladung 662
Schüttschichtfilter 185
SCR-Verfahren 561–563
Sekundärströmung 387
Selbstentzündungstemperatur 651
Selektivität 350, 405, 530, 561
SFGD-Verfahren 580
Sherwood-Zahl, Phase 2 368
– Sh_1 365
– Sh_1, Phase 2 368
sicherheitstechnische Kenngrößen 650–654
–, Brennverhalten 650
–, relative Selbstentzündungstemperatur 651
–, Selbstentzündungstemperatur 651
–, Zersetzungsfähigkeit, spontane 651
–, Zersetzungstemperatur, relative 651
Siedepunkt 296
Siliconkautschuk 350
Siliconöl 320
Simultanverfahren 572–574
Sinkgeschwindigkeit
– im Fliehkraftfeld 45
– im Schwerefeld 45
– von Tropfen bzw. Staubteilchen 216
Sintergasentstaubung 127
Sinterlamellenfilter 182
SO_2-Emissionsminderung 457
SO_3-Konditionierung 127, 141
Sorption 597
Spannung 251
Spannungsimpulse 116
Speicherfilter 52
spezifische Filterflächenbelastung 637
spezifische Phasengrenzfläche A_p/V 363, 364
spezifische Stofftransportgröße 382, 399
spezifischer Energieaufwand 286, 287
spezifischer Energieverbrauch $E_{Spez.}$ 201
spezifischer Stoffstrom dM_A/dV 363
– M_A/V 363
spezifischer Wasserbedarf 206
spezifisches gereinigtes Gasvolumen 000
Spiralströmung 45
Spritzkabinen 540
Sprühabsorption 125
Sprühelektroden 100, 245
Sprühscheiben im Rotationswäscher 210
Sprühsystem 100, 104
Sprühtrockner 357
Sprühturm 329
Spurstoffabscheider 231
Spurstoffabscheidung 25, 28
Spüldüse 110
Stationärmotoren 568

statische Elektrizität 661
Staub 230, 237
Staubabscheidung 33, 231, 259
Staubakkumulation 251
Staubdosierung 246
Staubemissionsstrom 230
Staubkonzentration 230
– im Rohgas 250, 257
– im Waschwasser 226
Staubwiderstand 46, 97, 99, 126, 142
Staubwäscher 333
Staupunkt 312, 317
Steiggeschwindigkeit von Rauchgas im Waschturm nach Abb. 6.20 225
Steigung n von RRS-Linien 222
Steinkohle 122
Stickoxide 322, 326
Stickoxidminderung 467
Stickoxidreduktion 560–562
Stoffaustausch bei Gleich- und Gegenstrom 372
Stoffaustauschmaschinen 362, 370, 392
Stoffaustauschraum V_s 382
Stoffaustauschräume 372
Stoffstrom dM_A 363
– MA 363
Stofftransport 409
Stofftransportgröße 381
Stofftransportkoeffizient 363
– β 364
Stofftransportperioden 370
Stofftransportwiderstand 365
Stoffübergang 599
–, Diffusion 600
–, Stofftransport 600
–, Zweifilmtheorie 600
Stoffübergangs-Koeffizient 301
Stoffübergangseinheit 302–316, 327
Stoffübergangskoeffizient 370
Stokes'sche Widerstandskraft 206
Stokes'sches Widerstandsgesetz 42
Stokes-Durchmesser 206
Stokes-Zahl 48, 54
Strahlgasverfahren 131
Strahlwäscher 206, 329, 339, 346
Streckgitterwäscher 381
Streusalz 355
Strippen 323
Stromdichte-Verteilung 96, 104, 106
Strömungsformen bei der Umströmung von Tropfen 216
Strömungsleistung 202
Strömungsrichtung 379
Strömungsverteilung 113
Strömungswiderstand 219, 428
Stufenaustauschgrad 396

Sachverzeichnis

Stufenvolumen V 392
Styrol-Verarbeitung 535
Sulfacid-Verfahren 459, 460
Sulfat 322, 326, 355
Sulfid 326
Sulfit 355
Sulfosorbon-Verfahren 455
Sulfreen-Verfahren 456, 458
Sulfren-Verfahren 582–584
Sumitomo-Verfahren 459
Suspension 212
Synergiefilter 638
Sättigungskonzentration 296
Sättigungsladung 96
Säurenebel 110

TA-Luft 36, 297
Tankanlagen, Abluftreinigung 450, 453
Tanklager, Benzin- 353
Taschenfilter 180
Tauchrohr 209
Taupunkt 295
Temperatur am Ausgang des Wäschers 226
Temperaturwechselverfahren 411
Temperaturüberwachung 411
theoretische Stufenzahl 396
Thiocarb-Verfahren 455
Tiefdruckanlagen 542
Titandioxid 134
Totwasserkern 206, 209
Transport
–, Impuls 503
–, Stoff 501
–, Wärme 501
Trenneffekte 404
Trenngrad 35, 38
Trenngrenze 35, 45, 49
Trennkurve 36, 49, 50
Trennpartikelgröße 35
Trichlorethylen 336
triviale Zündquellen 658
trockene Gasreinigung 125
Trockensorption 295
Tropfen 371
Tropfenabscheider 205, 206, 322, 329, 331
Tropfenabscheiderprofile 206
Tropfenbahnen 268, 269, 273, 371
Tropfenbewegung 272
Tropfenbildung 205, 206, 208, 370
Tropfendurchmesser 205, 206, 208, 273
Tropfengeschwindigkeit 214
Tropfengröße 268
Tropfengrößenverteilung 212
Tropfenklasse 215
Tropfenschleier 268, 371, 381
Tropfenspektrum 280, 283

Trägermedium 1, 11, 14–16, 19, 21
Trägheitsabscheidung 48
Trägheitskraft 40
Turbulenz 327
Tüllenverteiler 331

Überflutungspunkt 393
Übergangseinheiten 383
Überschlagsgrenze 115
Umfangsgeschwindigkeit 208
Umfüllstationen, Abluftreinigung 450, 453
Umlauf 226
Umströmung von Tropfen 215
ungenadelter Filz 234, 237
UNIFAC 299
Unverbranntes 123

Vakuum 323
van Laar 299
Venturiwäscher 201, 381
Verdrängerkörper 208
Verfahrenskombinationen 528
Vergiftung
– durch Chlorid 519
– durch mechan. Einflüsse 521
– durch Phosphat 518
– durch Silicon 512
– durch therm. Einflüsse 520
Verhältnis der Newton-Zahlen 391
Verkrustungen 384
Vermeiden explosionsfähiger Brennstoff/Luft-Gemische 657
Vermeiden wirksamer Zündquellen 658
–, elektrostatische Zündquellen 661
–, –, Büschelentladung 662
–, –, Funkenentladung 662
–, –, Gleitstielbüschelentladung 662
–, –, Schüttkegelentladung 662
–, heiße Oberflächen 659, 660
–, mechanisch erzeugte Funken 658–661
–, triviale Zündquellen 658
Verteilung im Volumen 362
Verteilungsdichte 237
Verteilungsgesetz 211
Verteilungssumme 237
Verweilzeit des Gases 393
Verzögerungsstrecke 470
Vinylchloridherstellung 546
Viskoseabluftreinigung 454
Viskositätsverhältnis 367
Volumenleitfähigkeit 97
Volumenstrom 206
Volumenstromverhältnis 287, 376, 383
– dV_f/F_g 382
– V_f/F_g 382

Volumenströme für Luft und Wasser 279, 285
vorbeugender Explosionsschutz 656–662
–, Inertisierung 658
–, Vermeidung explosionsfähiger Gemische 656

w-Wert 94, 106
Wabenkörper 562
Wanderbettadsorber 432, 433
Wanderungsgeschwindigkeit 44, 50
–, Elektrofilter 94
Waschkreislauf 300
Waschturm 201, 206
Waschwasser (im Umlauf) 208
Waschöl 319
Wasserbeladung 209
Wasserdampf 226
Wasserfilme 208
Wasserreinigung 499, 545
Wasserstoffperoxid 322, 326, 335, 478–480, 489
Wasserstrahlen im Venturiwäscher 208
Wasserstrahlpumpe 206
Wechselkühler 346
Wickelmodul 352
Widerstandsbeiwert 269–271
Widerstandskraft 40, 269
Wilson 299
Wirbelbettadsorber 432, 433, 447, 449
Wirbelbildung 216
Wirbelschicht 328, 329, 334
Wirbelschichtfeuerung 357
Wirbelwäscher 205
Wirkungsgrad 478, 482, 485
– der Drucksteigerung im Diffusor des Venturiwäschers 219
Wirtschaftlichkeit 490
Wärme, spezifische, Adsorbentien 417, 419
Wärmeübertragung 527–529

Zahl
– der Faserschichten 263
– der theoretischen Stufen 395
Zellenradschlausen 666
Zement 356
Zementmühle 135
Zementwerke 135
Zentren, aktive 402, 403
Zentrifugalbeschleunigung 269
Zentrifugalkraft 269
Zeolithe 418, 419, 463
Zeosox-Verfahren 459
Zersetzungsfähigkeit, spontane 651
Zersetzungstemperatur, relative 651
Zerstäuben durch Turbulenz 212
Zerstäuberscheibe 205, 210
Zerstäubung 371
Zerstäubungselement 269
Zerstäubungsgebläse 381
Zerstäubungsmaschine 265, 266, 268, 287, 329
Zerstäubungsräume 372
Zerstäubungsschlitze 266
Zerteilen eines Strahls in Tropfen 212
Zerwellen von Tropfen aus einem Strahl 212
Zinkhütten 132
Zirkulationswäscher 381
Zonenmodell 409
Zwei-Stufen-Adsorption 438
Zwickel im Querschnitt 208, 209
ZWS-Verbrennung 123
Zyklon-Tropfenabscheider 206
Zyklonabscheider 46, 206
–, Druckverlust 71
–, Fraktionsabscheidegrad 67
–, Grenzpartikelgröße 60
–, Umfangsgeschwindigkeit 64
Zyklonbauarten 82
Zyklonform 205
Zyklonwäscher 202
Zähigkeit 327

Druck: Saladruck, Berlin
Verarbeitung: Buchbinderei Lüderitz & Bauer, Berlin

AR 14200

96 5427 02 03